Erratum

Bedauerlicherweise wurde in diesem Band von dem Beitrag **7.2 Aufnahme und Dokumentation** im Kapitel 7 Zerstörungsfreie Bohrkernaufnahme nur eine Vorversion abgedruckt. Die von den Verfassern autorisierte und mit dem Herausgeber abgestimmte Vollversion findet sich als Nachtrag im **Band 5 Tonmineralogie und Bodenphysik** dieses Handbuchs.

Springer-Verlag

Bundesanstalt für Geowissenschaften und Rohstoffe

Handbuch zur Erkundung des Untergrundes von Deponien und Altlasten

Band 4

Dieses Methodenhandbuch „Deponieuntergrund" ist im Rahmen des vom Bundesministerium für Bildung, Wissenschaft, Forschung und Technologie (BMBF) geförderten Forschungsverbundvorhabens „Methoden zur Erkundung und Beschreibung des Untergrundes von Deponien und Altlasten" (Projektträger „Abfallwirtschaft und Altlastensanierung" beim Umweltbundesamt; Förderkennzeichen 1460605, 1460605A und 1460605B) entstanden.
Die Verantwortung für den Inhalt der Beiträge liegt bei den jeweiligen Autoren.

Abbildungen und Tabellen aus DIN-Normen sind wiedergegeben mit Erlaubnis des DIN Deutsches Institut für Normung e.V. Maßgebend für das Anwenden der Normen sind deren Fassungen mit dem neuesten Ausgabedatum, die bei der Beuth Verlag GmbH, Burggrafenstraße 6, 10787 Berlin, erhältlich sind.

Springer-Verlag Berlin Heidelberg GmbH

Matthias Schreiner   Klaus Kreysing

Geotechnik
Hydrogeologie

Mit Beiträgen von
Christian Bücker, Helga de Wall, Hans-Georg Dietrich,
Christina Flechsig, Mebus Geyh, Hanjo Hamer, Petra Heim,
Michael Heitfeld, Richard A. Herrmann, Joachim Hofmann,
Franz Jacobs, Joachim Maier, Peter Mohrdieck, Peter Neumann,
Werner Neumann-Peters, Asaf Pekdeger, Volker Poier,
Matthias Rosenfeld, Kurt Schetelig, Wolfdietrich Skala,
Dieter Stoppel und Jörg Tietze

Mit 217 Abbildungen und 37 Tabellen

Springer

DR. MATTHIAS SCHREINER

Hessisches Landesamt für Bodenforschung
Dezernat II, 4   Ingenieurgeologische Grundlagen und Geotechnik
Leberberg 9, D-65193 Wiesbaden

DR. KLAUS KREYSING

Bundesanstalt für Geowissenschaften und Rohstoffe
Referat B 2.31 Umweltgeologie, Umweltverträglichkeit
Stilleweg 2, D-30655 Hannover

Titelbild: Aufschlußbohrung und Probenahme auf der Deponie Pragsdorf bei Neubrandenburg - Einsatz der ORKUS-Sonde (vergl. Kap. 6). Das Foto stellte die Neumann Bohrtechnik GmbH, 24340 Eckernförde, freundlicherweise zur Verfügung

ISBN 978-3-642-63760-5

Die Deutsche Bibliothek - CIP-Einheitsaufnahme

Handbuch zur Erkundung des Untergrundes von Deponien und Altlasten / BGR, Bundesanstalt für Geowissenschaften und Rohstoffe.
Bd. 4. Schreiner, Matthias: Geotechnik Hydrogeologie. - 1998
Schreiner, Matthias: Geotechnik Hydrogeologie / Matthias Schreiner; Klaus Kreysing.
  (Handbuch zur Erkundung des Untergrundes von Deponien und Altlasten; Bd. 4)
  ISBN 978-3-642-63760-5   ISBN 978-3-642-58851-8 (eBook)
  DOI 10.1007/978-3-642-58851-8

Herstellung: B. Schmidt-Löffler
Satz: Reproduktionsfertige Vorlage vom Autor
Einbandgestaltung: E. Kirchner, Heidelberg

SPIN: 10467709   30/3136 - 5 4 3 2 1 0 - Gedruckt auf säurefreiem Papier

Vorwort

Bei jedem Bauvorhaben einschließlich der Einrichtung von Abfalldeponien und der Sanierung von Altlasten müssen der Aufbau und die Beschaffenheit von Boden und Fels im Baugrund sowie die Grundwasserverhältnisse ausreichend bekannt sein. Stabilität, Deformationen, Wasser- und Schadstoffbewegung im Untergrund bei verschiedenen Beanspruchungen zu beurteilen, ist der Zweck geotechnischer Untersuchungen. Diese umfassen ingenieurgeologische, boden- und felsmechanische sowie hydrogeologische Methoden. Daß die Hydrogeologie in der Geotechnik der Deponien und Altlasten eine besondere Rolle spielt, wurde durch Titel und Inhalt dieses Handbuches berücksichtigt. Die Methoden der Fernerkundung sind in Bd. 1 „Geofernerkundung", die geophysikalischen Erkundungsmethoden und gesteinsphysikalische Laborversuche sind ausführlich in Bd. 3 „Geophysik" dieser Handbuchreihe beschrieben. Hier wird darauf verwiesen, weil es sich dabei auch um elementare ingenieur- und hydrogeologische Werkzeuge handelt. Band 2, „Strömungs- und Transportmodellierung" beschreibt die phänomenologischen Grundlagen sowie analytische und numerische Behandlung der Grundwasser- und Schadstoffbewegung. Beschreibungen der wesentlichen bodenmechanischen Laborversuche bleiben dem Band „Tonmineralogie und Bodenphysik" vorbehalten.

Im Mittelpunkt des vorliegenden Bandes „Geotechnik/Hydrogeologie" steht das breite Spektrum der „punktweise" ansetzenden geotechnischen Aufschluß- und Testverfahren. Diese werden durch zerstörungsfreie Bohrkernuntersuchungen und einen isotopenhydrologischen Ansatz ergänzt sowie von den geologischen Kartierungen und den Möglichkeiten geostatistischer Erkundungsoptimierung eingerahmt.

Autorinnen, Autoren und die Herausgeberin danken dem Bundesministerium für Bildung, Wissenschaft, Forschung und Technologie (BMBF) ebenso, wie dem Projektträger Abfallwirtschaft und Altlastensanierung im Umweltbundesamt (UBA) für die Förderung im Rahmen des Forschungsverbundvorhabens „Methoden zur Erkundung und Beschreibung des Untergrundes von Deponien und Altlasten" (Kurztitel „Deponieuntergrund").

Der Dank gilt weiterhin den Reviewern für die gründliche Durchsicht der Manuskripte und zahlreiche konstruktive Verbesserungshinweise. Ein großer Kreis von Kolleginnen und Kollegen der BGR und des NLfB hat dankenswerterweise wesentliche Unterstützung für das Handbuch geleistet.

Frau Susanne Dreyer und Frau Angelika Nothvogel haben durch die Erstellung zahlreicher aufwendiger Abbildungen und Tabellen in bewährter Qualität zur Gestaltung des vorliegenden Bandes beigetragen. Ihnen sei an dieser Stelle nochmals gedankt.

Hannover, im März 1997

Herausgeberin
Bundesanstalt für Geowissenschaften und Rohstoffe

Inhaltsverzeichnis

Autorenverzeichnis

Dr. Christian Bücker
Lehr- u. Forschungsgebiet für
Angewandte Geophysik
Rheinisch-Westfälische
Technische Hochschule Aachen
Lochnerstraße 4-20
D-52064 Aachen

Dr. Helga de Wall
Institut für Geologie
Universität Heidelberg
Im Neuenheimer Feld 234
D-69120 Heidelberg

Dr. Hans-Georg Dietrich
Bundesanstalt für
Geowissenschaften und Rohstoffe
Stilleweg 2
D-30655 Hannover

Dr. Christina Flechsig
Institut für Geophysik und
Geologie
Universität Leipzig
Talstraße 35
D-04103 Leipzig

Prof. Dr. Mebus Geyh
Niedersächsiches Landesamt für
Bodenforschung
Stilleweg 2
D-30655 Hannover

Hanjo Hamer
GeoC
Groß-Ebbenkamp 5
24149 Kiel

Petra Heim
Bleekstraße 48
D-30559 Hannover

Dr.-Ing. Michael Heitfeld
Ingenieurbüro Heitfeld-Schetelig
GmbH
Reimser Straße 76
D-52074 Aachen

Prof. Dr.-Ing. Richard A.
Herrmann
Lehr- und Forschungsgebiet
„Bodenmechanik, Erd- und
Grundbau"
Fachbereich 10 -
Bauingenieurwesen
Universität Gesamthochschule
Siegen
Paul-Bonatz-Straße 9-11
57068 Siegen

Prof. Dr. Joachim Hofmann
Institut für Geologie
Fakultät für Geowissenschaften,
Geotechnik und Bergbau
Technische Universität
Bergakademie Freiberg
Bernhard-von-Cotta-Straße 2
D-09599 Freiberg

Prof. Dr. Franz Jacobs
Institut für Geophysik und
Geologie
Universität Leipzig
Talstraße 35
D-04103 Leipzig

XVIII

Dr. Klaus Kreysing
Bundesanstalt für
Geowissenschaften und Rohstoffe
Stilleweg 2
D-30655 Hannover

Joachim Maier
Büro Geowissenschaften und
Umwelt
Riepener Straße 30
D-31542 Bad Nenndorf

Dr. Peter Mohrdieck
Ingenieurbüro Heitfeld-Schetelig
GmbH
Reimser Straße 76
D-52074 Aachen

Peter Neumann
Neumann Bohrtechnik GmbH
Horn 10
D-24340 Eckernförde

Werner Neumann-Peters
Neumann Bohrtechnik GmbH
Horn 10
D-24340 Eckernförde

Prof. Dr. Asaf Pekdeger
Fachrichtung Rohstoff- u.
Umweltgeologie
Institut für Geologie, Geophysik
und Geoinformatik
Freie Universität Berlin
Malteserstraße 74-100
D-12249 Berlin

Dr. Volker Poier
Irlenweg 36
D-53773 Hennef-Weldergroven

Matthias Rosenfeld
Erasmusstraße 1
D-10553 Berlin

Prof. Dr. Kurt Schetelig
Lehrstuhl für Ingenieurgeologie
und Hydrogeologie
Rheinisch-Westfälische
Technische Hochschule Aachen
Lochnerstraße 4-20
D-52064 Aachen

Dr. Matthias Schreiner
Hessisches Landesamt für
Bodenforschung
Leberberg 9
D-65193 Wiesbaden

Prof. Dr. Wolfdietrich Skala
Fachrichtung Geoinformatik
Institut für Geologie, Geophysik
und Geoinformatik
Freie Universität Berlin
Malteserstraße 74-100
D-12249 Berlin

Dr. Dieter Stoppel
Bundesanstalt für
Geowissenschaften und Rohstoffe
Stilleweg 2
D-30655 Hannover

Dr. Jörg Tietze
Fachrichtung Geoinformatik
Institut für Geologie, Geophysik
und Geoinformatik
Freie Universität Berlin
Malteserstraße 74-100
D-12249 Berlin

Reviewerverzeichnis

Dr. Hans-Georg Dietrich
Bundesanstalt für
Geowissenschaften und Rohstoffe
Stilleweg 2
D-30655 Hannover

Dr. J. Goebbels
Bundesanstalt für
Materialforschung und -prüfung
Unter den Eichen 87
D-12205 Berlin

Mario Günther
Bundesanstalt für
Geowissenschaften und Rohstoffe
Stilleweg 2
D-30655 Hannover

Petra Heim
Bleekstraße 48
D-30559 Hannover

Prof. Dr. Karl-Heinrich Heitfeld
Ingenieurbüro Heitfeld-Schetelig
GmbH
Reimser Straße 76
D-52074 Aachen

Dr.-Ing. Michael Heitfeld
Ingenieurbüro Heitfeld-Schetelig
GmbH
Reimser Straße 76
D-52074 Aachen

Prof. Dr.-Ing. Richard A.
Herrmann
Lehr- und Forschungsgebiet
„Bodenmechanik, Erd- und
Grundbau"

Fachbereich 10 -
Bauingenieurwesen
Universität Gesamthochschule
Siegen
Paul-Bonatz-Straße 9-11
57068 Siegen

Prof. Dr. Heinz Hötzl
Lehrstuhl für Angewandte
Geologie
Universität Karlsruhe
Kaiserstraße 12
D-76131 Karlsruhe

Dr. Rainer Homrighausen
Celler Brunnenbau GmbH
Bruchkampweg 25
D-29227 Celle

Dr. Ingo Noack
BB Bohrgesellschaft mbH
Schillerstraße 60
D-15738 Zeuthen

Dr. Dieter Plöthner
Bundesanstalt für
Geowissenschaften und Rohstoffe
Stilleweg 2
D-30655 Hannover

Prof. Dr. Kurt Schetelig
Lehrstuhl für Ingenieurgeologie
und Hydrogeologie
Rheinisch-Westfälische
Technische Hochschule Aachen
Lochnerstraße 4-20
D-52064 Aachen

Dr. Dieter Stoppel
Bundesanstalt für
Geowissenschaften und Rohstoffe
Stilleweg 2
D-30655 Hannover

Prof. Dr. Uwe Tröger
Fachgebiet Hydrogeologie
Institut für Geologie und
Paläontologie
Technische Universität Berlin
Helmholtzstraße 2-9
D-10587 Berlin

Dr. Hellmut Vierhuff
Bundesanstalt für
Geowissenschaften und Rohstoffe
Stilleweg 2
D-30655 Hannover

Dr. Thomas Wonik
Niedersächsisches Landesamt für
Bodenforschung
Stilleweg 2
D-30655 Hannover

1 Einleitung

MATTHIAS SCHREINER

„Geotechnik" heißt der Titel der 3. Auflage des ca. 1450 Seiten umfassenden Werkes von Karl F. G. KEIL (1959). Danach ist die Geotechnik der älteste umfassende Begriff für ein viele Einzeldisziplinen umschließendes Fachgebiet, das „die Erde als Untergrund, als Baugrund und als Baustoff ...erfaßt, untersucht, bewertet, verwertet, und konstruktiv meistert". Damit wird die Anwendung, die praktische Umsetzung wissenschaftlicher Arbeiten gegenüber der Ingenieurgeologie hervorgehoben. Genau in diese Richtung zielt auch der vorliegende Handbuchband auf dem Gebiet der Erkundung.

Es gibt bereits etliche ausführliche und praktische Handbücher zu diesem Thema. Stellvertretend seien KEILHACK (1896), KEIL (1959), SCHULTZE & MUHS (1967), BENTZ & MARTINI (1969), KÉZDI (1973), BENDER (1984) und ARNOLD (1993) als Standardwerke genannt. Viele Methoden wurden in Normen und Richtlinien gefaßt (s.u.) und sind dadurch ebenfalls unmittelbar für jeden praktisch verfügbar. Deshalb konzentriert sich das vorliegende Buch im wesentlichen auf Neu- und Weiterentwicklungen und auf die praxisnahe Darstellung von Arbeitsmethoden, über die bis heute wenige übersichtliche deutschsprachige Darstellungen vorliegen. Dazu gehören die Entwicklungen der Bohrtechnik, der zerstörungsfreien Bohrkernaufnahme und die vielfältigen hydraulischen Bohrlochtests (die gleichfalls sich rasch weiterentwicklenden geophysikalischen Bohrlochmessungen sind bereits im Bd. 3 „Geophysik" beschrieben). Soweit wie möglich wurde versucht, auch organisatorische Fragen (z.B. Genehmigungsanträge) und ökonomische Aspekte (technischer Aufwand und Versuchsdauer als Kostenfaktoren) zu berücksichtigen.

Die Geotechnik der Deponien und Altlasten ist ein interdisziplinäres Thema. Deshalb richtet sich dieses Buch an einen breiten Leserkreis von Sachverständigen, Technikern, Lehrenden und Studierenden aus vielen Bereichen der Geowissenschaften und der Ingenieurfächer, an Unternehmen des Baugewerbes und an Fachleute in der Verwaltung. Da sehr verschiedenartige Fachrichtungen angesprochen werden sollen, kann es sein, daß einzelne Abschnitte mit allgemeinverständlichen Erklärungen, die für Fachfremde durchaus von praktischem Nutzen sind, für einschlägige Experten keine neuen Informationen bieten. Beispielsweise kennen die meisten Geologen alle Regeln einer geologischen Kartierung. Für Umweltingenieure oder Verwaltungsfachleute können solche Informationen die Deutung und die Einschätzung des Gebrauchswertes einer geologischen Karte für ein Projekt ermöglichen. Andererseits wurden beispielsweise Auswertungen hydraulischer Tests sehr detailliert abgehandelt, damit auch entsprechende Fachleute einzelne Methoden nachvollziehen und unmittelbar praktisch anwenden können. Trotzdem werden Fachfremde auch hier Informationen, z.B. über den Einsatzbereich und die

Fehlerquellen eines Verfahrens, gewinnen können. Wir appellieren daher an die Leser, einen gewissen notwendigen Kompromiß mitzutragen.

1.1 Nomenklatur

Der geowissenschaftlichen Systematik folgend, teilt man die festen Bestandteile der Erdkruste in Minerale und Gesteine ein. *Minerale* sind danach stofflich einheitliche, feste, natürliche anorganische Bestandteile der Erdkruste. Minerale können kristallisiert (z.B. Quarz) oder amorph (z.B. Opal) sein. *Gesteine* sind natürliche Gemenge einer (z.B. Marmor, Quarzsand) oder mehrerer Minerale (z.B. Granit, Basalt, Mergel, Löß, Tonschiefer). Die Geologen unterscheiden *Lockergesteine* (Löß, Sand usw.) und *Festgesteine* (Kalkstein, Sandstein usw.).

In der Geotechnik ist die Unterscheidung zwischen Boden, Gestein und Fels gebräuchlich.   Der Oberbegriff „*Baugrund*" wird im Hohlraumbau meist durch den Begriff „*Gebirge*" ersetzt.

Der Begriff „*Boden*" bezeichnet in der Geotechnik unverfestigte Ablagerungen (z.B. Hauptbodenarten Sand, Kies, Schluff, Ton), Verwitterungsprodukte von Locker- und Festgesteinen einschließlich des belebten Oberbodens sowie organische Bildungen (Hauptbodenarten Torf, Faulschlamm etc.). Der Bodenbegriff erstreckt sich unabhängig von der Entstehung oder dem Ursprung des Materials auch auf künstliche Ablagerungen (Halden, Aufschüttungen) und technische Produkte (Schlacken, Hüttensand, Bauschutt).

Zur Beschreibung des Festgesteinsuntergrundes wird in der Geotechnik der Begriff „*Fels*" benutzt. Fels ist ein durch Trennflächen mehr oder weniger zerlegter Gesteinsverband. Dieser kann aus einer oder mehreren *Gesteinsarten* (Kalkstein, Granit, Glimmerschiefer usw.) bestehen. *Trennflächen* sind je nach ihrer Entstehung Schichtfugen, Schieferungsflächen, Klüfte und Verwerfungsflächen. Ihre jeweilige *Raumlage* und Ausbildung (*Rauhigkeit, Öffnungsweite, Abstand*) bestimmen die Standfestigkeit, Tragfähigkeit und Durchlässigkeit des Baugrundes bzw. Gebirges. Einen Sonderfall stellen unregelmäßig ausgebildete Spalten und Hohlräume dar, die häufig im Karst anzutreffen sind.

Zwischen Boden und Fels bestehen Übergangsformen, die man „*veränderlich feste Gesteine*" nennt. Dazu gehören vielfach wenig verwitterungsbeständige Tonsteine und Mergelsteine.

Die Nomenklatur der Boden- und Felsarten folgt i.d.R. den Normen:

- DIN 4022, Teil 1, Benennen und Beschreiben von Boden und Fels; Schichtenverzeichnis für Bohrungen ohne durchgehende Gewinnung von gekernten Proben im Boden und Fels

- DIN 18196, Erd- und Grundbau; Bodenklassifikation für bautechnische Zwecke

Bei der Ausschreibung von Schürf- und Bohrarbeiten ist ferner die Einteilung nach der mechanischen Lösbarkeit in 7 Boden- und Felsklassen zu beachten, gemäß DIN 18300, Verdingungsordnung für Bauleistungen (VOB), Teil C: Allgemeine Technische Vertragsbedingungen für Bauleistungen (ATV), Erdarbeiten.

Gerade bei der Untersuchung von künstlichen Aufschüttungen im Altlastenbereich treten häufig Gemenge technischer Stoffe auf, die sich nicht nach DIN-Normen klassifizieren lassen (Mauerwerksreste, Eisenteile, Gummi, Kunststoffe, Bauholz, Bitumen, Teer usw.). SCHULZ & WIENBERG (1994) stellten Regeln zur „Bodenansprache bei altlastenverdächtigen Auffüllungen" auf, um diese Lücke zu schließen.

1.2 Normen, Richtlinien und Empfehlungen

Normen sind privatrechtliche allgemein anerkannte Regeln, die durch Einführungserlasse der zuständigen Behörden zu öffentlich-rechtlichen Regeln werden. Normen schließen ein anderes Vorgehen, das dann durch sachverständige Belege abzusichern ist, nicht aus. Da Normen nur zum Zeitpunkt der jeweiligen Ausgabe dem Stand der Technik entsprechen, handelt der einzelne Anwender praktisch stets in eigener Verantwortung.

Die für die Erkundung des Untergrundes von Deponien und Altlasten maßgebende zentrale Norm ist die DIN 4020 „Geotechnische Untersuchungen für bautechnische Zwecke" vom Oktober 1990. Abschnitt 1 der DIN 4020: „Diese Norm gilt für geotechnische Untersuchungen von Boden und Fels als Baugrund und Baustoff bei Bauvorhaben aller Art einschließlich des Hohlraumbaus, des Baus von Abfalldeponien und der Sanierung von kontaminierten Standorten"; und in Abschn. 3.9: „Geotechnische Untersuchungen sind die zur bautechnischen Beschreibung von Boden und Fels notwendigen ingenieurgeologischen, hydrogeologischen, hydrologischen, geophysikalischen, bodenmechanischen und felsmechanischen Arbeiten".

Die *Vornorm* DIN V ENV 1997-1, „Entwurf, Bemessung und Berechnung in der Geotechnik" (deutsche Fassung April 1996) ist die Vorstufe zur zukünftig allgemein verbindlichen geotechnischen Normung in der Europäischen Union. Entstanden ist das Dokument im Auftrag der damaligen Kommission der EG unter der Trägerschaft der CEN (Comité Européen de Normalisation) und ist weithin bekannt als *Eurocode 7 (EC 7)*. Vom Deutschen Institut für Normung (*DIN*) ist ein *Nationales Anwendungsdokument (NAD)* als Vorspann zur DIN V ENV 1997-1 herausgegeben worden, in dem angegeben wird, in welchen Fällen die vorhandenen DIN-Normen bzw. die neuen Vornormen des „Normenpakets 100" angewendet werden sollen, da in der ENV 1997-1 vielfach keine hinreichenden Festlegungen getroffen worden sind. Ausführliche Hinweise dazu gibt die Deutsche Gesellschaft für Geotechnik/Arbeitskreis

Baugruben: „Empfehlungen des Arbeitskreises ‚Baugruben auf der Grundlage des Teilsicherheitskonzeptes EAB-100" (Ernst, Berlin 1996).

Das *„Normenpaket 100"* enthält u.a. folgende neue Vornorm:

- DIN V 1054-100 „Entwurf, Bemessung und Berechnung in der Geotechnik"

Weiterhin gültig sind nach dem NAD u.a die Normen

- DIN 4020 „Geotechnische Untersuchungen für bautechnische Zwecke"
- DIN 18196 „Bodenklassifikation für bautechnische Zwecke"

Die Festlegung der *Bodenkenngrößen* aus bodenmechanischen Versuchen oder nach Tabellenwerten ist jetzt auch in DIN V 1054-100 geregelt (mit Anhang A: „Obere charakteristische Werte der Wichte" und „Untere charakteristische Werte der Scherfestigkeit"). DIN 1055, Teil 2 „Lastannahmen für Bauten, Bodenkenngrößen" und die EAU 1990 werden im NAD nicht mehr genannt. *Charakteristische Werte* sind definiert als „Betrag einer Einwirkungs- oder Widerstandsgröße, der den ungünstigsten maßgebenden Zustand beschreibt". Diese Werte sind aufgrund von Versuchen, Messungen, Rechnungen oder Erfahrungen festzulegen. Wegen der Heterogenität des Untergrundes, Veränderungen bei der Probenahme und wegen Meßungenauigkeiten sind die ermittelten bodenmechanischen Werte mit angemessenen Zu- oder Abschlägen zu versehen, bevor sie in die Berechnungen als charakteristische Werte eingehen. Diese sollen auf der sicheren Seite des statistischen Mittelwertes, z.B. zwischen Mittelwert und der 5%-Fraktile liegen. Vorerst gilt hier auch DIN 4020.

Die charakteristischen Werte sind Bestandteil des *„Neuen Sicherheitskonzeptes"*, das der neuen europäischen Normung zugrunde liegt. Im Unterschied zu dem bisherigen (aber immer noch gültigen) globalen Sicherheitskonzept, in dem mit Sicherheitsfaktoren für bestimmte Lastfälle gearbeitet wird, benutzt der neue Ansatz *Teilsicherheitsbeiwerte für Einwirkungen* und *Teilsicherheitsbeiwerte für Widerstände*. Die charakteristischen Werte der Einwirkungen werden mit Teilsicherheitsbeiwerten multipliziert, die charakteristischen Werte der Widerstände durch Teilsicherheitsbeiwerte dividiert (im einzelnen s. SMOLTCZYK 1996 und Deutsche Gesellschaft für Geotechnik / Arbeitskreis Baugruben: „Empfehlungen des Arbeitskreises ‚Baugruben' auf der Grundlage des Teilsicherheitskonzeptes EAB-100"; Ernst, Berlin 1996).

Das neue Normenwerk befindet sich z. Z. noch in der Erprobung und ist deshalb noch nicht verbindlich. Man wird sich jedoch auf absehbare Zeit, zumindest versuchsweise, damit auseinandersetzen müssen.

1.2.1 Wichtige geltende Normen

DIN 1054	Zulässige Belastung des Baugrundes
DIN 1055, T 2	Lastannahmen für Bauten; Bodenkenngrößen, Wichte, Reibungswinkel, Kohäsion, Wandreibungswinkel
DIN 4020	Geotechnische Untersuchungen für bautechnische Zwecke
DIN 4021	Aufschluß durch Schürfe, Bohrungen und Entnahme von Proben
DIN 4022, T1	Benennen und Beschreiben von Boden und Fels; Schichtenverzeichnis für Bohrungen ohne durchgegehende Gewinnung von gekernten Proben im Boden und im Fels
DIN 4022, T2	Benennen und Beschreiben von Boden und Fels; Schichtenverzeichnis für Bohrungen im Fels (Festgestein)
DIN 4022, T3	Benennen und Beschreiben von Boden und Fels; Schichtenverzeichnis für Bohrungen mit durchgehender Gewinnung von gekernten Proben im Boden (Lockergestein)
DIN 4023	Baugrund- und Wasserbohrungen, zeichnerische Darstellung der Ergebnisse
DIN 4049, T 1	Hydrologie, Grundbegriffe
DIN 4049, T 3	Hydrologie, Begriffe zur quantitativen Hydrologie
DIN 4094	Erkundung durch Sondierungen mit Beiblatt 1, Anwendungshilfen und Erklärungen
DIN 4096	Flügelsondierungen; Maße des Gerätes, Arbeitsweise, Auswertung
DIN 4123	Gebäudesicherung im Bereich von Ausschachtungen, Gründungen und Unterfangungen
DIN 4124	Baugruben und Gräben; Böschungen, Arbeitsraumbreiten, Verbau
DIN 4924	Filtersande und Filterkiese für Brunnenfilter
DIN 4925, T1-3	Kunststoff-Filter- und Vollwandrohre aus weichmacherfreiem Polyvinylchlorid (PVC-U) für Bohrbrunnen mit Querschlitzung und Gewinde
DIN 18123	Baugrund, Untersuchung von Bodenproben, Bestimmung der Korngrößenverteilung
DIN 18130	Baugrund, Versuche und Versuchsgeräte; Bestimmung des Wasserdurchlässigkeitsbeiwertes, Laborversuche
DIN 18196	Erd- und Grundbau; Bodenklassifikation für bautechnische Zwecke
DIN 18299	Verdingungsordnung für Bauleistungen (VOB), Teil A: Besondere Leistungen
DIN 18300	Verdingungsordnung für Bauleistungen (VOB), Teil C: Allgemeine Technische Vertragsbedingungen für Bauleistungen, Erdarbeiten

DIN 18301	Verdingungsordnung für Bauleistungen (VOB) , Teil C: Allgemeine Technische Vertragsbedingungen für Bauleistungen, Bohrarbeiten
DIN 18302	Verdingungsordnung für Bauleistungen (VOB) , Teil C: Allgemeine Technische Vertragsbedingungen für Bauleistungen, Brunnenbauarbeiten
DIN 18303	Verdingungsordnung für Bauleistungen (VOB), Teil C: Allgemeine Technische Vertragsbedingungen für Bauleistungen, Verbauarbeiten

1.2.2 Weitere Regelwerke, Richtlinien und Empfehlungen

Arbeitshilfen Altlasten:	Bundesministerium für Raumordnung, Bauwesen und Städtebau Ref. B II 5, Bundesministerium der Verteidigung U-Abt. U III: Arbeitshilfen Altlasten zur Anwendung der baufachlichen „Richtlinie für die Planung und Ausführung der Sicherung und Sanierung belasteter Böden" des BMBau für Liegenschaften des Bundes (Bonn 1996)
BBergG	Bundesberggesetz vom 13.08.1990 (BGBL, I S.1310), in Kraft am 1.01.1982, zuletzt geändert am 6.06.1995, BGBl. I S.778
GDA	Deutsche Gesellschaft für Geotechnik DGGT e.V., Essen: Empfehlungen des Arbeitskreises Geotechnik der Deponien und Altlasten
EAB	Deutsche Gesellschaft für Geotechnik DGGT e.V., Essen: Empfehlungen des Arbeitskreises Baugruben
EAU	Hafenbautechnische Gesellschaft und Deutsche Gesellschaft für Erd- und Grundbau e.V., Essen: Empfehlungen des Arbeitsausschusses „Ufereinfassungen"
DVGW	Deutscher Verein des Gas- und Wasserfachs e.V., Bonn (Merkblätter):
W 110	Geophysikalische Untersuchungen in Bohrlöchern und Brunnen zur Erschließung von Grundwasser
W 111	Technische Regeln für die Ausführung von Pumpversuchen bei der Wassererschließung
W 114	Gewinnung und Entnahme von Gesteinsproben bei Bohrarbeiten zur Wassererschließung
W 115	Bohrungen bei der Wassererschließung
W 116	Verwendung von Spülungszusätzen in Bohrspülungen bei der Erschließung von Grundwasser
W 120	Verfahren für die Erteilung der DVGW-Bescheinigung für Bohr- und Brunnenbauunternehmen
W 121	Bau und Betrieb von Grundwasserbeschaffenheitsmeßstellen

DVWK   Deutscher Verband für Wasserwirtschaft und Kulturbau e.V., Bonn (Schriften, Regeln bzw. Merkblätter zur Wasserwirtschaft, insbesondere auch der Grundwasseruntersuchung) z.B. Schriften Heft 107: Grundwassermeßgeräte (1994)

FGSV   Forschungsgesellschaft für das Straßen- und Verkehrswesen e.V., Köln (Merkblätter und Arbeitsanweisungen)

Hauptverband der gewerblichen Berufsgenossenschaften, Zentralstelle für Unfallverhütung und Arbeitsmedizin: Richtlinien für Arbeiten in kontaminierten Bereichen (ZH 1/183), Sankt Augustin (1992)

ITVA   Ingenieurtechnischer Verband Altlasten e.V., Berlin Arbeitshilfe -F 2 - 1: Aufschlußverfahren zur Feststoffprobengewinnung für die Untersuchung von Verdachtsflächen und Altlasten (1995)

LAGA   Länderarbeitsgemeinschaft Abfall, Bonn (Merkblätter, Richtlinien, Informationsschriften) z.B. PN 2/78: Entnahme und Vorbereitung von Proben aus festen, schlammigen und flüssigen Abfällen (1993)

Landesamt für Wasser und Abfall Nordrhein-Westfalen: Leitfaden zur Grundwasseruntersuchung bei Altablagerungen und Altstandorten, LWA-Materialien 7/89, Düsseldorf

Landesumweltamt Nordrhein-Westfalen: Anforderungen an Gutachter, Untersuchungsstellen und Gutachten bei der Altlastenbearbeitung. Materialien zur Ermittlung und Sanierung von Altlasten, Essen (1995)

Ministerium für Ernährung, Landwirtschaft, Umwelt und Forsten Baden-Württemberg: Altlasten-Handbuch, Teil 1: Altlastenbewertung, Stuttgart (1987)

Niedersächsisches Landesamt für Bodenforschung: Anleitung zum Erstellen hydrogeologischer Schichtenverzeichnisse, Hannover (1990)

Niedersächsisches Umweltministerium: Altlastenprogramm des Landes Niedersachsen, Altablagerungen, Altlastenhandbuch I, Allgemeiner Teil, Hannover (1993)

Niedersächsisches Landesamt für Ökologie, Niedersächsisches Landesamt für Bodenforschung: Altlastenhandbuch des Landes Niedersachsen: Materialienband „Geologische Erkundungsmethoden", Springer, Berlin (1997)

PREUSS, H., VINKEN, R. & VOSS , H.-H.: Symbolschlüssel Geologie, Symbole für die Dokumentation und die Automatische Datenverarbeitung geologischer Feld- und Aufschlußdaten, BGR, Hannover (1991)

TASi   Dritte allgemeine Verwaltungsvorschrift zum Abfallgesetz (TA Siedlungsabfall): Technische Anleitung zur Verwertung,

	Behandlung und sonstigen Entsorgung von Siedlungsabfällen, vom 14.05.1993 (Bundesanzeiger, S. 4968 mit Beilage)
TASo	Zweite allgemeine Verwaltungsvorschrift zum Abfallgesetz (TA Abfall), Teil 1: technische Anleitung zur Lagerung, chemisch/physikalischen, biologischen Behandlung, Verbrennung und Ablagerung von besonders überwachungsbedürftigen Abfällen vom Dezember 1990 (Bekanntmachung 12.03.1991, GMBl. S. 139, ber. S. 469)
VDI	Verein Deutscher Ingenieure (Richtlinien; Beuth, Berlin)

Literatur

ARNOLD, W. (1993): Flachbohrtechnik. Deutscher Verlag für die Grundstoffindustrie, Leipzig Stuttgart

BENDER, F. (1984): Angewandte Geowissenschaften, Bd. **3,** Geologie der Kohlenwasserstoffe, Hydrogeologie, Ingenieurgeologie, Angewandte Geowissenschaften in Raumplanung und Umweltschutz. Enke, Stuttgart

BENTZ, A. & MARTINI, H.J. (1969): Lehrbuch der Angewandten Geologie, Bd. **II/2** Geowissenschaftliche Methoden, Zweiter Teil, Hydrogeologie, Ingenieur-, Talsperren- und Wasserbaugeologie, Mathematische Verfahren, Bohrlochbearbeitung, Luftbildgeologie, Vermessung. Enke, Stuttgart

Deutsche Gesellschaft für Geotechnik/Arbeitskreis „Baugruben" (1996): Empfehlungen des Arbeitskreises „Baugruben" auf der Grundlage des Teilsicherheitskonzeptes: EAB-100. Ernst, Berlin

Deutsche Gesellschaft für Geotechnik/Arbeitskreis „Geotechnik der Deponien und Altlasten" (1993): Empfehlungen des Arbeitskreises „Geotechnik der Deponien und Altlasten": GDA. Ernst, Berlin

Hafenbautechnische Gesellschaft und Deutsche Gesellschaft für Erd- und Grundbau /Arbeitsausschuß Ufereinfassungen (1990): Empfehlungen des Arbeitsausschusses Ufereinfassungen : EAU 1990. Ernst, Berlin

KEIL, K., F.,G. (1959): Geotechnik. 3. Aufl. VEB Wilhelm Knapp, Halle

KEILHACK, K.(1896): Lehrbuch der praktischen Geologie. Enke, Stuttgart

KÉZDI, A. (1973): Handbuch der Bodenmechanik, Bd. **III**, Bodenmechanisches Versuchswesen. VEB Verlag für Bauwesen, Berlin

Niedersächsisches Landesamt für Ökologie, Niedersächsisches Landesamt für Bodenforschung (1997): Altlastenhandbuch des Landes Niedersachsen, Materialienband „Geologische Erkundungsmethoden". Springer, Berlin Heidelberg NewYork Tokio

SCHULTZE, E. & MUHS, H. (1967): Bodenuntersuchungen für Ingenieurbauten. Springer, Berlin Heidelberg NewYork Tokio

SCHULZ, N. & WIENBERG, R. (1994): Bodenansprache bei altlastenverdächtigen Auffüllungen. altlasten-spektrum **2/94**: 79-82

SMOLTCZYK, U. (1996): Grundbautaschenbuch, Bd. **1**, 5. Aufl. Ernst, Berlin

2 Geologische Voruntersuchungen

JOACHIM HOFMANN

Geologische Voruntersuchungen liefern Informationen über den geologischen Aufbau des unmittelbaren Untergrundes und des Umfeldes von Altlasten und Deponien. Sie bilden die Grundlage für die detaillierte Erkundung und Standortbeurteilung. Die Ergebnisse der Voruntersuchungen und das daraus abgeleitete geologische Modell sind für die Planung geophysikalischer Messungen, Aufschlußarbeiten, Probenahmen und andere Maßnahmen wichtig. Die Ausdehnung des zu untersuchenden Gebietes hängt im wesentlichen meist von seinem geologischen Bau, von der Größe des regionalen Grundwassersystems, aber auch von der Art und Menge der abgelagerten Schadstoffe ab.

Am Anfang wird die in der Geologischen Karte (vorzugsweise im Maßstab 1:25.000) dargestellte Situation auf den betreffenden Flächen interpretiert. Diese Angaben sind durch geologische Feldarbeiten zu überprüfen, teilweise zu revidieren und durch spezielle Informationen zu ergänzen. Kommunikation mit Behörden, Grundbesitzern, Einheimischen kann zusätzliche wertvolle Informationen erschließen. In den östlichen Bundesländern ist Wissen um das Vorhandensein und die Zugangsmöglichkeiten zu Ergebnissen nicht publizierter, zwischen 1945 und 1989/90 mit unterschiedlichen Zielstellungen im Untersuchungsgebiet durchgeführter Arbeiten gefragt.

Geologische Feldarbeiten für die Standorterkundung werden in Maßstäben durchgeführt, welche die Genauigkeit der üblichen Kartierungen für die Geologische Karte 1: 25.000 übersteigen. Bei ungünstigen natürlichen Aufschlußverhältnissen (z.B. im Flachland) ist die notwendige Datendichte häufig erst mit Sondierungen, Schürfen, Bohrungen, geophysikalischen Messungen, Probenahmen und Laboruntersuchungen zu erreichen. Die Bedeutung der durch unmittelbare Beobachtung mit geologisch geschulten Augen im Feld gewinnbaren Informationen wird jedoch häufig unterschätzt. Ein Literaturvergleich zeigt, daß Lehr- und Handbücher der „Feldgeologie" seit Erscheinen des mehrbändigen „Lehrbuches der Angewandten Geologie" (BENTZ 1961-1969) und der „Angewandten Geowissenschaften" (BENDER 1981-1986) in der deutschsprachigen geologischen Fachliteratur fehlen. Der Trend, mit technisch aufwendigen Methoden Sachverhalte zu erfassen, die durch geologische Feldbeobachtungen sicher, schnell und kostengünstig erkennbar sind, ist nicht zu übersehen

Die geologische Voruntersuchung gliedert sich i. allg. in die Abschnitte Karten- und Luftbildauswertung sowie Planung und Durchführung der geologischen Feldarbeiten mit Interpretation und Entwurf eines vorläufigen Untergrundmodells.

2.1 Geologische Karten

Grundlage geologischer Voruntersuchungen von Altlasten, Deponien und Deponiestandorten ist die Geologische Karte. Das historisch gewachsene, amtliche Geologische Kartenwerk der Bundesrepublik Deutschland beruht auf der Geologischen Karte (GK) 1:25.000, auf deren Grundlage Geologische Karten i.M. 1:50.000, 1:100.000, 1:200.000 abgeleitet sind. Trotz mehr als 125jähriger geologischer Kartierung in Deutschland liegt die GK 1:25.000 noch nicht flächendeckend vor. Andererseits wurden bereits zahlreiche ältere Ausgaben neu bearbeitet.

Auf Geologischen Karten ist die Oberflächenverbreitung von Locker- und Festgesteinen durch Flächensignaturen und die Lage der geologischen Grenzen (Gesteinsgrenzen, Bruchstörungen) durch Liniensignaturen maßstabsgetreu dargestellt. Die Lage kleinerer, flächiger geologischer Objekte ist - oft nicht maßstabsgetreu - durch Punktsignaturen markiert. Zur Erläuterung der Signaturen finden lateinische oder griechische Buchstaben Verwendung. Signaturen der amtlichen Geologischen Karten folgen Normen (DIN) bzw. Festlegungen der Geologischen Dienste der Bundesländer (vormals Geologische Landesämter) und der Bundesanstalt für Geowissenschaften und Rohstoffe (BGR). Boden- und Verwitterungsbildungen sind auf Geologischen Karten in der Regel nicht berücksichtigt.

Geometrisch ist die geologische Karte als eine orthogonale Projektion von Schnittfiguren geologischer Körper mit der Geländeoberfläche bzw. von Schnittlinien der diese schneidenden oder versetzenden geologischen Flächen auf die Kartenebene zu betrachten. Soweit es die Dimension Geologischer Körper gestattet, erfolgt die Darstellung maßstabsgetreu. Im Interesse einer vollständigen Erfassung geologischer Erscheinungen wird häufig von diesem Prinzip abgewichen. So sind auf den GK 1:25.000 oft wenige Meter mächtige markante Gesteine (Leithorizonte, Gesteins- und Mineralgänge) dargestellt, deren geringe Mächtigkeit eine maßstabsgetreue Abbildung nicht zulassen würde.

Maßstäbe Geologischer Karten
Geologische Karten werden nach ihren Maßstäben in folgende Gruppen gegliedert:
- Geologische Pläne   > 1:1.000
- Geologische Karten großen Maßstabes   1:5.000 bis 1:100.000
- Geologische Karten mittleren Maßstabes   1:100.000 bis etwa 1:200.000
- Geologische Karten kleinen Maßstabes   < 1: 200.000

Geologische Kartierungen (Aufnahmen) erfolgen meist auf der Grundlage der Deutschen Grundkarte i.M.1:5000 (DGK 5) oder der Topographischen Karte i.M.1:10 000 (TK 10), die danach als Aufnahmemaßstäbe bezeichnet werden. Die unmittelbar aus den Aufnahmemaßstäben abgeleitete Geologische Karte i.M.1:25.000 (Geologische Grundkarte, GK 25) ist das im größten Maßstab herausgegebene amtliche Geologische Kartenwerk. Geologische Pläne sind nicht Bestandteil des amtlichen geologischen Kartenwerkes, jedoch in der Lagerstätten-, Hydro-, Ingenieur- und Umweltgeologie übliche Darstellungen, Teile des Grubenrißwerkes sowie Bestandteil von Gutachten und Projektierungsarbeiten. Maßstabsgetreue Aufschlußdokumentationen werden gleichfalls als geologische Pläne bezeichnet.

2.1.1. Geodätische und topographische Grundlagen Geologischer Karten

Kenntnisse über die amtliche Topographische Karte (TK) 1:25.000 (in östlichen Bundesländern vielfach 1:10.000) und das Topographische Kartenwerk sind Voraussetzung für den Umgang mit Geologischen Karten. Da die topographische Grundlage Geologischer Karten der aktuellen topographischen Situation des betrachteten Gebietes meist nicht mehr entspricht, sollten Geologische Karten in den Maßstäben 1:25.000 und 1: 50.000 stets in Verbindung mit den neuesten Auflagen der Topographischen Karte gleichen Maßstabes gehandhabt werden. Zudem stimmen GK 1:25.000, die vor Einführung der Normalausgabe der TK 1:25.000 erschienen, in Blattschnitt und Höhenangaben oft nicht mit dieser überein. Dies sind Erstausgaben von Blättern der GK 1:25.000 ehemaliger deutscher Staaten aus dem letzten Viertel des vorigen Jahrhunderts, in denen Höhenlinien entweder fehlen oder in nichtmetrischen Maßeinheiten (z.B. in Fuß) angegeben sind.

2.1.1.1 Geodätische Grundlagen

Einheitliche geodätische Grundlage des amtlichen topographischen Kartenwerkes der Bundesrepublik ist das BESSEL-Erdellipsoid. Auf dem Gebiet der neuen Bundesländer bestanden bis 1989 *z w e i* amtliche geodätische Grundlagen d.h. 2 TK i.M. 1:25.000, z.T. i.M. 1:10.000, die einen von den Topographischen Karten der alten Bundesländer abweichenden Blattschnitt aufweisen (Tabelle 2.1):

- Die TK in der „Ausgabe für die Volkswirtschaft" (AV), der ebenfalls das BESSEL-Ellipsoid zugrunde liegt und die folglich, ungeachtet des differierenden Blattschnittes, an die TK 1:25.000 der alten Bundesländer angepaßt werden kann.

- Die TK in der „Ausgabe für den Staat" (AS), die auf dem KRASSOWSKI-Ellipsoid beruht.

Tabelle 2.1: Die wesentlichen Merkmale der Topographischen Karten des amtlichen deutschen Kartenwerkes, nach Angaben des Landesvermessungsamtes Sachsen gekürzt und verändert

	Topographische Karte (N)					Topogr. Karte (AS)		Topogr. Karte (AV)		
Geodätische Grundlage	konforme querachsige Zylinderprojektion									
Bezugsellipsoid	Erdellipsoid n.Bessel Abbildg. im 3°-Meridianstreifensystem Mittelmeridiane: 12° u.15° östl.Greenw.					Erdellipsoid n. Krassowski Abbildg. im 6°-Merid.-streifensystem Mittelmeridiane: 9° u.15° östl.Greenw.		Erdellipsoid n. Bessel Abbildg. im 3°-Merid.-streifensystem Mittelmeridiane: 12° u.15° östl.Greenw.		
Koordinatensystem	Gauß-Krüger									
Höhenangaben	Bezugspunkt Höhennormal (HN, Pegel von Kronstadt) Differenz zu Normalnull (NN), Amsterdamer Pegel) beträgt durchschnittl. +0,1m NN = HN +0,1m									
Maßstab	1:10 000	1:25000	1:50000	1:100 000	1:200 000	1:10 000,	1.25000,	1:50000,	1:100 000,	1.200 000
Blattschnitt	5'x3'	10'x6'	20'x12' 40'x24'		80'x48'	3'45"x2'30"	7'30"x5'	15'x10'	30'x20'	60'x40'
Bildformat (cm)	58x55		46x44			46x44		37x35		
Naturfläche (km^2)	32	128	512	2048	8192	20	80	320	1280	5120
Karteninhalt	vollständig entsprechend maßstabsbedingter Darstellungsmöglichkeiten					vollständig entsprechend maßstabsbedingter Darstellungsmöglichkeiten		teilweise mit Festpunktdarstellung und ohne Angaben von militärischer Bedeutung		
	Darstellung der Gemeindegrenzen									
	nur im Maßstab 1:10 000 u. 1:25000					nur im Maßstab 1:10 000		im Maßstab 1:10 000 bis 1:20 000		
Geländeformen	Höhenlnien mit den Haupthöhenliniensystemen im Maßstab									
	1:10 000	1:25 000	1:50 000	1: 100 000	1:200 000					
	1 m 2,5 m 5 m	5m	10m	20m	40m					

Nach 1990 wurden Blattschnitt, geodätische Grundlagen und Karteninhalt der Topographischen Karten der neuen Bundesländer an diejenigen der alten Bundesländer angepaßt. Die Maßstäbe 1:25.000, 1:50.000 und 1:100.000 sind flächendeckend fertiggestellt. Die TK 1:10.000 ist in Bearbeitung und liegt im einheitlichen Blattschnitt noch nicht komplett vor. Die in den alten Bundesländern vorhandene Deutsche Grundkarte 1:5.000 (DGK 5) wird in den neuen Bundesländern vorerst nicht hergestellt. Bei Verwendung und Auswertung nichtamtlicher bzw. unveröffentlichter Geologischer Karten sind deshalb die unterschiedlichen geodätischen Grundlagen bzw. der Blattschnitt der TK 1:10.000 sowie die sich daraus ergebenden Anpassungsprobleme zu berücksichtigen.

2.1.1.2 Topographisches Kartenwerk

Geodätisch-topographische Grundlage des Geologischen Kartenwerkes 1:25.000 ist die Normalausgabe der TK 1:25.000 (vor 1945 „Meßtischblatt" genannt), die wiederum auf der TK 1:10.000 als Grundkarte aufbaut. Die TK 1:10.000 hat einen Blattschnitt von 5 Längen- und 3 Breitenminuten (5' · 3'). Auf ihr sind durch Höhenlinien (Isohypsen) das Geländerelief, ferner die Höhen markanter geographischer Punkte, trigonometrische Punkte, das Drainagesystem und stehende Gewässer, Grundzüge der Vegetationsverteilung und der Landschaftsnutzung, Verkehrsbauten und Wege, bebaute Flächen, Einzelbauwerke sowie weitere Details dargestellt. Die Folgemaßstäbe der TK 1:10.000 umfassen die TK 1:25.000, 1:50.000, 1:100.000 und 1:200.000. Tabelle 2.1 zeigt Blattschnitt, Format und Flächengrößen der TK 1:10.000 bis 1:200.000 im Überblick. Den Aufbau des Topographischen Kartenwerkes in den o.g. Maßstäben zeigt Abb.2.1.

2.1.1.3 Liegenschaftskarten

Neben der Topographischen Karte existiert die meist im Maßstab 1:2.000 gehaltene Liegenschaftskarte („Flurkarte"), in der unter Verzicht auf Darstellung des Geländreliefs und anderer topographischer Details maßstäblich verkleinerte Grundrißbilder von Liegenschaften (Flurstücke, Gebäude), deren Grenzen und Markierungen (Grenzsteine), Gebäude und Wege dargestellt sind. Liegenschaftskarten werden bei geologischen Arbeiten häufig als Grundlage für Feinkartierungen, Projektierungen und Gutachten verwendet.

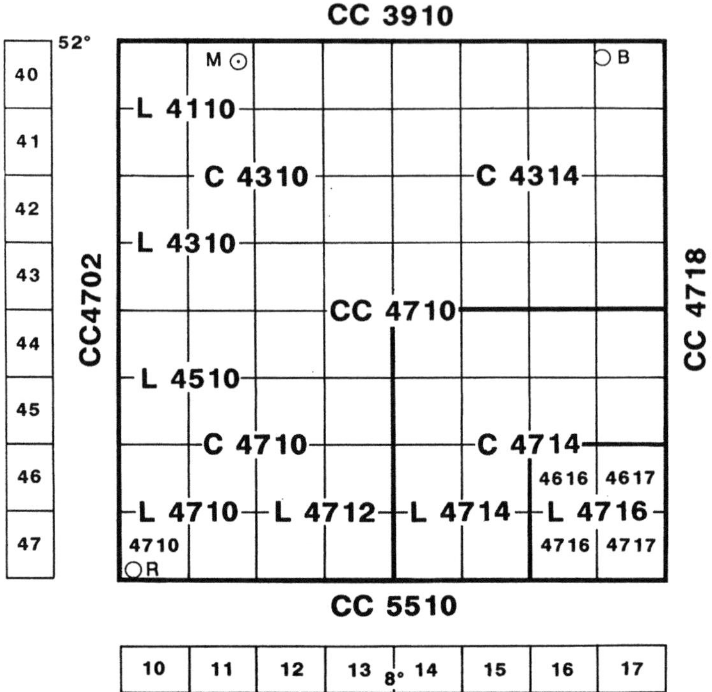

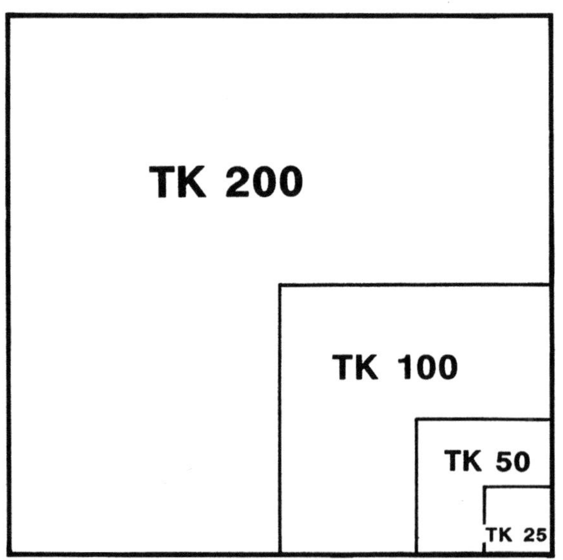

Abb.2.1: Aufbau und Blattschnitt des amtlichen topographischen Kartenwerkes

2.1.1.4 Kartenorientierung - Eckpunkte und Nordrichtungen

Die Ränder der amtlichen deutschen topographischen Karten folgen Meridianen. Die Mittellinie eines Kartenblattes wird vom sog. Hauptmeridian gebildet. Oberer und unterer Kartenrand folgen Breitenkreisen. Die Eckpunkte des Kartenblattes sind mithin durch die Schnittpunkte von Meridianen und von Breitenkreisen eindeutig fixiert.

Einer Karte sind 3 „Nordrichtungen" zu entnehmen: „Geographisch-Nord" wird durch die Meridianlinien angegeben. „Gitter-Nord" entspricht den senkrechten Linien des geodätischen Gitters (s.u.). „Magnetisch-Nord" bezeichnet die Orientierung der Horizontalkomponente des geomagnetischen Feldes. Magnetisch-Nord ist in der Karte nicht dargestellt, kann jedoch den Randangaben entnommen werden. Magnetisch-Nord ist zu berücksichtigen, wenn durch Kompaßmessungen ermittelte Raumlagen flächenhafter oder linearer geologischer Elemente oder Kompaßzüge auf die Karte übertragen werden.

In den Randangaben der Kartenblätter sind die Divergenzen (Mißweisungen) zwischen den 3 Nordrichtungen angegeben:

Deklination (δ):	Divergenz zwischen Geographisch- und Magnetisch-Nord
Nadelabweichung:	Divergenz zwischen Gitter-Nord und Magnetisch-Nord
Meridiankonvergenz :	Divergenz zwischen Geographisch-Nord und Gitter-Nord

2.1.1.5 Koordinaten Topographischer Karten - GAUSS-KRÜGER- und UTM-Koordinaten

Ebene rechtwinklige Koordinaten ermöglichen präzise Orstangaben auf topographischen Karten. Die Abszisse verläuft parallel zu den Breitenkreisen, die Ordinate dagegen parallel zu ausgewählten Meridianen; zu den übrigen Meridianen besteht Meridiankonvergenz (s.o.). Höhen über dem Bezugsniveau der jeweiligen Karte können dem Höhenlinenbild entnommen werden.

GAUSS-KRÜGER - Koordinaten:

Für die amtlichen deutschen topographischen Karten und die AV-Ausgaben der TKn der neuen Bundesländer gelten GAUSS-KRÜGER-Koordinaten („Hoch- und Rechtswerte"). GAUSS-KRÜGER-Koordinaten sind auf der TK 1:25.000 entweder am Kartenrahmen, meist aber als Gitternetz von 4 cm (= 1 km) Seitenlänge eingedruckt. Die Koordinaten eines Punktes sind durch Hoch- und Rechtswert definiert.

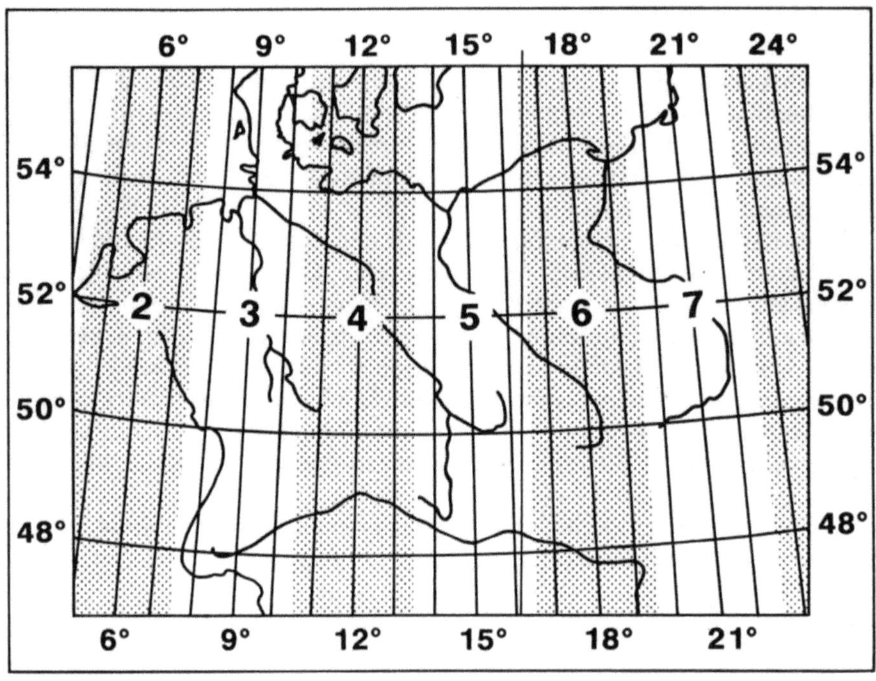

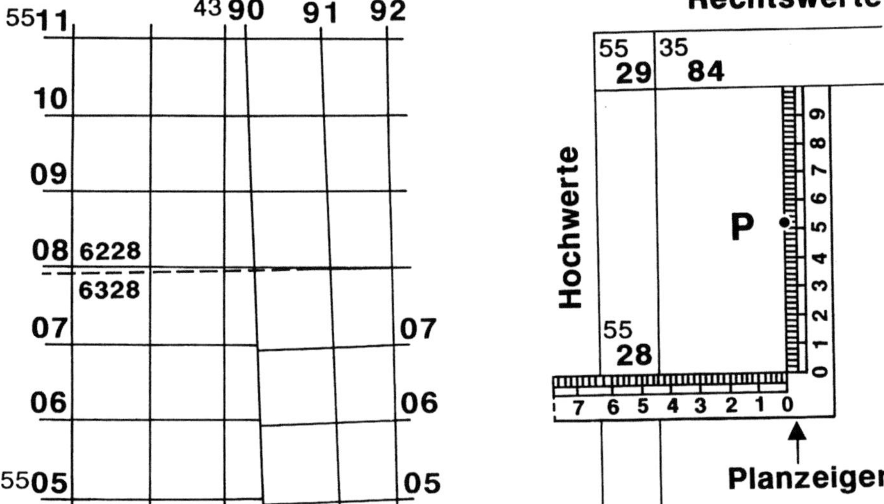

Abb.2.2: GAUSS-KRÜGER- und UTM-Koordinaten; *oben*: das System der Meridianstreifen in Europa; *unten links*: Gittergrenze zweier Meridianstreifen auf einer TK 25; *unten rechts*: Ermittlung des Hoch- u. Rechtswertes mittels Planzeiger auf der TK 25 (nach VOSSMERBÄUMER 1991 u. LINKE 1992

Der Hochwert (HW,H) gibt den Abstand eines Punktes auf einer Gitterlinie vom Äquator im Metern an. Der Rechtswert (RW,R) bezieht sich auf das System der Haupt-(Mittel-)Meridiane der Meridianstreifen (Abb. 2.2 oben). Vom 0°-Meridian (Greenwich) ausgehend, wird jeder 3. Längengrad zum „Haupt- oder Mittelmeridian" für einen Meridianstreifen von 3° Breite erklärt: 3°(östl. Länge): Streifen No.1, 6°: Streifen No.2 usw. Die Nummer des Meridianstreifens bildet die 1. Stelle des Rechtswertes. Seine Länge kann folglich durch Multiplikation der 1. Stelle des Rechtswertes mit dem Faktor 3 ermittelt werden. Vom Mittelmeridian erstrecken sich nach W und E jeweils Streifen von 1°30' Breite. Dem Mittelmeridian wird der Wert 500.000 zugeordnet. Die westlich des Mittelmeridians gelegenen Punkte haben Rechtswerte <500.000, die östlich gelegenen Punkte dagegen >500.000. Der Rechtswert gibt folglich den westlichen oder östlichen Abstand eines Punktes vom Mittelmeridian eines Meridianstreifens an (Abb.2.3). Da die Nord-Süd - Gitterlinien dem Hauptmeridian parallel sind, treten an der Grenze benachbarter Meridianstreifen Gitterdivergenzen auf (Abb.2.2 unten links). Bei HW- und RW-Bestimmungen ist die Lage des für die West- bzw. Osthälfte gültigen Mittelmeridians zu beachten. Hoch- und Rechtswerte werden auf der Karte mit dem Planzeiger ermittelt (Abb.2.2 unten rechts). Ihre Bestimmung ist in den Randangaben der Kartenblätter erläutert.

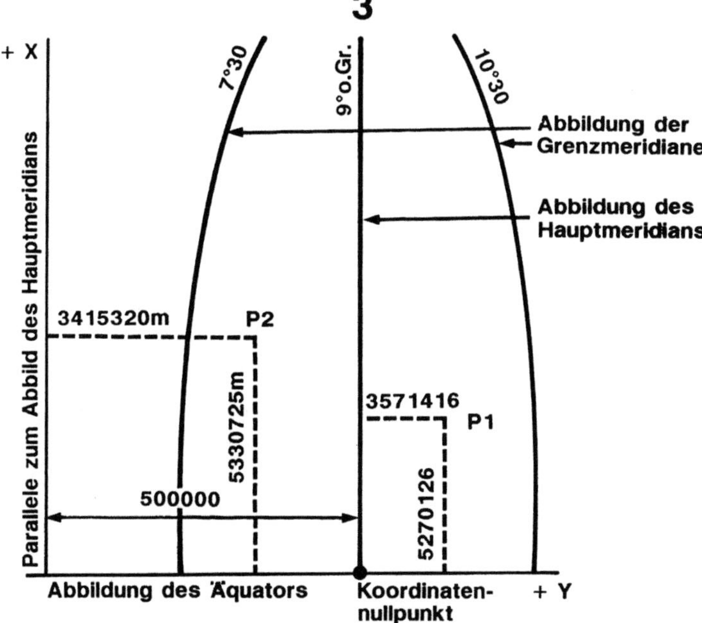

Abb.2.3: Gauss-Krüger-Koordinatensystem (nach Eilers 1995)

UTM - Koordinaten

Das UTM-System (Universal Transversal Mercator Projection) ist ein modifiziertes GAUSS-KRÜGER-System. Es ist militärischen Ursprungs und wird auf neueren topographischen Karten verwendet. Zwischen 80^0N und 80^0S beruht es auf 6^0 breiten Meridianstreifen („Zonen"), deren Mittelmeridiane bei 0^0, 3^0, 6^0 usw. liegen und die, ausgehend vom Meridian von Greenwich, von West nach Ost von 1 - 60 (= 180^0) numeriert sind. Äquatorparallel sind jeweils 8^0 breite „Bänder" („Intervalle") angelegt. Diese werden von N nach S mit Großbuchstaben von C bis X bezeichnet. A,B und Y,Z sind für die Polkappen vorgesehen. Auf I und O wird, um Verwechslungen auszuschließen, verzichtet. Zonen und Bänder verschneiden sich in „Gitterfeldern". So liegt Mitteleuropa (6^0 - 12^0 E, 48^0 - 56^0 N) in der Zone 32 und im Band U. Die Gitterfeldbezeichnung ist folglich 32U. Vom Mittelmeridan ausgehend sind die Gitterfelder in Quadrate von jeweils 100000 m Seitenlänge unterteilt, die nach einem Doppelbuchstaben-Schlüssel benannt sind: von E nach W laufen die Bezeichnungen von A (östlich 180^0 W) entlang des Äquators bis Z 162^0 W . Diesen (18^0 breiten) Intervallen stehen 2000 km - Intervalle für die Breitenkreise gegenüber. Die Gitterfelder sind, wie beim GAUSS-KRÜGER-System, durch ein Gitter weiter gegliedert. Dem jeweiligen Mittelmeridian wird die Zahl 500 zugeordnet. Punkte westlich des Mittelmeridians zeigen kleinere, östlich davon größere Werte. Da im UTM-System die Mittelmeridiane nicht längentreu sind, müssen metrische Längenangaben korrigiert werden. Die Ermittlung von UTM-Koordinaten ist Randangaben auf Kartenblättern zu entnehmen (LINKE 1992; VOSSMERBÄUMER, 1991).

2.1.1.6 Bezugsmöglichkeiten Topographischer Karten

Blätter Topographischer Karten können über die Landesvermessungsämter bezogen werden (Tabelle 2.2). Der Ausgabestand der Maßstäbe wird in den Blattübersichten der Kartenverzeichnisse beschrieben. Auf Anforderung können von den Landesvermessungsämtern auch Topographische Karten nach Kundenwünschen kostenpflichtig erstellt werden.

2.1.2 Geologisches Kartenwerk

Die Gesamtheit der amtlichen geologischen Karten bildet das Geologische Kartenwerk. Es beruht auf der GK 1:25.000 als Grundkarte. Aus ihr werden durch Generalisierung, d.h. durch geologisch sinnvolle Vereinfachung der auf der GK 1:25.000 dargestellten geologischen Situation, Karten kleinerer Maßstäbe (1:50.000 bis 1:100.0000) als geologische Übersichtskarten (GÜK) abgeleitet. Tabelle 2.3 gibt eine Übersicht der in der Bundesrepublik für das Geologische Kartenwerk verwendeten Maßstäbe und enthält Angaben zum Stand ihrer Herausgabe (s. auch Tätigkeitsberichte der Geologischen Dienste).

Die Herstellung geologischer Übersichtskarten erfordert neben einer Generalisierung der GK 1:25.000 jedoch in jedem Falle weiterführende Untersuchungen zur Erarbeitung Kartenblatt-übergreifender stratigraphischer, petrographischer und regionalgeologischer Gliederungen sowie Vorstellungen zum Stockwerksbau und zur Entwicklung der im Kartenblatt dargestellten geologischen Einheiten.

2.1.2.1 Geologische Karte 1:25.000

Die von den Geologischen Diensten (Geologischen Landesämtern) herausgegebene GK 1:25.000 ist die Basiskarte des amtlichen geologischen Kartenwerkes. Ihre Herausgabe begann zwischen 1867 und 1873 in Sachsen, in Preußen und angeschlossenen Nachbarstaaten. Mit Gründung der Geologischen Landesanstalten zwischen 1872 und 1905 wurde die geologische Kartierung i.M. 1:25.000 in Deutschland aufgenommen (VOSSMERBÄUMER 1991). Gegenwärtig liegt die GK 1:25.000 noch nicht flächendeckend vor. Vor allem im norddeutschen Tiefland bestehen aufgrund der aufwendigen Kartierungsmethoden größere Lücken.

Die vielfach in mehreren Auflagen erschienenen Kartenblätter repräsentieren den für ihre Aufnahmejahre aktuellen Stand der Geologie. Der Stand von Feldaufnahme, Bearbeitung und Herausgabe der GK 1:25.000 ist den Kartenübersichten der Geologischen Dienste der Bundesländer zu entnehmen.

Das Layout der GK 1:25.000
Das Layout besteht aus Kartenbild, Kartenrahmen und Randangaben (Abb.2.4). Das Kartenbild zeigt die geologische Situation und die Topographie. Der Kartenrahmen gibt die das Kartenbild umgrenzenden Längen- und Breitenkreise, die geographischen Koordinaten der Eckpunkte und die Bezeichnungen der Nachbarblätter (Anschlußblätter) an.
Die Randangaben umfassen (Angaben z.T. n. VOSSMERBÄUMER 1991):
- Bezeichnung des Kartenwerkes, Blattnamen und Blatt-Nummer
- Herausgeber, Erscheinungsjahr und Ort
- Bearbeiter und Zeitraum der Feldaufnahme
- Erscheinungsjahr und Grunddaten der topographischen Grundlage, Maßstab und Höhenlinienabstände
- Die Erklärungen (Legende) der Flächen-, Linien und Punktsignaturen sowie der zugehörigen Symbole. Für Sedimente wird die stratigraphische Reihenfolge, vom Jüngsten zum Ältesten, eingehalten. In der Karte dargestellte stratigraphische Einheiten sind, unter Angabe ihrer Petrographie, nach stratigraphischen Kriterien (Zone, Stufe, Serie, System) gruppiert. Danach folgen Metamorphite unter Berücksichtigung petrographischer Kriterien, des Metamorphosegrades und evtl. bio- oder lithostratigraphischer Kriterien. Die Darstellung von Magmatiten beginnt mit Vulkaniten und setzt

sich über Tiefen- und Ganggesteine in chronologischer Abfolge und Gliederung in saure, intermediäre und basische Gesteine fort.

- Mächtigkeiten, stratigraphische Gliederung und Lithologie der kartierten Sedimente werden häufig als Säulenprofile dargestellt.
- Ein oder mehrere geologische Schnitte vermitteln Einblicke in den tieferen Untergrund und erschließen somit die 3. Dimension. Im Falle geneigter (homoklinaler) oder gefalteter Lagerung werden Schnitte entweder senkrecht oder parallel zum Schichtstreichen (Quer- und Längsprofile), selten spitzwinklig dazu (d.h. in verzerrenden Schrägprofilen) angelegt. Die Schnittlinien und ihre Endpunkte sind auf der Karte angegeben.

Erläuterungen
Den GK 1:25.000 sind „Erläuterungen" beigegeben, in denen die auf der Karte dargestellte Situation beschrieben wird. Gleichzeitig enthalten die Erläuterungen für das Kartenverständnis wichtige Zusatzinformationen (petrographische und petrochemische Charakteristik von Gesteinen, stratigraphische Gliederungen und Fossillisten, Lagerungsverhältnisse, Bohrprofile, Angaben über nutzbare Gesteine, über die hydrogeologischen Verhältnisse sowie über Böden). Häufig wird ein Abriß der erdgeschichtlichen Entwicklung gegeben. Thematische Karten kleineren Maßstabes können die Erläuterungen ergänzen. Zu beachten ist, daß die Erläuterungen dem zur Zeit der Herausgabe aktuellen geologischen Wissensstand entsprechen. Für Geologen sollte eine optimale Verwendung der GK 1:25.000 stets mit der Auswertung von Fachliteratur und Archivmaterial über das in der Karte dargestellte Gebiet verbunden sein.

Mehrere Auflagen der GK 1:25.000
Die Verbesserung der geodätisch/kartographischen Grundlage, der geologische Erkenntnisfortschritt sowie Nutzerforderungen bedingen geologische Neuaufnahmen (Revisionen) von Blättern der GK 1:25.000. So existieren von zahlreichen Kartenblättern mehrere Neuauflagen, die sich gegenüber älteren Auflagen durch eine aktuellere topographischen Grundlage sowie eine aktualisierte und detailliertere Darstellung der geologischen Verhältnisse auszeichnen. Die Gegenüberstellung von Ausschnitten einer 1. und 2. Auflage zeigt dies deutlich (Abb. 2.5, 2.6). Liegen für ein Kartenblatt mehrere Auflagen vor, so sollten diese mit Erläuterungen stets nebeneinander verwendet werden. Es ist zu berücksichtigen daß in den ersten Auflagen oft präzise geologische und petrographische Feldbeobachtungen dargestellt wurden, die für die Bearbeitung kleinräumiger Objekte oder später überbauter bzw. von Deponien und Aufschüttungen bedeckter Gebiete wertvoll sein können. Die ältere Auflage enthält, ungeachtet ihrer veralteten topographischen Grundlage, Informationen über nicht mehr bestehende Aufschlüsse sowie häufig genaue, in neueren Ausgaben nicht unbedingt dargestellte petrographische Beobachtungen. Holozäne und pleistozäne Bildungen sind oft in größerer Verbreitung als in der Neuauflage dargestellt.

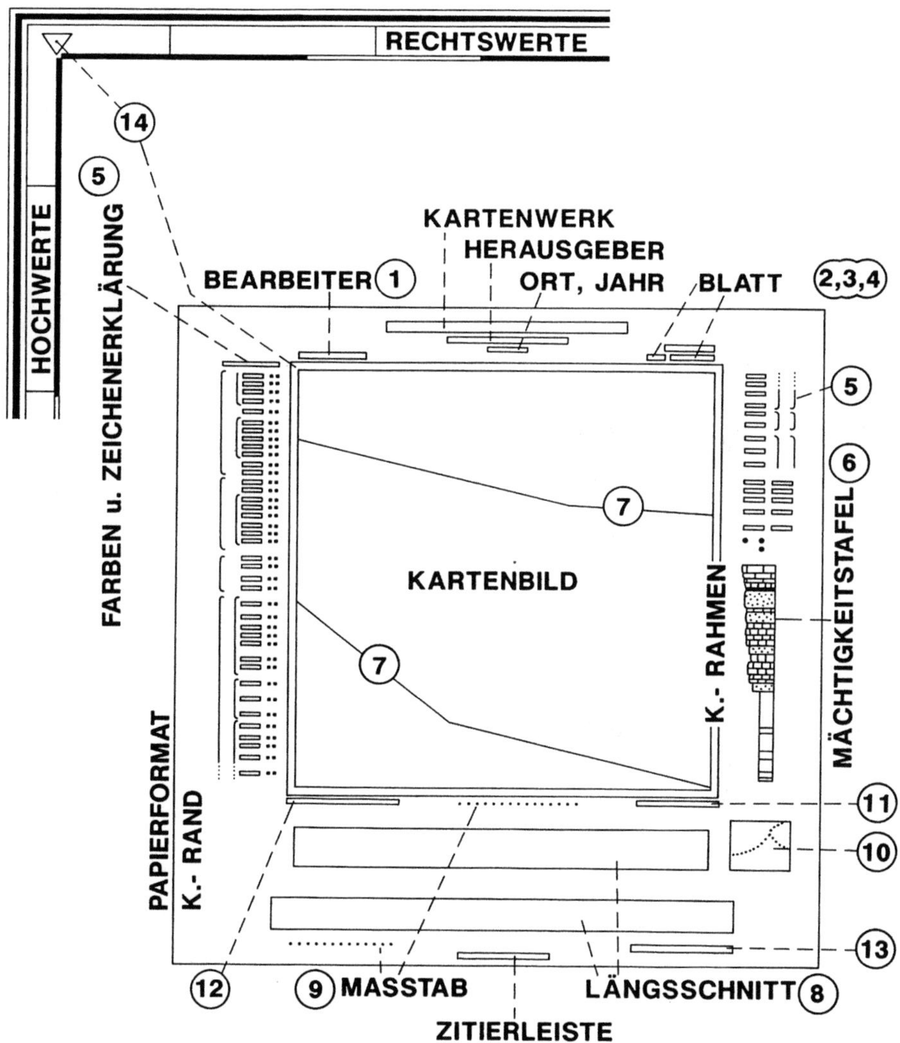

Abb.2.4: Das Layout der Geologischen Karte 1:25.000 (GK25); 1 - Bearbeiter; 2,3,4 - Bundesland, Blattnummer, Blattname; 5 - Legende; 6 - Mächtigkeitstafel (Säulenprofil); 7 - Spuren geologischer Schnitte; 8 - geologische Schnitte; 9 - Maßstab; 10 - Indexkarte (Grenzen der von verschiedenen Kartierern aufgenommenen Flächen); 11 - redaktionelle Angaben; 12 - Angaben zur topographischen Grundkarte; 13 - Zitierleiste; 14 - Kartenrahmen mit geodätischen Koordinaten (an den Ecken) und den Namen der angrenzenden Blätter (in der Mitte der Rahmenseiten) (nach VOSSMERBÄUMER 1991)

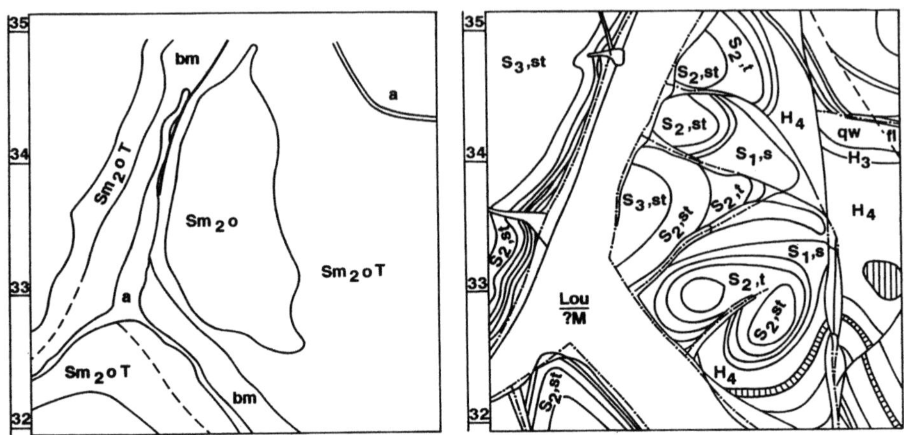

Abb.2.5: Ausschnitt aus der 1. und 2. Auflage einer GK 25, Blatt 4223 Sievershausen (aus VOSSMERBÄUMER 1991); *links*: 1. Auflage Herausgabe 1910; *rechts*: 2. Auflage, Herausgabe 1974; der Erkenntnisfortschritt in der stratigraphischen Untergliederung (Buntsandstein) und in der Bruchtektonik ist deutlich erkennbar

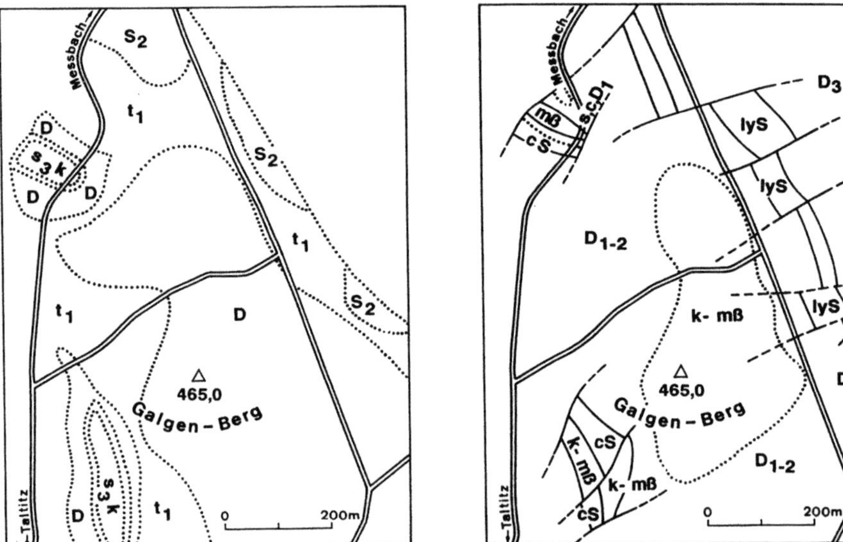

Abb.2.6: Ausschnitt aus der 2. und 3. Auflage der GK 25, Blatt 5538 Plauen-Süd; *links:* 2. Auflage Bl. Plauen-Ölsnitz (1897); *rechts*: Neukartierung (1963), die Reduzierung der Lesesteindecke des Diabasvorkommens Galgenberg fällt in der Neukartierung auf (vergl. „D" und „k-mß"); deutlicher Erkenntnisfortschritt in der Stratigraphie und Tektonik erkennbar

Stand Geologischen Kartierung und Bezug Geologischer Karten
Die regelmäßig erscheinenden Tätigkeitsberichte der Geologischen Dienststellen der Bundesländer und der Bundesanstalt für Geowissenschaften und Rohstoffe (BGR) geben Auskunft über den Stand der geologischen Landesaufnahme, die Herausgabe der GK 1:25.000 und deren Folgemaßstäbe. Geologische Karten können von den o. g. Ämtern bezogen werden (Tabelle 2.3). Von den Geologischen Dienststellen der Bundesländer wird auch Einsicht in zum Druck vorbereitete Blätter der GK 1:25 000 oder in Teilkartierungen gewährt. Ein erheblicher Teil der Geologischen Karten liegt bereits auch in digitaler Form vor.

2.1.2.2 Inhalte Geologischer Karten - komplexe und thematische Karten

Die GK 1:25.000 ist eine komplexe geologische Karte. Sie enthält die vollständige Darstellung der durch direkte Beobachtung erkennbaren geologischen Verhältnisse des kartierten Gebietes. Die Darstellung geringmächtiger (< 1m) holozäner bzw. pleistozäner Bedeckung wird i.d.R. vernachlässigt. Häufig sind auf der geologischen Oberflächenkarte Ergebnisse instrumenteller oder analytischer Untersuchungen dargestellt, d.h. Sachverhalte, die im Gelände nicht direkt erkennbar sind, z.B. geophysikalisch ermittelte geologische Grenzen, Hangend- oder Liegend-Isohypsen von stratigraphischen Einheiten oder von Grundwasserstauern bzw. -leitern. Die Herstellung abgedeckter Karten und Tiefenkarten setzt eine hohe Aufschlußdichte (Bohrungen, geophysikalische Profilierungen und Kartierungen) voraus.

Die thematische geologische Karte weicht vom Grundsatz vollständiger Darstellung der Geologie des kartierten Gebietes ab. Es sind inhaltlich verbundene geologische Sachverhalte dargestellt, denen sowohl Feldbeobachtungen als auch die Ergebnisse von Bohrungen, von geophysikalischen und/oder analytischen Untersuchungen zugrunde liegen. Beispiele für thematische geologische Karten sind Quartärkarten, lithologische oder Lithofazieskarten stratigraphischer Einheiten, Strukturkarten, hydrogeologische und ingenieurgeologische Karten.

Typen Geologischer Karten - abgedeckte Karten und Tiefenkarten
Neben der geologischen Oberflächenkarte sind abgedeckte Karten und Tiefenkarten Teil des Geologischen Kartenwerkes. Die abgedeckte geologische Karte (Abb.2.7 oben) zeigt Verbreitung, Verbands- und Lagerungsverhältnisse der unter einem Deckgebirge anstehenden Gesteine. Meist sind holozäne, pleistozäne und tertiäre Ablagerungen „abgedeckt", d.h. nicht dargestellt, um die geologischen Verhältnisse im Untergrund der quartären und tertiären Bildungen darzustellen. Topographische Grundlage einer abgedeckten Karte ist folglich nicht die Geländeoberfläche, sondern das Relief einer geologischen Fläche, wie z.B. die Liegendfläche (Basis) eines Deckgebirges über Festgesteinen.

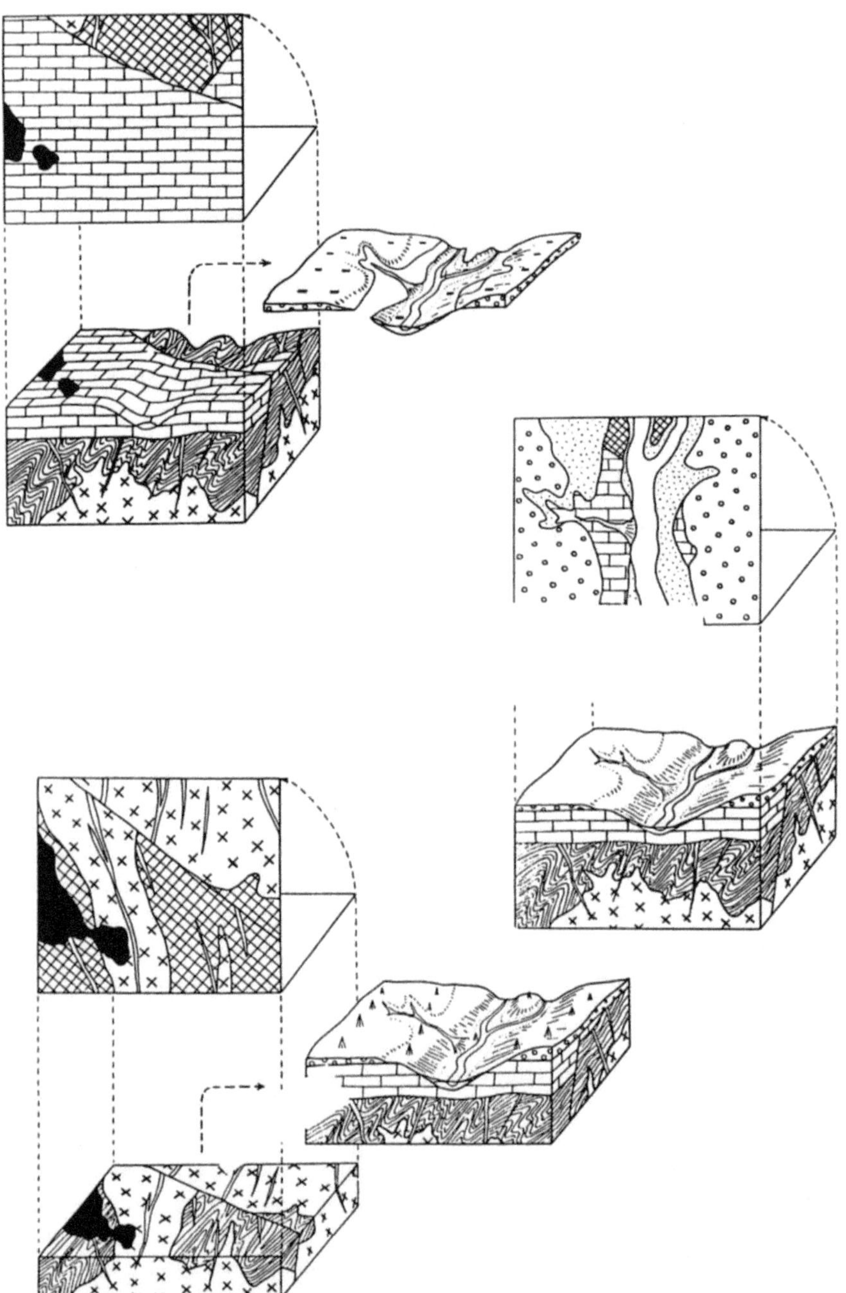

Abb.2.7: Typen Geologischer Karten (schematisch); *rechts:* geologische Oberflächenkarte; *oben:* abgedeckte geol. Karte (quartäre Lockergesteinsschichten entfernt); *unten:* geol. Tiefenkarte (Horizontalschnitt) (nach POUBA 1968)

Die Schnittfiguren und -linien zwischen Bezugsfläche und den darunter anstehenden Gesteinen sind auf abgedeckten Karten in orthogonaler Projektion (s. o.) dargestellt.

Beispiele für mehrfach abgedeckte geologische Karten sind z.B. Blatt Zörbig der GK 1:25.000, Sachsen-Anhalt) sowie Blatt Chemnitz der GÜK 1:200.000, Freistaat Sachsen). Die geologische Tiefenkarte (Abb.2.7 unten) ist ein willkürlich über oder unter NN festgelegter Horizontalschnitt durch die vom Kartenrahmen umgrenzten geologischen Körper. Dieses Kartenbild entspricht folglich dem Bild der Schnittfläche.

2.1.3 Hinweise zur Verwendung Geologischer Karten

Die Verwendung der GK 1:25.000 setzt Wissen über die Methodik der geologischen Kartierung voraus. Generell werden Inhalt und Qualität der GK 1:25.000 durch folgende Kriterien bestimmt:
- Erfahrungen, Situationskenntnis und aktuelles Wissen des kartierenden Geologen
- Aufschlußgrad des Geländes
- Aktualität der topographischen Grundlage (Aufnahmekarte), i.d.R. der TK 1:5.000 (alte Bundesländer) oder der TK 1:10.000 (neue Bundesländer)
- Geodätische Genauigkeit, mit der die Feldbeobachtungen fixiert wurden
- Wissensstand über die geologische Großeinheit, dem das zu kartierende Gebiet angehört

Traditionell wird zwischen Mittelgebirgs- und Flachlandkartierung unterschieden.

2.1.3.1 Geologische Karten von Mittelgebirgsregionen

Die Kartierung in Mittelgebirgsregionen stützt sich auf die Aufnahme des Anstehenden, d.h. auf natürliche und durch technische Arbeiten entstandene Gesteinsaustritte (Aufschlüsse). Durch Bestimmung der in den Boden- oder Verwitterungsbildungen auftretenden Gesteinsbruchstücke (Lesesteine) werden die Verbreitung der anstehenden Gesteine zwischen benachbarten Aufschlüssen verfolgt und die Verbreitungsgebiete petrographisch bzw. stratigraphisch unterscheidbarer Gesteine gegeneinander abgegrenzt. Die Verbreitung der das Anstehende bedeckenden pleistozänen und holozänen Lockermassen wird, soweit sie die Mächtigkeit von ca. 1m überschreiten, gleichfalls kartiert.

Aussagefähigkeit und Genauigkeit der Lesesteinkartierung sind von mehreren Faktoren abhängig:
- Relief der Geländeoberfläche
- Mächtigkeit der Verwitterungsbildungen

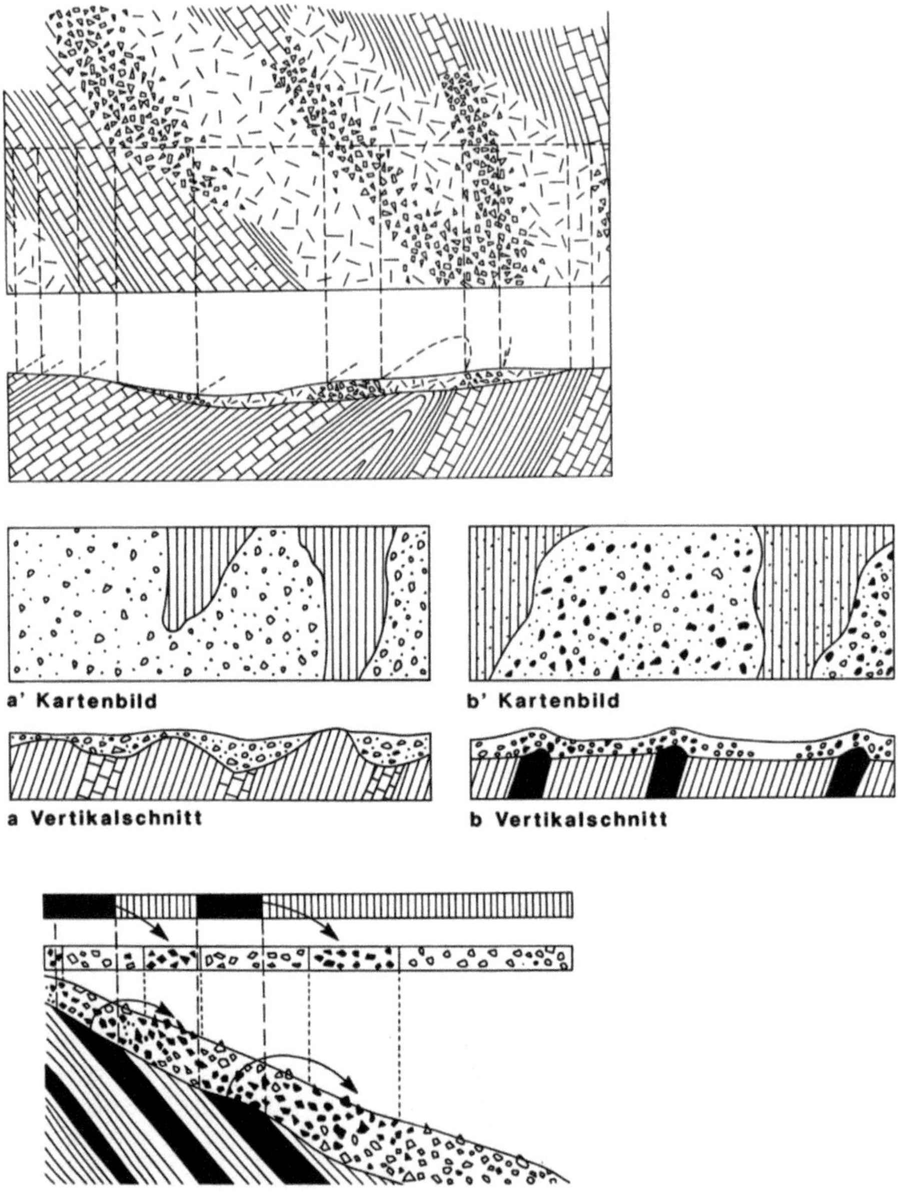

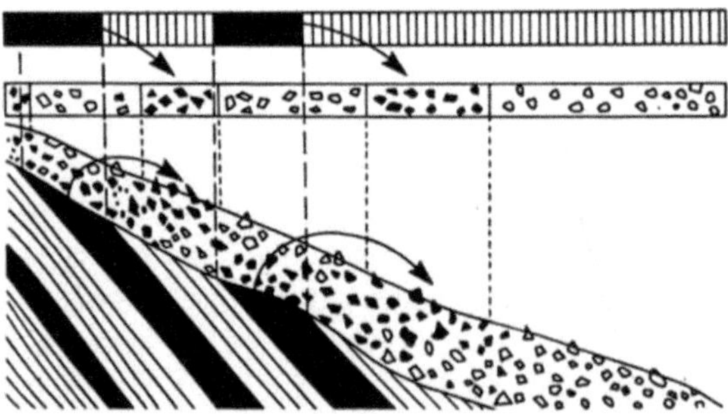

Abb.2.8: Prinzip und störende Effekte bei der Lesesteinkartierung; *oben*: Karten- und Profildarstellung der Beziehungen zwischen anstehendem Gestein und ungestörter Lesesteinverteilung (schematisch); *Mitte links*: Unterdrückung leicht verwitternder Kalksteinlesesteine in einer Tonschiefer-Grauwacke-Wechsellagerung; *Mitte rechts*: Durchmischung von Schiefer und Diabas-Lesesteinen; *unten*: „ungestörte" Versetzung der Lesesteinverteilung durch Kriechen einer Hangschuttdecke

- Typ und Mächtigkeit der Bodenbildungen
- Mächtigkeit auflagernder alluvialer und glazialer Bildungen
- Dichte der die Lesesteinkartierung stützenden natürlichen und künstlichen Aufschlüsse
- Landschaftsnutzung (Ackerbau bietet der Lesesteinkartierung häufig bessere Ansatzmöglichkeiten als Wald- und Wiesenflächen)
- Jahreszeit der Kartierung
- Verwitterungsresistenz der anstehenden Gesteine. So sind verwitterungsresistente Gesteine (Quarzite, Sandsteine, Grauwacken, massige Karbonate, Magmatite, Amphibolite) wegen ihrer dichten Lesesteindecken gut zu kartieren, während wenig verwitterungsresistente Gesteine (Tonschiefer, diagenetisch schwach verfestigte Sandsteine, dünnschichtige Karbonatgesteine) kaum Lesesteine bilden. Sie gehen im Lesesteinspektrum unter und werden somit nicht oder nur unvollständig erfaßt (Abb.2.8)
- Hangschuttdecken, die zur Verschiebung geologischer Grenzen oder durch Überwanderung von anderen, weniger verwitterungsresistenten Gesteinen, zu deren Überdeckung und Nichterfassung führen können (Abb.2.8)
- Anthropogene Einflüsse, die mit der Störung der Lesesteinverbreitung durch Bautätigkeit, durch Bau von Verkehrswegen, Rohrleitungstrassen sowie durch wilde Verkippung natürlicher Baumaterialien verbunden sind
- Genauigkeit, mit der Beobachtungspunkte und geologische Grenzen in der Karte fixiert sind. Dies erfolgt i.d.R. immer noch mit den Methoden der „niederen Geodäsie", d.h. nach Schrittmaß und Kompaßpeilungen und oft nur nach Vergleich zwischen Gelände und Karte. Der Verlauf geologischer Grenzen ist nur annähernd maßstabsgetreu dargestellt, da er zwischen den Beobachtungspunkten durch Interpolation und nur unter Berücksichtigung geologischer Kriterien festgelegt wird

2.1.3.2 Geologische Karten von Flachlandregionen

Die Kartierung im Flachland (z.B. in der Norddeutschen Tiefebene) stützt sich gleichfalls auf natürliche und durch technische Arbeiten geschaffene Aufschlüsse sowie auf geomorphologische Kriterien. Flachlandkartierung ist Lockergesteinskartierung holo- und pleistozäner, d.h. sehr junger Bildungen, die altersmäßig nur bedingt gegliedert werden können. Bei der Kartierung dieser Bildungen werden deshalb vorrangig petrographische Unterschiede erfaßt. Karten holo- und pleistozäner Bildungen werden deshalb als Lithofazieskarten bezeichnet.

Da holo- und pleistozäne Lockergesteine nur bedingt im mineralischen Gerüst der sie überlagernden Böden zu erkennen sind, ist Flachlandkartierung in stärkerem Maße als die Mittelgebirgskartierung auf künstliche Aufschlüsse angewiesen. Sie beruht auf manuell oder maschinell niedergebrachten Kartierungsbohrungen mit Eindringtiefen zwischen 1,0 und maximal rd. 5 m.

Die gewonnenen Probemengen werden nach äußeren Kennzeichen bestimmt und die Ergebnisse der petrographischen Feldansprache in die Karte eingetragen. Diese Methode (klassische „Peilstangenkartierung") wird heute noch angewendet, jedoch zunehmend durch leichte, trag- oder fahrbare bzw. auf geländegängige Fahrzeuge montierte Schnecken- und Kernbohrgeräte sowie Rammkern-Sonden unterstützt. Sie erlauben die Gewinnung größerer Probemengen, die für weitere Untersuchungen zur Verfügung stehen.

2.1.3.3 Hinweise zur Verwendung der GK 1:25.000

Trotz der Unsicherheiten bei der Festlegung geologischer Grenzen unter jüngeren Verwitterungsbildungen stellt die GK 1:25.000, wenn sie von berufserfahrenen Geologen genutzt wird, eine wesentliche Informationsquelle dar. Bei der Bearbeitung kleinflächiger geologischer Objekte von weniger als 1 km² oder nur wenigen Hektar Größe kann die GK 1:25.000 allerdings nur begrenzt Quelle geologischer Informationen sein. Geologische Voruntersuchungen von Altlasten, Deponien und von künftigen Deponiestandorten werden deshalb meist mit einer großmaßstäbigen Neukartierung beginnen müssen. Dabei wird die Lesesteinkartierung ggf. durch Schürfe und Kartierungsbohrungen zur Erfassung von Boden- und Verwitterungsbildungen oder Schuttdecken unterstützt. Zur Aufklärung der geologischen Verhältnisse im oberflächennahen Bereich sind geophysikalische Untersuchungen und Flachbohrungen erforderlich.

2.1.4 Interpretation Geologischer Karten, Isolinienpläne, Konstruktion geologischer Schnitte und Raumbilder

Durch Interpretation Geologischer Karten wird versucht, aus dem Bild der oberflächlichen Gesteinsverteilung und den auf der Karte erkennbaren Schnittfiguren zwischen geologischen Flächen (Gesteinsgrenzen, Bruchstörungen) und der Geländeoberfläche Rückschlüsse auf Verbands- und Lagerungsverhältnisse, ggf. bis in eine Tiefe von einigen hundert Metern zu ziehen. Voraussetzung für die Interpretation Geologischer Karten, die oft in enger Verbindung mit der Luftbildinterpretation durchgeführt wird, ist die geographisch-geomorphologische Interpretation der topographischen Grundlage.

   Methodisch stützt sich die Interpretation geologischer Karten auf Isolinienkarten (Höhenliniendarstellungen von Schichtgrenzen, von Störungsflächen und von Grundwasseroberflächen bzw. Darstellungen von Schichtmächtigkeiten durch Linien gleicher Mächtigkeit - Isopachen). Die Ergebnisse der Karteninterpretation werden in geologischen Schnitten und Raumbildern, d.h. in Ebenen senkrecht zur Kartenebene dargestellt. Diese liefern wesentliche Erkenntnisse über die Lagerungsverhältnisse und mithin über den Untergrund zur Planung von Bohrungen und von geophysikalischen

Untersuchungen. Einschlägige Methoden sind der umfangreichen Fachliteratur (s.u.) zu entnehmen.

Geometrische Voraussetzungen für die Konstruktion geologischer Schnitte und von Isolinienplänen sind lithologisch klar definierbare Gesteinsgrenzen und im Kartenbild eindeutig erkennbare Lagerungsverhältnisse sowie präzise Kartierungen, die zuverlässige Rückschlüsse auf die Geometrie der kartierten Gesteinskörper ermöglichen. Markante Reliefunterschiede (im Mittelgebirgsraum mindestens 50 - 100 m) lassen Lagebeziehungen zwischen Isophypsen und geologischen Flächen gut erkennen. Darin kann wiederum die Raumlage geologischer Flächen und die Grundformen der Lagerungsverhältnisse i. S. von „horizontal", „homoklinal" (geneigt) und „gefaltet" oder „bruchtektonisch gestört" sowie „gefaltet und bruchtektonisch gestört" erkannt werden.

Für die Orientierung geologischer Schnitte gilt, daß diese nur in geologisch sinnvollen Richtungen, d.h. senkrecht zum Streichen (Querprofile) bzw. parallel dazu (Längsprofile) angelegt werden. Überhöhte geologische Schnitte, die das Einfallen geologischer Elemente verzerren, werden nur in Einzelfällen entworfen. In gefalteten Gesteinen ist eine verzerrungsfreie Darstellung der Lagerungsverhältnisse nur in Schnitten senkrecht zur Faltenachse möglich. In dreidimensionalen Darstellungen (Blockbilder, Kammer- und Skelettblöcke) sollten die Seitenflächen so orientiert werden, daß sie Längs- oder Querprofilen entsprechen.

Die Konstruktionsmethoden von geologischen Schnitten, von Raumbildern und von Isolinienplänen sind in zahlreichen Lehr- und Handbüchern erläutert, so daß hier auf diese verwiesen werden kann. Auf dem Gebiet maßstabsgerechter zweidimensionaler Darstellungen hat sich die Anwendung effizienter, Computergestützter Methoden weitgehend durchgesetzt, doch sollte auf geologisch sinnvolle Konstruktionen geachtet werden. Für Sofortauswertungen, v. a. im Feld, sind die klassischen Methoden in jedem Falle zu empfehlen. Auf dem Sektor der 3-D-Modellierung kleindimensionaler Bereiche besteht dagegen noch Entwicklungsbedarf, um den komplizierten Anforderungen geowissenschaftlicher Graphiken und Datensätze gerecht zu werden (HÄGER 1996; SIEHL 1993).

2.2 Geologische Feldarbeiten

Geologische Feldarbeit beruht auf Beobachtung und Beschreibung von Fest- und Lockergesteinsaufschlüssen. An diese unmittelbaren Einblicke in die oberflächennahe geologische Situation schließt sich die geologische Kartierung, d.h. die Verfolgung der zwischen den Aufschlüssen unter Boden- und Verwitterungsbildungen anstehenden Gesteine an. Geologische Feldarbeit beruht folglich auf 2 Vorgehensweisen:

- Beobachtung und Beschreibung von Gesteinen in natürlichen oder technisch geschaffenen, temporären und nicht temporären Aufschlüssen über- und unter Tage sowie in vorhandenen Bohrungen (Aufschlußauf-nahme, Dokumentation).
- Direkte Erfassung der geologischen Oberflächensituation durch geologische Kartierung unter Zuhilfenahme der Luftbildinterpretation und der geomorphologischen Analyse sowie technischer Mittel (Schürfe, Flachbohrungen) und geophysikalischer oder geochemischer Feldmethoden. Beide Vorgehensweisen schließen die Methoden der Probennahme an Fest- und Lockersteinen für Folgeuntersuchungen ein

Die Ergebnisse der Feldbeobachtungen sind schriftlich und bildlich zu fixieren und durch Aufsammlung der im Aufschluß anstehenden Gesteine sowohl für Belegzwecke als auch für nachfolgende Untersuchungen zu ergänzen. Die Dokumentation ist Grundlage sämtlicher Folgeuntersuchungen und deshalb sorgfältig und soweit erforderlich, normengerecht, zumindest aber für *e i n* Untersuchungsobjekt einheitlich durchzuführen.

2.2.1 Aufnahme von Aufschlüssen

Aufschlüsse werden zweckmäßigerweise nach folgendem Schema aufgenommen:

- Ansprache der unter Bodenbildungen anstehenden Verwitterungsmassen und der diese unterlagernden Locker- oder Festgesteine. In hydro- und ingenieurgeologischen Gutachten erfolgt die Beschreibung von Gesteinen normengerecht (vgl. DIN 4022; DIN 18196; DIN 18300)
- Bestimmung der Verbandsverhältnisse verschiedener Gesteine. Grenzen zwischen vertikal und/oder horizontal wechselnden, lithologisch unterschiedlichen Einheiten
- Bestimmung der Lagerungsverhältnisse zur Beschreibung der Struktur des Untergrundes, d.h. der Raumlage von unmittelbar mit der Entstehung von Gesteinen verbundenen Gefügeflächen: horizontale, geneigte oder gefaltete bzw. bruchtektonisch verstellte Schichtflächen von Sedimentgesteinen bzw. Schieferung von Metamorphiten
- Erfassung des Trennflächengefüges, d.h. von Kluft- und Verwerfungsflächen nach richtungs- und merkmalsstatistischen Kriterien
- Erfassung hydrogeologisch relevanter Details: in Verwitterungsbildungen auftretende Grundwasseraustritte, an den Grenzbereich zwischen Verwitterungsbildungen und Anstehendes, an Schichtflächen, Gesteinsgrenzen, Klüfte oder Störungen gebundene Grundwasseraustritte, Karsterscheinungen in karbonatischen Sedimenten

Feldbuch und Feldbuchführung

Die schriftliche Fixierung geologischer Feldbeobachtungen erfolgt im Feldbuch. Das von Landesämtern oder Unternehmen oft in einheitlicher Form verwendete Feldbuch (fest eingebunden, wasserfestes Papier, paginiert) besitzt Dokumentenwert und ist Eigentum des Arbeitgebers. Auf eine exakte Feldbuchführung ist größter Wert zu legen, da das Feldbuch bei Unstimmigkeiten in Berichten i.d.R. als Hilfe und Beweismittel herangezogen wird. Feldbücher werden archiviert; Eintragungen sind in wasserfester Schrift vorzunehmen und müssen auch für Dritte lesbar sein. Korrekturen durch Radierungen sind zu vermeiden und durch Streichungen vorzunehmen. Beobachtungen und daraus abgeleitete Schlußfolgerungen sind klar zu trennen. Neben schriftlich fixierten Beobachtungen enthält das Feldbuch Querverweise auf während der Feldarbeiten angefertigte, nicht im Feldbuch befindliche Skizzen, Aufmessungen und graphische Dokumentation von Aufschlüssen, auf Kartenskizzen, Fotos (Film- und Negativ-Nummer) sowie über Art, Umfang und Entnahmeort entnommener Proben.

Zum Schutz vor Verlust ist das Feldbuch mit Namen und Anschrift des Benutzers bzw. der Anschrift des Arbeitgebers zu versehen. Erfahrene Geologen führen ein tägliches „Feldprotokoll", das am Ende des Arbeitstages inhaltlich geordnet in ein Feldbuch übertragen wird. Feldprotokoll und Feldbuch werden stets getrennt aufbewahrt.

In Verbindung mit dem Feldbuch wird meist eine Topographische Karte (i.d.R. TK 1:10.000) geführt (Feldkarte), auf der die Lage von Aufschlüssen und, symbolisiert, geologische Beobachtungen eingezeichnet werden. Feldbuch und Feldkarte bilden eine Einheit.

Bildliche Dokumentationen

Schriftlich fixierte geologische Beobachtungen sollten, wenn sie komplizierte lithologische und tektonische Verhältnisse betreffen, durch bildhafte Darstellungen ergänzt werden. Dazu eignen sich Skizzen, Fotos, einfache Aufmessungen sowie photogrammetrische Aufnahmen. Bildliche Darstellung geologischer Erscheinungen veranlassen genaues Beobachten. Häufig ist die Zeichnung der Fotografie vorzuziehen, da sie intensive Durcharbeitung der darzustellenden Situation voraussetzt. Maßstabs- und Richtungsangaben sowie Erläuterungen der verwendeten Symbole dürfen auf bildlichen Darstellungen nicht fehlen. Skizzen sind nicht maßhaltige, jedoch proportionsgerechte Darstellungen geologischer Details. Die Anfertigung von Skizzen ermöglichst es, Grundzüge geologischer Erscheinungen bzw. wesentliche Details hervorzuheben. Annähernd maßstabsgetreue geologische Aufmessungen von Aufschlüssen (Baugruben, Gräben, Straßen- und Bahneinschnitte, Felsfreistellungen) können, wenn keine geodätischen Aufmessungen vorliegen, mit Hilfe von Kompaß und Maßband vorgenommen und auf Millimeterpapier fixiert werden. Zur maßstabsgetreuen Aufnahme kleinflächiger Aufschlüsse (bis mehrere hundert Quadratmeter) eignen sich aus farbigen Schnüren hergestellte quadratische Netze von 10 x 10 m Seitenlänge mit „Maschenweiten" von 1 x 1 m.

Mit technischen Mitteln geschaffene Aufschlüsse werden häufig auch aus Zeit- und Kostengründen fotografisch dokumentiert (Einzel- oder Panorama-Fotos) und anschließend in zeichnerische Darstellungen umgesetzt. Fotodokumentationen von Aufschlüssen sind mit einem Bildmaßstab und Richtungsangaben zu versehen. In jedem Falle sollte beim Fotografieren eine Übersichtsskizze des aufgenommenen Bereiches angefertigt werden, die als Grundlage der Bildinterpretation verwendet werden kann. Die (zusätzliche) Verwendung von Polaroid-Kameras bei Fotodokumentationen empfiehlt sich insofern, als geologische Details unmittelbar im Gelände im Foto markiert werden können. Die Verwendung von CCD-Kameras, CAM-Cordern und die elektronische Speicherung von Farbaufnahmen sowei deren nachfolgende, Computer-gestützte Bearbeitung ermöglicht die Markierung von Gesteins-grenzen, Lagerungsverhältnissen und Trennflächen in Fotos. Sie trägt wesentlich zur Steigerung der Aussage von Fotodokumentationen bei. Terrestrische Fotogrammetrie wird in besonderen Fällen zur maßstabsgetreuen Dokumentation geologischer Situationen, v. a. bei der Dokumentation großer Festgesteinsaufschlüsse für ingenieurgeologische, felsmechanische und sprengtechnische Untersuchungen als Grundlage für anschließende räumliche Untersuchungen des Trennflächengefüges angewendet.

Probenahme
Die Probenahme ist eine wesentliche Ergänzung der schriftlichen und bildlichen Fixierung von Feldbeobachtungen. Im Prozeß der geologischen Feldarbeit bzw. der geologischen Kartierung ist die Probennahme ein wichtiges methodisches Element. Mit der Probenahme werden die im Arbeitsgebiet anstehenden Gesteine belegt und Material für mikroskopische, phasenalytische oder geochemische Folgeuntersuchungen gewonnen. Dabei sind die für das Untersuchungsgebiet wesentlichen Gesteine sowie deren Varietäten und sekundär veränderte Typen zu erfassen. Probenahme erfordert, zumindest in Festgesteinen, zunächst intensive Arbeit mit dem Hammer um die jeweils repräsentativen Gesteinstypen erkennen zu können. Gesteinsproben sind dauerhaft zu kennzeichnen, im Feldbuch zu vermerken und sorgfältig zu verpacken. Probennahmepunkte sollten auf bildlichen Aufschluß-Darstellungen und in Karten vermerkt werden. Zugriffsgerechte Aufbewahrung von Proben muß im Sinne einer optimalen Probenverwendung gegeben sein. Folgende Proben sind zu unterscheiden:

- Belegproben, die Mineralbestand, strukturelles und texturelles Erscheinungsbild des Gesteins und dessen Varietäten sowie sekundäre Veränderungen und Verwitterungserscheinungen zeigen und nicht im Verlauf anschließender analytischer Untersuchungen zerstört werden. Belegproben sind zu formatisieren (ca. 12 x 9 x 2 cm, „Handstück") und sollten, wenn möglich, auf einer Fläche das Gestein im unverwitterten, auf der zweiten Fläche im verwitterten Zustand zeigen. Belegproben sollen so beschaffen sein, daß eine Fläche (für Photozwecke) angeschliffen werden kann. Zu den Belegproben werden auch Fossilien und Mineralien gezählt, die für anschließende paläontologische bzw. mineralogische Untersuchungen geborgen werden

- Proben zur Herstellung von Dünn- und Anschliffen sowie für phasenanalytische Untersuchungen. Diese werden aus demselben Bereich wie die Belegproben genommen. Das Gestein sollte unverwittert sein und charakteristische Mineralbestände sowie strukturelle bzw. texturelle Merkmale zeigen. Aus technischen Gründen sollten die Probenmengen so bemessen sein, daß Wiederholungsuntersuchungen ohne erneute Probenahme möglich sind, falls nicht ausdrücklich eine neue Probenahme erforderlich ist

- Proben für geochemische Untersuchungen sind meist „Sammelproben", d.h. zur Ermittlung von im geologischen Sinne zuverlässigen analytischen Durchschnittswerten werden in einer Probe (unveränderte) Splitter oder Teilmengen *e i n e s* Gesteinstyps vereinigt, die über einen möglichst umfassendes Volumen dieses Gesteins genommen wurden. Proben für geochemische Untersuchungen sind in dichten Säcken oder in entsprechenden Boxen zu transportieren und zu lagern.

2.2.2 Praktische Hinweise für die effektive Feldarbeit

Geologische Feldarbeit sollte so effektiv wie möglich durchgeführt werden. Diese Feststellung betrifft sowohl inhaltliche als auch organisatorische Momente.

Geologische Feldarbeit sollte, auch wenn sie eng aufgabengebunden ist, möglichst umfassend angelegt sein. Eine i. S. der Aufgabenstellung vollständige Aufschlußbearbeitung und -dokumentation sollte angestrebt werden, um wiederholende, zeit- und kostenaufwendige Feldarbeiten zu vermeiden. Technische Arbeiten (Schürfe, Bohrungen) und geophysikalische Untersuchungen sollten bis zum Erreichen der geologischen Zielstellung geführt werden. Dies erfordert eine sofortige Erfassung der Ergebnisse und mithin die ständige Anwesenheit des Geologen im Untersuchungsebiet. Sämtliche schriftlichen und bildlichen Dokumentationen müssen vollständig und für Dritte lesbar sein. Filme sind noch während der Feldarbeiten zu entwickeln und fotographische Dokumentationen auf ihre Aussagefähigkeit prüfen. Karten und Profile sind möglichst noch im Feld in sauberen Entwürfen niederzulegen. Vollständigkeit des Probenmaterials, seine zweifelsfreie Beschriftung, sachgemäße Verpackung und sichere Lagerung sind zu gewährleisten. Auf der Grundlage der im Feld gewonnenen Ergebnisse sind regelmäßig Zwischenauswertungen vorzunehmen und anhand dieser die Konzeption der laufenden Feldarbeiten zu überprüfen. Die

Ergebnisse sind auch zur Optimierung der technischen und geophysikalischen Ergebnisse einzusetzen.

Feldarbeiten können nicht durch Regelarbeitszeit und Wochenrhythmus einge-schränkt werden. Für Feldarbeiten günstige Großwetterlagen sind unbedingt zu nutzen. Durchgehender Aufenthalt im oder unmittelbar am Arbeitsgebiet, ggf. in einem mit den erforderlichen Arbeitsmitteln versehenen Arbeits-/Wohncontainer oder -wagen ist dem Tagespendelverkehr zwischen Wohnort und Arbeitsgebiet in Interesse einer effizienten Feldarbeit unbedingt vorzuziehen.

2.2.3 Großmaßstäbige geologische Kartierung

Aufgrund der relativ geringen Flächenausdehnung von Altlasten und Deponien ist die GK 1:25.000 nur in seltenen Fällen eine zuverlässige Grundlage für die Beurteilung der geologischen Verhältnisse, die geologische Modellierung des Untergrundes und die Durchführung geologischer Folgearbeiten. In der Regel ist zur präzisen Darstellung der geologischen Situation eine Neukartierung in Maßstäben zwischen 1:10.000 und 1:1000 bis 1:100 (Spezialkartierung) erforderlich, die die normale Oberflächenkartierung an Genauigkeit übertrifft und speziellere Informationen enthält. Großmaßstäbige Spezialkartierungen weichen von den Darstellungsprinzipien der geologischen Oberflächen-kartierung ab, da sie auch Darstellungen der Geologie des oberflächennahen Untergrundes enthalten und in der Regel als Grundlage für geologische Modellierungen, für weiterführende geologische Untersuchungen oder als Entscheidungsgrundlage für die Sanierung bzw. die Neueinrichtung von Deponien dienen. Maßstab und Kartierungsmethodik werden durch die Kompliziertheit des geologischen Baues, die lokale geologische Situation und das Ziel der Untersuchungen bestimmt.

Geologischen Kartierungen, von der Geländeaufnahme bis zur fertigen Karte, liegen folgende Arbeitsschritte zugrunde:

a) Aufschlußaufnahme und Anlage der Aufschlußkarte
b) Oberflächenkartierung i.e.S. („Lesesteinkartierung") und Anlage des „Feldblattes", in das lediglich die Ergebnisse unmittelbarer Beobachtungen (Oberflächensituation) eingetragen sind. Ein Feldblatt darf keine Inter-pretationen enthalten
c) Anlage verdichtender Aufschlüsse (Bohrungen, Schürfe)
d) Geophysikalische Messungen zur Verbindung und Verifizierung der durch Schürfe und Bohrungen gewonnenen Erkentnisse
e) Ergänzende petrographische, geochemische und ggf. bodenkundliche Unter-suchungen
f) Zusammenstellung des Kartenmanuskripts. Durch geologisch sinnvolle Verbindung von Profilen über nicht kartierte Flächen hinweg und den Ergebnissen geophysikalischer Messungen, petrographischer und geochemi-scher Untersuchungen wird ein flächendeckendes Kartenbild erarbeitet. Dazu

wird eine Legende und eine Beschreibung der geologischen Situation (Erläuterung) erstellt

g) redaktionell/technische Fertigstellung der Karte und der Erläuterungen

In den östlichen Bundesländern empfiehlt es sich, die vor 1989/90 angelegten Datenspeicher der ehemaligen volkseigenen Betriebe für „Geologische Forschung und Erkundung" des Ministeriums für Geologie, der „Vereinigung der Volkseigenen Betriebe Wasserwirtschaft" und der „Arbeitsstellen für Geologie" der ehemaligen Räte der Bezirke und des Ministeriums für Geologie in geologische Vorstudien und die Kartierung einzubeziehen. Die Geologischen Dienste der Länder erteilen Auskunft, wo derartige Unterlagen aufbewahrt werden.

Methodisch ist zwischen großmaßstäbiger Kartierung über Fest- und über Lockergesteinen zu unterscheiden:

Großmaßstäbige geologische Kartierung von Festgesteinen
Diese Situation ist für die Mittelgebirgsregionen Deutschlands typisch. Der Festgesteinsuntergrund („das Anstehende") ist lokal von autochthonen und allochthonen Verwitterungsbildungen, von Hangschutt sowie, vorwiegend in Tälern, von geringmächtigen pleistozänen und holozänen Lockergesteinen bedeckt. Mit der Kartierung wird das Ziel verfolgt, Petrographie und Lagerungsverhältnisse des Anstehenden sowie Verbreitung, Zusammensetzung und Mächtigkeit der das Anstehende bedeckenden Verwitterungsbildungen, Schuttdecken sowie von pleistozänen und holozänen Ablagerungen zu erfassen. Die klassische Methode der Lesesteinkartierung ist hier nur bedingt, d.h. nur im Falle geringmächtiger Verwitterungsbildungen anwendbar (Abb. 2.9). Bei der Durchführung großmaßstäbiger Kartierungen dieses Typs müssen technische Mittel und geophysikalische Methoden eingesetzt werden. Die großmaßstäbige Kartierung dieser geologischen Situation erfolgt nach folgendem Schema:

a) Geologische Vorstudie
- Interpretation der zur Verfügung stehenden amtlichen geologischen Karten
- Orientierende Geländebegehung und Beurteilung der in den natürlichen und künstlichen Aufschlüssen exponierten Gesteine, deren Verbands- und Lagerungsverhältnisse
- Interpretation von Luftbildern
- Auswertung von Ergebnissen früherer, im Kartierungsgebiet und dessen Umfeld durchgeführter geologischer Untersuchungen. Dabei sind geologische Dokumentationen und Beschreibungen temporärer Aufschlüssen (Bohrungen, Schürfe, Baugrunddokumentationen) besonders wichtig

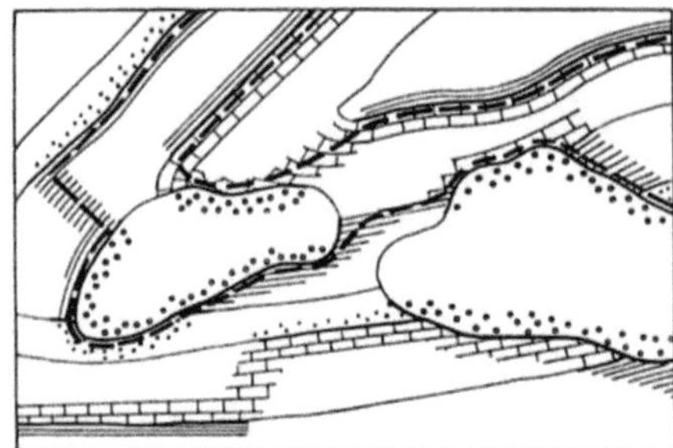

Abb.2.9: Schema der Routenkartierung; *links*: Kartierung durch Verfolgung der Grenzen zwischen markanten Gesteinsgrenzen bei geringmächtigen oder fehlenden Verwitterungsbildungen; *rechts*: Kartierung nach einem annähernd rechtwinkligen Netz von Kartierungsrouten, auf denen die Gesteinsgrenzen rechtwinklig oder spitzwinklig überschritten werden

b) Kartierung

- Dokumentation der im Kartierungsgebiet und dessen unmittelbarem Umfeld befindlichen Aufschlüsse zur Klärung der Petrographie und des Strukturbildes, der Verbands- und Lagerungsverhältnisse der anstehenden Gesteine
- Lesesteinkartierung im unmittelbaren Umfeld natürlicher und künstlicher Aufschlüsse, soweit dies jüngere Bedeckung zuläßt
- Interpretation von panchromatischen oder farbigen bzw. infrarotsensibilisierten Luftbildern (Grauton- bzw. Farbunterschiede, Lineationen) zur Fixierung geologischer Grenzen und von Bruchstörungen
- Geomorphologische Analyse (Relief, Drainagesystem) zur Beurteilung einer petrographischen bzw. tektonischen Kontrolle des Geländereliefs
- Kartierung der das Anstehende bedeckenden und die Lagerungs- und Verbandsverhältnisse des Anstehenden verschleiernden Lockermassen (autochthone und allochthone Verwitterungsbildungen, Hangschutt-Decken) sowie pleisto- und holozäner Bildungen
- Feststellung der Petrographie und des Aufbaues der Lockermassen und der sie unterlagernden Gesteine durch technische Arbeiten. Dafür kommen in Frage:

  - Geophysikalische Verfahren (s. Kap. 2.3.1), deren Ergebnisse durch die Resultate der technischen Arbeiten zuverlässig interpretiert werden können
  - Einzelschürfe, Schurfgräben, Kartierungsbohrungen (Schnecken-, Rammkern- und Kernbohrungen), die bis auf das unverwitterte Anstehende niedergebracht werden sollten

Mit der Anlage von Kartierungsschürfen und -bohrungen sollte erst begonnen werden, wenn durch die Arbeitsschritte a) bis d) und/oder durch geophysikalische Untersuchungen hinreichende Klarheit über Ansatzpunkte geschaffen wurde. Diese Arbeiten sollten gleichzeitig mit einer umfassenden Probennahme für nachfolgende (geochemische, hydrogeologische, ingenieur-geologische) Untersuchungen verbunden werden.

An die kartographische Fixierung geologischer Beobachtungen werden besondere Anforderungen gestellt. Bei großmaßstäbigen Kartierungen kleiner Flächen in Maßstäben > 1:5.000 werden Gesteinsgrenzen, Bruchstörungen, Wasseraustritte bzw. Bohrungen und Probennahmepunkte durch Peilstangen oder Pfähle markiert und anschließend direkt vermessen.

Großmaßstäbige Kartierung holozäner und pleistozäner Bildungen
Klassische Lockergesteinssituationen sind für die Norddeutsche Tiefebene, das Alpenvorland sowie für Flußauen der Mittelgebirgslandschaften charakteristisch. Die Ebenen sind aus mächtigen tertiären, pleistozänen und holozänen Bildungen aufgebaut und von Gesteinen des Tafeldeckgebirges unterlagert. Die Oberflächensituation wird durch ein morphologisch feingegliedertes, aber meist schwaches Relief mit Grund- und Endmoränenlandschaften, Sanderflächen, Urstromtälern und Flußauen geprägt. Die z.T. mächtigen Bodenbildungen bedecken die vielfach durch rasche laterale Wechsel gekennzeichnete Fluß-, Gletscher- oder Windablagerungen, mehr oder weniger verlehmten Geschiebemergel, Schmelzwassersande, Bändertone oder Löß. Die Lagerung der eiszeitlichen Bildungen und der sie unmittelbar unterlagernden Gesteine des Tafeldeckgebirges kann in Bereichen von End- und Grundmoränen gefaltet, gestaucht und gestört sein.
   Die großmaßstäbige Kartierung holo- und pleistozäner Bildungen erfordert aufgrund der oben umrissenen geologischen Situation einen höheren technischen Aufwand als die von Festgesteinen. Für die geologische Kartierung unter den oben geschilderten Bedingungen kann folgendes Schema angegeben werden:

aa) Geologische Vorstudie
- Auswertung der amtlichen GKn und TKn
- Information über die zur Verfügung stehenden Tiefenaufschlüsse (Flachbohrungen, Brunnenbohrungen, Bohrungen für Baugrund-Untersuchungen)
- Orientierende Geländebegehung
- Orientierende Luftbildinterpretation

Ergebnis der geologischen Vorstudie sollten möglichst umfassende Erkenntnisse über den geologischen Bau, die petrographische Charakteristik der Lockergesteine, die hydrogeologische Situation und die Lagerungs-verhältnisse sein. Außerdem sollte eine Entscheidung über das

anzuwendende Bohrverfahren und evtl. einzusetzende geophysikalische
Kartierungs- und/oder Sondierungsverfahren getroffen werden können.

bb) Kartierung
- Aufschlußdokumentation
- Geomorphologische Analyse
- Luftbildinterpretation
- Bohrungs-gestützte Oberflächenkartierung i.e.S.
- Geophysikalische Messungen
- Bohrungen zur Klärung des geologischen Aufbaues und der
  hydrogeologischen Situation oberflächennaher Bereiche

2.2.4 Vermessungsarbeiten bei Aufschlußaufnahmen und Kartierungen

Vermessungen im Verlauf geologischer Feldarbeiten stützen sich auf bereits
vorhandene, dauerhafte oder temporäre Festpunkte (trigonometrische Punkte,
Grenzsteine) und auf sonstige auf Karten und Lageplänen vermerkte
Vermessungsmarken. Diese Kartenunterlagen stehen dem Geologen durchweg
zur Verfügung. Zur Durchführung von Vermessungsarbeiten bedient sich der
Geologe eines Methodenkomplexes, der als „niedere Geodäsie" bezeichnet wird.
Mit Hilfe einfacher, im Einmann-Betrieb bzw. mit einer Hilfskraft
durchzuführender Vermessungsmethoden werden im Gelände direkt horizontale
und/oder geneigte Strecken (Distanzen) im Dekameter- bis Hektometer-Bereich
sowie horizontale Winkel zwischen magnetischer Nordrichtung und
Zielrichtungen bzw. vertikale Winkel (Neigungs- oder Steigungswinkel) mit
hinreichender Genauigkeit ermittelt.

Streckenmessungen
Die niedere Geodäsie stützt sich auf Streckenmessungen durch Schrittmaß bzw.
Schrittzähler, Meßband und leicht handhabbare, stativlose optische und
elektrooptische Entfernungsmesser („Rangefinder") mit denen, den
Genauigkeitsanforderungen von Aufschlußaufnahmen oder Kartierungen
entsprechend, Streckenlängen direkt bestimmt werden können.

Winkel-(Richtungs-)messungen
Winkel gegen „Magnetisch-Nord" (d.h. Winkel in der Horizontebene) oder
zwischen natürlichen bzw. künstlichen Fixpunkten können freihändig oder auf
Stativ mit dem Geologenkompaß bzw. mit speziellen, auf einem Stativ zu
befestigenden Vermessungskompassen (Bussole mit Visiereinrichtung, sog.
Universal-Kompasse, bergmännischer Kompaß in kardanischer Aufhängung)

bestimmt werden. Neigungswinkel lassen sich mit dem Gradbogen oder Pendel-Neigungsmessern ermitteln.

Im Distanzbereich < 1000 m haben sich für kombinierte Strecken- und Winkelmessungen (Horizontal- und Vertikalwinkel) mit einer Bussole gekoppelte, leicht handhabbare, um eine vertikale und/oder eine horizontale Achse schwenkbare optische Entfernungsmesser, einfache Theodoliten (Kippregeln, Meßtische) oder Laserentfernungsmesser auf Stativ als nützlich erwiesen.

Global Positioning Systeme
Seit Anfang der 90er Jahre sind Global-Positioning-Systeme (GPS) verbreitet im Gebrauch. Das Differential-GPS (DGPS) stellt auch die Feldarbeit des Geologen hinsichtlich der exakten kartographischen Fixierung von Aufschlußpunkten und geologischen Beobachtungen auf ein völlig neues Niveau. Mit DGPS sind effiziente, direkte Ortsbestimmungen in einem dreiachsigen, orthogonalen Koordinatensystem möglich. Die Raumlage von Punkten kann direkt in geographischen Koordinaten, in GAUSS-KRÜGER- oder in UTM-Koordinaten sowie in Höhen über NN bestimmt werden. Daneben sind Lage- und Höhenbestimmungen gegen frei gewählte Festpunkte sowie Distanz- und Höhendifferenzmessungen zwischen einzelnen Punkten möglich. In Abhängigkeit vom Gerätetyp und der Meßmethodik sind jedoch nur auf dem freien Feld (genügende Anzahl von Satelliten „sichtbar") und nach wiederholten Messungen Genauigkeiten im Bereich 2 - 5 m zu erreichen (SCHEYER 1995).

Tabelle 2.2: Die Anschriften der Landesvermessungsämter in der Bundesrepublik

Baden-Württemberg:	Landesvermessungsamt Baden-Württenberg Büchsenstraße 54, 70174 Stuttgart Tel. (0711) 123 - 2831, Fax: - 2979
Bayern:	Bayerisches Landesvermessungsamt Alexandrastraße 4, 80538 München Tel. (089) 2129 - 1735, Fax: - 1770
Berlin:	Senatsverwaltung für Bau- und Wohnungswesen Abt. V - Vermessungswesen - Mansfelder Str. 16, 10713 Tel. (030) 867 - 5628, Fax: - 3117
Brandenburg:	Landesvermessungsamt Brandenburg Außenstelle Potsdam Heinrich-Mann-Allee103, 14473 Potsdam Tel. (0331) 37960, Fax: 872387
Bremen:	Kataster- und Vermessungsverwaltung Bremen Wilhelm-Kaisen-Brücke 4, 28199 Bremen Tel. (0421) 34913 - 2169, Fax: - 3169
Hamburg:	Vermessungsamt der Freien Hansestadt Hamburg Wexstraße 7, 20355 Hamburg Tel. (040) 34913 - 2169, Fax: - 3169
Hessen:	Hessisches Landesvermessungsamt Schaperstraße 16, 65195 Wiesbaden Tel. (0611) 535 - 236, Fax: - 309
Mecklenburg- Vorpommern	Landesvermessungsamt Mecklenburg-Vorpommern Lübecker Str. 289, 19059 Schwerin Tel. (0385) 7444 - 216, Fax: - 398
Niedersachsen:	Niedersächsisches Landesverwaltungsamt, Landesvermessung Warmbüchenkamp 13, 30159 Hannover Tel. (0511) 3637, Fax: - 540
Nordrhein- Westfalen:	Landesvermessungsamt Nordrhein-Westfalen Muffendorfer Straße 19 - 21, 53177 Bonn Tel. (0228) 846 - 5, Fax: - 502
Rheinland-Pfalz:	Landesvermessungsamt Rheinland-Pfalz Ferdinand-Sauerbruch-Straße 15, 56073 Koblenz Tel. (0261) 492232, Fax: 494292
Saarland:	Landesvermessungsamt des Saarlandes Von der Heydt 22, 66115 Saarbrücken Tel. (0681) 9712, Fax: 9712 - 200
Sachsen:	Landesvermessungsamt Sachsen Olbrichtplatz 3, 01099 Dresden Tel. (0351) 5983 - 0, Fax: - 202
Sachsen-Anhalt:	Landesamt für Landesvermessung u. Datenverarbeitung Sachsen-Anhalt Barbarastraße 2, 06110 Halle Tel. (0345) 477 - 2440, Fax: - 2002
Schleswig- Holstein	Landesvermessungsamt Schleswig-Holstein Mercatorstraße 1, 24106 Kiel Tel. (0431) 383 - 2015, Fax: - 2099
Thüringen:	Thüringer Landesverwaltungsamt, Landesvermessungsamt Schmidtstedter Ufer 7, 99084 Erfurt Tel. (03161) 6760 - 128, Fax: 5626910
Bundesbehörde:	Institut für Angewandte Geodäsie Richard-Strauß-Allee 11, 60598 Frankfurt Am Main Tel. (069) 6333 - 328, Fax: - 425 Kartenbestellung an: Institut für Angewandte Geodäsie Stauffenbergstraße 13, 10785 Berlin Tel. (030) 25417 - 0, Fax: - 199

Tabelle 2.3: Die Anschriften Geologischer Dienste in der Bundesrepublik

Baden-Württemberg:	Geologisches Landesamt Baden-Württemberg Albertstraße 5, 79104 Freiburg im Breisgau
Bayern:	Bayerisches Geologisches Landesamt Heßstraße 128, 80797 München
Berlin:	Senatsverwaltung für Stadtentwicklung, Umweltschutz und Technologie Rungestraße 29, 10179 Berlin
Brandenburg:	Landesamt für Geowissenschaften und Rohstoffe Brandenburg Stahnsdorfer Damm 77, 14532 Kleinmachnow
Bremen:	Niedersächsisches Landesamt für Bodenforschung Außenstelle Bremen Friedrich-Mißler-Straße 46-48, 28211 Bremen
Hamburg:	Geologisches Landesamt Hamburg Billstraße 84, 20539 Hamburg
Hessen:	Hessisches Landesamt für Bodenforschung Leberberg 9, 65193 Wiesbaden
Mecklenburg-Vorpommern:	Geologisches Landesamt Mecklenburg-Vorpommern Pampower Straße 66-68, 19061 Schwerin
Niedersachsen:	Niedersächsisches Landesamt für Bodenforschung Stilleweg 2, 30655 Hannover
Nordrhein-Westfalen:	Geologisches Landesamt Nordrhein-Westfalen De-Greiff-Straße 195, 47803 Krefeld
Rheinland-Pfalz:	Geologisches Landesamt Rheinland-Pfalz Emy-Roeder-Straße 5, 55129 Mainz
Saarland:	Landesamt für Umweltschutz Saarland Abteilung 6 - Geologie Don-Bosco-Straße 1, 66119 Saarbrücken
Sachsen:	Sächsisches Landesamt für Umwelt und Geologie, Bereich Boden und Geologie Halsbrücker Straße 31a, 09583 Freiberg
Sachsen-Anhalt:	Geologisches Landesamt Sachsen-Anhalt Köthener Straße 34, 06118 Halle
Schleswig-Holstein:	Landesamt für Natur und Umwelt Schleswig-Holstein Abteilung Geologie und Boden Hamburger Chaussee 25, 24220 Flintbek
Thüringen:	Thüringer Landesanstalt für Geologie Carl-August-Allee 8-10, 99405 Weimar
Bundesbehörde:	Bundesanstalt für Geowissenschaften und Rohstoffe Stilleweg 2, 30655 Hannover

Tabelle 2.4: Übersicht über das Geologische Kartenwerk der Bundesrepublik Deutschland in den Maßstäben 1 : 25 000 bis 1 : 200 000

Mit Ausnahme der Neuen Bundesländer sind nur amtliche Karten mit ihren Bezeichnungen und Maßstäben angegeben. Der jeweilige Veröffentlichungsstand ist den Kartenverzeichnissen der Landesämter für Geologie bzw. denen der Landesvermessungsämter zu entnehmen (Tab. 2-2, 2-3).

1.0 Alte Bundesländer, amtliche geologische Karten

- Geologische Karte (GK) 1 : 25 000.
  Nicht flächendeckend, auf der Grundlage und im Blattschnitt der TK 25.
- Geologische Karte (GK 50) 1 : 50 000.
  Nicht flächendeckend, auf der Grundlage und im Blattschnitt der TK 50.
- Geologische Übersichtskarte (GÜK) 1 : 100 000.
  Flächendeckend nur in Nordrhein-Westfalen, sonst Einzelblätter.
- Geologische Übersichtskarte (GÜK) 1 : 200 000.
  Annähernd flächendeckend, auf der Grundlage und im Blattschnitt der
  TÜK 1 : 200 000. Von insgesamt 42 Blättern sind (Stand Ende 1995) 34 erschienen.

2.0 Neue Bundesländer

2.1 Amtliche geologische Karten auf der Grundlage des ehemaligen, amtlichen topographischen
    Kartenwerkes der DDR (AV).

2.1.1 Geologische Karten 1 : 25 000 - 1 : 200 000
- Geologische Karte (GK 25) 1 : 25 000 Sämtliche Karten (wenige Ausnahmen) auf der Grundlage
  und im Blattschnitt der TK 1 : 25 000 der alten Bundeländer, nicht flächendeckend.
- Geologische Übersichtskarte 1 : 200 000
  Von 35 erschienen 21 Blätter bis Ende 1994. Im Freistaat Sachsen bis auf Blatt Leipzig
  flächendeckend.
  Im Blattschnitt der topographischen Karte 1 : 200 000 (AS) der ehemaligen DDR in drei Varianten:
  an der Oberflächen anstehende Bildungen, ohne quartäre und ohne känozoische Bildungen.

2.1.2 Quartärkarten
- Lithofazieskarte Quartär 1 : 50 000.
  Jedes Blatt umfaßt 3 bis 7 Karten.
- Geologische Karte der Küstengebiete der DDR i.M. 1 : 100 000.
  Auf der Grundlage der TÜK 1 : 100 000 der alten Bundesländer, 4 Blätter.

2.1.3 Hydrogeologische Karten
- Hydrogeologische Karte 1 : 50 000.
  Nicht flächendeckend. Jedes Blatt umfaßt bis zu 5 Karten.
- Hydrogeologische Übersichtskarte 1 : 200 000.
  Nicht flächendeckend. Jedes Blatt umfaßt 2 bis 3 Karten.

2.1.4 Ingenieurgeologische Karten
- Ingenieurgeologische Karte 1 : 25 000.
  Einzelne Blätter. Jedes Blatt umfaßt mehrere Karten.
- Ingenieurgeologische Karte 1 : 100 000.
  Einzelne Blätter. Jedes Blatt umfaßt mehrere Karten.

2.2 Nichtamtliche geologische Karten
- Geologische Übersichtskarte 1 : 100 000 der ehemaligen SDAG WISMUT.
  Insgesamt 24 Blätter, die südlichen und mittleren Teile des Freistaates Sachsen und des Landes
  Thüringen bedeckend. Zwei Ausgaben: mit deutscher oder russischer (kyrillischer) Beschriftung.
  Auf der Grundlage der TÜK 1 : 100 000 der alten Bundesländer.
- Geologische Karte i.M. 1 : 100 000 des Gebietes Aue-Lößnitz der ehemaligen SDAG WISMUT.
  Insgesamt 19 Blätter und 7 Profile auf 3 Profilkarten.<

Tabelle 2.5: Methodisches Schema einer geologischen Kartierung im Mittelgebirgsraum. Festgesteine unter Verwitterungsbildungen und Hangschuttdecken

<u>Reihenfolge der Arbeiten</u>	<u>Zielstellung</u>
1.Aufschlußaufnahme	Beschreibung der petrographischen Situation und der Lagerungsverhältnisse.

(Teil)Blatt Oberflächenaufschlüsse

| 2. Oberflächenkartierung im Bereich geringmächtiger Verwitterungsbildungen. | Verbindung der geologisch/tektonischen Situation zwischen Aufschlüssen.

Abgrenzung von Bereichen höherer Deckgebirgsmächtigkeiten. |

Feldblatt Oberflächenkartierung

| 3. Luftbildinterpretation und geomorphologische Kartenanalyse. | Nachweis von Gesteinsgrenzen, von Grenzen zwischen Grundgebirge und Deckgebirge, von Störungsindikationen (Lineationen, Naßstellen). |

(Teil)Blatt Luftbildinterpretation
(Teil)Blatt Geomorphologische Indikationen

| 4. Kartierung im Bereich mächtiger Verwitterungsbildungen bzw. von Hangschuttdecken und von diluvialen und alluvialen Bildungen (Deckgebirge). | Mächtigkeit, ggf. Struktur, hydrogeologische Verhältnisse und Hangendfläche des Anstehenden. Aussagen zur Eindringtiefe der Verwitterung. |
| 4.1 Geophysikalische Profilierungen und Kartierungen. | Verbreitung geophysikalisch nachweisbarer Gesteine unter dem Deckgebirge. |

(Teil)Blatt der Verwitterungsbildungen
Geophysikalische (Teil)Blätter und Profildarstellungen

| 4.2 Einzelschürfe und Schurfgräben (Baggerschürfe). | Aussagen zu Lagerungsverhältnissen und Nachweis von Bruchstörungen im Anstehenden. |
| 4.3 Flachbohrungen (Schneckenbohrungen, Kernbohrungen, seltener Rammkernsondierungen). | Verifizierung der geophysikalischen Ergebnisse: Aussagen zum Aufbau und zur Mächtigkeit und Hydrogeologische Verhältnisse des Deckgebirges Hydrogeologische; Petrographie und Lagerungsverhältnisse des Grundgebirges. |

(Teil)Karte der Schürfe und Bohrungen sowie Profildarstellungen

| 5.1 Karten- und Legendenentwurf | Aufgabenbezogene Darstellung der geologischen Siutation an der Oberfläche und im oberflächennahen Bereich. |
| 5.2 Technische Fertigstellung der Karte | |

2.3 Beispiele

In diesem Beitrag sollen Methoden und Ergebnisse von geologischen Spezialkartierungen und strukturgeologischen Untersuchungen am Standort Altdeponie Eulenberg bei Arnstadt (Thüringen) und am Standort der geplanten Deponie Rabenstein bei Chemnitz (Sachsen) vorgestellt werden (HOFMANN, SCHMIDT & BACHMANN 1993). Die im Herbst 1992 und im Frühjahr 1993 im Rahmen des Forschungsverbundvorhabens „Deponieuntergrund" durchgeführten Arbeiten (BACHMANN 1993; SCHMIDT 1993) dienten einer möglichst detaillierten geologischen Modellierung des Untergrundes beider Standorte für die Interpretation geophysikalischer Messungen und für die Beurteilung der hydrogeologischen Verhältnisse.

Die geologischen Situationen sind sehr unterschiedlich. Der Standort Eulenberg liegt im mesozoischen Tafeldeckgebirge am Südwestrand des Thüringer Beckens, der Standort Rabenstein über frühpaläozoischem kristallinem Untergrund am Rande des Sächsischen Granulitgebirges. Trotzdem gibt es einige lithologische und tektonische Gemeinsamkeiten:

- Festgesteinsuntergrund
- Intensive Bruchtektonik
- Verkarstungserscheinungen im Bereich von tektonischen Störungen (Sulfat- bzw. Karbonatkarst)

In beiden Fällen begannen die Untersuchungen mit der großmaßstäbigen geologischen Kartierung und tektonischen Geländeaufnahme. Anschließend wurden anhand von Luftbildern und geomorphologischen Analysen die tektonischen Strukturen genauer untersucht sowie geophysikalische Messungen und Bohrprofile ausgewertet. Es bestehen jedoch auch wesentliche Unterschiede im Untergrundaufbau:

- Am Standort Eulenberg bedeckt nur geringmächtiger Verwitterungsboden das Festgestein. Es ist ein vermutlich ausgedehnter störungs- und schichtgebundener Sulfatkarst (Mittlerer Muschelkalk) vorhanden. Außerdem gibt es künstliche Hohlräume (Stollen, Kavernen)
- Am Standort Rabenstein bedecken bereichsweise mächtige Verwitterungsbildungen und Lockersedimente das Festgestein. Die schicht- und störungsgebundene Verkarstung von Marmoren führte zu wahrscheinlich kleinen lokalen Hohlräumen.

2.3.1 Standort Altdeponie Eulenberg

Die Altdeponie Eulenberg am westlichen Stadtrand von Arnstadt liegt in einer von Gesteinen des Muschelkalkes und des unteren Keupers gebildeten Schichtstufenlandschaft des südwestlichen Thüringer Beckens im Bereich der südwestlichen Störung des Wachsenburg-Grabens. Der Wachsenburg-Graben ist ein Teil der NW-SE streichenden Eichenberg-Gotha-Saalfelder Störungszone, die parallel zum Nordostrand des Thüringer Waldes verläuft.

Der Müll wurde in einem mit Grundwasser erfüllten Steinbruch ungeordnet verkippt. Dieser Steinbruch steht mit 1943/44 angelegten und 1945 teilweise gesprengten Stollen oder Kavernen unbekannter Ausdehnung in Verbindung (KÜHN & HÖRIG, 1995). Aufgrund der bruchtektonisch kontrollierten Verkarstung des Muschelkalkes, vor allem der gipsführenden Bereiche des Mittleren Muschelkalkes, ist ein rasches Abfließen der Müllsickerwässer über die südwestliche Randstörung des Wachsenburg-Grabens zu befürchten. Auf gute Wasserwegsamkeiten in diesem Bereich weist der etwa 5 km nordwestlich der Deponie im Ortsteil Mühlberg gelegene „Spring", die stärkste Karstquelle Thüringens hin. Das folgende Schema zeigt den Ablauf der geologisch-tektonischen Bearbeitung des Standortes Altdeponie Eulenberg:

1. Geologische Kartierung i.M. 1:5.000 (Geländeaufnahme i.M. 1:2.000 bis 1:1.000)

2. Tektonische Strukturkartierung i.M. 1:5.000 in Verbindung mit der Raumlageanalyse von Schichtflächen, Klüften und Kleinstörungen

3. Luftbildinterpretation (Lineations- und Grautonanalyse) und Ground Checking i.M. 1:10.000 bis 1:5.000 unter Verwendung panchromatischer Luftbilder (z.T. historische Aufnahmen) und Infrarot-sensibilisierter Luftaufnahmen

4. Feinstratigraphische und tektonische Bohrkern-Aufnahme, Korrelation mit geophysikalischen Bohrlochmessungen, Auswertung von Altbohrungen

5. Konstruktion geologischer Schnittzeichnungen unter Verwendung seismischer Meßergebnisse

6. Modellierung der Grundwasseroberfläche

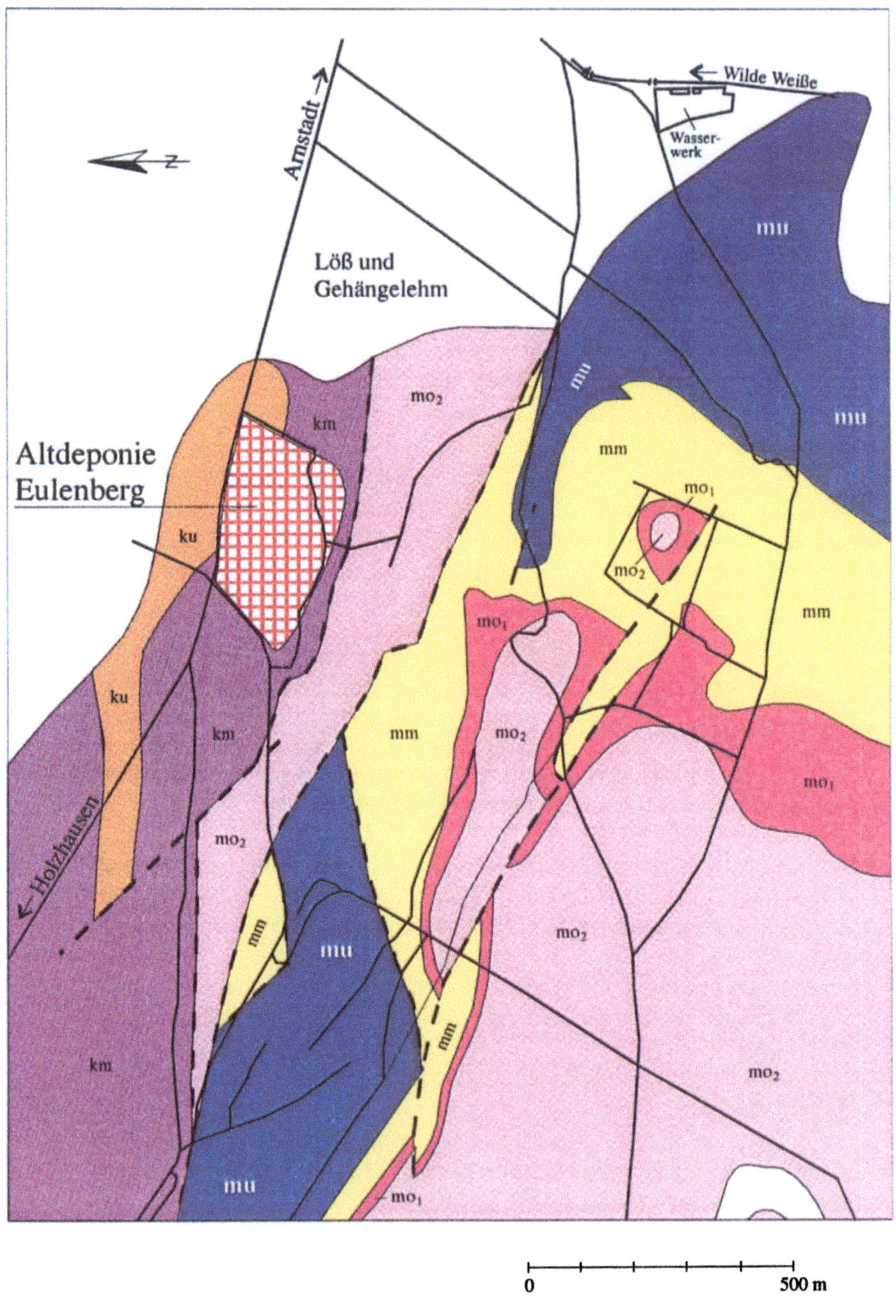

Abb.2.10: Ausschnitt aus der GK 25 Bl.Arnstadt, 70/10 (ZIMMERMANN 1924) mit dem Gebiet des Standortes Eulenberg; Legende wie in Abb.2.11

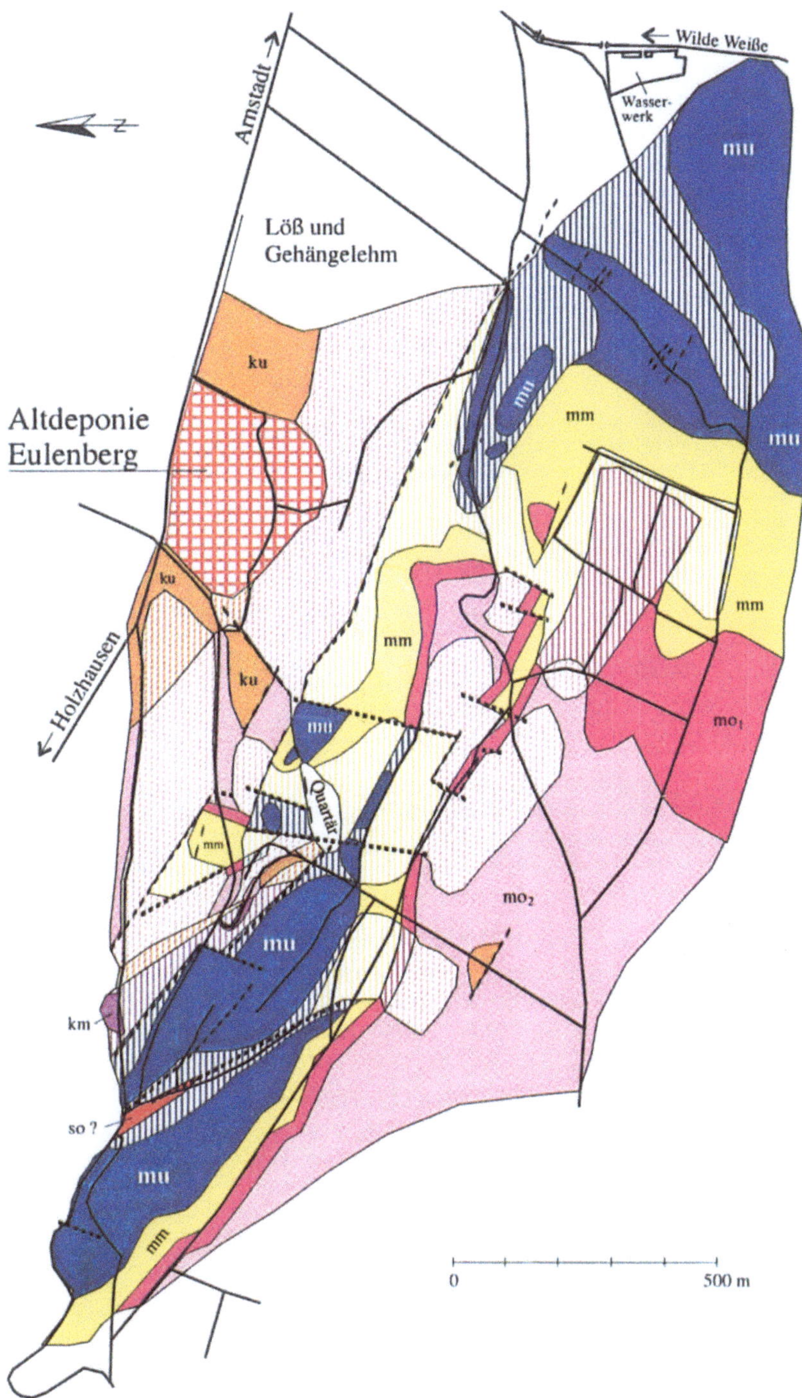

Abb.2.11. Erklärungen s. nächste Seite

farbige Fläche   – durch Neukartierung gesichert

schraffierte Fläche – nicht durch Neukartierung gesichert
(schlechte Aufschlußverhältnisse; bebautes Gebiet)
Dieses Gebiet wurde unter Verwendung der
geologischen Karte 1:25.000 (ZIMMERMANN 1924)
und Altbohrungen interpretiert

Abb.2.11: Ergebnis einer geologischen Spezialkartierung des Standortes
Eulenberg (SCHMIDT 1993); vergl. Kartenbild mit der GK 25 (Abb.2.10)

Geologische Kartierung

Eine exakte Kartierung der tektonischen Störungen im Deponiebereich sowie die Erkundung der Struktur- und Gefügemerkmale gingen mit der Auswertung von Bohrungen, geophysikalischen Messungen, Luftbildern und früheren geologischen Untersuchungen einher. Grundlage der strukturgeologischen Feldarbeiten war eine Oberflächenkartierung des Deponieumfeldes. Die zugrundegelegte Schichtenfolge konnte an den Kernbohrungen lithologisch und stratigraphisch gegliedert werden. Die Feldaufnahme erfolgte i.M. 1:1.000. Damit ließen sich auch dünne Leithorizonte wie die *Cycloides*-Bank des Oberen Muschelkalkes, die unter günstigen Kartierungsbedingungen im Frühjahr und im Herbst gut zu verfolgen war, darstellen. Die Kartierung wurde anhand der Luftbildinterpretation ergänzt und erweitert. An Grautonunterschieden waren die dränwirksamen Trochitenschichten (mo_1) und tektonischen Hauptstörungen gut zu erkennen. Kleinstörungen, v. a. NE-SW streichende Querstörungen, ließen sich durch Fotolineationen präzise verfolgen; im Gelände war dies - besonders an steilen Hängen - nur bedingt möglich. Die bisherigen Kartenbilder (ZIMMERMANN 1924, FAHLBUSCH 1955) wurden wesentlich verfeinert (Abb.2.10 - 2.13, geol. Karten und Schnittte).

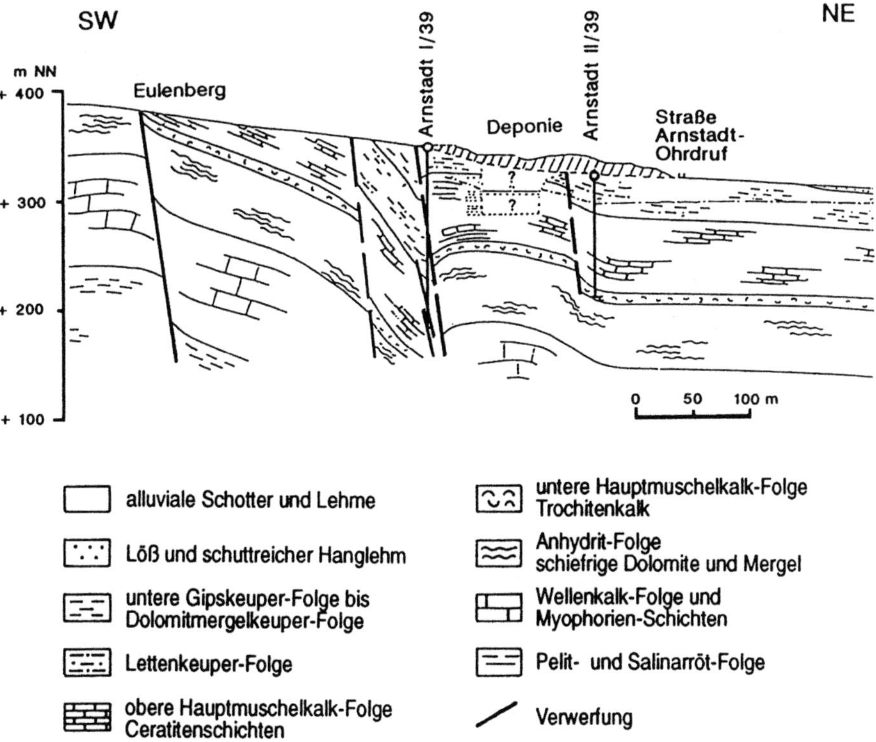

Abb.2.12: Geologischer Schnitt durch den Standort Eulenberg, nach älteren Unterlagen angefertigt (WUNDERLICH 1991)

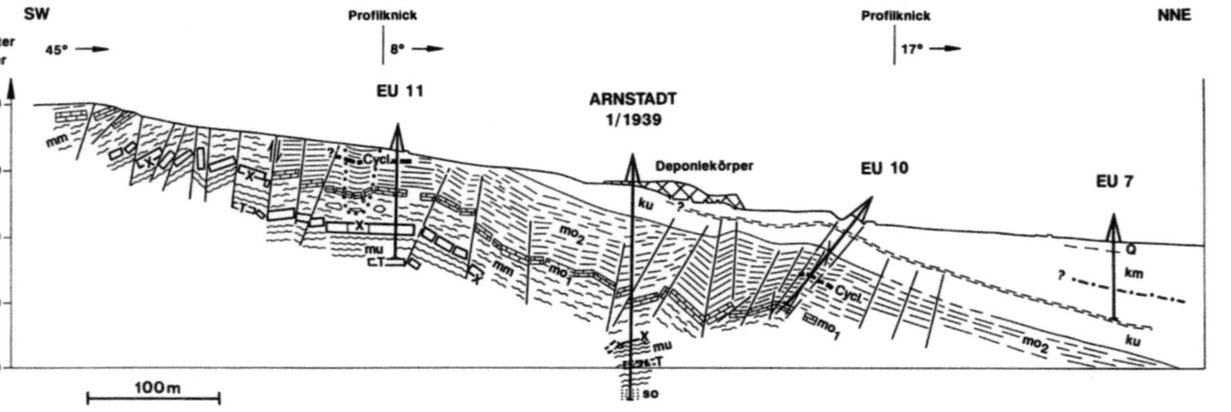

Abb.2.13: Geologischer Schnitt durch den Standort Eulenberg nach einer Spezialkartierung unter Berücksichtigung von Aufschluß-bohrungen (EU 7, EU 10, EU 11 im Jahre 1992; Arnstadt 1 im Jahre 1939) und seismischen Messungen (SCHMIDT 1993); gegenüber dem Vormodell (Abb.2.12) verbesserte Auflösung der tektonischen Strukturen;

Legende: Q = Quartär; km = Mittlerer Keuper; ku = Unterer Keuper; Cycl. = *Cycloides*-Bank im Oberen Muschelkalk; mo_2 = Oberer Muschelkalk, Nodosenschichten; mo_1 = Oberer Muschelkalk, Trochitenkalkstein; mm = Mittlerer Muschelkalk; mu = Unterer Muschelkalk; X = Schaumkalkbänke im mu; T = Terebratelzone im mu; so = Oberer Buntsandstein (Röt)

2.3.2 Standort Rabenstein

Der Standort der geplanten Deponie Rabenstein liegt in dem aus Glimmerschiefern, Phylliten, Amphiboliten, Marmoren und anderen schwach metamorphen Gesteinen bestehenden „Schiefermantel" des Sächsischen Granulitgebirges. Der Festgesteinsuntergrund ist bereichsweise von mächtigen Verwitterungsbildungen vermutlich oberkarbonischen Alters, von permischen Lockersedimenten sowie quartärem Lößlehm und Hangschutt bedeckt. Die Überlagerungsmächtigkeit erreicht örtlich mehr als 60 m (Abb. 2.16).

Natürliche Aufschlüsse sind im Gebiet nicht vorhanden. Im Umfeld des Standortes gibt es einige verfallene Steinbrüche und ein Kalkbergwerk. Über den Gebirgsaufbau geben bis 600 m tiefe Bohrungen Auskunft, die von der SDAG WISMUT 1973 am Westrand des Standortgebietes abgeteuft wurden. Das Schema der geologisch-tektonischen Bearbeitung des Standortes Rabenstein bei Chemnitz war wie folgt aufgebaut:

1. Schurfgestützte Lesesteinkartierung i.M. 1:5.000 und Revision der Lithostratigraphie

2. Strukturgeologische Dokumentation von Aufschlüssen im Umfeld des Standortes. Auswertung von Altbergbau-Unterlagen

3. Luftbildinterpretation (panchromatische und IR-sensibilisierte Aufnahmen) und Ground Checking (i.M. 1:10.000 bis 1:5.000)

4. Richtungsstatistische Auswertung des natürlichen Dränsystems

5. Kernbohrungen im Festgestein zur Klärung der Tektonik und Verkarstung

6. Schneckenbohrungen zur Ermittlung der Verbreitung und Mächtigkeit der Lockersedimente und Verwitterungsbildungen

7. Entwurf einer lithologischen Karte und Konstruktion geologischer Schnitte unter Berücksichtigung der Ergebnisse geoelektrischer und elektromagnetischer Messungen

Geologische Kartierung

Mit einer Schurf-gestützen Lesesteinkartierung (LEGLER 1992) im Maßstab 1:5.000 konnte die GK 1:25.000 (LEHMANN & SIEGERT 1902; SIEGERT & DANZIG 1908) präzisiert werden. Allerdings setzten die Lößlehm-Überdeckung und periglaziale Schuttdecken der Lesesteinkartierung Grenzen (Abb.2.14).

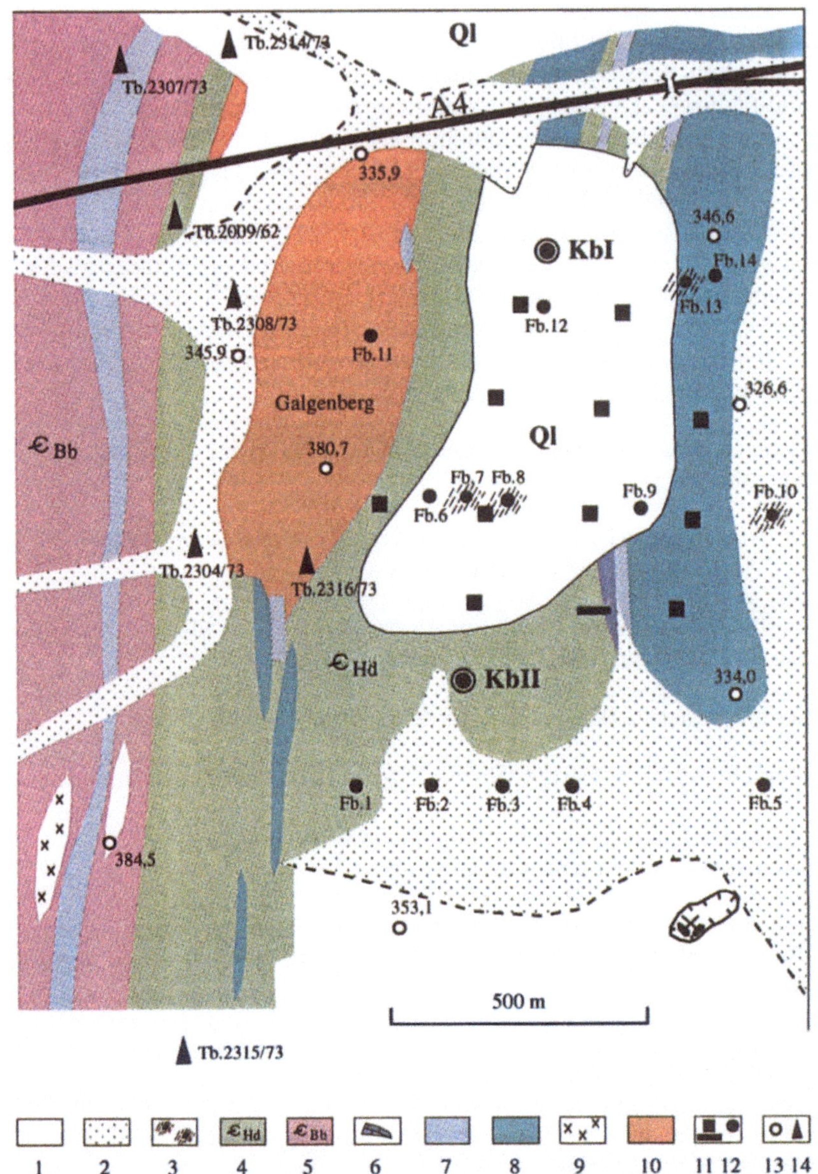

Abb.2.14: Ausschnitt aus der Lesesteinkartierung am Standort Rabenstein nach LEGLER (1992); Legende: 1- Lößlehm; 2- Alluviale Bildungen; 3- erbohrtes unteres Rotliegendes; 4- Phyllite; 5- Muskovitschiefer; 6- Marmor; 7- Schwarzschiefer; 8- Amphibolschiefer; 9- Metaquarzit; 10- Fleck- u. Knötchenschiefer; 11- Schürfe; 12- Schneckenbohrungen; 13- Kernbohrungen, 14- Tiefbohrungen der SDAG WISMUT

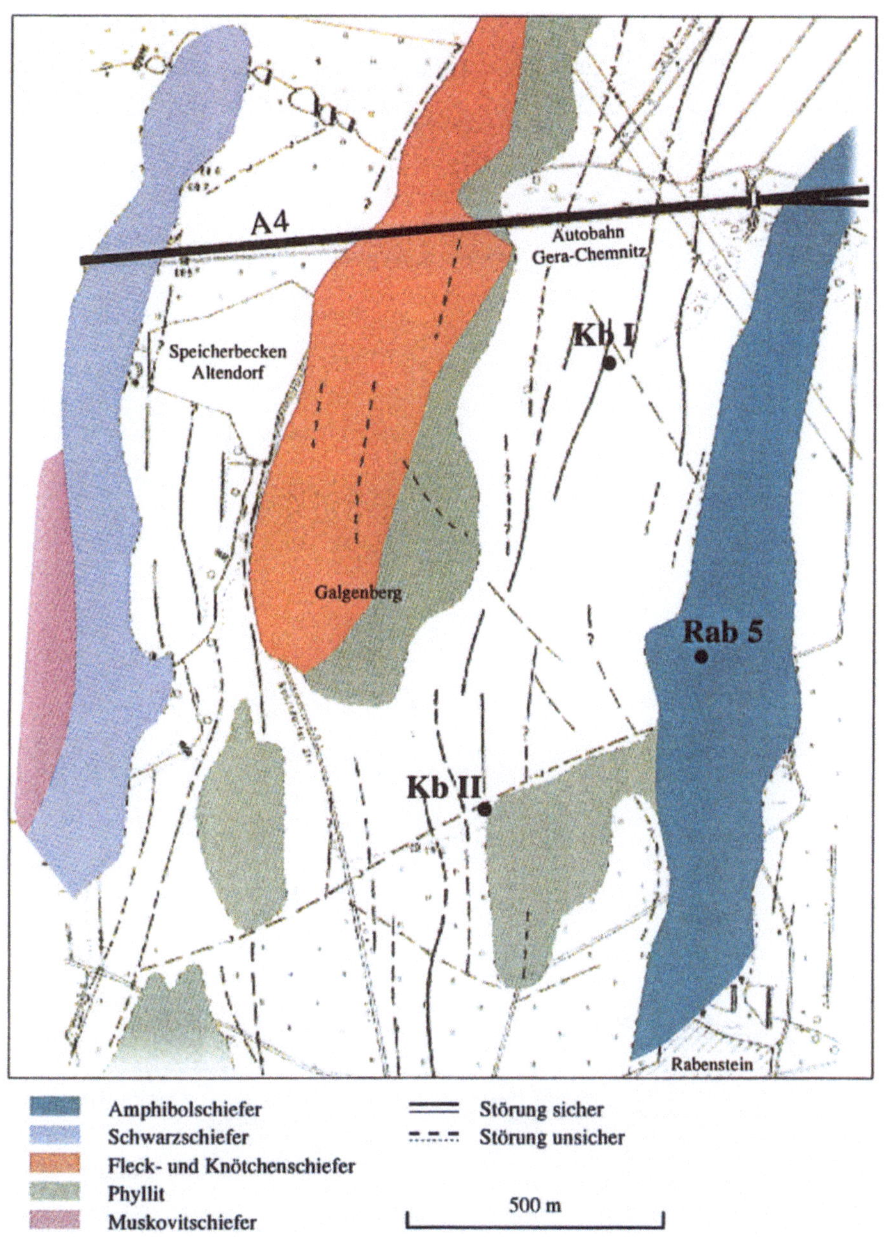

Abb.2.15: Lithologische und tektonische Karte nach einer Spezialkartierung unter Berücksichtigung von Bohrungen, geoelektrischen und geophysikalischen Messungen und Fernerkundungsdaten (nach BACHMANN 1993)

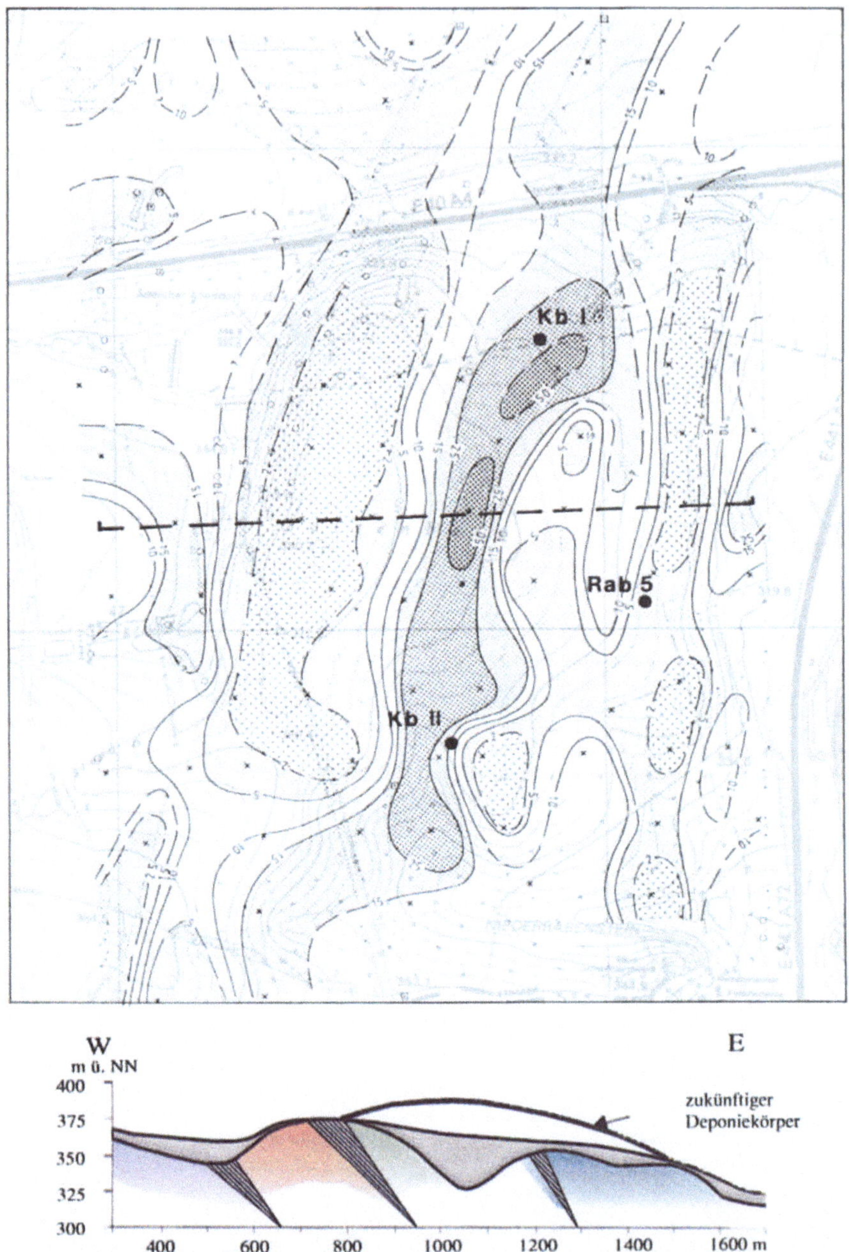

Abb.2.16: *oben*: Mächtigkeit der Lockergesteins-u. Verwitterungsdecke über dem Grundgebirge am Teststandort Rabenstein nach geoelektrischen Untersuchungen; *unten*: geologischer Schnitt; mit Verwitterungsmaterial und Lockergestein gefüllte Rinnen über dem Grundgebirge sowie bedeutende Störungszonen (schraffiert)

Mit geoelektrischen und elektromagnetischen Messungen (LINDNER et al. 1992) wurde ein etwa N-S-streichender rinnenartiger Bereich mit Verwitterungsbildungen bzw. Lockersedimenten festgestellt (Abb. 2.16). Durch ein Flachbohrprogramm (Schneckenbohrungen) wurde dieser Befund bestätigt. Einige Bohrungen förderten über den Verwitterungsbildungen liegende rote Tone zutage. Von diesen Proben wurden durch Naßsiebung, Säurebehandlung und Schweretrennung Schwermineralpräparate hergestellt. Die unter dem Mikroskop gefundenen idiomorphen Zirkone werden vulkanischen Tuffen des frühen Unterrotliegenden zugeordnet. Demnach stellt die Rinnenstruktur ein Element der oberkarbonischen Landschaftsformung dar und folgt entweder einer bruchtektonischen Vorzeichnung oder einem Zug fossiler Dolinen über den z.T. nachweislich verkarsteten Karbonatgesteinen (Marmoren).

Schichtenprofile von älteren Bohrungen, deren Verlauf durchweg stark vom Lot abweicht, wurden nach geometrischer Korrektur anhand der Kerndokumentationen und durch Aufnahme noch vorhandener Kerne unter Berücksichtigung von tektonischen Störungen parallelisiert und mit den Lagerungsverhältnissen in Oberflächenaufschlüssen verglichen.

Das durch die Luftbildinterpretation und die richtungsstatistische Analyse des natürichen Dränsystems ermittelte tektonische Muster im Kartenbild (Abb.2.15) besteht aus einem grob N-S und einem E-W streichenden Störungsbündel. In den Luftbildern geben sich diese Lineationen als Grauton - bzw. Farbunterschiede zu erkennen. Die Lineationen werden durch geophysikalische Störungsindikationen bestätigt (vergl. SCHREINER et al. 1995).

2.3.3 Schlußfolgerungen

Aus den angeführten Beispielen ergeben sich für die geologischen Voruntersuchungen auf Deponie- und Altlaststandorten mit ähnlichen Untergrundverhältnissen einige nützliche Hinweise:

1. Vor der Kartierung ist unbedingt das Archivmaterial vollständig zu erfassen und auszuwerten
2. Die geologischen Kartierungen sollen in Maßstäben 1:2.000 bis 1:1.000 oder größer durchgeführt werden. Für die Darstellung wird ein Maßstab von 1:5.000 empfohlen
3. In Bereichen mit mächtigen Verwitterungsbildungen oder periglazialen Lehm- bzw. Schuttdecken ist die Kartierung nur mit Bohrungen möglich.
4. Die Anzahl der Bohrungen kann durch geoelektrische, magnetische und seismische Messungen effektiv reduziert werden.
5. Schürfe sind nur bei relativ geringen Überlagerungsmächtigkeiten sinnvoll

6. Tektonische Störungen geben sich häufig in panchromatischen und IR-sensibilisierten Luftaufnahmen durch Lineationen und Farbwechsel am besten in Frühjahrs- und Herbstaufnahmen zu erkennen (Dränsysteme)
7. Luftbildinterpretationen sollen unbedingt mit einer richtungs- und merkmalsstatistischen Analyse des natürlichen Oberflächenentwässerungssystems verbunden werden.

Weiterführende Schriften

AUST, H. & BECKER-PLATEN, J. D. (1985): Angewandte Geowissenschaften in Raumplanung und Umweltschutz. Enke, Stuttgart

BARNES, J.W. (1991): Basic Geological Mapping. Geol. Soc. of London, Handbook Series, Open Univ. Press, Milton Keyness

BLASCHKE, R., DITTMANN, G., NEUMANN-MAHLKAU, P. & VOHWINKEL, I. (1989): Interpretation geologischer Karten. Enke, Stuttgart

BUNDESANST. F. GEOWISS. U. ROHSTOFFE & GEOL. LANDESÄMTER (HRSG) (1982): Die Geologische Karte 1:25000 der Länder der Bundesrepublik Deutschland (GK 25), Rahmenrichtlinie für ihre Aufnahme, Bearbeitung und Darstellung. Hannover

BURGER, H.R. (1992): Exploration Geophysics of the shallow surface. Eaglewood Cliffs, U.K.

COCHRAN, W., FENNER, P. & HILL, M. (1979): Geowriting, a guide to writing, editing, and printing in earth science. Amer. geol. Inst. Falls Church

COMPTON, R.C. (1985): Geology in the Field.Wiley & Sons, New York

GWINNER, M. P. (1965): Geometrische Grundlagen der Geologie. Schweizerbarth, Stuttgart

HAKE, G. (1982, 1986): Kartographie, Bde. **1, 2**, 6. bzw. 3. Aufl.. de Gruyter, Berlin

HOFMANN, J., SCHMIDT, J. & BACHMANN, S. (1993): Altlasten und Deponien über Festgesteinen. In: Bundesanstalt für Geowissenschaften und Rohstoffe (Hrsg.): Verbundvorhaben Deponieuntergrund, 3.Statusseminar Berlin 1. - 3. Dezember 1993. Hannover

HÜTTERMANN, A. (1981): Karteninterpretation in Stichworten, Bd. **1**, Topographische Karten. Hirt, Kiel

HÜTTERMANN, A. (1993): Karteninterpretation in Stichworten, Bd. **1**, Topographische Karten, 3. Aufl.. Hirt, Berlin, Stuttgart

KRONBERG, P. (1967): Photogeologie - Ein Einführung in die geologische Luftbildauswertung. Clausth.Tekton. Hefte **6**. Pilger; Clausthal-Zellerfeld

KRONBERG, P. (1984): Photogeologie - eine Einführung in die Grundlagen und Methoden der geologischen Auswertung von Luftbildern. Enke, Stuttgart

LINKE, W. (1992): Orientierung mit Karte und Kompaß. Busse-Seewald, Herford

LISLE, R. J. (1988): Geological structures and maps - a practical guide. Pergamon, Oxford.

MALTMANN, A. (1990): Geological maps - an introduction. Open Univ. Press, Milton Keyness.

MILITZER, H., SCHÖN, J. & STÖTZNER, U. (1986): Angewandte Geophysik im Ingenieur- und Bergbau. Dt. Verl. f. Grundstoffind., Leipzig

MOSELEY, F. (1982): Übungen zur geologischen Karteninterpretation. Enke, Stuttgart

N.N. (1994): Kartenverzeichnis 1994. Landesvermessungsamt Sachsen, Dresden

POWELL, D. (1995): Interpretation geologischer Strukturen durch Karten. Springer, Berlin Heidelberg NewYork Tokio

POUBA, Z. (1968): Geologische Kartierung (tschech.). NAKLAD. Ceskoslovenske Akademii Ved, Prag

SCHOLZ, E., TANNER, G. & JÄNCKEL, R. (1980): Einführung in die Kartographie und Luftbildinterpretation. VEB Hermann Haack, Gotha/Leipzig

SLOSSON, J.E. (1984): Genesis and evoliuton of guidelines for geologic reports. Assoc. Engineering Geologists, Bull., **21**: 295 - 316

THOMAS, P. R. (1991): Geological Maps and Sections for Civil Engineers. Blackie, Glasgow

TUFTE, E.R. (1983): The visual display of quantitative information. C.T. Graphics, Cheshire

Literatur

BACHMANN, S. (1993): Der Untergrund des geplanten Deponiestandortes Rabenstein - der Versuch einer geologisch-tektonischen Modellierung. Diplomarbeit Fachbereich Geowissenschaften, TU Bergakademie Freiberg

BENDER, F. (1981): Angewandte Geowissenschaft, Bd. **1**, Geländeaufnahme, Strukturgeologie, Gefügekunde, Bodenkunde, Mineralogie, Petrographie, Geochemie, Paläontologie, Meeresgeologie, Fernerkundung, Wirtschafts-geologie. Enke, Stuttgart

BENTZ, A. (1961): Lehrbuch der Angewandten Geologie, Bd. **1**, Allgemeine Methoden - Kartierung, Petrographie, Paläontologie, Geophysik, Bodenkunde. Enke, Stuttgart

EILERS, H. (1995): Blattschnitt geologischer Kartenwerke in Sachsen. Geoprofil **5**: 5-17, Freiberg

FAHLBUSCH, K. (1953): Die Saalfeld-Gotha-Eichenberg-Störungszone im Raum Arnstadt. Abh. Dt. Akad. Wiss. Berlin, KL. Mathem. allgem. Naturwiss.**3**, 139-173, Berlin

HÄGER, F. (1996): Graphische Datenverarbeitung. In: LEGE, T., KOLDITZ, O. & ZIELKE, W. (Hrsg.): Handbuch zur Erkundung des Untergrundes von

Deponien und Altlasten, Bd. **2**, Strömungs- und Transportmodellierung. Springer, Berlin Heidelberg NewYork Tokio

KÜHN, F. & HÖRIG, B. (1995): Handbuch zur Erkundung des Untergrundes von Deponien und Altlasten, Bd. **1** Geofernerkundung - Grundlagen und Anwendungen. Springer, Berlin Heidelberg NewYork Tokio

LAHEE, F.H. (1952): Field Geology. McGraw Hill, New York.

LEGLER, C. (1992): Entwurf und Erläuterungen der geologischen Karte 1:5.000 (Lesesteinaufnahme) und des geologischen Profils 1:5.000. G.E.O.S. Freiberg Ingenieurgesellschaft, Bericht (unveröff.) im Auftrag der Bundesanstalt für Geowissenschaften und Rohstoffe (BGR), Hannover

LEHMANN, J. & SIEGERT, T. (1902): Geologische Specialkarte des Königreichs Sachsen, Section Hohnstein-Limbach (Blatt 95), 2.Aufl.. Leipzig

LINDNER, H., SEIDEL, K. & STEINER, G. (1992): Ergebnisbericht über geoelektrische, elektromagnetische und magnetische Messungen im Gebiet Rabenstein/Chemnitz. Geophysik GmbH Leipzig, Bericht (unveröff.) im Auftrag der Bundesanstalt für Geowissenschaften und Rohstoffe (BGR), Hannover

SCHEYER, H.H. (1995): GPS - Begriffe, Technik, Trends und Applikationen. Geowissenschaften **13** (10): 375-377

SCHMIDT, J. (1993): Der Untergrund der Altlast „Eulenberg" bei Arnstadt - ein tektonisches Modell und Beiträge zur Umweltgeologie. Diplomarbeit (unveröff.) Fachbereich Geowissenschaften, TU Bergakademie Freiberg

SCHREINER, M., KRUMMEL, H., KNÖDEL, K., LANGE, G., HILTMANN, W., KREYSING, K. & AUST, H. (1995): Forschungsverbundvorhaben Methoden zur Erkundung und Beschreibung des Untergrundes von Deponien und Altlasten. Schlußbericht für 1989 - 1994, Bundesanstalt für Geowissenschaften und Rohstoffe (BGR), Hannover

SIEGERT, T. & DANZIG, E. (1908): Geologische Specialkarte des Königreichs Sachsen, 1:25.000, Section Chemnitz (Blatt 96), 3.Aufl.. Leipzig

SIEHL, A. (1993): Interaktive geometrische Modellierung geologischer Flächen und Körper. Geowissenschaften **11**: 342-346

VOSSMERBÄUMER, H. (1991): Geologische Karten. 2. Aufl. Schweizerbarth, Stuttgart

WUNDERLICH, J. (1991): Vorstudie zum Forschungsverbundhaben Deponieuntergrund; Untersuchungsobjekt: Deponie am Eulenberg westlich Arnstadt/Thüringen. GEOS-Ingenieurbüro GmbH, Jena, im Auftrag der BGR, Hannover

ZIMMERMANN, E. (1924): Geologische Specialkarte von Preussen 1: 25.000 Blatt Arnstadt (70/10), 2.Aufl.. Berlin

3 Probenahme und Sondierungen

MATTHIAS SCHREINER

Für die Beschreibung des Untergrundes sind in geotechnischer (und hydrogeologischer) Sicht folgende Eigenschaften maßgebend:

- Aufbau und Zusammensetzung (Gefüge, Korngröße, Mineralbestand, Dichte, Wassergehalt, ggf. Kontamination)
- Festigkeit (Zusammendrückbarkeit, Scherfestigkeit)
- Porosität (Hohlraumgehalt) und Wassersättigung
- Durchlässigkeit (Hydraulische Leitfähigkeit, Permeabilität)

Grundsätzlich lassen sich diese Eigenschaften direkt durch Messungen an Proben im Labor bestimmen. Sondierungen erlauben es, die o.g. Eigenschaften indirekt durch Messungen korellierter physikalischer Parameter, z.B. der Eindringungswiderstände der Sonden oder der Absorption radioaktiver Strahung im Untergrund („in situ") zu bestimmen. Jeder mechanische Eingriff in den Untergrund stört jedoch Gleichgewichtszustände, z.B. durch die Entlastung beim Aushub, Entspannung des Porenwasserdrucks beim Anbohren, durch Verdrängen und Verdichten des Bodens beim Vortrieb von Sonden. Daher gibt es eigentlich keine „ungestörten Proben". Auch die Ergebnisse von Sondierungen sind stets abhängig vom Zustand des durchörterten Bodens, von der eingesetzten Technik und vom Versuchsablauf.

Der Aufwand für die Entnahme von Bodenproben besonderer Güte wächst mit zunehmender Tiefe sehr deutlich. Außerdem ist es meist zeitaufwendig und kostspielig, durch bodenmechanische Laborversuche zuverlässige und repräsentative Ergebnisse zu erhalten. Deshalb wird man mit Hilfe von Sondierungen das Stichprobenraster indirekt verdichten. Ohne „Eichung" an direkten Aufschlüssen und Proben sind Sondierergebnisse aber nicht eindeutig zu interpretieren. Probenahme und Sondierungen ergänzen sich daher gegenseitig.

3.1 Probenahme

3.1.1 Entnahme von Sonderproben

Die Störung des natürlichen Gleichgewichtszustandes im Untergrund infolge der Probenahme beeinflußt die mechanischen und hydraulischen Eigenschaften der Gesteine. Denn Gefüge, Festigkeit, Porosität, Sättigungsgrad und Durchlässigkeit sind eng aneinander gekoppelt. Die *Durchlässigkeit* stellt in diesem Zusammenhang auch den am empfindlichsten auf Störungen reagie-

renden Parameter dar (s.u.). Anders als im Festgestein, liegt im Lockergestein
bzw. im Boden keine oder nur eine mäßge Kornbindung vor. Das Korngerüst
und der Porenraum unterliegen daher bereits merklichen, zum größten Teil
irreversiblen Verformungen, Festigkeits- und Konsistenzänderungen, wenn
nur geringe mechanische Beanspruchungen einwirken (Be- und Entlastung,
Frosthebung) oder Porenfluide aufgenommen bzw. abgegeben werden
(Durchfeuchtung, Austrocknung). Selbst mit sehr aufwendigen und sorgfältig
durchgeführten Probenahmetechniken sind diese Störungen nicht ganz zu
vermeiden (s. Kap. 5.4 und 6). In gewissem Maße können jedoch an Labor-
proben ursprüngliche Spannungszustände wiederhergestellt werden (s.u.).

Ein Bild der Spannungsverteilung im *normal konsolidierten* Untergrund in
einfachen Fällen zeigt Abb. 3.1. Das Verhältnis der horizontalen ($\sigma_x{'}$) zur
vertikalen effektiven Normalspannung ($\sigma_z{'}$) heißt *Erdruhedruckbeiwert* K_0.

$$\sigma_x{'}/\sigma_z{'} \; = \; K_0 \tag{3.1}$$

a)

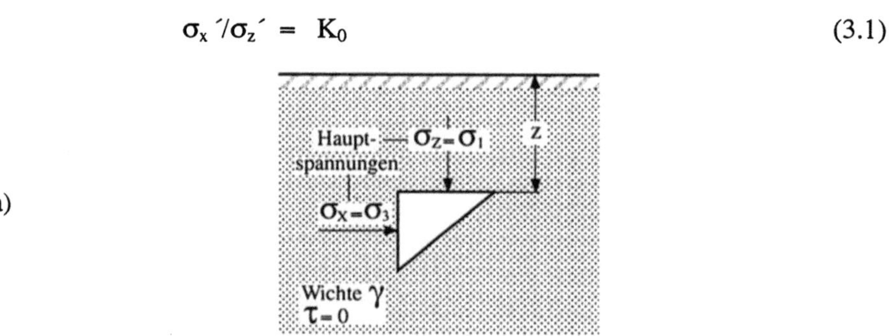

b)

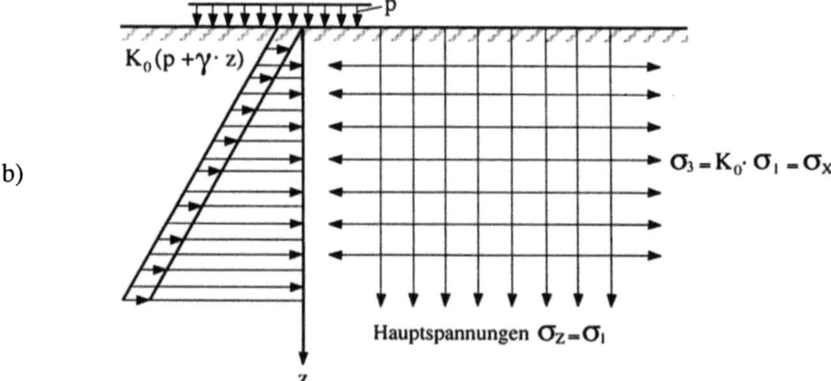

Abb. 3.1a, b: Spannungszustand im Boden infolge der Schwerkraft (Eigenlast); **a** vertikale
und horizontale Hauptspannungen auf einem Bodenelement in der Tiefe z ; Scherspannung
$\tau_{xz} = 0$; **b** vertikale und horizontale Hauptspannungstrajektorien im Untergrund *(rechts)*
sowie die linear mit der Tiefe z zunehmende Horizontalspannung infolge Eigenlast des
Bodens und überlagerter äußerer Last p *(links)*; K_0 = Erdruhedruckbeiwert. (Nach
SCHULTZE & HORN 1990)

K_0 ist eine Materialkonstante, die vom effektiven *Reibungswinkel* φ' abhängt und durch

$$K_0 = 1 - \sin \varphi' \qquad (3.2)$$

abgeschätzt werden kann. K_0 liegt oft zwischen etwa 0,35 und etwa 0,65. Die Zunahme der effektiven Normalspannungen mit der Tiefe infolge Eigenlast verläuft in geschichteten Böden nicht kontinuierlich (Abb. 3.2).

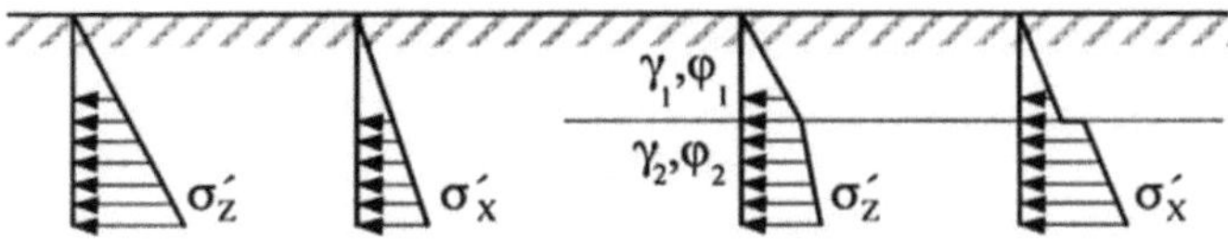

Abb. 3.2a, b: Verlauf der effektiven Vertikalspannungen σ_z' und Horizontalspannungen σ_x'; **a** in homogenem und **b** in geschichtetem Untergrund; Wichten γ und Reibungswinkel φ. (Nach GUDEHUS 1990)

Bei *unterkonsolidierten* Böden (weiche, tonig-schluffige Sedimente, rasch abgelagerte Schlämme) kann Porenwasser nur langsam entweichen. Es baut sich ein Porenwasserdruck auf, der einen Teil der Eigenlast des Bodens trägt. Unter diesen Verhältnissen steigt die Horizontalspannung σ_x bis zu etwa $0,95 \cdot \sigma_z$ an. In *überkonsolidierten*, d.h. durch geologische Vorbelastung (Gletschereis, inzwischen abgetragene Schichten) verdichteten Böden liegen meist größere Horizontalspannungen als nach (3.1) vor, da wegen behinderter Seitendehnung der horizontale Spannungsanteil der Vorbelastung auch nach Entfernung der Überlagerung nicht total abklingt.

In dem als Probe aus dem Verband gelösten Bodenvolumen werden die Hauptspannungen Null, und der Probenkörper versucht sich zu entspannen, d.h. auszudehnen. Dem wirken die Kapillarspannungen des Porenwassers entgegen. Der Unterdruck, der bei der Ausdehnung entsteht, zwingt das Korngerüst quasi wieder zusammen. Theoretisch dürfte sich daher eine wassergesättigte Bodenprobe bei der Entnahme gar nicht ausdehnen. Praktisch geschieht jedoch beim Herauslösen oder Ausstechen der Probe folgendes (BRINCH HANSEN & LUNDGREN 1960):

- Der Oberflächenbereich der Probe wird leicht durchgeknetet und setzt Wasser frei
- Die Probe kann aus der Umgebung Wasser aufnehmen
- Die Probe kann an der Oberfläche in der Luft austrocknen

Deshalb wird die Wirkung der Kapillarspannungen die Deformation der Probe nicht verhindern können. Die Veränderung der Bodenstruktur wirkt sich be-

sonders auf die Verdichtungskurve einer Bodenprobe im Kompressionsversuch aus (Abb. 3.3). Bei einer sorgfältig entnommenen Sonderprobe können
aus der Form der Zusammendrückungslinie Rückschlüsse auf die *Vorbela-*
stung des Bodens gezogen werden. Die Erstverdichtungslinie (Abb. 3.3; Kur-
venabschnitte A-F, B´-E) verläuft viel steiler als der Wiederverdichtungsast
(C-A; C-B´). Infolge der vorausgegangenen Erdauflast oder einer geologischen Vorbelastung wurde das Korngerüst des Bodens bis zu dem der Belastung entsprechenden Maß irreversibel zusammengedrückt (konsolidiert) und
verformt sich bei Wiederbelastung nur noch geringfügig. An einer stärker
gestörten oder sogar durchgekneteten Probe ist dieses Verhalten nicht mehr zu
erkennen (Kurve C-D-G). Die Höhe der Vorbelastung wird graphisch ermittelt
(s. SCHULTZE & MUHS 1967).

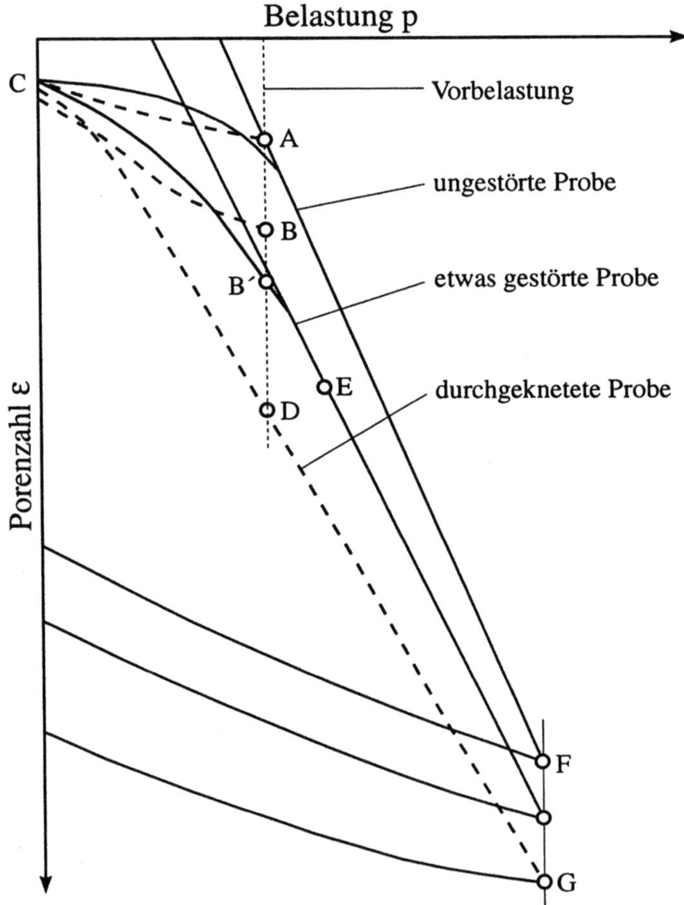

Abb. 3.3: Einfluß unterschiedlich starker Gefügestörungen auf die Verdichtungskurven von
Bodenproben im Kompressionsversuch (nach KÉZDI 1973); weitere Eräuterungen im Text

Bei der Probenahme wirken nacheinander unterschiedliche Mechanismen, welche die Probenqualität beeinflussen können (Abb. 3.4): Spannungsänderungen im Untergrund im Bereich des Bohrloches, Beanspruchungen des Bodens beim Eintreiben und Herausziehen des Probenentnahmestutzens, Auspressen der Probe aus dem Entnahmestutzen, Änderungen des Kapillardruckes der Porenflüssigkeit, Umverteilung des Porenflüssigkeit durch Wasserverluste an der Oberfläche der Probe, Präparieren der Probe auf die Versuchsgeräteabmessungen (Trimmen), Wiederbelastung, Vorbelastung bzw. Konsolidierung zu Beginn des Versuchs. Der hypothetische Spannungsspad, den eine Probe während einer solchen Prozedur erleidet, ist in Abb. 3.4 dargestellt.

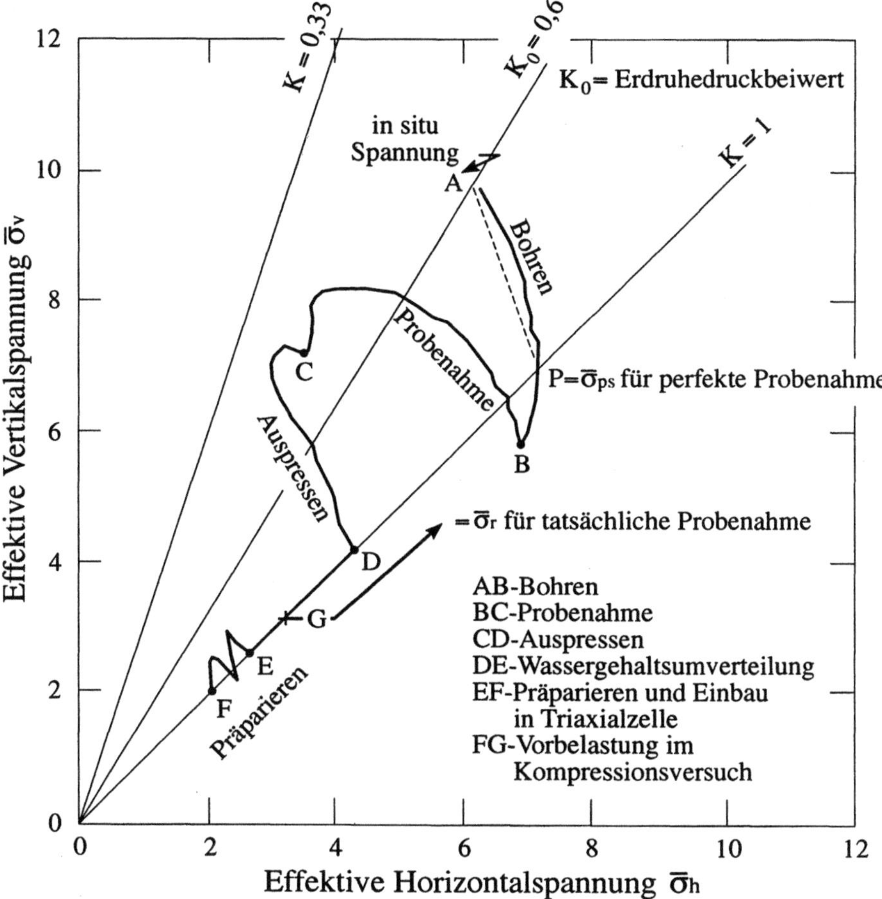

Abb. 3.4: Hypothetischer Spannungspfad eines normal konsolidierten Tons bei der Entnahme mit dem Ausstechzylinder (nach LADD & LAMBE 1964, zitiert in GILBERT 1992); nähere Erläuterungen im Text

Die Beanspruchungen, die beim Eintreiben und Herausziehen eines Entnahmezylinders auftreten, sind in Abb. 3.5 dargestellt.

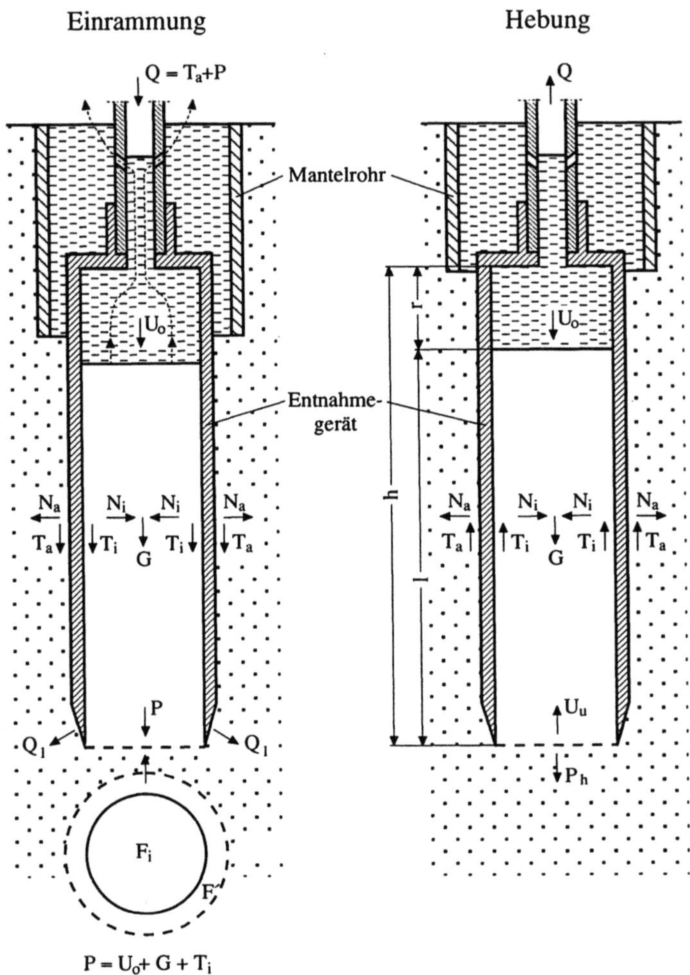

Abb. 3.5: Beanspruchung beim Einrammen und Ziehen eines Entnahmezylinders (nach KÉZDI 1973): Q = Gesamtdruck; U_o = oberer hydrostatischer Druck; U_u = unterer hydrostatischer Druck; G = Eigengewichtsspannung; P = Spitzendruck; P_h = Zugfestigkeit des Bodens; Q_1 = Keildruck; T_a = äußere Wandreibung; T_i = innere Wandreibung; N_a und N_i = Normalspannungen; weitere Erläuterungen im Text

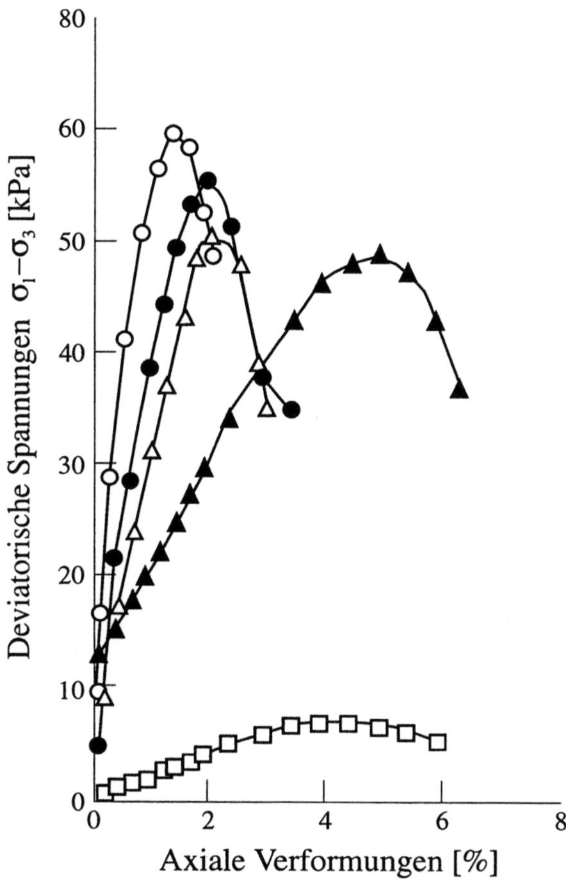

Abb. 3.6: Auswirkungen der Probenahme und der Abmessungen der Entnahmegeräte auf die Ergebnisse triaxialer Druckversuche an weichem Ton - unkonsolidierter undränierter Versuch. (Nach CHANTAWONG 1973; zitiert in GILBERT 1992)

Beim Eintreiben des Zylinders wollen der hydrostatische Druck U_o und die innere Wandreibung T_i die Probe zusammendrücken; dadurch wächst der Druck auf die Fläche F_i im Boden an der Mündung des Gerätes. Aufgrund der großen Spannungen an der keilartig wirkenden Schneidenfläche (F') wird Boden seitlich verdrängt. Die Wandreibungen T_i und T_a hängen von den Wandreibungswinkeln Boden/Metall und von den Normalspannungen auf den Flächen ab. Die Wandreibung bedingt ein Aufwölben des eingedrungenen Bodens. Die Reibung wächst mit der Eindringtiefe des Zylinders. Dadurch kann der Druck auf die Mündungsfläche so groß werden, daß die Probe im Zylinder als Propfen wirkt und kein Boden mehr eindringt. Beim weiteren Vortreiben des Entnahmegerätes wird darunterliegende Boden einfach stärker verdichtet und seitlich verdrängt. Beim Ziehen des Stutzens verhindert in erster Linie die innere Wandreibung das Herausfallen der Probe. Die Zugfestigkeit und der Unterdruck beim Heben müssen beim Ziehen der Probe überwunden werden. Durch diesen Unterdruck, der sich bei raschem Ziehen aufbaut, kann die Probe weiter deformiert werden und Wasserverluste erleiden, oder es kann Wasser von oben her angesaugt werden.

Um die genannten Einflüsse auf die Probenqualität gering zu halten, sind Regeln für die Bauart und Abmessungen der Entnahmegeräte aufgestellt worden (s. Kap. 5 und 6). Wie gravierend sich die Entnahme - besonders das Verhältnis Wandreibung/Probenquerschnitt auf die Eigenschaften des Bodens auswirken kann, zeigt Abb. 3.6. In diesem Fall führt die Beanspruchung des strukturempfindlichen Tones zur Verminderung des Steifemoduls.

Einfluß der Probenqualität auf die Durchlässigkeit

Gerade in geringdurchlässigen Barrieregesteinen (z.B. Schluff und Ton) werden häufig Laborversuche an Sonderproben zur Bestimmung der Durchlässigkeit herangezogen. Die Durchlässigkeit eines Gesteins bzw. Bodens ist eng mit dem Gefüge und mit den Parametern Zusammendrückbarkeit, Porenziffer und Sättigungsgrad verknüpft. Diese Parameter unterliegen jedoch einer unvermeidlichen Änderung bei der Probenahme, wie die vorangegangenen Ausführungen gezeigt haben. Nach einer Studie von GILBERT (1992), in der experimentelle Daten von mehreren Autoren ausgewertet wurden, ergaben sich besonders hohe Variationskoeffizienten der Durchlässigkeit bei nicht ganz gesättigten Proben (Tabelle 3.1):

Tabelle 3.1: Variationskoeffizienten V bodenmechanischer Werte in Sonderproben (n. HARR 1987 in GILBERT 1992); V = S/M; S = Standardabweichung; M = Mittelwert

Parameter	Variationskoeffizient [%]	Autor
Wichte	3	HAMMIT, 1966
Porosität	10	SCHULTZE, 1972
Sättigungsgrad	10	FREDLUND & DAHLMAN 1972
Wassergehalt (Ton)	13	FREDLUND & DAHLMAN 1972
Kohäsion	40	FREDLUND & DAHLMAN 1972
Durchlässigkeitsbeiwert	240 (80% Sätt.); 90 (100% Sätt.)	NIELSEN et al. 1973

Wenn man von der Bildung von Rissen und Klüften bei der Probenahme einmal absieht, werden die Durchlässigkeitsbeiwerte in der Regel mit zunehmender Störung im Gefüge und Porenraum der Proben kleiner. Sogar bei „perfekter" Probenahme, d.h. ohne Störung des Gefüges durch das Entnahmegerät, ergeben sich infolge der Entlastung von den Untergrundspannungen Verformungen, Änderungen der Porosität und Migrationen des Porenwassers. Durch den Wegfall des hydrostatischen Druckes beim Bergen der Probe entweichen die im Porenwasser gelösten Gase, wodurch der Sättigungsgrad abnimmt. Der gleiche Effekt tritt nach einem Temperaturanstieg ein. Durch Abkühlung kondensiert Wasser an der Probenoberfläche und in den größeren Poren, und es verdunstet mehr Porenwasser, d.h die Abkühlung trocknet die Probe successive aus. Durch eine nachträgliche Aufsättigung der Proben im Labor können diese Prozesse nur zum Teil rückgängig gemacht werden.

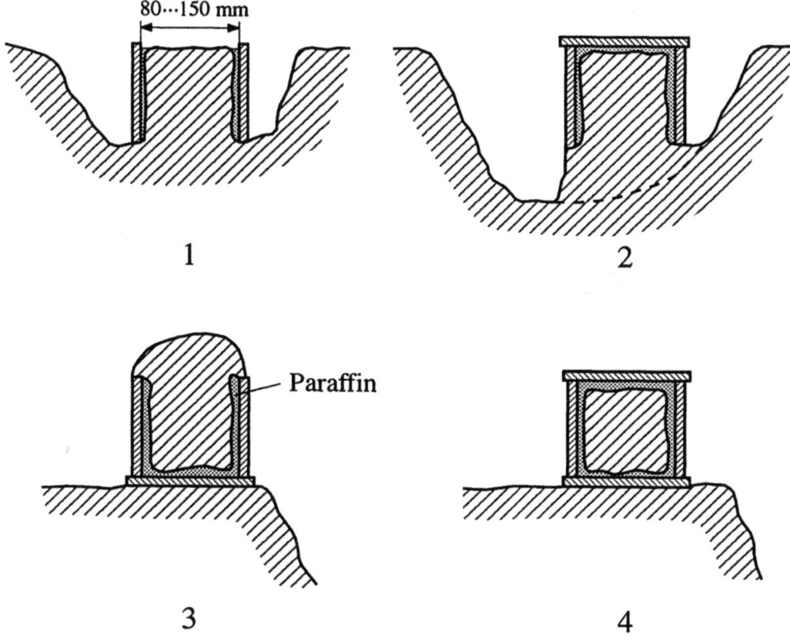

Abb. 3.7: Entnahme einer Sonderprobe (Würfel) aus einer Schürfgrube in 4 Stadien; die Probe wird durch einen Holzkasten geschützt und mit Wachs vergossen. (Nach KÉZDI 1973)

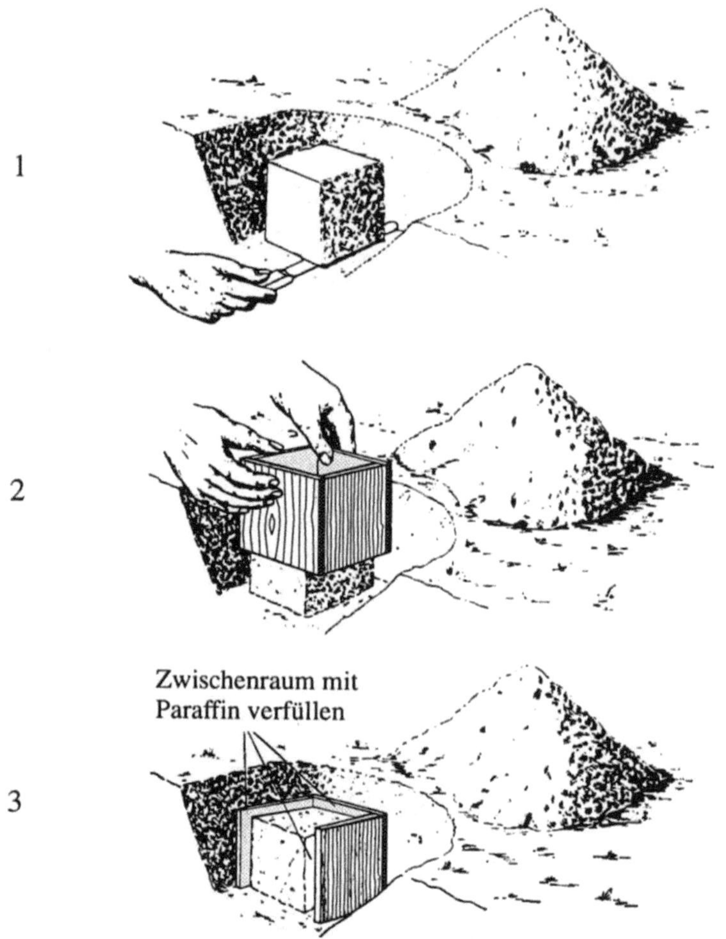

Abb. 3.8: Freilegen eines Würfels zur Gewinnung einer Sonderprobe in 3 Stadien. (Nach SCHULTZE & MUHS 1967)

Schlußfolgerungen für die Entnahmetechnik

Je größer das Probenvolumen ist, desto geringer fällt die Störung im Inneren der Probe aus. Dabei liefert die Entnahme von Hand sorgfältig freigelegter Blöcke (Würfel) aus Schürfgruben die beste Probenqualität. Einzelheiten der Prozedur sind in den Abb. 3.7. - 3.9 dargestellt. Dieses Verfahren ist für alle Böden - auch mit Kies- und Steinanteilen - geeignet, die mindestens eine geringe Kohäsion (z.B. durch Feinkornanteile) aufweisen. Nichtbindiges Material *muß* mit dünnwandigen Ausstechzylindern entnommen werden, die in den Untergrund einzudrücken, bei sehr festen Böden einzuschlagen sind (Abb.3.9, Abb.3.10). So kann allerdings mit   vertretbarem Aufwand nur über dem

Grundwasserspiegel und bis zu geringen Tiefen (etwa 6 m) vorgegangen werden.

Der einfachste Fall liegt vor, wenn Proben nahe der Erdoberfläche, z.B. in Schürfgräben entnommen werden sollen. Dann kann die Bodenprobe durch einen Entnahmezylinder (Abb.3.9, 3.10) oder durch Herausschneiden und Schälen gewonnen werden (Abb.3.7, 3.8). Die freigelegte Probe muß anschließend durch luftdichte Gefäße oder Eingießen in Wachs konserviert werden. Wichtig sind schnelles Arbeiten, Vermeidung von Austrocknung und von Temperaturschwankungen.

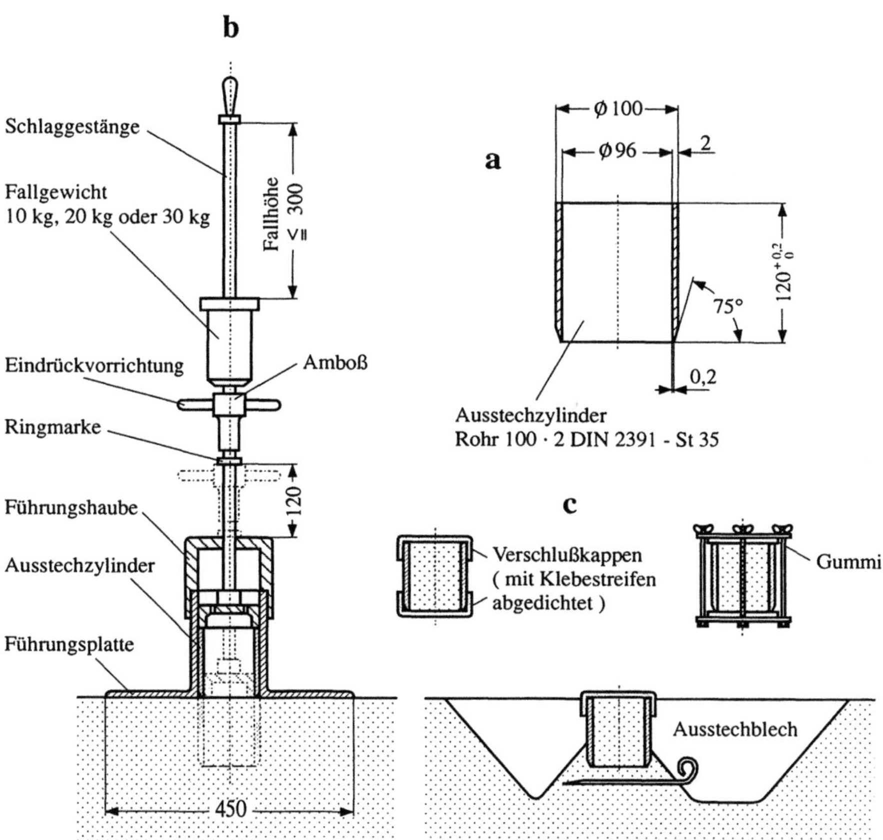

Abb. 3.9a-c: Entnahme von Sonderproben aus Schürfgruben mittels Ausstechzylinder (DIN 4021); **a:** Abmessungen des Zylinders; **b:** Konstruktion der Entnahmevorrichtung; **b:** Freilegen, Abgleichen und luftdichtes Verschließen des gefüllten Zylinders. Genaue Beschreibung des Vorgangs in DIN 18125, Teil 2

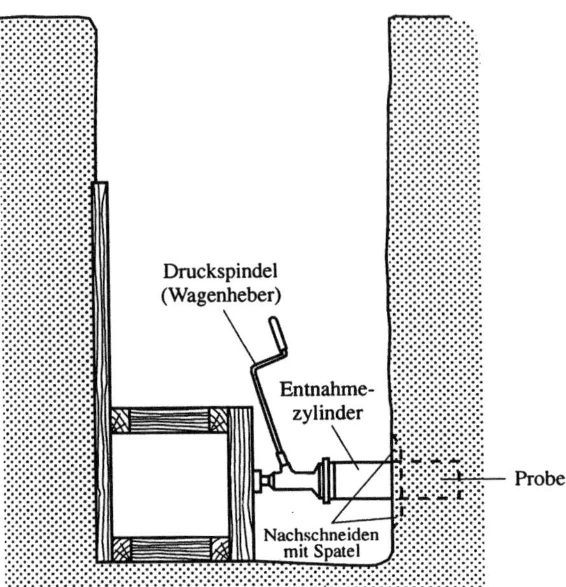

Abb. 3.10: Ausstechen einer Sonderprobe aus der Schürfgrabenwand. (Nach SCHULTZE & MUHS 1967)

Aus Bohrlöchern gewinnt man Sonderproben von bindigen Böden mit einfachen Entnahmestutzen oder Kolbenentnahmegeräten (z.B. DIN 4021; s. Kap. 5.3.1 u. 5.4). In verschiedenen bisherigen Untersuchungen (GILBERT 1992) ergibt sich übereinstimmend, daß präzise dünnwandige und glatte Entnahmezylinder mit einem *Flächenverhältnis* unter 15% (definiert nach HVORSLEV 1949; vergl Kap. 5.3.1) den besten Kompromiß darstellen. Über den Einfluß des Innendurchmesserverhältnisses (sog. „Freischneiden" des Kerns, der sich zur Veringerung der inneren Wandreibung nach dem Eintritt in den Zylinder entspannen kann) gehen die Meinungen auseinander; ebenso über die Funktion eines Kolbens im Entnahmezylinder. Die Wahrscheinlichkeit einer Probenstörung durch das beim Ziehen entstehende Vakuum ist dabei relativ groß. Über die Aufbewahrung empfindlicher Proben in Druckbehältern berichten JAGAU (1990) und GOLDSCHEIDER & SCHERZINGER (1987).
Eine Hauptkompente der Beanspruchung der Bodenproben stellt die innere Wandreibung dar (Abb.3.5). Um dieses Problem zu umgehen wurden in den Niederlanden 2 Konzepte für die Entnahme von Sedimentkernen entwickelt, die in Verbindung mit hydraulischen Drucksondiermaschinen arbeiten und sich vor allem für wenig verfestigte nacheiszeitliche Küstensedimente (Kleiböden) oder anderen Weichschichten gut eignen:

- *Mostap* der Fa. A.P.v.d.BERG (Heerenveen)
- *Continous sampling apparatus* nach BEGEMANN (1966)

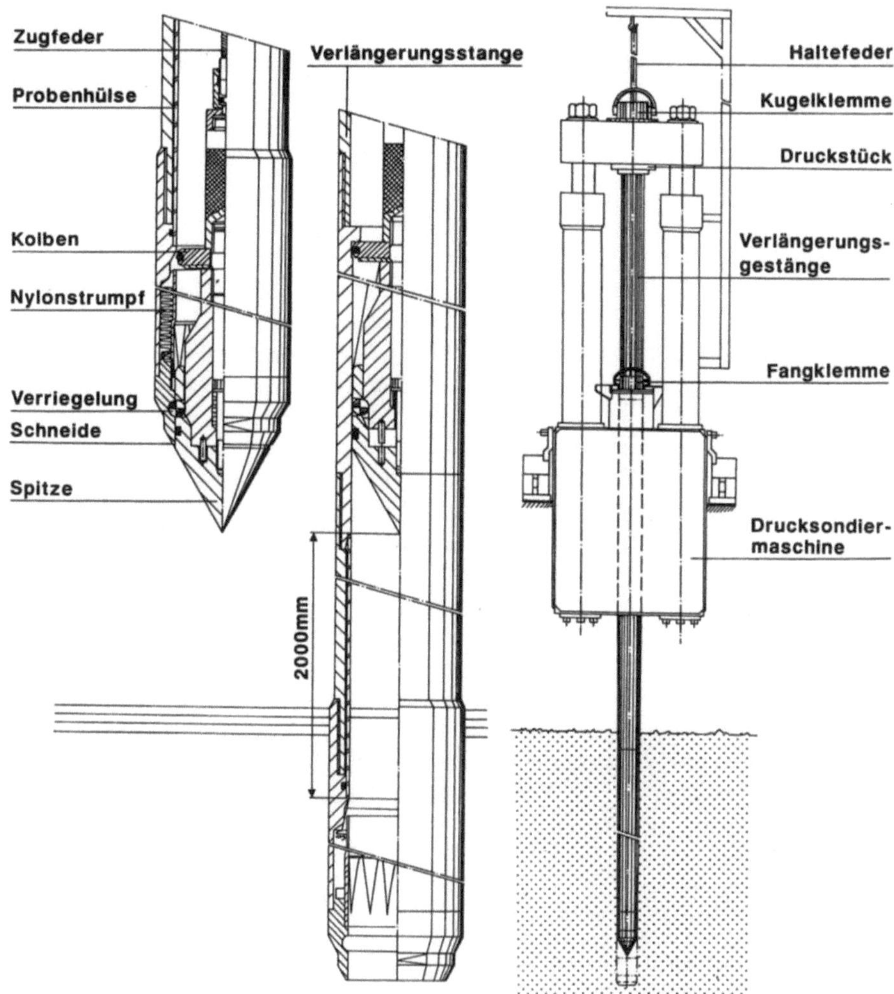

Abb. 3.11: Entnahme durchgehend gekernter Bodenproben mit dem *Mostap*-Gerät (nach Unterlagen der A.P.v.d.BERG ingenieursburo b.v. Heerenveen, Niederlande); *links*: Entnahmegerät mit konischer Spitze verschlossen; *Mitte*: 2m Kernentnahme nach Entriegelung der nun als Kolben dienenden Spitze; *rechts:* Einbau des Entnahmegerätes in eine hydraulische Drucksondiermaschine (schematisch)

Mit *Mostap* (Abb. 3.11) werden bis zu 2m lange gekernte Bodenproben von 66 mm Durchmesser gewonnen. In der Öffnung des Probenehmers steckt eine Spitze, welche über eine Zugfeder entriegelt wird, nachdem der zu beprobende Horizont erreicht worden ist. Der Probenehmer dringt dann mit offener Schneide weiter vor. In einem Magazin im Mantel des Probenehmers befindet sich ein zusammengeschobener Nylonstrumpf, der sich über den eindringenden Bohrkern stülpt, während die Probenhülse aus Kunststoff reibungsarm über den umhüllten Kern gleitet. In einer 2. Mostap-Version werden Kerne von 35 mm Durchmesser gewonnen. Die Metallhülse zwischen der Schneide und der Oberkante des Strumpfmagazins ist mit ca. 15 cm relativ lang. Hier kann es zu einer Stauchung der Probe infolge Reibung kommen.

Beim *Continous sampling apparatus* (nach BEGEMANN, laboratorium voor grondmechanica Delft) können bis zu 19 m lange, durchgehend gekernte Bodenproben von 66 mm Durchmesser gewonnen werden (s. Kap. 5, Abb. 5.12). Eine genaue Beschreibung findet sich in ARNOLD (1993, S. 222-224). Wesentliche Elemente sind hier ein 19 m langer zusammengeschobener Nylonstrumpf, der die Probe unmittelbar über der Schneide des Probenehmers aufnehmen kann und eine Flüssigkeit mit einer Dichte von 1,6 kN/m^3, die als Schmiermittel im Ringspalt zwischen umhüllter Probe und Kernhülse und als hydrostatische Umschließung dient, damit sich der Boden nicht durch Entspannung ausdehnt. Die innere Wandreibung ist so gering, daß über 19 m kontinuierlicher Kernstrecke mehr als 99,5% Kerngewinn vorliegen. Das Gerät gibt es auch für Kerne mit 29 mm Durchmesser.

Sonderproben aus kohäsionsarmen Ablagerungen
In Ablagerungen mit fehlender oder nur geringer Kohäsion (wassergesättigte Sande, unterkonsolidierte Schluffe und Tone, Schlämme) versagen die bisher beschriebenen Entnahmetechniken, da die Proben beim Einbringen der Entnahmegeräte bereits zerfließen oder beim Herausziehen der Entnahmegeräte verloren gehen und Rückhaltemechanismen häufig versagen. Solche Untergründe werden dann durch Sondierungen indirekt erkundet (s.u.). Das Problem der Probenahme kann jedoch einfach gelöst werden durch

- Gefrieren der Proben bei der Entnahme
- Einfrieren des Untergrundes vor der Entnahme

Dieser Gedanke ist nicht neu. Mit der Gefriertechnik für die Probenahme befassen sich u.a. schon BISHOP (1948), HANZAWA & MATSUDA (1977) und YOSHIMI et al. (1978). Praktische Ansätze dazu wurden mit Unterstützung der LINDE AG vom Verfasser entwickelt und für die Beprobung von hochkontaminierten Ablagerungen eingesetzt (s. DER BUNDESMINISTER FÜR FORSCHUNG UND TECHNOLOGIE 1987, S. 49-51). Mit flüssigem Stickstoff als Gefriermittel werden so tiefe Temperaturen erreicht, daß flüssige organische Phasen (z.B. Öle) erstarren und praktisch keine Emissionen flüchtiger Schadstoffe mehr auftreten (Deutsches Patent 38 21 899 und Patent-Offenlegungsschrift DE-OS 36 18 387.3).

Bei der 1. Technik handelt es sich um ein übliches *Rammkern-* bzw. *Druckkernrohr*, das im Bereich der inneren Probenhülse mit einer Ringkammer für die Aufnahme des Gefriermittels ausgestattet ist. Durch Einleiten von flüssigem Stickstoff gefriert die Probe im Kernrohr sehr rasch und kann dann

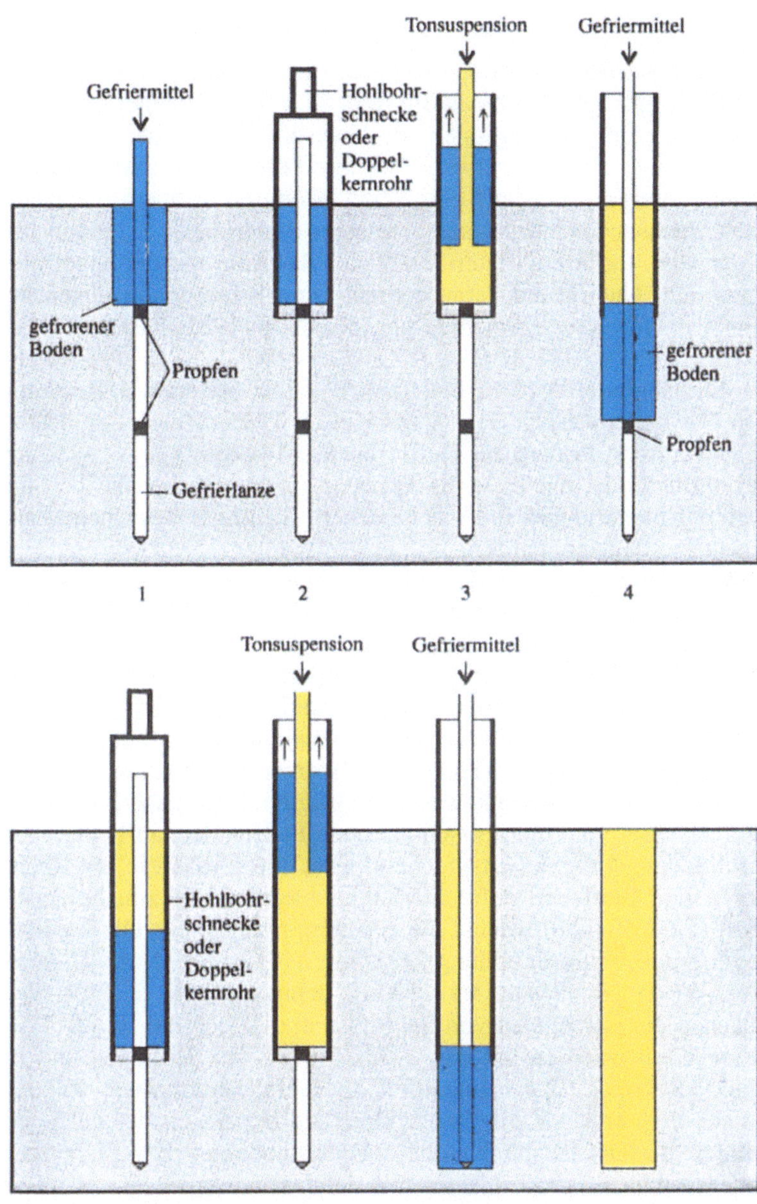

Abb. 3.12: Entnehmen von Sonderproben aus kohäsionsarmen Ablagerungen durch Gefrieren und Überbohren der gefrorenen Probenkörper; Schema in 3 Schritten; 1-Gefrieren eines Bereichs; 2-Überbohren des Frostkörpers; 3-Entnehmen des Frostkörpers aus dem Bohrrohr, gleichzeitiges Einfüllen einer Tonsuspension gegen Auftrieb der Bohrlochsohle; 4-6 Fortsetzung der Schritte 1-3 zur Beprobung größerer Tiefen; 7- wie 1; 8-Verfüllen des Bohrloches mit Tonsuspension und Ziehen der Bohrrohre nach beendeter Probenahme (vom Verfasser für Untersuchungen an Absetz-Teichen des Uran-Bergbaus entwickelt)

verlustfrei geborgen werden. Bei dieser Methode treten natürlich nach wie vor Störungen des Bodengefüges durch das Eintreiben des Entnahmegerätes auf.

Bei der 2. Technik wird der interessierende Untergrund mit einer Hohllanze mit einem Durchmesser zwischen etwa 30-80 mm bestückt. In diese *Gefrierlanze* wird dann flüssiger Stickstoff eingeleitet, wodurch sich um die Rohrwand ein rasch wachsender Mantel aus vereistem Boden bzw. Schlamm bildet. In weichem bzw. lockerem Material läßt sich das Rohr mit der angefrorenen Probe aus dem Untergrund herausziehen. Gute Erfahrungen liegen bei der Beprobung von Gewässersedimenten vor (RENBERG 1981, REBHAN 1985, KNAUS 1986, SCHREINER 1987, KNAUS & CAHOON 1990, PETTS et al. 1991). Bei größeren Entnahmetiefen (6 m und mehr) und in festerem Untergrund muß der Kern überbohrt werden (HATANAKA et al. 1985; SEGO et al. 1994). Abbildung 3.12 zeigt ein Prinzip der Gefrierlanzenanwendung in Verbindung mit der Überbohrmethode, wie es vom Verfasser für die Beprobung von unterkonsolidierten Ablagerungen in Absetzbecken (Tailings) des ehemaligen Uranbergbaus vorgeschlagen wurde.

Die *Gefrierlanzenmethode* liefert Proben, die ab wenigen Zentimetern Entfernung von der Gefrierrohroberfläche in ihrer Struktur (z.B. Feinschichtung) als ungestört betrachtet werden können. Trotz der Ausdehnung des gefrierenden Wassers um ca. 9 Vol.-% überstehen das Korngefüge und der Porenraum das Gefrieren und Auftauen in reinen Sanden und Kiesen verhältnismäßig unbeschadet (SEGO et al. 1994). Es wurde nachgewiesen (SINGH et al. 1982), daß das Gefrieren und Auftauen keinen signifikanten Einfluß auf Volumen und Festigkeit von Probekörpern aus wassergesättigtem <u>Sand</u> haben, wenn das verdrängte Porenwasser vor einer fortschreitenden Eisfront frei abfließen kann und die Umschließungsdrucke (entsprechend etwa 1 - 5 m Tiefe und mehr) beim Einfrieren und Auftauen aufrechterhalten bleiben. Mit zunehmendem Feinkorngehalt (Schluff, Ton) wächst die Frostempfindlichkeit: Die kapillare Wasserbewegung und Eislinsenbildung zerstören das Gefüge. Nach Untersuchungen von WHITE & WILLIAMS (1994) nehmen nach 5 Frost-Tau-Wechselversuchen die Porositäten von Schluffen und Tonen um rd. 20 % zu, die Durchlässigkeiten wachsen um das 2- bis 5-fache bei Schluffen und bis zum 10-fachen bei Tonen. Der Hauptanteil der Gefügeänderungen vollzieht sich bereits nach dem ersten Frost-Tau-Zyklus. Die Expansion des gefrierenden feinkörnigen Bodens ist durch höhere Umschließungs- bzw. Überlagerungsdrucke (entsprechend größere Entnahmetiefen von mehr als ca. 5 - 20 m, je nach Tongehalt) zu verhindern. Rasches, schockartiges Gefrieren mit flüssigem Stickstoff verhindert die Migration von Kapillarwasser und damit die Eislinsenbildung in Tonen (JUMIKIS 1977). Die Gefügestörung fällt dann auch bei niedrigem Umschließungsdruck gering aus.

Die Proben für Dichte-, Durchlässigkeits- und Festigkeitsuntersuchungen sollen gefroren in die Versuchsgeräte (Triaxialzelle) eingebaut werden und unter in-situ-Vorbelastung bei dränierten Bedingungen auftauen.

Der Bedarf an flüssigem Stickstoff hängt sehr stark von der Gerätekonfiguration, insbesondere von der Länge der Leitungen und ihrer Wärmeisolierung, von den angestrebten Temperaturen sowie vom Wassergehalt und von der Fließgeschwindigkeit des Grundwassers ab. Nach den Versuchen von REBHAN (1985) und nach Erfahrungen des Verfassers liegt der Verbrauch zwischen 1 - 2 l LiqN$_2$ (Flüssigstickstoff) pro kg Boden bei der Gefrierlanzenmethode. Für die Entnahme von kontaminierten Schlämmen mittels Rammkern- bzw. Druckkernrohr (s.o.) wurden bis zu 5 l LiqN$_2$ pro kg Probe bei einer Probentemperatur von ca. -100 ° C benötigt. Die Gefrierdauer betrug jeweils zwischen rd. 15 - 30 min. für die Gewinnung von etwa 10 cm dicken und rd. 1m langen Frostkörpern. Eine kryotechnische Ausrüstung für Bodenvereisung im hier notwendigen kleinen Umfange (Kryotank, Ventile, Leitungen, elektronische Meß- und Regeltechnik) kann meist kostengünstig angemietet werden. Gefrierlanzen werden aus Kupfer- oder Edelstahlrohren hergestellt. Die Stickstoffkosten betragen etwa 5% der Gesamtkosten der Probenahme. Hauptkostenfaktor ist die Arbeitszeit: Eine Arbeitskolonne (1 Techniker + 1 Facharbeiter + 1 Helfer) kann pro Schicht zwischen 10 und 15 laufende Meter gefrorene Bohrkerne entnehmen und verpacken - etwa die Hälfte der Leistung konventioneller Aufschlußbohrungen.

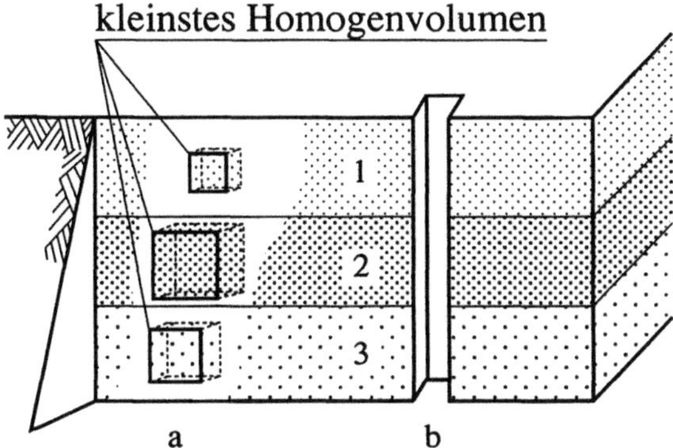

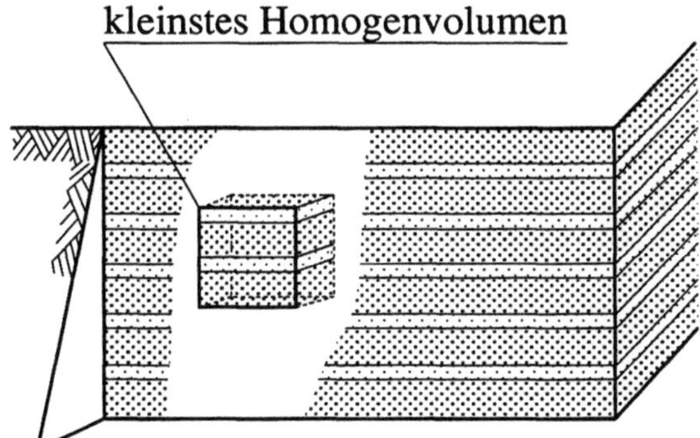

Abb. 3.13: Abhängigkeit des kleinsten Homogenvolumens vom Untergrundaufbau; *oben*: a) Einzelproben und b) Mischprobe als Schlitzprobe. (Nach FGSV 1972)

3.1.2 Repräsentative Beprobung

Wegen dem normalerweise heterogenen Aufbau des Untergrundes kann eine Boden- oder Gesteinsprobe nur einen begrenzten Bereich repräsentieren. Die repräsentative Probenahme stellt uns daher vor 2 Fragen:

- Notwendige Menge der Einzelprobe ?
- Optimale Anzahl und räumliche Verteilung der Probenahmestellen ?

Über die notwendigen Mengen und Abmessungen für *Einzelproben* (Stichproben und Mischproben) existieren Richtlinien, z.B. in den DIN-Normen (Tabelle 3.2).

Tabelle 3.2: Mindest-Probenmengen und Probenabmessungen für verschiedene Untersuchungen in Abhängigkeit von den geschätzten Größtkorndurchmessern

Untersuchung		Probenmenge/Abmessungen	Quelle
Korngrößenanalyse (Siebung)		[g]	DIN 18123
Größtkorn [mm]	2	150	
	5	300	
	10	700	
	20	2 000	
	30	4 000	
	40	7 000	
	50	12 000	
	60	18 000	
Korngrößenanalyse (Sedimentation)			DIN 18123
Ausgeprägt plastische Tone		10 - 30	
Bindige Böden ohne Sandgehalt		30 - 50	
Sandhaltige Böden		bis 75	
Wassergehaltsbestimmung			DIN 18121, T1
Ton, Schluff		10 - 50	
Sand		50 - 200	
Kiesiger Sand		200 - 1 000	
Kies		1 000 - 10 000	
Steinige Böden		10 000 - 32 000	
Dichtebestimmung		-	DIN 18125, T2
Volumen des Ausstechzylinders		100 x Größtkornvolumen	
Durchlässigkeitsbeiwert			DIN 18130, T1
Höhe und Durchmesser		5 bis 10 x Größtkorndurchmesser	
Querschnittsfläche feinkörniger Böden		$\geq 10\ cm^2$	
Querschnittsfläche grobkörniger Böden		$\geq 20\ cm^2$	

Diese Angaben gelten nicht für mineralogisch-petrographische und chemische Analysen, da hierbei entsprechend den häufig größeren stofflichen Inhomogenitäten größere Probenmengen erforderlich werden können. Für die Beprobung von Abfällen gilt z.B. die Richtlinie LAGA PN 2/78.

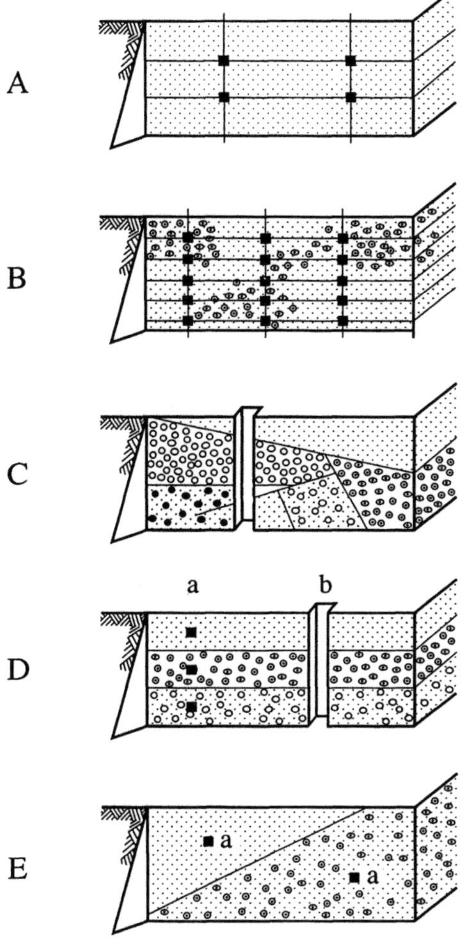

Abb. 3.14a-e: Festlegen der Probenahmestellen bei verschiedenen Inhomogenitäten;
A Homogener Aufbau, 4 Einzelproben; **B** Enges Raster bei unscharfen Homogenitätsbereichen; **C** Kreuzschichtung, Mischprobe; **D** Gleichmäßige Schichtung, Einzelproben (a) oder Mischproben (b); **E** Geneigte Schichtgrenze zwischen zwei Homogenbereichen, Einzelproben. (Nach FGSV 1972)

Weitere Angaben zu diesem stofflichen Komplex werden im Band „Geochemie" dieser Handbuchreihe behandelt.
Schematisch wird das Problem des *repräsentativen Elemntarvolumens (REV)* oder kleinsten Homogenvolumens in Abb. 3.13 vorgestellt.
Für Korngrößenanalysen, Wassergehaltsbestimmungen und andere stoffliche Analysen werden häufig *Mischproben* aus der Vereinigung von rasterförmig verteilten Einzelproben (Abb. 3.14) oder direkt als *Schlitzproben* entnommen und danach geteilt (Abb. 3.15).

Die 2. Frage nach der erforderlichen Anzahl und räumlichen Verteilung der Proben ist in der Praxis offensichtlich schwieriger zu beantworten, da die Struktur und Heterogenität des Untergrundes am Anfang der Untersuchungen meist nicht gut bekannt ist. Man kann sich einer repräsentativen Beprobung nur durch schrittweise Verdichtung der Probenahmeraster nähern. Geostatistische Modelle können helfen, wenn eine größere Anzahl von Probenpunkten bereits vorliegt (s. Kap. 13). Wenn nur sehr wenige Informationen über den Untergrundaufbau vorliegen, bedient man sich meist eines regelmäßigen rechteckigen, quadratischen oder dreieckigen Rasters mit Gitterpunktabständen von   25 m, von 15 m bei kleineren Flächen und von 100 m bei ausgedehnteren Objekten. Diese Raster lassen sich im 2. Untersuchungsschritt lokal leicht auf 5 m verringern. Im Dreicksraster sind zur Erfassung einer Fläche weniger Punkte erforderlich als im quadratischen Raster (ISO/CD 10381 -1.3). Zufallsraster (z.B. HENNINGS 1993) sind besser geeignet, wenn man von regelmäßigen Strukturen im Untergrund ausgehen muß.

Die Wahrscheinlichkeit, daß Inhomogenitäten übersehen werden, die kleiner sind als der halbe Rasterabstand, ist erstaunlich hoch (Tabelle 3.3). Die Reduzierung des Risikos ist nach dieser Modellrechnung gleich mit einem vielfachen Kostenaufwand verbunden.

Tabelle 3.3: Wahrscheinlichkeit des Verfehlens von Inhomogenitäten bei verschiedenen Probenpunktabständen [%]. (Nach OKX 1990)

Rasterabstand [m]	Kostenfaktor -	Radius einer kreisförmigen Inhomogenität [m]			
		5	10	25	50
100	1	99	96	80	20
71	2	98	95	60	0
50	4	96	87	20	0
35	8	93	73	0	0

Einen Überblick über verschiedene Probenahmeverfahren, ihre Anwendungsbereiche und Grenzen gibt die Arbeitshilfe F 2 - 1 des ITVA (1996).

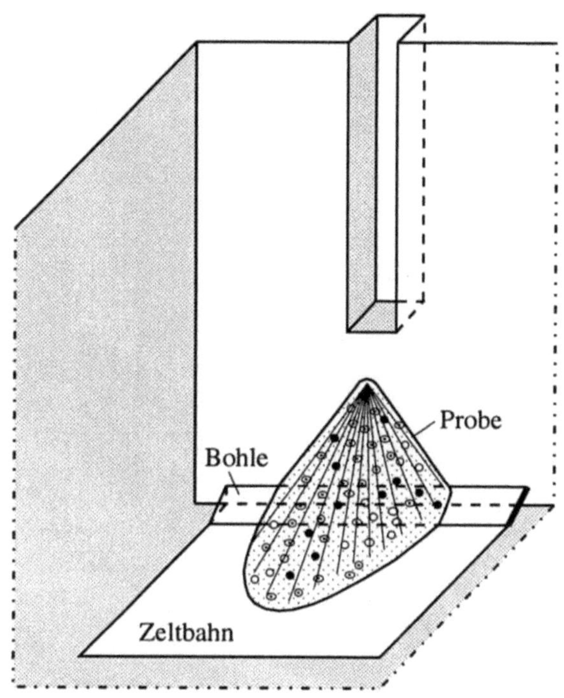

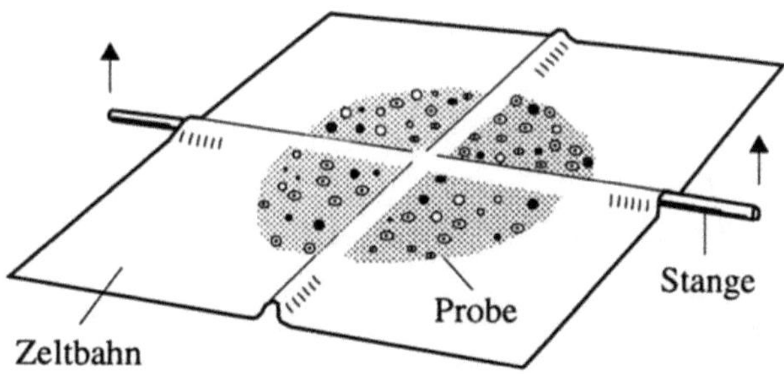

Abb.3.15: *Oben:* Entnahme einer Mischprobe (Schlitzprobe) aus einer Schürfgrubenwand; *unten:* praktische Methode für die Probenteilung. (Nach KÉZDI, 1973)

3.2 Sondierungen

Sondierungen dienen zur Ermittlung der Untergrundeigenschaften durch Messungen „in situ". Es gibt Sondierungen, die im offenen Bohrloch oder von der Bohrlochsohle ausgeführt werden. Solche Messungen bzw. Sondierungen werden im Kap. 5.5 unter den Stichwörtern Seitendrucksonde, Standard Penetration Test, Flügelsonde, im Kap. 8 - Bohrlochuntersuchungen unter dem Stichwort Fernsehsonde und im Bd. 3 „Geophysik" unter Kap. 11 „Geophysikalische Bohrlochmessungen" beschrieben. Das vorliegende Kapitel behandelt Sondierungen, bei denen die Sonden von der Oberfläche aus direkt in den Untergrund abgeteuft werden:

- Rammsondierungen
- Drucksondierungen

Die Durchführung von Rammsondierungen, Standard Penetration Tests (Kap. 5.5) und Drucksondierungen sind in DIN 4094, Flügelsondierungen (Kap. 5.5) in DIN 4096 genormt. Bei diesen Sondierungsarten handelt es sich um statische und dynamische Verfahren. Dabei wird im wesentlichen der Widerstand des Bodens gegen das Einrammen, Eindrücken oder Drehen einer Sonde bestimmt (s. Tabelle 3.4). Porenwasserdruckmessungen werden oft in Verbindung mit Drucksondierungen durchgeführt. Dafür gibt es entsprechende Gerätekombinationen.

Radiometrische Sondierungen (Isotopensondierungen) arbeiten mit Gammastrahlen und Neutronen zur Bestimmung der Dichte und des Wassergehaltes von Böden. Diese Verfahren unterliegen strengen gesetzlichen Strahlenschutzbestimmungen und wurden nicht genormt, weil durch die genannten Beschränkungen der Anwenderkreis relativ klein ist. Die hier interessierenden radiometrischen Verfahren für Erkundungstiefen von mehreren Metern werden im Band 3 „Geophysik" Kap. 9 und Kap. 11 beschrieben.

Alle genannten Sondierungen sind ohne Korrelation mit Bohrproben nicht eindeutig zu interpretieren. Sie sind also als Maßnahmen zur Ergänzung von Bohrergebnissen zu verstehen.

3.2.1 Rammsondierungen (Dynamic Probing, DP)

Definitionsgemäß (DIN 4094) ist die Rammsondierung das Rammen einer Sonde in den Untergrund durch einen Rammbären (Fallgewicht) bei gleichbleibender Fallhöhe, wobei die Schlagzahl für eine definierte Eindringtiefe registriert wird. Eine Sonde besteht aus einem Stab mit einer Sondenspitze. Diese Spitze ist dicker als das Gestänge, damit die Reibung am Gestänge nicht zu groß wird. Es sind z.Z. 5 Rammsondentypen in Gebrauch. Art, Abmessungen und Einsatzbereiche gehen aus Tabelle 3.4 und Abb. 3.16 hervor.

Tabelle 3.4: Art und Anwendungsbereich dynamischer und statischer Sondiergeräte in Lockergestein. (Nach DIN 4094; mit Ergänzungen)

Sondiergerät Abkürzung	Sondenquer- schnitt und -durchmesser	Gestänge- durchmesser	Masse und Fallhöhe des Rammbären	Meßgrößen	Abgeleitete Parameter	Unter- suchungstiefen (Richtwerte)	Nicht gut geeigneter Einsatzbereich
Leichte Rammsonde DPL-5	$5\ cm^2$ 25,2 mm	22 mm	10 kg 0,50 m	Schlagzahl je 10 cm Eindringtiefe (N_{10})	Schichtgrenzen, Lagerungsdichten (D), ggf . Steifebeiwerte (v)	8 m	Dicht gelagerte grobkörnige Sande, Kiese,
Leichte Rammsonde DPL	$10\ cm^2$ 35,7 mm	22 mm	0,50 m			10 m	Halbfeste bis feste bindige Böden
Mittelschwere Rammsonde DPM-A	$10\ cm^2$ 35,7 mm		30 kg 0,20 m			15 m	Dicht gelagerte Kiese,
Mittelschwere Rammsonde DPM			30 kg 0,50 m			20 m	Feste bindige Böden
Schwere Rammsonde DPH	$15\ cm^2$ 43,7 mm	32 mm	50 kg 0,50 m			25 m	-
Standard Penetration Test SPT	$20\ cm^2$ 50,5 mm	kein Gestänge	63,5 kg 0,76 m	Schlagzahl je 30 cm Eindringtiefe (N_{30})	Lagerungsdichten (D), ggf . Steifebeiwerte (v)	0,45 m ab Bohrlochsohle	-
Drucksonde CPT	$10\ cm^2$ 35,7 mm	32 mm	Vorschub 20mm/sec	Spitzenwider- stand (q_s), örtl. Mantelreibung (f_s)	Bodenarten, Lagerungsdichten (D), ggf . Steifebeiwert (v) Reibungswinkel (φ)	40 m	Steine, dicht gelagerte Kiese, feste bindige Böden
Flügelsonde FS 50	Flügelbreite 50 mm	13 mm	Flügelhöhe 100 mm	Scherwiderstand	Undränierte Scherfestigkeiten (c_u)	10 m	Faserige Torfe, steif - halbfeste
Flügelsonde FS 75	Flügelbreite 75 mm	16 mm	Flügelhöhe 150 mm	(τ_s)	wassergesättigter bindiger + org. Böden	mit Mantelrohr	u. feste bindige Böden, Sande

Die Meßergebnisse hängen von der Korngrößenverteilung, Lagerungsdichte und Festigkeit bzw. Konsistenz des jeweiligen Bodens ab. Im allgemeinen sind folgende Einflüsse festzustellen (FLOSS 1979):

- Mit wachsender Lagerungsdichte nichtbindiger Böden steigt der Eindringwiderstand überlinear an (Abb. 3.18)
- Böden mit eckigem und rauhem Korn ergeben einen größeren Eindringwiderstand als Böden mit rundem und glattem Korn
- Eingelagerte Steine o.ä. können den Erindringwiderstand beträchtlich erhöhen
- Verkittung der Körner erhöht den Eindringwiderstand
- Feinbestandteile setzen den Eindringwiderstand herab
- Der Eindringwiderstand bindiger Böden und in Torfen wird vorwiegend durch ihre Zustandsform, Plastizität und Struktur beeinflußt, die durch die geologische Vorgeschichte bestimmt sind. Unter bestimmten Voraussetzungen kann die Zusammendrückbarkeit von Tonen abgeschätzt werden (Abb. 3.19). Geringe Widerstände können sich auch durch Lockerzonen und Hohlräume ergeben. Vor allem bei weichen bindigen und organischen Böden hat die Mantelreibung einen großen Einfluß auf den Eindringwiderstand, die bei gleichbleibender Bodenbeschaffenheit mit der Tiefe stark zunimmt (Abb. 3.17).
- Bis zu einer bestimmten Grenztiefe nimmt bei gleicher Lagerungsdichte der Eindringwiderstand mit der Tiefe stark zu
- Sondierungen in nichtbindigen Böden ergeben in geringen Tiefen im Grundwasser i. allg. geringere Eindringwiderstände als über dem Grundwasserspiegel. Bindige Böden sind auch oberhalb des Grundwassers nahezu wassergesättigt. Ein Einfluß des Grundwasserspiegels auf den Sondierwiderstand zeichnet sich daher hierbei nicht ab. Dagegen kann ein geringer Sättigungsgrad, z.B. infolge Austrocknung, den Sondierwiderstand vergrößern
- Mit zunehmendem Querschnitt der Sondenspitze wächst der Spitzenwiderstand, jedoch kann sich der Eindringwiderstand der Sonde vergrößern oder verringern, je nachdem wie das Verhältnis des Spitzen-Durchmessers zum Gestänge-Durchmesser die Mantelreibung beeinflußt.

Aus den Sondierergebnissen kann auf die Lagerungsdichte nichtbindiger Böden (Sande und Kiese) geschlossen werden, wenn die ungefähre Kornverteilung (ungleichförmig, gleichförmig) und der Grundwasserstand bekannt sind Abb. 3.18).

Durch Drehen der Gestänge mit dem Drehmomentschlüssel (z.B. nach jeder Gestänge-Verlängerung) lassen sich Anhaltswerte für die Mantelreibung bekommen. Bei Drehmomenten von mehr als 100 Nm an einem Gestänge mit 32mm Durchmesser ist in jedem Fall Vorsicht geboten bei der Interpretation der Schlagzahlen (HUNTLEY 1990).

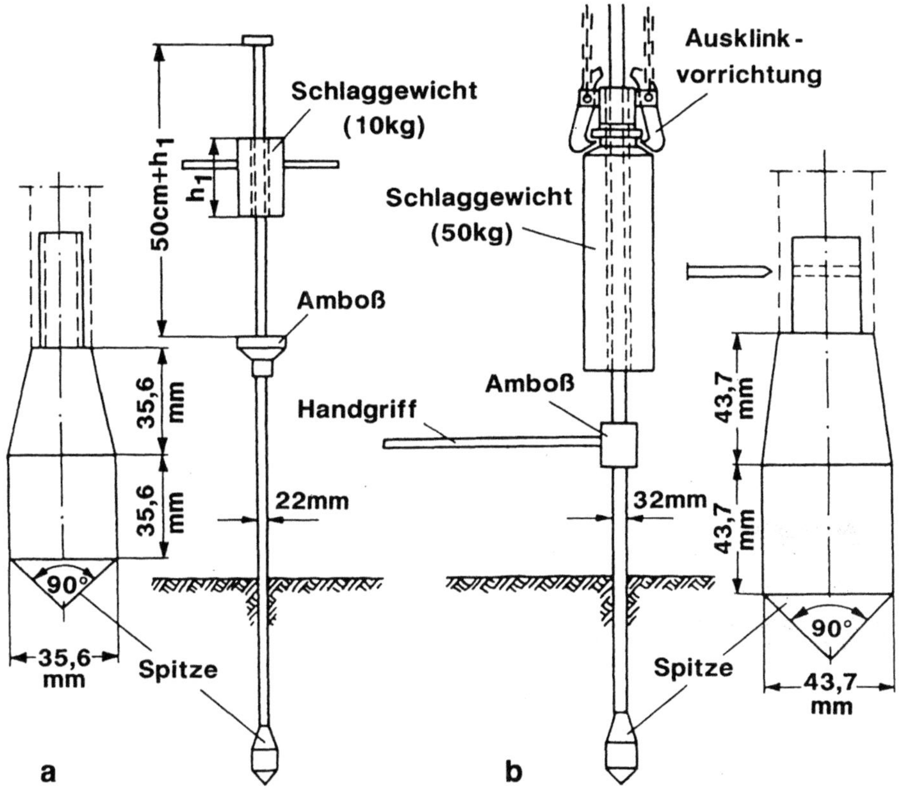

Abb.3.16a, b: Rammsondiergeräte DIN 4094; **a** Leichte Rammsonde ; **b** Schwere Rammsonde. (Nach SCHULTZE & MUHS 1967)

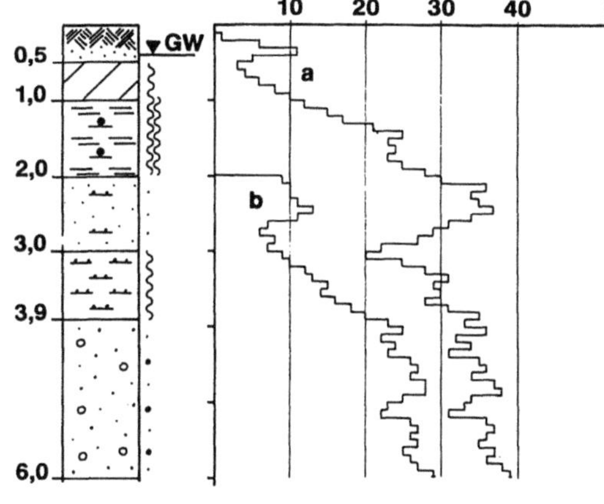

Abb.3.17: Bodenprofil (DIN 4023) und Sondierdiagramme (Leichte Rammsonde, DPL 5); *a* Sondierung von der Geländeoberfläche; *b* Sondierung nach Vorbohrung bis 2 m Tiefe zeigt, daß durch die Mantelreibung der Lehm-, Torf- und Schluffschichten höhere Eindringwiderstände in den Sandschichten vorgetäuscht werden (nach PRINZ 1991);

- 0,5 m Oberboden
- 1,0 m Lehm, weich
- 2,0 m Torf und Schlick, breiig
- 3,0 m Feinsand, schluffig, mitteldicht
- 3,9 m Schluff, weich
- 6,0 m Sand, kiesig, mitteldicht bis dicht

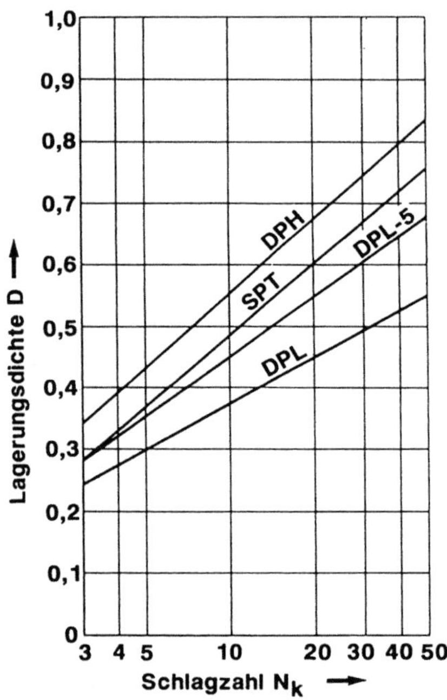

Abb.3.18: Beziehungen zwischen den Schlagzahlen von Rammsonden (vergl. Tabelle 3.4) und der Lagerungsdichte von Sanden mit gleichförmigem Kornaufbau im Grundwasser (nach DIN 4094, Beiblatt 1, Abb. 4.8); Für die Lagerungsdichten gelten folgende allgemeine Beziehungen:

$$D = (\max n - n)/(\max n - \min n)$$
$$= (\rho_d - \min \rho_d)/(\max \rho_d - \min \rho_d);$$

wobei n = Porenanteil; ρ_d = Trockendichte; max./min = im Laborversuch größt- bzw. kleinstmögliche Werte

$D < 0,3$: lockere Lagerung

$D = 0,3$ bis $0,5$: mitteldichte Lagerung

$D > 0,5$: dichte Lagerung

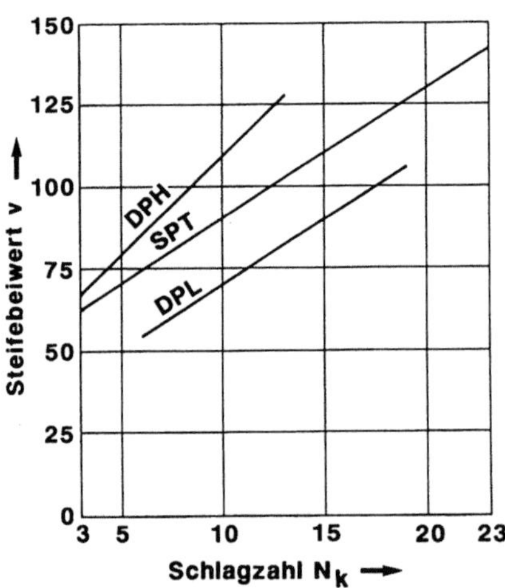

Abb.3.19: Beziehungen zwischen den Schlagzahlen von Rammsonden (vergl. Tabelle 3.4) und dem Steifebeiwert zur Abschätzung der Zusammendrückbarkeit leicht -plastischer und mittelplastischer Tone über Grundwasser (Nach DIN 4094, Beiblatt 1, Abb. 4.13)

Oft sind Geräusche beim Drehen festzustellen, die auf Sand, Steine oder Ton im Spitzenbereich hinweisen.

Um die Kräfte beim Ziehen der Sonde herabzusetzen, arbeitet man bei Mittelschweren und Schweren Rammsonden mit „verlorenen" Spitzen, die in Sondierstangen von 32 mm Durchmesser lose, d.h. mit einem Draht befestigt, gesteckt werden und beim Ziehen abreißen.

Rammsonden sind vergleichsweise leichte Geräte und daher einfacher zu transportieren als Drucksonden und auch auf weichem Untergrund und schwer zugänglichem Gelände einsetzbar. Außerdem können sie in festeren Böden, z.B. auch in Kies und Geröll eingesetzt werden, wo die Drucksonde überlastet ist. Die Anschaffungs- bzw. Investitionskosten sind um eine Größenordnung (Schwere Rammsonde) bis 2 Größenordnungen (Leichte Rammsonde) kleiner als bei einer Drucksonde. Allerdings sind bei nicht automatisierten Leichten Rammsonden 2 Personen zur Bedienung erforderlich. Die druckluftbetriebene Leichte Rammsonde und die in jedem Fall maschinell betriebenen Mittelschweren und Schweren Rammsonden können auch von einer Person bedient werden.

3.2.2 Drucksondierungen (Static Cone Penetration Test, CPT)

Nach DIN 4094 ist die Drucksondierung das Eindrücken einer Sonde in den Untergrund mit gleichbleibender Geschwindigkeit. Der Sondierwiderstand bildet die Summe aus Spitzenwiderstand und Mantelreibung am Gestänge.

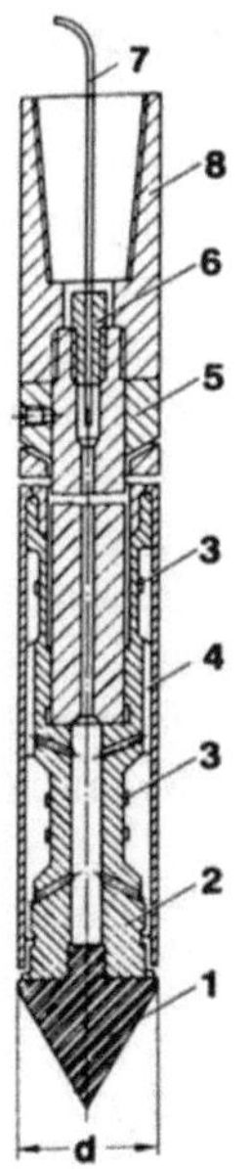

Drucksonde CPT.

1 Sondierspitze, $A_C = 10$ cm^2, 60°
   Spitzenwinkel 60°
2 Meßkörper
3 Dehnungsmeßstreifen
4 Reibungshülse, $A_S = 150$ cm^2
5 Justierring
6 wasserdichte Kabeldurchführung
7 Signalkabel
8 Gestängeverbindung

Abb.3.20: Aufbau der Sondenspitze für Drucksondierungen mit elektronischer Messung von Spitzendruck und örtlicher Mantelreibung (nach DIN 4094); Spitzendurchmesser 35,7mm

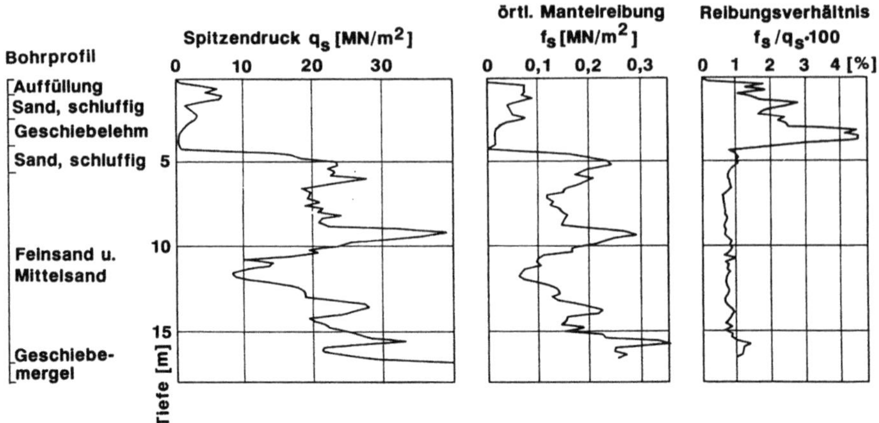

Abb. 3.21: Beispiel von Drucksondier-Ergebnissen (nach WEIß 1990); die Spitzendrucke zeigen eine mitteldichte bis dichte Lagerung der Sande in 4 - 15 m Tiefe an; das Reibungsverhältnis bleibt in diesem Bereich relativ konstant niedrig; bindige Bodenarten oberhalb 4m Tiefe bzw. unterhalb 15 m Tiefe sind durch hohe Reibungsverhältnisse gekennzeichnet

Die Sondiergeschwindigkeit soll konstant 2 cm/s betragen. Dies wird durch entsprechend gesteuerte hydraulische Pressen mit 200 kN Hubkraft und durch das Fahrzeuggewicht als Reaktionskraft, ggf. durch eingedrehte Erdanker verstärkt, gewährleistet.

Die heute üblichen Sondiergeräte besitzen elektronische Meß- und Registriereinrichtungen für Spitzendruck und örtliche Mantelreibung (Abb.3.20, 3.21) sowie Porenwasserdruck und Neigung der Spitze. Der Meßbereich der Spitzen reicht von etwa 1 bis 50 MN/m^2. Oberhalb davon sind Spitzen und Gestänge bald überlastet. Bei merklichen Neigungen des Sondenstranges können auch kleinere Drucke bereits zum Abbrechen der Spitzen führen. Wenn feste Böden unter weichen Schichten anstehen oder bei Sondierungen auf dem Gewässer müssen die Sondierstangen durch nacheilende dickwandige Schutzrohre (casing tubes) gestützt werden. Die praktikablen Sondiertiefen liegen zwischen etwa 5 m in dichten Sanden und Kiesen bis etwa 50 m in weichen Sedimenten. Die Tiefenregistrierung soll auf 10mm genau arbeiten.

Der Spitzendruck ist eine gut reproduzierbare und in bodenmechanischer Sicht eine genau definierbare Größe und daher im Gegensatz zu dem Eindringwiderstand der Rammsonde direkt quantitativ interpretierbar. LUNNE et al. (1989) geben Korrelationen für 20 Parameter bindiger und nichtbindiger Böden mit den Drucksondierergebnissen an. Diesen Angaben liegt eine breite Datenbasis aus vielen verschiedenen Bodentypen zugrunde. In DIN 4094 werden Korrelationen zwischen Spitzendruck und Lagerungsdichten, Scherparametern (Abb. 3.23) und Steifebeiwerten angegeben. Ergänzende Mantelreibungsmessungen erlauben die Ansprache der durchteuften Böden (Abb. 3.22). Gleiches gilt für die Porenwasserdruckmessungen (piezocone test) (LARSSON & MULABDIC´ 1991) besonders in tonigen Weichschichten (Abb. 3.24).

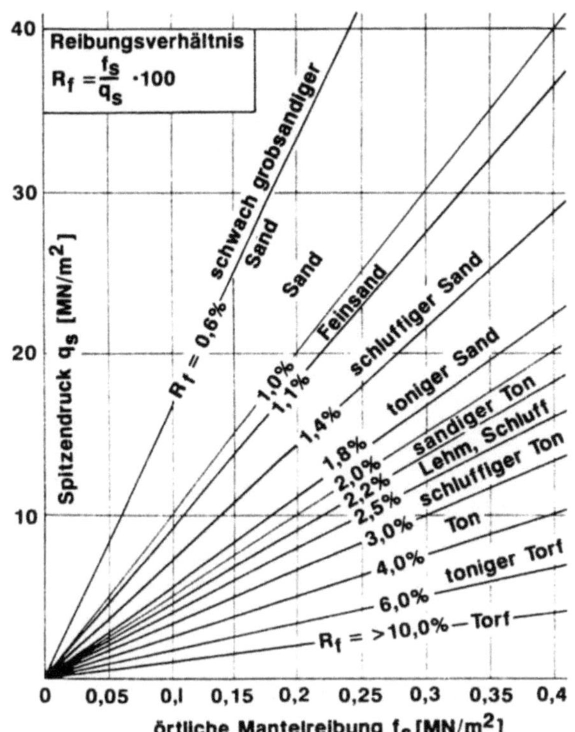

Abb.3.22: Beziehungen zwischen Spitzendruck und örtlicher Mantelreibung in verschiedenen Bodenarten (nach Unterlagen der Fa. FUGRO, aus WEIß 1990); das Reibungsverhältnis R_f ist für jede Bodenart relativ konstant; bindige Bodenarten haben höhere Reibungsverhältnisse als nichtbindige Bodenarten; dadurch kann man bereits aus den Sondier-Ergebnissen die durchfahrenen Bodenarten mit ansprechen

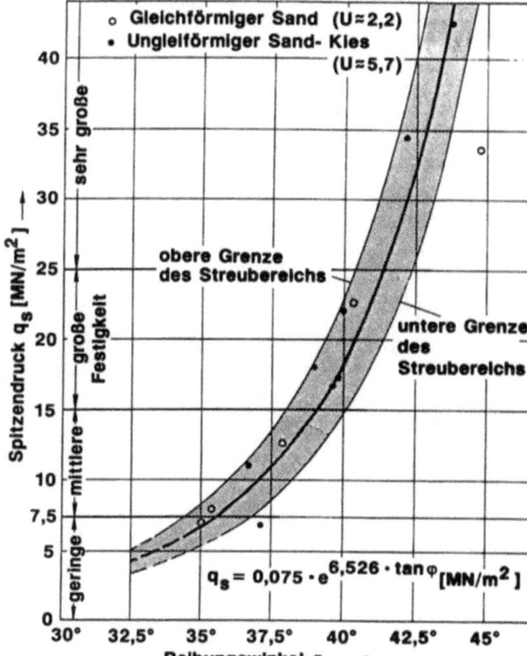

Abb.3.23: Beziehung zwischen Spitzendruck und Scherparameter φ (Reibungswinkel) in nichtbindigen Bodenarten. (Nach WEIß 1990)

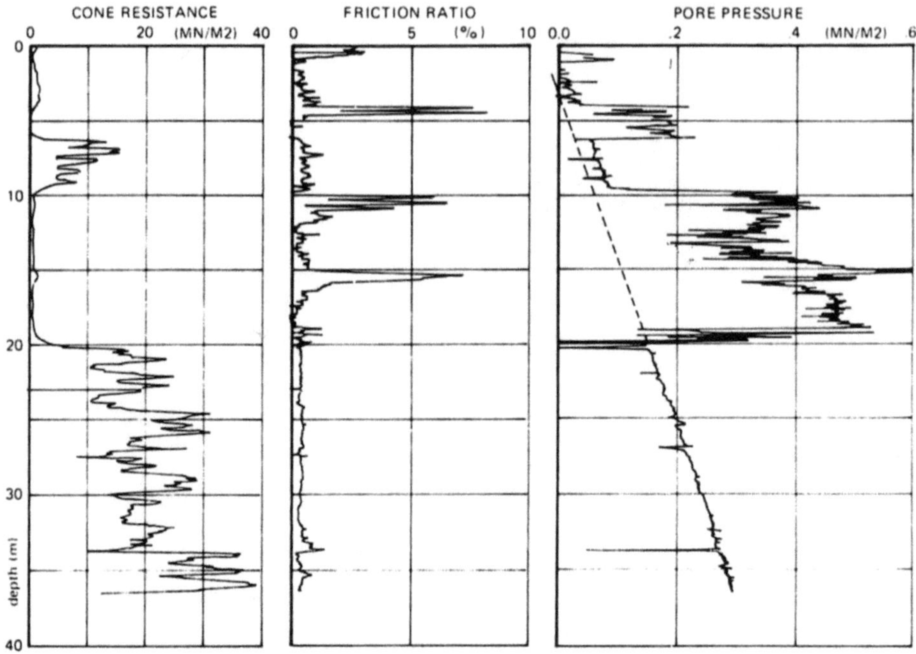

Abb. 3.24: Vergleich von Spitzendruck, Reibungsverhältnis und Porenwasserdruck in einem Drucksondierprofil bis 37 m Tiefe (nach Delft Soil Mechanics Laboratory 1986). Aus dem Verlauf der Porenwasserdruckkurve können Bodenschichten identifiziert werden; erhöhte Porenwasserdrucke entstehen beim Durchfahren bindiger Schichten (Ton, Torf); die gestrichelte Linie zeigt den Verlauf des hydrostatischen Druckes an. Interpretation: 0-20 m Tiefe sandig-toniger Schluff mit Torflagen, schluffiger Sand zwischen 6 und 10 m Tiefe; 20-34m Tiefe mitteldicht - dicht gelagerte Sande, ab 34 m Tiefe Geschiebemergel

Im Band 3 des Handbuches sind „Geophysikalische Penetrationssondierungen" (Kap. 12) beschrieben. Dabei handelt es sich um Sondierungen mit einer speziellen Drucksonde einer ungarischen Firma mit zusätzlichen Detektoren und radioaktiven Quellen. Damit können folgende Parameter bestimmt werden:

- Gesamtdruck
- Spitzendruck
- Tongehalt (natürliche Gamma-Strahlung)
- Dichte (Absorption der Gamma-Strahlung)
- Wassergehalt (Absorption von Neutronen)

Durch Zusatzgeräte können abschnittsweise auch Bodenproben und Wasserproben entnommen werden. Bauart und Sondendurchmesser von 43 mm entsprechen nicht der Drucksonde nach DIN 4094.

Vom Verfasser wurde eine Drucksondierspitze entwickelt, die eine kontinuierliche Messung von Temperatur und elektrischer Leitfähigkeit des Porenwassers sowie horizontweise Entnahme von Wasserproben ermöglicht (Deutsches Patent 34 08 595). Diese Sonde ist für die Erkundung von Grundwasserkontaminationen durch Müllsickerwässer und von Grundwasserversalzungen in Küstengebieten geeignet. Über die Entnahme von Wasserproben für Head-space-Analysen mittels einer Drucksonde berichten CHIANG et al 1992. Weitere Entwicklungen befassen sich mit dem Einbau von optischen Meßeinrichtungen in den Sondierspitzen, z.B. zur Bestimmung polyzyklischer aromatischer Kohlenwasserstoffe (PAK) durch Fluoreszenzmessungen (SHINN et al. 1995).

Beim Einsatz von Drucksonden (und Rammsonden) bei der Altlasten- und Deponieerkundung können in den Sondierlöchern Schadstoffe verschleppt werden oder absickern. Dies läßt sich durch das Verpressen von Dichtmassen während des Sondierens und nach dem Ziehen der Gestänge verhindern. verschiedene technische Lösungen schlagen LUTENEGGER & DEGROOT (1995) vor (s. auch Kap. 6).

Drucksonden sind meistens in einer Kabine auf allradgetriebenen Lastkraftwagen (Zul. Gesamtgewicht 20 t) eingebaut, die an den Meßpunkten mit Hydraulikstempeln aufgebockt werden. Dadurch ist ein sauberes, von Witterungseinflüssen kaum beeinträchtigtes Arbeiten möglich - gute Voraussetzungen für den Einsatz empfindlicher Meßgeräte, für die Entnahme von wenig gestörten Bodenproben mit Druckkernrohren (s. Kap. 3.1.1 und 5), von Wasser- und Gasproben und für chemische Analysen vor Ort. Aufgrund der vielfältigen Einsatzbereiche lassen sich die in Anschaffung und Unterhaltung teuren Sondierwagen besser ausnutzen. In der Regel reicht eine technisch ausgebildete Arbeitskraft mit der entsprechenden Fahrerlaubnis zur Bedienung der Sonde. Die schweren Fahrzeuge sind allerdings nicht überall einsetzbar. Als Alternative stehen Raupenfahrzeuge zur Verfügung. Leichtere Fahrzeuge oder Anhänger müssen mit bohrschneckenartig in den Untergrund eingedrehten Erdankern befestigt werden, was mit einem erheblichen Zeitaufwand verbunden sein kann.

Literatur

A.P.v.d BERG, INGENIEURSBÜRO B.V.(1983): Soil sampling apparatus Mostap 35/65. Firmenprospekt, Heerenveen, Niederlande

ARNOLD, W. (1993): Flachbohrtechnik. Deutscher Verlag für Grundstoffindustrie, Leipzig, Stuttgart

BEGEMANN, P. (1966): The new apparatus for taking a continous sample. Laboratorium voor Grondmechanica Delft, Meddelingen, vol. **10** (4), Delft

BEGEMANN, P. (-): The 66mm continuous sampling apparatus. Laboratorium voor Grondmechanica Delft, Firmenprospekt, Delft

BISHOP, A.W. (1948): A new sampling tool for use in cohesionless sands below ground water level. Géotechnique, **1**: 125-131

BRINCH HANSEN, J. & LUNDGREN, H. (1960): Hauptprobleme der Bodenmechanik. Springer, Berlin Göttingen Heidelberg

CHIANG, C.Y., LOOS, K.R. & KLOPP, R.A. (1992): Field determiantion of geological/chemical properties of an aquifer by cone penetrometry and head space analysis. Ground Water, **30** (3): 428-436

CHANTAWONG, S. (1973): Probabilistic definition of soil strength from different types of samplers. M.Eng. Thesis No. 519, Asian Institute of Technology, Bangkok

DELFT SOIL MECHANICS LABORATORY (1986): Piezoprobe. Delft Soil (2): 7

DER BUNDESMINISTER FÜR FORSCHUNG UND TECHNOLOGIE (1987): Untersuchung von Sanierungsmöglichkeiten kontaminierter Standorte am Beispiel der Altdeponie Münchehagen (Landkreis Nienburg/Weser) - Ergebnis des FuE-Vorhabens 1430348 des Landkreises Nienburg/Weser, Bonn

Deutsches Patent 38 21 899 „Verfahren zur Entnahme von kontaminierten heterogenen Gemischen aus Deponien oder dergl." Deutsches Patentamt , München

Deutsches Patent 34 08 595 „ Vorrichtung zur punktweisen Bodenuntersuchung, insbesondere zur Deponie- und Grundwasserexploration". Deutsches Patentamt, München

DIN 4021 „Aufschluß durch Schürfe und Bohrungen sowie Entnahme von Proben". Ausgabe 1990, Beuth, Berlin, Köln

DIN 4023 „Baugrund- und Wasserbohrungen; Zeichnerische Darstellung der Ergebnisse". Ausgabe 1984, Beuth, Berlin, Köln

DIN 4094 „Baugrund; Erkundung durch Sondierungen". Ausgabe 1990

DIN 4094: Beiblatt 1 „Baugrund; Erkundung durch Sondierungen; Anwendungshilfen, Erklärungen". Ausgabe 1990, Beuth, Berlin, Köln

DIN 4096 „Baugrund; Flügelsondierung, Maße des Gerätes, Arbeitsweise, Auswertung". Ausgabe 1980, Beuth, Berlin, Köln

DIN 18121: Teil 1 „Baugrund; Untersuchung von Bodenproben, Wassergehalt, Bestimmung durch Ofentrocknung". Ausgabe 1976, Beuth, Berlin, Köln

DIN 18123 „Baugrund; Untersuchung von Bodenproben; Bestimmung der Korngrößenverteilung". Ausgabe 1983, Beuth, Berlin, Köln

DIN 18125: Teil 2 „Baugrund; Versuche und Versuchsgeräte; Bestimmung der Dichte des Bodens; Feldversuche". Ausgabe 1986

DIN 18130: Teil1 „Baugrund,Versuche und Versuchsgeräte;; Bestimmung des Wasserdurchlässigkeitsbeiwerts; Laborversuche". Ausgabe 1989, Beuth, Berlin, Köln

FGSV, FORSCHUNGSGESELLSCHAFT FÜR DAS STRAßENWESEN E.V. (1972): Merkblatt über die Probenahme für bodenphysikalische Versuche im Straßenbau. Köln

FLOSS, R. (1979): Zusätzliche technische Vorschriften und Richtlinien für Erdarbeiten im Straßenbau ZTVE - StB 76; Kommentar. Kirschbaum, Bonn-Bad Godesberg

FREDLUND, D.G. & DAHLMAN, A.E. (1972): Statistical geotechnical properties of glacial lake Edmonton sediments". Statistics and probability in civil engineering, Hong Kong International Conference, Hong Kong University Press, distributed by Oxford University Press, London

GILBERT, P.A. (1992): Effects of sampling disturbance on laboratory-measured soil properties; final report. Miscellaneous Paper GL-92-35 U.S. Army Engineer Waterways Experiment Station Geotechnical Laboratory. Vicksburg MS (USA)

GOLDSCHEIDER, M. & SCHERZINGER, T. (1987): Bodenmechanische Untersuchungsmethoden und Versuchsgeräte für weichen tonigen Baugrund.- In: Erhalten historisch bedeutsamer Bauwerke. Ernst, Berlin

GUDEHUS, G. (1990): Erddruckermittlung. In: SMOLTCZYK, U. (Hrsg.) Grundbautaschenbuch, Bd. **1,** Ernst, Berlin

HAMMIT, G. M. (1966): Statistical analysis of data from a comparative laboratory test program sponsored by ACIL. Miscellaneous are 4-785, U.S. Army Engineer Waterways Experiment Station, Vicksburg MS (USA)

HANZAWA, H. & MATSUDA, E. (1977): Density of alluvial sand deposits obtained from sand sampling. In: HOSHINO, K. & SALES, A.J. (edit.) Proceedings of Specialty Session on Sampling, 9th International Conference on Soil Mechanics and Foundation Engineering, 11.-15. July, Tokyo

HARR , M. E.(1987): Reliability based Design in Civil Engineering. McGraw-Hill, New York

HATANAKA, M., SUGIMOTO, M. & SUZUKI, Y. (1985): Liquefaction resistance of two alluvial volcanic soils sampled by in situ freezing. Soils and Foundation, **25** (3), 49-63, Tokyo

HENNINGS, V. (1993): Vorgehensweise zur Vorerkundung, Beprobung, Analytik und Bewertung schadstoffkontaminierter Böden. Geol. Jb. **F27,** 219-256, Hannover

HUNTLEY, S. L. (1990): Use of a dynamic penetrometer as a ground investigation and design tool in Herfordshire. In: BELL, F.G., CULSHAW, M.G., CRIPPS, J.C. & COFFEY, J.R. (eds): Field testing in engineering geology. Geol. Soc. Eng. Geol. Spec Publ. **6:** 145-159

HVORSLEV, M. J. (1949): Subsurface exploration and sampling of soil for civil engineering purposes. Waterways Experiment Station Vicksburg, MS (USA)

ITVA INGENIEURTECHNISCHER VERBAND ALTLASTEN e.V. (1996): Aufschlußverfahren zur Feststoffprobengewinnung für die Untersuchung von verdachtsflächen und Altlasten. Arbeitshilfe **F 2-1,** Berlin

JAGAU, H. (1990): Verhalten unvorbelasteter tonig-schluffiger Böden unter zyklischen Einwirkungen. Veröffentlichungen des Institutes für Bodenmechanik und Felsmechanik der Universität Fridericiana in Karlsruhe, Heft **118**

JUMIKIS, A.R. (1977): Thermal Geotechnics. Rutgers University Press, New Brunswick, New Jersey

KÉZDI, Á. (1973): Handbuch der Bodenmechanik, Bd. **3**, Bodenmechanisches Versuchswesen. VEB Verlag für Bauwesen, Berlin

KNAUS, R.M. (1986): A cryogenic coring device for sampling loose, unconsolidated sediments near the water-sediment interface. J. Sed. Petrol. **56** (1): 551-553

KNAUS, R.M. & CAHOON, D.R. (1990): Improved cryogenic coring device for measuring soil accretion and bulk density. J. Sed. Petrol. **60** (4): 622-623

LADD, C.C. & LAMBE, T.W. (1964): Strength of „Undisturbed" Clay Determined from Undrained Tests. Laboratory Shear Testing of Soils, ASTM STP **361**: 342-371, American Society for Testing Materials, Philadelphia PA

LAGA (1983): Entnahme und Vorbereitung von Proben aus festen, schlammigen und flüssigen Abfällen, Kap. E und F. Länderarbeitsgemeinschaft Abfall LAGA Richtlinie PN 2/78

LARSSON, R. & MULABDIC´ M. (1991): Piezoconetests in clay. Statens Geotekniska Institut Rapport **42**, Enköping

LUNNE, T., LACASSE, S., RAD, N.S. & DECOURT, L. (1989): SPT, CPT, pressiometer testing and recent developments on in situ testing. Norges Geotekniske Institut. Report, Oslo

LUTENEGGER, A.J.& DEGROOT, D.J. (1995): Techniques for sealing cone penetrometer holes. Can. Geotech. J. **32**: 880-891

NIELSEN, D.R., BIGGAR, J.W. & ERH, K.T. (1973): Spacial Variability of Field-Measured Soil-Water Properties", J. Agr. Sci. (California Agricutural Experiment Station), **42**: 215-260

OKX, J.-P. (1990): Verbesserung der Kostenwirksamkeit von Untersuchungen der Schadstoffbelastung des Bodens. In: Umweltbundesamt (Hrsg.) Altlastensanierung ´90, Dritter Internationaler TNO/BMFT-Kongreß: 845-847, Berlin

Patent-Offenlegungsschrift DE-36 18 387.3 „Verfahren zur Entfernung von Sonderabfall aus Erdböden und Deponien". Deutsches Patentamt, München

PETTS, G.E., COATS, J.S. & HUGHES, N. (1991): Freeze-sampling method of collecting drainage sediments for gold exploration. Trans. Instn. Min. Metall. (sect. B: Apl. earth sci.), **100**: B 28-B32

PRINZ, H. (1991): Abriß der Ingenieurgeologie. Enke, Stuttgart

REBHAN, H. (1985): Probenahme mit Stickstoffvereisung. Bildinformation 5/8 vom 25.02.1985, Linde AG Technische Gase, München

RENBERG, I. (1981): Improved methods for sampling, photographing and varve-counting of varveed lake sediments. Boreas **10**: 255-258

SCHREINER, M. (1987): Die Bleikontamination in Sedimenten des Ems-Jade-Kanals unter der DB-Brücke Marensiel/Wilhelmshaven. Gutachtliche Stellungnahme, im Auftrag der Staatsanwaltschaft beim Landgericht Oldenburg (unveröffentl.)

SCHULTZE, E. & HORN, A. (1990): Spannungsberechnung. In: SMOLTCZYK, H. (Hrsg.) Grundbautaschenbuch, Bd. **1**, Ernst, Berlin

SCHULTZE, E. & MUHS, H. (1967): Bodenuntersuchungen für Ingenieurbauten. Springer, Berlin, Heidelberg, New York

SCHULTZE, E. (1972): Frequency Distribution and Correlations of Soil Properties. Statistics and Probability in Civil Engineering, Hong Kong International Conference, Hong Kong University Press, distributed by Oxford University Press, London

SEGO, D.C., ROBERTSON, P.K., SASITHARAN, S., KILPATRICK, B.L. & PILLAI, V.S. (1994): Ground freezing and sampling of foundation soils at Duncan Dam. Can. Geotech. J. **31**: 939-950

SHINN, J.D., BRATTON, W. L. & BRATTON, J.L. (1995): In Situ Measurements Made More Accurate, Cone pentration technology also cuts environmental site characterization costs. Int. Ground Water Technol. **1** (2): 19-21

SINGH, S., SEED, B. & CHAN , C.K. (1982): Undisturbed sampling of saturated Sands by freezing. American Society of Civil Engineers, Journal of the Geotechnical Division, **102** (GT2): 247-264

WEIß, K. (1990): Baugrunduntersuchung im Feld. In: SMOLTCZYK, H. (Hrsg.) Grundbautaschenbuch, Bd. **1**, Ernst, Berlin

WHITE, T.L. & WILLIAMS, P.J. (1994): Cryogenic alteration of frost susceptible soils. In: FRÉMOND (ed.) Ground Freezing 94, Balkema, Rotterdam

YOSHIMI, Y., HATANAKA, M. & OH-OKA, H. (1978): Undisturbed sampling of saturated sands by freezing. Soils and Foundations **18** (3): 59-71

4 Schürfe

DIETER STOPPEL

4.1 Zweck, Anwendungsbereich

Schürfgruben und -gräben geben auf einfachste und kostengünstigste Weise zuverlässigen Aufschluß über die Untergrundverhältnisse bis in etwa 6 m Tiefe, allerdings i. allg. nur bis zum Erreichen des Grundwasserspiegels. Für tiefere Bereiche sind besondere und meist kostspielige Maßnahmen erforderlich (Verbau, Wasserhaltung, 2 oder mehr Bagger). Schürfe können auch in Festgestein (Bodenklassen 5 und 6, DIN 18300; in Bodenklasse 7 unter Umständen mit Hilfe von Sprengmitteln) sowie auf Deponien, Bergbau-, Hütten- und sonstigen Fabrikgeländen angelegt werden.
Schürfe dienen wegen ihres großflächigen Ausschnitts sehr gut der Erkundung der geologischen Situation, beispielsweise der Ermittlung des unter Hangschutt, Fließerden, Halden, Gebäuden und Verkehrswegen anstehenden Gesteins und seiner Lagerungsverhältnisse, der Ausdehnung von Deponien mit Siedlungs- und Gewerbeabfällen, von Bauschutt oder bergbaubedingten Bruchzonen. Sie können einen Einblick in die Grundwasserverhältnisse geben, die Interpretation von Ergebnissen von Bohrungen und geophysikalischen Untersuchungen erleichtern und erste Hinweise auf Kontaminationen liefern. Schürfe bieten die beste Möglichkeit, einwandfreie Sonderproben (bei nicht standfestem Untergrund allerdings nur von der Schürfsohle aus) zu gewinnen.

Schürfe eignen sich auch für den Ausbau zu Gas- und Grundwassermeß- und -entnahmestellen, indem man Filterrohre einbringt und diese durch eine entsprechende Kies- oder Schotterlage vor Beschädigungen beim Verfüllen sichert. Schürfe sind bisweilen für den Ansatz von Bohrungen hilfreich oder sogar notwendig, um Bauschutt, Abfälle oder andere Bohr- und Sondierhindernisse zu beseitigen.

4.2 Planung der Schürfarbeiten

Je nach Fragestellung ist im Hinblick auf die geplanten begleitenden Untersuchungsmethoden ein Konzept zu entwerfen, wie die Schürfe dimensioniert und räumlich angeordnet werden sollen. Ein generell gültiges „Rastermaß" kann dazu nicht angegeben werden.

Zur Planung der Schürfarbeiten sind eine Begehung des zu untersuchenden Gebietes, eine Einsichtnahme in neue und alte Topographische und Geologische Karten sowie Gespräche mit Eigentümern, Anliegern und Behörden ebenso hilfreich wie notwendig.

Bei der Ortsbegehung sollte man u. a. auch auf Halden, Wasseraustritte, Rutschungen, unregelmäßige Senkungen und Änderungen des Pflanzenwuchses achten. Einsturzlöcher und unregelmäßige Senkungen zeigen beispielsweise sowohl Verkarstungen als auch alten Bergbau oder alte Fabrikationsanlagen einschließlich mittelalterlicher Hütten an.

Besonders wenn es um die Untersuchung möglicher Kontaminationen geht, sollte man über Behörden (Archive von Gemeinden, Kreisen, Geologischen Landesämtern, Berg- und Umweltämtern), alte Adreß- und Telefonbücher sowie Betriebsakten weiter recherchieren. In manchen Fällen sind Archäologen zu befragen, da durch Schürfarbeiten Industrie- und Bodendenkmäler zerstört werden können. Wenn die Auswertungen von Luftbildern erforderlich erscheint, erteilen Landesvermessungs- und Geologische Dienste Auskunft über bereits vorhandene Aufnahmen (weitere Hinweise s. Kap. 2 Geologische Voruntersuchungen sowie Bd. 1 „Geofernerkundung").

4.3 Genehmigungsanträge

4.3.1 Allgemeine Grundsätze

Zunächst gilt - auch im Bundesberggesetz (BBergG) - der Grundsatz, daß man mög- lichst auf unbebautem Gelände schürfen sollte. Nur bei „überwiegend öffentlichem Interesse" werden Schürfe auf Betriebsgeländen, in Gärten und eingezäunten Hofräumen oder auf Flächen des öffentlichen Verkehrs genehmigt.

Selbstverständlich ist zunächst die Erlaubnis des Grundeigentümers einzuholen. Bei unbebauten Grundstücken läßt sich seine Anschrift am schnellsten über die Liegenschaftsämter von Gemeinden, Ortslandwirte, Katasterämter und Amtsgerichte ermitteln. Man sollte auch einen eventuellen Pächter des Geländes über die geplanten Maßnahmen unterrichten.

Abfälle wurden in der Umgebung des Produzenten oft da abgeladen, wo gerade Platz war, d. h. auf Nachbargrundstücken, in alten Steinbrüchen oder Kiesgruben. Da über diese Art der Abfallbeseitigung kaum Akten existieren, können nur Gespräche mit Anliegern, ehemaligen Werksangehörigen und örtlichen Behörden weiterhelfen. Grundsätzlich sind Eigentümer und Pächter den Überwachungsbehörden gegenüber zu Auskünften verpflichtet. Das bedeutet, daß man in Genehmigungsanträge vorsorglich solche Nachbargelände miteinbeziehen sollte.

4.3.2 Vorbereitung eines Antrags

Zur Vorbereitung des Genehmigungsantrags ist in der Regel mit folgenden Dienststellen Kontakt aufzunehmen:

- Mit der Kommune (Stadt, Groß- oder Samtgemeinde, Ortschaft) wegen Benutzung öffentlicher Wege und Brücken (mit Gewichtsbeschränkungen) für den An- und Abtransport von Baumaschinen, wegen eventueller Belange des Fremdenverkehrs, wegen bereits genehmigter anderer - auch privater - Baumaßnahmen sowie, daß wegen möglichen Vorhandenseins von Sprengstoffen und Bomben (Blindgängern) das Gelände durch einen Suchtrupp untersucht werden muß

- Mit Wasser-, Strom- und Gasversorgungsunternehmen (wegen des Verlaufs von Leitungen einschließlich Reserveleitungen oder „toter Kabel", die auf früheren Werksgeländen vorsorglich für spätere Betriebsansiedlungen liegengelassen wurden)

- Mit der Unteren Naturschutzbehörde (bei Landkreisen und kreisfreien Städten) wegen der möglichen Beeinträchtigung von Natur-, Landschafts-Geotop-, Trinkwasser- oder Heilquellen-Schutzgebieten, Rohstoffsicherungsgebieten sowie archäologischen Bodendenkmälern

- Mit Stadtarchiven (historische und moderne Karten, Adreßbücher) und Werksarchiven (wegen der Lage von Betrieben und Altlasten-Verdachtsflächen und der Ausdehnung ehemaliger, später als Müllkippen genutzter Tongruben und Steinbrüche)

- Mit Fernmeldeämtern wegen der Lage von Telefonkabeln. (Diese Auskünfte sind unverbindlich, da Leitungen höher, tiefer oder an anderen Straßenseiten liegen oder Himmelsrichtungen bei Kabelplänen vertauscht sein können; selbst die Anwesenheit eines Telekom-Bediensteten enthebt den Verursacher nicht davon, Leitungsschäden zu ersetzen, einschließlich der Schäden für Telefon-Benutzer)

- Mit Gemeinden oder Ortslandwirten wegen der Entschädigungen für Wertminderungen von Böden und Beschädigungen von Bäumen auch auf Privatgrundstücken, die zweckmäßigerweise vorher auszuhandeln und schriftlich festzulegen sind.

Oft wissen Grundeigentümer - vor allem auswärtige - nicht, daß Leitungen unter ihren Grundstücken liegen. Daher setzen viele Behörden und Unternehmer Kabelsuchgeräte ein, um Komplikationen zu vermeiden, da Leitungen nicht überall genau vermessen oder gar mit Steinen und gelben Stahlrohren in ihrem Verlauf markiert sind.

Bei der Suche nach Altlasten gelten wegen deren Gefährdungsabschätzung das Wasser-, Abfall-, Immissionsschutz-, Arbeitsschutz-, Naturschutz-, Bau-, Denkmalschutz- und Bergrecht. Aus taktischen Gründen empfiehlt es sich, auch die Anlieger über das Ziel und den Umfang geplanter Arbeiten zu informieren, vor allem, wenn man deren Grundstücke zum Antransport von Baumaschinen oder Ableiten von Wasser benötigt. Sonst kann es zu Bürgerprotesten und damit zu polizeilichen Ermittlungen auf der Baustelle kommen, was eine Unterbrechung der Arbeiten bedeuten könnte.

4.3.3 Wenn Eile geboten ist

Lediglich in Fällen, in denen beispielsweise wegen austretender Treibstoffe oder offensichtlich schadstoffhaltiger Wässer die öffentliche Sicherheit gefährdet und Eile geboten ist, dürfen Behörden unverzüglich Maßnahmen (damit auch Schürfe) einleiten und diese nachträglich genehmigen lassen. Diese Arbeiten werden u. U. auf Kosten des „Polizeihaftpflichtigen", d. h. im allgemeinen des Grundbesitzers oder Pächters, vorgenommen. Die Grundeigentümer müssen solche Maßnahmen dulden. Sie haften zunächst auch für Gefahren, die von Altlasten ausgehen, die ihnen beim Kauf nicht bekannt waren oder deren damalige Deponierung zwar nicht offziell genehmigt, aber stillschweigend geduldet wurde. Die Eigentümer, ggf. Pächter und Kommunen sind jedoch spätestens nach Beginn derartiger Arbeiten zu verständigen und über das Ergebnis zu informieren. Bei Rechtsstreitigkeiten streckt die anordnende Behörde die Schürfkosten vor. In den östlichen Bundesländern können Eigentümer von der Verantwortung für vor dem 01.07.1990 verursachte Schäden freigestellt werden; die Altlastensanierung wird dann vom Land übernommen.

4.3.4 Besondere Genehmigungen

Je nach Lage des durch Schürfe zu untersuchenden Gebietes sind spezielle Genehmigungen erforderlich bzw. besondere Vorschriften zu beachten. Diese können sein:

- An Wasserläufen Auflagen der Unteren Wasserbehörde (bei Landkreisen oder kreisfreien Städten) wegen bestehender Wassernutzungsrechte (einschl. Fischerei). In Baden-Württemberg sind hierfür die Ämter für Wasserwirtschaft und Bodenschutz zuständig
- In staatlichen oder privaten Forsten ist vorher ein Gestattungsvertrag abzuschließen, in dem der Zeitpunkt der Arbeiten, die Art der Verfüllung und die Rekultivierung festgelegt werden. Einige Besonderheiten: Bodenaushub sollte zweckmäßigerweise für andere Zwecke eingesetzt werden. Schürfe dürfen nicht senkrecht an Hängen angelegt werden, da sie sonst zu Wasserrinnen werden können. Schurfflächen sind später mit speziellen

Grassorten anzusäen. Für beschädigte Bäume - auch durch herabrollende Steine - ist Ersatz zu leisten. Auf Staatsjagden ist in Rotwildrevieren zur Brunftzeit Rücksicht zu nehmen, ebenso auf Baue seltener Tiere (z. B. Dachse)

- Auf Kleinparzellen (v. a. in Süddeutschland, Hessen) empfiehlt es sich, nach einem Vorgespräch mit dem Ortslandwirt und Ortsvorsteher bzw. dem Ortsbürgermeister, die Eigentümer zu einem Ortstermin schriftlich einzuladen, um bereits vorher Entschädigungen (gestaffelt nach Schurftiefe und -breite) und Durchführung der Vermessung zu vereinbaren. Hierbei erleichtert die Einschaltung eines Interessenverbands (z. B. Waldinteressenten, Erbengemeinschaften, Fischereiverbände) - falls vorhanden - die Durchführung.

Bei Schürfen im Bereich bestehender Bergwerke, deren Halden und größerer, der Aufsicht der Bergbehörde unterstehender Steine- und Erden-Gewinnungsanlagen (z. B. Tagebaue für Quarzsand, Quarzit, feuerfesten Ton; in den östlichen Bundesländern darüber hinaus in allen Steinbrüchen, Kies- und Sandgruben) muß beim zuständigen Bergamt spätestens 2 Wochen vor Projektbeginn ein Betriebsplan eingereicht werden. Dieser hat zu enthalten:

- Zweck der beantragten Arbeiten (einschl. Anschrift der Baufirma)
- Zeitplan und technische Durchführung der Arbeiten
- Einverständnis des Grundeigentümers und ggf. Bergbauberechtigten
- Lageplan des Schürfgebietes (auf Katasterplan, Grundkarte oder Karte (1 : 25 000)
- Verantwortliche Aufsichtspersonen (mit Qualifikation) des Auftraggebers und der Baufirma sowie ggf. Name des Sprengmeisters
- Art der geplanten Verfüllung, Planierung und ggf. Rekultivierung
- Angabe der von den Baumaschinen sowie den LKW's für Bodenaushub zu benutzenden Straßen und Wege
- Art der geplanten Verfüllung, Planierung und ggf. Rekultivierung oder Renaturierung
- Geplante Maßnahmen beim Antreffen alter Grubenbaue (Schächte, Stollen, Abbaue) einschließlich der Fassung und Ableitung eventuell austretenden Gruben- und Grundwassers
- Vorbeugende Maßnahmen zum Feuerschutz, v. a. beim Antreffen von Deponiegas

Dem Bergamt sind Beginn und Abschluß der Schürfarbeiten und der Abschluß der Verfüllungsarbeiten mitzuteilen. Die Bergbehörde prüft die Umweltverträglichkeit der geplanten Arbeiten und bemüht sich um das Einverständnis mit anderen zuständigen Behörden. Hierzu werden i. allg. Ortstermine abgehalten. Die Adressen der Bergämter und der meisten Bergbau-

Betreiber sind im „Bergbaujahrbuch" (Jahrbuch für Bergbau, Öl und Gas, Elektrizität, Chemie; Glückauf Verlag, Essen, Postfach 10 39 45) enthalten. In Sachsen sind diese Anträge beim Landkreis oder bei kreisfreien Städten zu stellen.

Bei Schürfen im Bereich von altem, der Bergaufsicht nicht mehr unterstehendem Bergbau (in den westlichen Bundesländern) ist eine Abstimmung mit dem Bergamt wegen Informationen über ehemalige Bergbaue - v. a. über die Lage alter Grubenbaue - zu empfehlen. Auch werden Auskünfte zu sicherheitstechnischen Fragen sowie über Anschriften von Eigentümern verliehener Grubenfelder, deren Unterlagen man einsehen könnte, erteilt. In den östlichen Bundesländern ist auch bei Schürfen in Bereichen des Altbergbaus eine Genehmigung der Bergbehörde einzuholen.

4.3.5 Vorsorgliche Ergänzungen des Antrags

Wenn mit kontaminiertenBöden oder industriellen Abprodukten zu rechnen ist, müssen deren flächenhafte und vertikale Ausdehnung ermittelt werden. Daher sollte man Färbeversuche von austretenden Wässern, Entnahme kontaminierter Substrate (einschl. Stäube, Schlämme, Fabrikationsrückstände), die Absaugung von Bodenluft und Dampfinjektionen zur Mobilisierung von Schadstoffen vorsorglich genehmigen lassen und das Aufstellen von Sammel- und Absetzbehältern einplanen. Sonst könnte es wegen der Ergänzung von Anträgen zur Unterbrechung von Schürfarbeiten kommen.

4.3.6 Information der Öffentlichkeit

Bei „sensiblen Projekten" empfiehlt sich eine seriöse Vorinformation der örtlichen Presse, weil pauschale Einsprüche Schurfanträge blockieren könnten. Zu empfehlen sind auch Bürgerinformationen während der Arbeiten, z. B. durch Führungen auf der Baustelle, um beunruhigende Fehlinformationen ggf. richtigstellen zu können.

4.4 Technische Durchführung

4.4.1 Arbeiten in leicht zugänglichem Gelände

Je nach Art des Schurfs (flächenhafte Freilegung, Schurfloch, Schurfgraben) empfiehlt sich der Einsatz von Baggern (bis zu 3m tiefe Schürfe), Mehrzweckgeräten (z. B. Raupenbagger mit Hecklöffel für bis zu 2m tiefe Schürfe), Laderaupen und Radladern. Tiefere Gruben lassen sich ausheben, wenn ein auf einer tieferen Sohle arbeitender Bagger den Aushub einem weiter oberhalb arbeitenden Bagger zuwirft. Für Schürfe in Waldgebieten und auf bebauten Flächen kommen bei entsprechender kW-Zahl auch kleinere Bagger in Betracht, die zum Verlegen von Kabeln in Städten eingesetzt werden. Sie sind sehr wendig und geländegängig.

Mutterboden sollte zu Beginn der Aufschürfung getrennt gelagert werden. Bei der Anlage von Schurfgräben empfiehlt sich das Anlegen eines treppenförmigen Einstiegs, um auf diese Weise relativ gefahrlos einzelne Horizonte bzw. Grundwasserleiter getrennt beproben zu können. Bei solchen Schurfgräben ist - wenn sie seitlich abgestützt werden müssen - auf das Bereithalten versetzbarer bzw. verschiebbarer Verbauelemente zu achten.

Während der Baggerarbeiten und Beprobungen ist darauf zu achten, daß eintretendes Wasser in ausreichendem Maße ablaufen oder abgepumpt werden kann. Das gilt natürlich nur für nicht-kontaminiertes Wasser - so weit sich dieses an Ort und Stelle bestimmen läßt. Erweist sich das zulaufende Wasser als offensichtlich verunreinigt, muß es in Tanks oder Containern aufgefangen und zur Aufbereitung zu Klärwerken und anderen Anlagen gebracht werden können. Man sollte z. B. durch Einbringen von Spundwänden oder Rohren die Möglichkeiten späterer Beprobungen offen lassen.

Durch Sondierungen, mittels Ausstechzylindern oder von der Sohle einer Schürfgrube oder eines Schurfgrabens kann man Zahlen über die Festigkeit der tieferliegenden Bodenschichten erhalten. Ebenso kann man dann den Untergrund durch Bohrungen leichter untersuchen, wenn steiniger Hangschutt durch die Aufschürfung abgetragen wurde. Schurfgräben können auch zum schlitzförmigen Bloßlegen einer Böschung dienen.

4.4.2 Arbeiten auf Deponien und ehemaligem Werksgelände

Auf Deponien können Schürfe erforderlich werden, um deren Zusammensetzung festzustellen, v. a. aber um Leckagen an der Basisabdichtung zu lokalisieren.

Bei Arbeiten auf Deponien oder ehemaligem Werksgelände muß das Antreffen von explosiven oder mit Schadstoffen belasteten Gasen einkalkuliert werden. Auf Grundstücken ehemaliger Gaswerke oder Bergbaubetriebe können Gruben zum Sammeln von Gaswerksteer oder breiartiger Rückstände aus Erzwäschen und Flotationsanlagen liegen. Gase können v. a. austreten, wenn Oberflächenabdichtungen von Deponien angeschnitten werden. Bei Verdacht auf gasförmige Schadstoffe oder stark kontaminiertes Wasser ist Vorsorge zu treffen, daß der Baggerführer in einer luftdicht abgeschlossenen Kabine arbeiten kann. Solche Kabinen sind bei Arbeiten auf kontaminierten Bereichen inzwischen üblich.

4.4.3 Arbeiten auf ehemaligem Bergwerksgelände

Schürfarbeiten auf dem Gelände ehemaliger Bergwerke und Aufbereitungsanlagen sollen nach Möglichkeit mit Hilfe von Lageplänen, Grundrissen und Seigerrissen vorbereitet werden, damit nicht die Schurfgeräte in nachbrechende Hohlräume (ungenügend abgedeckte Hohlräume, Schächte, Tagesüberhaue) abstürzen können. Man sollte sich auch darauf einrichten, beim Antreffen derartiger Hohlräume diese schnellstens mit großen Mengen von Haldenmaterial oder Aushub auffüllen zu können, um trichterartige Nachbrüche zu vermeiden.

Bei Arbeiten in Bereichen von Bergwerksgeländen, die zu plötzlichem Nachbrechen neigen, sollte der Geologe ständig anwesend sein. Er sollte auch für die umgehende Vermessung und Probenahme sorgen.

4.4.4 Besondere Sicherungsmaßnahmen

Wenn diese Schurfaufnahmen und Beprobung nicht umgehend erfolgen können, müssen Schürfe nach den für Baugruben und Leitungsgräben üblichen Vorschriften durch Verbau gesichert werden, was erhebliche zusätzliche Kosten erfordert. Diese Sicherungen sind auch erforderlich, wenn zeitraubende Entnahmen von Sonderproben (mit Ausstechzylindern) und Schlitzproben aus Böschungen erforderlich werden. Dann müssen die Vorschriften der DIN 4124 (Baugruben und Gräben) eingehalten werden, welche Böschungsneigungen, Tiefen, Arbeitsraumbreiten und Verbaumaßnahmen betreffen. Bei Ausschachtungen neben Gebäuden ist DIN 4123 (Gebäudesicherung im Bereich von Ausschachtungen, Gründungen und Unterfangungen) zu berücksichtigen.

Allgemein ist darauf zu achten, daß die Wände von Schurfgräben in wasserführendem Sand, Schluffen und entsprechenden Substraten nicht zu steil sind, da sie sonst wegbrechen könnten. Am oberen Rand der Schürfgrube sollte ein Schutzstreifen, im mittleren Teil tieferer Schürfgruben eine Berme verhindern, daß Steine oder Gebäudereste in die Grube stürzen können. Bei der Entnahme von Proben in schwierigem Gelände muß der Geologe im Schutz von Spundwänden oder im Baggerlöffel arbeiten.

Bei Schürfen in Bergbaugebieten, Sand-, Kies- und Tongruben muß vor der Verfüllung des Schurfs eine Entwässerung mittels Ton- oder Kunststoff-Dränrohre geachtet werden, um zu verhindern, daß nach Abschluß der Schürfarbeiten Wasser gestaut wird oder unkontrolliert abläuft. Dies könnte zu kostspieligen Reparaturarbeiten an Wegen und Durchlässen führen und Grundeigentümer oder Kommunen nachhaltig verärgern. In tonigem Material können noch 1 bis 2 Jahre später nachträgliche Setzungen eintreten, d. h. Mittel für spätere Verfüllung und Planierung müssen einkalkuliert werden. In engen Schurflöchern und -gräben ist zu bedenken, daß das auf Deponien häufig auftretende Methan zu Explosionen neigt.

4.4.5 Arbeiten im Grundwasserbereich

Bei Schürfen, die bis in den zusammenhängenden Grundwasserspiegel hineinreichen, ist auf das rechtzeitige Bereithalten einer Pumpe zu achten. Bei Arbeiten in Wäldern und Parks sollte diese Pumpe einen Siebkorb besitzen, da sonst Nadeln und Zweige angesaugt werden und die Pumpe verstopfen.

Sollte ein Absenken des Grundwasserspiegels durch Abpumpen oder Ableiten des Wassers nicht möglich sein, müssen an die Stelle von Schürfungen Bohrungen treten. Hierbei ist rechtzeitig an die Einrichtung von Grundwassermeßstellen zu denken.

Besteht der Verdacht, daß das Grundwasser kontaminiert ist, sind Proben zu entnehmen. Hierbei ist zu bedenken, daß chlorierte Kohlenwasser-stoffe schwerer als Wasser sind, während Öle, Treibstoffe und leichtflüssige Kohlenwasserstoffe leichter sind. Die letztgenannten Verunreinigungen können aber Tonböden und Beton im Laufe von Jahren durchdringen.

4.4.6 Sicherheitsfragen

Während all dieser Arbeiten ist die Anwesenheit des bearbeitenden Geologen (notfalls eines verantwortlichen Ingenieurs) erforderlich. Er muß, wenn auf Deponien oder ehemaligem Fabrikgelände Schadstoffe angetroffen werden, kurzfristig die erforderlichen Maßnahmen einleiten können. Für die technisch ordnungsgemäße Einrichtung der Baustelle (einschließlich deren Absicherung), den Zustand der Baumaschinen und die Sicherheit im Betrieb (einschließlich des Bereithaltens von Schutzanzügen und Atemschutzgeräten, nach vorheriger Absprache mit dem Auftraggeber) ist der Bauunternehmer verantwortlich.

4.4.7 Verfüllung, Rekultivierung

Die Verfüllung der Schurfgräben und -gruben erfolgt i. allg. mit dem seitlich gelagerten Aushub - sofern dieser nicht zu Untersuchungen abtrans- portiert wurde - und dem getrennt abgelagerten Mutterboden. Vor allem in tonigen Böden, wo der Aushub in Form von Brocken wieder eingebracht wird, ist mit Setzungen und Nacharbeiten zu rechnen, die noch einige Jahre andauern können. Es wurde bereits erwähnt, daß gegebenenfalls für einen kontinuierlichen Wasserablauf zu sorgen ist. Es empfiehlt sich, mit Anwohnern oder Grundeigentümern Vereinbarungen zu treffen, daß diese - falls erforderlich - den Auftraggeber der Schürfarbeiten informieren, wenn weitere Verfüllungen oder andere Nacharbeiten erforderlich werden.

Die Rekultivierung wird vorher mit dem Grundeigentümer - in Sonderfällen auch mit der Natur- und Landschaftsschutzbehörde - abgesprochen und in Anträgen, die bei der Bergbehörde gestellt werden, angegeben. Hierbei geht es um den Ersatz von Bäumen (möglichst durch gleiche Arten) und das Einsäen von zerstörten Grünflächen. Für einen ordentlichen Wasserablauf (Gräben) muß ebenfalls gesorgt werden. Wenn staatliche Gelände (z. B. Forsten) in Anspruch genommen werden, wird eine abschließende Begehung mit dem zuständigen Revierbeamten erwartet.

Behörden (Berg-, Forst- und Umweltämter, Gemeinden, Wasserverbände usw.) weisen i. allg. schon bei der Erteilung der Genehmigungen auf die Zusendung von Vorberichten und Abschlußberichten hin.

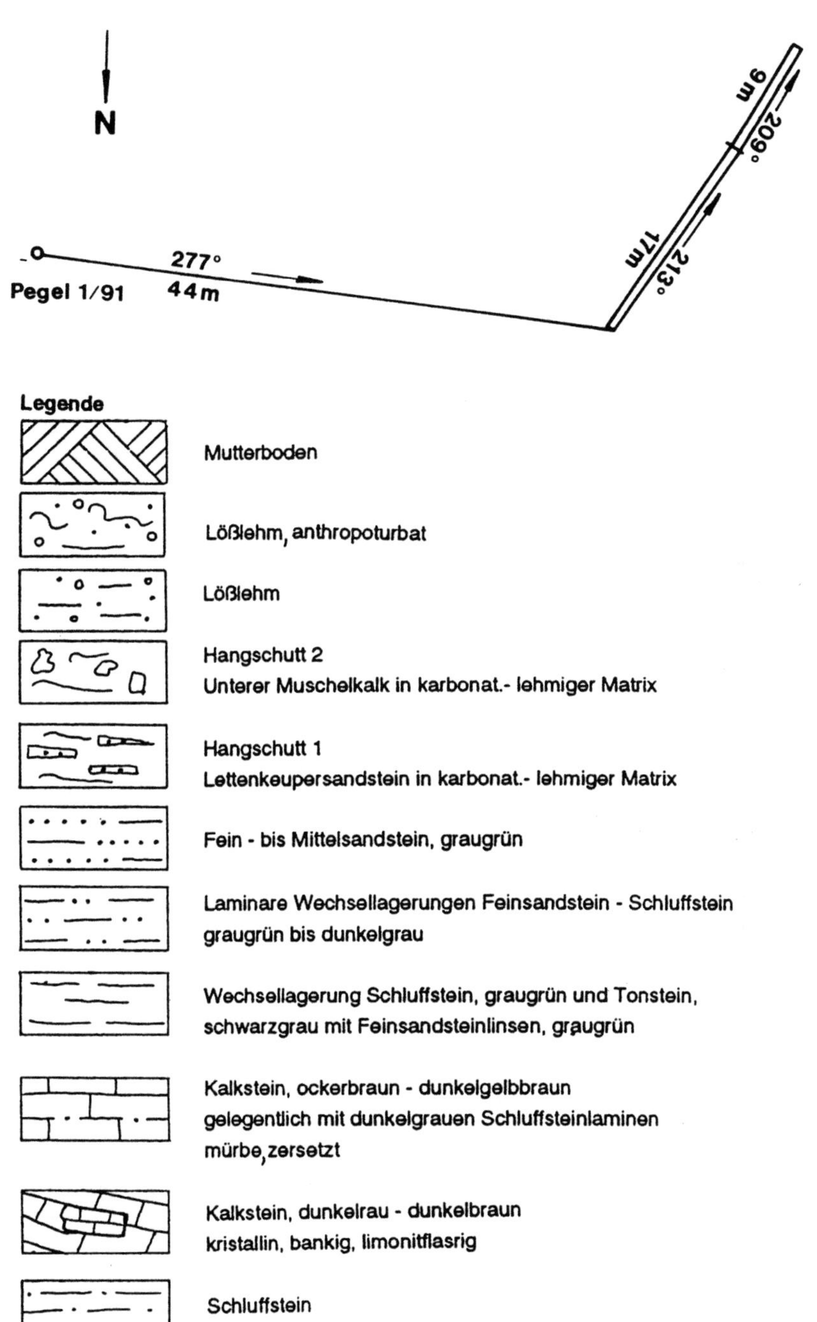

Legende

Mutterboden

Lößlehm, anthropoturbat

Lößlehm

Hangschutt 2
Unterer Muschelkalk in karbonat.- lehmiger Matrix

Hangschutt 1
Lettenkeupersandstein in karbonat.- lehmiger Matrix

Fein - bis Mittelsandstein, graugrün

Laminare Wechsellagerungen Feinsandstein - Schluffstein
graugrün bis dunkelgrau

Wechsellagerung Schluffstein, graugrün und Tonstein,
schwarzgrau mit Feinsandsteinlinsen, graugrün

Kalkstein, ockerbraun - dunkelgelbbraun
gelegentlich mit dunkelgrauen Schluffsteinlaminen
mürbe, zersetzt

Kalkstein, dunkelrau - dunkelbraun
kristallin, bankig, limonitflasrig

Schluffstein

Abb.4.1a: Lageskizze und Legende zu der Schurfaufnahme von Abb.4.1b (nächste Seite)

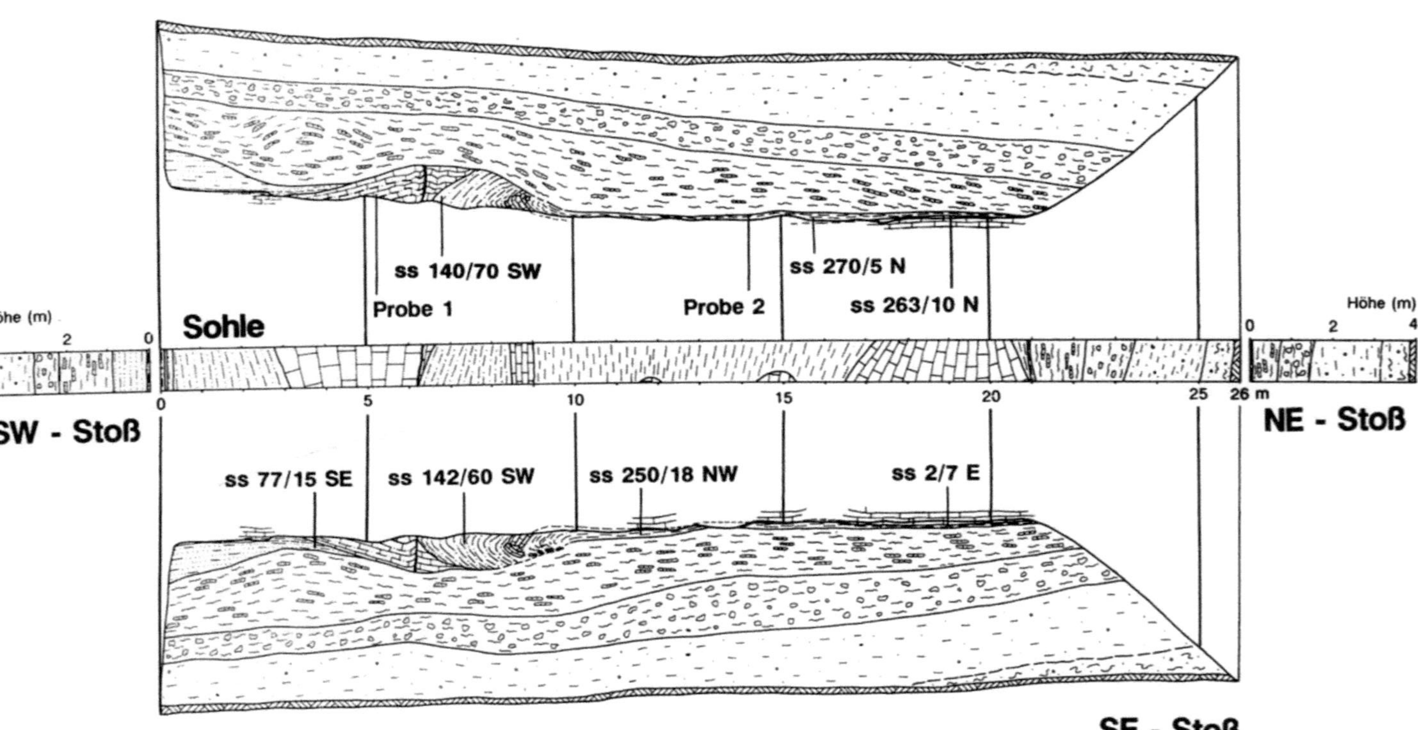

Abb.4.1b: Aufnahmeskizze eines Schurfes (GEOS Ingenieurbüro GmbH, Jena, 1992, im Auftrag der BGR)

4.5 Dokumentation

In Abb.4.1a,b wird ein Beispiel für die Lageskizze und Aufnahmeskizze eines Schurfes in tektonisch gestörten Schichten der Lettenkeuperfolge mit Hangschutt- und Lößlehmbedeckung am Nordrand der Deponie Eulenberg bei Arnstadt gezeigt. Die Aufnahme wurde von Dr. J.Wunderlich von der GEOS Ingenieurbüro GmbH, Jena im Auftrag der BGR durchgeführt.

4.6 Technischer, personeller und zeitlicher Aufwand, Kosten

Sofern nicht besondere Eile geboten ist, werden die voraussichtlichen Kosten für Schürfe im öffentlichen Dienst durch eine öffentliche Ausschreibung oder das Einholen von Kostenangeboten bei örtlichen Unternehmen eingeholt. Falls erforderlich, sind Gemeinde- und Forstverwaltungen gern bereit, die Anschriften von ihnen geeignet erscheinenden Firmen zu nennen. Im allgemeinen interessieren sich Baufirmen bis zu einer Entfernung von ca. 25 km von ihrem Firmensitz für derartige Aufträge. Diese Grenze ist bedingt durch die Kosten für An- und Abtransport der Geräte und die Möglichkeit der Durchführung von Reparaturen in für sie annehmbarer Zeit. Es ist im Fall von Reparaturen sehr zweckmäßig, wenn Geräte oder Baufahrzeuge mit Funk ausgerüstet sind.

Im allgemeinen werden durch den Auftraggeber die Schürfe sofort vermessen, geologisch aufgenommen und beprobt. In solchen Fällen reicht es aus, wenn der Unternehmer nur einen Maschinisten für den Bagger zum Ausheben und für die Planierraupe zum Planieren bereithält. Beim Ausheben tiefer Gräben und Löcher wird für jedes eingesetzte Gerät ein Maschinist benötigt; dies muß in der Ausschreibung angegeben werden.

Da das Ergebnis der Schürfe nicht vorausgesagt werden kann, erfolgt die Ausschreibung nicht als Gesamtsumme, sondern nach Arbeitsstunden. Das gleiche gilt für die Zeit, die für die Entnahme von Großproben, Färbeversuche, Pumpeneinsatz, Verfüllung und Rekultivierung (einschließlich späterem Nacharbeiten) erforderlich wird. Der An- und Abtransport der Geräte, ggf. auch Bauwagen wird pauschal abgerechnet (unter Berücksichtigung der Entfernung). Der Einsatz von LKW's wird nach Arbeitsstunden und Fahrtkilometern bezahlt. Der Transport von zu untersuchendem Bodenaushub in Containern durch die Bahn erfolgt nach Tonnen-Kilometern, hinzu kommt das Bereitstellen der Container an der Baustelle, der Abtransport zum Bahnhof und die Zustellung der Container dorthin, wo das Material untersucht wird. Wenn die örtliche Leitung und geologische Bearbeitung nicht durch den Auftraggeber, sondern durch ein geologisches Büro erfolgt, müssen die Aufgaben vorher klar definiert werden. Auch hier erfolgt im Öffentlichen Dienst eine Ausschreibung bzw. das Einholen von Kostenangeboten.

Bei Ausschreibungen, v. a. wenn geologische Büros die Geländearbeiten betreuen sollen, muß vorher vereinbart werden, wer für das Einholen der Genehmigungen, die Bauaufsicht und die Rekultivierung verantwortlich ist.

Weiterführende Schriften

Bei der Bearbeitung von Schurfanträgen greifen die zuständigen kommunalen, Umwelt- und Bergbehörden auf eine Vielzahl von Vorschriften und Gesetzen zurück, deren Aufzählung hier zu weit führen würde. Auch sind manche DIN-Normen für den Aushub von Baugruben und Leitungsgräben oder den Lagerstättenabbau entwickelt worden und nur in geringem Maße für die Planung und Durchführung von Schürfen anwendbar.

BURKHARDT, G. & EGLOFFSTEIN, TH. (1994): Kontrollierbare Abdichtungssysteme für Deponien. Abfallwirtschafts-Journal, **3**: 107 - 113

OLK, CHR. (1993): Erkundung von Altstandorten mit geowissenschaftlichen Meßmethoden, unter besonderer Berücksichtigung der Ingenieurgeophysik. DMT-Berichte aus Forschung und Entwicklung, Bd. **21**, XVI + 228, Bochum

STOPPEL, D. (1990): Pro und Contra: „Bergaufsicht auch für größere Sand- und Kiesgruben?".- BDG-Gespräch beim Bergamt Kassel.- Mitteilungsblatt des BDG **2**: 20 - 21, Bonn

ZYDEK, H. (1980): Bundesberggesetz (BBergG), Materialien. Glückauf-Verlag, Essen

5 Bohrungen

Richard A. Herrmann
mit einem Beitrag von Matthias Schreiner

5.1 Abstand und Tiefe der Bohrungen

Die Empfehlungen des Arbeitskreises „Geotechnik der Deponien und Altlasten"-GDA der Deutschen Gesellschaft für Geotechnik (1997) fordern eine sorgfältige Erkundung des Deponieuntergrundes nach den geltenden Normen DIN 4020 (Geotechnische Untersuchungen), DIN 4021 (Aufschluß durch Schürfe und Bohrungen), DIN 4022 (Benennen und Beschreiben von Boden und Fels) und DIN 4094 (Erkundung durch Sondierungen). In der Norm DIN 4020 werden die Grundsätze der geotechnischen Untersuchungen für bautechnische Zwecke festgelegt. Die DIN 4020 gliedert den Untersuchungsaufwand nach dem Schwierigkeitsgrad der geotechnischen Aufgabenstellung und Konstruktion des Bauwerkes im Kap. 3.8 in „Geotechnische Kategorien", die von der Kategorie 1 für einfache Bauwerke und Baugrundverhältnisse bis zur Kategorie 3 für große und nicht herkömmliche Konstruktionen und schwierigen Baugrundverhältnissen reichen. Die Einteilung und Zuordnung von *Deponien* wird im Kap. 6.2.2.4 wie folgt gegeben:

Die geotechnische Kategorie 3 liegt vor bei:

- Großen oder nicht herkömmlichen Konstruktionen sowie bei Konstruktionen mit hohem Sicherheitsanspruch oder hoher Verformungsempfindlichkeit

- Ungewöhnlichen oder besonders schwierigen Baugrundverhältnissen

- Konstruktionen in Gebieten mit hohem Erdbebenrisiko

Im einzelnen liegen die Bedingungen für die geotechnische Kategorie 3 vor bei

- Baulichen Anlagen wie ..., Deponien aller Art, ausgenommen nichtkontaminierte Böden oder Felsaushübe

- Wenn von der baulichen Anlage oder der Bauausführung besondere Gefährdungen bautechnischer oder sonstiger Art auf die Umgebung ausgehen oder die besondere Gefährdung hinsichtlich Standsicherheit und eventuell auch Betriebssicherheit unterliegen.

Nach der Empfehlung E1-1 der GDA-Richtlinien ist bei nicht aufgeschlossenem Untergrund für eine Genehmigungs- oder Ausführungsplanung je

Hektar Deponiefläche mindestens ein Kernbohraufschluß zu schaffen, wobei gegebenenfalls die Flanken der Deponie und das hydrologische Umfeld zusätzlich zu erfassen sind. Aus dieser Anforderung ergibt sich ein Abstand von ca. 100 x 100 m, der im Grundrißbereich des Deponiebauwerkes einzuhalten ist. Unterschreitungen dieser Mindestanforderungen bedürfen einer gesonderten fachlichen Begründung. Die Abstände direkter Aufschlüsse sind nach 6.2.4.3 der DIN 4020 in Abhängigkeit von den geologischen Gegebenheiten, den Bauwerksabmessungen und der bautechnischen Fragestellung zu wählen.

Als Richtwerte können gelten:

a) bei Hoch- und Industriebauten ein Rasterabstand von 20 - 40 m
b) bei großflächigen Bauwerken ein Rasterabstand von nicht mehr als 60 m

Unter Einbeziehung der vorgenannten Regelungen sind folgende Rasterabstände und Aufschlußtiefen der Erkundung anzustreben (s. Tabelle 5.1):

Tabelle 5.1: Vorgeschlagene Mindestabstände und Mindestaufschlußtiefen von Bohrungen zur geotechnischen Erkundung des Untergrundes von Deponien

	Hauptbohrungen nach DIN 4021	Verdichtetes Erkundungsraster mit Schürfen oder Kleinbohrungen nach DIN 4021
Mindestabstände	60 m; max. 100 m	20 m
Mindestaufschlußtiefe	3 h_M [a]	6 m [b]

[a] h_M ist die Höhe der Müllschüttung nach der Vor- oder Genehmigungsplanung. Aus den Anforderungen der Empfehlungen E1-1/GDA können u.U. größere Aufschlußtiefen erforderlich werden.

[b]   Die ausreichende Erkundung der geologischen Barriere muß sicher gestellt sein. Bei Deponien mit besonders überwachungsbedürftigen Stoffen sind die Aufschlußtiefen auf das Maß der geforderten geologischen Barriere zu erhöhen, und gegebenenfalls mit Bohrungen nach Tabelle 1 der DIN 4021 zu erreichen.

Der Einsatz von weitergehenden Untersuchungen mit indirekten Aufschlüssen und geophysikalischen Aufschlußverfahren bleibt von den v.g. Empfehlungen unberührt.

5.2 Kriterien für die Auswahl des Bohrverfahrens

Das Hauptkriterium für die Auswahl des Bohrverfahrens ist die sichere Erkundung des Baugrundes bis zu der geforderten Aufschlußtiefe und die Erreichung einer hohen Probenqualität. Dieses Kriterium beinhaltet die Abteufung der Bohrung in der Form, daß nicht äußere Einflüsse den Bohrvorgang bestimmen oder zum Abbruch führen können. Die in der DIN 4021 in Tabelle 1 und 2 definierten Bohrverfahren gewährleisten diese Anforderung. Mit den Kleinbohrungen nach Tabelle 3 der DIN 4021 kann diese Forderung nicht erfüllt werden (HERRMANN 1995). Die Kleinbohrverfahren können als ergänzende oder verdichtende Aufschlüsse dazu dienen, die Mächtigkeit und das Vorhandensein der geologischen Barriere zwischen den Hauptbohrungen auszuweisen. Diese Einsatzmöglichkeit von Kleinbohrungen ist insbesondere von Bedeutung, wenn vom geotechnischen Sachverständigen oder den Genehmigungsbehörden ein engeres Untersuchungsraster festgelegt wird. Die ergänzende Erkundung der geologischen Barriere mit Kleinbohrungen muß, hinsichtlich des Rückbaues der Bohrungen, mit dem gleichen Qualitätsstandard wie bei den Hauptbohrungen erfolgen. Diese Anforderung macht generell den Einsatz einer Verrohrung, zumindest einer Hilfsverrohrung, erforderlich (Kap. 5.8).

5.3 Bohrverfahren

Die Bohr- und Entnahmetechnik von Boden-, Fels-, und Grundwasserproben hat in Deutschland in den letzten Jahren eine stetige Weiterentwicklung erfahren. Einige dieser Bohrverfahren sind derzeit international noch nicht im Einsatz. Insbesondere wurden im Bereich der Bohrtechnik neue Typen von Hohlbohrschnecken, Rammkernrohren und neue Methoden zur Sicherung des Bohrloches entwickelt. Die Wahl des Bohrverfahrens ist immer vom zu erwartenden Untergrund abhängig und zu Beginn oder während der Bohrung auf die besonderen Anforderungen des Bodens oder Felses abzustimmen. Zur Definition der Qualität von Entnahmegeräten sind Ansätze entstanden, die die Geometrie der Geräte besser beschreiben.

Die Bohrverfahren nach DIN 4021 werden nachfolgend beschrieben und von HERRMANN (1995) kommentiert. Spezialverfahren und Besonderheiten der Bohr- und Aufschlußtechnik in allen Boden- und Felsarten stellen ULRICH (1991), HERRMANN (1983), KANY & HERRMANN (1985), KANY & HERRMANN (1989) und HERRMANN (1989) vor.

5.3.1 Durchgehende Gewinnung gekernter Boden- und Gesteinsproben

Die durchgehende Gewinnung von gekernten Boden- oder Gesteinproben ist auf der Basis des hohen technischen Standards von Aufschlußbohrungen als Regelaufschluß zu fordern. Mit dem durchgehenden Bodenkern wird das Boden- oder Felsprofil mit allen Feinschichtungen oder Kluftflächen und Kluftbelegungen repräsentiert. Die Kernbohrung sollte, auch wenn die geologischen Verhältnisse oder die Bohrtechnik einen vollständigen Kerngewinn nicht immer möglich machen und Kernverluste auftreten, in Böden ein Rückgewinnungsverhältnis (recovery ratio) $r = 1$ und im Fels einen Kerngewinn von 100 % erreichen. Treten stärkere Kernverluste auf, so sind diese dann durch ergänzende Verfahren näher zu untersuchen (Kap.5.5). Wird das mit dem Rückgewinnungsverhältnis definierte Verhältnis zwischen Kernmarschlänge und Kerngewinn nicht gleich 1, so kann für diese Abweichung ein ungeeigneter Bohrwerksatz ursächlich sein. Die Gewinnung von durchgehend gekernten Bodenproben ist unter der Zielsetzung einer hohen Probenqualität, wie sie nach DIN 4021 (s. Tabelle 5.2) definiert ist, durchzuführen. Eine Darstellung des Rückgewinnungsverhältnisses gibt Abb.5.1.

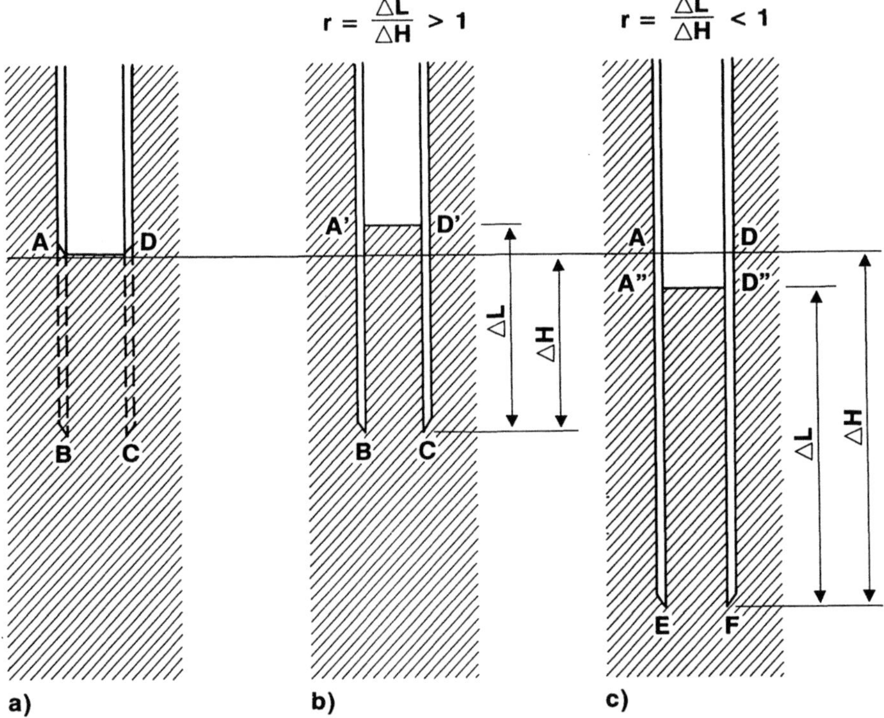

Abb.5.1: Definition des Rückgewinnungsverhältnisses in Böden

Tabelle 5.2: Güteklassen für Bodenproben nach Tabelle 4 der DIN 4021

Güte-klasse	Bodenproben-unverändert in [b]	Feststellbar sind im wesentlichen
1 [a]	$Z, w, \rho, k,$ E_s, τ_f	Feinschichtgrenzen Kornzusammensetzung Konsistenzgrenzen Konsistenzzahl Grenzen der Lagerungsdichte Korndichte Organische Bestandteile Wassergehalt Dichte des feuchten Bodens Porenanteil Wasserdurchlässigkeit Steifemodul Scherfestigkeit
2	$Z, w, \rho, k,$	Feinschichtgrenzen Kornzusammensetzung Konsistenzgrenzen Konsistenzzahl Grenzen der Lagerungsdichte Korndichte Organische Bestandteile Wassergehalt Dichte des feuchten Bodens Porenanteil Wasserdurchlässigkeit
3	Z, w	Feinschichtgrenzen Kornzusammensetzung Konsistenzgrenzen Konsistenzzahl Grenzen der Lagerungsdichte Korndichte Organische Bestandteile Wassergehalt
4	Z	Feinschichtgrenzen Kornzusammensetzung Konsistenzgrenzen Konsistenzzahl Grenzen der Lagerungsdichte Korndichte Organische Bestandteile
5	(auch Z verändert, unvollständige Bodenprobe)	Schichtenfolge

[a] Güteklasse 1 zeichnet sich gegenüber Güteklasse 2 dadurch aus, daß auch das Korngefüge unverändert bleibt.

[b] Hierin bedeuten :

Z Kornzusammensetzung E_s Steifemodul
w Wassergehalt τ_f Scherfestigkeit
ρ Dichte des feuchten Bodens k Wasserdurchlässigkeitsbeiwert

Die Erkundung des Deponieuntergrundes wird u.a. von der Bestimmung der Gebirgsdurchlässigkeit bestimmt, so daß i.d.R. Proben der Güteklasse 1 für die k_f-Wert-Ermittlung im Labor in Frage kommen.

Qualitätskriterien für Entnahmegeräte

HVORSLEV (1949) stellte als erster den Zusammenhang zwischen den geometrischen Abmessungen des Entnahmegerätes und der mit dem Entnahmegerät erreichbaren Probenqualität her. Er definierte deshalb unterschiedliche Maßzahlen, das Flächenverhältnis C_a, das Innendurchmesserverhältnis C_i und das Außendurchmesserverhältnis C_o, um die verschiedenen Entnahmegeräte hinsichtlich der Probenqualität zu charakterisieren. Dabei beschränkte er sich auf die Verwendung von Maßen, die in einer Ebene senkrecht zur Längsrichtung des Entnahmegerätes gemessen werden können. Kronenwinkel und Maße in Längsrichtung des Entnahmegerätes blieben unberücksichtigt.

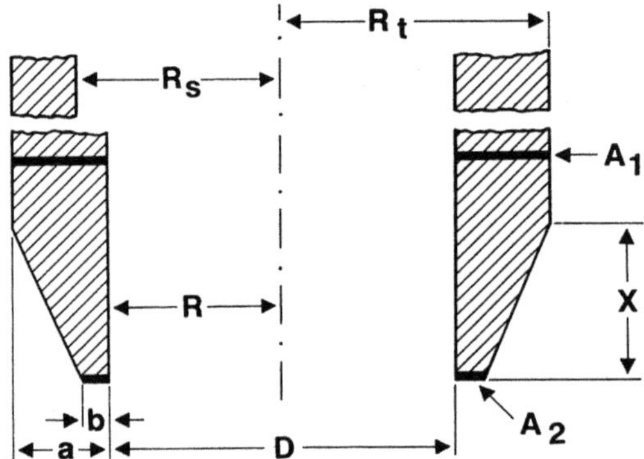

Abb.5.2: Charakteristische Maße für die Beschreibung der Geometrie von Entnahmegeräten

Das Flächenverhältnis C_a gibt das Verhältnis der ringförmigen Kronenfläche an, welche die durch das Entnahmegerät verdrängte Materialmenge repräsentiert, zu der von der Kronen-Innenkante umschlossenen Fläche an. Mit den Maßen aus Abb.5.2 ergibt sich für das Flächenverhältnis folgende Beziehung:

$$Ca = \frac{(R+a)^2 - R^2}{R^2} \cdot 100\%$$

Das Flächenverhältnis stellt somit „näherungsweise das Verhältnis des durch die Gerätewandung verdrängten Volumens zum Volumen der Bodenprobe dar". Der Eindringwiderstand des Entnahmegerätes, die Probenstörung und die Möglichkeit des Eindringens von überschüssigem Boden wachsen mit einer Zunahme des Flächenverhältnisses. Für gleiche Flächenverhältnisse und Bodenarten nimmt nach HVORSLEV (1949) das Eindringen überschüssigen

Bodens mit zunehmendem Durchmesser des Entnahmegerätes und mit zunehmender Entnahmetiefe zu. Das Eindringen überschüssigem Bodens ist bei weichen und plastischen Böden in der Regel höher als bei kohäsionslosen Böden. Es kann u.a. durch die Verwendung eines feststehenden Kolbens im Entnahmegerät verhindert werden. Das Flächenverhältnis des Entnahmegerätes kann durch die Verwendung einer sehr schmalen Kronenspitze beeinflußt werden. Das Flächenverhältnis eines Entnahmegerätes sollte zur Erzielung ungestörter Proben möglichst gering gehalten werden, ohne jedoch die mechanische Festigkeit des Entnahmegerätes zu stark zu beeinflussen. Die DIN 4021 bezeichnet Entnahmegeräte mit einem Flächenverhältnis $<15\ \%$ als „dünnwandig".

Das Innendurchmesserverhältnis C_i stellt das Verhältnis der Differenz des Innendurchmessers des Entnahmegerätes zum Innendurchmesser der Krone dar. Mit den Maßen aus Abb.5.2 ergibt sich folgende Berechnungsformel:

$$C_i = \frac{R_s - R}{R} \cdot 100\%$$

Die Reibung an der Innenwand des Entnahmegerätes ist eine der Hauptursachen für die Störung einer Bodenprobe. Sie begrenzt auch die mögliche Probenlänge. Eine Verringerung der Wandreibung ist durch eine geeignete Materialwahl und durch eine hohe Oberflächengüte an der Innenwand des Entnahmegerätes zu erreichen. Weiter läßt sich die Reibung durch eine Verringerung des Schneidendurchmessers im Verhältnis zum Innendurchmesser des Entnahmegerätes verkleinern. Zur zahlenmäßigen Darstellung dieses Sachverhaltes wurde von HVORSLEV (1949) das Innendurchmesserverhältnis C_i definiert.

Im Augenblick des Eintritts des Bodens in das Entnahmegerät steht das Probenmaterial unter einer Radialspannung infolge der horizontalen Kompression durch das Eindringen des Entnahmegerätes mit dem „Freischneiden" wird $\sigma_3 = \sigma_2 = 0$. Das Innendurchmesserverhältnis sollte demnach so bemessen sein, daß beim Herausschneiden des Bodens eine gewisse horizontale Ausdehnung der Bodenprobe infolge Änderung der Radialspannung möglich ist und somit die Wandreibung vermindert wird. Bei einem zu großen Innendurchmesserverhältnis besteht die Gefahr einer Deformation oder mechanischen Störung der Probe durch Kippen und unsymetrische Probenahme. Zudem kann wegen fehlender Innenreibung ein Kernverlust durch Herausrutschen der Probe auftreten. Die DIN 4021 empfiehlt deshalb die Verwendung von Entnahmegeräten mit einem Innendurchmesserverhältnis von 0,5 - 1,0 %. Dabei ist zu beachten, daß in unterschiedlichen Böden verschiedene Innendurchmesserverhältnisse zu optimalen Probengüten führen. Auch die Länge des Entnahmegerätes kann einen Einfluß auf das optimale Innendurchmesserverhältnis haben.

Das Außendurchmesserverhältnis C_O bezeichnet das Verhältnis der Differenz von Kronendurchmesser und Außendurchmesser zum Außendurchmesser des

Entnahmegerätes. Mit den Maßen aus Abb.5.2 ergibt sich folgende Berechnungsformel:

$$C_o = \frac{(R + a) - R_t}{R_t} \cdot 100\%$$

Der Außendurchmesser der meist abnehmbaren Kronen wird oft etwas größer gewählt als der Außendurchmesser des Entnahmegerätes selbst, um die Reibung an der Außenwand des Entnahmegerätes herabzusetzen. Da diese Reibungskraft nahezu ausschließlich vom umgebendem Boden beeinflußt wird, ist eine Reduktion der Wandreibung durch ein Außendurchmesserverhältnis C_O nur in standfesten bindigen und ab mitteldicht gelagerten, nichtbindigen Böden zu erwarten. Ein positives Außendurchmesserverhältnis C_O hat auch eine Zunahme des Flächenverhältnisses C_a mit allen seinen Nachteilen zur Folge. HVORSLEV (1949) schlägt vor, in nichtbindigen Böden ein Außendurchmesserverhältnis $C_O = 0{,}0$ % zu wählen. In bindigen Böden hält er ein Außendurchmesserverhältnis von bis $C_O = 3{,}0$ % bei sehr „spitzen" Kronen für angebracht.

Definition der modifizierten Flächenverhältnisse
HVORSLEV (1949) verwendet für die Definition seiner Maßzahlen zur Charakterisierung von Entnahmegeräten nur Strecken und Flächen innerhalb einer Ebene senkrecht zur Längsachse des Entnahmegerätes. Mit diesen Maßzahlen können jedoch keine Aussagen über den Einfluß der Kronenwinkel an Entnahmegeräten auf die Probenahmequalität gemacht werden. Hier werden deshalb von HERRMANN & SEITZ (1987) 2 neue *modifizierte Flächenverhältnisse* definiert.

Das modifizierte Flächenverhältnis $C_{a\,mod\,1}$ beschreibt die rotationssymmetrische Fläche in Quadratmillimetern, die von der Schräge der Krone pro Millimeter Eindringtiefe und pro Quadratmillimeter Probenfläche verdrängt wird, (Abb.5.3, Detail „A", A_5).

Man erhält schließlich für das modifizierte Flächenverhältnis $C_{a\,mod\,1}$ folgende Definitionsgleichung:

$$C_{a\,mod\,1} = \frac{(R + a)^2 - (R + b)^2}{X \cdot R^2} \cdot 100 \; mm$$

Für waagerechte Kronenkanten ist das modifizierte Flächenverhältnis $C_{a\,mod\,1}$ nicht definiert, da eine Division durch Null ($X = 0$; Abb.5.2) nicht möglich ist. Dieses modifizierte Flächenverhältnis $C_{a\,mod\,1}$ bezieht sich also nur auf die schrägen Abschnitte von Kronen. Waagerechte Teile von Kronen werden nicht berücksichtigt, da hierfür die bekannte Beziehung nach HVORSLEV (1949) Gültigkeit hat. In die Formel für $C_{a\,mod\,1}$ sind alle Größen in [mm] einzusetzen.

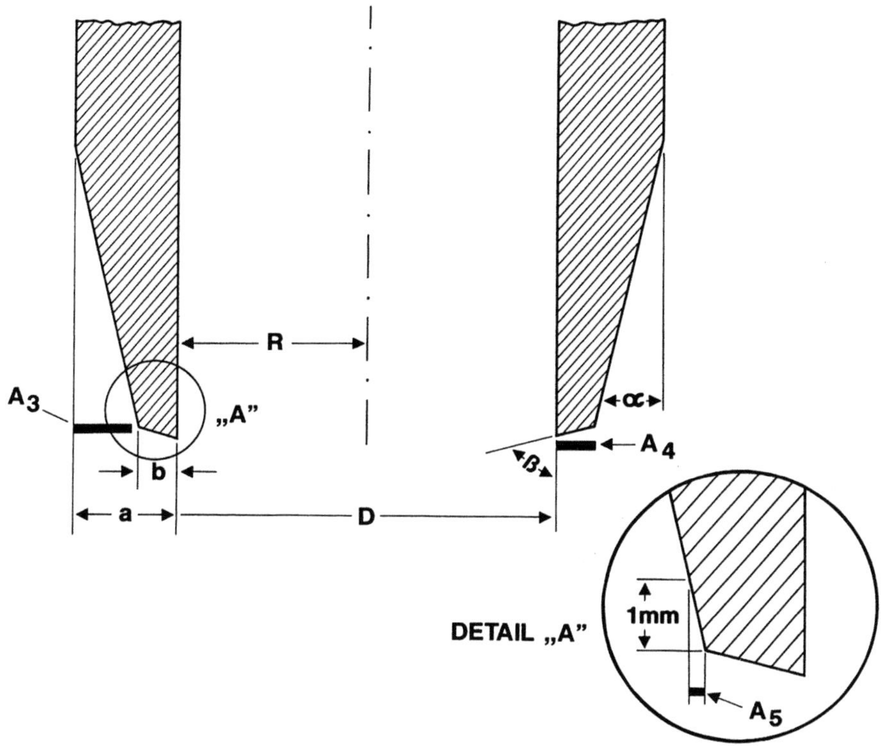

Abb.5.3: Maße für die Definition des modifizierten Flächenverhältnisses $C_{a\,mod\,2}$

Grundgedanke für die Definition des modifizierten Flächenverhältnisses $C_{a\,mod\,2}$ war es, eine Maßzahl für den Einfluß beliebiger Kronengeometrien von Entnahmegeräten zu finden. Dabei sollte im Gegensatz zum modifizierten Flächenverhältnis $C_{a\,mod\,1}$ auch eine waagerechte Fläche A_2 mit einbezogen sein.

$$C_{amod2} = \frac{[(R+b)^2 - R^2] \times \sin\beta + [(R+a)^2 - (R+b)^2] \times \sin\alpha}{R^2} \cdot 100\,\%$$

Dieses modifizierte Flächenverhältnis ist für alle Kronen mit waagerechten und nach außen geneigten Schneiden definiert. Für Kronen, deren Flächen nach innen gerichtet sind (negatives Innendurchmesserverhältnis), ist $C_{a\,mod\,2}$ nicht gültig, da diese Geometrie ungeeignete Geräte mit großer Probenstörung beschreibt.

Praktische Anwendung

Als Maß für die Probenqualität werden von HERRMANN & SEITZ (1987) strukturelle Veränderungen innerhalb des Probenkörpers herangezogen, die durch den Störfaktor SF definiert sind.

Abbildung 5.4 zeigt ein Beispiel für die Abhängigkeit zwischen Störfaktor und $C_{a\ mod\ 1}$ bzw $C_{a\ mod\ 2}$ an Versuchen in Ton.

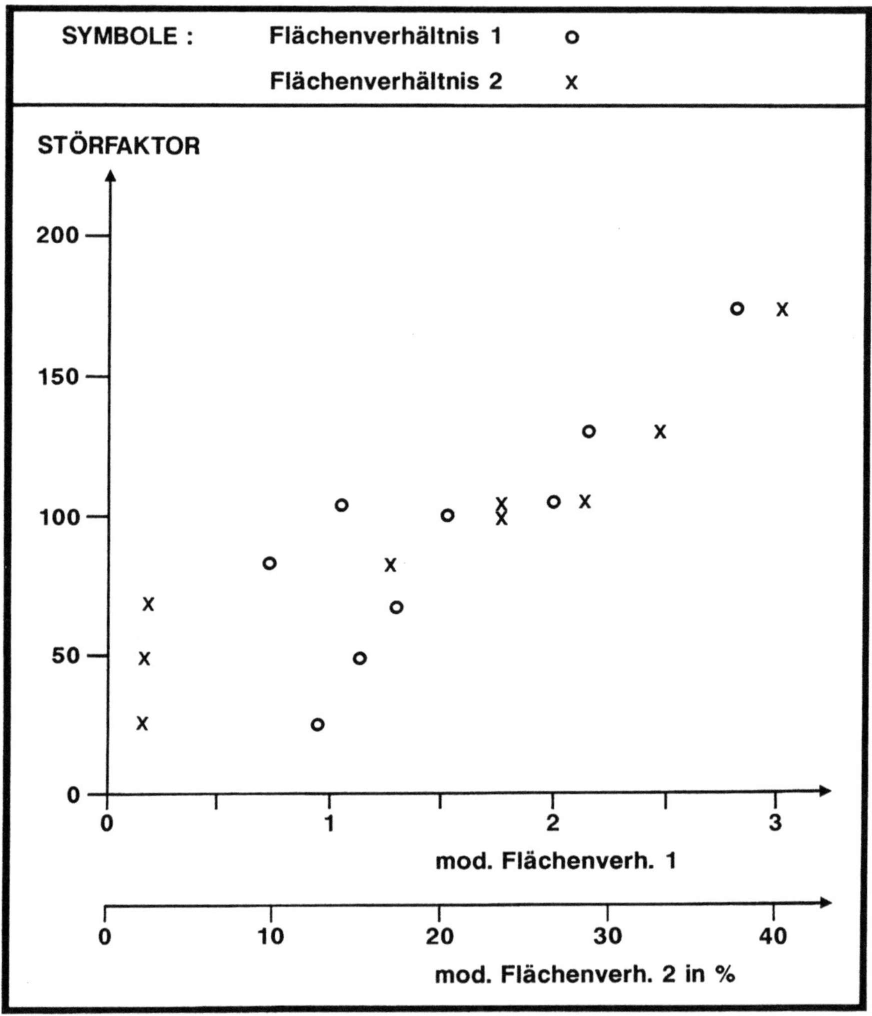

Abb.5.4: Störfaktoren in Abhängigkeit von den modifizierten Flächenverhältnissen $C_{a\ mod\ 1}$ und $C_{a\ mod\ 2}$ in Ton

Bohrverfahren in Böden
Neben dem Rückgewinnungsverhältnis, das in den Bohraufzeichnungen nach
DIN 4022 dokumentiert wird, gibt bei der Planung und Ausschreibung von
Bohrungen Tabelle 1 der DIN 4021 wichtige Hinweise zur Eignung von
Bohrverfahren und den erreichbaren Güteklassen. Tabelle 1 der DIN 4021 be-
schreibt primär die Bohrverfahren zur Gewinnung von durchgehend gekernten
Proben, da diese Verfahren für die Baugrunderkundung gute bis sehr gute
Probenqualitäten erwarten lassen. Die unter 2. und 3. aufgeführten Bohrverfahren mit nicht durchgehender Gewinnung von gekernten Bodenproben oder
der Gewinnung von unvollständigen Bodenproben sind für Deponieauf-
schlußbohrungen ungeeignet und nur als Hilfmittel für geophysikalische Aufschlußverfahren oder Bohrlochtests einsetzbar.

Im einzelnen lassen sich die Bohrverfahren wie folgt bewerten (s.Tabelle 5.3):

1. Rotations-Trockenkernbohrung (nach Zeile 1 - Tabelle 1, DIN 4021)

Einfachkernrohr - ohne Spülhilfe
Die Rotations-Trockenkernbohrung mit dem Einfachkernrohr ist die älteste
Form der rotierenden Bohrverfahren (s.Abb.5.5). Zur Anwendung kommt das
Einfachkernrohr, wenn verkittete Böden, stark erosive Böden bzw. Böden mit
sehr geringer Bindung anstehen und bereits bei geringen Spülmengen und
Spülraten zu einer Zerstörung des Kernes führen. Die Nachteile der Trocken-
kernbohrung liegen in der direkten Beeinflussung des Kernes in Form von
Berührung infolge Rotation des Kernrohres. Die Erhitzung des Kernrohres
kann zu einer Erhöhung der Temperaturen des zu erbohrenden Kernes führen,
so daß eine Austrocknung des Kernes stattfindet. Bei der Auswahl der Proben
für Laborversuche ist dieser Beeinflussung durch die Herausarbeitung des
Probenkörpers aus der Kernmitte Rechnung zu tragen. Das Kernrohr ist bevorzugt in Ton, Schluff, schluffigem Feinsand, Sand und organischen Böden
einsetzbar, womit Güteklassen von 4 - 2 zu erzielen sind. Die üblichen Bohrdurchmesser liegen im Bereich von 65 - 200 mm. Ungeeignet ist diese Bohrtechnik beim Bohren von Grobkiesen, Steinen und Blöcken, da hierfür eine
ausreichende Kühlung und ein Abtransport des Bohrkleines durch eine Spülung erforderlich ist.

Tabelle 5.3. Bohrverfahren in Böden nach Tabelle 1 der DIN 4021

Spalte	1	2	3	4	5	6
	Bohrverfahren				Gerät	
Zeile	Lösen des Bodens[2]	Spül-hilfe	Fördern der Probe	Benennung	Bohrwerkzeug	üblicher Bohr-außendurch-messer[1]
1 Bohrverfahren mit durchgehender Gewinnung gekernter Bodenproben						
1	drehend	nein	mit Bohr-werkzeug	Rotations-Trockenkern-bohrung	Einfachkernrohr	65 bis 200
					Hohlbohrschnecke	65 bis 300
2	drehend	ja	mit Bohr-werkzeug	Rotations-kernbohrung	Einfachkernrohr	65 bis 200
					Doppelkernrohr	
3		ja	mit Bohr-werkzeug	Rotations-kernbohrung	Doppelkernrohr mit Vor-schneidkrone oder Vorsatz	100 bis 200
4	rammend	nein	mit Bohr-werkzeug	Rammkern-bohrung	Rammkernrohr mit Schnitt-kante innen, auch mit Hülse oder Schlauch (auch Hohlbohrschnecke)	80 bis 200
5		nein	mit Bohr-werkzeug	Rammkern-bohrung	Rammkernrohr mit Schnittkante außen	150 bis 300
6	rammend, drehend	ja	mit Bohr-werkzeug	Rammrotations-Kernbohrung	Einfach- oder Doppelkernrohr	100 bis 200
7	drückend	nein	mit Bohr-werkzeug	Druckkern-bohrung	Kernrohr mit Schnitt-kante innen (auch Hohlbohrschnecke)	50 bis 150
2 Bohrverfahren mit durchgehender Gewinnung nicht gekernter Bodenproben						
8	drehend	nein	mit Bohr-werkzeug	Drehbohrung	Gestänge mit Schappe, Schnecke	100 bis 2000
9	schlagend	nein	mit Bohr-werkzeug	Schlagbohrung	Seil mit Schlagschappe	150 bis 500
10	greifend	nein	mit Bohr-werkzeug	Greiferbohrung	Seil mit Bohrlochgreifer	400 bis 2500
3 Bohrverfahren mit Gewinnung unvollständiger Bodenproben						
11	drehend	ja	mit direkter Spülung	Spülbohrung (Rotarybohrung)	Gestänge mit Rollen-meißel, Düsenmeißel, Stufenmeißel u. a.	100 bis 500
12		ja	mit Umkehr-spülung	Rotations-Spülbohrung	wie oben, jedoch mit Hohlmeißel	60 bis 1000
13	schlagend	nein	mit Bohr-werkzeug	Schlagbohrung	Seil mit Ventilbohrer	100 bis 1000
14		nein	mit Bohr-werkzeug/ Hilfsspülung	Meißelbohrung (Bohrhindernis-beseitigung)	Seil oder Gestänge mit Meißel	100 bis 1000

[1] Diese Angaben sind Richtwerte.
[2] Beim „Rammen" wird das Bohrwerkzeug mit einer besonderen Schlagvorrichtung eingetrieben. Beim „Schlagen" wird das Bohrwerkzeug selbst durch wiederholtes Anheben und Fallenlassen zum Eintreiben benutzt.

7	8	9	10	11
Eignung des Bohrverfahrens [3]		Proben [4]		
ungeeignet für Bodenart [1]	bevorzugt einsetzbar für Bodenart [1]	erreichbare Güteklasse (nach Tabelle 4) bezogen auf Spalte 8	unverändert in [5]	Bemerkungen
Grobkies, Steine, Blöcke	Ton, Schluff, Feinsand schluffig	4, (3 bis 2)	Z, (w, ϱ)	gut in Mitte, außen ausgetrocknet
	Ton, Schluff, Sand, organische Böden	3, (2 bis 1)	Z, w $(\varrho, E_s, \tau_f, k)$	–
nichtbindige Böden, Schluff	Ton, tonige, auch verkittete gemischt körnige Böden, Blöcke	4, (3 bis 2)	Z, (w, ϱ)	–
		3, (2 bis 1)	Z, w, $(\varrho, E_s, \tau_f, k)$	
Kiese, Steine, Blöcke	Ton, Schluff	2, (1)	Z, w, ϱ, (E_s, τ_f)	–
Böden mit Korndurchmesser größer als $D_e/3$	Ton, Schluff und Böden mit Korndurchmesser bis höchstens $D_e/3$	in bindigen Böden 2, (1)	Z, w, $(\varrho, E_s, \tau_f, k)$	Rammdiagramm durch Messung der Schlagzahl
		in nichtbindigen Böden 3, (2)	Z, (w)	
Böden mit Korndurchmesser größer als $D_e/3$ dichtgelagert	Kies, Böden mit Korndurchmesser bis höchstens $D_e/3$	4	Z	
gemischtkörnige und reine Sande über 0,2 mm Korndurchmesser, Kiese halbfeste und feste Tone	Ton, Schluff, Feinsand	in bindigen Böden 2, (1)	Z, w, ϱ, (E_s, τ_f, k)	–
		in nichtbindigen Böden 4, (3)	Z, (w)	
Blöcke, Steine, Kies, dicht gelagerter Sand	Böden mit Korndurchmesser bis höchstens $D_e/5$	in bindigen Böden 2, (1)	Z, w, (Z, w, ϱ, k)	–
		in nichtbindigen Böden 3, (2)	Z, (Z, w)	
Blöcke größer als $D_e/3$	über Wasserspiegel alle Böden, unter Wasserspiegel alle bindigen Böden	4, (3)	Z, (w) unter Wasserspiegel nur aus Bohrgut bei großem Schappendurchmesser	Länge der Schnecke oder Spirale $\leq 0,5$ m
über Wasserspiegel Kies, unter Wasserspiegel Schluff, Sand, Kies	über Wasserspiegel Ton, Schluff, unter Wasserspiegel Ton	4, (3)	Z, (w)	–
feste, bindige Böden, Blöcke größer als $D_e/2$	Kies, Blöcke kleiner als $D_e/2$, Steine	über Wasserspiegel 3	Z, (w)	–
		unter Wasserspiegel 5, (4)	(Z)	
–	in allen Böden	(5)	bodenmechanisch unbrauchbar	nur zum Durchfahren oberer, nicht interessierender Schichten
–	in allen Böden	5, (4)	(Z) wenn einzelne Kernstücke, dann Z	–
über Wasserspiegel	Kies und Sand im Wasser	5, (4)	(Z)	auch in bindigen Böden unter Wasserzugabe möglich
–	in allen Bodenarten zur Bohrhindernisbeseitigung	5	bodenmechanisch unbrauchbar	–

[3] Hierin bedeutet D_e Innendurchmesser des Bohrwerkzeugs.
[4] Die in Klammern () gesetzten Angaben bedeuten, daß die jeweilige Güteklasse nur bei besonderen Bodenbedingungen erreicht werden kann.
[5] Erklärung der Zeichen siehe Tabelle 4

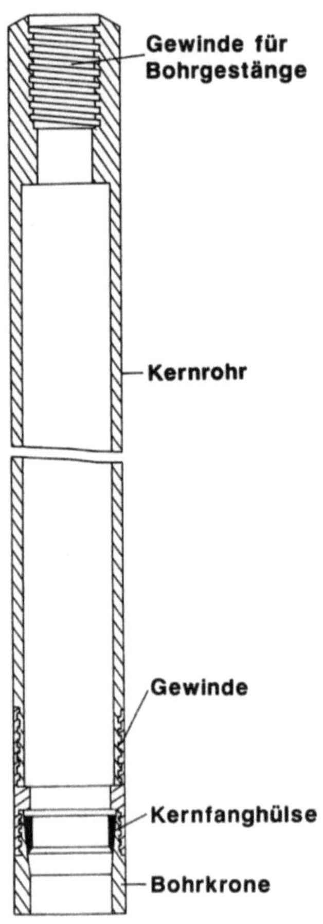

Abb.5.5: Einfachkernrohr nach HERRMANN (1983)

Hohlbohrschnecke

Der Einsatz der Hohlbohrschnecken-Bohrverfahren bei der Baugrunderkundung war in Deutschland unüblich, obwohl diese Methoden zumindest im
Ausland, v. a. in den USA, häufig eingesetzt wurden (HERRMANN 1983). In
den letzten Jahren hat für diese Gerätetypen eine Reihe von Entwicklungen
eingesetzt, die verschiedene Geräte hervorbrachte. Die einfachste Form ist der
Einsatz der Hohlbohrschnecke als Einfachkernrohr. Hier gelten sinngemäß die
gleichen Beeinflussungen wie für das Bohren mit dem Einfachkernrohr ohne
Spülhilfe. Die erreichbaren Güteklassen der Kerne liegen im Bereich von 3 - 1
für die Bohrdurchmesser im Bereich von 65 - 300 mm, wobei die höheren
Güteklassen erst mit größeren Kerndurchmessern zu erzielen sind.

2. Rotationskernbohrung (nach Zeile 2 - Tabelle 1, DIN 4021)

Einfachkernrohr - mit Spülhilfe

Das Einfachkernrohr kann unter Einsatz einer umlaufenden Spülung wesentlich effektiver bohren, da das Bohrklein kontinuierlich gefördert und dabei die Bohrkrone gekühlt wird. Zu den negativen Einflüssen infolge der Kernberührung des rotierenden Kernrohres kommt noch die Erosionswirkung der Spülung hinzu. Das Einfachkernrohr mit Spülhilfe wird bevorzugt in Tonen, tonigen und verkitteten Böden und in Blöcken eingesetzt, die von der Spülung weniger beeinflußt werden. Es können Güteklassen von 4 - 2 erreicht werden. Die üblichen Durchmesser liegen im Bereich von 65 - 200 mm. Das Verfahren ist ungeeignet für Bohrungen in nichtbindigen Böden und Schluff, die aufgrund der Erosionsempfindlichkeit von der Spülung ausgespült und somit nicht erbohrt werden können.

Doppelkernrohr mit Spülhilfe

Zur Vermeidung einer Erosionseinwirkung durch die Spülung wurde das Doppelkernrohr entwickelt, bei dem die Einwirkung der Spülung auf den Kern mit dem inneren Kernrohr vermindert wird. Von den beiden Doppelkernrohrtypen, a) mit rotierendem / b) feststehenden inneren Kernrohr (Abb.5.6) (HERRMANN, 1983), ist heute in der Regel nur noch der Typ b) im Einsatz, so daß eine mechanische Einwirkung durch ein rotierendes inneres Kernrohr vermieden wird. Mit Doppelkernrohren lassen sich somit höhere Güteklassen von Klasse 2 - 1 erbohren. Ungeeignet ist dieses Bohrwerkzeug in nichtbindigen Böden und Schluff. Die üblichen Durchmesser betragen 65 - 200 mm.

3. Rotationskernbohrung (nach Zeile 3 - Tabelle 1, DIN 4021)

Eine Weiterentwicklung der Probenahme für bindige Böden wurde mit der Anordnung einer Vorschneidkrone oder Vorsatz am Doppelkernrohr erreicht, da damit beim Freischneiden des Bodens die Erosionswirkung der Spülung vermindert wird. Dieser Gerätetyp wurde erstmals beim Bau des Denison-Staudammes in den USA eingesetzt und in seiner ursprünglichen Form als Denison-Entnahmegerät bezeichnet (Abb.5.7). Ähnliche Gerätetypen sind der Denver- oder Pitcher-Sampler (Abb.5.8). Die Unterschiede dieser Geräte, bei denen die Vorschneidkrone teils drückend oder schlagend und in Abhängigkeit vom Bodenwiderstand variabel der äußeren Bohrkrone vorauseilt, sind ausführlich bei HERRMANN (1983) beschrieben.

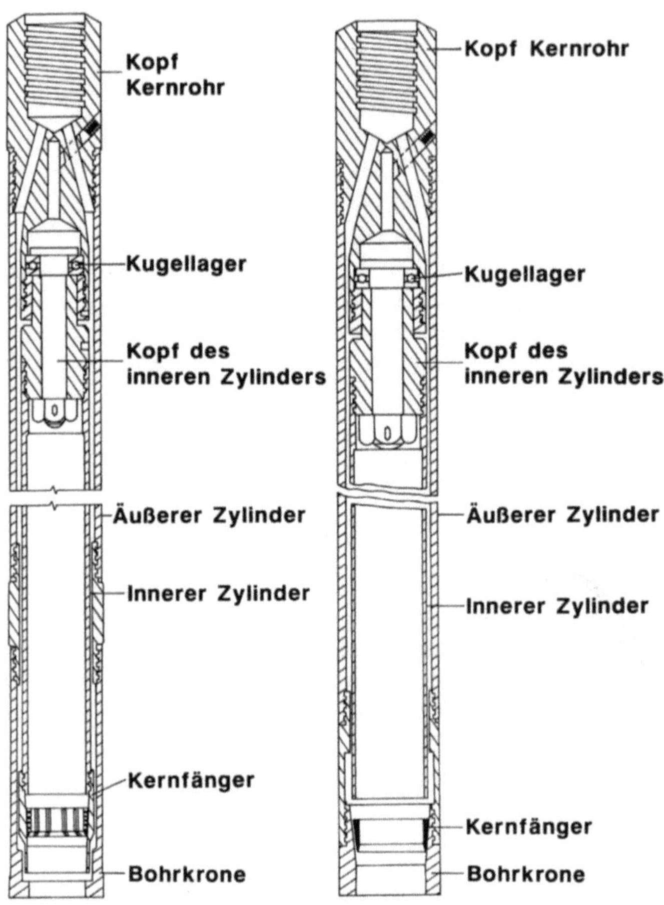

Abb.5.6: Doppelkernrohre mit feststehendem inneren Kernrohr. (Nach HERRMANN 1983)

4.   Rammkernbohrung (nach Zeile 4 - Tabelle 1, DIN 4021)
(Rammkernrohr mit Schnittkante innen)

Die Rammkernbohrungen haben in den letzten Jahren die größte Entwicklung erfahren. Aus den bekannten Typen von Rammkernrohren oder Rammschappen ist eine Reihe neuer Geräte entstanden. Dies folgte einerseits aus der Entwicklung der Bohrtechnik, wonach mit Imloch-Hämmern verbesserte Antriebssysteme zur Verfügung stehen. Andererseits wurden in letzter Zeit alte bekannte Bohrmethoden aus der Tiefbohrtechnik, wie z. B. das Bohren mit der Schwerstange oder Fallgewichten, wieder entdeckt und mit gutem Erfolg eingesetzt. Der Einsatz der Schwerstange zum rammenden Bohren

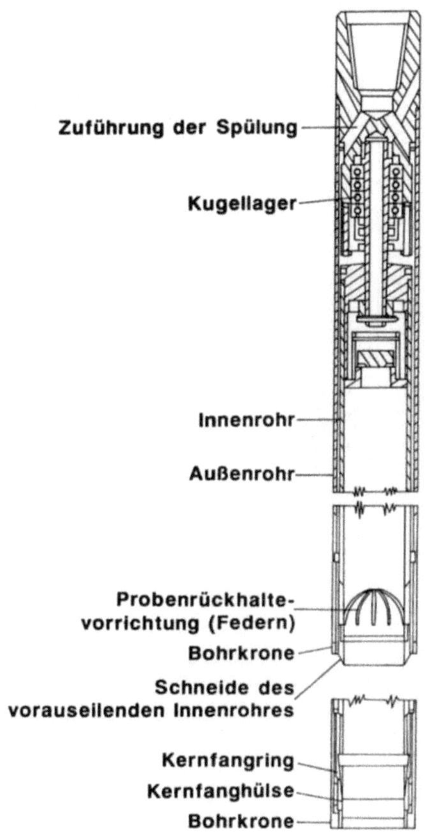

Abb.5.7: Doppelkernrohr mit feststehendem Innenrohr (ursprüngliches Denison-Entnahmegerät mit Vorschneidkrone und konstantem Vorschnitt) nach HERRMANN (1983)

ist deshalb eine Alternative zum Imlochhammer, weil unterhalb der Grundwasseroberfläche mit der expandierenden Luft aus den druckluftbetriebenen Imlochhämmern starke Auftriebserscheinungen im Bohrloch entstehen. Zur Vermeidung eines ungewollten „Lufthebebohrverfahrens", neben dem eigentlichen Bohrvorgang, wird von den Anwendern a) der Imloch-Hammer im Bohrloch nur oberhalb des Grundwassers eingesetzt oder b) mit aufwendigen (doppelten) Schlauchsystemen die Druckluft zu- und abgeführt.

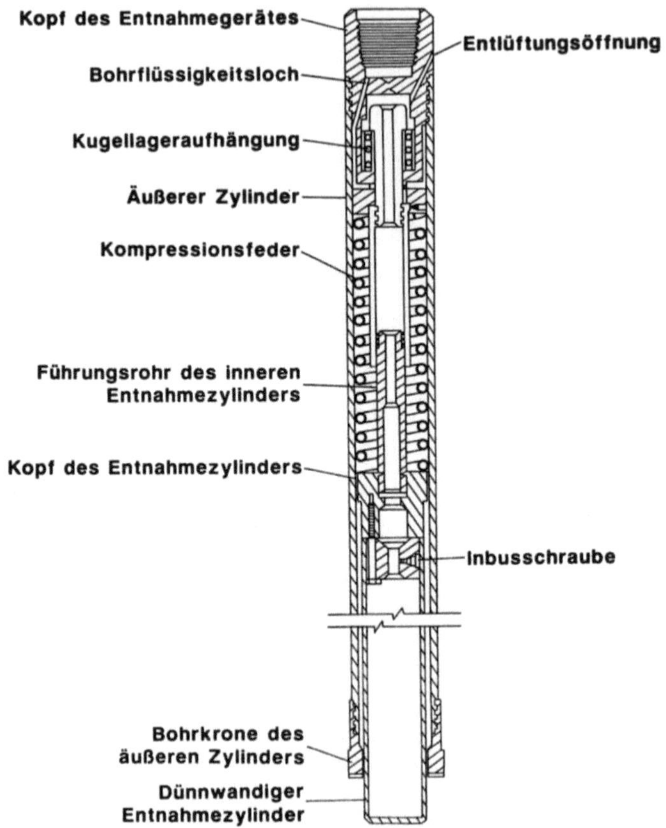

Abb.5.8: Doppelkernrohr mit Vorschneidkrone (ursprünglich Pitcher-Entnahmegerät mit Vorschneidkrone und variablem Vorschnitt)

Die neuentwickelten Rammkernrohre verfügen in der Regel über eine optimierte Kronengeometrie, die in Abhängigkeit zwischen der angestrebten optimalen Probenqualität und hohen Anforderungen an die Stabilität bei der Probenahme entwickelt wurden. Die Rammkernrohre werden heute oft in Verbindung mit der Überbohrtechnik eingesetzt. In die meisten Rammkernrohre können Probenzylinder (Liner) zur Aufnahme des Kernes während des Bohrvorganges gesetzt werden.

Von PRAKLA-SEISMOS und CELLER BRUNNENBAU wurde ein Rammkernrohr entwickelt, bei dem Kerne mit einem Durchmesser 100 m mit Nettokernlängen von 1000 m gewonnen werden können (s. Abb.5.9). Das Rammkernrohr entstand in Verbindung mit der Überbohrtechnik.

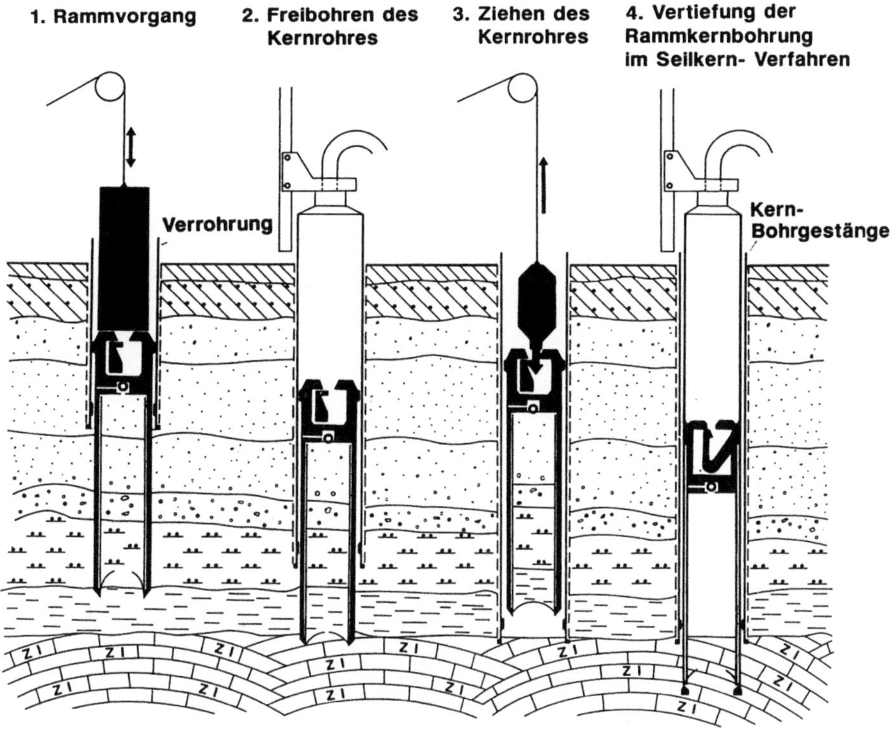

Abb.5.9: Überbohrtechnik mit dem Rammkernrohr System PRAKLA-SEISMOS / CELLER BRUNNENBAU

NORDMEYER (1995) hat ein ähnliches Gerät entwickelt, das vorwiegend in Verbindung mit den Hohlbohrschnecken zum Einsatz kommt, bei dem Kerne mit Durchmessern 100 mm und Kernlängen 1000 mm gewonnen werden. Abbildung 5.10 zeigt den Einsatz des Gerätes als seilfahrbares Kernrohr in Verbindung mit der Überbohrtechnik.

Aus Entwicklungsarbeiten an der LGA-Bayern entstand ein Rammkernrohr, das auf den Baugrund und den daraus folgenden Bohrwiderstand angepaßt werden kann. Die Kronen des Kernrohres können zur Erzielung einer optimalen Probenqualität von Kies bis auf bindige Böden und auch auf die Anforderungen besonderer Böden (weicher bis breiiger Böden) eingestellt werden. Die Kronen verfügen über folgende Kenngrößen, die nach DIN 4021 den Anforderungen an dünnwandige Geräte nach HVORSLEV (1949) mit $C_a <$ 15 % genügen (Tabelle 5.4).

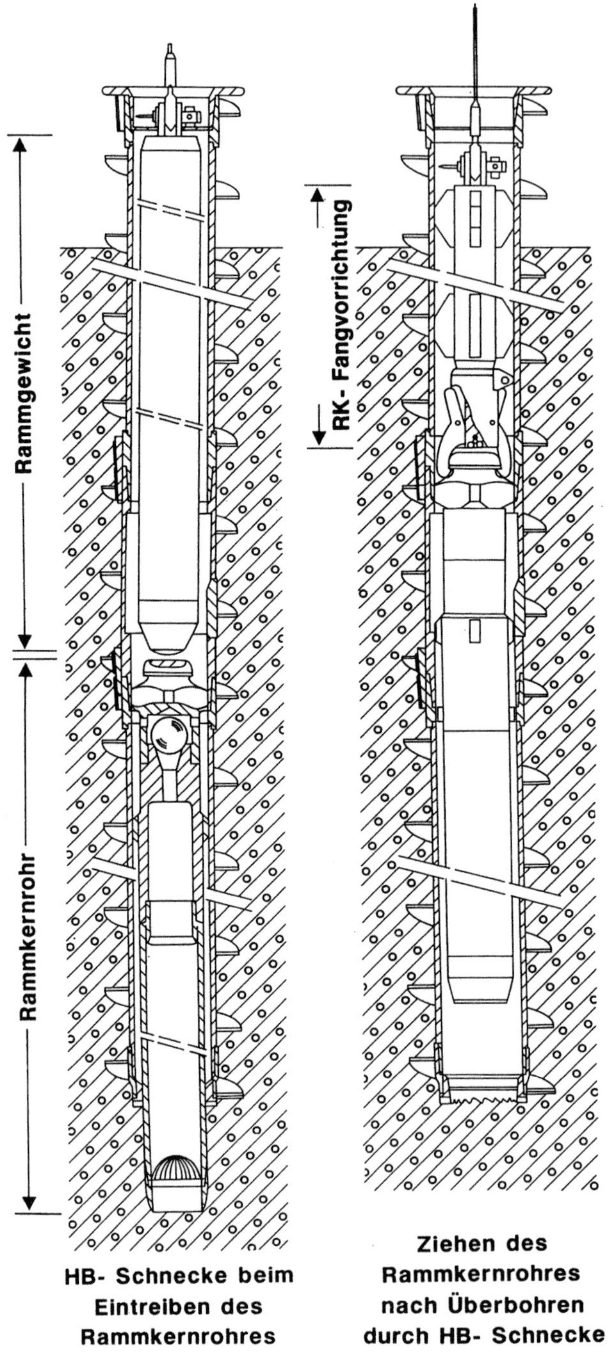

Abb.5.10: Rammkernrohr, System NORDMEYER (1995), Schemazeichnung

Tabelle 5.4: Kenngrößen der Kronen des Rammkernrohrs der LGA Bayern

Krone 1			Krone 2		
C_{as}	=	13 %	C_{as}	=	10 %
C_i	=	3,7 %	C_i	=	3,7 %
C_o	=	0 %	C_o	=	0 %

C_{as} =Flächenverhältnis im Schneidenbereich der Bohrkrone
C_i =Innendurchmesserverhältnis
C_o =Außendurchmesserverhältnis

Die Weiterentwicklung der Rammkernrohre zu großen Kerndurchmessern führte mit Sonderaufgaben im Bereich der Braunkohle zu einem Rammkernrohr mit einem Kerndurchmesser d = 242 mm und Kernlängen von 1000 mm (s. Abb. 5.11). Das Kernrohr eignet sich besonders für die Erkundung von rammbaren Böden bis zu veränderlich festen Gesteinen wie stark verwittertem Ton- oder Schluffsteinen, da damit Kluftstrukturen sowohl in den Scherfestigkeitsuntersuchungen und besonders die Klüftigkeit sowie das Quellverhalten im Durchlässigkeitsversuch an Teilen des Gebirges untersucht werden kann.

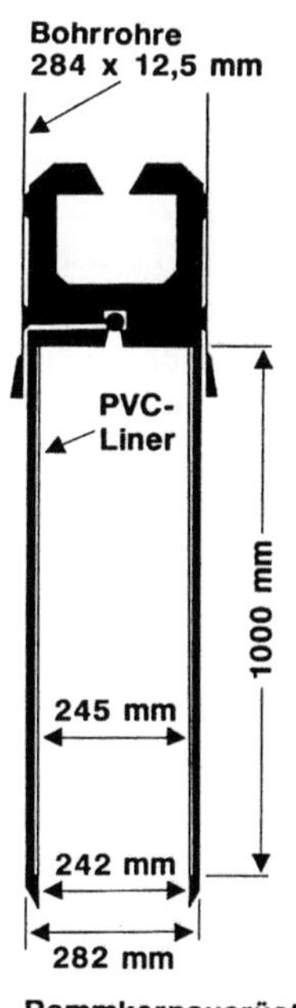

Abb.5.11: Rammkernrohr mit I_d = 242 mm, System HOMRIGHAUSEN (1995)

Versuche von NORDMEYER (1995) zeigten, daß bei Bohrungen mit dem Fallgewicht eine Führung des Fallgewichtes die erforderliche Rammenergie reduziert. Die Führung des Fallgewichtes, bewirkt ein „geführtes" Fallen der rammenden Masse und vermeidet Reibungsverluste infolge Berührung der Verrohrung. Unterhalb der Grundwasseroberfläche ist ein strömungsgünstigerer Absinkvorgang, d.h. Vorbeifließen des Wassers zwischen Fallgewicht und Verrohrung bei geführtem Fallgewicht gegeben. Die vorgegebene maximale Fallhöhe gibt das Arbeiten mit einer konstanten Rammenergie vor, was eine Interpretierbarkeit der Bohrdaten, wie Auswertung der Rammarbeit pro 20 cm Eindringung zuläßt (s. auch Kap.5.5). Wird ein definiertes oder genormtes Gerät verwendet, so ist ein objektiver Bezug zu den Bohrdaten möglich, der den Ergebnissen des SPT-Versuches gleichwertig ist. Die Einbringung von Geräten, nach dem Prinzip des geführten Fallgewichtes, kann auch für die Sonderprobenahme benutzt werden.

Die rammenden Bohrverfahren stellen in rammfähigen Böden derzeit die qualitativ hochwertigsten Bohrverfahren dar, die mit Durchmessern von 80 - 250 mm im Einsatz sind. Die Probenqualität liegt in bindigen Böden im Bereich der Güteklassen 2 - 1 und in nichtbindigen von 3 - 2, wenn sich die Schnittkante innen befindet. Voraussetzung ist eine Kronengeometrie, die den Kriterien von Sonderprobenahmegeräten entspricht. In Forschungsuntersuchungen konnten In-situ-Rückgewinnungsverhältnisse (recovery ratio) von 0,95 - 0,98 und z.T. noch höher gemessen werden. Die wesentlichen Merkmale dieser Bohrtechnik sind: die Probenqualität, und die Probe wird bereits beim Bohren in Kunststoffzylinder (Liner) und auf besondere Anforderung in transparente Zylinder oder in eine Kunststoffschlauch eingezogen. Die Rammkerntechnik ermöglicht eine Kerngewinnung, die auch Feinschichtungen gut ausweist, so daß diese Bereiche im Labor speziell untersucht werden können. Das Erbohren von Feinschichtungen kann nur bei sehr weichen dünnen Zwischenschichten durch Verdrängung, d.h. durch Nichterkundung, Probleme ergeben. Sehr locker gelagerte nichtbindige Böden erfahren durch die rammende Einbringung eine Veränderung in der Lagerungsdichte, die über das Rückgewinnungsverhältnis zu korrigieren ist. Ungeeignet sind diese Verfahren in Böden mit Korndurchmessern > $D_e/3$.

5.   Rammkernbohrung (nach Zeile 5 - Tabelle 1, DIN 4021)
        (Rammkernrohr mit Schnittkante außen)

Die Rammkernrohre mit einer Schnittkante außen stellen eine Sonderform von Rammkernrohren dar, die in gleichkörnigen Kiesen durch die Verdrängung bzw. Verkeilung des erbohrten Kernes im Kernrohr einen Kerngewinn ermöglichen. Ein Einsatz dieser Kernrohre, die Proben der Güteklasse 4 ermöglichen, ist nur unter dem Aspekt des hohen Verschleißes an Kronen und Kernfangeinrichtungen gerechtfertigt. Die vorgenannten Fehler sind soweit als möglich über das Rückgewinnungsverhältnis zu korrigieren. Die üblichen

Bohrdurchmesser betragen 150 - 300 mm. Die Rammbarkeit ist mit einem Korndurchmesser ab $D_e/3$ begrenzt.

6. Rammrotationskernbohrung (nach Zeile 6 - Tabelle 1, DIN 4021)

Die Norm DIN 4021 nennt in der Zeile 6 ein rammendes, drehendes Bohrverfahren als Rammrotationskernbohrung, mit Einfach- oder Doppelkernrohren unter Verwendung von Spülhilfen. Diese Form von Probenahme stellt gerätetechnisch hohe Anforderungen an die Grundgeräte, da neben dem im Rotary-Verfahren zu rotierende und zu spülende äußere Kernrohr auch noch das innere Kernrohr über einen mechanischen Schlagmechanismus oder durch die Spülung als Schlag- bzw. Rammkernrohr anzutreiben ist. Die Leistungfähigkeit dieser Systeme liegt in den erreichbaren großen Teufen und einer hohen Probenqualität im Bereich der GK 2 - 1 für bindige Böden und 3 - 4 in nichtbindigen Böden. Die Eignung dieser Bohrtechnik ist deshalb für Ton, Schluff und Feinsand besonders ausgewiesen.

Von KANY & HERRMANN (1985) wurden die C_a^-, C_i^- und C_O - Werte der Drehschlagkernrohre ausgewertet und auf die C_a^-, C_i^- und C_O - Werte von Sonderprobenahmegeräten bezogen. Der Vergleich zeigte, daß diese Geräte in etwa dem Qualitätsstandard von Sonderprobenahmegeräten entsprechen.

7. Druckkernbohrung (nach Zeile 7 - Tabelle 1, DIN 4021)
Kernrohr mit Schnittkante innen (auch Hohlbohrschnecke)

Der Ursprung der Druckkernbohrung liegt im Bereich der Probengewinnung aus weichen marinen Böden. Von BEGEMANN (1966, 1977) wurde ein Bohrverfahren entwickelt, bei dem kontinuierlich ein Bodenkern über die gesamte Teufe mit dem Eindrücken des Kernrohres gewonnen wird. Zur Reduktion der Reibung am Bodenkern wird eine Schmierflüssigkeit aus einer Bentonitsuspension eingesetzt (Abb.5.12; s. auch Kap.3.1.1)
Nachdem der Einsatz einer durchgehenden Druckkernbohrung nur bei weichen Böden möglich ist, wird das Kernrohr als übliches Doppelkernrohr seilfahrbar oder am Gestänge eingesetzt. Ein häufiger Einsatz ist das Kernen mit einem Druckkernrohr, das in Kombination mit einer Hohlbohrschnecke verwendet wird, z.B. nach dem System NORDMEYER (1995) (s.Abb. 5.13).

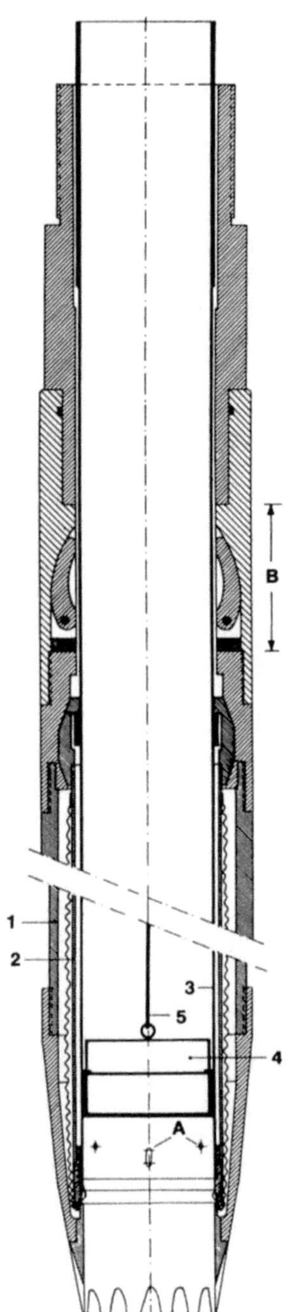

Abb.5.12: Probenehmer nach BEGEMANN (1977)

1 - Dickwandiges Außenrohr

2 - Dünnwandige Hülse mit übergestülptem Strumpf

3 - Kunststoffkernrohr (Plastikliner)

4 - Kolben

5 - Stahlseil

A - Eintrittsöffnungen für Schmier-/Stütz-Suspension

B - Klappenmechanismus zum Verschließen des unteren
    Kernrohrendes beim Ziehen des Probenehmers

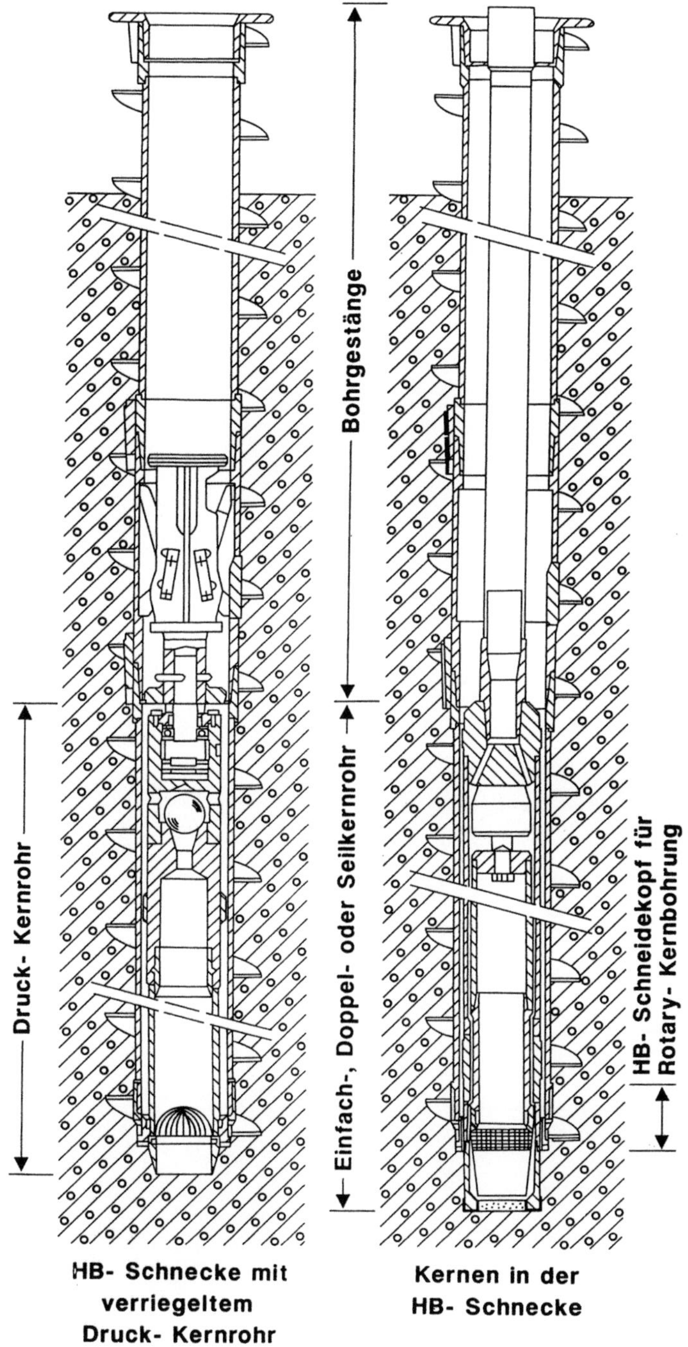

Abb.5.13: Druckkernrohr mit Hohlbohrschnecke, System NORDMEYER (1995)

Von NOACK & WAZLAWIK (1987) wurde ein spezielles seilfahrbares Kernrohr in Verbindung mit der Hohlbohrschneckentechnik entwickelt. Während
des Abbohrens wird kontinuierlich der Kern herausgeschnitten und in einen
transparenten Kunststoffschlauch eingezogen (s. Abb.5.14).

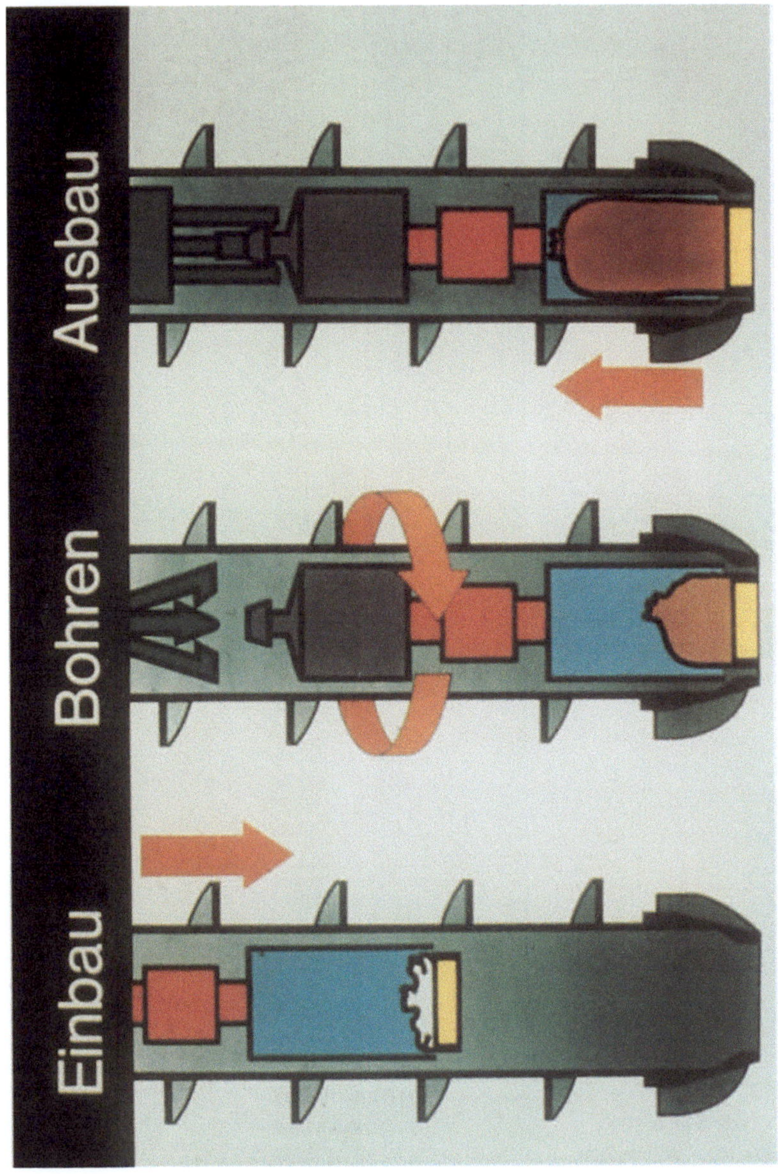

Abb.5.14. Hochbohrschnecken-Kernbohrsystem nach Noack & Wazlawik (1987)

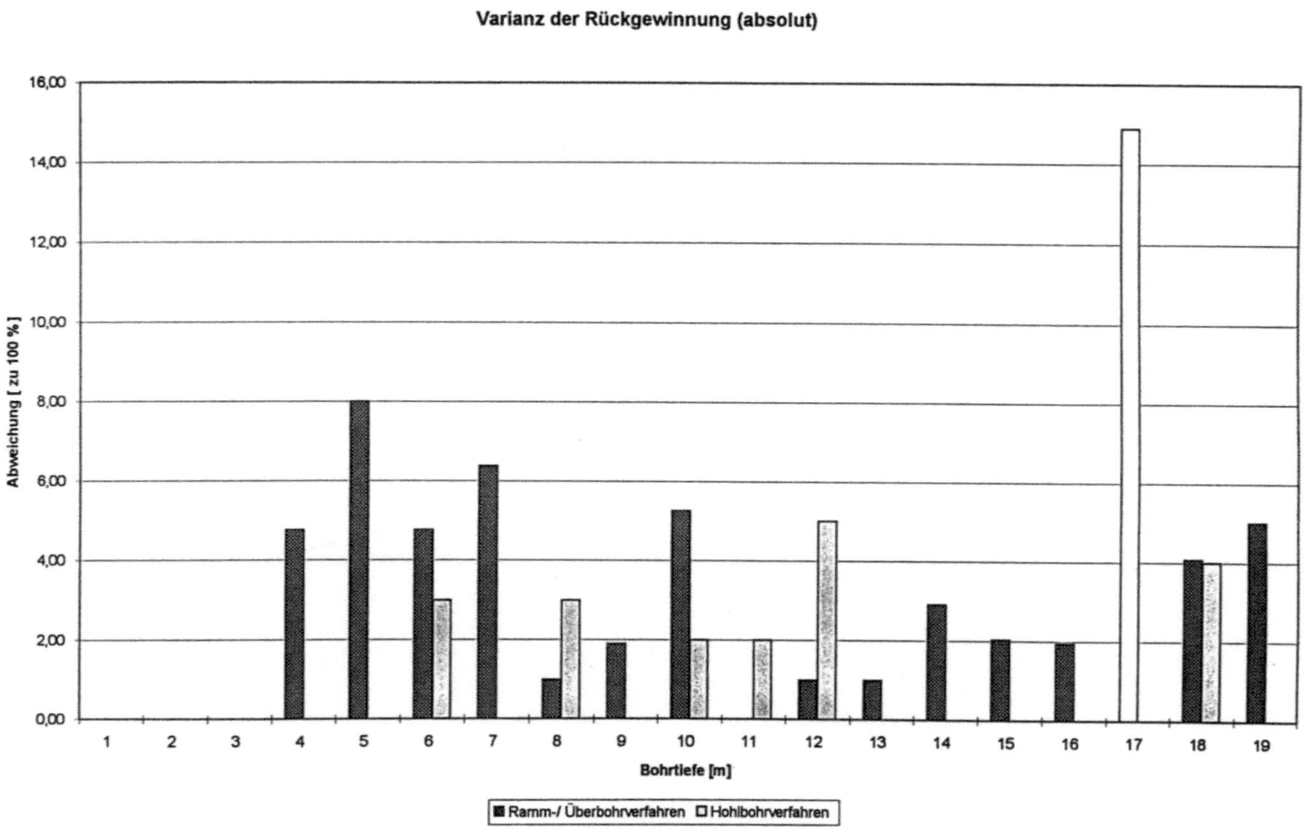

Abb.5.15. Ergebnisse von Bohrungen mit dem Hohlbohrschnecken-Kernbohrystem nach NOACK & WAZLAWIK in Sanden und Geschiebelehmen im Raum Schöneiche /Brandenburg

Nach DIN 4021 wird die Hohlbohrschnecke sowohl im Trockenbohrverfahren, in Verbindung mit der Rammkernbohrtechnik zum Überbohren (Überbohrtechnik) und als Druckkernbohrung zugelassen. Alle Verfahren ermöglichen eine kontinuierliche Kerngewinnung (s. Vergleich in Abb.5.15).

Wird ein besonderer Standard an den Rückbau von Bohrungen zur Erhaltung der geologischen Barriere gestellt, so ist der Einsatz von Hohlbohrschnecken-Bohrsystemen wegen des unzureichenden Rückbaues zurückzustellen oder es sind besondere Maßnahmen der Bohrlochverfüllung anzuwenden.(s. Kap. 6).

Überbohrtechnik

Die Überbohrtechnik wurde besonders unter dem Gesichtspunkt der Stützung des Bohrloches in nichtbindigen Böden entwickelt. Mit diesem Verfahren läßt sich ein Zusammenbruch des Bohrloches infolge des hydraulischen Grundbruches im Bohrloch verhindern. Trotz der üblichen Praxis des Bohrens mit einem Wasserüberdruck im Bohrloch, das ein Kräftegleichgewicht oder ein Ungleichgewicht zur Stützung der Wand erzeugt, erfolgt oft ein Zusammenbruch des Bohrloches. Bereits mit dem Ziehen des Rammkernrohres entstehen Spannungen, die einen ständigen Nachbruch des Bodens im Bohrloch bewirken können. Die Folge ist oft ein „Bohren auf der Stelle", wobei ständig Boden - in der Regel Fein- bis Grobsande in lockerer bis mitteldichter Lagerung unter Wasser - aus der Umgebung des Bohrloches gefördert werden, ohne daß ein Bohrfortschritt erfolgt.

Von PRAKLA-SEISMOS / CELLER BRUNNENBAU, NORDMEYER und der LGA-Bayern wurde aus den v.g. Aspekten die Entwicklung der Überbohrtechnik betrieben.

Die Überbohrtechnik beruht auf dem Prinzip, daß der erbohrte Kern - in der Regel immer das Entnahmegerät (Rammkernrohr) mit dem erbohrten Bodenkern - überbohrt wird. Diese Methode stellt eine neuartige Form der Bohrlochsicherung dar. Entscheidend ist bei dieser Form der Probenahme, daß der Kern aus dem ungestörten Bereich entnommen wird. Ebenso wie die Technik des Überbohrens mit der Hohlbohrschnecke erfolgen kann, so kann auch eine Kombination aus Rammen (mit dem Rammkernrohr) und spülenden Überbohren (mit dem Seilkernrohr) zum Einsatz kommen. Die Überbohrtechnik hat sich mit einer guten Probenqualität und Bohrlochsicherung als Bohrverfahren stark verbreitet. Die Nachteile der Überbohrtechnik liegen im möglichen „Überbohren" von Grundwasserhorizonten. Aus diesem Grund ist beim Einsatz der Überbohrtechnik diesem Aspekt besondere Beachtung zu schenken und im Trockenbohrverfahren zu arbeiten bzw. zu überbohren. Das Überbohren in Böden mit ausgeprägter Feinschichtung kann bei einem technisch unzureichenden Überbohr- und Spülvorgang zu einem Nicht-Erkennen dieser Schichten führen. Hinsichtlich der Einordnung nach DIN 4021 ist hier eine Kombination von 2 Bohrverfahren gegeben, die deshalb auch nicht in dieser Kombination genormt wurden bzw. genormt werden mußten.

Bohrverfahren im Fels

Die Bohrverfahren nach Tabelle 5.5 gliedern sich hinsichtlich der Probenqualität in zwei Spalten mit Kerngewinn und Bohrklein. Zu den unterschiedlichen Felsarten werden Hinweise zur Probengewinnung gegeben. Der Kerngewinn und die Qualität der erbohrten Kerne wird mit dem Einsatz von Doppelkernrohren, die mit Linern (Hülse) ausgestattet werden können, optimiert. In erosivem Gestein oder in veränderlich festen Böden oder Fels ist der Einsatz besonderer Bohrkronen, die mit einer vorauseilenden Krone (Pilotkrone) ausgestattet sind, zu empfehlen.

1. **Rotationskernbohrung (nach Zeile 1 - Tabelle 2, DIN 4021)**
   (mit Spülhilfe)

Das Verfahren nach Zeile 1 ist, als Rotary-Bohrverfahren, mit einer Hartmetallkrone in Fels mit geringer Kornbindung, d.h. bei geklüftetem weichem Fels, gut einsetzbar. Unter *Bemerkungen* wird auf die mögliche Veränderung des Kernes durch die Spülung hingewiesen. Die üblichen Bohrdurchmesser liegen im Bereich von 100 - 200 mm.

2. **Rotations-Trockenkernbohrung (nach Zeile 2 - Tabelle 2, DIN 4021)**
   (ohne Spülhilfe)

Die Rotations-Trockenkernbohrung mit üblichen Bohrdurchmessern von 100 - 200 mm kann in weichem, erosivem, wasserempfindlichen Fels und mit kurzen Kernmärschen einen Kerngewinn ermöglichen. Wegen der Überhitzung der Bohrkrone sollte die Bohrung nur in Kernmarschabschnitten von maximal 0,5 m abgeteuft werden. In der Praxis wird häufig Wasser in geringen Mengen in das Bohrloch eingegeben, um das Kernrohr zu kühlen. Diese Form der Wasserzugabe stellt keine Spülhilfe nach der Norm dar.

3. **Rotationskernbohrung (nach Zeile 3 - Tabelle 2 der DIN 4021)**
   (mit Spülhilfe)

Das Rotationskernbohrverfahren nach Zeile 3 ist ein Bohrverfahren für nahezu alle Felsarten, ausgenommen erosiver wasserempfindlicher Fels. Die erosiven wasserempfindlichen Gesteine können mit diesem Bohrverfahren unter Einsatz von Pilotkronen erbohrt werden, die den Einfluß der Spülung minimieren. Die Standard-Durchmesser umfassen den Bereich von 50 - 200 mm.

Tabelle 5.5. Bohrverfahren im Fels nach Tabelle 2 der DIN 4021

Spalte	1	2	3	4	5	6	7	9	9	10
	Bohrverfahren				Gerät		Bohrverfahren wenig geeig-net für [1])	Probengewinn		Bemerkungen
Zeile	Lösen des Fels	Spül-hilfe	Fördern des Fels	Benennung	Bohrwerkzeug	üblicher Bohr-(außen)durch-messer [1])		Kerne [1])	Bohrklein	
1 Bohrverfahren mit durchgehender Gewinnung gekernter Proben										
1	drehend	ja	mit Bohrwerk-zeug am Gestänge	Rotations-kernbohrung	Einfachkernrohr, meist mit Hart-metallkrone	100 bis 200	mittelharten bis sehr harten Fels	bei geklüftetem, weichem Fels	Siebrück-stand und Schweb	Der Kern kann durch die Spülhilfe verändert werden
2	drehend	nein	mit Bohrwerk-zeug am Gestänge	Rotations-Trocken-kernbohrung	Einfachkernrohr mit Hartmetall-krone	100 bis 200	mittelharten bis sehr harten Fels	bei weichem, erosi-vem, wasserempfind-lichem Fels in kurzen Kernmärschen	kein	Wegen Überhitzung der Krone kann im allge-meinen nur in Kern-märschen bis 0,5 mm ge-bohrt werden.
3	drehend	ja	mit Bohrwerk-zeug am Gestänge	Rotations-kernbohrung	Doppelkernrohr mit Hohlbohr-krone	50 bis 200	erosiven, wasserempfind-lichen Fels	bei allen Felsarten	Siebrück-stand und Schweb	—
4	drehend	ja	mit Bohrwerk-zeug am Gestänge	Rotations-kernbohrung	Doppelkernrohr mit Hülse (Drei-fachkernrohr)	50 bis 200	—	bei allen Felsarten	Siebrück-stand und Schweb	—
5	drehend	ja	mit Bohrwerk-zeug am Ge-stänge, Ausbau des Innenkern-rohres am Seil	Seilkern-bohrung	Seilkernrohr mit Hohlbohrkrone, auch als Doppel-kernrohr mit Hülse (Dreifachkernrohr)	50 bis 180	erosiven, wasserempfind-lichen Fels	bei allen Felsarten	Siebrück-stand und Schweb	—
6	rammend und drehend	ja	mit Bohrwerk-zeug am Gestänge	Ramm-rotations-kernbohrung	Rammrotations-kernrohr	100 bis 200	mittelharten bis sehr harten Fels	bei mittelhartem bis hartem Fels	Siebrück-stand mit Schweb	mit Rammvorrichtungen am Gerät oder als Imloch-hammer
2 Bohrverfahren mit Gewinnung unvollständiger Proben										
7	drehend	ja	mit Bohrwerk-zeug am Gestänge	Rotations-vollkronen-bohrung	Vollbohrkrone, Rollenmeißel	50 bis 200	—	keine	Siebrück-stand und Schweb	—

[1]) Alle Angaben sind Richtwerte.

4. Rotationskernbohrung (nach Zeile 4 - Tabelle 2, DIN 4021)

Die weiterentwickelte Form der Doppelkernrohre stellen Doppelkernrohre mit einsetzbaren Probenhülsen (Linern) dar, die in die Probenhülsen (Liner) eingesetzt werden können, so daß der Kern bereits beim Abbohren in diese Hülse eingezogen wird. Wahlweise können transparente Liner zum Einsatz kommen. Das Bohrverfahren eignet sich in allen Felsarten für die Kerngewinnung. Die Bezeichnungen wie „Dreifachkernrohr" oder „Triplex-Kernrohr" sind für diese Geräte im Bohrdurchmesserbereich von 50 - 200 mm nicht zutreffend und besser durch „Doppelkernrohr mit Liner" zu ersetzen.

5. Seilkernbohrung (nach Zeile 5 - Tabelle 2 der DIN 4021)

Die unter Zeile 4 der Tabelle 2 nach DIN 4021 definerten Bohrverfahren können auch mit seilfahrbaren Liner-bestückten Doppelkernrohren betrieben werden. Die Ergebnisse der Kerngewinnung entsprechen denen nach Zeile 4. Die obere Grenze des Durchmesserbereiches der Bohrungen liegt geringfügig unter dem Wert nach Zeile 4.

6. Rammrotationskernbohrung (nach Zeile 6 - der Tabelle 2 der DIN 4021)

Das Rotationskernrohr (oder Drehschlagkernrohr) ist eine neue Bohrtechnik zur Kerngewinnung von Felsproben in mittelhartem bis hartem Fels. Das Kernrohr ist mit Hartmetalldisken besetzt und arbeitet drehschlagend. Diese Form der Kernbohrung stellt neben den bekannten rotierenden Bohrverfahren, die vorwiegend mit Diamantkronen bohren, eine wesentliche Erweiterung der Bohrtechnik dar, da als Spülmedium Luft eingesetzt wird. In Teufenbereichen unterhalb des Grundwasserspiegels ist nach längerer Unterbrechung des Bohrvorganges ein „Ausblasen" des wassergefüllten Bohrloches erforderlich.

Bohrverfahren mit Gewinnung unvollständiger Proben
Tabelle 2 nennt unter Zeile 7 als Verfahren die Rotationsvollkronenbohrung, da auch aus Bohrungen, die für andere Zwecke als der Probenahme oder die nur teufenabhängig zum Einsatz kommen, Proben zu gewinnen sind.

In folgender Tabelle 5.6 sind die beim Bohren in Fels erkennbaren Eigenschaften von Gestein und Gebirge dargestellt.

Tabelle 5.6. Beim Bohren in Fels erkennbare Eigenschaften von Gestein und Gebirge nach DIN 4021

Spaltenbelegung:

- Spalte 1–3 = **Bohrvorgang**: 1 = Fortschrittbeobachtung [1]; 2 = Spülmittelverlust bzw. -anstieg [2]; 3 = Nachfall [3]
- Spalte 4–11 = **Bohrproben**; davon 4–8 = **Bohrkern**: 4 = vollständig [4]; 5 = unvollständig; 6 = Anzahl der Stücke; 7 = Form der Stücke; 8 = Kernverlust; 9–10 = **Bohrklein**: 9 = Siebrückstand; 10 = Schweb; 11 = Spülflüssigkeitsänderung (Farbe, Chemie)
- Spalte 12–13 = **Bohrloch**: 12 = Fernsehoptische Sonde; 13 = Verschiedene Bohrlochmessungen
- Spalte 14 = bedingte Verbesserung der Erkennbarkeit aus Kombination folgender Spalten

(In der folgenden Wiedergabe sind nur die gedruckten „+"-Zeichen und der Text der Spalte 14 übernommen; die Schraffur- bzw. Rasterfelder der Vorlage sind nicht dargestellt.)

Zeile		Erkennbare Eigenschaften	1	2	3	4	5	6	7	8	9	10	11	12	13	14
1	Gestein	Art (Korngröße, Mineralbestand)										+				9 und 10
2	Gestein	Ausbildung (Kornform, -anordnung, -bindung, Raumausfüllung)	+													1 und 9 und 10; 9 und 10 und 13
3	Gestein	Farbe, Verfärbung										+	+			9 und 10 und 11
4	Gestein	Verwitterungszustand			+					+		+	+			1 und 9 und 10 und 11
5	Gestein	Zerfall (Luft/Wasser/Frost)	+		+				+	+		+		+	+	9 und 10
6	Gestein	Durchlässigkeit									+	+				
7	Gestein	Festigkeit, Verformbarkeit			+						+					
8	Gebirge	Gesteinsgrenzen			+							+	+			1 und 9 und 10 und 11
9	Gebirge	Trennflächen / Kluftkörper: Streichen und Einfallen														
10	Gebirge	Trennflächen / Kluftkörper: Häufigkeit (Abstand)			+					+						
11	Gebirge	Trennflächen: Ausbildung – Verlauf					+									
12	Gebirge	Trennflächen: Füllung, Belag					+				+	+	+		+	9 und 10 und 11
13	Gebirge	Hohlräume														
14	Gebirge	Durchlässigkeit			+		+	+		+						
15	Gebirge	Festigkeit, Verformbarkeit					+	+		+						

Legende der Felder: schraffiert = erkennbar; leeres Feld = nicht erkennbar; gerastert = unvollständig erkennbar, jedoch bei bestimmten Vorkenntnissen erkennbar; + = nicht generell, aber häufig in bestimmten Gesteinen erkennbar.

[1] Vorschubgeschwindigkeit, Art und Zustand der Bohrkrone, Andruck, Spüldruck und Drehzahl

[2] Unter Berücksichtigung der Art des Spülmittels und eventueller Zusätze

[3] Vor Durchführung notwendiger Bohrlochsicherung; z. B. Verrohrung oder Verfestigung

[4] Siehe Abschnitt 4.2 bezüglich orientiert entnommenem Kern

5.3.2 Durchgehende Gewinnung nicht gekernter Boden- und Gesteinsproben

Die Verfahren zur durchgehenden Gewinnung nicht gekernter Boden- oder Gesteinsproben können für ergänzende Erkundungen eingesetzt werden, wenn hier generell nur das Vorhandensein von Schichten erkundet werden soll und die Proben für Laboruntersuchungen aus den Hauptbohrungen gewonnen werden.

5.3.3 Gewinnung unvollständiger Boden- und Gesteinsproben

Die durchgehende Gewinnung nicht gekernter Boden- und Gesteinsproben wurde in der Norm DIN 4021 aufgenommen, um in speziellen Fällen, wie der Beseitigung von Bohrhindernissen oder für Bohrungen für andere Zwecke ein Bohrverfahren zur Verfügung zu haben.

5.3.4 Kleinbohrverfahren

Die Neufassung der DIN 4021 (Ausgabe 1991) hat anstelle der früheren „Sondierbohrungen" diese Verfahren als Kleinbohrverfahren aufgenommen. Diese Einordnung war notwendig, da die Bezeichung „Sondierbohrung" fachlich unzutreffend ist. Sondierung und Bohrung sind normativ klar definierte Begriffe, die in dieser Form nicht verknüpfbar sind, insbesondere deshalb, weil bei diesen Kleinbohrungen keine Sondierung stattfindet. Aus diesem Grund wurde der Begriff Kleinbohrung eingeführt, der sowohl von der erreichbaren Bohrtiefe als auch von der Probenqualität und Probenmenge diese Verfahren zutreffender beschreibt. In Tabelle 5.7 werden die wichtigsten Verfahren aufgelistet. In der Regel werden Proben geringerer Güteklassen gewonnen. Eine höhere Güteklasse kann erst mit einem größeren Bohrdurchmesser erwartet werden, der sich dann ab 80 mm im Übergang zu den Bohrdurchmessern nach Tabelle 1 der DIN 4021 befindet. Die in Tabelle 3 (Kleinbohrungen) der DIN 4021 genannten Güteklassen werden in der Regel nur unter günstigen Verhältnissen erreicht. Voraussetzung für die Erreichung der genannten Güteklassen sind z.B. optimale Schnittkanten an der Krone, kurze Kernmarschlängen ≤ 1 m, eine reduzierte Wandreibung am Kernrohr oder Liner und günstige Baugrundverhältnisse. Die Mängel dieser Verfahren liegen in der Regel in der unverrohrten Kleinbohrung. Daraus folgt, daß bei hohem Grundwasserstand und nichtbindigen Böden das Bohrloch nicht standsicher ist und das Bohrloch zusammenfällt. Die in der Praxis oft ausgeübte Nachbohrung in die Nachfallbereiche liefert somit jedoch eine nicht repräsentative Baugrundschichtung. Im Rahmen der Neufassung der DIN 4021 wurden diese Verfahren im Sinne der Ziffer 6.2.1.3 (Ausgabe 07.71) wieder aufgenommen. Das bedeutet, daß diese Verfahren nur in Ergänzung der Bohrverfahren nach Tabelle 1, im Rahmen einer Vor- oder ergänzenden Erkundung einzusetzen sind. Insbesondere die begrenzte Erkundungstiefe und die fehlende Möglichkeit, an den Proben wichtige Laboruntersuchungen durchführen zu können, läßt eine alleinige Erkundung im Rahmen einer Hauptuntersuchung nach DIN 4020 nicht zu.

Ein Einsatz nach Tabelle 5.1 zur Verdichtung des Erkundungsrasters ist möglich, wenn diese Kleinbohrungen mit einer Verrohrung niedergebracht werden, um eine qualifizierte Bohrlochverfüllung zur Erhaltung der geologischen Barriere herstellen zu können.

5.4 Entnahme von Sonderproben

Der Gewinnung von Sonderproben für Laboruntersuchungen kommt bei der Standorterkundung von Deponien besondere Bedeutung zu. Die in der DIN 4021 genormten Geräte basieren im wesentlichen auf den wissenschaftlichen Untersuchungen von HVORSLEV (1949). Das Flächenverhältnis und das Längendurchmesserverhältnis wwurden in der Form optimiert, daß ein gedrungener Entnahmezylinder, der „DIN-Stutzen", entstand. Dem Anwender steht damit ein Gerät zur Verfügung, das die Anforderungen zur Erreichung hoher Güteklassen erfüllt.

Werden andere Geräte für Probenahmen eingesetzt, die hohe Güteklassen im Bereich der Sonderproben erreichen sollen, so gelten folgende Forderungen (s. auch Tabelle 5.8, Abb. 5.17):

- Das Flächenverhältnis C_a darf bei dünnwandigen Geräten maximal 15% betragen

- Bei dickwandigen Geräten mit $C_a < 15\%$ ist der Schneidenwinkel um so kleiner zu wählen, je größer die Wanddicke ist

- Das Innendurchmesserverhältnis C_i soll zwischen 0,5 und 1 % liegen [1]

---

[1] Diese Forderung gilt nicht für Geräte, die ein Längendurchmesserverhältnis entsprechend dem Sonderprobenahmegerät nach Abb.5.16 aufweisen, sondern für Rammkernrohre und andere Probenahmegeräte zur Kerngewinnung mit $L \leq 1$ m (L = Kernlänge)

143

Tabelle 5.7. Kleinbohrverfahren nach Tabelle 3 der DIN 4021

Spalte	1	2	3	4	5	6	7	8	9	10	11
	Kleinbohrverfahren [2]				Gerät		Eignung des Kleinbohrverfahrens [4]		Proben [5]		
Zeile	Lösen des Bodens [3]	Spül-hilfe	Fördern des Bodens	Benennung	Bohrwerkzeug	üblicher Bohr-(außen)durch-messer [1]	ungeeignet für Bodenart [1]	einsetzbar für Bodenart [1]	erreichbare Güteklasse (nach Tabelle 4) bezogen auf Spalte 8	unverändert in [6]	Bemerkungen
1	drehend	nein	mit Bohr-werkzeug	Handdreh-bohrung	Schappe, Schnecke, Spirale	60 bis 80	Grobkies größer als $D_e/3$ und festgelagerte Böden	über Wasser-spiegel bei Ton bis Mittelkies unter Wasserspiegel bei bindigen Böden	über Wasserspiegel 4, (3)	$Z, (w)$	
									unter Wasserspiegel 4	Z	
2	rammend	nein	mit Bohr-werkzeug	Kleinramm-bohrung	Rammgestänge mit Entnahmerohr	30 bis 80	Böden mit Korndurch-messer größer als $D_e/2$	Böden mit Korn-durchmesser bis höchstens $D_e/5$	in bindigen Böden 3, (2)	$Z, w, (\varrho)$	nur für geringe Tiefen
									in nichtbindigen Böden 4, (3)	$Z, (w)$	
3	drückend	nein	mit Bohr-werkzeug	Kleindruck-bohrung	Druckgestänge mit Entnahmerohr	30 bis 40	feste und grob-körnige Böden	Ton, Schluff Feinsand	3, (2)	$Z, w, (\varrho)$	

[1]) Diese Angaben sind Richtwerte.
[2]) Nur unter Voraussetzungen von Abschnitt 5.3 anwendbar.
[3]) Beim „Rammen" wird das Bohrwerkzeug mit einer besonderen Schlagvorrichtung eingetrieben.
[4]) Hierin bedeuten D_e Innendurchmesser der Bohrwerkzeuge.
[5]) Die in Klammern () gesetzten Angaben bedeuten, daß die jeweilige Güteklasse nur bei besonders günstigen Gegebenheiten und Bodenbedingungen erreicht werden kann.
[6]) Erklärung der Zeichen siehe Tabelle 4

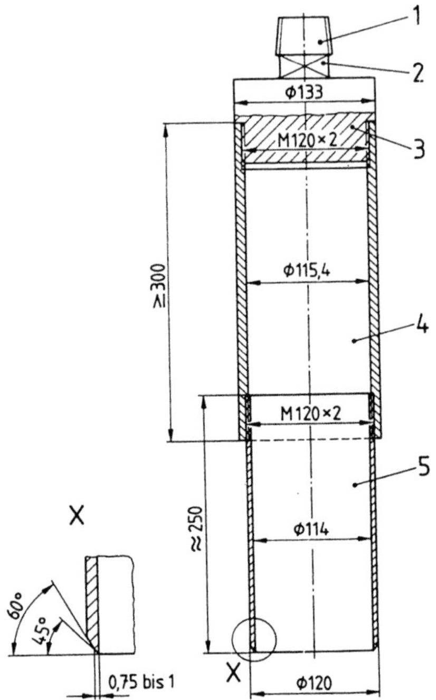

1   Rohrgewinde DIN 2999 – R 1 ½
2   SW 46 (Schlüsselweite)
3   Gerätekopf mit Ventil
     (Ventil nicht dargestellt)
4   Schlammzylinder
     Rohr 133 × 8,8 nach DIN 2448
5   Entnahmezylinder
     Rohr 120 × 3 nach DIN 2391 Teil 1

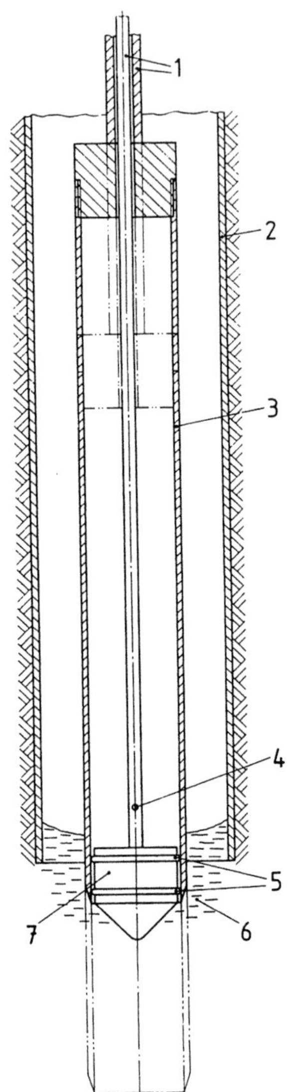

1   Doppeltes Bohrgestänge mit Arretierung über Tage
2   Bohrrohr
3   Entnahmezylinder
4   Entlüftungsöffnung
5   Dichtring
6   Bohrschmant
7   Kolben

Abb.5.16: Entnahmegeräte zur Sonderprobenahme nach DIN 4021; *links*: dünnwandiges offenes Entnahmegerät; *rechts*: dünnwandiges Kolbenentnahmegerät

Tabelle 5.8. Entnahmegeräte für Sonderproben aus Bohrungen (Tabelle 6 der DIN 4021)

Spalte	1	2	3	4	5	6	7	8
Zeile	Art des Entnahmegerätes [1]	Bevorzugte Maße der Proben		Art des Einbringens	Eignung des Entnahmeverfahrens		Erreichbare Güteklasse [2] nach Tabelle 4 bezogen auf Spalte 6	Bemerkungen
		Durchmesser	Länge		ungeeignet für Bodenart	einsetzbar für Bodenart		
1. Offenes Entnahmegerät mit Ventil								
1	dünnwandig (siehe Bild 5)	114	≈ 250	rammen oder drücken	Kies, Sand unter Wasserspiegel; feste, bindige Böden; Böden mit groben Einschlüssen	bindige und organische Böden mit weicher oder steifer Konsistenz	1	Innendurchmesserverhältnis $C_i = 0\%$ erforderlich (siehe Bild 7)
						desgleichen mit halbfester Konsistenz	2, (1)	
2	dickwandig	114	≈ 250	rammen	Kies, Sand unter Wasserspiegel; breiige und feste bindige und organische Böden; Böden mit groben Einschlüssen	wie Zeile 1, außerdem: bindige und organische Böden mit halbfester bis fester Konsistenz, auch mit Grobkorn	3	Wanddicke 5 bis 10 mm; auch mit Einsatzhülse
2. Kolbenentnahmegerät								
3	dünnwandig (siehe Bild 6)	75	600 bis 800	drücken	Kies, sehr lockere und dichte Sande; halbfeste und feste bindige und organische Böden; Böden mit Grobkorn	bindige und organische Böden mit breiiger oder steifer Konsistenz; auch sensitive Böden	1	Innendurchmesserverhältnis C_i muß 0,5 bis 1 % betragen
4	dickwandig	75	600 bis 1000	drücken	Kies, Sand unter Wasserspiegel; breiige und feste bindige und organische Böden; Böden mit groben Einschlüssen	bindige und organische Böden mit weicher bis steifer Konsistenz; auch sensitive Böden	2, (1)	nur mit Einsatzhülse; Innendurchmesserverhältnis C_i muß 0,5 bis 1 % betragen

[1] Bei dickwandigen Geräten ist die Entnahme von Böden, die aus anderen Entnahmegeräten herausfallen, wie z.B. Feinkies, lockerer Sand oder weicher Schluff mit Fang- oder Schließvorrichtung unter Minderung der Güteklasse möglich.

[2] Die in Klammern stehenden Angaben bedeuten, daß die jeweilige Güteklasse nur bei besonderen Bodenbedingungen erreicht werden kann.

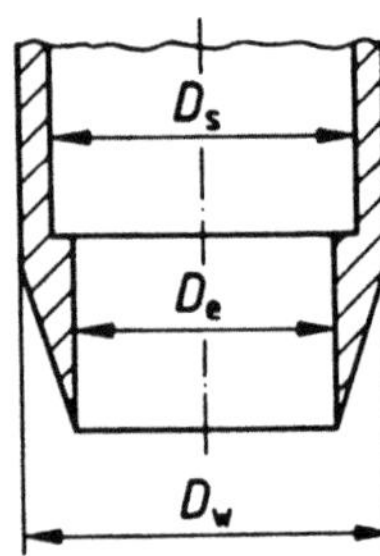 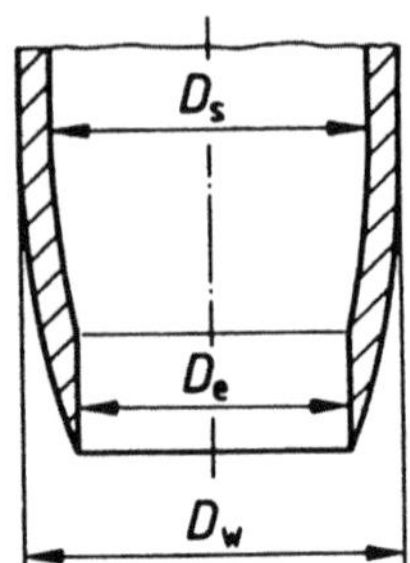

Flächenverhältnis in %, $C_a = \dfrac{D_w^2 - D_e^2}{D_e^2} \cdot 100$ (1)

Innendurchmesserverhältnis in %, $C_i = \dfrac{D_s - D_e}{D_e} \cdot 100$ (2)

Abb.5.17: Definition des Flächen- und Innendurchmesserverhältnisses. (Nach DIN 4021)

5.5 Bohrlochuntersuchungen (SPT-Sonde, Flügelsondierungen, Seitendrucksonden, Fernsehsonden)

Standard-Penetration-Test

Die Standardsondierung wurde in den USA entwickelt und ist dort seit langem als Standardsondierung der American Society for Testing Materials (ASTM) im Einsatz. Der SPT ist eine Sonderform der Rammsondierung und wird intermittierend, d.h. in verschiedenen Tiefenabschnitten des Bohrloches, durchgeführt. Diese Möglichkeiten führten zu einer gleichrangigen Einordnung des SPT neben den Rammsondierungen nach DIN 4094. Der SPT wird mit dem Einrammen der Sonde (genormte Vollspitze) in 3 Intervallen von 15 cm durch ein definiertes, gekapseltes Fallgewicht ausgeführt (Abb.5.18). Der Eindringwiderstand N_{30} (Schlagzahlen pro 30 cm Eindringung) wird auf die beiden letzten Abschnitte, d.h. auf einen Abschnitt von 30 cm bezogen. Die ersten 15 cm bleiben wegen möglicher Auflockerung der Bohrlochsohle generell unberücksichtigt. Die Unterschiede zwischen dem Gerät nach DIN 4094 und dem ASTM sind bei WEISS (1990) erläutert. Unzutreffende Ergebnisse werden erzielt, wenn durch hydraulischen Grundbruch der Baugrund tiefgründig unter der Bohrlochsohle aufgelockert oder gegen eingetriebenen Boden und Verrohrung sondiert wird. Fehler können zudem durch schlecht gewartete Geräte entstehen, wenn in den Bereich des gekapselten Fallgewichtes Wasser oder Boden eingetreten ist.

Der SPT ist insbesondere deshalb von Bedeutung, da der Versuch durch die Bohrung auch in großen Tiefen noch möglich ist. Unterhalb der Grundwasseroberfläche wird die Einsatztiefe durch den Auftrieb begrenzt. Ab ca. 40m unter der Grundwasseroberfläche sind am Gerät Zusatzgewichte gegen Auftrieb anzubringen und die Versuchsergebnisse unter Berücksichtigung des Wasserdruckes auszuwerten.

In der DIN 4094 werden Korrelationsbeziehungen zwischen den Rammsondierungen und dem SPT angegeben, so daß ein Bezug mit anderen Sondierarten möglich ist.

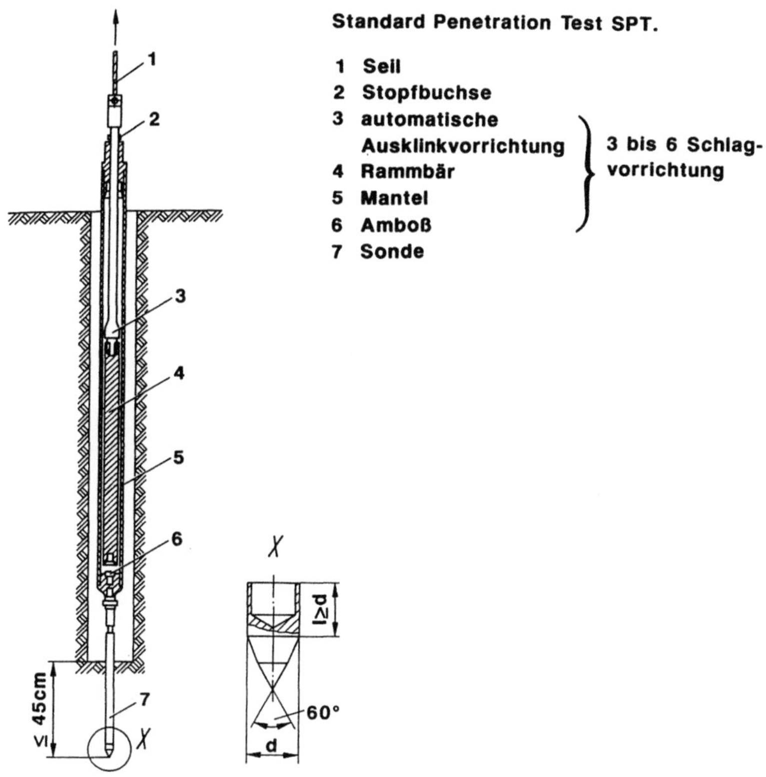

Abb.5.18: Standard Penetration Test (SPT) nach DIN 4094

Flügelsondierungen (FVT nach DIN 4096)
Die Flügelsondierungen dienen dazu, den Scherwiderstand des Bodens bei
Abscheren im Feld, d.h. im Bohrloch, zu messen. Die normativen Festlegun-
gen enthält die DIN 4096 (s. auch Abb. 5.19).

Die Flügelsonde besteht aus einem Stab, an dem am Ende 4 um 90° ver-
setzte Flügel angeordet sind. Die Norm 4096 definiert folgende Versuchsar-
ten:

- Flügelsondierung DIN 4096 - FS 50 (h/d = 100/50)
- Flügelsondierung DIN 4096 - FS 75 (h/d = 150/75)

Die Wahl des Flügels wird von der Konsistenz des Bodens bestimmt.
Wenn Zweifel an der Wahl des Flügels vorliegen, wird zunächst der kleine
Flügel benutzt. Die Flügelsonde wird in das Bohrloch eingebracht und die
Flügel in die gesäuberte Bohrlochsohle zum Abscheren eingedrückt. Aus den
mit den Drehgeschwindigkeiten von 0,1°/s bis 0,2°/s gemessenen Drehmomenten M und dem Flügeldurchmesser D wird die mittlere Scherfestigkeit c_u
wie folgt berechnet:

$$c_u = \frac{6\,M}{7\pi\,D^3}$$

Der Auswertung liegt eine Vereinfachung in der Form zugrunde, daß eine
gleichmäßige Spannungsverteilung am Mantel und in den Stirnflächen der
Flügelsonde angesetzt wird. Die mit der Flügelsondierung ermittelte Scherfestigkeit entspricht dem Bruchzustand des Bodens unter undränierten Bedingungen.

Seitendrucksonden
Die Seitendrucksonden sind Probebelastungen des Baugrundes im Bohrloch,
bei denen an der Bohrlochwand unterschiedliche Spannungs- oder Verfor-
mungsrandbedingungen erzeugt werden. Die von KÖGLER (1933/1938) begründete Versuchstechnik wurde insbesondere von MENARD (1963) zur Pres-
siometrie weiterentwickelt und genormt. Von SEEGER & SMOLTCZYK (1980)
wurde speziell für Böden bzw. Lockergesteine die sog. Stuttgarter Seitendrucksonde entwickelt (Abb. 5.20a). Im Bereich der Felsuntersuchungen
gilt die GOODMAN-Sonde (Abb. 5.20b), welche nach dem gleichen Bohrloch-
Pressen-Prinzip arbeitet, als Standardgerät (GOODMAN 1968).

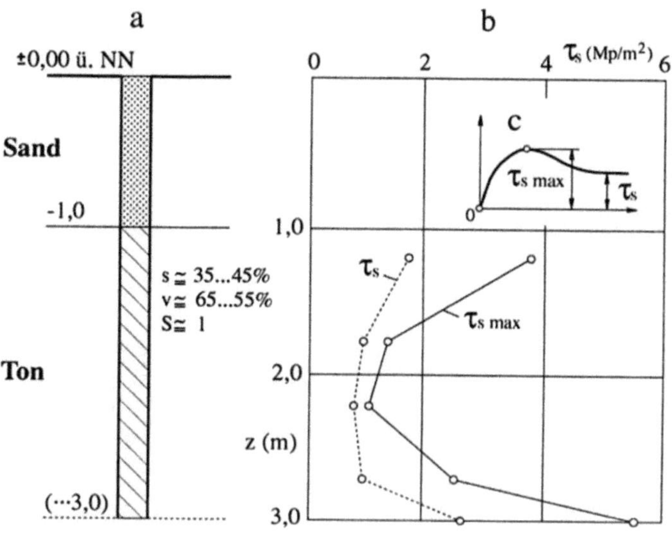

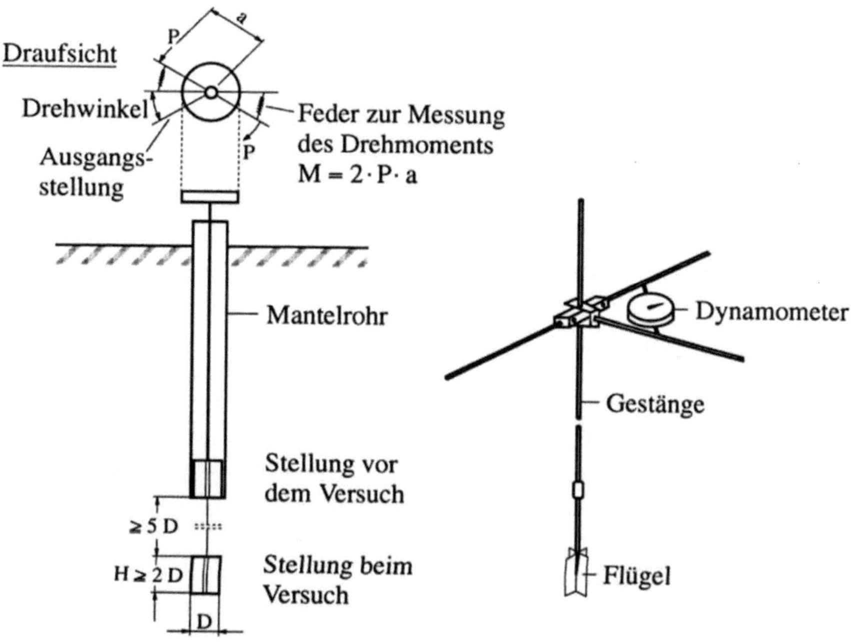

Abb.5.19: Flügelsondierung DIN 4096 (nach WEISS 1990); *oben*: Meßbeispiel; *unten*: Prinzip des Geräts

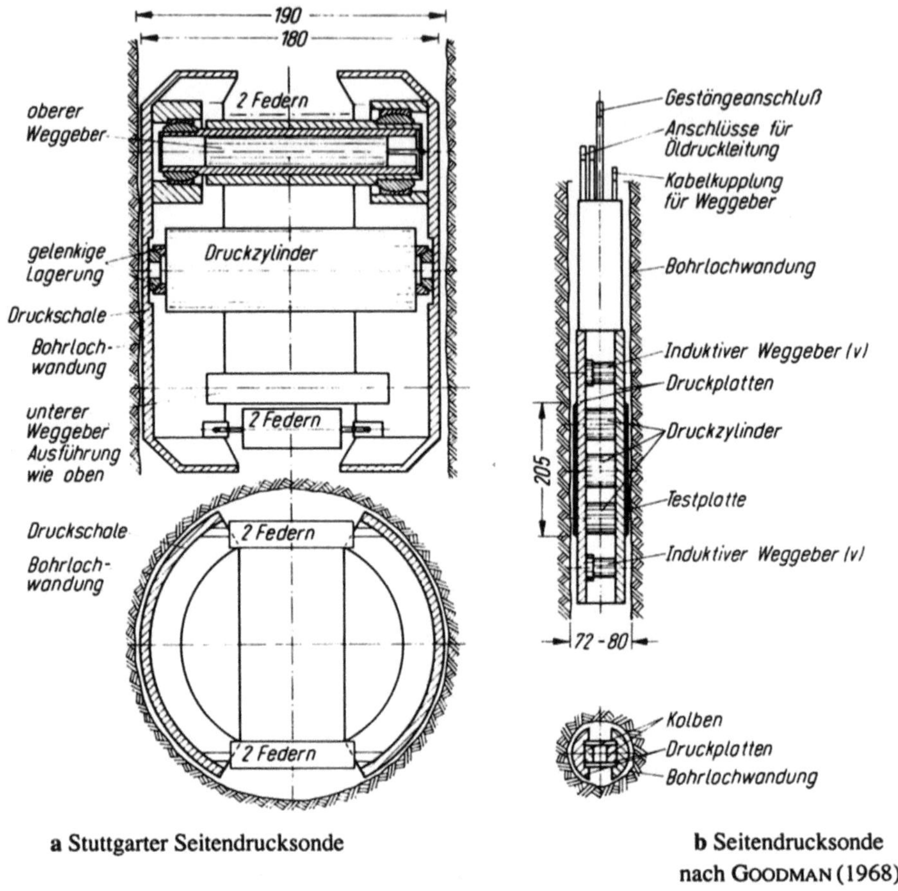

a Stuttgarter Seitendrucksonde

b Seitendrucksonde nach GOODMAN (1968)

Abb.5.20a, b: Seitendrucksonden für Boden und Fels (nach WEISS 1990)

Die Auswertung der Bohrlochbelastungsversuche wird in Form einer Volumen / Verschiebungs-Spannungsbeziehung dargestellt und ausgewertet. Die Arbeitslinien von Seitendruckbelastungen stellen die nichtlinearen und teils linearen Verformungsanteile dar (Abb.5.21). Die nichtlinearen Anteile zum Beginn der Belastung resultieren aus dem Bohrvorgang und Kontaktverformungen, die dann bis zum Bruchzustand, der durch zunehmende nichtlineare Verformungen gekennzeichnet ist, den Auswertebereich 2 und 3 eingrenzen. Der Elastizitätsmodul wird aus dem Auswertebereich 2 bestimmt. Zur Setzungsberechnung wird der Steifemodul aus der bekannten Beziehung für E_S mit dem E-Modul und der Querdehnungszahl μ mit

$$E_s = \frac{(1-\mu) \cdot E}{(1-\mu-2\mu^2)}$$

berechnet.

Aus der vorgenannten Beziehung folgt, daß das Ergebnis für E_S somit von der Querdehnzahl μ abhängt. Von MENARD (1963) wurde deshalb eine empische Beziehung benutzt, die je in Abhängigkeit von der Bodenart E_S im Bereich von

$$1{,}0\,E \le E_S \le 4{,}0\,E$$

definiert.

Untersuchungen von SEEGER & SMOLTCZYK (1980) ergaben, daß die Sondenkräfte P - und daraus folgend auch der E-Modul - eine geringe Abhängigkeit von der Querdehnungszahl aufweisen und der E-Modul aus dem Seitendruckversuch gleich dem Steifemodul gesetzt werden kann.

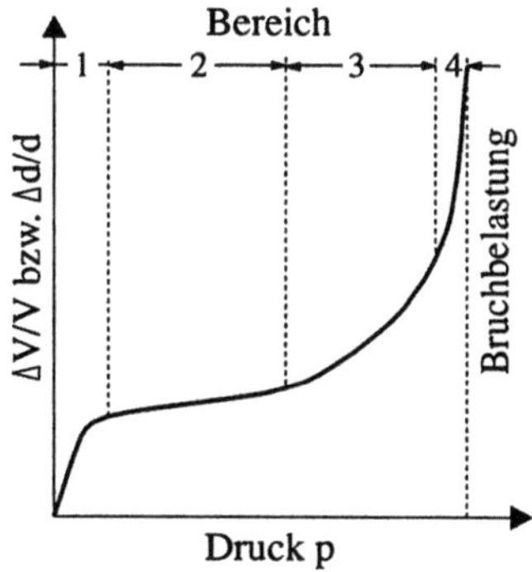

Abb.5.21: Arbeitslinie von Seitendrucksondierungen. (Nach WEISS 1990)

Fernsehsonden

Die optische Erkundung im Bohrloch hat insbesondere durch die technischen Probleme beim Bohren von orientierten Kernen zunehmend an Bedeutung gewonnen. Die Anwendung von optischen Sondierungen wurde durch die fortscheitende technische Entwicklung, insbesondere den Übergang von optischen Systemen, die nur über Linsen und Umlenkspiegel Beobachtungen zuließen, auf elektrooptische Systeme (TV-Sonden), erleichtert und begünstigt. Die TV-Bohrlochaufnahme ermöglicht eine genaue und zielgerichtete Untersuchung von Kluftstrukturen, Kavernen oder sonstigen Ausbrüchen in der Bohrlochwand. Die Bildaufnahmen geben einen Bezug auf ein objektives

System (physikalischer Nordpol) wieder und können zudem noch über Bild-
aufnahmesysteme dokumentiert werden. Eine weitergehende Anwendung
dieser Systeme beschreiben TRISCHLER & KNOPF (1985) sowie DIETRICH in
Kap. 7.8 u. POIER in Kap. 8.1 des vorliegenden Bandes.

Eine Beschreibung von weitergehenden Bohrlochuntersuchungen findet
sich auch im Bd. 3 Geophysik.

5.6 Behandlung von Bohrproben

Behandlung von Boden und Felsproben

Nach der DIN 4021 sind die Bohrproben sofort nach der Entnahme in luftdicht abschließbare Behälter (Deckelgläser mit Gummidichtung, Büchsen,
Plastikbehälter und andere) - in der Regel mit einem Volumen von 1 l - zu
füllen. Beim Einfüllen von bindigen Böden darf der Boden nicht durchgeknetet werden. Die Bohrprobe soll den Behälter möglichst prall ausfüllen. Zusätzlich können Bohrproben auch in Fächerkästen abgelegt werden.
Beim Verfahren mit durchgehender Gewinnung gekernter Proben aus Boden
oder Fels sind diese sofort nach der Entnahme lagerichtig in Kernkisten einzuordnen, deren Fächer dem Durchmesser der Kerne angepaßt sind, so daß der
Kern fest gelagert, aber nicht gedrückt wird.

Sofern die Kerne aus Böden nicht in Entnahmezylindern , Hülsen oder
Schläuchen vor dem Austrocknen geschützt werden, sind aus ihnen Einzelproben auszuwählen und in luftdicht abschließbare Behälter zu füllen. Der
entstehende Leerraum ist in den Kernkisten freizuhalten und ebenso wie die
Einzelprobe zu kennzeichnen.

Bei stückigem Bohrgut und bei Kernverlust sind die im Kernrohr verblei-
benden Teile so weit wie möglich der natürlichen Folge entsprechend einzuordnen.

Die Kernstücke sind ungewaschen einzuordnen. Eine andere Behandlung
bedarf der besonderen Anordnung.

Bei der Gewinnung von kleinstückig zerbrochenen Bohrproben und bei
Kernverlusten ist der betreffende Tiefenabschnitt in der Kernkiste unter An-
bringen eines entsprechenden Vermerks freizulassen und durch Einsetzen von
Holz- oder Kunststoffplatten nach oben und unten abzugrenzen. Entsprechend
wird bei Hohlräumen, die am Durchfallen des Gestänges oder am verminder-
ten Bohrandruck festgestellt werden können, verfahren. Da Kernverluste in
ihrer Tiefenlage nicht genau bekannt sind, werden sie am Ende jedes Kernmarsches gekennzeichnet.

Die Tiefenangaben sind auf den Rand der Fächer oder Behälter mindestens
in Meterabständen und am Ende eines Kernmarsches zu schreiben. Der Kernverlust ist gesondert für jeden Kernmarsch ebenfalls auf dem Rand in Zenti-

metern anzugeben. Außerdem muß jede Kiste am Kopf die Bezeichnung der Bohrung und des in ihr enthaltenen Tiefenabschnittes tragen.

Bei Kernverlusten in Fels sind das anfallende Bohrklein und/oder der je nach dem durchfahrenen Gestein aus der Spülflüssigkeit gewonnene Siebrückstand aufzufangen, um zusätzliche Aussagen zu ermöglichen. Bei Vollkronen- oder Meißelbohrungen im Fels ist als Bohrprobe das Bohrklein zu entnehmen.

Sonderproben

Die Sonderprobe ist sofort nach der Entnahme an den Endflächen daraufhin zu untersuchen, ob einzelne Teile gestört oder aufgeweicht sind. Diese Teile sind zu entfernen. Die Probe ist durch die im Abb.5.22 dargestellten Maßnahmen gegen Austrocknen sowie gegen ein Auflockern oder Rutschen im Entnahmezylinder zu sichern durch:

- Kunststoff- oder Gummikappen (s. Abb.5.22a), die mindestens ein dreifaches Dichtungsprofil (Außendichtung) besitzen

- 2maliges Vergießen mit Ceresin und anschließender Sicherung des Überganges Wachs/Stutzen mit 2 Lagen Klebeband (s. Abb.5.22b)

- Einspannung mit geklemmtem Abschlußdeckel nach dem Prinzip eines mechanischen Packers (s. Abb.5.22c)

Von den in der DIN 4021 genormten Versiegelungsarten des Entnahmezylinders stellt die Packer-Versiegelung die hochwertigste Form der Probensicherung dar. Wie Vergleichsversuche von HERRMANN (1986) mit Temperaturrandbedingungen zeigten, treten bei der Packer-Versiegelung auch mit höheren Temperaturen keine relevanten Wassergehaltsänderungen auf. Diese Form der Probensicherung wird anwendungsgemäß auch bei der Sicherung von Proben in kontaminerten Böden mit dem Abschluß von Stahl-Linern oder HDPE-Linern angewandt (s. HERRMANN 1986).

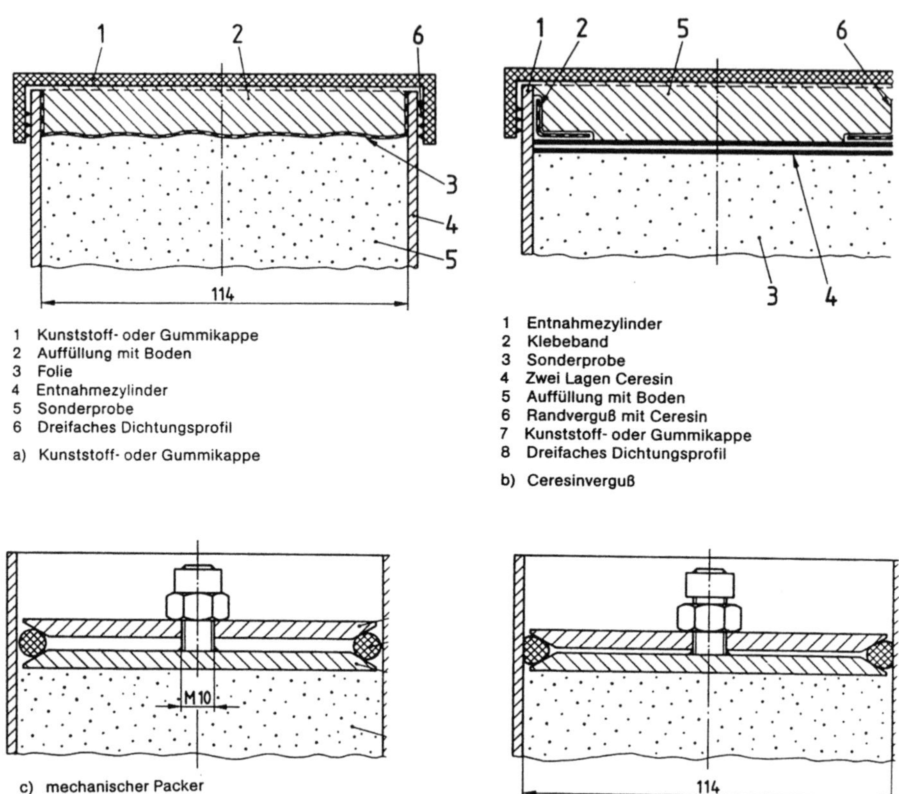

Abb.5.22a-c: Abdichtung und Sicherung von Sonderproben. (Nach DIN 4021)

5.7 Benennung und Beschreibung der Boden- und Felsproben

Das Benennen und Beschreiben von Boden- und Felsproben und die Erstellung der Schichtenverzeichnisse regeln die Teile 1 - 3 der DIN 4022. Im Teil 1 der DIN 4022 sind insbesondere die In-situ-Versuche zur Ansprache der Boden- und Felsproben und die Anforderungen zur Erstellung des Schichtenverzeichnisses nicht gekernter Proben enthalten. Im Teil 2 der DIN 4022 sind die besonderen Anforderungen zur Erstellung der Schichtenverzeichnisse (durchgehende Gewinnung gekernter Proben) für Bohrungen im Fels angegeben. Der Teil 3 der DIN 4022 regelt die Erstellung der Schichtenverzeichnisse von Bohrungen mit einer durchgehenden Gewinnung gekernter Proben im Boden. Das Kopfblatt gilt für alle Teile der DIN 4022.

Schichtenverzeichnisse nach DIN 4022 Teil 1
Das Schichtenverzeichnis nach Teil 1 der DIN 4022 beschreibt die Baugrundschichtung.

Schichtenverzeichnis nach DIN 4022 Teil 2
Nach DIN 4022 Teil 2 wird die Protokollierung des Bohrvorganges, einschließlich der Bohrdaten, Kernmarschlängen, Kerngewinn, Kernbeschreibung und Felsansprache (Schichtenbeschreibung) zur ausreichenden Darstellung aller Bohrergebnisse verlangt.

Nach KANY & HERRMANN (1985) ist eine automatische Aufzeichnung der Bohrdaten in Verbindung mit einer höhengleichen (über das Bodenprofil) Darstellung vorzugeben. Die objektive Interpretierbarkeit der Bohrdaten in Form von physikalischen Festigkeitswerten ist derzeit noch nicht gegeben. Für die praktische Anwendung ist ein Bezug mit den Ergebnissen aus felsmechanischen Untersuchungen möglich und hinreichend genau.

Schichtenverzeichnis nach DIN 4022 Teil 3
Die Darstellung der Bohrergebnisse nach DIN 4022 Teil 3 erfordert die Aufzeichnung der Bohrdaten in Form der inversen Bohrgeschwindigkeit (Bohrzeit pro 20 cm Tiefe) oder der Rammarbeit pro 20 cm Eindringung. Die Aufzeichnung der Rammarbeit kann praxisgerecht und einfach erfolgen. Mit normierten Fallhöhen, Fallgewichten und Rammkernrohren lassen sich objektive und reproduzierbare Bohrdaten ermitteln. Die Verwendung von Imlochhämmern oder drehenden Bohrverfahren erfordert jedoch die automatische Aufzeichnung der Bohrgeschwindigkeit, da diese Daten bei Bohrungen im Boden wegen der hohen und insbesondere sehr hohen Momentangeschwindigkeiten von Hand nur unzureichend protokolliert werden können (s. auch KANY & HERRMANN 1985).

Der automatischen Erfassung der Bohrdaten in Böden und im Fels kommt eine immer größere Bedeutung zu, da es gilt, aus den Bohrverfahren nach Tabelle 1 und Tabelle 2 der DIN 4021 zusätzliche Informationen und objektive Daten zur Baugrundfestigkeit zu gewinnen. Ergebnisse von Forschungsbohrungen mit kontinuierlicher Bohrdatenerfassung zeigen die Auswertung und Anwendung von Bohrdaten.

Abbildung 5.23 zeigt bei Auswertung der Bohrgeschwindigkeit des Rammkernrohres über die Kernmarschlängen und der Wendetangente den Anstieg der Lagerungsdichte in den Nürnberger Sanden. In Abb.5.24 wird die Übereinstimmung zwischen den Bohrfortschrittsdaten und den Ergebnissen der Rammsondierungen (DPL) deutlich.

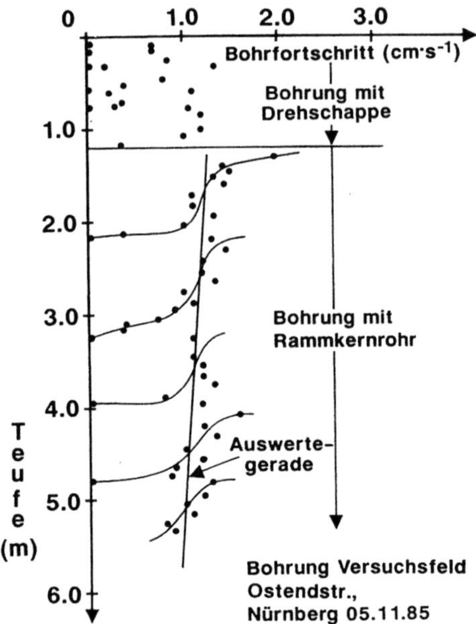

Abb.5.23: Ergebnisse und Auswertung von Bohrfortschrittsdaten mit normierten Bohr-werkzeugen. (Nach HERRMANN 1995)

Abb.5.24: Ergebnisse und Auswertung von Bohrdaten nach HERRMANN (1995); Vergleich Rammsondierung und Bohrfortschritt

5.8 Rückbau und Verfüllen der Bohrlöcher sowie Räumen der Bohrstellen

Der Rückbau von Bohrungen zur Erkundung von Deponiestandorten und der geologischen Barrieren gewinnt immer stärker an Bedeutung, da es gilt, die geologischen Barrieren durch die Erkundungsbohrungen nicht zu schwächen. Aus dieser Forderung folgt, daß die Bohrungen in jedem Fall die Steifigkeit und die Undurchlässigkeit von Barriereschichten erhalten. Der Rückbau bzw. die Verfüllung der Bohrungen sollte deshalb auf der gesamten Bohrstrecke mit hoch quellfähigem Ton (Granulaten, Tonkugeln etc.) erfolgen. Die Eignung dieser Stoffe ist mit Quelldruck-/Quellvolumenuntersuchungen nachzuweisen. Die Einbringung auf die aktuelle Rückbauteufe kann das Beschweren mit Zusatzstoffen (Schwerspat, Splitt etc.) erforderlich machen. Diese Stoffe müssen die Anforderungen an Deponiebaustoffe erfüllen. Die besonderen Anforderungen an den Rückbau von Bohrungen können einen Ausschluß von Hohlbohrschnecken-Bohrverfahren bei geologisch zu erwartenden Auflockerungen und Störungen (z.B. in senitiven Böden etc.) bedeuten, wenn nicht besondere Abdichtungsmaßnahmen ergriffen werden (s. Kap. 6).

Der Rückbau des Bohrloches ist generell mit dem Auftraggeber abzustimmen.

5.9 Besonderheiten von Bohrarbeiten in kontaminierten Bereichen

Die Bohrungen in kontaminierten Bereichen erfordern die Beachtung der Sicherheitsfestlegungen durch die Berufsgenossenschaften (*Richtlinien für Arbeiten in kontaminierten Bereichen* der Tiefbau Berufsgenossenschaft).

In Müllkörpern kommen großformatige verrohrte Greiferbohrungen und verrohrte Schneckenbohrungen zum Einsatz. (s. HOMRIGHAUSEN 1993). Besteht der Müllkörper aus mittel- bis feinkörnigem Material, so kann nach HOMRIGHAUSEN (1993) mit kleineren Bohrdurchmessern im Schnecken- oder Drehschappen-Ausbohrverfahren gearbeitet werden. Um das Personal bei Arbeiten auf Deponien oder sonstigen kontamierten Standorten zu schützen wird über Gasabsauganlagen das Deponiegas abgeführt (Abb. 5.25) oder die Bohrmannschaft kann die Bohranlage über Fernbedienungsstände steuern. Von HOMRIGHAUSEN (1993) wurde für die Probenahme aus flüssigen oder pastösen hochkontaminierten Stoffen eine spezielles Doppelkernrohr zum Kernen von flüssigen und pastösen Stoffen entwickelt (Abb. 5.26).

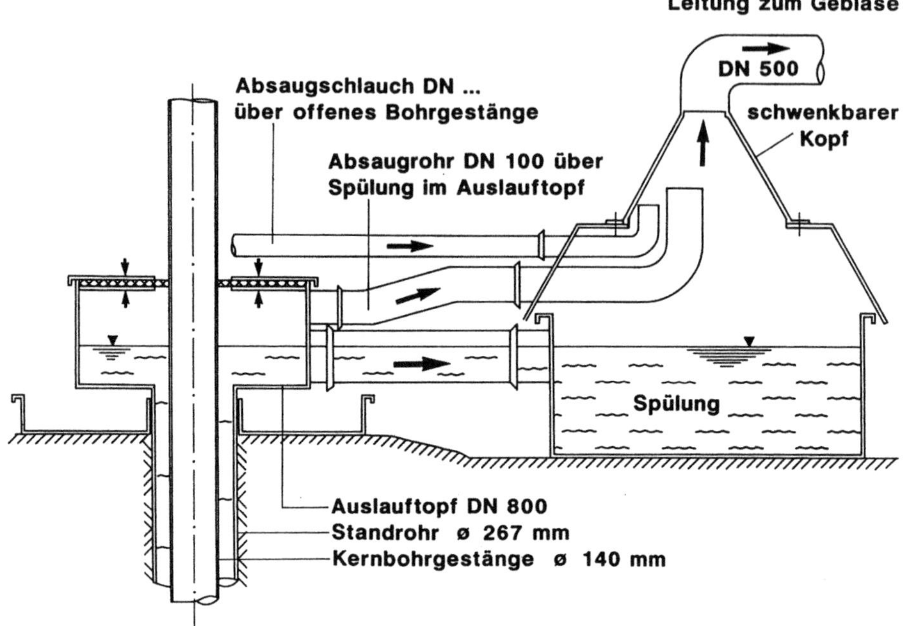

Abb.5.25: Gasabsauganlage für Bohrarbeiten im Naßbohrverfahren nach HOMRIGHAUSEN (1993)

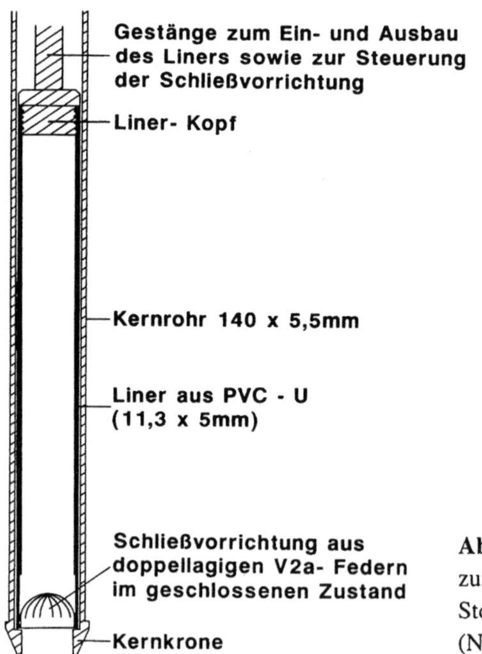

Abb.5.26: Prinzipskizze Doppelkernrohr zum Kernen von flüssigen und pastösen Stoffen in kontaminierten Bereichen. (Nach HOMRIGHAUSEN 1993)

5.10 Qualifikation der Bohrgeräteführer nach DIN 4021

In der Ausgabe 1971 der DIN 4021 wurde bereits die Forderung nach der Qualifikation der Bohrgeräteführer erhoben. Im Jahr 1980 wurde unter Federführung von Prof. Dr.-Ing. Kany diese Ausbildung begründet. Seither wird diese Qualifikation kontinuierlich in Ausbildungszentren der Deutschen Bauindustrie und des Bauhandwerkes mit Bohrgeräteführerkursen zur Qualifizierung durch den Prüfungsausschuß der Deutschen Gesellschaft für Geotechnik durch 3wöchige Vollzeitkurse unterstützt. Das Ergebnis der Ausbildung wird in einer 2tägigen Prüfung ermittelt. Nach Erfüllung aller theoretischen und praktischen Anforderungen, wobei hier ein besonderer Wert auf die Ansprache und Klassifizierung der Böden gelegt wird, erfolgt die Qualifizierung nach DIN 4021 mit der Übergabe einer Qualifizierungsurkunde. Für Aufschlußbohrungen nach DIN 4020 bzw. DIN 4022 ist generell der Nachweis der Qualifikation vom Bohrgeräteführer zu fordern.

5.11　Grundwassermeßstellen

MATTHIAS SCHREINER

5.11.1 Zweck, Definition

* Aufschluß des Grundwassers im nicht standfesten Untergrund

* Messung der Grundwasserstände

* Entnahme und Analyse von Grundwasserproben

* Durchführung von Pumpversuchen und Versickerungsversuchen

* Durchführung hydraulischer Tests aller Art

* Durchführung von Grundwassermarkierungsversuchen

Der Begriff *Grundwassermeßstelle* ist synonym zu den häufigen Begriffen *Grundwasserbeobachtungsbrunnen* und *Peilrohr*. Oft trifft man die Bezeichnung *Pegel* an, die aber sachgemäß für die Messung der Wasserstände von Oberflächengewässern vorbehalten ist. Der Terminus „*Grundwasserbeschaffenheitsmeßstelle*" soll zeigen, daß es sich um einen für chemische Grundwasseranalysen besonders geeigneten Meßstellenausbau handelt. Ein *Piezometer* stellt im deutschen Sprachgebrauch eine kleinkalibrige Meßeinrichtung für die punktuelle Bestimmung von (Poren-)Wasserdrucken im Boden dar.

**　Die Einrichtung von Grundwassermeßstellen ist eine Bauleistung gemäß der Verdingungsordnung für Bauleistungen (VOB) und besteht aus den Teilleistungen *Bohrarbeiten* und *Brunnenausbau*.**

Die in Aufschlußbohrungen und Sondierlöchern gemessenen Wasserstände bilden nur Anhaltspunkte für die Beurteilung der Grundwasserverhältnisse. Diese Messungen entsprechen den wirklichen Grundwasserständen nur in besonders günstigen Fällen, z.B. bei hoher Gebirgsdurchlässigkeit, nach langen Bohrpausen oder geringem Bohrfortschritt. Spülungszusätze, Wasserüberdruck und Verrohrung im Bohrloch, verdichtete Bohrlochwandungen sowie sedimentierende Feinteile verlangsamen den Ausgleich zwischen den Wasserständen im Bohrloch und Gebirge bis zu Fristen von mehreren Tagen. Deshalb sind Bohrlöcher i.d.R. als Grundwassermeßstellen auszubauen und klarzupumpen. Ihre Funktionstüchtigkeit wird durch einen Kurzpumpversuch (Messen der Absenkung und des Wiederanstiegs) nachgewiesen.

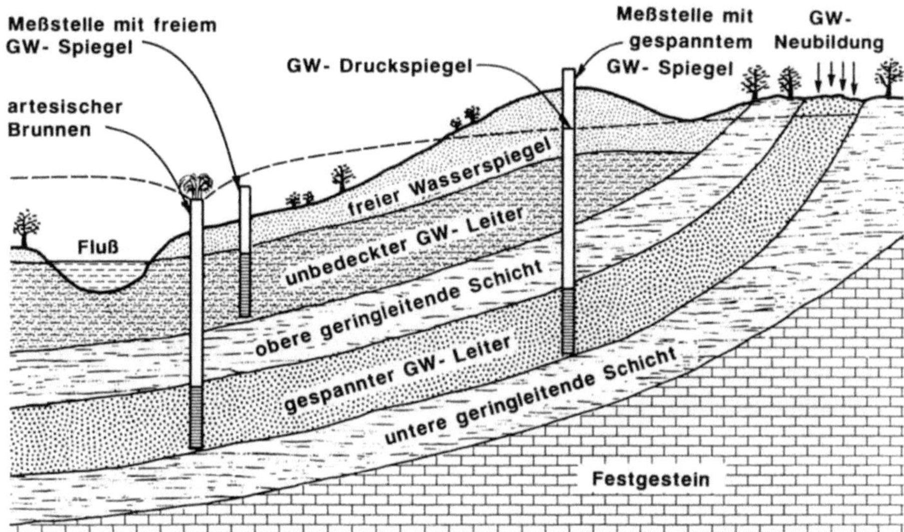

Abb.5.27: Grundwassermeßstellen in gespannten und freien Grundwasserleitern. (Nach JOHNSON 1972)

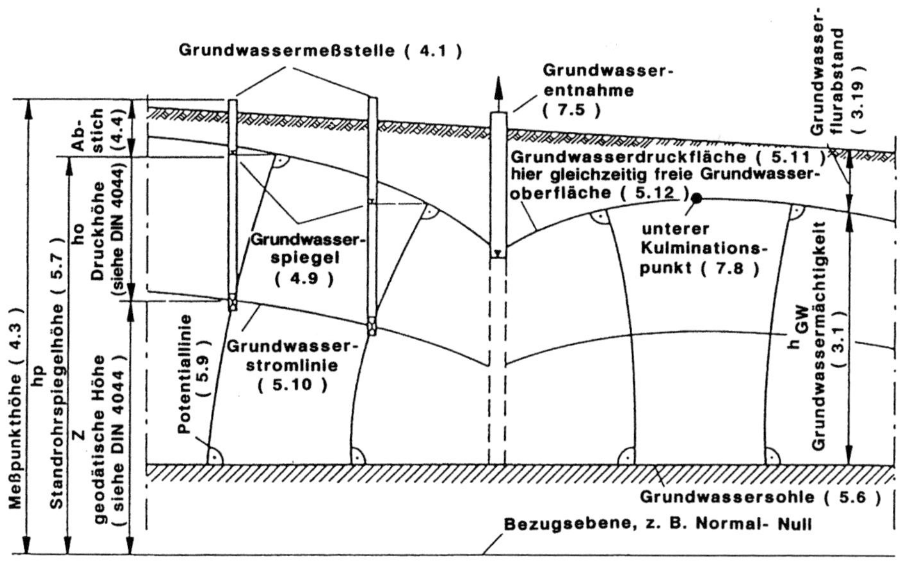

Abb.5.28: Begriffsbestimmungen. (Nach DIN 4049)

Bei geschichtetem Untergrund mit mehreren Grundwasserstockwerken (Abb. 5.27) ist die einwandfreie Abdichtung der Grundwasserhorizonte gegeneinander durch den Ausbau von Grundwassermeßstellen erforderlich - auch im standfesten Untergrund (Festgestein).

Vor der Entnahme einwandfreier Grundwasserproben müssen beim Bohren zugesetzte Fremdwässer und Spülungszusätze restlos entfernt und möglichst schwebstoffarmes Grundwasser gefördert werden. Dazu sind die Bohrlöcher zu verfiltern und abzupumpen.

Der Einsatz von *Spülfiltern* und *Rammbrunnen (Rammfilter)* sollte sich auf oberflächennahe, unbedeckte Grundwasserleiter beschränken (max. 10 m Tiefe nach DIN 4021).

Wichtige Begriffe sind in den Darstellungen der Abb. 5.27 und 5.28 veranschaulicht.

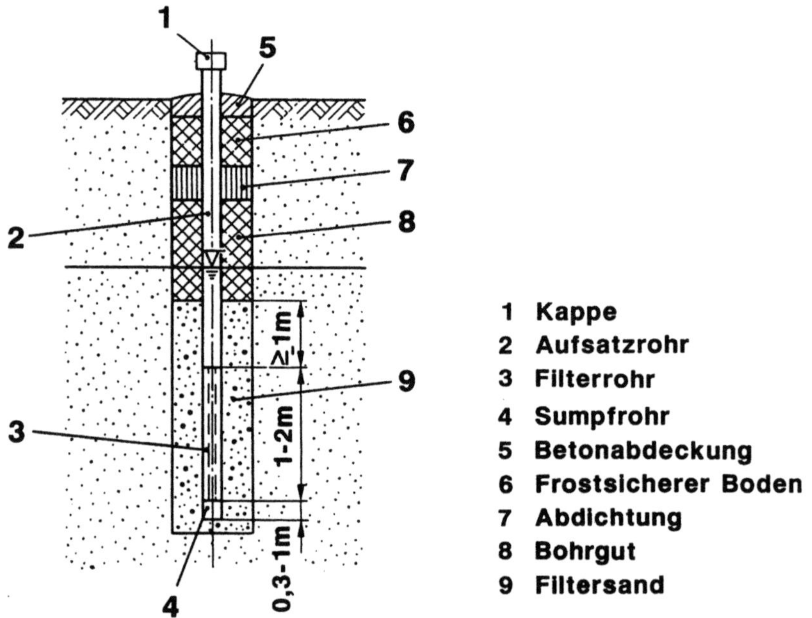

Abb.5.29: Ausbauplan von Grundwassermeßstellen im unbedeckten Grundwasserleiter; Überflurabschluß mit Sicherung gegen Frosthebung. (Nach DIN 4021)

5.11.2 Einrichtung

Grundwassermeßstellen bestehen aus einem *Rohrstrang* mit Bodenkappe, Sumpfrohr, Filterrohr, Aufsatzrohr und Abschlußkappe sowie der *Ringraumverfüllung* aus Filterkies, Tonsperren und Bohrgutfüllung bzw. Füllkies (Abb.5.29 - 5.33). Die Körnung der Filterkiese ist in DIN 4924, die Ausführung von Filterrohren in DIN 4920 und 4922 (Stahlfilterrohre) sowie DIN 4925 (PVC-Filterrohre) genormt. Es werden auf dem Markt jedoch auch andere bewährte Rohrsorten angeboten. Neben gebräuchlichem PVC-U-Filterrohr mit Querschlitzen (Standardschlitzweiten von 0,3 - 3,0 mm), verschiedenen Wandstärken und Gewinde- oder Steckverbindungen gibt es Polyethylen(PEHD)-Rohre mit Querschlitzen oder gelocht (0,3 - 10.0 mm), Teflon(PTFE)-Rohre sowie Profilwickeldrahtfilter variabler Schlitzweite aus Chromnickelstählen unterschiedlicher Werkstoffgüte. Über die jeweiligen Materialeigenschaften geben RUMÖLLER & JOANNI (1993) Auskunft.

Der Ausbau von Bohrungen zu Grundwassermeßstellen ist in DIN 4021 und im DVGW (Deutscher Verein von Gas- und Wasserfachleuten) Merkblatt W 121 sowie u.a. in der LAWA (Länderarbeitsgemeinschaft „Wasser") Richtlinie Grundwasser (1992) und NLWA Richtlinie Grundwassergüte-Meßnetz Niedersachsen (1990) beschrieben. Um die Empfehlungen dieser Regelwerke in die Praxis umzusetzen, bedarf es vieler Erfahrung und Sorgfalt bei der Ausführung. Sehr häufig treten entscheidende Mängel auf, welche den Gebrauchswert von Grundwassermeßstellen in Frage stellen können (z.B. BRANDT & NICKEL 1994) oder Grundwassermeßstellen zu Risikofaktoren im Grundwasserschutz machen (DITTRICH 1996). Hauptschwachstellen sind:

- Tonsperren in falscher Position

- Tonsperren inhomogen und undicht

- Tonsperren nicht vorhanden

- Rohrstrang exzentrisch eingebaut

- Rohrverbindungen undicht

- Filterkies zu grob

Die Folgen sind hydraulische Kurzschlüsse zwischen getrennten Grundwasserhorizonten, Oberflächenwasserzuflüsse in die Filterstrecke und Versandung. Die wichtigsten Voraussetzungen für eine korrekte Ausführung der Grundwassermeßstelle sind (s. auch HOMRIGHAUSEN & LÜDEKE 1990):

- Ausreichende Bohrlochdurchmesser mit Ringraumstärken von mindestens 50 mm, bei größeren Tiefen von 100 mm oder mehr (für die Schütt- und Verpreßrohre)

- Maßhaltiges Bohrlochkaliber (keine Auskesselungen)

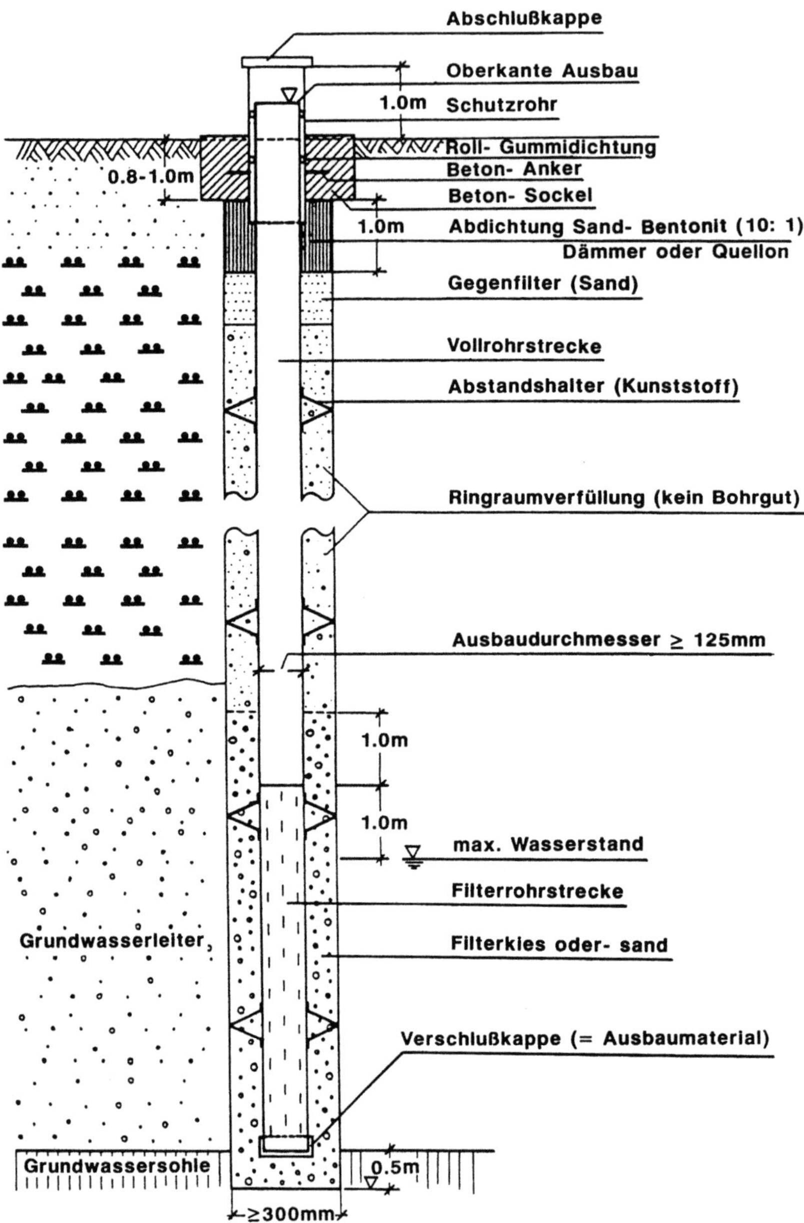

Abb.5.30: Regelausbau einer Grundwassermeßstelle im unbedeckten Grundwasserleiter Überflurabschluß mit übergestülptem Schutzrohr und frostfrei gegründetem Betonsokkel; Hinterfüllung Füllkies anstelle von Bohrgut im Vollwandrohrbereich gewährleistet geringere Setzungen im Ringraum. (Nach LAWA 1992)

- Geophysikalische Bohrlochmessung vor und nach dem Ausbau (s. Bd. 3 Geophysik)

- Zentrieren des Rohrstranges mit wenigen (!) Zentralisatoren

- Langsame, kontrollierte Verfüllung des Ringraumes (portionsweise Schüttung von Kies - am besten mit Schüttrohren; Verpressen von Tonsuspensionen (in kontaminierten Bereichen sowie größerer Tiefe meist erforderlich) ist besser als Schütten von Tonpellets

- Nur einen Rohrstrang je Bohrloch einbauen; sog. Multilevelmeßstellen sind häufig undicht

- Dichte Rohrverbindungen: Muffen mit Dichtring, Doppelmuffen mit Dichtringen, Klebemuffen, Schrumpfmuffen

Tabelle 5.9: Übliche Rohrdurchmesser von PVC-Rohren für Grundwassermeßstellen

Nennweite	Innen-/Außendurchmesser (über Muffe) in [mm]:	
DN 35 (1¼ Zoll)	34,5 / 46	Doppelmuffenrohre:
DN 40 (1,5 Zoll)	41 / 53	36 / 67
DN 50 (2 Zoll)	52 / 65	48 / 76
DN 80 (3 Zoll)	80 / 93	60 / 92 (nur in DN 65/2,5 Zoll)
DN 100 (4 Zoll)	103 / 120	keine Doppelmuffe
DN 115 (4,5 Zoll)	115 / 149	110 / 143
DN 125 (5 Zoll)	127 / 149	124 / 162
DN 150 (6 Zoll)	155 / 170-176	146 / 195

Zur Förderung von Wasser aus Tiefen über 6 m sind Unterwasserpumpen notwendig. Die kleinsten U-Pumpen passen in Rohre DN 50 und leisten etwa 1,5 m^3/h bei 30 m Förderhöhe. Die nächst leistungsfähigeren U-Pumpen mit 5 -10 m^3/h besitzen Außendurchmesser von mind. 95 mm. Daher wählt man oft Ausbaudurchmesser von DN 125 - DN 150 und dementsprechende Bohrdurchmesser von 250 - 300 mm. Große Bohrlochdurchmesser sind für die geophysikalische Bohrlochmessung ungünstig (s. Bd. 3 Geophysik). Diese Schwierigkeiten umgeht man, indem man die Aufschlußbohrung mit kleinerem Durchmesser (etwa 150 mm) abteuft und nach der Bohrlochmessung auf den Enddurchmesser aufbohrt. Beim Spülbohrverfahren bedeutet dies meist keinen großen zusätzlichen Aufwand.

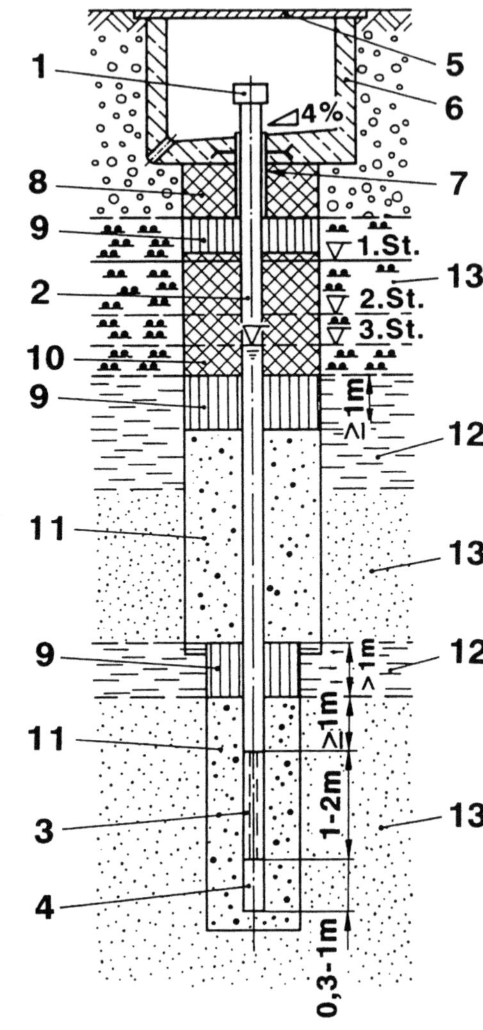

Abb.5.31: Ausbauplan von Grundwassermeßstellen im zweiten (bedeckten) Grundwasserhorizont; hier mit Unterflurabschluß. (Nach DIN 4021)

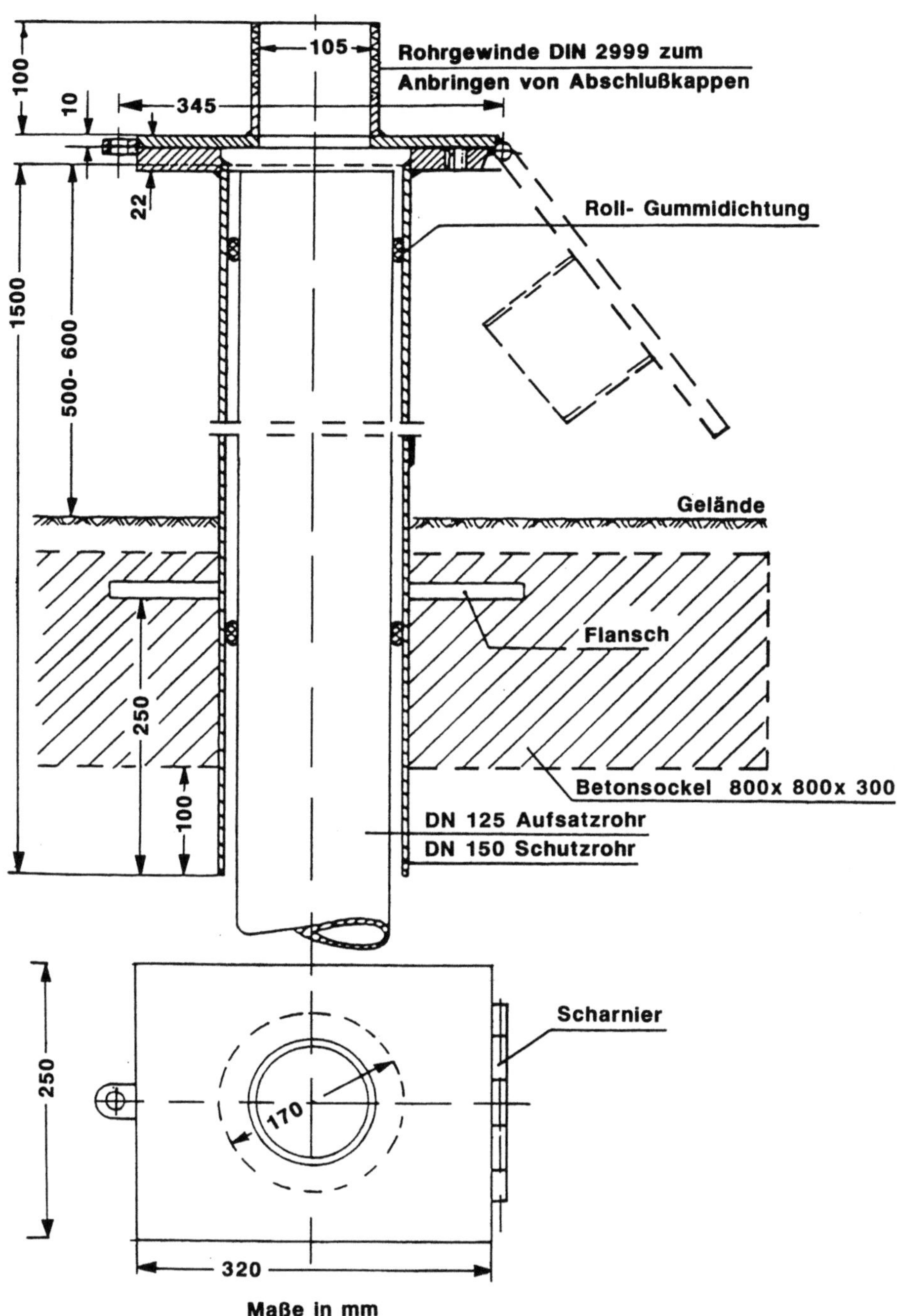

Abb.5.32: Frostsicherer Überflurabschluß einer Grundwassermeßstelle mit Klappdeckel und Reduzierstück für Abschlußkappen. (Nach DVGW - W 121, 1988)

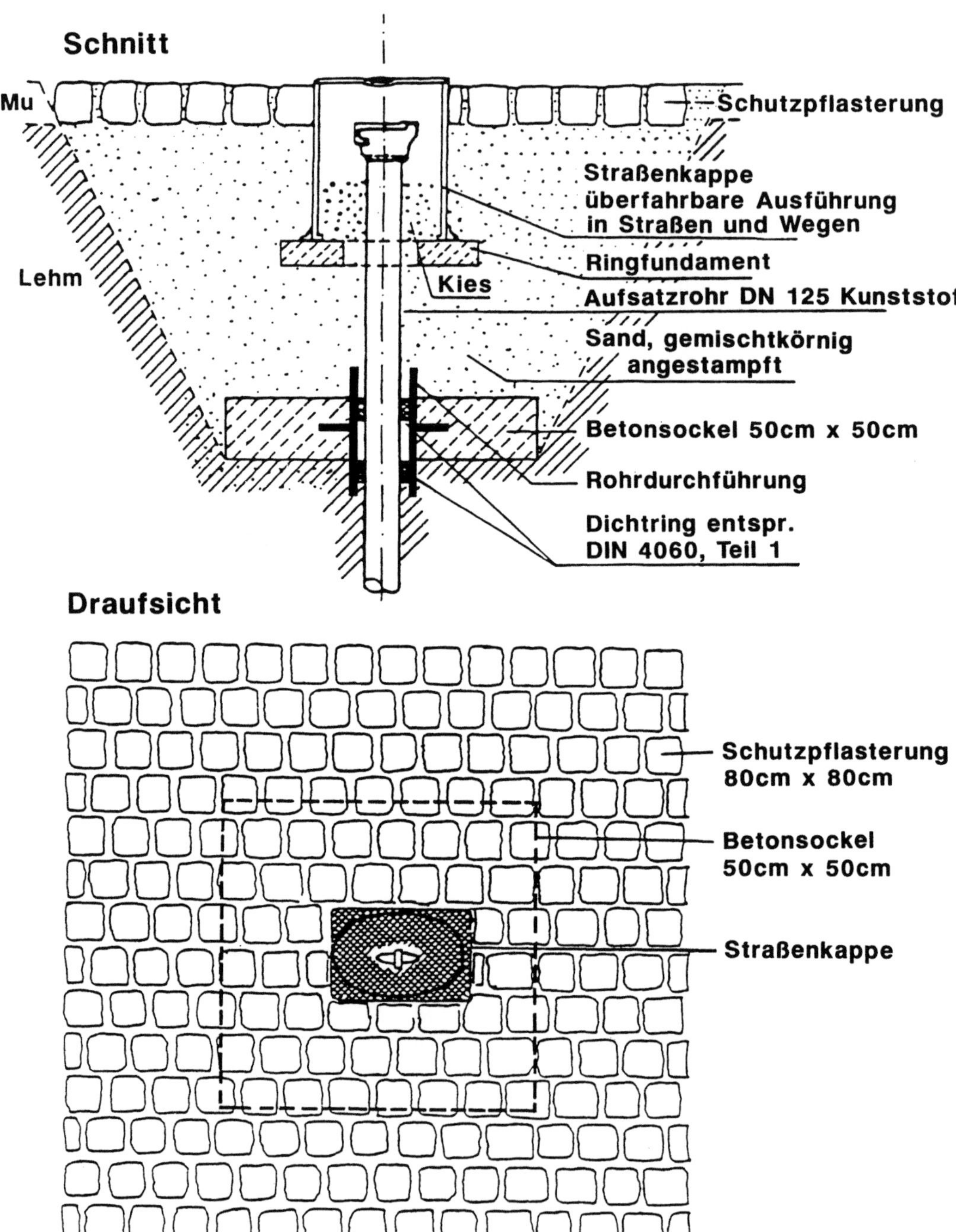

Abb.5.33: Unterflurabschluß einer Grundwassermeßstelle mit Straßenkappe (Hydrantenkappe). (Nach DVGW - W 121 , 1988)

Literatur

BEGEMANN, P. (1966): The 29 mm continuous sampling apparatus. Laboratorium voor Grondmechanica Delft LGM - Medelingen **10** (4), Delft (Niederlande)

BEGEMANN, P. (1977): The 66 mm continuous sampling apparatus. Laboratorium voor Grondmechanica Delft LGM-Medelingen **18**(2,3), Delft (Niederlande)

BRANDT, G. & NICKEL, R. (1994): Analyse und Weiterentwicklung geohydraulischer und geophysikalischer Bohrlochtests für die Untersuchung von Deponie- und Altlaststandorten.- Nordhausen 1994, Forschungsbericht im Auftrag der BGR (unveröffentl.), Hannover

DIN 4020 „Geotechnische Berechnungen für bautechnische Zwecke". Ausgabe Oktober 1990, Beuth, Berlin Köln

DIN 4021 „Aufschluß durch Schürfe und Bohrungen sowie Entnahme von Proben". Ausgabe Oktober 1990, Beuth, Berlin Köln

DIN 4022 Teil 1 „Benennen und Beschreiben von Boden und Fels - Schichtenverzeichnisse für Bohrungen ohne durchgehende Gewinnung von gekernten Proben im Boden und Fels". Ausgabe September 1987, Beuth, Berlin Köln

DIN 4022 Teil 2 „Benennen und Beschreiben von Boden und Fels - Schichtenverzeichnisse für Bohrungen im Fels (Festgestein)". Ausgabe März 1991, Beuth, Berlin Köln

DIN 4022 Teil 3 „Benennen und Beschreiben von Boden und Fels - Schichtenverzeichnisse für Bohrungen im Boden (Lockergestein)". Ausgabe Mai 1992, Beuth, Berlin Köln

DIN 4023 „Baugrund- und Wasserbohrungen - Zeichnerische Darstellung der Ergebnisse". Ausgabe März 1984, Beuth, Berlin Köln

DIN 4049: Teil 1 „Hydrologie, Grundbegriffe". Ausgabe 1992, Beuth, Berlin Köln

DIN 4049: Teil 3 „Hydrologie, Begriffe zur quantitativen Hydrologie". Ausgabe 1994, Beuth, Berlin Köln

DIN 4094 „Erkundung durch Sondierungen". Ausgabe Dezember 1990, Beuth, Berlin Köln

DIN 4096 „Flügelsondierung - Maße des Gerätes, Arbeitsweise, Auswertung". Ausgabe Mai 1980, Beuth, Berlin Köln

DIN 4920 „Stahlfilterrohre für Bohr- und Rammbrunnen mit Schlitzlochung und Whitworth-Rohrgewinde nach DIN 2999". Ausgabe 1955, Beuth, Berlin Köln

DIN 4922, Teil 2 „Stahlfilterrohre für Bohrbrunnen; mit Gewindeverbindungen DN 100 bis DN 500"; Ausgabe 1981, Beuth, Berlin Köln

DIN 4924 „Filtersande und Filterkiese für Brunnenfilter". Ausgabe 1972, Beuth, Berlin Köln

DIN 4925, Teil 1-3 „Kunststoff-Filterrohre aus weichmacherfreiem Polyvinylchlorid (PVC-hart, PVC-U); für Bohrbrunnen, mit Querschlitzung und Gewindeverbindung. Ausgabe 1981, Beuth, Berlin Köln

DIN 18196 „Erd- und Grundbau - Bodenklassifikation für bautechnische Zwecke". Ausgabe Oktober 1988, Beuth, Berlin Köln

DITTRICH, H. (1996): Grundwassermeßstellen - ein Risikofaktor im Grundwasserschutz?- bbr **6**: 12-16

DVGW-Deutscher Verein des Gas- und Wasserfaches, Merkblatt W 121 (1988) „Bau und Betrieb von Grundwasserbeschaffenheitsmeßstellen". Eschborn

GOODMAN, R. E. et.al. (1968): Measurement of rock deformability in boreholes. Proc. 10 Symposium Rock Mechanics, Austin, University of Texas

HERRMANN, R. (1983): Querschnittsstudie Bohrung / Probenahme. Veröffentlichungen des Grundbauinstitutes der Landesgewerbeanstalt Bayern, Sonderheft, 362 S., Eigenverlag LGA, Nürnberg

HERRMANN, R. (1986): unveröffentlichte Untersuchungen zur Versiegelung von Sonderproben

HERRMANN, R. (1989): Entwicklungen der Bohr- und Entnahmetechnik für Aufschluß- und Deponiebohrungen, Geotechnik **12** (1): 19-26

HERRMANN, R. (1995): Kommentar (zur Herausgabe der) DIN 4021 „Aufschluß durch Schürfe und Bohrungen sowie Entnahme von Proben" Veröffentlichung unter: Komm. Techn. Baubestimmungen, 12. Ergänzungslieferung1995; Müller GmbH, Köln

HERRMANN, R. & SEITZ, S. (1987): Die Definition zweier modifizierter Flächenverhältnisse zur geometrischen Beschreibung der Qualität von Bohrproben. Veröffentlichungen des Grundbauinstitutes der LGA Bayern, Heft 50 (Sonderheft), Eigenverlag LGA, Nürnberg

HOMRIGHAUSEN, R. (1993): Bohrungen für Erkundungen von Altlasten, Industriestandorten und Deponien; bbr **10**: 480-489

HOMRIGHAUSEN, R. (1995): unveröffentlichte Firmenunterlagen Celler Brunnenbau, Celle

HOMRIGHAUSEN,R. & LÜDEKE, U. (1990): Dichtigkeit von Ausbaumaterialien und Wirksamkeit von hydraulischen Barrieren im Ringraum.- Firmenprospekt Celler Brunnenbau

HVORSLEV, M. J. (1949): "Surface exploration", Sampling of soil for civil engineering purposes. Waterways Experiment Station Vicksburg, Mississippi

JOHNSON DIVISION (1972): Groundwater and wells - A reference book for the water-well industry. Universal Oil Products Co., Saint Paul, Minnesota

KANY, M. & HERRMANN, R. (1980): Quality-classes of soil sampling and rating of the quality of soil samples from the point of view of the Institutes of Foundation Engineering and Soil Mechanicis, Research Institutes and Testing Facilities for Soil Mechanics and Foundation Engineering in the FRG. Report of Sub Committees on Soil Sampling 4./ 6. Oct. 1980 in Delft, Holland

KANY, M. & HERRMANN, R. (1982): Praxis der Bodenprobenahme in weichen bindigen Böden, Teil 1. Geotechnik, **5** (4): 178-188

KANY, M. & HERRMANN, R. (1983): Meßmethoden zur automatischen Erfassung von Bohrdaten bei der Erkundung des Baugrundes, Symposium „Meßtechnik im Erd- und Grundbau", 23.-24. November 1983, München, 7-13, DGGT Essen

KANY, M. & HERRMANN, R. (1985): Sampling and testing of residual soil in the FRG, Session "ISSMFE Technical Committee on Sampling and Testing of Residual Soil", XI. International Practice, 57 - 63, Scorpion Press, Hong Kong

KANY, M. & HERRMANN, R. (1989): Drilling processes and sampling in cohensionless soils of FRG.- Report of the Technical Committee on Soil Sampling (ISSMFE TC 24) " Sampling of cohensionless Soils"; published by: Japanese Society of Soil Mechanics and Foundation Engineering under the Auspices of International Society for Soil Mechanics and Foundation Engineering

KÖGLER, F. (1933): Baugrundprüfung im Bohrloch. Bauingenieur. **14:** 266-270

MENARD, L. (1963): Calcul de la force portants des fondations sur la base des resultats pressiometriques. Sols-Soils, **2:** 9-24

NLWA-Niedersächsisches Landesamt für Wasser und Abfall (1990): Grundwassergüte-Meßnetz Niedersachsen, Niedersächsische Richtlinie für die Auswahl, den Bau und die funktionsprüfung von Meßstellen, Hildesheim 1990

NOACK, I. & WAZLAWIK, K. (1985): Einsatzmöglichkeiten von Hohlbohrschneckensystemen in der Lockergesteinserkundung. Neue Bergbautechnik, **15** (9), Leipzig

NORDMEYER (1995): unveröffentlichte Firmenunterlagen der Firma Nordmeyer, Peine

Richtlinien für Arbeiten in kontaminierten Bereichen des Hauptverbandes der gewerblichen Berufsgenossenschaften (1992). Ausgabe April, Heymanns, Köln

RUMÖLLER, K.-O. & JOANNI, E. (1993): Filter- und Vollwandrohre - verfügbare Typen, Matrialien und deren Auswahl. bbr **10:** 490-497

SEEGER, K. & SMOLTCZYK, U. (1980): Beitrag zur Ermittlung des horizontalen Bettungsmoduls von Böden durch Seitendruckversuche im Bohrloch. Mitteilung Nr. 13, Baugrundinstitut Stuttgart

TRISCHLER, J. & KNOPF, S. (1985): Erfahrungen mit der Fernsehsonde in Aufschlußbohrungen für die DB-NBS Hannover-Würzburg. Geotechnik **8** (2): 61-67

ULRICH, G. (1991) : Bohrtechnik. In: SMOLTCZYK, U. (Hrsg.): Grundbautaschenbuch Teil 2, Ernst, Berlin

WEISS, K. (1990): Erkennen und Beschreiben von Bodenarten und Fels und Klassifikation. In: SMOLTCZYK, U. (Hrsg.): Grundbautaschenbuch Teil 1. Ernst, Berlin

6 Spezielles Entnahmeverfahren für Proben aus kontaminierten Bereichen

WERNER NEUMANN-PETERS und PETER NEUMANN

6.1 Einleitung

Die Forderung nach ungestörten und repräsentativen Bodenproben, nicht nur im Sinne von bodenmechanisch, sondern auch geochemisch unverfälschten Proben, hat bei der Erkundung von Deponien und Altlasten erheblich an Bedeutung gewonnen. Zwar können auch geophysikalische Meßmethoden für eine flächenhafte Vorerkundung eingesetzt werden, aber die Bestimmung von "Schadstoff-Fronten" im Deponieuntergrund ist nur direkt am Bohrgut bzw. an einem Bohrkern möglich. Analysemethoden mit immer höheren Nachweisgrenzen erfordern jedoch spezielle Probenentnahmetechniken. Ungestörte und chemisch unveränderte Proben, die z.B. für gefügekundliche Untersuchungen zusätzlich orientiert aus dem Untergrund (Altlast, Deponieuntergrund, Basisabdichtung, o.ä.) bzw. aus dem Abfall oder kontaminierten Boden selbst zu entnehmen sind, erfordern einen hohen technisch-apparativen Aufwand. In dieser Hinsicht wurde jedoch der eigentlichen Probenahme und der nachträglichen Abdichtung des Bohrloches zur Absperrung kontaminierter Horizonte im Rahmen von Erkundungs- und Sanierungsmaßnahmen nur wenig Aufmerksamkeit geschenkt. Hier herrscht nach wie vor ein Ungleichgewicht zwischen einer wenig qualifizierten Probenahme und dem häufig erheblichen technischen und finanziellen Aufwand für die nachgeschaltete hochqualifizierte Analytik. Die Weiterentwicklung der bisherigen Bohr- und Probenahmetechnik, um in stark kontaminierten Bereichen Bodenproben hoher Qualität gewinnen zu können, war das Ziel eines Forschungsvorhabens (NEUMANN-PETERS & NEUMANN 1994). Die Entwicklung eines Probenahmegerätes und einer speziellen Entnahmetechnik gestattet es danach, Bohrkerne hoher Güte (Güteklasse 1, DIN 4021) für bodenmechanische und gefügekundliche Untersuchungen (z.B. Klüftung) zu gewinnen. Außerdem wird durch die neue Entnahmetechnik das Verschleppen von Kontaminanten im Bohrkern weitgehend minimiert. Die so gewonnenen Proben bieten eine verläßliche Grundlage für die Bestimmung und Bewertung der Kontaminationsfront in der Geologischen Barriere unterhalb von Deponien, Altlasten, verunreinigten Altstandorten oder in technisch-mineralischen Dichtungsschichten.

6.2 Prinzip der Probenahme

Die Fa. Neumann Bohrtechnik GmbH, Eckernförde, hat in Zusammenarbeit mit dem Geologischen Landesamt Hamburg ein Probenahmeverfahren entwickelt, bei dem die Durchörterung des kontaminierten Bereiches (z.B. eines Müllkörpers) im Schutze einer Suspension erfolgt. Die Suspension hat die Aufgabe, beim Bohrfortschritt Umläufigkeiten von Sickerwässern zu verhindern und als Dichtungsmasse den beprobten Bereich dauerhaft abzudichten. Praxisorientierte Einsätze haben gezeigt, daß das Probenahmesystem auch innerhalb einer Altlast bzw. Deponie angewendet werden kann.

Mit der Konstruktion einer sog. ORKUS-Sonde wird ein *orientiertes Kernen ungestörter Sonderproben* in Lockergesteinen ermöglicht. Die ORKUS-Sonde wurde in verschiedenen Substraten (feinkörnige, wassergesättigte Sande, wasserungesättigte Sande, Lehme, Geschiebemergel, konsolidierte Tone und grobkörnige Auffüllungen) erprobt und lieferte jeweils Kernqualitäten der Güteklasse 1. Die entnommenen Kerne von diesen Standorten haben eine Länge von maximal 1000 mm bei einem Durchmesser von 105 mm. An diesen Proben wurden bodenmechanische und geochemische Untersuchungen durchgeführt.

Es wurde eine Technik entwickelt, bei der die Beprobung unterhalb von kontaminierten Bereichen auch mit einer Hohlbohrschnecke erfolgen kann. Hierbei wird an der Schneckenspitze eine Suspension verpreßt, die einerseits den Vortrieb (z.B. durch einen Müllkörper) erleichtert und andererseits die Verschleppung von Schadstoffen (z.B. fluide Phasen innerhalb eines Deponiekörpers) in den eigentlichen Beprobungsbereich verringern bzw. verhindern soll. Nach erfolgter Probenentnahme wird dieser Bereich mit einer, in Zusammenarbeit mit dem Geologischen Landesamt Hamburg und der Hüls AG, Troisdorf, entwickelten Dichtmasse abgedichtet. Vom Projektpartner durchgeführte Säulenversuche zur gleichzeitigen Bestimmung der Durchlässigkeit von Substrat, Dichtmasse und Kontaktbereich belegen, daß erhöhte Durchlässigkeiten im Bereich der sog. Dichtungsfuge auftreten können. Daher wurde von der Fa. Neumann eine Bohrlochfräse konstruiert, die eine enge Verzahnung zwischen Dichtmasse und Substrat gewährleistet.

Der Vorgang einer Probenentnahme mit der ORKUS-Sonde wird in nachfolgender Übersicht schematisch dargestellt (Abb.6.1 bis 6.4: Vorgänge 1 - 7):

Vorgang 1:
Abteufen einer Rohrtour in den Bereich der geplanten Probenentnahme. Es bestehen hierfür 2 Möglichkeiten:
- Rohrtour in Kombination mit einer Bohrschnecke (Bohrgutananfall !)
- Hohlbohrschnecke mit entfernbarer Pilotspitze (extrem geringer Anfall von Bohrgut)

Einpumpen einer Suspension in das Bohrloch. Die langsam aushärtende Dichtmasse dient als Schutz vor Verschleppung von Kontaminationen und soll auch den Zutritt von Stauwasser in den Probenahmebereich weitestgehend verhindern (Abb.6.1).

Vorgang 2
Einsetzen der ORKUS-Sonde mit verriegelter Spitze. Der Innenraum der Sonde ist gegenüber gasförmigen und flüssigen Stoffen hermetisch verschlossen (Abb.6.1).

Vorgang 3
Entriegeln der Sondenspitze und Einrammen mit der Schlagvorrichtung. Eine horizontale Auslenkung des Gestänges wird durch an das Gestänge montierte Abstandhalter verhindert. Bei der Probenahme aus grobkörnigem Material ist die Verwendung eines Fangkorbes („Kernfänger") möglich (Abb.6.2).

Vorgang 4
Nach Erreichen der Endtiefe wird die Sondenspitze verriegelt. Der beim Ziehen der Sonde entstehende Unterdruck hält die Bodenprobe im Kernrohr. Die in das Bohrloch vorab eingepumpte Dichtmasse füllt den Probenahmebereich aus (Abb.6.2).

Vorgang 5
Einführen der Bohrlochfräse in den Bereich der Probenahme.Dem Kontaktbereich von eingefüllter Dichtmasse und dem umgebenden Substrat kommt besondere Bedeutung zu. Durch geeignete Auswahl der Dichtmasse wird eine Anpassung an die jeweiligen Substrate angestrebt. Diese Anpassung wird teilweise eingeschränkt durch weitere Anforderungen hinsichtlich der chemischen Widerstandsfähigkeit, der Plastizität, der geringen Durchlässigkeit, der Festigkeit sowie der Verarbeitungsfähigkeit.

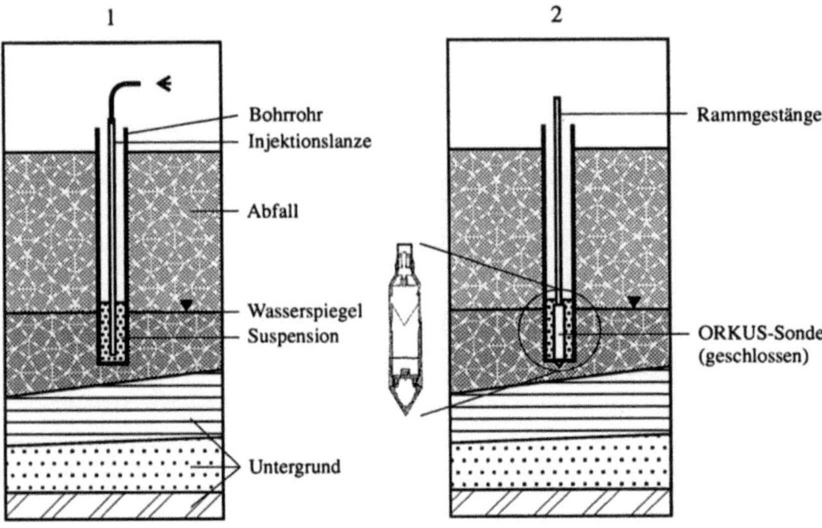

Abb.6.1: 1-Abteufen einer Rohrtour und Einpumpen einer Suspension
2-Einsetzen der ORKUS-Sonde mit geschlossener Spitze

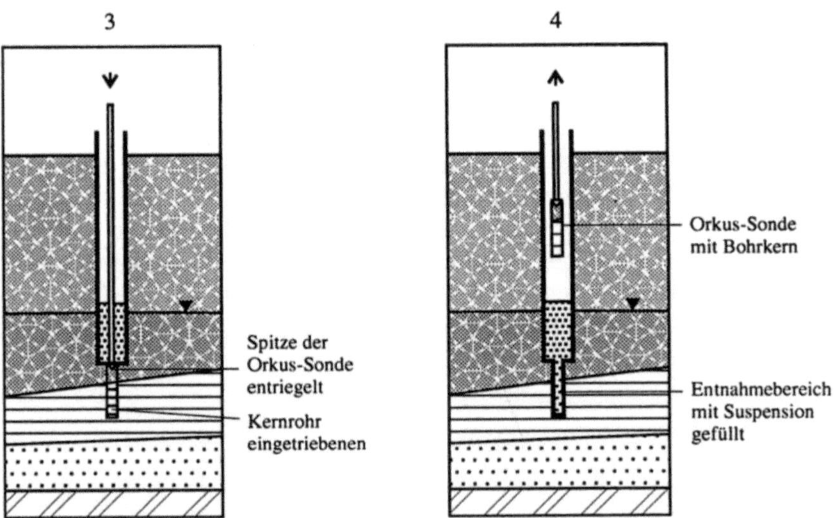

Abb.6.2: 3-Nach Entriegeln der Spitze Vortreiben des Kernrohres
4-Nach Erreichen der Endteufe Ziehen der ORKUS-Sonde

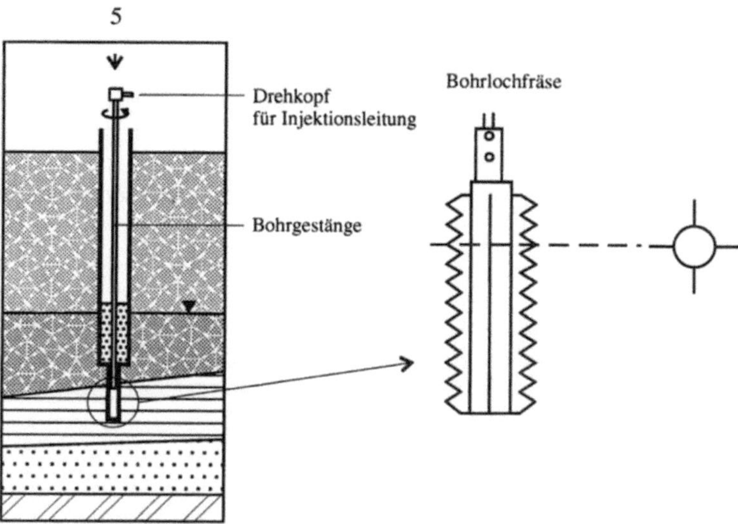

Abb.6.3: 5-Einführen der Bohrlochfräse

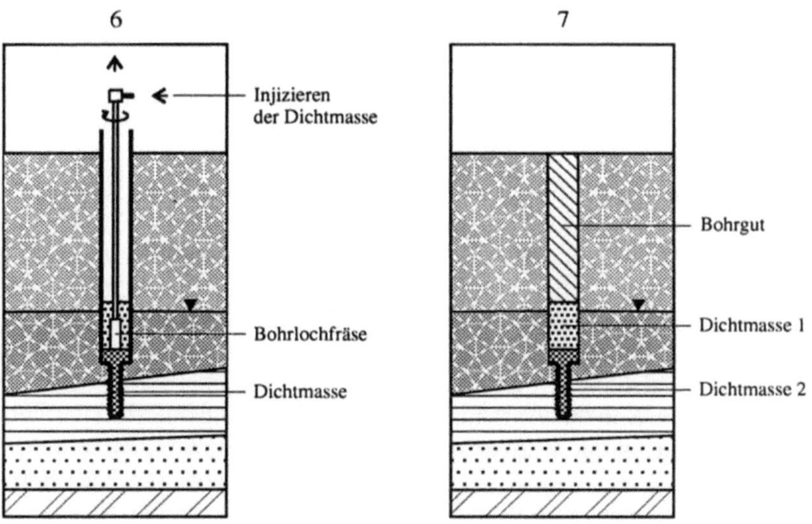

Abb.6.4: 6-Injizieren der Dichtmasse; gleichzeitiges Herausdrehen der Bohrlochfräse
7-Vollständiger Rückbau des Bohrloches nach erfolgter Probenahme

Aufgrund der daraus resultierenden Unterschiede in den bodenmechanischen Eigenschaften können im direkten Kontaktbereich der 2 Materialien im ungünstigsten Fall Trennfugen und damit flüssigkeitswegsame Bereiche entstehen. Um die Wahrscheinlichkeit, daß dieser Fall eintritt, zu verringern wird die sog. „Bohrlochfräse" eingesetzt. Mit diesem Gerät wird eine „Aufrauhung" bzw. eine Verzahnung von Dichtmasse und beprobtem Material geschaffen (Abb.6.3):

Vorgang 6
Einpumpen einer als Dichtung wirkenden, schnell aushärtenden Masse (Dichtmasse). Gleichzeitig wird die Bohrlochfräse gedreht und angehoben und so eine Verzahnung zwischen Dichtmasse und Substrat hergestellt (Abb.6.4).

Vorgang 7
Nach bzw. während des Ziehens der Rohrtour wird der verbleibende Hohlraum mit Bohrgut (falls die entsprechende Genehmigung vorliegt) oder einem anderen Material (z.B. Tonpellets) verfüllt (Abb.6.4).

6.3 Entwicklung, Aufbau und Einsatz des Probenahmegerätes

Erste Entwicklungen für den Bau eines Probenahmegerätes wurden im Jahr 1984 vorgenommen und führten zur Konstruktion von Vorläufer-Modellen der ORKUS-Sonde.

Im Forschungszeitraum wurde eine Proben-Entnahmesonde konstruiert, die durch orientiertes Kernen ungestörte Sonderproben (System ORKUS) von 1 m Kernlänge und 105,6 mm Durchmesser liefert.

Die ORKUS-Sonde ist druckwasserdicht verschlossen. In den Probenraum können beim Abteufen keine Sickerwässer oder andere fluide Phasen (z.B. Öle) eindringen. Auch Gase werden durch einen inneren Überdruck ferngehalten. Sowohl Kupplungsstellen als auch Verschlußkolben zur Schneide sind mit O-Ringen abgedichtet. Ein zufälliges Eindringen von Stoffen ist auszuschließen, so daß die chemische Analytik am Bohrgut nicht beeinträchtigt wird. Für die praxisnahe Umsetzung mußten wissenschaftlich begründete Veränderungen am Sonden-Aufbau mit der Zweckmäßigkeit der Fertigung sowie den Erfahrungen aus Feldversuchen in Einklang gebracht werden.

Die ORKUS-Sonde (Abb.6.5) besitzt eine pneumatische Ver- und Entriegelung der Sondenspitze. Der Vorteil gegenüber der ursprünglich mechanisch ausgelösten Ver- und Entriegelung liegt in der geringeren Zahl der benötigten Bauteile und in der verbesserten Funktionalität.

Die Dichtigkeit von starren und beweglichen Teilen wurde optimiert. Besonderer Augenmerk galt dem beweglichen Verschlußkolben (Oberteil der

Sondenspitze). Hier wurde durch die Auswahl geeigneter O-Ringe ein Kompromiß zwischen leichter Beweglichkeit des Kolbens im Kunststoff-Liner und geforderter Dichtigkeit gefunden.

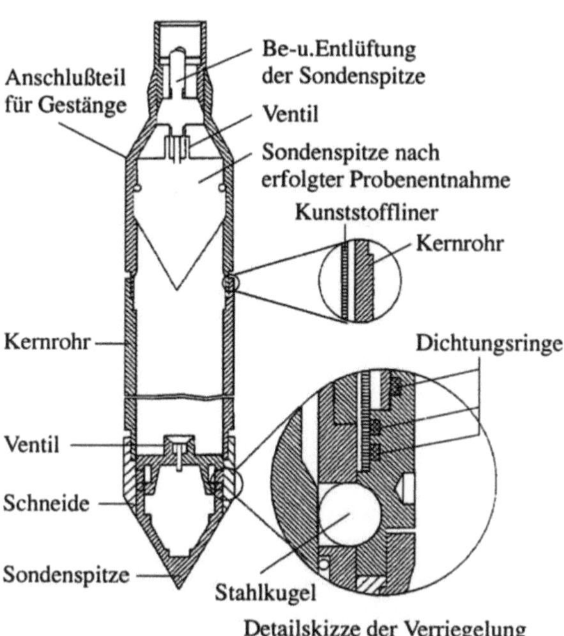

Abb.6.5: Konstruktionsschema der ORKUS-Sonde

Kernrohr

Das Kernrohr dient der Aufnahme des Kunststoff-Liners, der nach erfolgter Probenentnahme das Kernmaterial enthält. Die Verbindung zur Sondenschneide wird über Gewinde hergestellt, der Übergang zum Gestängeanschlußteil über eine Doppelmuffe. Die erste Konstruktion des Kernrohres wies - wie alle anderen Bauteile auch - ein 8-mm-Flachgewinde auf. Diese Gewindeform ist relativ schmutzunempfindlich. Nach ersten Feldversuchen mit dem VIBRA-CORER (ein schnellvibrierendes Gerät zum Eintreiben von Bohrrohren in den Boden) wurde festgestellt, daß sich Schraubverbindungen gelöst hatten. Alle Neukonstruktionen wurden daraufhin nur noch mit 6-mm-Flachgewinde versehen.

Schneide

Der unterste Teil der Sonde ist als Schneidring mit innenliegender Schneidfläche ausgebildet. Er wird durch eine Schraubverbindung am Kernrohr befestigt.

Es wurden 2 Modifikationen erprobt, die sich in der Größe des Schneidwinkels unterscheiden. Eine Bauart mit einem Schneidwinkel von 60° wurde erfolgreich in bindigen Substraten eingesetzt. Die andere Bauart mit einem Schneidwinkel von 45° wurde bei der Beprobung von wasser-ungesättigten Sanden eingesetzt und zeigte ebenfalls gute Ergebnisse.

Sondenspitze

Bei bestimmter Ausbildung des zu beprobenden Materials zeigte sich, daß die Sondenspitze in Kegelform Nachteile in sich bergen kann. Soll z.B. ein sehr weiches Material mit festen Einschlüssen, z.B. locker gelagerter, wassergesättigter Mergel mit grobklastischen Komponenten beprobt werden, kann die Festigkeit des zu beprobenden Materials nicht ausreichen, den Verschlußkolben während des Eintreibens der Sonde im Liner nach oben zu drücken. Auch kommt es in diesem Fall zum Einklemmen von gröberen Bestandteilen. Diese bewirken dann eine einseitige Belastung der Kegelspitze, als Folge tritt eine Verkantung des Verschlußkolbens auf. Eine Probenahme ist nicht mehr möglich. Durch eine Änderung der Sondenspitze wurde dieses Problem gelöst. Die Sondenspitze besitzt nicht mehr die Kegelform, sondern ist zylindrisch ausgebildet, die Stirnseite ist gering nach innen gewölbt. Probenahmen mit dieser Sondenspitze zeigten gute Ergebnisse (Deponie Neu-Wulmstorf).

Pneumatische Verriegelung der Sondenspitze

Die Kupplung zur pneumatischen Betätigung der Sondenspitze mit der externen Be- und Entlüftung wurde in den Bereich oberhalb des Liners verlegt. Ein Spiralschlauch verbindet ein Ventil im Anschlußteil für das Gestänge mit der Sondenspitze. Die Be- und Entlüftung erfolgt über einen Druckluftbehälter, der an einem Stahlseil hängend innerhalb des Gestänges auf das Ventil herabgelassen wird. Der Druckluftbehälter besitzt an der dem Sondenventil zugewandten Seite ein entsprechendes Gegenstück. Ist der Kontakt von Druckluftbehälter und Sondenventil hergestellt, ist eine problemlose Betätigung der pneumatisch betätigten Bauteile der Sondenspitze möglich. Die Entriegelung erfolgt durch Entlüftung bei geöffnetem Füllstutzen des Druckluftbehälters, die Verriegelung wird durch Zuführen von Druckluft erreicht. Die Druckluftbefüllung ($6\text{-}7 \cdot 10^5$ Pa) des Druckluftbehälters erfolgt vor Einführen in das Gestänge. Vorteil dieser Konstruktion ist auch die hermetische Kapselung des Innenraumes des Kernrohres, d.h. des Liners. Das Eindringen von festen und flüssigen Fremdsubstanzen wird verhindert, auch der Zutritt von Gasen ist nicht möglich. Ein Rückschlagventil verhindert eine Kompression der Luft im

Sondeninnenraum bei Aufwärtsbewegung der Sondenspitze während der Probenahme.

Kernfänger

Feldversuche, bei denen aus wasserungesättigten, gemischtkörnigen Sanden Proben zu entnehmen waren, haben gezeigt, daß der Kunststoff-Liner nicht vollständig mit Probenmaterial gefüllt war bzw. innerhalb des Kernes Risse (bevorzugt bei Schichtwechseln) auftraten. Die Ursache für die unvollständige Füllung bzw. das Reißen des Bohrkerns ist die mangelnde Haftung zwischen Boden- und Liner-Material. Durch den Einbau eines Adapters zwischen Kernrohr und Schneidring, der den Kernfänger aufnimmt, konnte dies Problem gelöst werden. Die Funktion der Sondenspitze wird durch den Einbau des Kernfängers nicht beeinträchtigt.

Liner/Probenhülse

Nach erfolgter Probenahme befindet sich das beprobte Material in einer Kunststoffhülse. Diese Hülse kann der ORKUS-Sonde entnommen werden, nachdem die ORKUS-Sonde aus dem Bohrloch entfernt worden ist. Das verwendete Liner-Material stellt einen Kompromiß zwischen mechanischer Stabilität, optischer Transparenz und chemischer Korrosionsbeständigkeit dar. Gute Erfahrungen wurden mit einem plexiglasähnlichen Material gemacht. Versuche mit einem anderen Material, das günstigere Korrosionsbeständigkeiten aufweist, wurden nach kurzer Zeit abgebrochen, da die Verformbarkeit für den gewünschten Einsatz zu groß war. Eine mechanische Beeinträchtigung der Probe, z.B. beim Transport, konnte nicht ausgeschlossen werden.

Die Länge des Liners beträgt 1000 mm, der Außendurchmesser 110 mm und der Innendurchmesser 105,6 mm. Der gefüllte Liner wird beidseitig mit Kunststoffkappen verschlossen, zusätzliche Umwicklung mit elastischem Kunststoff-Klebeband beugt Undichtigkeiten vor.

Abstandhalter/Distanzringe

Bei Probenahmen mit der ORKUS-Sonde wird das Probenahmegerät an einem Hohlgestänge befestigt. Dieses besteht aus Teilstücken von jeweils 3 m Länge. Nach Aufsetzen des Rammgewichts an das obere Ende des Gestänges erfolgt das Einschlagen der Sonde. Häufig wurden Schwingungen des Hohlgestänges beobachtet, v. a. bei größeren Entnahmetiefen. Diese Schwingungen beeinflussen die Probenqualität und können auch zu einem Gestängebruch führen.

Durch Konstruktion von Abstandhaltern und Montage am Hohlgestänge und durch einen zusätzlichen Distanzring am oberflächlichen Abschluß des Bohrrohres werden Schwingungen und Lotabweichungen des Hohlgestänges auf ein Minimum reduziert.

Der Luftspalt zwischen den einzelnen Flügeln eines Abstandhalters und dem Bohrrohr beträgt ca. 2 mm. In der Praxis hat sich eine Distanz von ca. 3m (von Abstandhalter zu Abstandhalter) bewährt. Die Abstandhalter sind je nach Bedarf leicht am Hohlgestänge zu montieren bzw. zu entfernen.

6.4 Technische Daten

In nachfolgender Tabelle 6.1 sind die technischen Daten zur ORKUS-Sonde aufgeführt. Sie dienen der Beschreibung des Probenahmegerätes und der Ermittlung spezifischer Maßzahlen.

Tabelle 6.1: Technische Daten der ORKUS-Sonde

	ORKUS-Sonde		Schneide	Kernrohr	Probenhülse (Liner)
	Mit Kernfang-vorrichtung	Ohne Kernfang-vorrichtung			
Länge	1720 mm	1580 mm			1000 mm
Außen$\varnothing$			130 mm (D_w)	127 mm (D_t)	110 mm
Innen$\varnothing$			130 mm (D_e)		105.6 mm (D_s)
Schneidwinkel			60 / 45°		
Gewicht	40 kg				
Gewinde-verbindungen	6-mm-Flachgewinde				

Aus einem Teil dieser Daten können verschiedene, zur Beschreibung des Probenahmegerätes notwendige Maßzahlen (nach HVORSLEV 1949, in HERRMANN 1983) abgeleitet werden:

- Flächenverhältnis C_a :   53,29
- Innendurchmesserverhältnis C_i :   0,57
- Außendurchmesserverhältnis C_o :   2,36

Nach DIN 4021 (Teil 1) müssen Probenahmegeräte für Sonderproben folgende Bedingungen erfüllen:

-   Das Flächenverhältnis C_a sollte < bzw. = 10 % sein. Für dickwandige Geräte mit C_a >15 % muß der Schneidenwinkel um so kleiner gewählt werden, je größer die Wanddicke ist

- Das Innendurchmesserverhältnis C_i sollte 0,5 - 1 % für dickwandige Kolbenentnahmegeräte betragen. In SCHULTZE & MUHS (1967) wird ein C_i-Wert von 0 - 0,5 % für kurze und ein Wert von 0,75 - 1,5 % für lange Proben empfohlen.

Für das Außendurchmesserverhältnis C_o schlagen SCHULTZE & MUHS (1967) einen Wert von $C_o = 0$ für die Probenentnahme aus nicht standfesten Böden und einen Wert von <= 2 bis 3 % für die Beprobung von standfesten Böden vor.

Die ORKUS-Sonde ist den Entnahmegeräten für Sonderproben (DIN 4021, Teil 1) zuzuordnen. Bei Sonderproben handelt es sich, im Vergleich zu Bohrproben, um Proben, die mit einem speziell für diesen Vorgang geeigneten Gerät entnommen werden, wobei der Bohrvorgang für die eigentliche Beprobung unterbrochen wird.
Die ORKUS-Sonde fällt nach DIN 4021 unter die dickwandigen Kolbenentnahmegeräte.

6.5 Entwicklung, Bau und Einsatz einer Hohlbohrschnecke

Hohlbohrschnecken dienen der Herstellung von Bohrlöchern. An einem Stahlrohr sind außen Schneckenwindungen angebracht. Der Durchmesser des Rohres, die Breite und Steigung der Schneckenwindungen sind abhängig vom jeweiligen Einsatzfall. Die Bohrspitze der Schnecke kann durch das Rohr zurückgeholt werden bzw. verbleibt bei speziellen Anwendungen (Herstellung von Bohrpfählen mit „verlorener Spitze") im Untergrund.

Beim Einsatz von Hohlbohrschnecken handelt es sich um ein den Boden verdrängendes Bohrverfahren. Während des Bohrfortschritts fällt kaum Bohrgut an, nur aus dem oberflächennahen Erdreich werden geringe Mengen des Bodens gefördert. Durch geeignete Dimensionierung der Hohlbohrschnecke läßt sich die Masse des anfallenden Bohrgutes auf ein Minimum reduzieren.

Der Anfall von zu entsorgendem Bohrgut ist bei Bohrungen in kontaminierten Bereichen meist nicht erwünscht. Das Bohren mit Hohlbohrschnecken kann hierfür ein geeignetes Verfahren zur Bohrlochherstellung sein.

Aufbau der Hohlbohrschnecke
Bei der Beschreibung einer Hohlbohrschnecke (Abb.6.6) sind grundsätzlich 2 Bauteile zu unterscheiden:

- Bohrkopf mit den Schneckenwindungen
- Pilotspitze

Der Bohrkopf mit den Schneckenwindungen kann unterschiedliche Abmessungen besitzen, beschreibende Parameter sind u.a. der Durchmesser der Schneckenwindung, die Breite der Schneckenflügel, die Steigung der Schneckenwindung und die lichte Weite des Bohrkopfes. Die Pilotspitze verschließt den Bohrkopf während des Eindrehens. Ein Riegelmechanismus hält die Spitze, die nach Erreichen der Endteufe entriegelt und aus dem Bohrkopf entfernt werden kann.

Die Hohlbohrschnecke besitzt eine wiedergewinnbare Bohrspitze. Nach Erreichen der Endteufe kann diese aus der Schnecke entfernt werden, um dann die ORKUS-Sonde zur Kernentnahme einzusetzen.
Es wurden folgende Kriterien bei der Auswahl bzw. beim Bau der Hohlbohrschnecken aufgestellt:

- Einfache Handhabbarkeit, geringes Gewicht
- Baulänge der Einzelteile max. 2 m
- Lichte Weite des Innenrohres >135 mm
- Einbau einer wiedergewinnbaren Pilotspitze
- Verlängerung mit bzw. ohne Schneckenwindungen
- Geringer bzw. kein Bohrgutanfall
- Verwendung auch mit kleinen Bohrfahrzeugen
- Geringes Drehmoment
- Geringe Andruckkraft
- Wirtschaftlichkeit

Die Geländeeinsätze zeigten, daß keine der getesteten Hohlbohrschnecken alle oben aufgeführten Anforderungen gleichzeitig erfüllen kann. In diesen Feldversuchen wurden mit einer Hohlbohrschnecke mit einem Außendurchmesser von 250, einem Innendurchmesser von 145 und einer Steigung von 150 mm gute Erfahrungen gemacht. Damit wurden Tiefen von 12,5 m bei gleichzeitigem Verpressen von Dichtmassen durch die Pilotspitze erreicht.

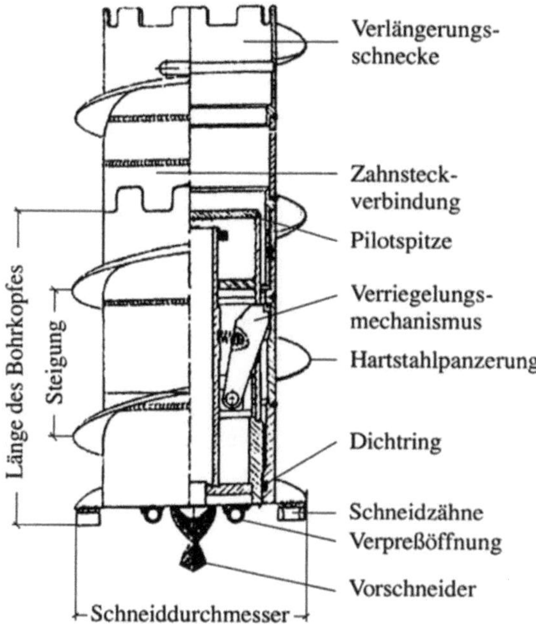

Abb.6.6: Konstruktionsschema der Hohlbohrschnecke

Pilotspitze

Es wird eine wiedergewinnbare Pilotspitze benötigt, durch die beim Abteufen der Hohlbohrschnecke eine Suspension/Dichtmasse in das Bohrloch gepreßt werden kann.

Eine Pilotspitze mit diesen Anforderungen war auf dem Markt nicht erhältlich. Deshalb wurden unterschiedliche Bautypen konstruiert, von denen sich folgende Konstruktion bewährte:

Die Zuführung der Dichtmasse erfolgt über ein seitlich durch die Pilotspitze geführtes Rohr. Das Rohr weist innerhalb der Pilotspitze eine Y-förmige Verzweigung auf, von der die jeweiligen Verpreßöffnungen mit einem Rohrstück verbunden sind. Die Verpreßöffnungen sind seitlich angebracht und mit einem 90°-Rundbogen durch die Vorderplatte der Pilotspitze hindurchgeführt. Als Schutz vor Verschleiß wurden die Rundbögen mit einem Hartmetallauftrag versehen. Die Verpreßöffnungen sind der Drehrichtung der Schnecke abgewandt.

6.6 Abdichtung von Bohrlöchern

Anforderung an Dichtmassen

In Zusammenarbeit mit dem Geologischen Landesamt Hamburg wurden Dichtmassen (Suspensionen) für die Probenahme in kontaminierten Bereichen entwickelt (KRÖGER, J. & BAERMANN, A. 1994).
Die als Dichtmassen bezeichneten Stoffen erfüllen folgende Aufgaben:

- Schutz bei Durchörterung eines kontaminierten Bereiches
- Schutz vor Verschleppung von Schadstoffen in den Beprobungsbereich
- Abdichtung des beprobten Bereiches

Um diese Aufgaben erfüllen zu können, wurden von den Projektpartnern verschiedene Anforderungen an die Dichtmassen gestellt. Die Dichtmassen sollen

- undurchlässig
- chemisch resistent
- plastisch verformbar
- dauerhaft beständig
- verarbeitbar sein und
- den Bereich der Probenentnahme vollständig ausfüllen

Die Mischungsverhältnisse bestimmen auch die Verarbeitungszeit in Abhängigkeit von den Umgebungstemperaturen (Außenluft, Boden, Müll). Durch eine hohe Anzahl von Laborversuchen, die im Geologischen Landesamt Hamburg durchgeführt wurden, sind eine Vielzahl von Dichtmassen getestet worden, um o.a. Forderungen erfüllen zu können. Die Ergebnisse dieser Versuche sind im Bericht des Projektpartners zusammengestellt (BAERMANN, A. & KRÖGER, J. 1994).

Herstellung

Bei der Herstellung einer Dichtmasse gilt es, aus festen und flüssigen Stoffen eine homogene Mischung herzustellen.

In Tabelle 6.2 ist beispielhaft eine Rezeptur einer Dichtmasse aufgeführt. Die Verarbeitungszeit dieser Masse beträgt bei 15° C ca. 90 min. Der Gelanteil beträgt 24,3 Massen-%, der Feststoffanteil 75,7 Massen-%. Die Dichte der Masse hat einen Wert von 1,93 g/cm^3 und wurde mit einer Spülungswaage kontrolliert.

Abb.6.7: Aufgrabung der Versuchsbohrung. Die Bohrlöcher im Geschiebemergel wurden nach Einsatz der Bohrlochfräse mit Dichtmasse verschlossen; das Foto zeigt die Verzahnung der Dichtmasse im Bereich der Bohrlochwand

Tabelle 6.2: Zusammensetzung einer Dichtmasse (Suspension)

	Anteil [kg]	Dichte [g/cm^3]	Anteil [Vol.-%]]
H 31	58,00	2,65	42,17
Secursol 3101	17,70	2,58	13,22
Wasser	17,55	1,00	33,82
HK 30	5,30	1,26	8,09
DWR-A	0,45	1,32	0,66
DWR-B	1,00	0,94	2,05

Bei den Bestandteilen handelt es sich um:

H 31:	feinsandiger Mittelsand
Secursol 3101:	Tonmehl
HK 30:	Wasserglas
DWR-A:	Organosilan
DWR-B:	anorganischer Härter

Zur Herstellung von Dichtmassen wurden verschiedene Geräte auf ihre Tauglichkeit für die Herstellung von Dichtmassen getestet. Sehr gute Ergebnisse wurden mit einer Schneckenpumpe mit angebautem Tellermischer erzielt.

6.7 Ausblick

Bisher wurde der Qualität von Bodenproben hinsichtlich einer möglichen Beeinflussung durch Verschleppung von Schadstoffen bei der Probenahme wenig Beachtung beigemessen. Zur Probenahme werden z.Z. fast ausschließlich Geräte verwendet, die sich bei der Beprobung von Bodenschichten für geotechnische Untersuchungen bewährt haben. Verschleppungen von Schadstoffen verfälschen die Beurteilung chemischer Analysen. Dies kann z.B. zu einer nicht korrekten Bewertung einer möglichen Schadstoffausbreitung hinsichtlich vertikaler als auch horizontaler Ausdehnung führen. Letztendlich kann eine unsachgemäße Probenahme zur falschen Einschätzung des Gefährdungspotentials führen. Als Folge können dann Kosten, z.B. für eine Sanierung entstehen, die bei Verwendung einer geeigneten Probenahmetechnik hätten vermieden, bzw. verringert werden können.

Eine Vielzahl von Feldversuchen auf den Teststandorten Rondeshagen, Gammelby/Eckernförde, Hoheneggelsen und in praxisorientierten Einsätzen in Hamburg-Eidelstedt, Wolfen/Bitterfeld, Pragsdorf/Neubrandenburg und Piesberg/Osnabrück führte zur Entwicklung einer Probenahmetechnik, die es gestattet, ungestörte, repräsentative und von Fremdkontaminationen unbeeinflußte Bodenproben zu entnehmen.

In diesen Feldversuchen wurden für die Probenahme geeignete Bohrgeräte in Verbindung mit Hohlbohrschnecken verschiedener Durchmesser auf ihre Einsatzfähigkeit mit der ORKUS-Sonde getestet. Bei der Entscheidung, welches Gerät die beste Eignung besitzt, spielten auch wirtschaftliche Gesichtspunkte eine Rolle. Weiterhin wurden Probebohrungen durchgeführt, bei denen mit der Sonde Kerne entnommen wurden und der Beprobungsbereich mit einer Dichtmasse verfüllt wurde. Aufgrabungen haben gezeigt, daß dem Kontaktbereich von Dichtmasse und umgebenden Substrat eine besondere Bedeutung zukommt. Dieser Bereich kann als Ursprung einer flüssigkeitswegsamen Zone - einer Trennfuge - angesehen werden. Das Problem wurde durch die Entwicklung, Konstruktion und Erprobung einer sog. Bohrlochfräse gelöst. Mit diesem Gerät kann eine Verzahnung von Dichtmasse und beprobtem Substrat geschaffen werden.

Die entwickelte Bohrtechnik ist ausschließlich für die Beprobung von Lockergesteinen geeignet. Bisher wurde mit der ORKUS-Sonde in Geländeeinsätzen mit konventioneller Rohrtour (Durchmesser 219 mm) eine maximale Entnahmetiefe von 45 m erreicht. Bei Einsatz einer Hohlbohrschnecke (Außendurchmesser 250 mm) konnten aus 15 m Tiefe Proben entnommen werden. In beiden Fällen wurde ein fahrbares, vollhydraulisches Bohrgerät mit einem Einsatzgewicht von 17 t verwendet.

In der ersten Phase einer Erkundung des Untergrundes einer Deponie, einer Altlast oder eines Altstandortes sollte die horizontale als auch vertikale Ausbreitung einer Kontamination mit herkömmlichen Methoden erfolgen. Durch den Gebrauch von Rammkernsonden, oder mit Vorläufermodellen der ORKUS-Sonde mit kleinerem Durchmesser (45 u. 71 mm), ist die wirtschaftliche Erfassung eines Schadstoffpotentials möglich. In der 2. Erkundungsphase, bei der es auf eine genaue Abgrenzung von Schadstoffen ankommt, stellt die ORKUS-Sonde das geeignete Instrument dar, gezielt aus bestimmten Horizonten repräsentative Proben zu entnehmen. Auch können mit dieser Sonde, im Vergleich zu Rammkernsondierungen, Proben aus größeren Tiefen gewonnen werden.

Die Anwendung der ORKUS-Sonde bei Probenahmen aus kontaminierten Bereichen ist aufwendiger als die Verwendung einer traditionellen Entnahmetechnik. Damit sind verständlicherweise auch höhere Kosten verbunden. In einem ab 1996 vom Land Schleswig-Holstein geförderten Forschungsvorhaben wird die Probenahmetechnik u.a. mit dem Ziel der Kostenreduzierung weiterentwickelt.

Literatur

Deutsche Norm DIN 4021 (Oktober 1990): Baugrund, Aufschluß durch Schürfe und Bohrungen sowie Entnahme von Proben. Normenausschuß Bauwesen, (NABau) im DIN Deutsches Inst. f. Normung. e.V., Beuth, Berlin

Deutsches Patent DE 3820924: Bodenprobenentnahmesonde, Erteilung 02/94, Deutsches Patentamt, München

HERRMANN, R.A. (1983): Querschnittsstudie Bohrungen/Probenahme. Veröffentlichungen des Grundbauinstitutes der Landesgewerbeanstalt Bayern. Im Auftrag des Inst. f. Bautechnik, Berlin, Leitung Prof. Dr.-Ing. M. Kany (Forschungsbericht IV/1-5-265/82). Eigenverlag LGA, Nürnberg

HVORSLEV, M. J. (1949): Subsurface exploration sampling of soil for civil engineering purposes. Waterways experiment station Vicksburg, Mississipi.

KRÖGER J. & BAERMANN A. (1994): Entwicklung einer Bohr- und Probenentnahmetechnik in kontaminierten Bereichen (Teilvorhaben GH 1: Entwicklung von Dichtungssuspensionen und Dichtmassen). Forschungsbericht (unveröffentl.) zum Verbundvorhaben „Methoden zur Erkundung und Beschreibung des Untergrundes von Deponien und Altlasten" unter der Projektleitung der Bundesanstalt für Geowissenschaften und Rohstoffe (BGR), Hannover

NEUMANN-PETERS, W. & NEUMANN, P .(1994): Entwicklung einer Bohr- und Probenentnahmetechnik in kontaminierten Bereichen (Teilvorhaben GH 2). Forschungsbericht (unveröffentl.) zum Verbundvorhaben „Methoden zur Erkundung und Beschreibung des Untergrundes von Deponien und Altlasten" unter der Projektleitung der Bundesanstalt für Geowissenschaften und Rohstoffe (BGR), Hannover

SCHULTZE, E. & MUHS, H. (1967): Bodenuntersuchungen für Ingenieurbauten. Springer, Berlin Heidelberg New York

7. Zerstörungsfreie Bohrkernaufnahme

HANS-GEORG DIETRICH, CHRISTIAN BÜCKER, CHRISTINA FLECHSIG, FRANZ JACOBS UND HELGA DE WALL

7.1 Grundlagen

HANS-GEORG DIETRICH

Die Gewinnung von intakten Gesteinszylindern bzw. Bohrkernen während des Abteufens einer Bohrung ist die vielleicht wichtigste Technik, um aus erster Hand und frühzeitig direkte Informationen aus dem Untergrund über den Aufbau der Formation zu erhalten (z. B. BLEAKLY et al. 1985a, 1985b; KEELAN 1985).

7.1.1 Bohrtechnische Möglichkeiten

Für die bohrtechnische Entnahme zusammenhängender und (möglichst) ungestörter Gesteinsproben stehen in Abhängigkeit von der Bohrlochtiefe, vom Bohrverfahren, von der Gesteinsfestigkeit und der Aufgabenstellung verschiedene Kerngewinnungsverfahren zur Verfügung. Zusammenstellungen mit zum Teil detaillierten Erläuterungen über den gegenwärtigen Stand konventioneller und daraus weiterentwickelter bohrtechnischer Verfahren oder Bohrkernausrüstungen finden sich zum Beispiel bei ARNOLD (1993a), BLANKE (1984), ENGESER (1990), ENGESER et al. (1996), HEINISCH et al. (1997), HERRMANN, Kap. 5 in diesem Band, HOMRIGHAUSEN (1993), HOMRIGHAUSEN et al. (1991), HOMRIGHAUSEN & LÜDEKE (1995), HOMRIGHAUSEN & RANFT (1996), MARX (1988), MIENERT & WEFER (1995), OPPELT (1988a, 1988b), PARK (1985a), PETERSON (1986), SCHREINER, Kap. 3 in diesem Band, STORMS (1995).

Orientierbares Bohrkernmaterial kann prinzipiell sowohl aus gut als auch aus schlecht kernbaren Formationen gewonnen werden. Während nach BLEAKLY et al. (1985a, b) bei Tiefbohrungen nur feste oder verfestigte Gesteinsproben orientiert werden können, ist in Flachbohrungen nach ARNOLD & SCHWARZ (1993) eine Bohrkernorientierung auch in weichen und gebrächen Formationen sowie in nichtkonsolidierten oder in konglomeratischen und stark gestörten Gesteinen beim Einsatz eines Gummikernrohrs möglich. Auch durch den Einsatz der Gefriertechnik bzw. Bodenvereisung (z. B. LUND 1991, LUND & GUDEHUS 1990, Schreiner, Kap. 3 in diesem Band) sind in sonst nicht kernbaren Schichten gezielte Kernentnahmen möglich.

Neben der Bohrkerngewinnung während des Abteufens (Vorwärtskernen) können Seiten- und Schlitzkerne (z. B. DIETRICH et al. 1992, UMSONST et al. 1995) mit Hilfe verschiedener Verfahren auch nachträglich aus der Bohrlochwand gewonnen werden (z. B. ARNOLD & SCHWARZ 1993; EMMERMANN 1990; MARX & RISCHMÜLLER 1986; NAGRA 1985; OPPELT 1988b).

7.1.2 Planung und Durchführung der Bohrkerngewinnung

Eine bohrtechnisch erfolgreiche und für nachfolgende Laboruntersuchungen zufriedenstellende Bohrkerngewinnung setzt bei allen Kernbohrungen eine gründliche Planung und gewissenhafte Durchführung voraus (z. B. PARK 1985b). Zusätzlich sind besondere sicherheitstechnische Aspekte und Fragen bezüglich einer möglichen Probenkontamination bei der Bohrkerngewinnung zu berücksichtigen, wenn es sich bei den vorgesehenen Kernbohrungen um Voruntersuchungen für die Sanierung von Altlasten handelt (z. B. DÖRHÖFER et al. 1994; ERMEL et al. 1993; HEINISCH et al. 1997; HOMRIGHAUSEN et al. 1991; NEUMEIER & WEBER 1996).

Je nach Aufgabenstellung ist festzulegen, ob und wo Bohrkerne aus oberflächennahen, flach- oder tieferliegenden Formationen zu entnehmen sind und ob der Deponieuntergrund nur durch Vertikal- bzw. Schräg- oder auch durch Horizontalbohrungen (max. horizontale Bohrstrecken gegenwärtig bis etwa 10 km) zu erkunden ist und dafür Kerne zu ziehen sind. Kommen für die Entnahme von Bohr- und/oder Seitenkernen gerichtete Horizontalbohrungen für die gezielte Beprobung interessierender Schichten und Strukturen in Frage, ist im Rahmen der Vorbereitung zu klären, ob teufenabhängig spezielle Verfahren der Tief- und Richtbohrtechnik (z. B. der Firmen BecField Drilling Services, Bohrgesellschaft Rhein-Ruhr mbH, DMT-Gesellschaft für Forschung und Prüfung mbH, Eastman Whipstock GmbH; RISCHMÜLLER 1992) oder bei flachgründigen Untersuchungen lenkbare Bohrsysteme nach dem FlowTex-Verfahren (z. B. ARNOLD 1993b; BAYER 1996; KLEISER & BAYER 1996; Diamant Boart Craelius AB 1989) eingesetzt werden können oder müssen. Durch teilweise schräges, teilweise horizontales Bohren können unter anderem Standorte geplanter Deponien, Altlasten, Biotope, Straßen oder Industrieanlagen über Hunderte von Metern hinweg unterquert und beprobt werden (max. Bohrstrecken beim *FlowTex-Verfahren* gegenwärtig etwa 2000 m).

Auch seitens des Bohrkern-Untersuchungsprogramms gehen verschiedene Vorgaben in die Vorbereitung der Bohrkerngewinnung ein. Hierzu gehören v. a. Angaben über zu beprobende Teufen, über minimal und/oder maximal zulässige, oft meßgerätebedingte Durchmesser für die Bohrkernbearbeitung, über die zu kernenden Teufenbereiche und über sporadisch oder kontinuierlich zu kernende Bohrlochabschnitte. Außerdem ist wichtig, ob die Bohrkerne orientiert gewonnen werden sollen und eine direkte bzw. indirekte Bohrkernorientierung (z. B. DIETRICH, Kap. 7.8 in diesem Band) geplant ist. Bei der Nachorientierung von Bohrkernen mittels Bohrlochmessungen muß der Bohrlochdurchmesser auf den Bohrlochsondendurchmesser (z. B. RIDER 1996) abgestimmt sein. Dies ist gegebenenfalls auch für die Durchführbarkeit von Seiten-

und Schlitzkernen zu berücksichtigen. Beispielsweise können MSCT-Seiten-
und MCT-Schlitzkerngeräte (Außendurchmesser 5 1/4 bzw. 5´´) in Bohrungen mit Durchmessern zwischen 6 1/4´´(158,4 mm) bzw. 6 1/ 8´´(155,6 mm)
und 17 ½´´ (444,5 mm) eingesetzt werden (BRAM & DRAXLER 1992, 1993;
DRAXLER 1990, 1992).

Für eine geochemisch-mineralogische Bohrkernanalyse im Deponieuntergrund
zur Ermittlung möglichst ungestörter Hintergrundwerte kann ggf entscheidend
sein, ob mit Trockenbohrungen gekernt werden kann. Alternativ ist im Hinblick auf eine möglichst kontaminationsfreie Bohrkerngewinnung zu prüfen,
ob bei Spülbohrungen der innere Teil größerer Bohrkerne (zum Beispiel mit
4" bzw. 101,6 mm-Durchmesser) für eine repräsentativ Analyse geeignet ist.
Spülungsinfiltrationen sind bei großem Kerndurchmesser weniger stark als bei
kleinem, da in den inneren Teil der größeren Kerne weniger Spülung einge-
drungen ist als in die äußeren Bereiche. Eine bohrtechnische Lösung für solche
Fragestellungen könnte z.B. die Bohrkerngewinnung mittels kombinierter
Rammkern-/Seilkernbohrungen sein (z. B. HOMRIGHAUSEN 1993, HOM-
RIGHAUSEN & RANFT 1996).

Um einen realisierbaren Bohrplan mit einer möglichst problemlosen, raschen
und kostengünstigen Bohrkerngewinnung aufstellen zu können, sind für eine
gründliche Vorbereitung die verschiedenen, bei der Bohrkerngewinnung und
-bearbeitung beteiligten Gruppen rechtzeitig einzubeziehen und ihre Anregun-
gen und Vorschläge bereits im Vorfeld zu beachten (z. B. Park 1985b). In
Abhängigkeit von den Ziel- und Aufgabenstellungen und vom Umfang des
Vorhabens sind in der Planungsphase von den zuständigen Vertretern des
Auftraggebers nach Bedarf insbesondere potentielle Bohrunternehmen, Firmen
für Spülungsservice, -aufbereitung und -entsorgung, Bohrkernequipment,
Richtbohrservice, FlowTex-Verfahren, Bohrkernorientierung, Seitenkernen,
Schlitzkernen und Bohrlochmessungen sowie die für die Bohrkernanalytik
zuständigen Labors, Institute und Institutionen einzubeziehen.

Kurz vor Beginn der Bohrkerngewinnung sind unter Federführung eines
vom Auftrageber eingesetzten Koordinators in einem gemeinsamen Treffen
mit Vertretern aller beteiligten Kontraktoren die letzten Details zur Durchführung der Kernbohrungen abzustimmen. Um sicherzustellen, daß alle Abstimmungen und Vereinbarungen zwischen den Arbeitsbereichen eingehalten
werden, sollte darauf geachtet werden, daß das in dieser Sitzung teilnehmende
Kontraktorpersonal auch dasjenige ist, das für die Kernoperationen eingesetzt
wird (PARK 1985b).

Während der Durchführung der Bohrung hat gewöhnlich der Koordinator
auch für die ordnungsgemäße Übergabe des gewonnenen Bohrkernmaterials
an die für die Bohrkernbearbeitung zuständigen Gruppen zu sorgen. Findet die
Übergabe nicht unmittelbar am Bohrgerät statt, sind die entsprechenden Vorgaben und Abstimmungen z.B. über Handhabung, Verpackung, Kühlung,
Zwischenlagerung und Transport der gewonnenen Bohrkerne zu beachten.

Beispielsweise kann teufenmäßig falsch zusammengesetztes, oben/unten vertauschtes, austrocknendes oder auseinanderfallendes Bohrkernmaterials für die geplanten Untersuchungen wertlos sein bzw. zu falschen Ergebnissen und Fehlinterpretationen führen.

7.1.3 Bohrkernbearbeitung

Bei der Planung wird geregelt, welche der Messungen und Analysen in einem Feldlabor vor Ort auf der Bohrlokation bzw. in einem zentralen Kernlager oder gezielt in bestimmten Speziallabors von Universitäten, anderen Forschungseinrichtungen oder geotechnischen Labors usw. durchgeführt werden sollen oder müssen.

Zur routinemäßigen makroskopischen Bearbeitung der Bohrkerne gehören folgende Untersuchungen und Aufgaben:

- Geologisch-petrographische Bohrkernbeschreibung
- Fotografische Dokumentation
- Darstellung eines vorläufigen geologischen Profils
- Strukturaufnahme und geologisch strukturelle Auswertung
- Aufbereitung der Meßergebnisse für die Datenbank
- Probenarchivierung

In Abhängigkeit vom Umfang der vorgesehenen Aufgaben der Deponie/Altlasten-Untersuchung gehören zur weiterführenden Bohrkernbearbeitung v. a. sedimentologische, petrographische, mineralogische, geochemische und petrophysikalische Laboruntersuchungen bei denen schwerpunktmäßig Informationen unter anderem zu folgenden Fragestellungen, Parameter und Größen gewonnen werden:

- Bestand an Mineralen und Gesteinskomponenten
- Mineral- und Komponentenverteilung
- Tonineralbestand und -gehalte
- Schwermineralgehalte und -spektrum
- Gesamtkarbonat und Karbonatphasen
- Alteration des Mineralbestandes
- Bestand an organogenen Komponenten,
- Natürlicher Wassergehalt und Formationsfluide
- Gas- und Ölanzeichen, Kontamination mit Schadstoffen
- Aufbau, Lagerung und tektonische Überprägung der Gesteine
- Erkennbare Korngrößen und Kornverteilungen
- Partikelgrößen im Mikron- und Submikronbereich
- Matrix, Bindemittel und Porenzemente

- Porosität und Permeabilität
- Porengröße- und -größenverteilung
- Planare und lineare Strukturen, Risse, Klüften, Harnische
- Chemische Zusammensetzung, Gehalte an Haupt- und Spurenelementen
- Elementverteilungen im Mikrobereich
- Charakterisierung des organischen Inhalts
- ph-, Eh- und Leitfähigkeitswerte
- Anionen-, Kationen- und Schwermetallgehalte
- Kationenaustauschkapazität
- Gesteins- und Korndichte
- Natürliche Gammastrahlung
- Elektrische Eigenschaften
- Seismische Geschwindigkeiten
- Magnetische Eigenschaften
- Wärmeleitfähigkeit
- Spannungsnachwirkungen

Probenverwaltung und Probenversand an die am Projekt beteiligten Arbeitsgruppen, Labors usw. erfolgen in der Regel vom zentralen Kernlager aus. Die Verantwortlichkeit für die Zusammenstellung, Speicherung und Aufbereitung aller Daten ist entsprechend der Vorplanung abzustimmen und zu regeln.

Auf der Bohrstelle ist das Feldlabor gewöhnlich in einem oder mehreren Baustellen- und/oder Laborcontainern untergebracht (z. B. HUSMANN 1984; NAGRA 1985), so daß dort routinemäßig nur makroskopische Bohrkernbeschreibungen durchgeführt werden. Zusammen mit ausgewählten bohr- und spülungsbezogen Daten werden die Ergebnisse zu Schichtenverzeichnissen für Bohrungen oder zu sog. Samplerlogs zusammengestellt (z. B. DIETRICH & HEINISCH 1987; DIN 4022-T. 2 (1981) und DIN 4022-T. 3 (1982), PETERS et al. 1986; ROYAL DUTCH/SHELL 1976). Darüber hinaus sind durch gezielte geowissenschaftliche Analysen und Untersuchungen gewonnene Ergebnisse und Daten in einem Feldlaborbericht oder -log zu dokumentieren. Zusammen mit den Bohrmeisterberichten bildet diese Bohrstellendokumentation die Basis für alle weiteren Probenuntersuchungen (Abb. 7.1). Gegenüber den Labor- bzw. Baustellen containern handelt es sich beim Feldlabor großer Forschungsvorhaben häufig um apparativ hochmodern ausgestattete Forschungsinstitute, in denen projektorientiert verschiedene geowissenschaftliche Arbeitsgruppen interdisziplinär zusammenarbeiten, um möglichst sofort nach der Bohrkernentnahme die benötigten Daten quasi kontinuierlich zu ermitteln und zu gewinnen, die für eine rasche und detailliertere Beschreibung der Gesteine erforderlich sind (z.B. EMMERMANN & RISCHMÜLLER 1990; EMMERMANN et al. 1988, 1991).

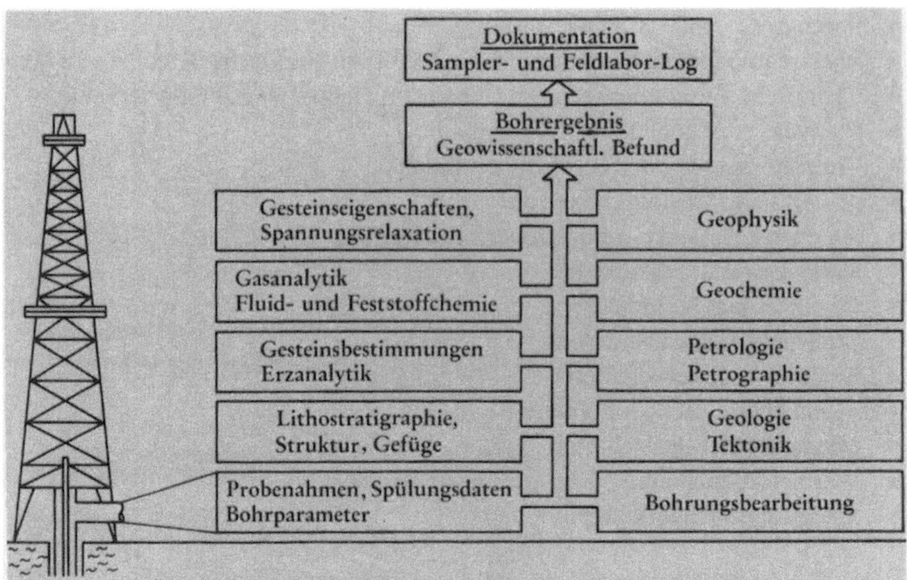

Abb.7.1: Schema der Bohrungsbearbeitung. (Nach RISCHMÜLLER 1988; DIETRICH & HEINISCH 1987; HUSMANN 1984)

Detailplanungen für die im jeweiligen Projekt erforderlichen Bohrkernuntersuchungen und für die Aufstellung von Fließplänen bei der Probenbearbeitung sollten sich sowohl auf bewährte Standarduntersuchungen der Angewandten Geowissenschaften (z. B: BENDER 1981, 1984, 1985, 1986) als auch auf Informationen und Untersuchungsergebnisse der aktuellen Spezialliteratur stützen. So sind nach MATTIAT & BERNHARDT (1994) für Gefügeuntersuchungen an Tongesteinen die makroskopische Gesteinsbeschreibung, die ungestörte Entnahme repräsentativer Proben sowie die artefaktfreie Präparation wichtige Voraussetzungen (Abb. 7.2). Insbesondere sind für Detailuntersuchungenvon Tongesteinen zerstörungsfreie Bohrkernuntersuchungen zur Auswahl artefaktfreier Proben von großer Bedeutung. Deshalb liegt der Schwerpunkt in folgenden Kap 7.2-7.8 neben der Aufnahme und Dokumentation der Bohrkerne bei der radiometrischen Dichtebestimmung, der Transmissions-Computertomographie, der elektrischen Widerstandstomographie, der akustischen Tomographie, der Messung der magnetischen Suszeptibilität sowie der Bohrkernorientierung.

Für die in Kap. 7.2-7.7 vorgestellten Meßbeispiele wurden im ehemaligen KTB-Feldlabor zerstörungsfreie Voruntersuchungen an Bohrkernen der Deponieuntergrundbohrungen Eulenberg 10/92 (Thüringen), Münchehagen 205 (Niedersachsen) und Rabenstein Rab 5 (Sachsen) durchgeführt (WEH 1995).

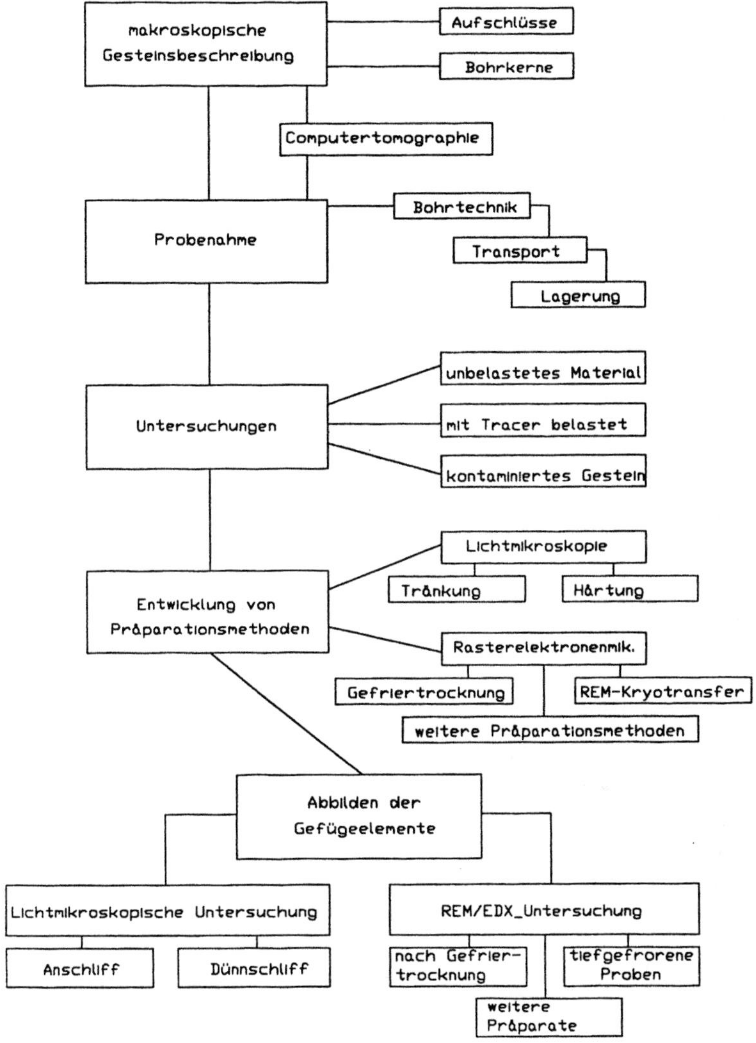

Abb.7.2: Flußdiagramm für weitergehende Bohrkernbearbeitung - hier: Gefügeuntersuchungen an Tongesteinen. (Nach MATTIAT & BERNHARDT 1994)

7.2. Aufnahme und Dokumentation

HANS-GEORG DIETRICH & HELGA DE WALL

7.2.1 Einleitung

Eine detaillierte Inventarisierung, Aufnahme und Dokumentation dient der
Sicherung von in kostspieligen Bohrungen gewonnenem Kernmaterial. Durch
eine übersichtliche Archivierung und Ablage aller Detailinformationen wird
ein schneller Überblick über das vorhandene Kernmaterial und der aus der
Bohrungsbearbeitung gewonnenen geologischen und geophysikalischen Daten
ermöglicht.

7.2.2 Kernentnahme, Kerninventarisierung

Entnahme, Reinigung und Aufnahme des Kernmaterials sollten schonend
durchgeführt werden, um ein Zerfallen des Gesteins zu vermeiden. Dies sollte
insbesondere bei der Reinigung des Materials berücksichtigt werden, da bei
einigen Gesteinen (z.B. Tonsteine, tonige Sandsteine, Salzgesteine) die Gefahr
des Kernzerfalls durch Wasseraufnahme besteht.

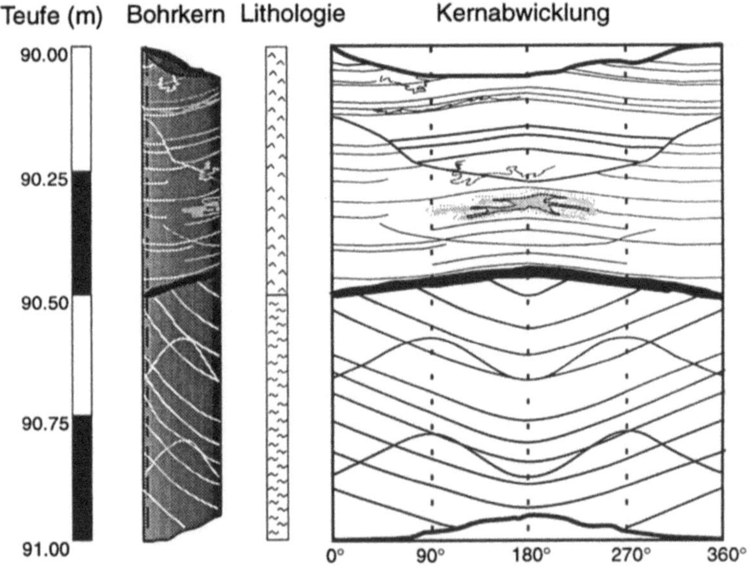

Abb.7.3: Bohrkern mit Orientierungslinie und Kernabwicklung

Nach dem Auslegen und Zusammenfügen eines Kernmarsches wird in seiner gesamten Länge eine Orientierungslinie aufgetragen. Diese besteht aus einer Doppellinie mit durchgehender Orientierungslinie und gestrichelten Hilfslinie. Die Hilfslinie wird jeweils rechts der Orientierungslinie angebracht, damit ist für jedes Kernstück eine eindeutige Kopf- und Basiszuordnung gegeben. An Bohrkernen mit durchgängigen planaren Strukturen wie z. B. Schichtung, Schieferung, metamorphe Foliation wird die Orientierungslinie in Streichrichtung dieser Strukturen angelegt (siehe Abb.7.3) und alle Messungen zur strukturellen Aufnahme des Kerns (z. B. Schichtung, Klüftung, Störungen) sowie gerichtete gesteinsphysikalische Messungen beziehen sich auf diese Orientierungslinie.

Ausgehend von der Unterteilung der Bohrstrecke in Kernmärsche, und der Kernlagerung in i. d. R. 1m langen Holzkisten wird der Kerngewinn bei der Kerninventarisierung in ca. 1m lange Sektionen unterteilt. Alle Kerneinzelstücke werden in ihrer Länge vermessen, und ihre Position im Profil festgehalten. Für eine detaillierte Inventarisierung der einzelnen Kernstücke können Umrißzeichnungen angefertigt und die Kernstücke nummeriert werden. Damit wird eine spätere rasche Auffindung von einzelnen Kernstücken im Kernlager erleichtert. Eine photographische Aufnahme ermöglicht eine schnelle optische Übersicht des gesamten Kernmaterials und dient der Dokumentation bei Verlust oder einer möglichen Zerstörung von Kernstücken im Verlauf von Untersuchungen (Abb. 7.4, Kernphotos).

Um eine gute Erhaltung des Kernmaterials bei langfristiger Lagerung zu gewährleisten, muß bei bestimmten Gesteinen für konstante Raumtemperatur und -feuchtigkeit gesorgt werden. Bei Material, das gegen Luftfeuchte besonders empfindlich ist muß für Luftabschluß gesorgt werden. Dies kann durch Einwachsen, Lakieren oder Einschweißen in Plastikfolie geschehen.

7.2.3 Kernaufnahme

Eine makroskopische Kernaufnahme nach lithologischen und strukturellen Gesichtspunkten stellt die Grundlage für eine Profilbeschreibung dar. Bei der strukturellen Aufnahme werden alle Trennflächen erfaßt, die an den Kernstücken auftreten (z. B. Schichtung, Schieferung, Klüftung). Neben der Orientierung von Störungsflächen wird, wenn bestimmbar, die Störungsgeometrie (aufschiebend, abschiebend) beschrieben. Neben planaren Gefügen werden auch lineare Elemente, wie z. B. Harnische, Streckungslineationen eingemessen und ihre Bewegungsrichtung dokumentiert.

Folgendes Bezugssystem ist für eine Aufnahme von planaren und linearen Gefügeelementen gebräuchlich:

Bezugsebene für die Bestimmung der Fallwerte ist die Fläche senkrecht zur Bohrkernachse (für Flächen senkrecht zur Bohrkernachse: Fallwinkel = 0).

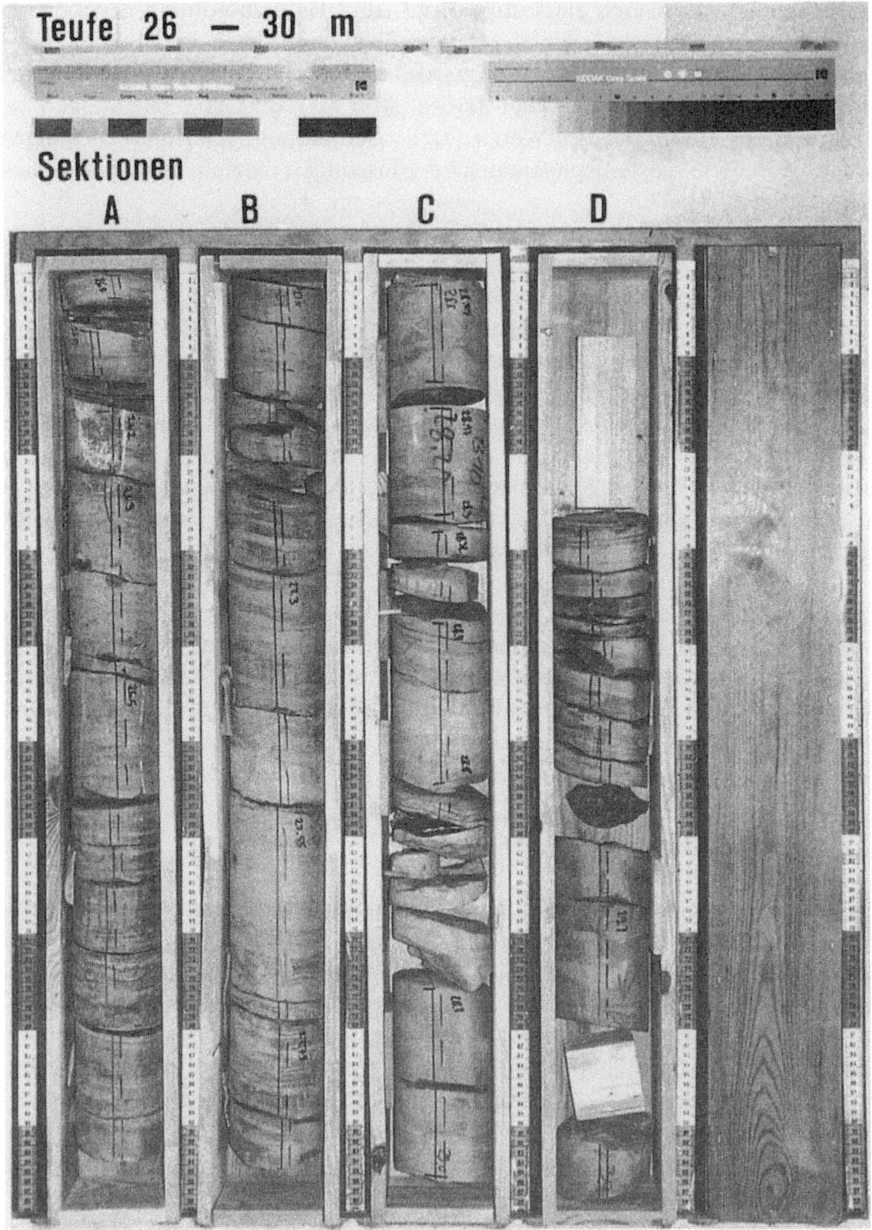

Abb.7.4: Dokumentation mit Kernphoto (Beispiel)

Abb.7.5: Kennzeichnen von Kernstücken im KTB-Feldlabor

Bezugsrichtung für die Streich- oder Fallrichtung von Gefügen ist die Orientierungslinie (Azimuth = 0; Abb.7.5).

Zur Bestimmung der Fallwinkel der Gefügeelemente wird ein Goniometer oder ein Gefügekompaß (Clar-Kompaß) benutzt. Die relative Fall- oder Streichrichtung (bezogen auf die Orientierungslinie) kann mit einem Maßband mit 360 Grad-Einteilung (360 = Kernumfang) bestimmt werden.

Abb.7.6: Kernabwicklung durch Handzeichnung (Übertragung wesentlicher Gefügemerkmale auf eine Folie)

Abb.7.7: Kernabwicklung mit Farbkopierer

Außer durch direkte Messungen am Kernmaterial können Gefügeelemente auch aus Kernabwicklungen bestimmt werden (Abb. 7.6). Neben der sehr zeitaufwendigen zeichnerischen Abbildung der Kernoberfläche auf eine Hülle aus Transparentpapier oder Folie gibt es auch die Möglichkeit einer Abwicklung im Photokopierverfahren (Abb. 7.7). Hier wird über einen Zusatzantrieb am Kopiergerät der Bohrkern synchron mit der Geschwindigkeit des Kopierstrahls um die Bohrkernachse rotiert. Zur Bestimmung der Orientierung der Strukturen auf der Abbildung der Kernmantelfläche werden Schablonen verwendet. Neben dieser manuellen, sehr zeitintensiven Aufnahme der Strukturelemente gibt es computergestützte Aufnahmeverfahren, die eine schnelle Aufnahme ermöglichen (z.B. Corias Core Interpretation Assistance). Vielfach werden heute sog. Scanner verwendet (Abb. 7.8).

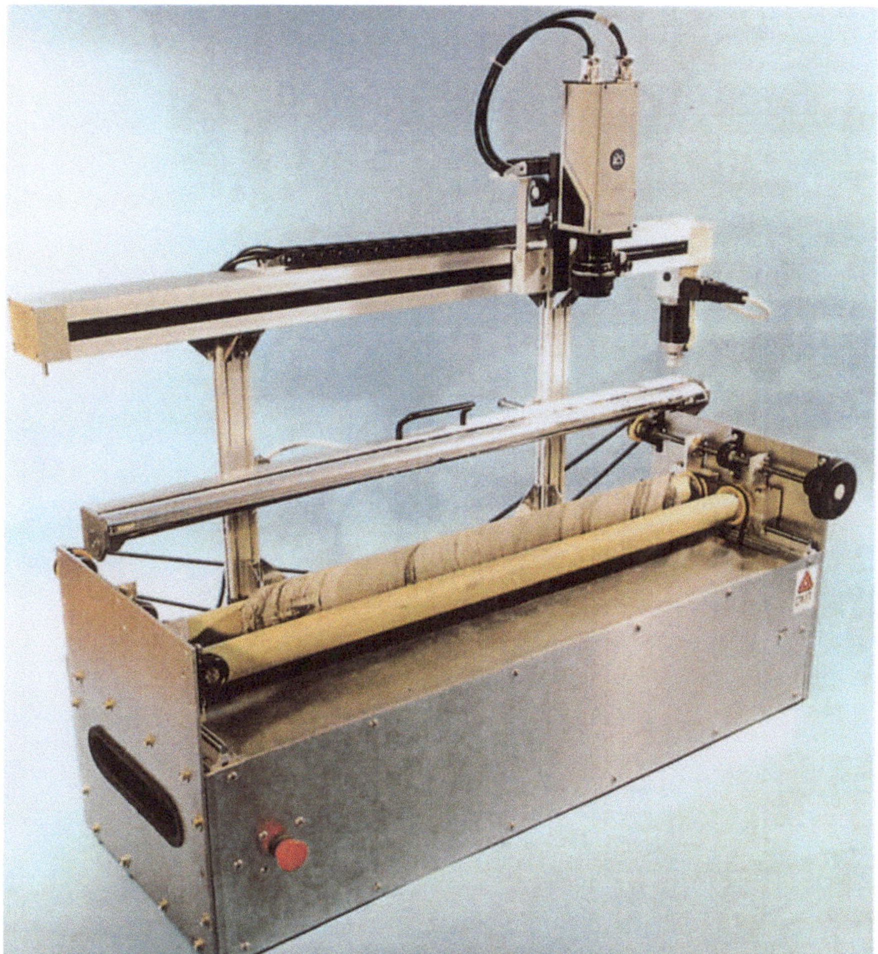

Abb.7.8: Scanner der Fa. DMT, Essen

7.2.4 Meßbericht

Werden am Kernmaterial Proben entnommen, so sind die Entnahmestellen unter Angabe der Untersuchungsmethodik im Profil festzuhalten.Werden an den Kernstücken Messungen durchgeführt, wie z. B. felsmechanische oder gesteinsphysikalische Untersuchungen, dann ist die Anlage eines Meßberichts sinnvoll. In ihm werden Meßinterwalle am Kernmaterial markiert und die Meßmethoden unter Angabe des Zeitpunktes der Messung aufgelistet. Ein Beispiel für einen Meßbericht gibt Abb. 7.9. Ein schematischer Ablauf der Strukturauswertung und Kernorientierung ist in Abb. 7.10 dargestellt.

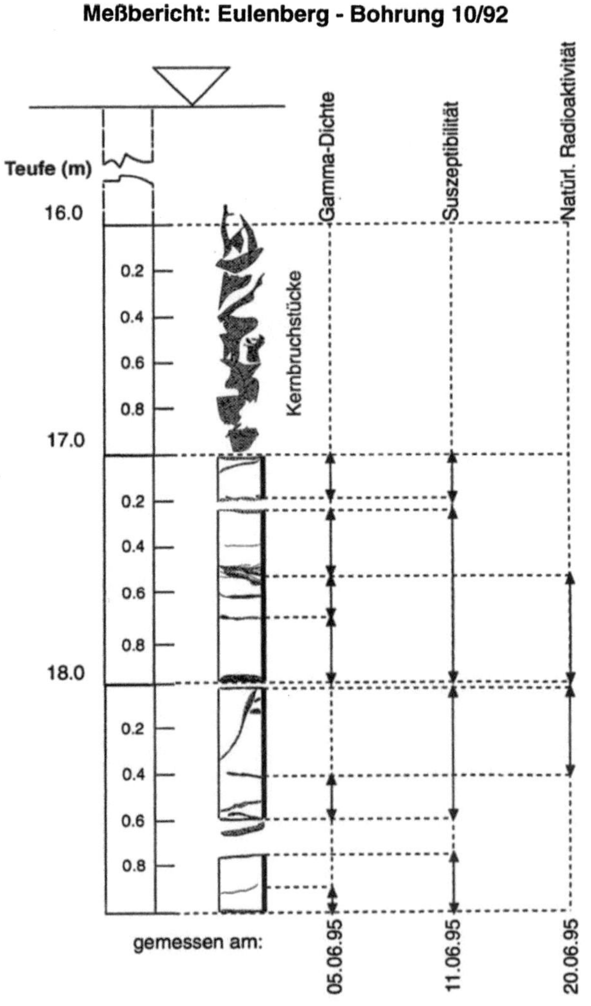

Abb.7.9: Beispiel für einen synoptischen Meßbericht

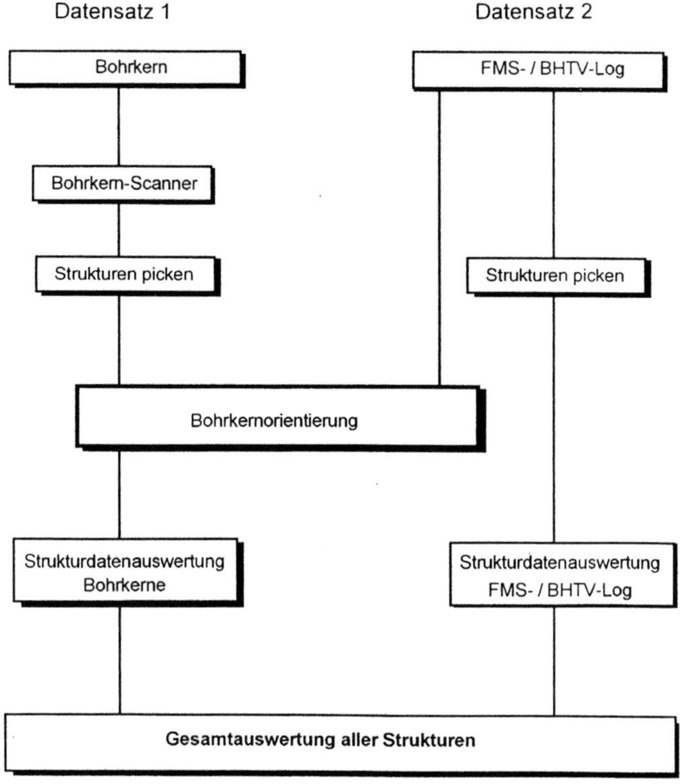

Abb. 7.10: Schematischer Ablauf der Strukturauswertung und Kernorientierung

7.3. Radiometrische Dichtebestimmung (Densitometrie)

CHRISTIAN BÜCKER

7.3.1. Einleitung

Messungen der Gesteinsdichte können mit verschiedenen Methoden an verschiedenen Probenformen duchgeführt werden:

Bohrklein, Cuttings: Pyknometer, Auftriebmethode
Bohrkerne, Handstücke: Auftriebmethode, Absorption von γ-Strahlung

Die Verfahren zur Ermittlung der Gesteinsdichte nach der Auftriebmethode stellen jeweils Mittelwerte über bestimmte Gesteinsvolumina dar. Bei Bohrkernen oder Gesteinshandstücken ist dies die Bohrkernlänge bzw. Handstückgröße (Volumen etwa 1000 cm³). Bei Bohrklein handelt es sich aufgrund der Art der Probengewinnung (Schüttelsieb) um Mischproben über einen Teufenbereich bis zu mehreren Metern. Mit der radiometrischen Dichtebestimmung ist die Möglichkeit gegeben, die Gesteinsdichte mit einer sehr hohen Ortsauflösung und Genauigkeit zerstörungsfrei und berührungslos an Bohrkernen und Gesteinshandstücken zu bestimmen. Dieses Verfahren wird auch bei Bohrlochmessungen angewendet.

7.3.2 Physikalische Grundlagen

Ein gebündelter Gamma-Strahl wird beim Durchgang durch Materie absorbiert bzw. durch Compton-Streuung geschwächt. Bei einer bestimmten Strahler-Energie ist die übrigbleibende Intensität des Gamma-Strahls:

$$I = I_0 \cdot \exp(-\mu \cdot L) \tag{1}$$

I_0 ist die einfallende Energie des Gamma-Strahlers, μ der lineare Schwächungskoeffizient und L die Dicke der durchstrahlten Materie. Im Energiebereich von 0.2 - 2 MeV ist die Compton-Streuung der bei weitem vorherrschende Prozeß für die Schwächung der Gamma-Strahlen. Der Streuquerschnitt pro Elektron ist im wesentlichen unabhängig vom Atom, an das das Elektron gebunden ist, und der lineare Schwächungskoeffizient wird durch das Produkt aus Streuquerschnitt und Elektronendichte bestimmt. Die Elektronendichte (Anzahl/Volumen) ist:

$$n_e = N_A \cdot (Z/A) \cdot \rho_b \tag{2}$$

mit N_A Avogadro's Zahl, Z mittlere Ordnungszahl, A mittleres Atomgewicht und ρ_b Dichte des Gesteins (vgl. VANKOVA 1968). Für die meisten Elemente in natürlichen Gesteinen bis aufwärts zu Eisen ist $Z/A \cong 0.5$, für Wasserstoff ist dieses Verhältnis etwa gleich 1. Eine Auswahl an Z/A-Verhältnissen ist in Tabelle 7.1 gegeben. Es ist ersichtlich, daß der Schwächungskoeffizient μ im wesentlichen von der Gesteinsmatrixdichte bestimmt wird (in der Literatur für Bohrlochmessungen wird die Größe $\rho_e = 2 \cdot (Z/A) \cdot \rho_b$ ebenfalls mit Elektronendichte oder Elektronendichte-Index bezeichnet). Bei nicht zu vernachlässigendem Wassergehalt sind Korrekturen vorzunehmen.

Element/Mineral	Z/A
H	0,9921
O	0,5000
C	0,4991
Na	0,4785
Mg	0,4934
Al	0,4818
Si	0,4984
Cl	0,4795
Fe	0,4656
Quarz, SiO_2	0,4993
Calcit, $CaCO_3$	0,4996
Anhydrit, $CaSO_4$	0,4995
Wasser, H_2O	0,5551

Tabelle 7.1: Auswahl von Z/A-Verhältnissen der in natürlichen Gesteinen vorkommenden Elemente und Minerale. (Aus SERRA 1984)

Für die praktische Anwendung benutzt man häufig den Massenschwächungskoeffizienten $\mu_m = \mu / \rho_b$ statt des linearen Schwächungskoeffizienten. Mit Gl. (1) ergibt sich:

$$I = I_0 \cdot \exp(-\mu_m \cdot \rho_b \cdot L) \tag{3}$$

Der Massenschwächungskoeffizient μ_m ist ebenso wie der lineare Schwächungskoeffizient μ eine Funktion der Energie der verwendeten Gamma-Strahlung sowie der Protonenzahl Z. In Abb. 7.11 ist die Abhängigkeit des Massenschwächungskoeffizienten von der Ordnungszahl Z gezeigt. Bei Einsatz einer ^{137}Cs-Quelle zeigt μ eine nur geringfügige Abhängigkeit von der Ordnungszahl Z bis über $Z = 26$ (Fe) herauf. In Abb. 7.12 ist die Abhängigkeit des Massenschwächungskoeffizienten von der Energie einmal für Beton (mittlere Dichte 2,5 g cm^{-3}) und einmal für Wasser (mittlere Dichte 1,0 g cm^{-3}) dargestellt. Bei der charakteristischen Strahlungsenergie von 662 keV für ^{137}Cs ergibt sich der Massenschwächungskoeffizient μ zu 0,0774 cm^2/g. Hiervon gering abweichende Werte werden auch von anderen Autoren genannt (z.B. VANKOVA & KROPACEK 1974). Mit diesem Massenschwächungskoeffizienten können Messungen der Gesteinsmatrixdichte ρ_b absolut ohne weitere Kalibrierung vorgenommen werden.

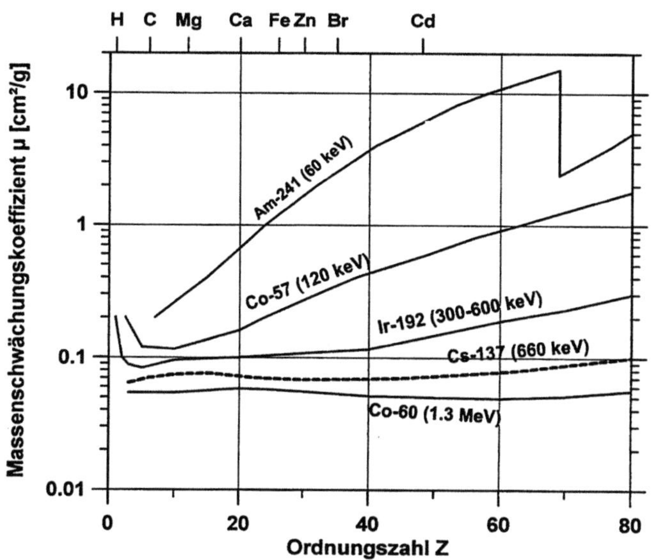

Abb. 7.11: Abhängigkeit des Massenschwächungskoeffizienten μ_m [cm²/g] von der Ordnungszahl Z für verschiedene. γ-Strahler. (Verändert nach FRITZ & LÖFFEL 1990)

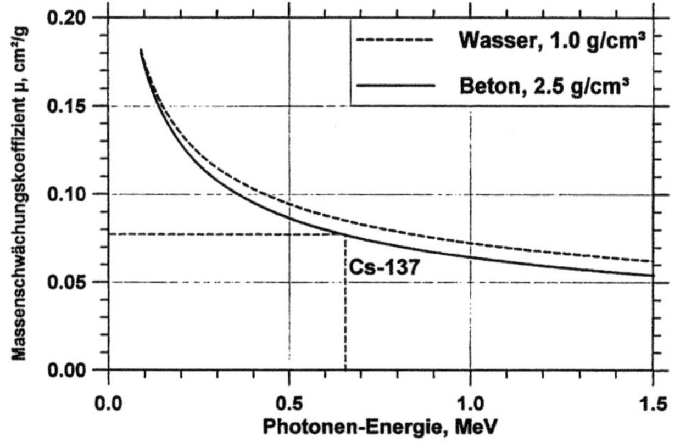

Abb. 7.12: Abhängigkeit des Massenschwächungskoeffizienten μ_m von der γ-Strahlungsenergie. Bei der Energie der ^{137}Cs-Linie von 662 keV ist μ_m = 0,0774 cm²/g für Beton. (Verändert nach GRASTY 1979)

7.3.3. Aufbau einer Meßanlage für radiometrische Dichtebestimmungen

Der schematische Aufbau einer Gamma-Dichte-Meßanlage ist in Abb.7.13 gezeigt. Als Strahlenquelle kann ^{137}Cs mit einer Halbwertszeit von 30,14 Jahren, aber auch z. B. ^{192}Ir oder ^{60}Co zum Einsatz kommen. Um die Meßzeiten kurz zu halten, sollte die Aktivität des Strahlers nicht zu klein gewählt werden. Bei einer ^{137}Cs- Aktivität von 26 Gbq, einer durchstrahlten Dicke von 10 cm und einer Dichte des Materials von etwa 3,0 g/cm^3 liegt die notwendige Integrationszeit deutlich unter 1 s. Die Verwendung eines Gamma-Strahlers mit einer Aktivität größer als 10 µCi unterliegt dem Strahlenschutz und es sind die entsprechenden Bestimmungen zu beachten. Die Verwendung eines bauartgenehmigten Strahler-Behälters (z.B. Fa. Sauerwein) erleichtert die Umgangsgenehmigung.

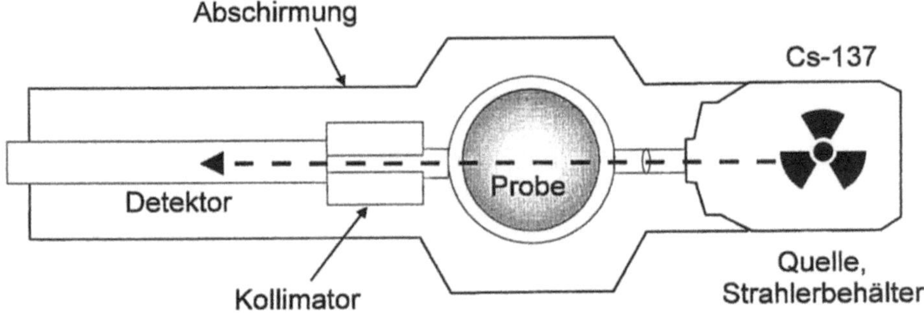

Abb.7.13: Schematischer Aufbau einer Gamma-Dichte-Meßanlage

Als Detektor empfiehlt sich ein möglichst schneller Szintillationsdetektor, z. B. ein Polyvinyltoluol-Szintillator mit maximaler Emission bei 420 nm und optisch angekoppeltem Photomultiplier (z.B. FORTESCUE et al. 1994). Die Dickenbestimmung der durchstrahlten Materie kann mit induktiven Wegaufnehmern besser als 0,1 mm erfolgen. Der hierdurch meßtechnisch bedingte Fehler in der Dichte-Bestimmung liegt dann bei < 0,005 g cm^{-3} (< 0.2 %). Prinzipiell können Dichtemessungen auch an Sedimentkernen in Plastiklinern durchgeführt werden.

7.3.4 Beispiele

Für das folgende Beispiel wurde eine ^{137}Cs-Gammaquelle mit einer Aktivität von 26 GBq eingesetzt. Der Durchmesser des Bohrkernes beträgt 94 mm, und der Gamma-Strahl wurde auf 6 mm kollimiert. Die gemessenen Zählraten liegen bei dieser Konfiguration bei 10^6 s^{-1}. Das gemessene intensitätsproportionale Spannungssignal wird über 0,3 s integriert und für die Auswertung mit Hilfe des oben genannten Massenschwächungskoeffzienten von μ_m = 0,0774 cm^2/g in Dichtewerte umgerechnet. Der Wert der Maximalspannung I_0 wird als Referenzwert mit gespeichert (ausführliche Beschreibung s. BÜCKER et al. 1990).

In Abb. 7.14 ist ein zweifach gemessenes Dichteprofil über einen Bohrkern gezeigt. Die geringen Abweichungen demonstrieren die hohe Genauigkeit der Messung. Die Differenz zwischen den beiden Dichteprofilen beträgt maximal 0,01 g cm^{-3} und ist über weite Strecken kleiner als 0,005 g cm^{-3}. Die mittlere Gesteinsdichte wurde mit Hilfe der Auftriebmethode zu 2,857 g cm^{-3} bestimmt.

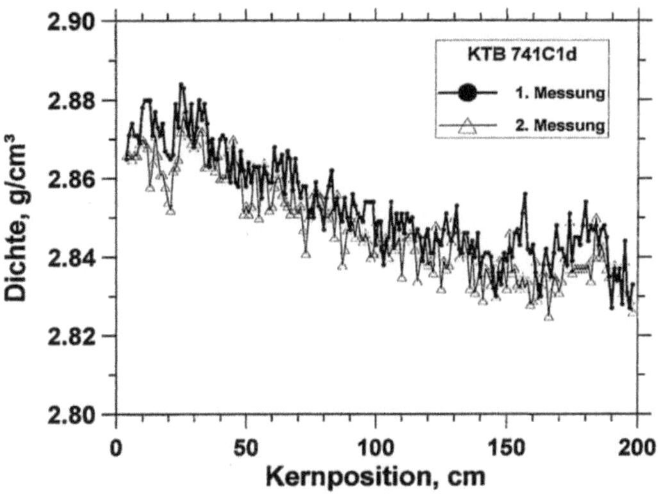

Abb.7.14: Wiederholt gemessene Dichte-Profile über einen Bohrkern. Die mittlere Dichte nach der Auftriebmethode beträgt 2,857 g cm^{-3} (Kern 741C1d der KTB-Vorbohrung)

Weitere Beispiele für Gamma-Dichtemessungen sind in den folgenden Abbildungen gezeigt. Es handelt sich hierbei um Messungen an Bohrkernen der Deponie-Untergrundbohrungen Münchehagen (Abb. 7.15) und Rabenstein (Abb. 7.16) (die entsprechenden Computer-Tomogramme dazu sind in Kap. 7.4 gezeigt). Der Untergrund der Sonderabfalldeponie Münchehagen besteht aus zum Teil brüchigem Tonstein, die mittlere Dichte beträgt 2.51 g cm^{-3} . In den Teufen 14,23 m und 14,27 m deuten sich leichte Erniedrigungen der Dichte an, die auf Risse im Tonstein zurückgeführt werden können (vgl. dazu Computer-Tomogramm). Diese Dichteminima können bei Erhöhung der Meßpunktdichte auf z.B. 2 mm (anstatt wie hier 10 mm) deutlicher gemacht werden. Die Erhöhung der Dichte an der Unterkante des Bohrkernstücks ist vermutlich auf Trocknungseffekte zurückzuführen. Die Deponieuntergrund-Bohrung Rabenstein durchteuft kristallines Gestein mit hauptsächlich kompaktem, z. T. grobstückig zerfallendem Amphibolit. Die mittlere Dichte dieses Amphibolites liegt bei 2,86 g cm^{-3} (Abb. 7.16), die geringen Abweichungen sind auf Inhomogenitäten im Gestein zurückzuführen. Die entsprechende Computer-Tomographie ist in Kapitel 7.4 gezeigt. Das deutliche Dichteminimum im Teufenbereich 70,78-70,82 m ist vermutlich auf eine kataklastisch aufgelockerte klüftige Zone zurückzuführen, die optisch kaum erkennbar ist.

Bei entsprechend hoher örtlicher Auflösung eignen sich Gamma-Dichtemessungen hervorragend zur Detektion von Rissen und Klüften im Gestein, die häufig im Innern versteckt und mit bloßem Auge nicht oder nur schwer erkennbar sind.

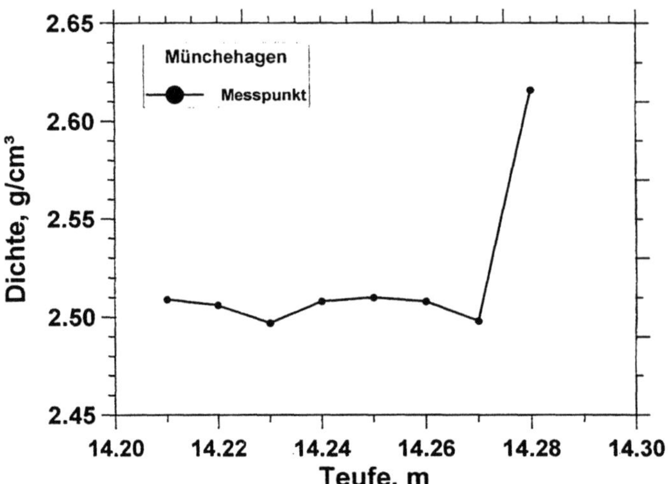

Abb.7.15: Gamma-Dichte Profil über einen Bohrkern aus der Bohrung Münchehagen (Tonstein-Untergrund Sonderabfalldeponie). Die Dichteminima bei 14,23 m und 14,27 m deuten auf Risse im Kern hin

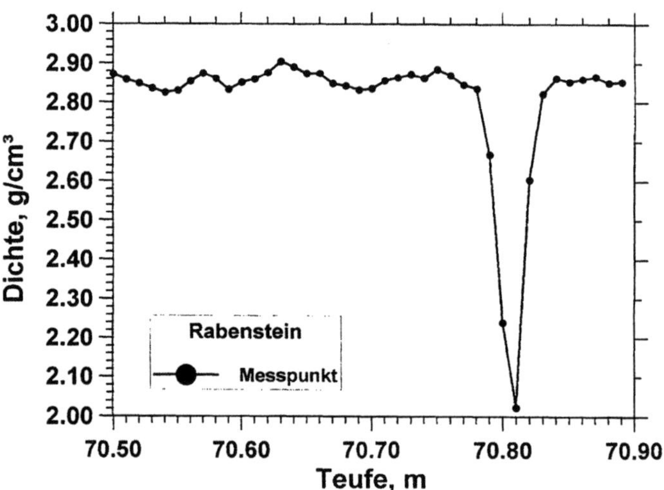

Abb.7.16: Gamma-Dichte Profil über einen Bohrkern aus der Bohrung Rabenstein (kristalliner Deponie-Untergrund, Amphibolit). Das Dichteminimum im Teufenbereich 70,78 - 70,82 m deutet auf eine kataklastisch aufgelockerte Kluftzone im Kern hin

7.4 Transmissions-Computertomographie

CHRISTIAN BÜCKER

7.4.1 Einführung

Eine konsequente Weiterentwicklung der Gamma-Densitometrie ist die Computer-Tomographie (CT). Ziel der CT ist die Darstellung der inneren räumlichen Struktur eines Untersuchungsobjektes. Voraussetzung für die CT ist die Möglichkeit, das Untersuchungsobjekt mit Hilfe von Gamma- oder Röntgenstrahlen unter möglichst vielen Winkeln zu durchstrahlen. Die Anzahl der Kreuzungspunkte der Strahlwege ist maßgeblich für die räumliche Auflösung der erhaltenen Tomogramme. Das Tomogramm wird dabei über Inversionsverfahren (Rückprojektionen der Strahldaten) berechnet. Die Theorie der CT wird ausführlich beschrieben z. B. bei HOUNSFIELD (1972, 1973), SCHULZ (1984).

7.4.2 Physikalische Grundlagen

Ein monoenergetischer Röntgen- oder Gammastrahl mit der Intensität I_0 wird nach dem BEER'schen Gesetz beim Durchdringen von Materie der Dicke D auf eine Intensität I abgeschwächt:

$$I = I_0 \cdot \exp(-\mu \cdot D) \tag{4}$$

Der lineare Abschwächungskoeffizient μ hängt in erster Linie von der Elektronendichte, der Dichte des Materials und der Energie der Strahlung ab. Bei heterogenem Material ist μ variabel, und die Intensität I wird beschrieben durch:

$$I = I_0 \bullet \exp\left(-\int_0^D \mu(x)dx\right) \tag{5}$$

Dabei ist x die Entfernung von der Strahlenquelle zum Detektor. Um die räumliche Verteilung des Abschwächungskoeffizienten $\mu(x,y)$ erfassen zu können, dreht sich beim Computertomographen die γ- bzw. Röntgenstrahlenquelle um die Probe, so daß die Projektionen der Röntgenstrahlen aus verschiedenen Winkeln (0 - 360°) aufgezeichnet werden können (vgl. Abb. 7.17). Eine andere Möglichkeit besteht in der Verwendung tangential beleuchteter Linienkameras und der Rotation der untersuchten Probe im Fächerstrahl (STEINBOCK ET AL. 1990).

7.4.3 Aufbau eines Transmissions-Computertomographen (CT)

Strahlenquelle und Detektorsystem bilden in einem Computertomographen eine Einheit. Systeme mit bewegtem Detektorbogen als auch Systeme mit feststehendem Detektorring bzw. Linienkameras und rotierender Probe werden eingesetzt. Der Detektorring bzw. die Linienkamera enthält bis zu mehreren 1000 Einzeldetektoren. Über eine Kollimation der Strahlung kann eine räumliche Auflösung der Linienkamera von 50 bis zu 10 µm erzielt werden (Abb. 7.17). Bei nichtmedizinischen Geräten werden für diese Auflösung Mikrofokusröntgenröhren eingesetzt. Die Detektoren sind meist Festkörperdetektoren (Szinitillationsdetektoren, schnelle Plastikdetektoren, Linienkameras), aber auch Gasdetektoren kommen zum Einsatz. Als Strahlenquellen werden feste γ-Strahler (z.B. ^{137}Cs), Röntgenröhren (bis zu 400 keV) als auch ein Betatron (18 MeV) (STEINBOCK et al. 1990) als Bremsstrahlungsquelle eingesetzt. Neben computertomographischen Sonderentwicklungen (STEINBOCK et al. 1994, BÜCKER et al. 1990) werden häufig auch medizinische Tomographen für Untersuchungen an Gesteinsproben verwendet (WELLINGTON & VINEGAR 1987; GERLAND 1993; LENZ 1994).

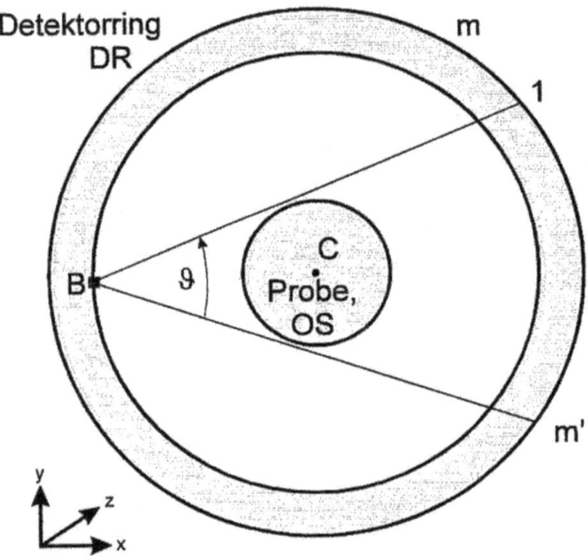

Abb.7.17: Prinzip eines Fächerstrahl-Tomographen mit feststehendem Detektorring DR. Der Fächerstrahl mit dem Öffnungswinkel ϑ wird vom Brennfleck B der im Detektorring rotierenden Röntgenröhre ausgestrahlt. Dieser trifft nach Durchlaufen der Probe auf einen Abschnitt 1-m' des Detektorrings DR (Projektion). Der gesamte Detektorring DR enthält m Einzeldetektoren (nach SCHULZ 1984). Bei neueren Tomographen werden Röhre und Detektorsystem auch gleich zeitig rotiert

Von den Projektionen der linearen Abschwächungskoeffizienten in den Koordinatenpunkten $\mu(x,y)$ in der Probe über die Länge s wird über einen schnellen Rechner eine Objektschicht rekonstruiert (Rückprojektion). Man erhält ein dreidimensionales Bild, wenn eine Reihe von Objektschichten aneinander gesetzt werden. Die Objektschicht der Grundfläche LxL (Abb.7.18) und der Dicke s wird vom Rechner in sog. Voxel (Volumenelemente) zerlegt.

Die Objektmatrix ist eine Matrix aus Volumenelementen der Grundfläche
(L/n^2) und der Höhe s (Abb.7.18). Die im Meßprozeß für jedes Volumenelement ermittelten Projektionswerte des Abschwächungskoeffizienten $\mu(x,y)$
werden im Rechner in Speicherelementen auf einer Speichermatrix abgelegt
(vgl. LENZ 1994). Bei jeder Rückprojektion wird jedem Speicherelement wiederum ein Bildelement (Pixel) zugeordnet. Das auf dem Bildschirm erschei-
nende CT-Bild ist eine aus Pixeln aufgebaute Bildmatrix (s. Abb. 7.18).

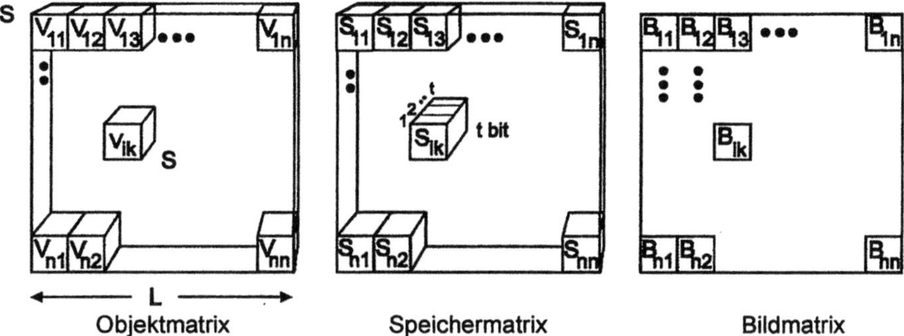

Abb. 7.18: Schematische Zuordnung zwischen Objektmatrix, Speichermatrix und Bildmatrix. Jedem Volumenelement Vi,k wird ein Speicherlement Si,k und ein Bildelement Bi,k
zugeordnet. (Nach SCHULZ 1984)

Die Abschwächungskoeffizienten $\mu(x,y)$ werden in der medizinischen Compu-
tertomographie als CT-Werte bezeichnet und in Hounsfield-Einheiten (HU)
gemessen (HOUNSFIELD 1972). Laut Definition entspricht der CT-Wert für
Wasser 0 HU, der für Luft -1000 HU. Eine Änderung der HU um 1 entspricht
einer Differenz im Abschwächungskoeffizienten von 0,1% des Abschwächungskoeffizienten von Wasser.
   Bei entsprechender Kalibrierung können mit Hilfe der Röntgen-Computer-
Tomographie auch Dichteprofile über die untersuchte Probe gewonnen werden (vgl. FABRE et al. 1989)

7.4.4 Anwendungsbeispiele

Mineralische Deponiedichtunsgelemente bestehen überwiegend aus einem
Gemisch sehr feinkörniger, technisch aufbereiteter reiner und schluffiger Tone. Die Haupteigenschaften der Dichtungselemente bestehen in geringer Wasserdurchlässigkeit und guten Plastizität. Diese Parameter werden in erster
Linie durch die Lagerungsdichte, den Wassergehalt und die mineralogische
Zusammensetzung gesteuert. Mit Hilfe der Transmissions-Computertomographie sind Aussagen über Dichteverteilungen und Wassergehaltsänderungen möglich (Abb.7.19).

Eine direkte Übertragung auf geotechnische Fragestellungen kann durch die Verknüpfung des Abschwächungskoeffizienten mit Bodenkennwerten (s. MC CULLOUGH 1975) erfolgen:

$$\mu = \mu_s \cdot \rho_T / \rho_s + \mu_w \cdot \Theta_w \tag{6}$$

mit:

μ_s = Abschwächungskoeffizient für reinen Boden
μ_w = Abschwächungskoeffizient für Wasser
ρ_T = Trockenraumdichte
ρ_s = spezifische Raumdichte
Θ_w = volumetrischer Wassergehalt

Über diese Verknüpfung sind Aussagen über die räumliche Dichteverteilung innerhalb von Dichtungselementen möglich. Durch die Auflösung von bis zu 10 µm können mit der CT-Methode Dichteänderungen und stärker verdichtete Zonen deutlich gemacht werden. Darüber hinaus ist die Detektion von Makroporenstrukuren und Riß- oder Fehlstellen in den Dichtungselementen möglich.

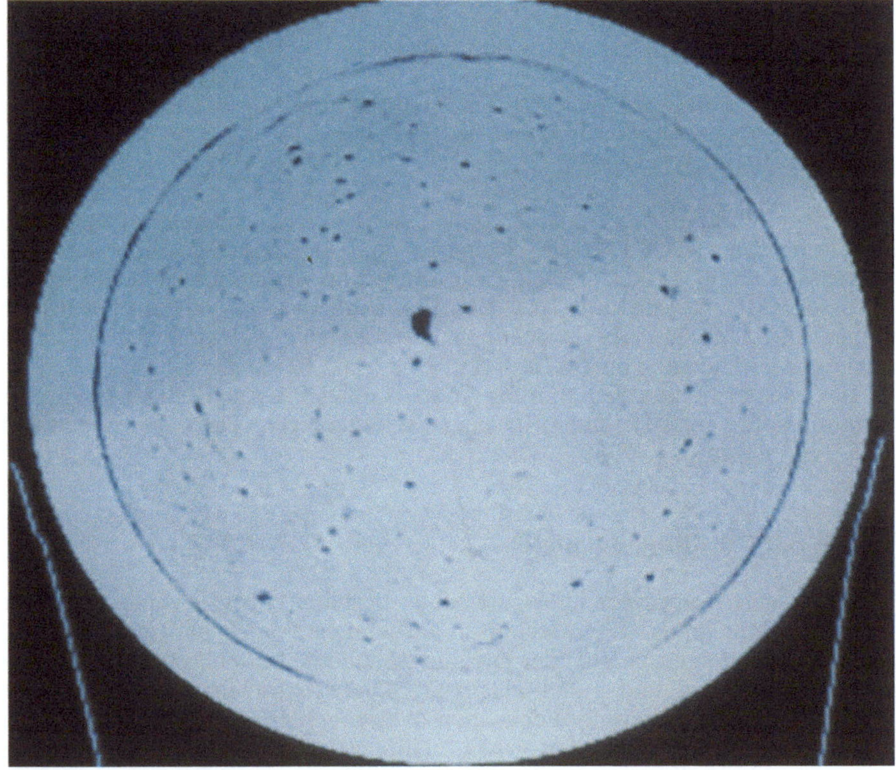

Abb. 7.19: Computertomographische Querschnittsaufnahme einer Lößbodenprobe; *dunkle Elemente*: offene Poren.. (Aus LENZ 1994; Aufnahme mit einem medizinischen Computertomographen Fa. Siemens, Typ Somatom Plus der Radiologischen Abteilung im Klinikum RWTH Aachen)

In Abb.7.20 u. 7.21 sind Computer-Tomogramme der Bohrkerne aufgeführt, deren Gamma-Dichte-Profile in Kap. 7.3 gezeigt sind. Wie sich bereits in Abb. 7.15 an den schwach erkennbaren Dichteminima andeutete, kommen die Risse im Computer-Tomogramm besonders deutlich zum Vorschein. Dabei werden nicht nur die beiden Horizontalrisse mit der größten Öffnungsweite sichtbar, sondern auch feine Vertikalrisse.

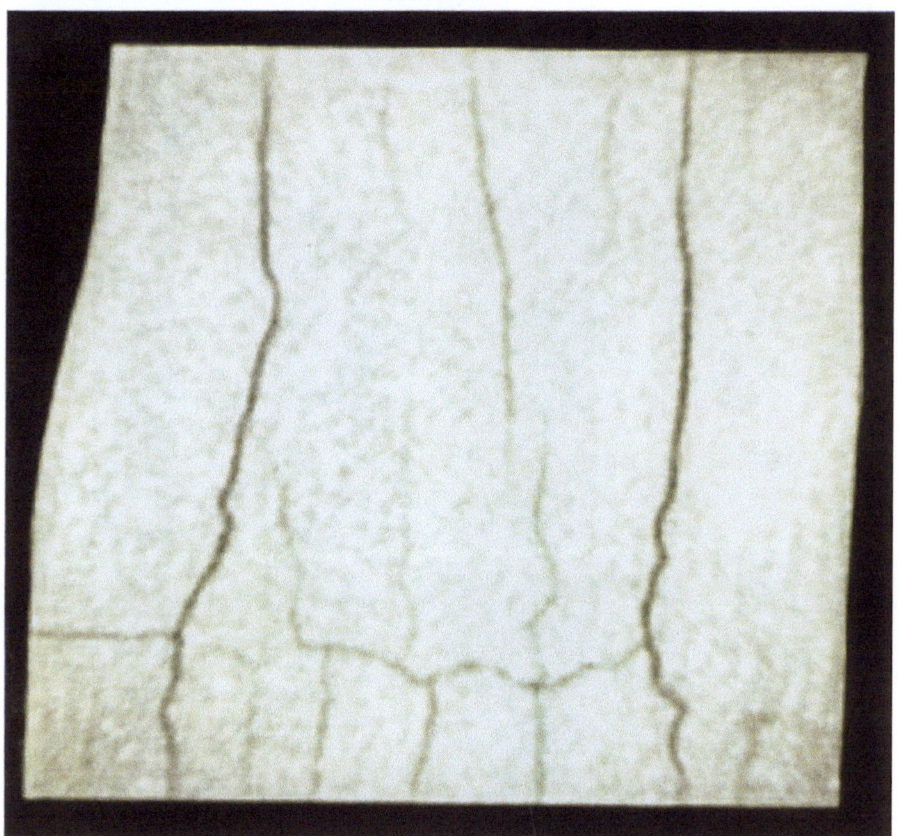

Abb.7.20: Computertomografischer Vertikalschnitt durch ein Bohrkernstück der Bohrung Münchehagen. Die Teufe nimmt von links 14,2 nach rechts 14,3 m zu (vgl. hierzu auch Abb. 7.15). Horizontal- und Vertikalrisse im Millimeter- bis Submillimeter-Bereich sind deutlich auszumachen (Aufnahme: Bundesanstalt für Materialprüfung BAM Berlin)

In der Computer-Tomographie des Bohrkerns aus der Bohrung Rabenstein (Abbildung 7.21) sind die verschiedenen Mineralphasen anhand der Graustufen sowie das Einfallen der Foliation deutlich zu erkennen. Die im Dichteprofil (vgl. Abbildung 7.16) klar erkennbare kataklastische Kluftzone erniedrigter Dichte ist dagegen im Tomogramm kaum auszumachen. Dies ist möglicherweise auch darauf zurückzuführen. daß das Dichteprofil in der

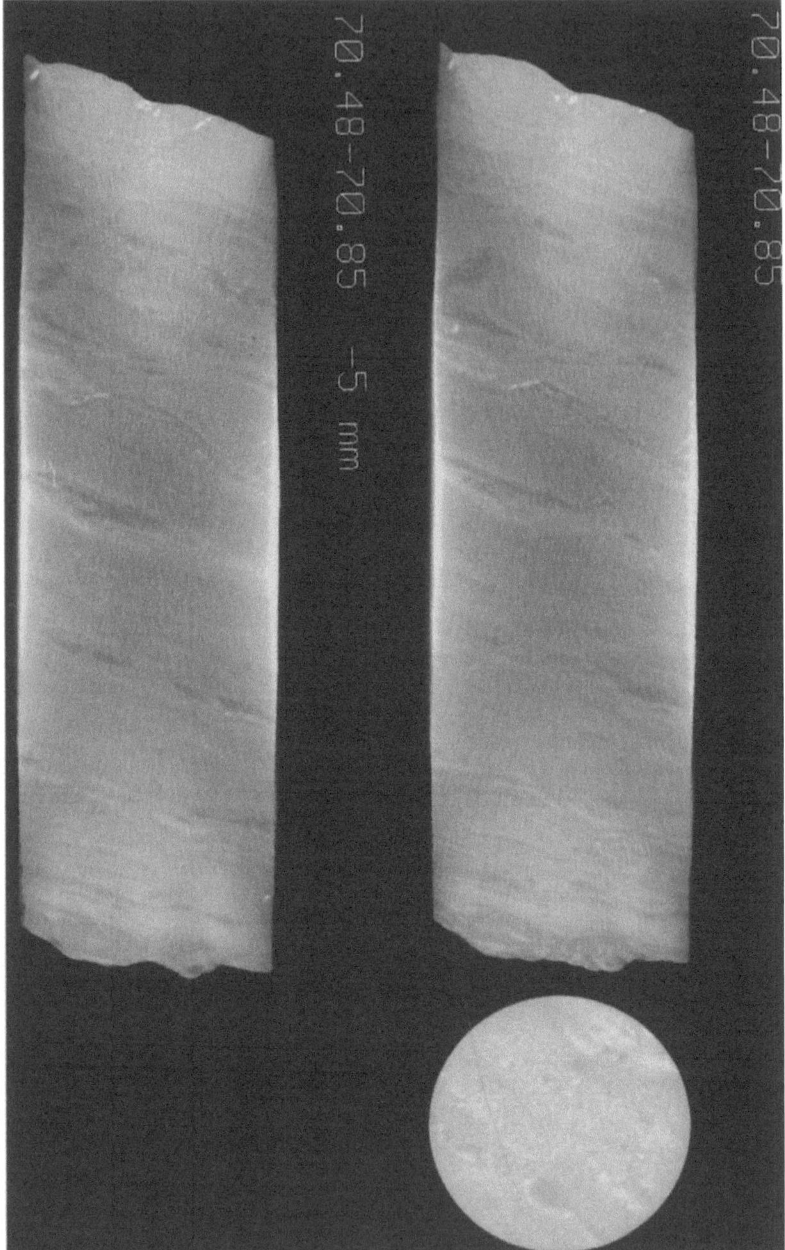

Abb. 7.21: Computertomographischer Vertikalschnitt durch ein Bohrkernstück der Kristallinbohrung Rabenstein. Die Teufe nimmt von oben 70,48 nach unten 70,85 m zu (vgl. hierzu auch Abb. 7.16). Die Lagerung der verschiedenen Mineralphasen des Amphibolits ist anhand der unterschiedlichen Grautöne deutlich zu erkennen (Aufnahme: Bundesanstalt für Materialprüfung BAM Berlin). Das im Dichteprofil erkennbare Minimum ist dagegen kaum auszumachen

Streichebene der Kluftzone gemessen wurde und das entsprechende Dichteminimum so besonders deutlich wird.

Wenngleich zeitaufwendig, eignet sich die Computer-Tomographie von Bohrkernstücken gut zur Erkennung einer Rißverteilung sowie von Inhomogenitäten, die auf Dichteunterschieden beruhen. Dabei sollten mehrere Vertikal- als auch Horizontalschnitte aufgenommen werden, um ein möglichst vollständiges Abbild des Bohrkerns zu erhalten.

7.5. Elektrische Widerstandstomographie

FRANZ JACOBS & CHRISTINA FLECHSIG

7.5.1. Einleitung

Der spezifische elektrische Widerstand ρ ist umgekehrt proportional zur elektrischen Leitfähigkeit σ. Er ist der wichtigste elektrische Parameter zur Charakterisierung des Verhaltens von Gestein gegenüber elektrischem Strom. Aussagen zum Stoffbestand und zum Zustand des Gesteins können abgeleitet werden. Es existiert eine Reihe von meist einfachen Verfahren zur zerstörungsfreien Bestimmung der integralen Widerstandswerte von Gesteinsproben (vgl. TELFORD et al. 1990). Die Kenntnis des mittleren Gesteinswiderstandes einer Probe erlaubt jedoch kaum Angaben über die räumliche Verteilung von stofflichen und strukturellen Inhomogenitäten. Die Anwendung des Tomographieprinzips bietet neue Möglichkeiten zur Erhöhung des Auflösungsvermögens des petroelektrischen Meßverfahrens.

7.5.2. Physikalische Grundlagen

Der spezifische elektrische Widerstand ρ ist die physikalische Eigenschaft jeden Materials, der Ausbreitung eines elektrischen Stromes entgegenzuwirken. In der Geoelektrik ist die Maßeinheit Ohmmeter (Ω m) für den elektrischen Widerstand ρ üblich. Die Einheit Ω m wird definiert als der elektrische Widerstand eines Würfels von 1m Kantenlänge mit der Eigenschaft, daß bei Anlegen einer Spannung von 1 V zwischen den gegenüberliegenden Flächen ein Strom von 1 A fließt.

Der spezifische elektrische Widerstand ist abhängig von der Frequenz des fließenden Stromes. In der Regel nimmt der Widerstand von Gesteinsproben mit zunehmender Frequenz ab (komplexer elektrischer Widerstand).

Der spezifische elektrische Widerstand ist eine Materialeigenschaft homogener Körper. Bohrkerne sind wie die meisten geologischen Materialien sowohl im kleinen als auch in größeren Abmessungen elektrisch inhomogen. In jeder Probe existieren mehrere „Komponenten" von spezifischen Widerständen. Makroskopisch gleichartige Gesteine offenbaren eine z.T. beträchtliche Schwankungsbreite im elektrischen Verhalten.

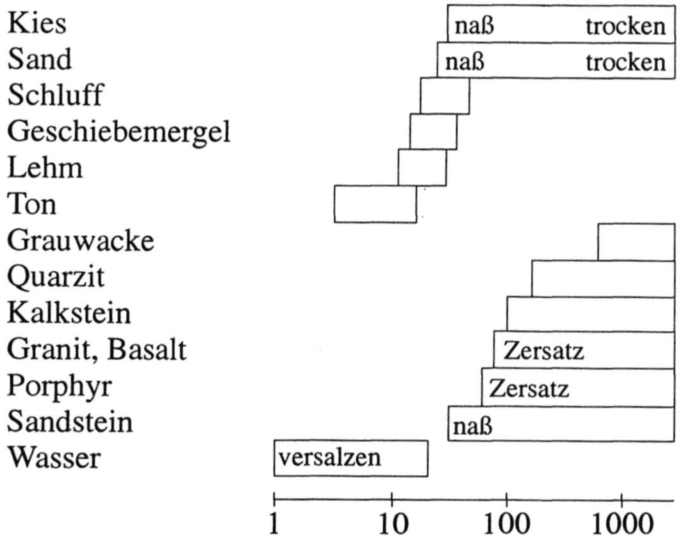

Abb.7.22 Spezifische elektrische Widerstände von Gesteinen [Ω m]

Abb.7.22 zeigt die Größenordnung einiger Gesteinswiderstände und ihre Bandbreiten (vergl. SCHÖN, 1983). Letztere haben stoffliche und strukturelle Ursachen. Stofflich sind verschiedene Minerale und Porenfüllungen und damit unterschiedliche Widerstände beteiligt. Hinsichtlich des Betrages des elektrischen Widerstandes unterscheiden sich die festen Gesteinsbestandteile (Minerale, Matrix) deutlich von denen der Poren- und Kluftwässer. Strukturell können die gesteinsbildenden Minerale unterschiedlich angeordnet sein (Anisotropie) und die Gesteine aus verschiedenen volumetrischen Anteilen fester (Minerale, Matrix), fluider (Lösungen) und gasförmiger Zustände bestehen. Poren- und Kluftwässer weisen eine elektrolytische Leitfähigkeit auf und stellen den wesentlichen Anteil der Gesteinsleitfähigkeit dar. Die Größenordnung des elektrischen Widerstandes eines Gesteins wird maßgeblich von den Poren- und Klufträumen und deren leitfähiger Füllung bestimmt.
Die meisten gesteinsbildenden Minerale haben spezifische Widerstände größer als $10^8 \, \Omega$ m (Quasi - Isolatoren). Gesteine gehören in der Regel zu den Halbleitern mit spezifischen Widerständen zwischen 10 und $10^4 \, \Omega$ m. Starke Widerstandserniedrigung ist in erster Linie durch vorhandenes Porenwasser/Kluftwasser mit seinem Ionengehalt infolge gelöster Salze bedingt (elektrolytische Leitfähigkeit). Extrem niedrige Widerstände werden bei Erzen beobachtet (metallische oder elektronische Leitfähigkeit).

7.5.3. Meßprinzipien

Zur meßtechnischen Bestimmung des spezifischen elektrischen Widerstandes von Gesteinsproben wird sehr häufig ein Vierpunktverfahren (Abb.7.23) genutzt.

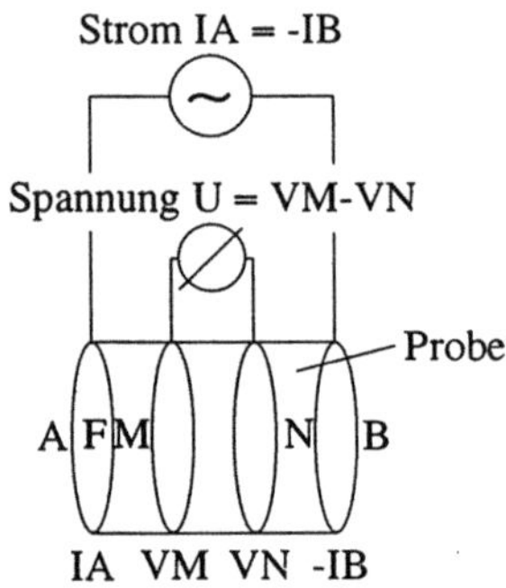

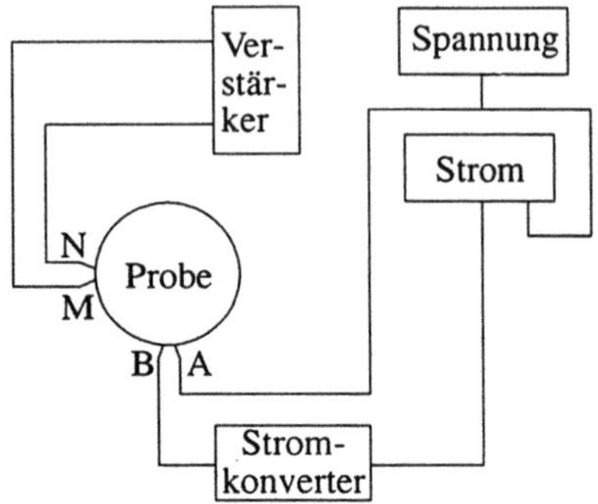

a)
Integralmessung in einer Meßzelle;
Mittlerer spezifischer Widerstand ρ
der Gesamtprobe:
ρ = Spannung/Strom · Probenfläche F / Länge l

b)
Tomographische Querschnittsmessung
(vereinfacht nach JUST/KÜPPER);
Spezifische Widerstandsverteilung über
den Querschnitt
ρxy = Spannungen / Ströme · Konfigurationsmatrix

Abb.7.23a, b: Elektrische Widerstandsmessungen an Gesteinsproben; **a** integral, **b** tomographisch

a) Integralmessungen

Zwischen den Polen einer Stromquelle (Elektroden A, B) fließt ein elektrischer Strom I längs zur Probenachse durch die Stirnflächen F der zylindrischen Probe. In Abhängigkeit vom spezifischen Widerstand des Gesteins fällt das vom elektrischen Feld erzeugte Potential längs der Probe mit der Länge l ab. Die Potentialdifferenz wird über die Meßelektroden (M, N) als Spannungsabfall U gemessen. Über das OHMsche Gesetz ergibt sich der mittlere spezifische elektrische Widerstand ρ:

$$\rho\,[\Omega m] = \frac{U\,[V]}{I\,[A]} \cdot \frac{F\,[m^2]}{l\,[m]}$$

(7)

b) Tomographische Messung

Zwischen quer zur Probenachse angebrachten eng benachbarten Polen (Stromdipol) einer Stromquelle (Elektroden A,B) fließt ein elektrischer Strom, der innerhalb eines Bohrkerns ein elektrisches Feld aufbaut. Zwei eng benachbarte Meßelektroden M, N (Spannungsdipol) greifen in der gleichen Querschnittsebene die Potentialdifferenz des Feldes als Meßspannung ab. Der spezifische Widerstand wird über das Ohmsche Gesetz aus gemessener Spannung U, fließendem Strom I und einem geometrieabhängigen Konfigurationsfaktor K_i berechnet:

$$\rho \, [\Omega m] = \frac{U \, [V]}{I \, [A]} \cdot K_i [m]$$

$$(8)$$

Der Konfigurationsfaktor ändert sich bei der Veränderung der Position der Elektroden. Der gemessene spezifische Widerstand ist nur für völlig homogene Proben gleichbleibend. Normalerweise treten innerhalb der Proben Inhomogenitäten auf, so daß als Meßgrößen zunächst nur scheinbare spezifische Widerstände zur Verfügung stehen. Aus ihnen kann die Verteilung der (reellen) spezifischen Widerstände bezogen auf den jeweiligen Probenquerschnitt bestimmt werden (Tomographieprinzip).

Die Güte der tomographischen Abbildung der Widerstandsverteilung hängt maßgeblich von der Anzahl der Einzelmessungen innerhalb der Querschnittsebene ab (Mehrfachüberdeckung). Der Stromdipol A-B wird zunächst festgehalten; der Spannungsdipol M-N wird mehrmals um einen bestimmten Winkel auf der kreiszylinderförmigen Oberfläche der Probe in der gleichen Meßebene versetzt. Anschließend wird der Stromdipol ebenfalls um einen Winkelbetrag in der Meßebene versetzt und der Spannungsdipol „wandert" wiederum auf dem Meßkreis.

Die tomographische Abbildung der scheinbaren spezifischen Widerstände in eine querschnittsbezogene gridförmige Verteilung der reellen Widerstände kann nach verschiedenen Inversionstechniken erfolgen. Im Rahmen der vorliegenden Arbeit kam eine modifizierte Variante der in der Strahltomographie häufig verwendeten Simultanen Iterativen RekonstruktionsTechnik (SIRT) zum Einsatz (z.B. DINES & LYTLE 1979).

7.5.4. Aufbau der Meßanlage

Für die Messung an Bohrkernen mit spezifischen Widerständen bis ca. 10^{10} Ω m wurde eine spezielle Apparatur entwickelt. Eine Prinzipskizze ist auf Abb. 7.23 b dargestellt. Folgende Parameter charakterisieren die Meßanlage:

- Kern horizontal gelagert und um Kernachse drehbar
- Stromelektroden A-B unterhalb des Kernes, Meßelektroden M-N an einem schwenkbaren Bügel befestigt
- Elektroden pneumatisch vom Kern abhebbar
- Material der Elektroden: hochisolierender Kunststoff (Peek) mit Metallkopf
- Ankopplungsmedium: mit Wasser getränktes, poröses Kunststoffmaterial oder Leitgummi

- Messung der Potentialdifferenz an den Elektroden M-N und der stromproportionalen Spannung an den Elektroden A-B mit 2 Lock-in-Verstärkern
- Spannungsquelle: Oszillatorausgang eines Lock-in-Verstärkers (2V, 1,5 Hz)
- Verstärker: Eingangswiderstand ca. 200 GΩ für Meßspannung an M und N
- Meßablauf PC-gesteuert, Realisierung der Bewegung der Elektroden und des Kernes über Schrittmotoren (über 2 parallele Schnittstellen) und Endschaltern für jede Achse (I/O-Karte)
- Steuerung der Lock-in-Verstärker über 2 serielle Schnittstellen (RS232)

7.5.5. Anwendungsbeispiele

Die folgenden Gesteine, Tonprobe/Münchehagen und Amphibolitprobe/Rabenstein, wurden mit der beschriebenen Tomographieeinrichtung gemessen und verdeutlichen beispielhaft den Stand und die Möglichkeiten der elektrischen Tomographie.

Der relativ dichte, gering poröse Amphibolit (Abb.7.24) zeigt erwartungsgemäß hohe spezifische elektrische Widerstände von 10^3 - 10^5 Ω m. Diese Größenordnung wird im wesentlichen durch die mineralogische Zusammensetzung des Gesteins bestimmt. Die hochohmigen Quarzbänder zeichnen sich im Tomogramm ab, die Auflösung der Widerstände zum Kerninneren verschlechtert sich durch die isolierende Wirkung des gesteinsbildenden Minerale und das anisotrope Verhalten des Amphibolits.

Tone und tonhaltige Gesteine, die als Deponiedichtmassen eingesetzt werden, zeichnen sich durch ihre plastischen Eigenschaften und geringe Permeabilität aus. Veränderungen dieser Parameter können z.B. durch Trocknung, Quellung, Transport und Sorption von Schadstoffen verursacht werden und zu Bruchvorgängen und Deformation des Gesteinsgerüsts führen. Mittels elektrischer Tomographie sind sie räumlich aufgelösbar, wenn sie wie in Abb. 7.25) dargestellt, zu Änderungen des spezifischen elektrischen Widerstands führen. Innerhalb eines sehr homogenen Grundwertes von 100 Ω m (gering plastischer, trockner Tonstein) zeichnen sich in allen 3 Meßebenen „Einlagerungen" mit Widerständen bis 5000 Ω m ab. Diese Widerstandserhöhung ist durch das Auftreten von (luftgefüllten) Brüchen und Rißstrukturen infolge Austrocknung bedingt. Eine hochauflösende röntgentomographische Untersuchung (Kap. 7.4) bestätigte das Unter-suchungsergebnis der elektrischen Tomographie. Neben achsenparallelen Klüften konnten kleindimensionierte, radiale „cracks" detektiert werden, deren Ursachen sowohl in Trocknungsvorgängen als auch in einer mechanischer Beanspruchung beim Transport der Bohrproben gesehen werden können.

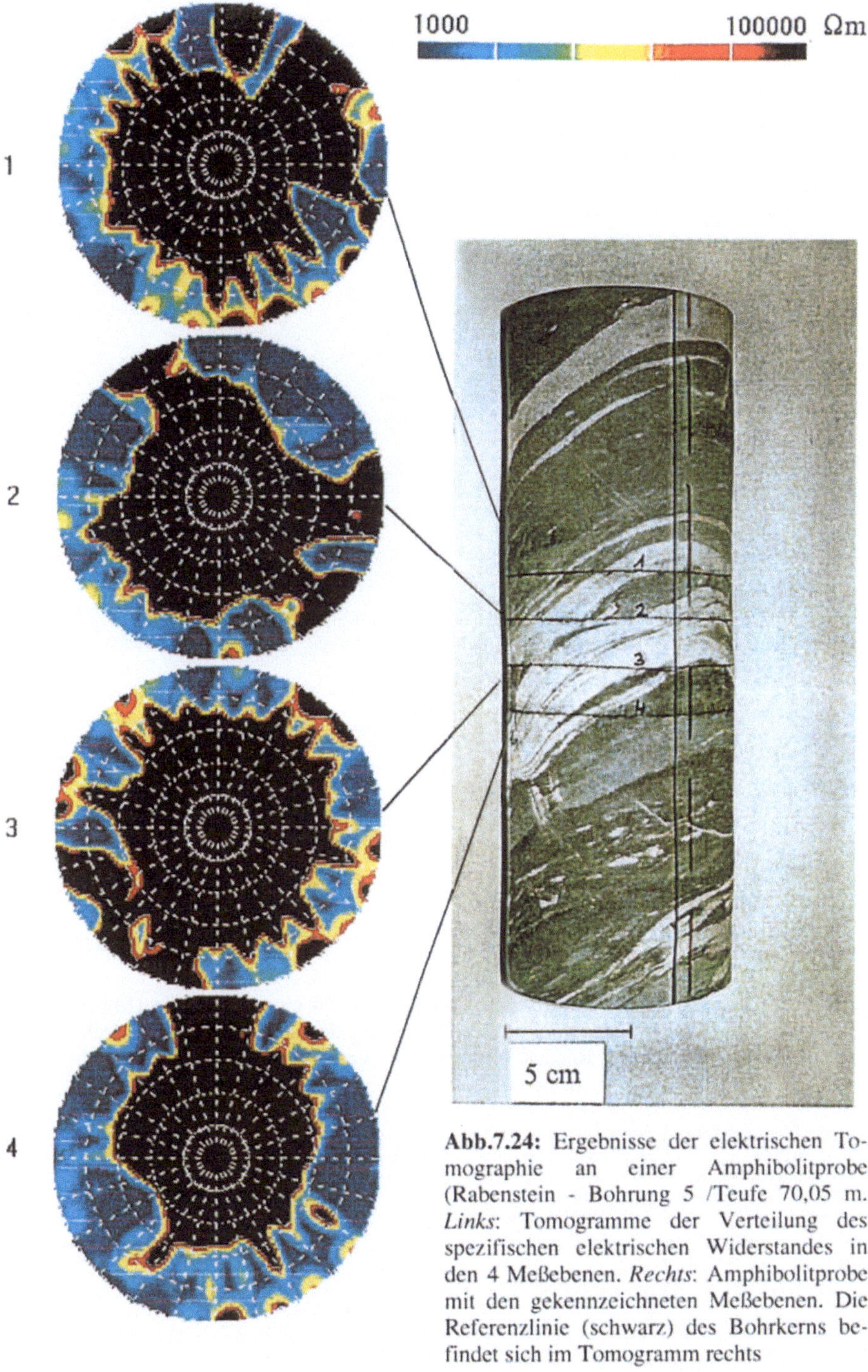

Abb.7.24: Ergebnisse der elektrischen Tomographie an einer Amphibolitprobe (Rabenstein - Bohrung 5 /Teufe 70,05 m. *Links*: Tomogramme der Verteilung des spezifischen elektrischen Widerstandes in den 4 Meßebenen. *Rechts*: Amphibolitprobe mit den gekennzeichneten Meßebenen. Die Referenzlinie (schwarz) des Bohrkerns befindet sich im Tomogramm rechts

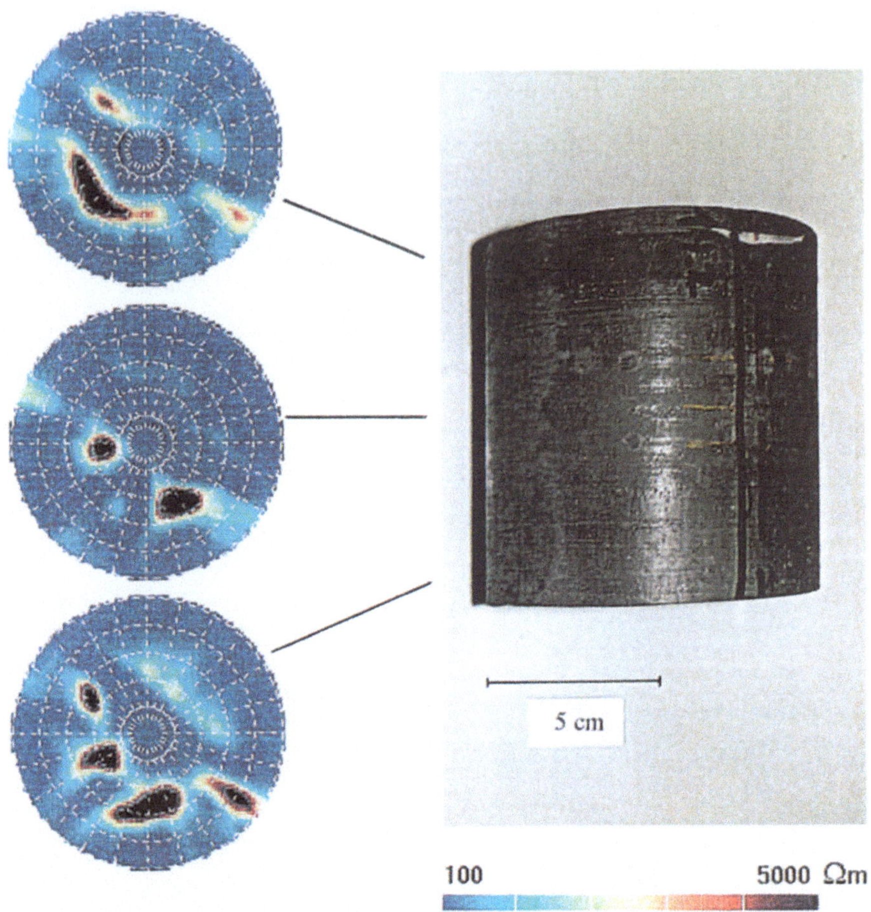

Abb.7.25: Ergebnisse der elektrischen Tomographie an einer Tonprobe (Münchehagen - Bohrung 205). Links: Tomogramme der Verteilung des spezifischen elektrischen Widerstandes in drei Meßebenen. Rechts: Tonprobe mit den gekennzeichneten Meßebenen

7.6. Akustische Tomographie

Franz Jacobs & Christina Flechsig

7.6.1. Einleitung

Die Ausbreitung von elastischen/seismischen/akustischen Wellen in Materie
ist von den elastischen Eigenschaften (Elastizitäsmodul, Poissonzahl) und der
Dichte des durchlaufenen Mediums abhängig. Die physikalischen Parameter
Ausbreitungsgeschwindigkeit und Dämpfung (Absorption) charakterisieren
die Kinematik und die Dynamik des damit verbundenen Energietransportes.
Neben der Gesteinsmatrix mit ihrem originären Mineralbestend wirken sich
auch Mineralgefüge, Kompaktion, Struktur, Textur, Porosität und Porenfüllung auf die physikalischen Parameter aus.

Die räumliche Erfassung der Geschwindigkeitsverteilung und Dämpfung liefert im Umkehrschluß wichtige Hinweise auf Zusammensetzung, Zustand und
strukturell-stoffliche Charakteristika innerhalb der Gesteine.

7.6.2. Physikalische Grundlagen

Mechanische Spannungen können Materie deformieren. Sind die Deformationen proportional zu den auftretenden Spannungen, so spricht man von Ela-
stizität. Der periodische Wechsel von Spannung und Deformation führt zu
Teilchenbewegungen (Schwingungen), die sich wellenförmig ausbreiten.

In Luft und Wasser sind elastische Wellen als Schall allgegenwärtig. Im
Erdkörper breiten sie sich als seismische Wellen mit Frequenzen meist unterhalb des Hörbereichs aus (< 50 Hz). In der Gesteinsphysik und in der medizinischen Diagnostik bevorzugt man Frequenzen im Bereich von Kilohertz
(kHz) bis Megahertz (MHz), d.h. akustische Wellen bzw. Ultraschall.

Die Teilchenbewegung kann längs (Longitudinalwellen) und quer
(Transversalwellen) zur Ausbreitungsrichtung erfolgen. Bestimmte Gesichtspunkte der Ausbreitung elastischer Wellen lassen sich mit den Gesetzen der
Optik beschreiben. Neben der Wellenvorstellung kann man bei der Erklärung
der Ausbreitungsphänomene näherungsweise zur Strahlenbetrachtung übergehen, dabei sind die Strahlen die Senkrechten zu den Wellenfronten. Entscheidend für die räumliche Lage der Strahlenwege ist nach dem Prinzip von
Fermat- wonach zwischen 2 Punkten der kürzeste Weg gewählt wird - die
Verteilung der Ausbreitungsgeschwindigkeiten im Medium. Aus dem Gesetz
folgt insbesondere, daß Wellen (Strahlen) an Geschwindigkeitsgrenzen reflek-
tiert und gebrochen werden. Wellenenergie wird im Gestein gestreut
(Scattering) und wegen des nicht idealelastischen Verhaltens gedämpft. Die

Dämpfung/Absorption ist frequenzabhängig und folgt einem abstandabhängigen exponentiellen Abnahmegesetz:

$$A = A_0 \cdot \exp(-\alpha\, x) \tag{9}$$

mit α = Absorptionskoeffizient
        x = Ortskoordinate
        A = Schwingungsamplitude
        A_0 = Eingangsamplitude

Die wichtigsten petroelastischen Kenngrößen sind die Ausbreitungsgeschwindigkeiten der Wellen. Gemeinsam mit der Dichte bestimmen sie die Reflektivität von Gesteinsgrenzen (Schallhärte = Geschwindigkeit · Dichte).

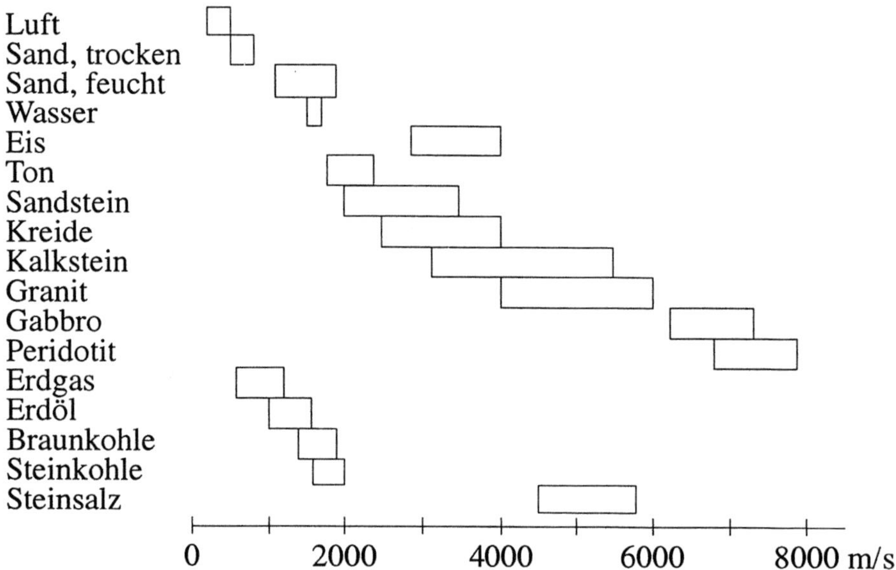

Abb.7.26 Geschwindigkeiten seismischer/akustischer Longitudinalwellen in Gesteinen [m/s]

Abb.7.26 zeigt die Ausbreitungsgeschwindigkeiten seismischer/akustischer Longitudinalwellen in einigen ausgewählten Gesteinen. Die Geschwindigkeiten werden von verschiedenen Faktoren beeinflußt: Mineralbestand, Verfestigungsgrad, Porosität, Eigenschaften des gasförmigen und/oder flüssigen Poreninhalts, räumliche Anordnung der das Gestein aufbauenden Komponenten, Druck und Temperatur.

In kristallinen Gesteinen bedingt ein hoher Quarzanteil i. allg. niedrigere Geschwindigkeiten. Diese sinkt ebenfalls mit der Zunahme von Porenraum und Klüftung und mit der Abnahme des Wassergehalts zugunsten von Luft und anderen Gasen.

Bei Sedimenten und Sedimentiten ist die Geschwindigkeit neben der stofflichen Zusammensetzung besonders von der Art des Korngerüsts, von Verfestigungsgrad/Zementation, von Porosität, Porenfüllung, Druck und Temperatur abhängig.

7.6.3. Meßprinzipien

Die Ausbreitungsgeschwindigkeit von Ultraschallwellen wird seit längerer Zeit routinemäßig zur Charakterisierung von Gesteinen erfaßt (s. dazu SCHÖN 1983; WANG & NUR 1992).

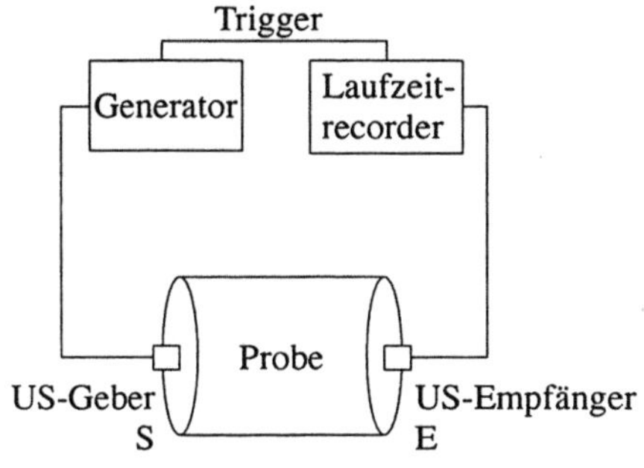

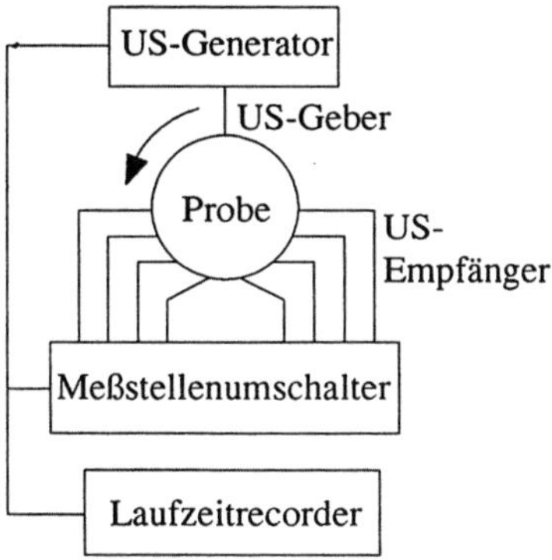

a)
Durchschallung einer Gesteinsprobe;
Mittlere Ultraschallgeschwindigkeit v
der Gesamtprobe:
v = Laufweg SE / Laufzeit SE

b)
Tomographische Durchschallung
nach TIETZ / MAYER;
Gescgwindigkeitsverteilung über
den Querschnitt der Probe:
vij = Laufwege SiEj / Laufzeiten SiEj

Abb.7.27 Messung der Ausbreitungsgeschwindigkeiten elastischer Wellen an Gesteinsproben mittels Ultraschall; **a** integral, **b** tomographisch

In der herkömmlichen Meßvariante (Abb.7.27a) werden Integralwerte der Geschwindigkeit mittels Durchschallung gewonnen. Die Messung mit gegenüberliegend angeordneten Ultraschallsendern und - empfängern (Frequenzbereich von 50 kHz - 1MHz) führt über den Quotient der gemessenen Laufwege und Laufzeiten zu den Geschwindigkeitswerten.

Die Kenntnis der mittleren Geschwindigkeit einer Gesteinsprobe erlaubt in nur geringem Maß eine räumliche Lokalisierung von geologisch-petrophysikalisch relevanten Materialeigenschaften. Ziel der tomographischen Messungen ist das flächenhafte Abbild der Verteilung der Wellengeschwindigkeiten und/oder Dämpfung der elastischen Wellen, um daraus indirekt die inneren Eigenschaften einer nur von außen zugänglichen Probe abzuleiten. Der Meßbereich - i.a. eine Ebene- wird dazu aus möglichst vielen Richtungen durchstrahlt. Die Laufzeit der Wellen ist von der Entfernung der Ultraschall-

quelle zum -aufnehmer und von der Verteilung der Ausbreitungsgeschwindigkeiten im Medium abhängig. Um das Tomogramm einer Querschnittsfläche zu
erstellen, wird diese in Gitterelemente (Zellen) unterteilt und aus den Meßwerten der Durchschallungen werden über eine Inversionsrechnung allen Zellen
Geschwindigkeitswerte zugewiesen. Dazu existieren verschiedene Bildrekon-
struktionsverfahren (siehe dazu NOLET 1987; WORTHINGTON 1984)
Abbildung 7.27b zeigt das am Institut für Geophysik und Geologie Leipzig
entwickelte und genutzte Meßprinzip der akustischen Laufzeit-Tomographie
(nach TIETZ et al. 1995 und MAYER et al. 1994). Geber S und Empfänger E
sind in einer radialen Meßebene quer zur Probenachse einer zylinderförmigen
Bohrprobe angeordnet. Die „Strahlen" laufen nicht nur diametral durch die
Mittelachse zu den Empfängern, sondern überdecken den gesamten Querschnitt auch auf kürzeren Sekantenbahnen. Im Ergebnis der tomographischen
Inversion nach einem modifizierten Simultanen Iterativen Rekonstruktonsal-
gorithmus (SIRT) können in der jeweiligen Meßebene die 2-D-
Geschwindigkeitsverteilung (lokale Inhomogenitäten) als auch separierbare
Anisotropieeffekte flächenhaft dargestellt werden.
Für jede Einzelposition des Ultraschallgebers wird ein 8-spuriges Ultraschall-
seismogramm registriert (8 Empfänger). Danach wird die Probe jeweils um
einen Winkel (5) weitergedreht. In die Berechnung des Tomogramms gehen
die Laufzeiten von 288 x 8spurigen Seismogrammen ein.
Das Datenprozessing besteht aus 4 Schritten:

- Präprozessing zur Erhöhung des Nutz/Stör-Verhältnisses durch Ener-
  giestapelung (max. 8fach)
- Bestimmung der ersten Einsätze (Laufzeiten) durch automatisches
  und/oder manuelles Picking
- Anbringung von Laufzeitkorrekturen, Korrektur der Strahlenwegko-
  ordinaten
- Ermittlung der Anisotropie der Ausbreitungsgeschwindigkeit und abgelei-
  teter Anisotropie-Parameter
- Anisotropiekorrektur: d.h. Separierung der durch Anisotropie verursachten Effekte im Tomogramm
- Tomographische Inversion des Laufzeitfeldes in ein Geschwindigkeitsfeld
  nach einem modifizierten SIRT-Algorithmus

Die Laufzeitkorrekturen umfassen die wandlerbedingte Verzögerungszeitkor-
rektur, die Spur-für-Spur-Korrekturen von einzelnen „fehlgepickten" Laufzeiten über ein Geschwindigkeitskriterium und die Laufwegkorrekturen zur Beseitigung des Geometrieeinflusses der nicht punktförmigen Sender und Empfänger.

7.6.4. Aufbau der Meßanlage

Der schematische Aufbau einer ultraschalltomographischen Meßanlage, wie
sie speziell im Institut für Geophysik und Geologie der Universität Leipzig für
die Untersuchung kristalliner Bohrproben mit einem Durchmesser bis 100 mm
entwickelt wurde, ist in Abb.7.27b dargestellt. Die Anordnung besteht aus
einem Ultraschallgenerator, der die notwendige Erregungsspannung für den
Ultraschallgeber bereitstellt, einer Meßvorrichtung und der Probenhalterung
mit einem Ultraschallgeber und acht Empfängern (Frequenz ca. 500kHz), die
über einen Meßstellenumschalter mit integriertem Verstärker mit einem
Transientenrecorder verbunden sind. Die Datenerfassung und das Präprozessing erfolgt über die Systemsoftware des Transientenrecorders und über angepaßte, eigenentwickelte Prozessingsoftware an einem PC. Für die tomographische Inversion wird eine Workstation genutzt.

7.6.5. Anwendungsbeispiel

Im folgenden Beispiel (Abb.7.28.) wurde ein ca. 300 mm langes Kernstück
der Bohrung Rabenstein 5 (Amphibolit , Teufe Ok. 70,05 m) in vier Meßebenen mit einem Abstand von 20-25 mm untersucht. Die Gesteinsprobe wurde
nach den Messungen in den Meßebenen getrennt. Bei dem Amphibolit , der in
kompakter Ausbildung und mit deutlichen kalzitischen Bändern und Quarz-
einschlüssen versehen vorliegt, wird aufgrund der geringen Porosität und
Klüftigkeit die Ausbreitungsgeschwindigkeit der elastischen Wellen insbesondere durch die mineralische Zusammensetzung beeinflußt. In den Laufzeitto-
mogrammen werden die Materialunterschiede deutlich abgebildet. Zonen
niedriger Geschwindigkeiten (rot dargestellt) stehen mit lokalen Porositäts-/
Klüftigkeitserhöhungen in Verbindung, die entweder genetisch und/oder
durch eine sekundäre Beeinflussung infolge des Bohrprozesses angelegt sein
können.

Abb.7.28 (s. S. 232): Ergebnisse der Ultraschalltomographie an einer Amphibolitprobe
(Rabenstein/ Bohrung 5, Teufe 70,05 m) in 4 Meßebenen. *Links*: Laufzeittomogramme /
Verteilung der Schallgeschwindigkeiten in den Meßebenen (Longitudinalwellen-
geschwindigkeit). *Rechts*: Schnittebenen der Amphibolitbohrprobe (vergl. auch Abb.7.25)

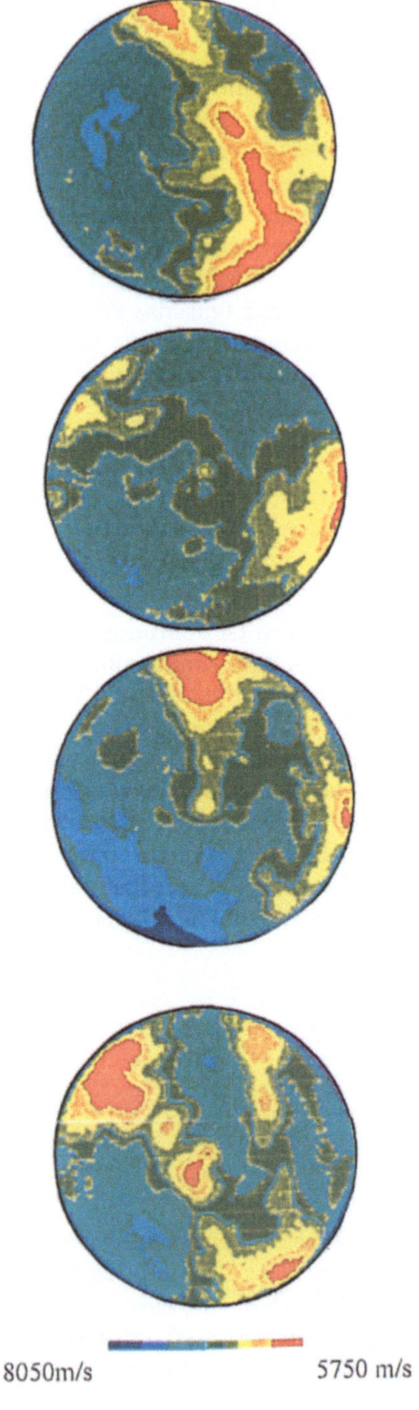
8050m/s
5750 m/s

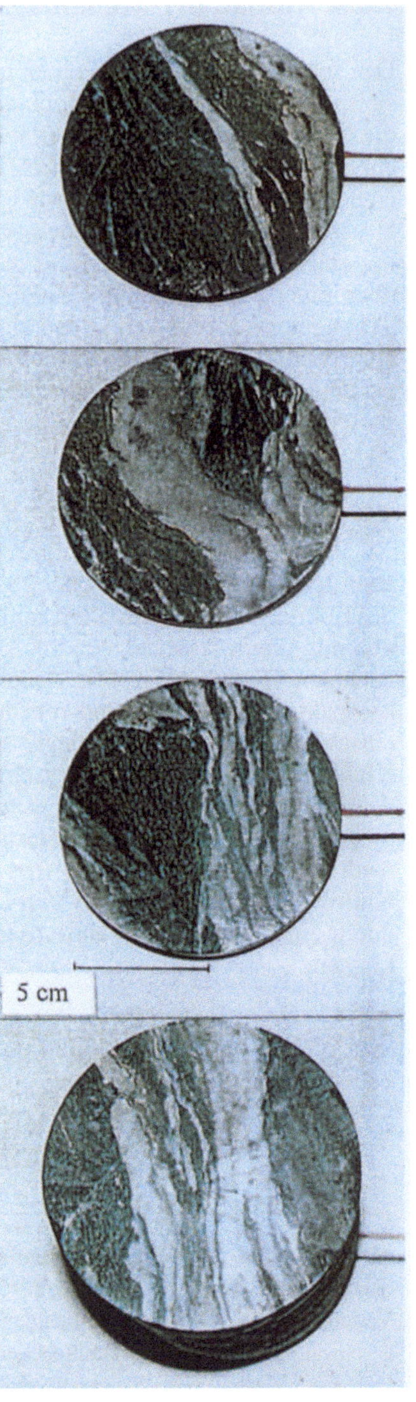
5 cm

7.7. Magnetische Suszeptibilität

Helga de Wall

7.7.1 Einleitung

Die magnetische Suszeptibilität eines Gesteins bezeichnet seine Magnetisierbarkeit unter äußeren Magnetfeldern. Unterschiede in der magnetischen Suszeptibilität geben Hinweise auf einen primär unterschiedlichen Mineralbestand oder zeigen eine spätere Veränderung durch chemische Umwandlung (Alteration, Metasomatose, Verwitterung) oder durch Sekundärmineralisation an. Diese kann z.B. in Zusammenhang mit hydrothermalen Prozessen oder mit Ausfällungen im Bereich von Störungs- und Kluftflächen stehen.

Messungen der magnetischen Suszeptibilität können in kleinen Schritten quasi kontinuierlich über Bohrkerne hinweg vorgenommen oder als Einzelmessungen an Kernstücken, an Bohrklein oder auch im Gelände an Gesteinsaufschlüssen durchgeführt werden. Messungen im Bohrloch und an Bohrkernen bzw. Bohrklein ergänzen sich gegenseitig.

Suszeptibilitätslogs unterstützen die Korrelation von Bohrprofilen, z.B. über eine Zuordnung Erzmineral-führender Horizonte in Sedimenten und Metamorphiten oder helfen, die Ausdehnung und Mächtigkeit von Störungszonen zu beschreiben. Auch stratigraphische Horizonte wie beispielsweise eiszeitliche Sande, die regional mehr magnetisierbare Anteile (aus Abtragungsprodukten skandinavischer Magmatite) als Sande der Tertiärformation enthalten, können durch Suszeptibilitätsmessungen erkannt und gegebenenfalls gegeneinander abgegrenzt werden.

7.7.2 Physikalische Grundlagen

Die unter der Einwirkung eines magnetischen Feldes (H) in einem Gestein induzierte Magnetisierung (M) wird durch seine Magnetisierbarkeit (magnetische Suszeptibilität (κ) bestimmt

$$M = \kappa \cdot H \tag{10}$$

Sowohl H als auch M werden im Système International (SI) in Am^{-1} angegeben, κ ist damit dimensionslos.

Nach dem Magnetisierungsverhalten unter magnetischer Feldeinwirkung unterscheidet man (Abb.7.29):

I. Diamagnetische Suszeptibilität
Die Richtung des induzierten Feldes ist der Richtung des angelegten Feldes antiparallel, κ ist damit negativ. Der Betrag der diamagnetischen Suszeptibilität ist relativ gering und liegt in der Größenordnung 10^{-5} - 10^{-6}.

Diamagnetische Suszeptibilität ist eine Eigenschaft eines jeden Materials. Minerale werden jedoch nur dann als diamagnetisch bezeichnet, wenn sie aus

Atomen oder Ionen ohne eigenes magnetisches Moment aufgebaut sind, also keine Überlagerung durch die weiter unten beschriebene paramagnetische oder ferromagnetische Suszeptibilität aufweisen. Diamagnetisch sind nur wenige Minerale wie z.B. Quarz, Feldspat und Calzit, die aber aufgrund der Häufigkeit ihres Vorkommens von Bedeutung sind (siehe Tabelle 7.2).

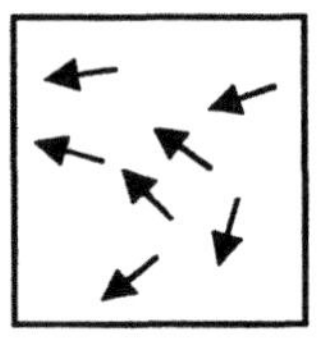 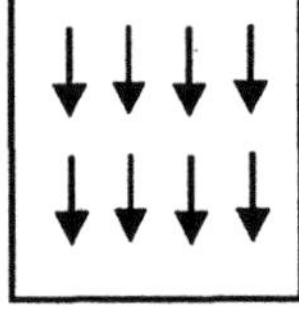 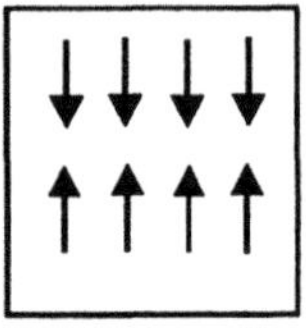 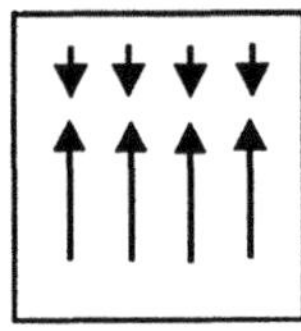

Abb.7.29: Schematische Darstellung der Ordnungszustände magnetischer Momente bei para-, ferro-, antiferro- und ferrimagnetischem Verhalten

II. Paramagnetische Suszeptibilität

Unter äußerer Feldeinwirkung wird in paramagnetischen Mineralen eine Magnetisierung induziert, die der Richtung des angelegten Feldes parallel ist.. Paramagnetische Suszeptibilität hat daher ein positives Vorzeichen und ist vom Betrag her um mehrere Zehnerpotenzen höher als die diamagnetische Suszeptibilität (10^{-2}-10^{-4}). Paramagnetische Minerale beinhalten Atome und Ionen mit permanentem magnetischem Moment (z.B. Fe), die jedoch nicht untereinander in Wechselwirkung treten. Beispiele für die Suszeptibilität von wichtigen gesteinsbildenden paramagnetischen Mineralen gibt die Tabelle 7.2.
Die Magnetisierung sowohl von dia- als auch von paramagnetischem Material hat nur unter Feldeinwirkung Bestand, und ihr Betrag ist proportional zur Stärke dieses Feldes (vgl. Gl. 10).

III. Ferromagnetische Suszeptibilität (sensu lato)

Die induzierte Magnetisierung in ferromagnetischem Material ist der Richtung des angelegten Feldes ebenfalls parallel, aber vom Betrag her um ein Vielfaches höher als in paramagnetischem Material. Dies ist durch eine Wechselwirkung der einzelnen magnetischen Momente untereinander begründet, die eine Ausrichtung benachbarter Momente verursacht. Bei strikter paralleler Ausrichtung der magnetischen Momente spricht man von ferromagnetischem Verhalten sensu stricto. Diese Geometrie ist nur in einigen reinen Metallen (z.B. Fe, Cr, Ni) verwirklicht und hat daher für die Betrachtung der Gesteinssuszeptibilität keine Bedeutung.
In ferromagnetischen Mineralen (Fe-Ti-Oxide, Fe-Sulfide) sind benachbarte magnetische Momente antiparallel ausgerichtet und kompensieren sich damit. Die Suszeptibilität dieser antiferromagnetischen Minerale ist daher sehr gering. Bei antiparalleler Ausrichtung magnetischer Momente, die in ihrem Betrag unterschiedlich sind, spricht man von ferrimagnetischem Verhalten. Diese Minerale können eine sehr hohe Suszeptibilität besitzen (s. Tabelle 7.2).

Die magnetische Suszeptibilität eines Gesteinsvolumens ergibt sich aus der Suszeptibilität der Volumenanteile seiner dia-, para- und ferromagnetischen Komponenten. Aufgrund der vergleichsweise sehr hohen Suszeptibilität von ferrimagnetischen Mineralen wie z.B. von Magnetit und Pyrrhotin können schon geringe Gehalte dieser Minerale die Gesamtgesteinssuszeptibilität bestimmen.

Tabelle 7.2: Magnetische Volumensuszeptibilität einiger dia-, para- und ferromagnetischer Minerale. Angaben jeweils in 10^{-6}. Zusammengestellt nach BLEIL & PETERSEN (1982), CARMICHAEL (1982), TARLING & HROUDA (1994) und BORRADAILE et al. (1987). Die Schwankungsbreite bei einigen Mineralen ergibt sich aus dem unterschiedlichen Eisen-Einbau bei der Mischkristallbildung

Diamagnetische Minerale		Paramagnetische Minerale	
Quarz	-13,4	Olivin	124 - 4270
Calzit	-13,8	Hornblende	746 - 1368
Dolomit	-38,0	Augit	555 - 1111
Orthoklas	-13,7	Muskovit	36 - 711
Plagioklas	- 2,7	Biotit	873 - 3040
		Chlorit	70 - 1550
Ferromagnetische Minerale		Granat	553 - 6230
Magnetit	3000000	Turmalin	1690
Hämatit	1300 - 7000	Ilmenit	6750
Goethit	2150 - 6450	Siderit	3980
Pyrrhotin	460 - 92000	Pyrit	-6,3 - 63

7.7.3 Meßmethoden/Meßgeräte

Die gebräuchlichsten, im Handel erhältlichen Meßgeräte zur Bestimmung der Gesteinssuszeptibilität basieren generell auf der Registrierung der Änderung der Induktivität einer Wechselfeldspule unter dem Einfluß der Feldwirkung der Gesteinsprobe (z. B. Geräte der Firmen Agico, Bartington, Sapphire Instruments). Gemessen wird jeweils in schwachen Feldern im Bereich der Anfangssuszeptibilität der Hysteresekurve für Ferromagnetika ($<10^{-3}$ T), da nur bei diesen Bedingungen die nach (1) geforderte lineare Beziehung zwischen angelegtem Feld und Magnetisierung gegeben ist. Die gemessene Suszeptibilität wird als Massensuszeptibilität (k/Dichte) oder als Volumensuszeptibilität (k/Volumen) angegeben.

Geräte zur Bestimmung der Gesteinssuszeptiblität werden u.a. von CHRISTIE & SIMMONS (1969), COLLINSON (1983), COLLINSON et al. (1963) und JELINEK (1973) vorgestellt.

Neben stationären Geräten sind tragbare, leicht zu handhabende sog. Kappameter auf dem Markt, die eine schnelle Bestimmung der Suszeptibilität an ausliegendem Kernmaterial, Handstücken oder im Gelände an Gesteinsaufschlüssen möglich machen (z.B. KT-5 der Fa. Agico, GEM Services).

7.7.4 Beispiele

Kleinräumige Änderungen im primären Mineralbestand oder Anreicherungen von Erzmineralen, z.B. im Bereich von Störungszonen, können durch kontinuierliche Messungen der Suszeptibilität an Kernstücken, aber auch an Bohrkleinmaterial aufgezeigt werden. Dazu werden in Abb.7.30 und Abb.7.31 3 Beispiele gegeben.

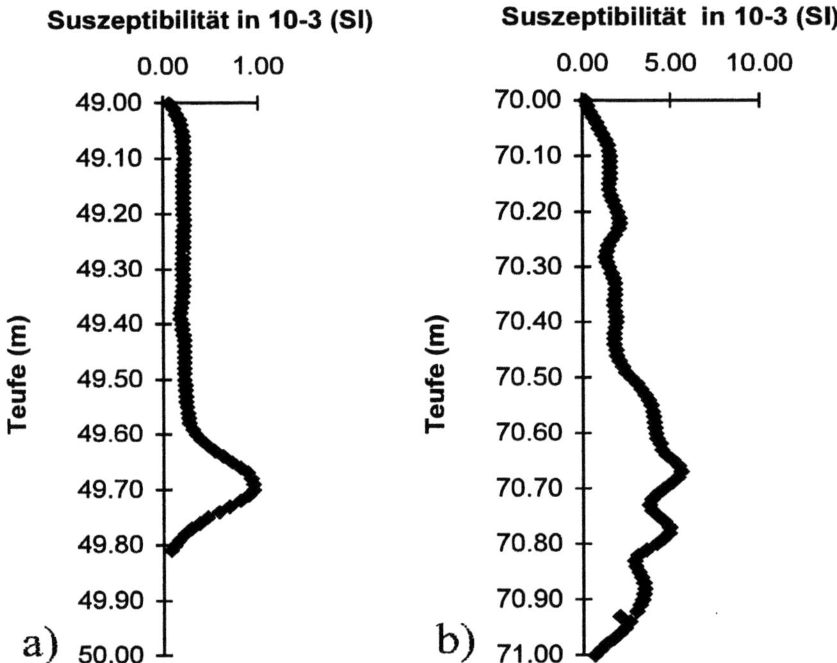

Abb.7.30a, b: Messungen der magnetischen Suszeptibilität an Kernstücken.
a homogener Tonstein mit lokaler Erzmineralführung, Deponiebohrung Münchehagen 205.
b gebänderter Amphibolit, kataklastisch überprägt mit Erzmineralisation auf den Störungsflächen, Deponiebohrung Rabenstein-BK5

In Abb 7.30a, b werden Suszeptibilitätsmessungen an 2 etwa 80 bzw. 100 cm langen Kernstücken von zwei Deponieuntergrundbohrungen vorgestellt. Die Suszeptibilität wurde im Abstand von 1 cm registriert, wobei die jeweils an Top und Basis ausgebildeten Minima auf Randeffekte zurückzuführen sind. Abbildung 7.30a zeigt die Suszeptibilität eines Tonsteins aus der Bohrung Münchehagen 205, einer Sonderabfalldeponie 50 km westlich von Hannover. Die kretazischen Tonsteine (Unterkreide, Valangin) dieser Bohrung haben generell eine homogene Zusammensetzung mit relativ konstanten Suszeptibilitätswerten um $0,250 \times 10^{-3}$, welche von Paramagnetika (z.B. Illite, Chlorite) bestimmt sind. Im unteren Bereich des Kernstückes ist eine

Suszeptibilitätsanomalie mit Werten bis 1,0 x 10^{-3} deutlich, die auf eine lokale Erzmineralführung hinweist.

Ein Beispiel für das Suszeptibilitätslog eines inhomogenen Gesteinstypes gibt die Abb.7.30b. Gemessen wurde ein gebänderter Amphibolit des Deponiestandortes Rabenstein bei Chemnitz mit starker kataklastischer Überprägung und Sekundärmineralisation aus der Bohrung Rabenstein-BK5. Das Suszeptibilitätsbild zeigt bei generell hohen Werten kleinräumige Schwankungen, die auf unterschiedlich starke Erzanreicherungen zurückzuführen sind. Werte von bis zu 6 x 10^{-3} lassen auf ferrimagnetische Anteile an der sonst durch die paramagnetischen und diamagnetischen Minerale (Hornblende, Plagioklas) bestimmten Gesteinssuszeptibilität schließen. In den nicht vererzten Bereichen der Amphibolite liegt die Suszeptibilität bei ca. $0,8 \times 10^{-3}$.

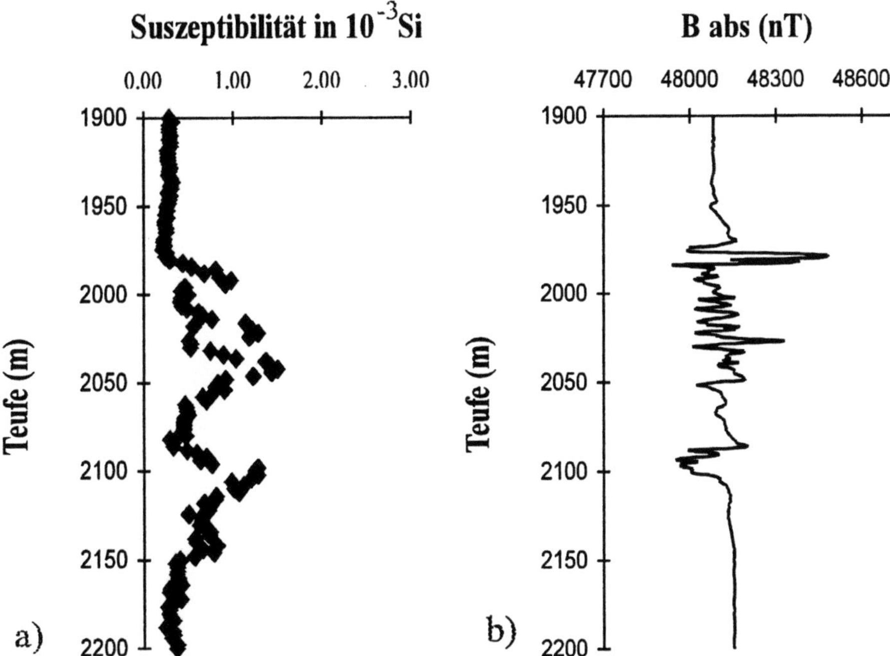

Abb.7.31a, b: Vergleich von Suszeptibilitätsmessungen an Bohrklein mit Magnetometermessungen im Bohrloch für einen Profilabschnitt der Bohrung KTB Oberpfalz HB. Beide Messungen registrieren die durch Pyrrhotinvererzung in kataklastischen Störungszonen eines Paragneises verursachte magnetische Anomalie. Eine erhöhte Bohrkleinsuszeptibilität unterhalb 2100 m, die im Magnetiklog nicht aufgezeichnet ist, kann auf Nachfall von erzführenden Gesteinsbruchstücken aus dem Bereich der Störungszone zurückgeführt werden.
a Suszeptibilitätslog, **b** Magnetiklog, Absolutwerte des Erdmagnetfeldes (B abs) in Nanotesla

Für Bohrungen, in denen nicht durchgängig oder gar nicht gekernt wird, können kontinuierliche Suszeptibilitätslogs durch Messungen an Bohrklein erstellt werden. (z.B. RAUEN & WINTER 1995). Bei der Interpretation dieser Messungen muß berücksichtigt werden, daß die einer Probenteufe zugeordneten Cuttings mit Nachfall aus unverrohrten Bohrlochabschnitten (Bohrlochrand-ausbrüche) und/oder in Abhängigkeit von Größe, Form und spezifischem Gewicht zeitlich verzögert ausgetragenem Bohrklein vermischt sein können (vgl. Abb.7.31). Außerdem können insbesondere metallische Verunreinigungen durch Abrieb und Verschleiß der Bohrwerkzeuge und des Bohrstrangs zu Beginn und am Ende eines Werkzeugwechsels (Roundtrip) die Suszeptibilität des Bohrkleins erhöhen (DE WALL & LICH 1992). Da diese Suszeptibilitätslogs trotz der o.g. Einschränkungen eine sehr gute Information über Vorkommen und Verteilung von magnetischen Mineralen liefern, zeigt in Abb.7.31 ein Vergleich mit Magnetometermessungen. Dargestellt ist ein Profilabschnitt der Hauptbohrung des Kontinentalen Tiefbohrprogramms der Bundesrepublik Deutschland, KTB Oberpfalz HB, in dem ein mineralogisch sehr homogener Paragneis durchteuft wurde, der bereichsweise durch Störungen mit Sulfid-mineralisation (Pyrrhotin) überprägt ist.

7.8 Räumliche Orientierung (Bohrkernorientierung)

Hans-Georg Dietrich

7.8.1 Einleitung

Für verschiedene geowissenschaftliche, lagerstättenkundliche, hydrogeologische, ingenieurgeologische, geomechanische und bohrtechnische Fragestellungen werden häufig nicht nur einfache Bohrkerne sondern orientiert entnommene Gesteinszylinder benötigt, da viele Meßergebnisse nur nordorientiert aussagefähig sind oder ausgewertet und interpretiert werden können (Schmitz & Hirschmann 1990). Die an orientierten Kernen gewonnenen Daten bilden beispielsweise die Basis für geologische und strukturgeologische Untersuchungen über Lage, Streichen, Fallen und Gefüge der Schichten, den metamorphen Lagenbau, das natürliche Störungsmuster, die Raumlage von Kluftund Rißsystemen sowie von Gängen, Scherzonen, Diskordanzen, Flexuren oder Falten.

Geophysikalische und petrophysikalische Untersuchungen liefern durch direkte Messungen an orientierten Kernen richtungsabhängige Parameter und teufenbezogene Gradienten. Hierzu gehören unter anderem Informationen über Richtungen der natürlichen Magnetisierung und der Anisotropien elektrischer Leitfähigkeiten oder Widerstände in den Gesteinen Deformationen orientierter Bohrkerne bei Entlastung (z. B. Relaxation) oder unter Druck (z. B. Frac- bzw. Rißentstehung) geben Hinweise auf die horizontalen Hauptspannungsrichtungen im Untergrund.

Petrographische, mineralogische und geochemische Untersuchungen an orientierten Bohrkernen zur Analyse der Wechselwirkungen von Stoffbestand, Hohlraumparametern und Porenfluiden liefen wichtige Daten zur Richtung der maximalen Permeabiltät und des Stofftransports in den Gesteinen.

Die Auswertung und Interpretation aller Bohrkern-Untersuchungsergebnisse liefern wesentliche Grundlagen für die Beurteilung des Untergrundes von Altlasten und zur Standortauswahl von Deponien unter Berücksichtigung geologischer Barrieren.

Darüber hinaus können richtungsorientierte Messungen an Bohrkernen eine entscheidende und wesentliche Rolle spielen bei der Planung und technischen Durchführung von Bohrungen (z.B. Festlegung von Ansatz- und Zielpunkten sowie geplanten oder technisch bedingten Ablenkungen).

7.8.2. Technische Grundlagen

Um genauen Aufschluß über die ursprüngliche Lage der Bohrkerne in der
Formation zu erhalten, ist eine genaue räumliche Orientierung der gewonnenen Gesteinszylinder erforderlich. Zu diesem Zweck werden für jeden Bohrkern folgende Daten benötigt:

- Genaue Teufenangaben zu jedem Kernmarsch
- Angaben über den Bohrkerngewinn und Kernverluste
- Bohrlochabweichung (Richtung und Neigung) von der Vertikalen
- Nordorientierung der Bohrkernmanteloberfläche in der Formation

Für die Bohrkernorientierung wurden verschiedene Orientierungsverfahren
entwickelt, wobei generell zwischen direkten und indirekten Verfahren unterschieden wird.

7.8.3. Direkte Bohrkernorientierung

In Abhängigkeit vom Zweck der Bohrung, der geplanten Endteufe und dem
eingesetzten Bohrverfahren gibt es sowohl bei Trocken- als auch bei Spülbohr-
sowie Seilkern- und Rotarybohrungen verschiedene Verfahren und Methoden
zur Entnahme direkt orientierter Bohrkerne. Dabei lassen sich im wesentlichen
4 Vorgehensweisen unterschieden:

- Orientierter Einbau der Probenahmegeräte
- Pilotlochorientierung und Überbohrverfahren
- Orientierter Abdruck der Bohrlochsohle
- Bohrkernmarkierung während des Abteufens.

Läßt sich das bei nachfolgenden Kernmärschen gewonnene Bohrkernmaterial
kontinuierlich an den ersten Bohrkern anpassen und die Mantellinie entsprechend verlängern (vergl. DE WALL & DIETRICH, Kap. 7.2 in diesem Band),
lassen sich mit dieser Methode ggf. oft mehrere Meter im günstigsten Fall auch
mehrere Zehner Meter direkt orientieren.

Lassen sich alle Bohrkernstücke desselben Kernmarsches mit dem exzentrisch vorgebohrten Material zusammenfügen, können mit dieser Methode
mehrere Meter bei eventueller Anpassung anderer Bohrkerne im günstigsten
Fall auch mehrere Zehner Meter direkt orientiert werden.

Die Markierung kann nach dem Zusammenfügen des orientierten Kerns mit
vorangegangenen und/oder nachfolgenden Kernen auch auf diese übertragen
werden

Orientierter Einbau des Kernrohrs

Bei dieser Methode handelt es sich v. a. um die Probenahme in weicheren
Formationen aus dem Anstehenden oder dem oberflächennahen Untergrund.
Beim einfachsten Fall einer Gewinnung orientierter Bohrkerne werden die

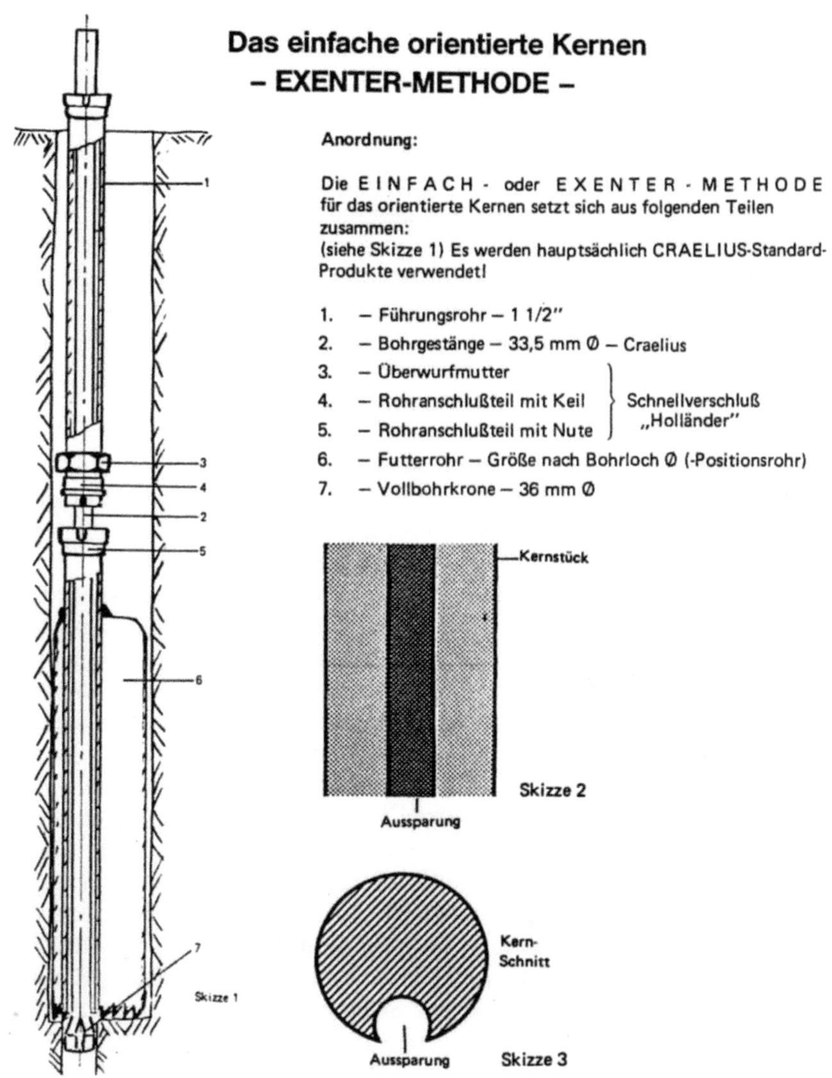

Abb.7.32: Die Einfach- oder Ex(z)enter-Methode für das orientierte Kernen (*Skizze 1:*
Anordnung der Ex(z)enter-Vorrichtung; Orientierungsseite in der Skizze um 90 ^{0} versetzt;
Skizze 2 u. 3: Aussparung am Überbohrkern (abgeändert nach CRAELIUS GmbH 1982)

Probenahmegeräte wie Stechzylinder oder Kolbenlote (z. B. HINZE 1981; HERRMANN, Kap. 5 und SCHREINER, Kap. 3, in diesem Band) am Bohransatzpunkt mit Hilfe eines Kompasses eingenordet und in Abhängigkeit von der Konsistenz der Schichten einige Dezimeter oder Meter orientiert in den Boden bzw. in die Formation gedrückt oder gepreßt. Bei der Entnahme des Gesteinszylinders wird die zunächst die Orientierungslinie auf die Stirnflächen der Probe und anschließend als Mantellinie auf die Bohrkernoberfläche übertragen.

Beim Trockenbohren, d. h. beim Rammkernen (z. B. HOMRIGHAUSEN 1993, HOMRIGHAUSEN & LÜDEKE 1995; HOMRIGHAUSEN & SCHWARZ 1992), wird das über Tage vor Ort kompaßorientierte Kernrohr in die Flachbohrung bis zur Bohrlochsohle gerichtet eingebaut und anschließend in den Untergrund eingerammt. Bei jedem neuen Kernmarsch wird der Vorgang wiederholt. In Abhängigkeit von der Bohrlochsituation (z.B. Neigung) und der Erfahrung der Bohrmannschaft können meist ausreichend gut orientierte Kerne bis zu Teufen von etwa 10 - 20 m gewonnen werden. Bei größerer Einbauteufe kann ein unkontrolliertes Drehen des Rammkernrohrs während des Einbaus nicht vermieden bzw. nicht mehr ausgeschlossen werden.

Pilotlochorientierung und Überbohrverfahren
Im einfachsten Fall wird das anstehende Gestein mit dem Kompaß magnetisch Nord markiert, überbohrt und anschließend die Nordmarkierung als Mantellinie auf den entnommenen Gesteinszylinder übertragen.

Eine andere relativ einfache Methode zum orientierten Kernen stellt das Abteufen eines *exzentrischen Vor- bzw. Pilotbohrlochs* (CRAELIUS GmbH 1982; HEINISCH et al. 1997) dar. Danach wird das Bohrloch bis zur vorgesehenen Teufe nach dem Rotary- oder Seilkernbohrverfahren (z. B. ARNOLD & SCHWARZ 1993; HERRMANN, Kap. 5, in diesem Band) abgeteuft, anschließend das Bohrklein vollständig auszirkuliert und der komplette Rotarybohrstrang bzw. beim Seilkernen nur das Seilkerninnenrohr gezogen. Nach dem Ausbau wird die Ex(z)enter-Vorrichtung (Skizze 1 in Abb.7.32) eingebaut und auf der Bohrlochsohle abgesetzt: Diese Vorrichtung besteht im untersten Teil aus einem dem Bohrloch- bzw. dem Seilkernstranginnendurchmesser angepaßten Futterrohr, das mit einem durchgeführten Führungsrohr (Außen- und Innendurchmesser 48,3 bzw. 40,0mm) an der Berührungslinie exzentrisch verschweißt ist. Diese Schweißnaht ist die Orientierungsseite. Beim Einbau der Ex(z)enter-Vorrichtung passen die mit Schnellkupplungen verbundenen Führungsrohre entsprechend Abb.7.32 genau ineinander, was ein Verdrehen des Führungsstranges verhindert und eine genaue Richtungskontrolle von der Bohrlochsohle bis nach übertage (Kompaßorientierung) ermöglicht. Nach dem Absetzen der Führungsgarnitur auf der Bohrlochsohle wird durch das Führungsrohr ein 33,5mm-Bohrgestänge mit 36mm-Vollbohrmeißel oder - Kernkrone eingebaut und eine Pilotbohrung mit einer Strecke von etwa 1 m bis maximal einer Gestängelänge abgeteuft. Nach dem Ausbau der Ex(z)enter-

Vorrichtung wird die vorgebohrte Strecke mit einem größeren Durchmesser überkernt. Mit Hilfe der räumlich vorgegebenen exzentrischen Aussparung (Skizze 2 und 3 in Abb. 7.32) läßt sich der gewonnene Bohrkern nach der Entnahme orientieren.

Diese Bohrkernorientierungsmethode wurde für Flachbohrungen entwickelt, kommt aber heute wegen der zeitaufwendigen bohrtechnischen Arbeiten nur noch selten zum Einsatz.
Überbohrverfahren mit *zentrisch vorgebohrten Pilotbohrungen* werden in Horizontal- und Vertikalbohrungen bei geomechanischen Untersuchungen (Bochlochentlastungsverfahren) zur Durchführung von Spannungsmessungen angewendet. Sie dienen der Untersuchung elastisch und inelastisch reagierender Gesteine des Grund- und Deckgebirges (z.B. Granit, Steinsalz und Anhydrit) unter anderem für die Standorterkundung unterirdischer Hohlraumbauten für Endlager und Deponien (PAHL et al. 1985; PAHL & HEUSERMANN 1989). Für die Überbohrversuche werden nach Bedarf bis zu 200m tiefe Vertikalbohrungen (GÜNTERSBERGER 1985) mit einer Seilkernbohranlage abgeteuft (Bohr- und Kerndurchmesser 146mm bzw. 102mm). Nach dem Ziehen des Seilkerninnenrohrs wird mit einer speziellen Ausrüstung (z. B. Geobor-S-Bohrsystem von Atlas Copco Craelius, Atlas Copco 1996, Diamant Boart Craelius 1989) das zentrale, etwa 1,0-1,5 m tiefe Pilotloch (Durchmesser 46 mm) gebohrt oder gekernt. Vor Beginn der geomechanischen Untersuchung wird ein Markierungsgerät an einem spielfreien Vierkantgestänge bis zur Sohle des Pilotlochs herabgelassen und beim Ziehen des Gerätes eine Farbkreidemarkierung als orientierte Hilfslinie an der Bohrlochwand der zentrischen Vorbohrung angezeichnet (HANISCH & HOPPE 1991; PAHL et al. 1985). Dabei wird bei vertikalen Bohrungen meist die Nordrichtung und bei horizontalen „oben" markiert, was der Richtung (Azimut) der Horizontalbohrung entspricht. Nach dem Überkernen des Pilotlochs können mit Hilfe der Farbkreidemarkierung die Strukturen an dem Überbohrkern und dem Pilotkern räumlich orientiert und ausgewertet werden.

Orientierter Abdruck der Bohrlochsohle
Eine weitere Methode zur direkten Bohrkernorientierung basiert auf der orientierten Einmessung möglichst ebener Bruch-, Kluft- oder Störungsflächen auf der Bohrlochsohle. Diese Methode wird in schrägen, horizontalen und aufwärtsgerichteten Seilkernbohrungen eingesetzt, ohne daß das Seilkernrohr orientiert werden muß. Die Abdrucknahme erfolgt dabei entweder bei ausgebautem Seilkerninnenrohr zwischen den Kenrmärschen (Abb. 7.33, Methode des BRGM - Bureau de Recherches Géologiques et Minières, Orléans, Frankreich) oder mit einem Orientierungsgerät, das mit einem Seilkerninnenrohr eingebaut wird, während des Kernabbohrens im Bohrloch bleibt und später zusammen mit dem Bohrkern entnommen wird (Atlas-Copco-Methode).

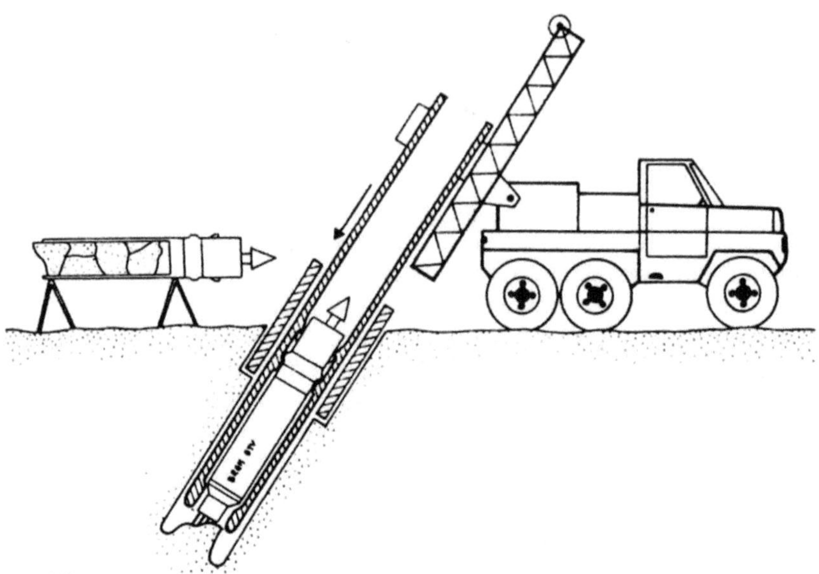

Abb.7.33: Aufnahme des Abdrucks der Bohrlochsohle mit dem Orientierungsgerät BTV 20-160 (nach BRETON 1983).

Das Prinzip der Methode besteht darin, daß beim Kontakt eines Orientierungsgerätes mit der Bohrlochsohle die Orientierungseinheit entriegelt wird. Dadurch wird zum einen mit Hilfe zusammenschiebbarer Fühler ein Abdruck der Bohrlochsohle in situ genommen (Abb.7.33) und zum anderen mit Hilfe eines Lotes die Raumlage der Sohle zur Lotebene, d. h. der vertikalen Ebene durch die Bohrloch- bzw. Bohrkernlängsachse, gravitativ bestimmt. Der tiefste Punkt der Lotebene wird nach der Entnahme des Bohrkerns aus dem Seilkerninnenrohr und dem Anpassen der in situ gemessenen Bohrkerntrennfläche an den Fühlerblock als Mantellinie auf dem Bohrkern übertragen (Abb.7.34). Da die Längsachse des Bohrkerns mit der Richtung der Bohrung übereinstimmt, können die Strukturen auf dem markierten Bohrkern eingemessen werden und über Winkelbeziehungen orientiert werden. Mit Hilfe von Computerprogrammen erfolgt die Auswertung und Darstellung der Meßdaten unter Berücksichtigung der Bohrlochabweichung rechnergestützt (z. B. BRETON 1982, 1983, MARTIN & BERGERAT 1996).

In vertikalen und nur schwach geneigten Bohrungen mit Abweichungen von < 20 ^{0} kann die Lotebene nicht mehr als Bezugspunkt dienen, da die genaue Bestimmung der Mantellinie bei dieser Methode nicht mehr garantiert werden kann. In diesem Fall wird ein Eastman-Multishot-Gerät (s. weiter unten) mit

dem Abdruckorientierungsgerät kombiniert und der Bezugspunkt des Fühler-
blocks mit dem Multishotgerät orientiert. Nach der Entnahme wird der Bohrkern über Tage mit einer nach magnetisch Nord orientierten Mantellinie markiert.

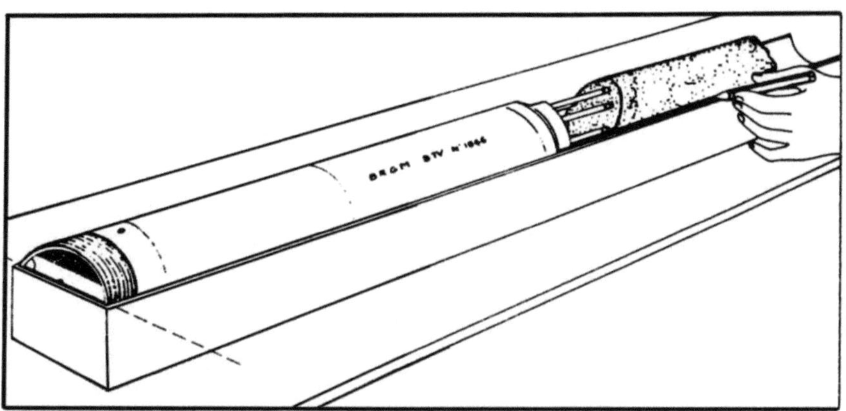

Abb.7.34: Markierung des Bohrkerns mit der Bezugslinie für „unten" mit dem Orientierungsgerät BTV 20-160 (nach BRETON 1983).

Bohrkernmarkierung während des Abteufens

Die wohl am häufigsten bei Spülbohrungen, d. h. Rotary- und Seilkernbohrungen (z.B. ARNOLD & SCHWARZ 1993; HERRMANN, Kap. 5 in diesem Band)
verwendete Methode zur Gewinnung direkt orientierter Bohrkerne ist die
Markierung des Bohrkerns während des Abteufens. Dafür werden Doppelkernrohre mit gelagertem, beim Kernen stillstehendem Innenkernrohr eingesetzt, auf dessen Innenseite (Innenrohrschuh) knapp oberhalb der Kernkrone in
der Regel 3 Hartmetallschneiden angebracht sind. Diese dreieckigen Schneiden oder Messer kerben den Bohrkern kontinuierlich, wenn er beim Abteufen
hinter der Kernkrone in das Innenkernrohr eintritt. Steht das Innenkernrohr
während des Bohrvorgangs still, stellen die Kerben im Idealfall durchgehende
Geraden über den gesamten Bohrkern des Kernmarsches dar. Dreht sich jedoch der Kern im Innenrohr mit, erscheinen die Kerben als mehr oder weniger
weite Spiralen auf der Bohrkernoberfläche (SCHMITZ & HIRSCHMANN 1990).

Die 3 Messer sind asymmetrisch angeordnet. Dabei ist das dem kleinen
Winkel (meist 80 ^{0}) gegenüberliegende Messer das Hauptmesser, auf das sich
alle Messungen beziehen, während die beiden anderen Messer lediglich den
Bohrkern stabilisieren und zentrieren sollen (ARNOLD & SCHWARZ 1993). Das
Hauptmesser besitzt eine festgelegte, genau bekannte Lage zu einem Stift in
einem Orientierungsmeßgerät, das möglichst direkt oberhalb des Doppelkern-
rohrs in einer Schwerstange (Rotarybohrungen) oder innerhalb des Innenkern-
rohrs (Seilkernstrang) installiert ist.

Am bekanntesten für orientiertes Kernen sind *Multishot-Geräte*, mit denen sowohl die Richtung (Azimut) und Neigung der Bohrung und als auch die jeweilige Lage des Orientierungstifts zur Meßeinrichtung und damit der Azimut von Hauptmessers und -kerbe bestimmt wird. Die gemessenen Daten werden mit einer Multishot-Kamera photographiert und registriert, die aus Kamerateil, Antriebseinheit und Zeitschaltuhr besteht (Abb.7.35).

Das Instrumententeil des Meßgerätes unter der Kamera besteht aus einem Kompaßpendel. In Abhängigkeit von der erwarteten Abweichung der Bohrung aus der Vertikalen stehen verschiedene Kompaßpendelteile für Neigungen von 0 - 120 ^{0} bzw. +/- 30 ^{0} für Horizontal- und Schrägbohrungen zur Verfügung. Bei geringeren Bohrlochneigungen von 0 - 12 ^{0} bzw. 0 - 20 ^{0} wird die Neigung der Bohrung durch ein kardanisch aufgehängtes Pendel angezeigt (Abb.7.36 oben), welches sich mit seinem Fadenkreuz über einem Ringglas bewegt, unter dem sich eine Kompaßrose befindet. Bei einem 10- bis 90 ^{0}- Kompaßpendelteil ist der Kompaß kardanisch aufgehängt, wobei die innere kardanische Aufhängung eine Neigungsskala trägt (Abb.7.36 unten).

Beim orientierten Kernen besitzen die verschiedenen Kompaßpendelteile zusätzlich eine zum unteren Orientierungsendstück ausgerichtete Markierung (s. oben).

Je nach Art des gekernten Gebirges und der Länge des Kernrohres wird zweckmäßig beim Kernen alle 20, 25, 50 oder 100 cm eine Kernorientierung mit dem Multishot-Gerät vorgenommen. Die gewünschten Meßwerte können mit der Kamera, die über dem Kompaßpendelteil installiert ist, in vorgegebenen Zeitintervallen von 0,5, 1, 2, 4 oder 8 min., z.T. auch wählbar mit Startverzögerung für die Einbauzeit der Kerngarnitur, aufgenommen werden. Für scharfe, nicht verwackelte fotografische Aufnahmen ist der Kernvorgang in den geplanten Teufen jeweils kurz, d.h. entsprechend den eingestellten Zeitintervalllen, zu unterbrechen. Mit der Schmalfilmkamera können je nach Multishot-Gerät 350 - 485 Aufnahmen während eines Einsatzes gemacht werden (WITTE 1996).Die Anzeigegenauigkeit des Kompaßpendelteils in Bezug auf die Neigung ist sehr hoch und beträgt nur wenige Bogenminuten; die Einstellgenauigkeit des Kompasses im Pendelteil beträgt ca. +/- 1 ^{0}.

Nach dem Ausbau der Orientierungseinrichtung wird der Film in einer Dunkelkammer oder direkt an der Bohrung in einem sog. Wechselsack entnommen und entwickelt. Etwa 20 min. nach der Filmentnahme kann mit der Filmauswertung begonnen werden. Sie wird nach WITTE (1996) am zweckmäßigsten mit einem Auswerteprojektor durchgeführt. Eine Transporteinrichtung mit Zählwerk ermöglicht die Ansicht und Auswertung der Filmaufnahmen und entsprechend dem Meßprotokoll die zeit- bzw. teufenmäßige Zuordnung der Meßpunkte. Entsprechend dieser Zuordnung werden die Multishot-Meßpunkte auf die teufengleichen Positionen der Referenzkerbe des Bohrkerns festgelegt. Die Raumlage der Kernmanteloberfläche in der Formation wird bestimmt und damit die Bohrkernstücke räumlich nachorientiert.

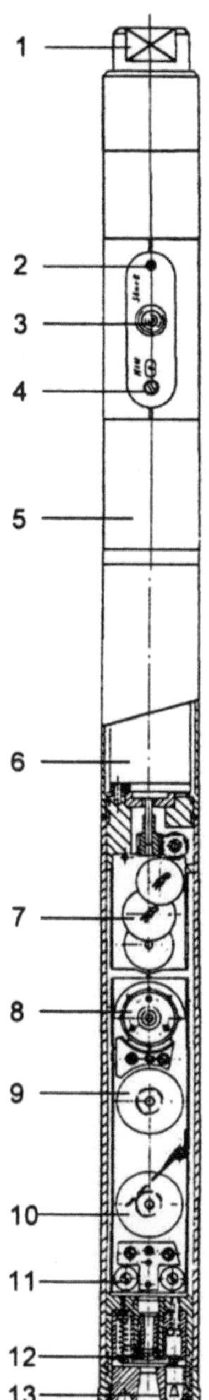

Aufbau der Multi Shot Kamera. Sie besteht aus Kamerateil, Antriebseinheit und elektronischer, quartzgeregelter Zeitschaltuhr.

Der Kamerateil enthält Filmspulen, die Optik sowie drei Miniaturlampen zur Ausleuchtung des Pendelteils.

Die Antriebseinheit regelt Belichtungszeit und Filmtransport, während die elektronische Zeitschaltuhr die Aufnahmeintervalle der Kamera steuert.

Es stehen folgende Intervalle zur Verfügung, die durch Betätigen des Startknopfes aktiviert werden können:

- 1/2 min, 1min, 2min, 4min, 8min, D1, D2.

Dabei bedeudet D1, daß nach Betätigen des Startknopfes die Kamera für 30 Minuten aussetzt und anschließend im 1- minütigen Intervall Aufnahmen macht. Bei Schalterstellung D2 erfolgen die Aufnahmen nach 30-minütiger Wartezeit in 2- minütigem Intervall.

Die Einstellung der Zeitintervalle erfolgt mit einem kleinen Schraubenzieher am Drehschalter.

1. Kontaktanschluß und Instrumentenaufhängung.

2. Leuchtdiode (leuchtet bei Betätigung des Startknopfes).

3. Startknopf für Zeitschaltuhr.

4. Drehknopf für Zeitintervallauswahl.

5. Elektronische Zeitschaltuhr.

6. Antriebsmotor.

7. Getriebe.

8. Filmtransportrad.

9. Aufwickel-Fimspule.

10. Ablauf-Filmspule.

11. Umlenkrollen.

12. Optik.

13. Miniaturlämpchen.

Abb.7.35: Aufbau der aus Kamerateil, Antriebseinheit und Zeitschaltuhr bestehenden Multishot-Kamera. (Nach WITTE 1996)

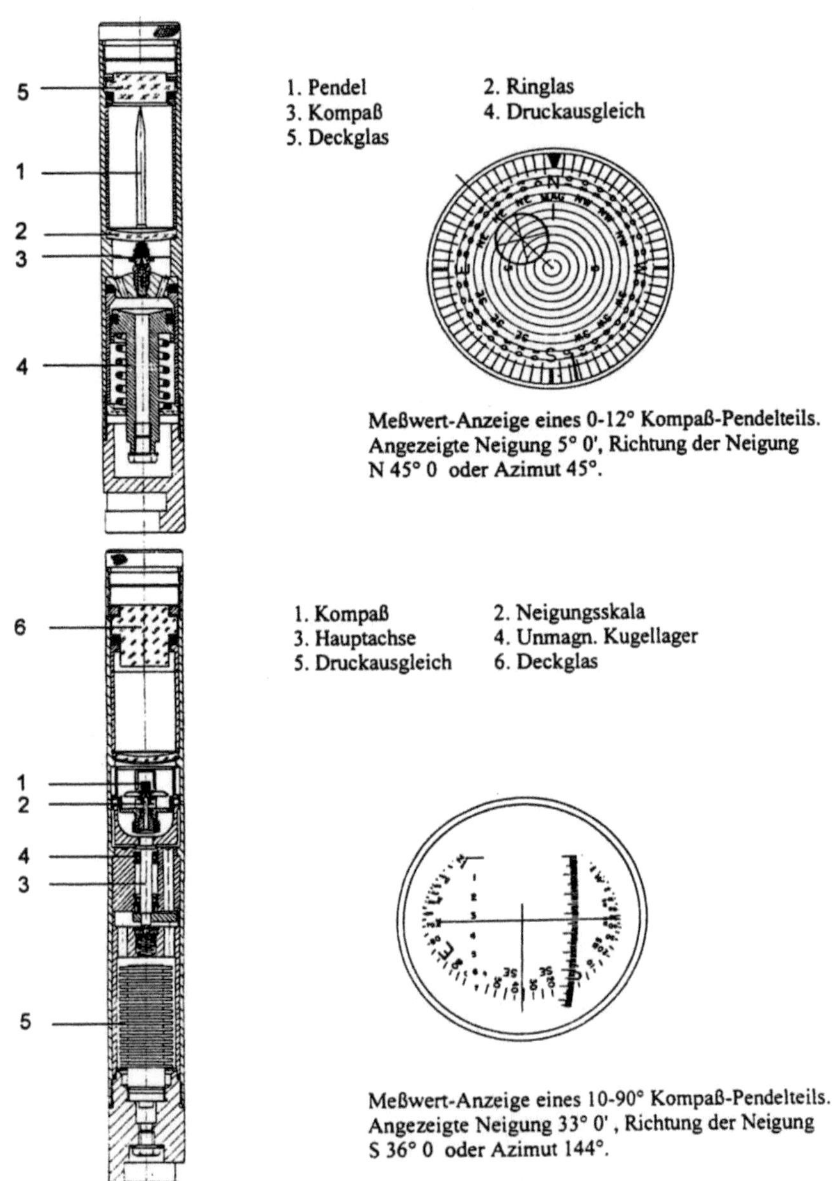

Abb.7.36: Aufbau eines 0^{0}-12^{0} bzw. 0^{0}-20^{0} Kompaßpendels (*oben*) und eines 10-90^{0}-Kompaßpendels (*unten*) mit Meßwertanzeigen. (Nach WITTE 1996)

Für die Verwendung des Kompaßpendelteils beim Kernen ist es erforderlich, nichtmagnetische Schwerstangen bzw. Doppelkernrohre zu verwenden, um ungestörte magnetisch Nord orientierte Messungen durchführen zu können. Kreiselgeräte (Gyro-Instrumente) werden gewöhnlich nur in Bereichen eingesetzt, wo aufgrund magnetischer Beeinflussung die Anwendung kompaßgestützter Meßverfahren nicht möglich ist (z.B. bei Gewinnung orientierter Kerne in Gebieten mit starker magnetischer Anomalie oder im Nahbereich von Rohrtouren). Als Nordrichtung wird in diesen Fällen geographisch Nord gemessen, die Registrierung der Meßwerte erfolgt mit modifizierten Multishot-Geräten.

Die bohrtechnische Einsatzgrenze für diese Orientierungsmeßgeräte wird im wesentlichen von der Temperaturempfindlichkeit des Filmmaterials, der Batterien und/oder des Elektromotors bestimmt und liegt bei etwa 90^0C. Bei Verwendung von Spezialfilmen und -batterien können Meßwerte noch bis ca. 130^0C registriert werden. Mit Hitzeschild sind Multishot-Geräte auch bei Gebirgstemperaturen >140^0C erfolgreich eingesetzt worden (DIETRICH 1982a, b). Singleshot-Messungen wurden auch noch bei Temperaturen >200^0C durchgeführt (WITTE 1996). Spezielle Multishot-Geräte mit Ex-geschütztem Außengehäuse, wie sie im Kohlebergbau und in schlagwettergefährdeten Bereichen eingesetzt werden (WITTE 1996), könnten gegebenenfalls auch für Untergrunduntersuchungen von Deponien und Altlasten verwendet werden.

Eine direkte oder *quasi direkte Methode* wurde in Zusammenarbeit der KTB-Projektleitung mit der Firma Eastman Christensen Ende der 80er Jahre für das Kontinentale Tiefbohrprogramm der Bundesrepublik Deutschland entwickelt (ENGESER 1996). Bei diesem Verfahren, das erstmals in der Vorbohrung KTB Oberpfalz VB zwischen 2000 und 3500 m erfolgreich eingesetzt wurde, befindet sich im modifizierten Innenkernrohr des Seilkernbohrstranges ein Kernbohrmeßsystem (MEM) mit Memory Tools zur Aufnahme und Speicherung von Neigungs- und Temperaturdaten. Durch eine feste Verbindung des Memory Tools mit dem Hauptmesser im Innenkernrohr wird auch der Winkel (relative bearing) zwischen der hochgelegenen Kernrohr- oder Bohrkernseite (toolface, high side)und dem Hauptmesser bzw. der Hauptkerbe bestimmt (Abb.7.37).

Die unter Tage gespeicherten Daten werden an der Oberfläche PC-gestützt ausgelesen und weiterverarbeitet (z. B. DRAXLER & HÄNEL 1988a, b; DRAXLER 1990, KESSELS 1988). Durch Kombination der Memory Tool- Auswertungen mit Ergebnissen elektrischer Bohrlochmessungen (z.B. Borehole Geometry Tool: BGT-Kaliber), die nach dem Kernen für die erforderliche Bestimmung der Bohrlochabweichung (Neigung und Richtung) des gekernten Bohrlochabschnitts durchgeführt werden müssen (für Überprüfung der MEM-Daten wird dabei auch die Orientierung der Hochseite bestimmt), können entsprechend Abb. 7.37 die Meßpunktazimute der Hauptkerbe auf dem Bohrkern ermittelt und nach magnetisch Nord orientiert werden (KESSELS 1988; SCHMITZ & HIRSCHMANN 1990). Diese direkte oder quasi direkte Methode ist nur anwendbar, wenn die Bohlochabweichung von der Vertikalen mindestens 1^0 beträgt (SCHMITZ & HIRSCHMANN 1990).

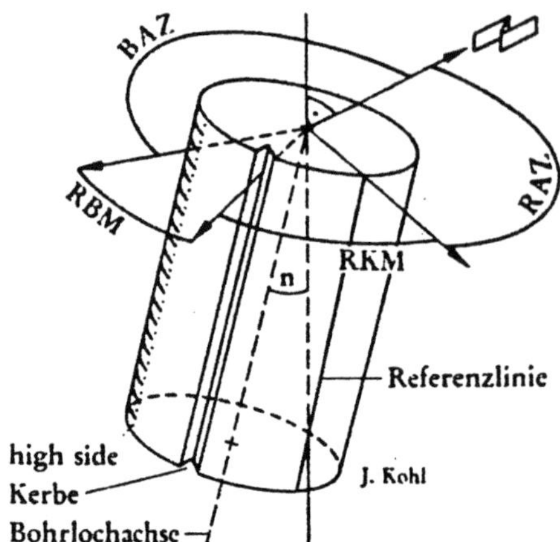

Abb.7.37: Winkelbeziehungen bei der direkten Bohrkernorientierung nach der KTB-Methode (nach SCHMITZ & HIRSCHMANN 1990): *Referenzlinie:* Auftragung bei der Bohrkernbearbeitung im Feldlabor als Bezugslinie für tektonische und geophysikalische Messungen (Nullpunkt); *Kerbe:* Ritzung des Kerns mit dem Hauptmesser beim Abteufen; *BAZ:* Bohrlochazimut nach der BGT-Bohrlochmessung; *RBM:* Winkel zwischen Kerbe und Kernoberseite (high side) nach dem Relative Bearing Memory Tool; *RKM:* Winkel zwischen Hauptkerbe und Referenzlinie (Labormessung); *RAZ:* Referenzlinien-Azimut magnetisch Nord-orientiert

Als Weiterentwicklung des KTB-Kernbohrsystems sind seit wenigen Jahren von Eastman Christensen entwickelte elektronische Magnetik Orientierungs-Instrumente für Single- und Multishot-Kernorientierungs-Einsätze neu auf dem Markt. Bei diesem elektronischen Orientierungsgerät kommen triaxiale Accelerometer und Magnetometer zur Messung der Bohrlochabweichung aus der Vertikalen und der Toolface-Orientierung zum Einsatz. Zusätzlich werden magnetisch die Inklination und Feldstärke sowie die Bohrlochtempertur gemessen. Das Gerät ist ausgelegt für einen Temperaturbereich von 0 - 125^{0}C. Zur Untertageausrüstung gehört auch ein Memory Chip, der die Daten von bis zu 1023 Meßpunkten speichern kann und ein Batteriepaket zur Energieversorgung. Die Einstellung der Meßintervalle ist variabel und wird übertage vorgenommen. Das Meßsystem wird nach dem Einsatz über Tage mit einem dazugehörenden Computersystem verbunden, um die Daten zu prozessieren und einen Meßbericht unmittelbar an der Bohrung erstellen zu können. Dabei liegt die Genauigkeit bezüglich der Inklination und Azimut-Auflösung nach Eastman-Whipstock-Informationen bei 0,01^{0}.

7.8.4 Indirekte Bohrkernorientierung

Außer mit direkten, mechanischen Bohrkernorientierungssystemen werden Bohrkerne seit langem auch nachträglich mit Hilfe von Bohrlochmessungen und Ergebnissen geophysikalischer Untersuchungen des Kernmaterials nach- bzw. rückorientiert. Für diese indirekte Bohrkernorientierung lassen sich mehrere Vorgehensweisen und Verfahren/Methoden unterscheiden:

- Konstruktion der Raumlagen von Bohrkernflächen
- Orientierung mit Hilfe von Schichtneigungs-Messungen
- Orientierung mittels Aufnahmen/Abbildungen der Bohrlochwand
- Orientierung mittels paläomagnetischer Messungen

Darüber hinaus gibt es weitere Methoden zur Bohrkernnachorientierung, die v. a. den Vergleich der Spannungsrichtungen aus Bohrkerninstabilitäten mit dem Spannungszustand in der Erdkruste, d. h. den Richtungen der Horizontalspannung S_H und S_h , nutzen. Zu den Bohrkerninstabilitäten gehören Bohrkernentspannungs- bzw. Relaxationsdaten (z. B. WOLTER et al. 1988) und Orientierungen bohrtechnisch induzierter Risse und Bohrkernscheiben- bzw. Coredisking-Strukturen (z. B. DIETRICH & NETH 1982, GENTER & TRAINEAU 1995, PETERSS 1980, RÖCKEL et al. 1992, RÖCKEL 1996, SCHÄDEL & DIETRICH 1982, WOLTER et al. 1990). Da die aufgeführten Bohrkerninstabbilitäten v.a. bei Proben aus Tiefbohrungen und Gesteinen mit hohen In-situ-Spannungen auftreten können und für oberflächennahe Deponiestandorte in Tongesteinen kaum in Betracht kommen, wird auf die damit zusammenhängenden Möglichkeiten zur indirekten Orientierung von Bohrkernen hier nicht weiter eingegangen.

Konstruktion der Raumlage von Bohrkernflächen
Die Bohrkernnachorientierung mit Hilfe der Konstruktion der Raumlage von Schicht- und Bankungsflächen in Bohrkernen wird eingesetzt, wenn im Rahmen des Bohrlochmeßprogramms neben Bohrlochkaliber- und Bohlochabweichungsmessungen von der Vertikalen (Azimut und Neigung). nur noch wenige Zusatzmessungen wie z. B. Gamma-Logs durchgeführt wurden und für strukurelle Untersuchungen geeignete Logs nicht vorliegen. Eine Bohrkernnachorientierung setzt voraus, daß zum einen Informationen aus mindestens 2 Kernbohrungen im gleichen Profil desselben Untersuchungsgebietes vorliegen müssen und zum anderen diese Bohrungen auf der gleichen strukturellen Scholle liegen, die nicht durch Störungen getrennt sein dürfen (QUADE 1984).
    Für die Nachorientierung der Bohrkerne werden außerdem Angaben zur Geometrie der Schichtflächeflächen (kreisförmige Querschnitte senkrecht und elliptische schräg zur Bohrkernachse) und ihrer relativen Lage zur Bohrloch-/Bohrkernachse benötigt. Die erforderlichen Winkeloperationen werden wie bei einer tektonischen Analyse in Form von Lagenkugelprojektionen mit dem SCHMIDTschen Netz durchgeführt (z. B. PHILLIPS 1971 in QUADE 1984).

Orientierung mit Schichtneigungs-Messungen
In Bohrprofilen mit einer gleichförmigen räumlichen Lage von Schicht- und
Bankungsflächen können zur Nachorientierung von Bohrkernen elektrische
Sondierungen von Mikrolaterolog-Widerstandsmessungen verwendet werden,
die seit Jahrzehnten standardmäßig als Schichtneigungsmessungen in Bohrun-
gen eingesetzt werden (z. B. BRADEL 1984; HÄNEL 1987; KUSTER et al. 1984;
MAYER-GÜRR 1968; MILITZER et al. 1986; PUTZER 1968; SCHMITZ &
HIRSCHMANN 1990). Das Prinzip einer sog. Dipmeter-Messung ist in Abb.
7.38 dargestellt. Durch 3 oder mehr Meßfühler, die an einer Sonde in einer
Ebene in gleichem Winkel voneinander versetzt und senkrecht zur Bohrloch-
achse angebracht sind, werden bei der Bohrlochmessung gleichzeitig mehrere
Widerstandslogs gemessen. Die Korrelation dieser Kurven zeigt, in welcher
Bohrlochtiefe die gleiche Schicht mit welchem Meßfühler gemessen wurde.

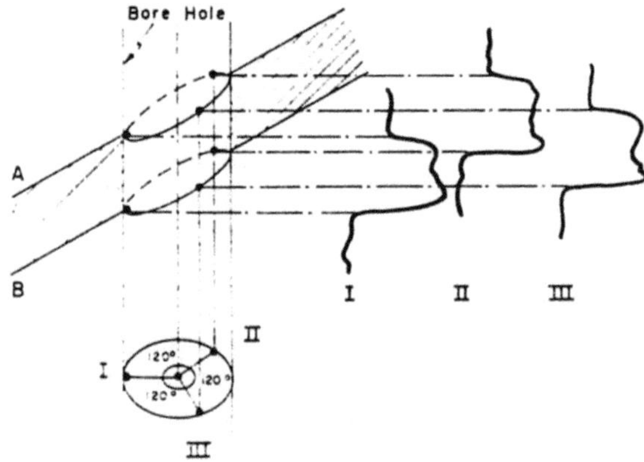

Abb.7.38: Schema einer Dipmeter-Messung mit 3 Meßelektroden (nach PUTZER 1968): I-
III = Punkte der Widerstandsmessung und die daraus resultierenden Kurven; A, B = einfallende Schicht

An Hand der Teufenunterschiede wird zunächst das scheinbare Streichen und
Fallen der Trennflächen erfaßt. Unter Berücksichtigung der dabei registrierten
relativen Stellung der Referenzelektrode der Sonde gegen magnetisch Nord
und der gleichzeitig gemessenen Bohrlochabweichung wird die wahre Raumlage der Schicht- und Bankungsflächen berechnet. Beträgt der scheinbare
Einfallwinkel dieser Trennflächen gegenüber der Bohrlochachse < 10 bzw. >
80 ^{0}, d. h. ist er zu klein oder zu groß, um die scheinbaren und darauf aufbau-
end die wahren Fall- und Streichwerte der Schichtflächen eindeutig bestimmen
zu können, kann die Dipmeter-Sonde nach BLEAKLY et al. (1985a) nicht zur
indirekten Bohrkernorientierung eingesetzt werden.

Orientierung mittels Aufnahmen und Abbildungen der Bohrlochwand

Basierend auf der raschen technischen Entwicklungen auf dem Gebiet der Mikroelektronik wurden insbesondere seit Anfang der 80er Jahre verschiedene leistungsfähige *optische und geophysikalische Bohrlochsonden* zur Aufnahme und Abbildung der Bohrlochwand entwickelt und weiterentwickelt, die aufgrund der hohen Bildauflösung auch zur Bohrkernnachorientierung eingesetzt werden können. Das Grundprinzip dieser indirekten Kernorientierung beruht darauf, daß an der Bohrlochwand Strukturen durch Kameraaufnahmen (Videobilder) und Abbildungen geophysikalischer Bohrlochmessungen erfaßt und räumlich eingemessen werden. Diese Strukturdaten werden mit den am Bohrkernmaterial aufgenomenen geologischen Trennflächen (strukturgeologische und/oder fotografische Aufnahmen, Bohrkernabwicklungen und Bohrkernscanneraufnahmen) korreliert, um damit die nachträgliche Rückorientierung des Bohrkernmaterials zu ermöglichen.

Die Strukturelemente, die den Bohrkern durchsetzen bzw. die Bohrlochwand schneiden sind geometrisch gesehen Zylinderschnitte, die auf Abrollungen des Bohrkerns bzw. Abbildungen der aufgeklappten Bohrlochwand als Sinuskurven abgebildete werden (Abb.7.39), wenn die erfaßten Elemente bzw. Schnittebenen nicht senkrecht zur Zylinderachse stehen (z.B. SCHMITZ & HIRSCHMANN 1990). Da sich diese Elemente im Azimut der Sinuskurve unterscheiden (Abb.7.40), ist nach WEBER (1994) zu beachten, daß für einen genauen Vergleich die am Bohrkern aufgenommenen Strukturen auf die Bohrlochwand projiziert werden müssen. Für die Korrelation der strukturellen Flächen werden die Spuren der Trennflächen auf dem Zylindermantel (Bohrlochwand bzw. Bohrkern) als drei- oder zweidimensionale Abwicklungen im gleichen Maßstab dargestellt (z.B. 1996) und ausgewertet.

Bei den *optischen Erkundungsmethoden* der Bohrlochwand stehen verschiedene Fernseh-Bohrlochsonden zur Verfügung, wobei die Messungen systemabhängig entweder nur in trockenen Bohrlöchern (Festgestein) oder auch in mit klarem Wasser gefüllten Bohrlöchern (Fest- und Lockergestein) möglich sind. Gemessen wird sowohl in Flach- als auch in Tiefbohrungen (z. B. PEARSON et al. 1989, STEINBRECHER 1995).

Für die indirekte Bohrkernorientierung sind insbesondere Farbfernsehkameras mit hoher Empfindlichkeit verbunden mit variabler Brennweite und Weitwinkel sowie Dreh- und Schwenkkopf- oder Drehspiegelsysteme von Bedeutung, die im Rotationsbereich von 360^0 eine vollständige horizontale und möglichst verzerrungsfreie Weitwinkelbetrachtung der Bohrlochwand ermöglichen (z. B. TRISCHLER & KNOPF 1985). Die Orientierung der Kamerablickrichtung und der Bildauschnitte ist möglich durch unterhalb der Sonde montierte Systeme zur Richtungs- und Neigungsmessung oder über eine vor der Sondierung an der Bohrlochwand angebrachte orientierte Markierungslinie (PAHL et al. 1985, HANISCH & HOPPE 1991). Die Einmessung der Trennflächen an der Bohrlochwand erfolgt am Monitor bei Standbildeinstellungen oder mit Hilfe von Ablichtungen der Video-Aufzeichnungen. Die Genauigkeit der gemessenem Streichwerte und Einfallwinkel der planaren Strukturen beträgt +/- 2 ^{0} (TRISCHLER & KNOPF 1985). Nach der Übertragung der Orientierungsdaten auf die am Bohrkern erfaßten Strukturen werden die Bohrkernstücke nachorientiert.

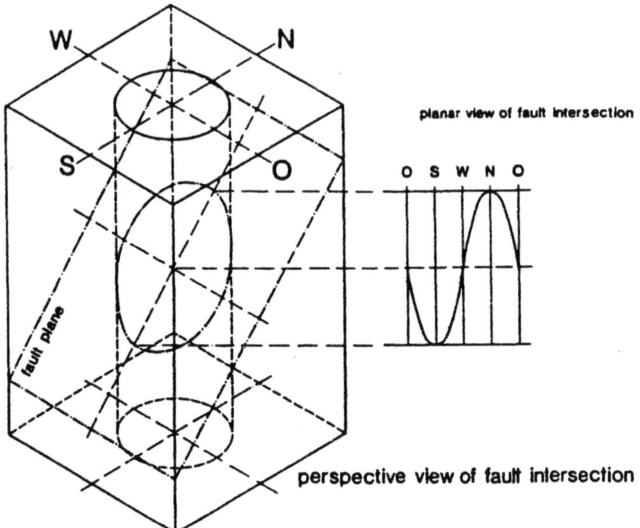

Abb.7.39: Abrollung eines Zylindermantels in einer Ebene. (Nach SCHEPERS 1996)

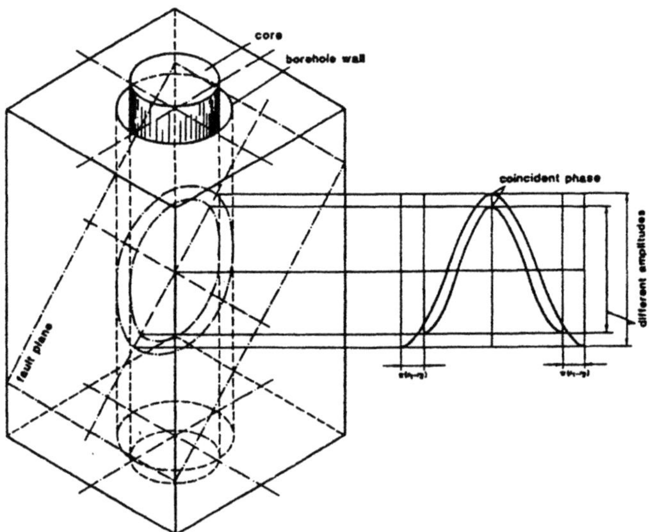

Abb. 7.40: Unterschiede im Abbild einer Kluftfläche bei Abrollung des Kerns und der Bohrlochwand. (Nach SCHEPERS 1996)

Aus den stark verzerrten Bohrlochwandaufnahmen beim Vertikalblick der Kamera lassen sich die Einfallswinkel der Strukturelemente nicht ermitteln oder bestenfalls grob abschätzen (HANISCH & HOPPE 1991), so daß solche Aufnahmen zur Bohrkernnachorientierung nicht geeignet sind.

Für die Abbildung und Orientierung planarer Strukturen an der Bohrlochwand mit Hilfe geophysikalischer Bohrlochmessungen stehen 2 verschiedene Meßverfahren zur Verfügung, die für die Bohrkernorientierung eingesetzt werden können. Dabei handelt es sich um den Einsatz von Bohrlochsonden mit

- Ultraschall-Sender/Empfangssystemen und
- Elektroden-Systemen für elektrischer Widerstandsmessungen

Die akustische Abbildung der Bohrlochwand kann im Gegensatz zu den optischen Verfahren direkt in den mit Bohrspülung gefüllten Bohrungen durchgeführt werden. Die Bohrlochsonde wird im Bohrloch zentriert gefahren und arbeitet nach dem Pulsechoverfahren (Sonarprinzip): Gegen die Bohrlochwand werden horizontal gerichtete und um die Sondenachse rotierende Ultraschallimpulse (3 - 6 Umdrehungen pro Sekunde und bis zu etwa 250 Impulse pro Umdrehung) gesendet sowie Laufzeit und Amplitude der reflektierten Signale wieder empfangen und die Meßdaten digital aufgezeichnet. Beim Meßvorgang wird die Bohrlochwand spiralförmig abgestastet bzw. gescannt und ein enges Band von Meßpunkten erzeugt. Aufgrund der hohen Abtastrate mit etwa 150 - 350 Umdrehungen pro Meter Meßstrecke wird eine kontinuierlich orientierte 360^{0}-Abbildung der Bohrlochwand mit einer hohen vertikalen Auflösung von 1-2 mm erzeugt. Die Bildqualität kann jedoch durch mehrere Faktoren wie rauhe Oberflächen der Bohrlochwand, größere Bohrlochdurchmesser und Auskesselungen des Bohrlochs (etwa > 10" bis 12 1/4") z. T. deutlich beeinträchtigt werden.

Über den Rechner wird das dreidimensionale Bild der Bohrlochwand in der Fläche als ein vollständig abgewickeltes Abbild analog in Einzelspuren mit Datenpunkten oder entsprechend Abb.7.41 meist in einer Grautonskala oder als Falschfarben dargestellt (z. B. DRAXLER & HÄNEL 1988; HÄNEL 1987; HOMRIGHAUSEN & RANFT 1996; KEHRER 1990; NAGRA 1985; SCHMITZ & HIRSCHMANN 1990; SCHEPERS 1996; STEINBRECHER 1995).

Für die Bohrkernorientierung mittels akustischer Abbildungen der Bohrlochwand können verschiedene Bohrlochsonden eingesetzt werden. Nach Firmen geordnet handelt es sich hierbei u.a. um das Akustische Bohrlochfernsehen (ABF) der Firma BLM - Gesellschaft für bohrlochgeophysikalische und geoökologische Messungen mbH, den Sonic Televiewer (SABIS = Scanning Acoustic Borehole Imaging System) und den Akustischer Bohrlochscanner FACSIMILE der Firma DMT-Institut für Lagerstätte, Vermessung und Angewandte Geophysik, die Bohrlochsonde Circumferential Acoustic Scanning Tool (CAST) der Firma Halliburton, den Borehole Televiewer (BHTV) und den Ultrasonic Borehole Imager (UBI) der Firma Schlumberger und das Circumferential Borehole Imaging Log (CBIL) der Firma Western Atlas.

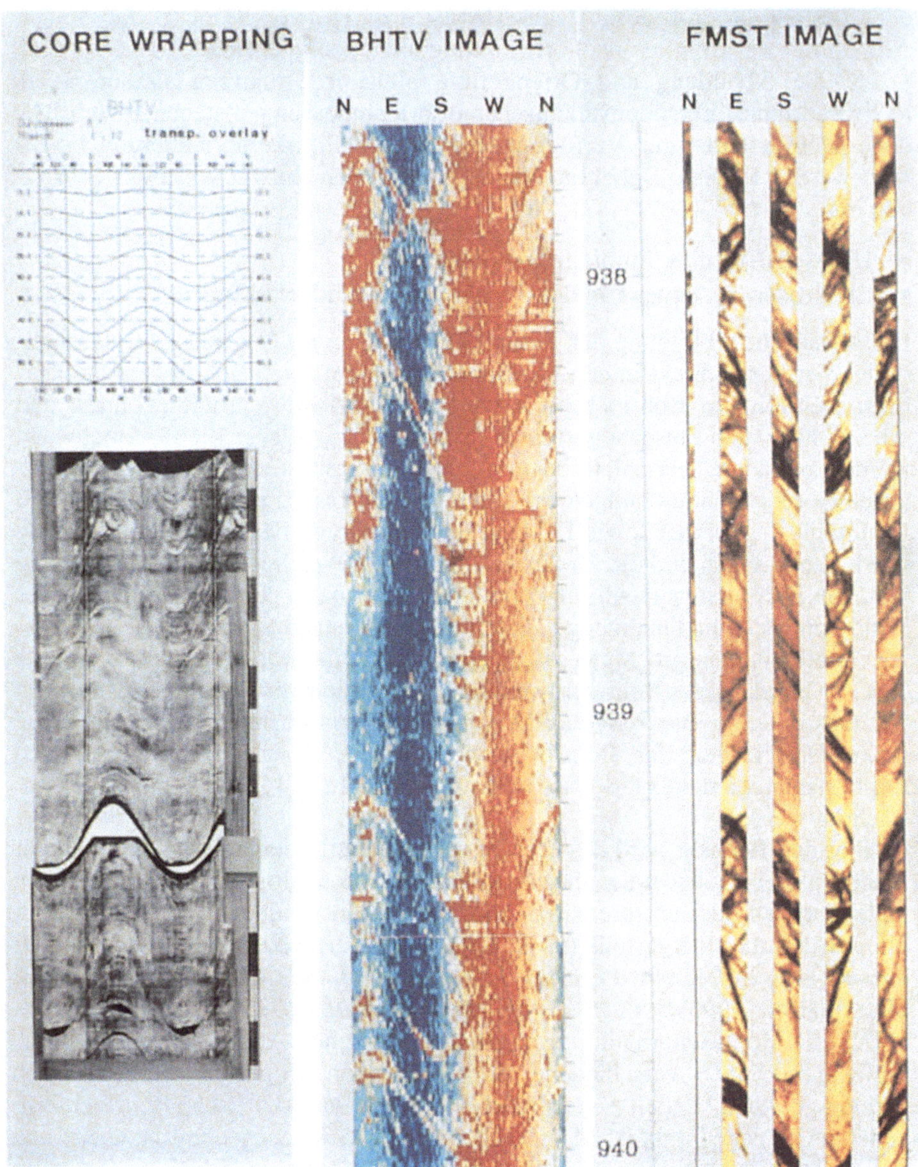

Abb.7.41: Beispiel einer kombinierten Auswertung von Bohrkernaufnahmen (Fotos und Fotokopien sog. Kernabwicklungen) mit Abbildungen der Bohrlochwand (Borehole Televiewer und Formation Micro Scanner). (Nach DRAXLER & HÄNEL 1988b; KEHRER 1990)

Die **elektrischen Widerstandsmessungen zur Bohrlochwandabbildung**
arbeiten nach dem Prinzip des oben dargestellten Dipmeters (Abb.7.38). Im
Unterschied zum Dipmeter mit nur einer Elektrode auf jedem der 4 Sondenar-
me sind bei diesen Meßgeräten auf einem bzw. 4 Armen Trägerplatten mit
jeweils mehreren Mikrolelektroden angebracht. Die Mitte der 80er und Anfang
der 90er Jahre von der Firma Schlumberger entwickelten Bohrlochsonden
Multiple Scanner Tool (MST), Formation Micro Scanner (FMS) bzw. Formation Micro Imerger (FMI) stützen sich bei der elektrischen Bohrlochwandabwicklung auf insgesamt 40 (1 x 40) bzw. 64 (4 x 16) oder 192 (4 x 48) Einzel-
elektroden auf den Trägerplatten, die während des Meßvorgangs mit Meßschlitten an die Bohrlochwand gepreßt werden (z. B. BRAM & DRAXLER 1993;
NAGRA 1985).

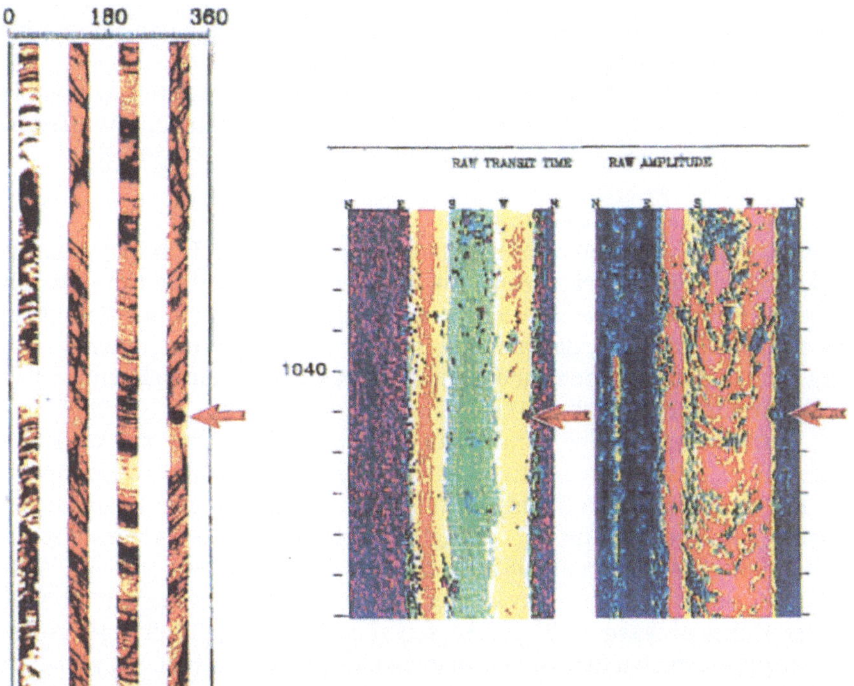

Abb. 7.42: Beispiel für die räumliche Orientierung von Seitenkernen mit Hilfe akustischer
und Mikrowiderstandsmessungen in FMS- und BHTV-Logs durch Abbildung der heraus-
gebohrten Löcher in den Bohrlochwandabwicklungen (persönliche Mitteilung von
DRAXLER, abgeändert mit freundlicher Genehmigung)

Mit Hilfe der im Meßsystem integrierten magnetischen Orientierung werden
orientierte Bohrlochwandabwicklungen, sog. Borehole Images, geliefert. Dabei wird magnetisch Nord (Azimut 0 [0]) wie auch bei der Darstelllung der
akustischen Abwicklungen an den linken Bildrand gelegt. In Abhängigkeit
von der eingesetzten MST- bzw. FMS- oder FMI-Sonde und dem Bohrloch-

durchmesser werden im 6 "- bzw. 6 ¼ "-Bohrloch 20 bzw. 52 und 80 % der Bohrlochwand in Segmenten abgewickelt. Selbst im 17 ½ "-Bohrloch ergeben sich noch FMS/FMI-Abdeckungen von 17 bzw. 36 %. Außerdem besteht nach BRAM et al. (1991) die Möglichkeit, eine größere Abdeckung der Bohrlochwand zu erreichen, wenn ein Bohrlochabschnitt zweimal vermessen wird, das Meßgerät nicht in einer deckungsgleichen Spur fährt und die Registrierungen zusammengespielt werden. Erst bei großen Bohrlochauskesselungen etwa > 20 ", wenn die Meßschlitten nicht mehr an die Bohrlochwand gepreßt werden können, sind bei dieser Methode die Grenzen für eine indirekte Bohrkernorientierung erreicht.

Die Ergebnisse der Mikrowiderstandsmessungen werden prozessiert, auf Datenträger gespeichert und entsprechend Abb.7.41 im gewünschten Maßstab als analoge Aufzeichung der Einzelspuren in sehr enger Widerstands-Skalierung (im Beispiel FMST RES. CURVES) oder in Graustufen - bzw. Falschfarbenabwicklungen dargestellt (z.B. DRAXLER & HÄNEL 1988; KEHRER 1990; SCHMITZ & HIRSCHMANN 1990), wobei hellere Grautöne und Farben höhere und dunklere entsprechend niedrigere elektrische Widerstände anzeigen. Die Auflösung liegt imMillimeter- bis Zentimeter-Bereich.

Methodik der Kernorientierung
Bei der Korrelation von akustischen und/oder elektrischen Bohrlochwand- und Bohrkernabwicklungen sind zunächst mögliche Teufendifferenzen zwischen Log- und Bohrkern- bzw. Bohrmeisterteufe auszugleichen. Außerdem ist z.B. nach zu berücksichtigen, daß am Kern beobachtbare Strukturen nicht zwangsläufig auch in den Bohrlochwandabwicklungen sichtbar sein müssen, was auch umgekehrt gilt (vergl. Abb. 7.41).

Die Kerne enthalten eine parallel zur Bohrloch-/Bohrkernachse verlaufende Referenzlinie, aus der die relative Lage der Strukturelemente am Kern hervorgeht. Die Kern-Nachorientierung, d. h. die absolute räumliche Lage der Referenzlinie und der Strukturen, erfolgt manuell oder computergestützt (z.B. NAGRA 1985, SCHMITZ et al 1989a, b, SCHMITZ & HIRSCHMANN 1990, WEBER 1994). Bei der manuellen Auswertung werden die nordorientierten Abbildungen der Bohrlochwand z. B. im Teufen- und Breitenmaßstab 1:10 gedruckt und mit maßstabsgleichen Bohrkernabwicklungen verglichen. Im einfachsten Fall werden zu diesem Zweck bei der makroskopischen Bohrkernaufnahme (vergl. DIETRICH & DE WALL in Kap.7.2 in diesem Band) die Strukturen auf Transparentfolie abgezeichnet und mit den Logs zur Deckung gebracht. Eine weitere Möglichkeit zur Zuordnung identischer Strukturen zeigt Abb.7.41 mit einer Montage von verschiedenen Bohrlochlogs und Bohrkernabwicklungen (Fotokopien) kombiniert mit einem Säulenprofil von Fotos der Bohrkernfoto-Dokumentation. Die zugeordneten Sinuskurven werden konventionell mit Schablonen bezüglich Azimut und Einfallwinkel auf die Nordrichtung der Logs bzw. der Referenzlinie am Bohrkern eingemessen. Der Differenzwinkel identischer Strukturen zwischen dem relativen Azimut am Kern und dem nordorientierten Azimut im Log ergibt den wahren Azimut der Referenzlinie und damit die Bohrkern-Nachorientierung.

Mit Hilfe von PC-Programmen zur Bearbeitung geologischer Strukturen können über die manuelle Eingabe der eingemessenen Strukturdaten Folien mit Sinuskurven der Strukturen in den benötigten Maßstäben hergestellt und zur Bohrkernorientierung eingesetzt werden. Einen Schritt weiter gehen Programme, mit denen teufenbezogen und Strukturgruppen zugeordnet (z. B. Schicht, Kluft oder Störung) die Raumlagen der einzelnen Trennflächen auf den Bohrkernfotokopien oder den Bohrlochlogs direkt durch sog. interaktives Picken berechnet, ausgewertet und gespeichert und zum Beispiel auch auf Folien für die Korrelation mit den Bohrlochlogs dargestellt werden können (z.B. RAFAT et al. 1992; WEBER 1994).

Für die Beschleunigung der Bohrkern-Nachorientierung durch computergestützte, automatische Zuordnung wesentlicher Sinus-Strukturen am Bohrkern an die Abfolge der Sinus-Strukturen der Logs wurde ein statistisches Korrelationsprogramm CREOS (Core Reorientation by Structures) entwickelt und erfolgreich eingesetzt.

Bei der interaktiven Bohrkern-Nachorientierung am PC werden die digitalisierten Strukturen von Bohrkernabwicklung und Bohrlochwandabbildung am Bildschirm gegeneinander verschoben und/oder rotiert, bis die identischen Strukuren zur Deckung gebracht worden sind. Eine absolute Orientierung der Bohrkerndaten und der Referenzlinie am Bohrkern kann anschließend mit dem Programm automatisch durchgeführt werden (z. B. WEBER 1994).

Auf die geologische Interpretation der Strukturen bei der PC-gestützten Bohrkernbearbeitung und -nachoriertierung sollte nicht verzichtet werden, da nach WEBER (1994) automatische Strukturauswertungen der FMS-Bohrlochwand-Abwicklungen bisher nur bei relativ flachliegenden und einfachen Strukturen zufriedenstellende Ergebnisse liefern und beim interaktiven Picken in fünf Arbeitstagen etwa 1400 Bohrmeter ausgewertet werden konnten.

Werden Seitenkerne nachträglich aus der Bohrlochwand gezogen (z. B. ARNOLD 1993; DIETRICH et al. 1992; EMMERMANN et al 1989; MARX & RISCHMÜLLER 1986; NAGRA 1985), besteht die Möglichkeit, auch diese Kerne nachzuorientieren. Zum einen kann bei fast allen Seitenkernen dessen Oberseite durch schwache Aufwölbungen auf dem Seitenkernzylinder erkannt werden, die sich etwa auf dem ersten halben Zentimeter in Richtung der Seitenkernachse erstrecken und zum Beginn des Seitenkernen durch den Ansatz der kleinen Diamantkernkrone leicht schräg von oben entstehen (RÖHR 1989). Zum anderen kann die dazugehörende Raumlage, d. h. die Richtung des Seitenkernens, unter Umständen dann bestimmt werden, wenn nach Gewinnung der Seitenkerne das Bohrlochmeßprogramm mit entsprechenden akustischen und/oder Mikrowiderstandsmessungen zur Bohrlochwandabwicklung folgt (Abb.7.42).

Paläomagnetische Messungen

Die Methode, Bohrkerne mit Hilfe paläomagnetische Untersuchungen nachzuorientieren, wird nach BLEAKLY et al. (1985a, b) seit etwa 1960 eingesetzt.
Mit der Entwicklung von Kryogen- oder SQUID (Supraleitende Quanteninter-
ferenz Detektor)-Magnetometern mit hoher Empfindlichkeit und Meßge-
schwindigkeit (z.B. PETERSON 1986) sowie den Einsatz ständig besserer Computer (Soft- und Hardware) kamen seit den 70er bzw. Anfang der 80er Jahre
leistungsfähige Meßsysteme auf den Markt, die nach BLEAKLEY et al. (1985 a)
der Methode zum Durchbruch verholfen haben.

Für die Bohrkernorientierung von Bedeutung sind alle aus den paläomagnetischen Untersuchungen gewonnenen Richtungen (Deklinationen und Inklina-
tionen) des Erdmagnetfeldes bzw. der Paläofeldrichtungen, die bereits durch
geringe Anteile magnetischer Mineraler in der Gesteinsmatrix konserviert
sind. (z. B. BLEAKLEY et al. 1985a, b; PETERSON 1985).

Dabei setzt sich die Gesamtmagnetisierung eines Gesteins zusammen aus
einer parallel zum heutigen Erdmagnetfeld gerichteten natürlichen induzierten
Magnetisierung (IM), deren Anteil proportional zur Suszeptibilität ist (s. DE
WALL, Kap. 7.7 in diesem Band), und einer natürlichen remanenten Magnetisierung (NRM) unterschiedlicher Richtungen.

Sie werden ermittelt durch Messung der NRM, die fast alle Gesteine besitzen und die zu einem mehr oder weniger großen Teil vom lokalen Erdmagnetfeld zur Zeit der Magnetisierung der untersuchten Gesteine bestimmt ist. Außerdem sind in der NRM Richtungen später entstandene überlagernder Ma-
gnetisierungskomponenten (z. B. BÜCKER et al 1988; PETERSON 1986). In
Sedimenten sind dies neben der primären Remanenz der NRM, d. h. der Sedi-
mentationsremanenz DRM (Detrital Remanent Magnetization) bei der orientierten Ablagerung feinkörniger magnetischer Partikel, z. B. sekundäre Rema-
nenzrichtungen, die während der Diagenese und/oder durch chemisch-
mineralogische Alteration magnetischer Komponenten entstanden sind.

Durch die Entnahme der Gesteine im heutigen Erdmagnetfeld ist außerdem,
d. h. besonders bei Gesteinen mir sehr kleinen magnetischen Körnern, stets
eine viskose Remanenz (VRM) parallel zum heutigen Erdmagnetfeld vorhanden (z. B. PETERSON 1986). Verschiedene Bohrkernbearbeitungen (z. B.
DIETRICH 1982, FROMM 1982) haben gezeigt, daß mit Hilfe der nach Norden
gerichteten viskosen Komponenten der NRM Bohrkerne nachorientiert werden
können.

Die Informationen über die NRM sind auschließlich an ferrimagnetische
Minerale wie z. B. Hämatit, Magnetit und Magnetkies in der Gesteinsmatrix
gebunden (z. B. PETERSON 1986), wobei die einzelnen Remanenztypen nach
vorzugsweise an bestimmte ferimagnetische Minerale gekoppelt sind. Demgegenüber wird die induzierte Magnetisierung (IM), die im feldfreien Raum
verschwindet, auch durch andere magnetische Minerale (vergl. DE WALL Kap.
7.7 in diesem Band) getragen.

Die paläomagnetische Bohrken-Nachorientierung ist an keine speziellen bohrtechnischen Kerngewinnungsmethoden gebunden. Die Auswahl und Probenahme erfolgt erst nach der makroskopischen Aufnahme des jeweils gewonnenen Bohrkernmaterials entweder unmittelbar an der Bohrlokation oder zu einem späteren Zeitpunkt beispielsweise im Bohrkernlager.

Dabei werden für die meisten Magnetometertypen Minikerne benötigt, wobei die Standardgröße der Probenzylinder einen Durchmesser von 2,5 und eine Höhe von 2,3 cm (1" bzw. 0,9") beträgt (BLEAKLY et al 1985). In wenigen Speziallabors wie dem Magnetiklabor der Außenstelle Grubenhagen des Niedersächsischen Landesamtes für Bodenforschung gibt es außerdem auch Bohrkern-SQUID-Magnetometer mit 12,5 cm-bzw. 5"-großen Öffnungen zur Probendurchführung, mit denen die gesteinsmagnetischen Eigenschaften auch direkt an den Bohrkernen untersucht werden können.

Bei der paläomagnetischen Untersuchung mit Minikernen werden diese möglichst auf 1-2 grad genau senkrecht zur Bohrkernachse und längs einer geraden Referenzlinie aus dem Bohrkern herausgebohrt (Abb. 7.43). In Abhängigkeit von der lithologischen Ausbildung der Gesteine und der Konzentration und Korngröße der magnetischen Minerale werden von jedem zusammenhängenden Bohrkernintervall ein oder meist mehrere Probenzylinder, bei detaillierten Untersuchungen auch Proben z.B. in engen 10-cm-Intervallen, entnommen, um statistisch abgesicherte Durchschnittswerte für die zu ermittelnden Bohrkernorientierungen zu erhalten.

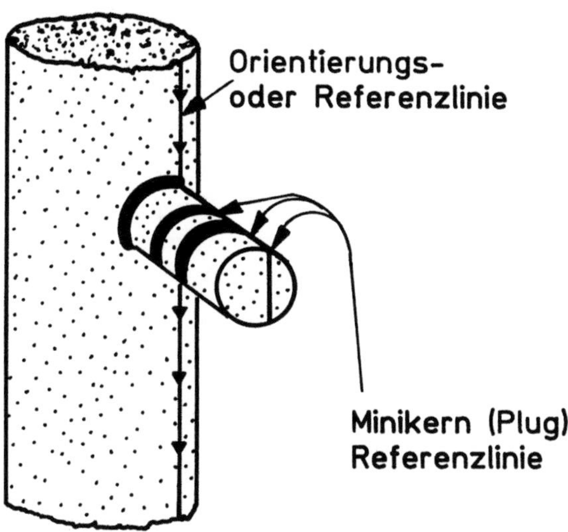

Abb. 7.43: Entnahme und Markierung von Minikernen oder Plugs für paläomagnetische Untersuchungen senkrecht zur Bohrkernachse und leicht asymmetrisch versetzt längs einer Referenzlinie, die bei der makroskopischen Bohrkernaufnahme parallel zur Bohrkernachse aufgetragen wird. (Abgeändert nach BLEAKLEY et al. 1985a)

Die Koordinaten der Bohrkerne und der Minikerne werden relativ auf die Referenzlinie am Bohrkern bezogen.Das gleiche gilt für die Registrierung der scheinbaren Streich- und Fallwerte steilstehender lithologischer Einheiten, die für Auswertung und Interpretation der Daten erfaßt werden müssen.

Im Gesteinsmagnetometer werden zunächst die NRM und anschließend, nach schrittweisen Abmagnetisierungen die jeweils verbliebenen Remanenzen gemessen.Die nach jedem Schritt bestimmten mittleren Remanzrichtungen werden mit den Paläofeldrichtungen verglichen, die für die Bohrlokation entsprechend den gegenwärtigen geographischen Koordinaten in den anstehenden geologische Formationen erwartet werden (z. B. BLEAKY et al. 1985; FROMM 1982).

Da die Richtungen für die paläomagnetisch nachorientierten Bohrkerne gewöhnlich um etwa +/-5-10 grad streuen (BLEAKLY et al. 1985a), werden bei flachem Einfallen der Schichten und geringer Bohrlochabweichung von der Vertikalen in der Regel keine Korrekturen für die bestimmten Paläofeldrichtungen durchgeführt (z. B. FROMM 1982). Dies gilt jedoch nicht bei steil einfallenden und bei offensichtlich syn- bzw. postgenetisch gestörten, z. B. tektonisch verkippten Gesteinen.

Potentielle Probleme bei der Auswertung der Daten können auch entstehen, wenn magnetische Felder, die bohrtechnisch bedingt parallel zum Bohrstrang auftreten, Winkel und Richtung der Inklination der NRM beeinflussen und starke VRM erzeugen.

Eine ausführliche Zusammenstellung möglicher Fehlerquellen bei der paläomagnetischen Bohrkernorientierung geben BLEAKLEY et al. (1985a, b).

Neben der Richtungsstabilität beim Abmagnetisieren müssen als Kriterium für Paläofeldrichtungen in den Proben gegebenfalls als notwendige Ergänzungen auch sedimentpetrographische, mineralogische, geochemische und/oder tektonische Untersuchungen durchgeführt werden, um interpretierbare und zuverlässige Daten zu erhalten.

Endergebnis der Auswertung und Interpretation aller pläomagnetischen Parameter ist die Rekonstruktion bzw. Berechnung des Azimuts (geographisch Nord) für die Bohrkernrefenzlinien auf den beprobten Bohrkernsegmenten bzw.- abschnitten.

Literatur

ARNOLD, W. & SCHWARZ, W. (1993): 6. Bohrwerkzeuge, Probenahme- und Kerngewinnungsgeräte. In: ARNOLD, W. (Hrsg.) Flachbohrtechnik. Deutscher Verlag für Grundstoffindustrie, Leipzig Stuttgart, S. 133-258

ARNOLD, W. (1993b): 19. Entwicklungstendenzen in der Flachbohrtechnik - neue Arbeitsrichtungen und Technologien. In: ARNOLD, W. (Hrsg.) Flachbohrtechnik. Deutscher Verlag für Grundstoffindustrie, Leipzig Stuttgart, S. 951-961

ARNOLD, W. (Hrsg., 1993a): Flachbohrtechnik. Deutscher Verlag für Grundstoffindustrie, Leipzig Stuttgart

ATLAS COPCO MCT GmbH (1995): Seilkernrohr Geobor-S. Informationsunterlagen der Firma zum Craelius Core Orientator (CCO) für Seilkern-Bohrsysteme, Essen

ATLAS COPCO MCT GmbH: ABEM Core Orientator. Informationsunterlagen der Firma zum Seilkern-Bohrsystem, Essen

BAYER, H. J. (1996): FlowSond - Ein neues Verfahren zur geotechnischen Erkundung von geplanten Tunnelstrecken. Kolloquium 2. Maschinen und Verfahren für den Einsatz im Spezialtiefbau, 248-256, XLVII. Berg- und Hüttenmännischer Tag 1996, Freiberg

BENDER, F. (Hrsg.) (1981): Geologische Geländeaufnahme, Strukturgeologie, Gefügekunde, Bodenkunde, Mineralogie, Petrographie, Geochemie, Paläontologie, Meeresgeologie, Fernerkundung, Wirtaschaftsgeologie. - Angewandte Geowissenschaften, Band I, 628 S., Enke, Stuttgart

BENDER, F. (Hrsg.) (1984): Geologie der Kohlenwasserstoffe, Hydrogeologie, Ingenieurgeologie, Angewandte Geowissenschaften in Raumplanung und Umweltschutz. - Angewandte Geowissenschaften, Band III, 674 S., Enke, Stuttgart

BENDER, F. (Hrsg.)(1985): Methoden der Angewandten Geophysik und mathematische Verfahren in den Geowissenschaften. - Angewandte Geowissenschaften, Band II, 766 S., Enke, Stuttgart

BENDER, F. (Hrsg.)(1986): Untersuchungsmethoden für Metall- und Nichtmetallrohstoffe, Kernenergierohstoffe, feste Brennstoffe und bituminöse Gesteine. - Angewandte Geowissenschaften, Band IV, 422 S., Enke, Stuttgart

BLANKE, K. (1984): Bohrungen. In: BENDER, F. (Hrsg.) (1984) Angewandte Geowissenschaften, Bd. III, Enke, Stuttgart, 216-221

BLEAKLY, D. C., VAN ALSTINE, D. R. & PACKER, D. R. (1985a): Core orientation-1. Controlling errors minimizes risk and cost in core orientation. Oil & Gas J. **Dec 2,**1985, Technology, 103-109

BLEAKLY, D. C., VAN ALSTINE, D. R. & PACKER, D. R. (1985b): Core Orientation-Conclusion. How to evaluate orientation data, quality control. Oil & Gas J. **Dec 9,** 1985, Technology, 46-54

BLEIL, U. & PETERSEN, N. (1982): Magnetische Eigenschaften der Gesteine. In: LANDOLT-BÖRNSTEIN **V/1b.** Springer, Berlin Heidelberg NewYork Tokio, S. 308-432

BORRADAILE, G.J., KEELER, W., ALFORD, C. & SARVAS, P. (1987): Anisotropy of magnetic susceptibility of some metamorphic minerals. Phys. Earth Planet. Ints. **48**: 161-166.

BRADEL, E. (1984): Bohrlochmessungen. In: BENDER, F. (Hrsg.) (1984): Angewandte Geowissenschaften, Bd. **III**, Enke, Stuttgart, S. 97-102

BRAM, K. & DRAXLER, J. K. (eds.)(1993): Basic Research and Borehole Geophysics (Report 14). Borehole logging in the KTB-Oberpfalz HB. Interval

4512.0-6018.0 m, KTB Report **93**-1, Geological Survey of Lower Sxony, Hannover

BRAM, K. & DRAXLER, J. K. (Hrsg.)(1992): Grundlagenforschung und Bohrlochgeophysik (Bericht 13). Bohrlochmessungen in der KTB-Oberpfalz HB. Intervall 1772.0-4512.0 m, KTB Report **92**-1, Niedersächsisches Landesamt für Bodenforschung, Hannover

BRETON, J.P. (1982): Orientation des Carottes de Sondage. BTV 20-160, BTV 0-20. BRGM, Departement de la Technologie, Direction des Service Generaux et Techniques, Service Geologie Structurale, **82** SGT 002 T, Orleans Cedex Janvier 1982

BRETON, J.P. (1983): L'Orientation des carottes de sondages miniers. Methodes et appareillages. Chron. rech. min. **470**: 65-68

BÜCKER, CH., LÖFFEL, R. & SCHULT, A. (1990): Hochauflösende Dichtemessungen an Bohrkernen mittels Absorption von Gamma-Strahlung.- In: Emmermann, R. u. Giese, P. (eds): KTB-Report **90-4**, Niedersächsisches Landesamt für Bodenforschung, Hannover

BÜCKER, CH., LÖFFEL, R. & SCHULT, A. (1990): Hochauflösende Dichtemessungen an Bohrkernen mittels Absorption von Gamma-Strahlung. In: EMMERMANN, R. U. GIESE, P. (eds.): KTB-Report 90-4, Niedersächsisches Landesamt für Bodenforschung, Hannover

CARMICHAEL, R.S. (1982): Magnetic properties of minerals and rocks. In WEAST, R. & ASHE, M.J. (eds): Handbook of Physical Constants for Rocks **2**: 229-288, CRC Press, Roca Baton, Fl

CHRISTIE, K.W. & SIMMONS, D.T.A. (1969): Apparatus for measuring magnetic susceptibility and its anisotropy. Pap.Geol.Surv.Can

COLLINSON, D.W. (1983): Methods in Rock Magnetism and Paleomagnetism. Chapman & Hall, London

COLLINSON, D.W., MOLYNEUX, L. & STONE, D.B. (1963): A total and anisotropic magnetic susceptibility meter. J.Sci.Instr. **40**: 310-312

CRAELIUS GmbH (1982): Das einfache orientierte Kernen. Exenter-Methode. Craelius-Report, Ausgabe **10**, Blatt 360a

DE WALL, H. & LICH, S. (1992): Drilling artifacts in cuttings samples. In: EMMERMANN, R., DIETRICH, H.-G., LAUTERJUNG, J. & WÖHRL, TH..: KTB Hauptbohrung results of geoscientific investigation in the KTB field laboratory 0-6000 m, KTB Report **92-2**, B43-46, Hannover

DIAMANT BOART CRAELIUS (1982): Seilkernrohr Geobor S. Firmen-Drucksache **110 280a**, Essen

DIAMANT BOART CRAELIUS AB (1989): Terrabor. Ein lenkbares Bohrsystem. - Product News, QMO - 44a, 1989 - 07, Information Diamant Boart Craelius GmbH (heute Atlas Copco), Haan

DIETRICH, H.-G. & HEINISCH, M. (1987): 3.4 Die geowissenschaftliche Bohrungsbearbeitung vor Ort unter Einbeziehung des Feldlabors. - Vorträge der Bereiche Geowissenschaften, Operative Geologie und Technik der Projektleitung beim KTB-Kolloquium Seheim, 19.-21.9.1986. - KTB Rreport 87-1, 146-163, Projektleitung Kontinentales Tiefbohrprogramm der

Bundesrepublik Deutschland im Niedersächsischen Landesamt für Bodenforschung

DIETRICH, H.-G. & NETH, G. (1982):

DIETRICH, H.-G. (1982a): Technical details of the geothermal well Urach 3.
Planning and realization. In: HAENEL, R. (ed.) The Urach geothermal project (Swabian Alb, Germany), 7-35, Scheizerbart, Stuttgart

DIETRICH, H.-G. (1982b): Geological Results from the Urach 3 Borehole and
the Correlation with Other Boreholes. In: HAENEL, R. (1982, ed.): The
Urach Geothermal Project (Swabian Alb, Germany), Scheizerbart, Stuttgart, pp. 49-58

DIETRICH, H.-G., LAUTERJUNG, J. & WÖHRL, TH.. (1992): A. Introduction. -
In: EMMERMANN, R., DIETRICH, H.-G., LAUTERJUNG, J. & WÖHRL,
TH.(eds.): KTB Hauptbohrung. Results of Geoscientific Investigation in the
KTB Field Laboraty. 0-6000 m. - KTB Report 92-2, A1-A26, Geological
Survey of Lower Saxony, Hannover

DIN 4022-T. 2 (1981): Baugrund und Grundwasser. Benennen und Beschreiben von Boden und Fels. Schichtenverzeichnis für Bohrungen im Fels
(Festgestein). - DIN 4022, Teil 2, 11 S., Ausgabe 03.87, Beuth, Berlin

DIN 4022-T. 3 (1982): Baugrund und Grundwasser. Benennen und Beschreiben von Boden und Fels. Schichtenverzeichnis für Bohrungen mit durchgehender Gewinnung von gekernten Proben im Boden (Lockergestein). -
DIN 4022, Teil 3, 10 S., Ausgabe 05.82, Beuth, Berlin

DINES, K.A. & LYTLE, R.J. (1979): Computerized geophysical tomography.
Proc. IEEE 67,7,D: 1065-1073

DÖRHÖFER, G., THEIN, J. & WIGGERING, H. (Hrsg.)(1994): Modellfall Altlast
Sonderabfalldeponie Münchhagen. Umweltgeologie heute, 4: 129-138.
Ernst , Berlin

DRAXLER, J. K. & BRAM, K. (1995): Measurement systems for in situ data
acquisition in normal. superdeep, slim and tough boreholes. Availabity of
tools from industry and third parties today. In: DRAXLER, J.K., KEHRER, P.
& RISCHMÜLLER, H. (eds.): International Conference on Continental
Scientific Drilling, GFZ Potsdam, Aug. 30.-Sept. 1. 1993, KTB Report 95-
1, 263-277

DRAXLER, J. K. & HÄNEL, R. (Hrsg.)(1988b): Grundlagenforschung und
Bohrlochgeophysik (Bericht 5). Bohrlochmessungen in der KTB-Oberpfalz
VB. Intervall 1529,4-3009,7 m, KTB Report 88-7, Niedersächsisches Lan-
desamt für Bodenforschung, Hannover

DRAXLER, J. K. (Hrsg., 1990): Grundlagenforschung und Bohrlochgeophysik
(Bericht 8). Bohrlochmessungen in der KTB-Oberpfalz VB. Intervall
3009,7-400,1 m, KTB Report 90-1, Niedersächsisches Landesamt für Bodenforschung, Hannover

DRAXLER, J.K. (1992): 9. Neue Meßgeräte. 9.4 Mechanical Coring Tool
(MCT) der Firma Schlumberger. - In: BRAM, K. & DRAXLER J. K.
(Hrsg.): Grundlagenforschung und Bohrlochgeophysik (Bericht 13).

Bohrlochmessungen in der KTB-Oberpfalz HB. Intervall 1720.0-4512.0 m. -- KTB Report **92**-1,298-299, Niedersächsisches Landesamt für Bodenforschung, Hannover

DRAXLER, J.K., KEHRER, P. & RISCHMÜLLER, H. (eds.)(1993): International Conference on Continental Scientific Drilling, GFZ Potsdam, Aug. 30.-Sept. 1. 1993, KTB Report **95**-1, 19-48

DRAXLER,J. K. & HÄNEL, R. (Hrsg.)(1988a): Grundlagenforschung und Bohrlochgeophysik (Bericht 4). Bohrlochmessungen in der KTB-Oberpfalz VB. Intervall 478,5-1529,4 m, KTB Report **88**-4, Niedersächsisches Landesamt für Bodenforschung, Hannover

EMMERMANN, R. & RISCHMÜLLER, H. (1990): Das Kontinentale Tiefbohrprogramm Der Bundesrepublik Deutschalnd (Ktb). Aktueller Stand Und Planung Der Hauptbohrung. - Die Geowissenschaften, 8. Jg., Nr. 9, 241-257

EMMERMANN, R. (1990): Vorstoß ins Erdinnere: das Kontinentale Tiefbohrprogramm. Spektrum der Wissenschaft, **10**: 60-70

EMMERMANN, R., DIETRICH, H.-G., HEINISCH, M. & WÖHRL, T. (Hrsg., 1988):Tiefbohrung KTB Oberpfalz VB. Ergebnisse der geowissenschaftlichen Bohrungsbearbeitung im KTB-Feldlabor. Teufenbereich von 0-480m.A. Einleitung - KTB Report 88-1, 1-20, Niedersächsisches Landesamt für Bodenforschung Hannover

EMMERMANN, R., DIETRICH, H.-G., LAUTERJUNG, J., & WÖHRL, T. (Hrsg., 1991): Tiefbohrung Ktb Oberpfalz Hb. Ergebnisse Der Geowissenschaftlichen Bohrungsbearbeitung Im Ktb-Feldlabor. Bericht 1 Zur Ktb-Hauptbohrung. Teufenbereich Von 0-1720 M. - Ktb Report 91-3, Niedersächsisches Landesamt Für Bodenforschung Hannover

ENGESER, B. (1990): Die Kernbohrstrategie für die KTB-Hauptbohrung. Erdöl Erdgas Kohle, **106**(12): 496-500

ENGESER, B., HOFFERS, B., KÜCKER, R., TRAN VIET, T. & WOHLGEMUTH, L. (1996): Das Kontinentale Tiefbohrprogramm der Bundesrepublik Deutschland KTB, Bohrtechnische Dokumentation, KTB Report **95**-3, Niedersächsisches Landesamt für Bodenforschung. Scheizerbart, Stuttgart

ERMEL, G., HOMRIGHAUSEN, R. & SCHNIBBEN, V. (1993): Erkundungsmaßnahmen. Durchführung von geneigten Kernbohrungen unter die Tiefpolder der ehemaligen SAD Münchehagen. bbr, **44** (7): 341-347

FABRE, D., MAZEROLLE, F. & RAYNAUD, S. (1989): Charactérisation tomodensitométrique de la porosité et de la fissuration de roches sédimentaires. In: MAURY & FOURMAINTRAUX (eds.): Rock at Great Depth. Balkema, Rotterdam

FORTESCUE, T.R., LÖFFEL, R. & ROMANSKI, H.J. (1994): High precision gamma and X-Ray densitometry using current mode. In: New trends in nuclear system thermohydraulics, International Conference, Pisa/Italy, 30.05.-02.06.1994

FRITZ, H.G. & LÖFFEL, R. (1990): Radiometrische Dichtebestimmung in der Kunststoffaufbereitung. Kunststoffe **80**: 2, Carl Hanser, München

FROMM, K. (1982): Magnetic investigation on cores of the research borehole Urach 3. In: HAENEL, R. (1982, ed.): The Urach geothermal project (Swabian Alb, Germany), 7-35. Scheizerbart, Stuttgart

GENTER, A. & TRAINEAU, H. (1992): Borehole EPS-1, Alsace, France: Priliminary results from granite core analyses for Hot Dry Rock research. Scientific Drilling, **3**: 205

GENTER, A. & TRAINEAU, H: (1995): Fracture analysis in granite in the HDR geothermal EPS-1 well, Soultz-sous Forets, France. - Rapport du BRGM R 38598, octobre 1995, BRGM, Direction de la Recherche, Departement Geophysique et Imagerie Geologique, Orleans

GERLAND, S. (1993): Zerstörungsfreie hochauflösende Dichteuntersuchungen mariner Sedimente. Ber. Polarforsch. **123:** Alfred-Wegener-Institut, Bremerhaven

GRASTY, R.L. (1979): Gamma ray spectrometric methods in uranium exploration - Theory and Operation Procedures In: Hood, P.J. (editor): Geophysics and geochemistry in the search for metallic ores. Geological Survey of Canada, Economic Geology Report **31**: 147-161

GÜNTERSPERGER, M. (1985): Versuchsvorhaben zur Felsmechanik des Granits. Nagra informiert, 7(4), Dezember 1985: 17-23, Baden, Schweiz

HÄNEL, R. (Hrsg.)(1987): Grundlagenforschung und Bohrlochgeophysik (Bericht 2). Arbeitsprogramm KTB-Bohrlochgdeophysik sowie Bohrlochmeßprogramm KTB-Oberpfalz VB. KTB Report **87**-3, Niedersächsisches Landesamt für Bodenforschung, Hannover

HANISCH, J. & HOPPE, F.-J. (1991): Bohrlochfernsehen im Salz. Interner Bericht, 13. S., Archiv-Nr. 108 597, Bundesanstalt für Geowissenschaften und Rohstoffe, Hannover

HEINISCH, M., DÖRHÖFER, G: & RÖHM, H. (1997): Altlastenhandbuch des Landes Niedersachsen. Materialienhandbuch: Geologische Erkundungsmethoden. Niedersächsisches Landesamt für Ökologie. Niedersächsisches Landesamt für Bodenforschung als Landesarbeitsgruppe LAA (Hrsg.), Springer, Berlin Heidelberg NewYork Tokio

HINZE, C. (1981): 1.1. Vorbereitung der geologischen Geländeaufnahme. - In: BENDER, F. (Hrsg.): Angewandte Geowissenschaften I: 2-16. Enke, Stuttgart

HOMRIGHAUSEN, R & SCHWARZ, M. (1992): Bohrarbeiten für die Sanierung einer ehemaligen Schlammentwässerungsanlage. bbr, **43**(11), 2-7

HOMRIGHAUSEN, R (1993): Bohrungen für Erkundungen von Altlasten, Industriestandorten und Deponien. bbr **44**(10): 2-7

HOMRIGHAUSEN, R, BARTELS-LANGWEIGE, J. & LÜDEKE, F. (1991): Teufengerechte Kernprobenahme auf pastösen und flüssigen Polderinhaltsstoffen. bbr **42**(11): 2-7

HOMRIGHAUSEN, R. & LÜDEKE, U: (1995): Rotary-Spülbohrverfahren im Vergleich und ihre Durchführung. bbr **46** (9): 2-7

HOMRIGHAUSEN, R. & RANFT, M. (1996): Erkundungsmaßnahmen in Morsleben mit Ramm- und Seilkernbohrungen. bbr, **47**(10), 11-19.

HOUNSFIELD, G.N. (1972): A method of an apparatus for examination of a body by radiation such as X- or gamma-radiation. British Patent No. 1,283,915, London

HOUNSFIELD, G.N. (1973): Computerized transverse axial scanning tomography. Brit. J. Radiol. **46:** 1016 ff.

HUSMANN, H. (1984) : 1.2.6.2 Geologische Überwachung. - In: BENDER, F. (Hrsg., 1984): Angewandte Geowissenschaften. - Band Iii, 80-91, Enke, Stuttgart.

JELINEK, V. (1973): Precision A.C. bridge set for measuring magnetic susceptibility of rocks and ist anisotropy. Stud.Geoph.Geod.**17**: 36-48

JOHNS, R.A., STEUDE, J.S., CASTAINER, L.M., ROBERTS, P.V. (1993): Nondestructive measurements of fracture aperture in crystalline rock cores using X-ray computed tomography. J. Geophys. Res. **98:** 1889-1900

JÜRGENS, R. (1995): Slim hole and horizontal drilling. Potential for geoscientific research. In: DRAXLER, J.K., KEHRER, P. & RISCHMÜLLER, H. (eds.): International Conference on Continental Scientific Drilling, GFZ Potsdam, Aug. 30.-Sept. 1. 1993. KTB Report **95**-1: 175-184

JUST,A.; KÜPPER, T.;KÜRSCHNER, D.; JACOBS, F. (1994): Tomographische Bestimmung der Widerstandsverteilung an Bohrkernen. Z. Geol. Wiss. **22** (5): 617-621

KEELAN, D. (1985): Coring. Part 1 -Why it's done. World Oil, March 1985, 83-90

KEHRER, P. (1990): Das Bohrlochmeßprogramm der KTB-Vorbohrung. Die Geowissenschaften **8**(9): 259-263

KENTNER, J.M.A. (1989): Applications of computerized tomography in sedimentology. Marine Geotechnology **8**: 319-321

KLEISER, K. & BAYER, H.-J. (1996): Der grabenlose Leitungsbau. - In: MOSER, H. (Hrsg.): Schriftenreihe Energie- und Umwelttechnik. Vulkan, Essen

KUSTER, H., REPSOLD, H. & FRIEDRICH, H. (1964): Bohrlochmessungen. In: BENDER, F. (Hrsg., 1984): Angewandte Geowissenschaften,Bd. **III**, Enke, Stuttgart, S-. 220-225

LAUSCH, E. (1996): Kontinentales Tiefbohrprogramm der Bundesrepublik Deutschland. Ergebnis eines Projekts zur Erforschung der Erdkruste. Bundesministerium für Bildung, Wissenschaft, Forschung und Technologie (BMBF), Referat Öffentlichkeitsarbeit, Januar 1996, Bonn

LENZ, H.-J. (1994): Computertomografische Untersuchungen der räumlich-zeitlichen Veränderungen von Makroporen in Lößproben während Perkolationsversuchen. Diplomarbeit, Lehrstuhl für Ingenieur- und Hydrogeologie der Rheinisch-Westfälischen Technischen Hochschule Aachen, unveröffentlicht

LUND, N.-CH. & GUDEHUS, G. (1990): Biologische in situ-Sanierung kohlenwasserstoffbelasteter Böden. - Vorträge der Baugrundtagung 1990 in Karlsruhe, 26. uznd 27. September 1990, 139-155, Deutsche Gesellschaft für Erd- und Grunbau (Hrsg.), Essen

LUND, N.-CH. (1991): Beitrag zur biologischen in situ-Reinigung kohlenwasserstoffbelasteter körniger Böden. - Veröffentlichungen des Instituts für Bodenmechanik und Felsmechanik der Universität Friderciana in Karlsruhe, Heft 119, 215 S., Karlsruhe

MARTIN, P. & BERGERAT, F. (1996): Palaeo-stresses inferred from macro- and microfractures in the Balazuc-1 borehole (GPF-programme). Contribution to the tectonic evolution of the Cevennes border of the SE Basin of France. Marine and Petroleum Geology **13**(6): 671-684

MARX, C. & RISCHMÜLLER, H. (1986): Drilling and coring techniques for hard rock. Erdöl Erdgas Kohle,**102** (7/8): 333-337

MARX, C. (1988): Kernbohren im Hartgestein. Seilkerntechnik. - In: CHUR, C., ENGESER, B., HOFFERS, B., RISCHMÜLLER, H., SPERBER, A. & WOHLGEMUTH, L. (Hrsg.): Forschung und Entwicklung im Fachbereich Technik. Kurzfassungen der bisher bearbeiteten F+E-Projekte. KTB Report **88**-5:181-213

MATTIAT, B. & BERNHARDT, J. (1994): Modelluntersuchungen zur Wirkung organischer und metallorganischer Schadstoffe auf das Mikrogefüge und die Rückhaltewirkung von Tongesteinen. - Teil 1: Analyse des Mikrogefüges der Tone 71 S., 7 Anlagen., unveröfftl. Abschlußbericht, Hannover

MAYER, P., TIETZ, R., FLECHSIG, CH.& JACOBS, F. (1994): Modelluntersuchungen zur petroakustischen Geschwindigkeitstomographie an Bohrkernen. Z. Geol. Wiss. **22**,3/4: 485-487

MAYER-GÜRR, A. (1968): 3.2 Erschließung und Ausbeutung von Erdöl- und Erdgaslagerstätten. In: BENTZ, A. & MARTINI, H. J. (Hrsg.): Lehrbuch der Angewandten Geologie, Bd. **II** (1), Enke, Stuttgart, 672-917

Mc CULLOUGH, E.C. (1975): Photon ttenuation in computer tomography. Medical Physics **2**: 307-320.

MIENERT, J. & WEFER, G. (eds.)(1995) :Abstracts. International Congress „Coring for Global Change, Kiel, 28 - 30 June 1995, Geomar, Kiel and Universität Bremen, Bremen

MILITZER, H., SCHÖN, J. & STÖTZNER, U. (1986): Angewandte Geophysik im Ingenieur- und Bergbau. Enke, Stuttgart

NAGRA (Hrsg.)(1985): Sondierbohrung Böttstein. Untersuchungsbericht. NAGRA Technischer Bericht NTB **85-01**, Textband, 190 S., Beilagenband A und B, NAGRA, Baden/Schweiz

NEUMAIER, H. & WEBER, H. (Hrsg., 1996): Altlasten. Erkennen, Bewerten, Sanieren., Springer, Berlin Heidelberg NewYork Tokio

NITSCHKE, U.& DANCKWARDT, E. (1992): Räumliche Bestimmung des elektrischen Widerstandes an Bohrkernen. Mitteilungen der DeutschenGeophysikalischen Gesellschaft. **3/**1992

NN (1996): Oriented Coring. Eastman Christensen, Baker Hughes Company

NN (1996): Survey Instruments. Eastman Christensen, Baker Hughes Company

NOLET, G. ed. (1987): Seismic Tomography. D. Reidel, Dortrecht

OPPELT, J. (1988a): Vergleichende Untersuchung bohrtechnischer und wirtschaftlicher Aspekte unterschiedlicher Kernbohrverfahren In: CHUR, C., ENGESER, B., HOFFERS, B., RISCHMÜLLER, H., SPERBER, A. & WOHLGEMUTH, L. (Hrsg.): Forschung und Entwicklung im Fachbereich Technik. Kurzfassungen der bisher bearbeiteten F+E-Projekte. KTB Report **88-5**: 53-83

OPPELT, J. (1988b):Erarbeitung eines Konzepts für die weitere Entwicklung von Systeme zum kontinuierlichen Vorwärtskernen und zum Seitenkernen in der Kontinentalen Tiefbohrung (KTB). In: CHUR, C., ENGESER, B., HOFFERS, B., RISCHMÜLLER, H., SPERBER, A. & WOHLGEMUTH, L. (Hrsg.): Forschung und Entwicklung im Fachbereich Technik. Kurzfassungen der bisher bearbeiteten F+E-Projekte. KTB Report **88**-5:135-179

PAHL, A. & HEUSERMANN, S. (1989): Der Einfluß des zeitabhängigen Stoffverhaltens auf die Bestimmung gebirgsmechanischer Parameter. Felsbau **7**(2): 92-98

PAHL, A., HEUSERMANN, S., GLÖGGLER, W. & BRÄUER, V. (1985): Weiterentwicklung von Überbohrversuchen zur Bestimmung der Gebirgsspannung und der Bohrlochverformungen. 2. Bericht (1984), BMFT-FV KWA 5303 4, Archiv Nr. 97 660, Bundesanstalt für Geowissenschaften und Rohstoffe, Hannover

PARK, A. (1985a): Coring. Part 2 - Core barrel types and uses. World Oil, April 1985, 83-90

PARK, A. (1985b): Coring. Part 3 -Planning the Job. World Oil, May 1985, 79-86

PEARSON, R. A., MOORE, P. W., HARKER, C. & LANYON, G. W. (1989): Part 4 Logging Results.Section 1. Proprietary logging results. In: PARKER, R. H. (ed., 1989): Hot Dry Rock geothermal energy. Phase 2B Final Report of the Camborne School of Mines Project **1**. Pergamon, Oxford, 423-558

PETERS, T., MATTER, A., BLÄSI, H.-R. & GAUTSCHI, A. (1986): Sondierbohrung Böttstein. Geologie. - Technischer Bereicht 85-02, Textband 207 S., Beilagenband mit Beilage 1.1 bis 7.50, NAGRA (Hrsg.), Baden, Schweiz

PETERSON, G. (1986): Zielgenaues Kernbohren. Foralith AG, Nobelhefte, April-September 1986, S. 55-62

PETERSS, K. (1980): Auftreten von Entspannungsklüften in Bohrkernen. - Z. Geol. Wiss., **8** (3): 295-302

PHILLIPS, C. F. (1971): The use of stereographic projection in structuals geology. Arnold, London

PUTZER, H. (1968): Aufsuchung. In: BENTZ, A. & MARTINI, H. J. (Hrsg.): Lehrbuch der Angewandten Geologie, Bd. **II** (I).Enke, Stuttgart, S. 5-99

QUADE, H. (1984): Die Lagenkugelprojektion in der Tektonik. Das SCHMIDTsche Netz und seine Anwendung. Clausthaler Tektonische Hefte, **20**. Pilger, Clausthal-Zellerfeld

RAFAT, G., SCHMITZ, D. & VON SPERBER, M. (1992): Erfassen, Auswerten und Darstellen von Strukturelementen aus Bohrkernen mit der Stereophotogrammetrie und TECLOG. Das Markscheidewesen, **99**(3): 281-284

RAUEN, A. & WINTER, H. (1995): Petrophysical Properties. In: EMMERMANN, R., ALTHAUS,E., GIESE, P. & STÖCKHERT, B.: KTB Hauptbohrung results of geoscientific investigation in the KTB field laboratory, final report: 0-9101 m, KTB Report **95-2**, D1-D45, Hannover

RIDDER, H.-W. (1987): Computer-Tomographie. In: Pascal International 3´87

RIDER, M. H. (ed.)(1996): The geological interpretation of well logs. Whittles Publishing, Roseleigh House, Latheronwheel, Caithness KW5 6DW

RISCHMÜLLER, H. (1992): Schwerpunkte Der Erdöl- Und Erdgasfördertechnik. Technischer Stand Und Künftige Entwicklung. Die Geowissenschaften, 10. Jahrg. 1992, Nr. 1: 10-17 ₁

RISCHMÜLLER, H: (1988): Das KTB, Eine Herausforderung Für Die Moderne Bohr- Und Meßtechnik. - Die Geowissenschaften, 6. Jahrg., Heft 1, 8-15.

RÖCKEL, T. (1996): Der Spannungszustand in der Erdkruste am Beispiel des KTB-Programms. Veröffentlichungen des Instituts für Bodenmechanik und Felsmechanik der Universität Fridericiana Karlsruhe, **137**

RÖCKEL, TH., NATAU, O. & DIETRICH, H.-G. (1992): Core Reorientation by Comparision of Core Instablities and Borehole Instabilities. - In: EMMERMANN, R., DIETRICH, H.-G.,LAUTERJUNG, J. & WÖHRL, Th. (Hrsg): KTB Hauptbohrung. Results of Geoscientific Invstigation in the KTB field laboratory. 0-6000 m. - KTB Report **92**-2, F1-F17, Niedersächsisches Landesamt für Bodenforschung, Hannover

ROYAL DUTCH/SHELL GROUP OF COMPANIES (Eds., 1976): Standard Legend. Exploration And Production Departments - Loseblattsammlung, Juli 1976, Shell Internationale Petroleum Maatschappij B.V, Den Haag

SCHÄDEL, K. & DIETRICH, H.-G. (1982): Results of the fracture experiments at the geothermal research borehole Urach 3. In: HAENEL, R. (ed.): The Urach Geothermal Project (Swabian Alb, Germany). Scheizerbart, Stuttgart, 323-343

SCHEPERS, R. (1996): Facsimile 40 Acoustic Borehole Televiewer and DMT Corescan optical Didital Core Scanner. DMT-Gesellschaft für Forschung und Prüfung mbH, DMT-Institut für Lagerstätte, Vermessung und Angewandte Geophysik, Bochum

SCHMITZ, D. & HIRSCHMANN, G. (1990): Die Kernorientierung in der KTB-Vorbohrung. Geowissenschaften **8.** (11-12): 356-362

SCHMITZ, D., HIRSCHMANN, G., KESSELS, W. KOHL, J., RÖHR, C. & DIETRICH, H.-G. (1989a, b): Core orientation in the KTB pilot well. Scientific Drilling **1**: 150-155

SCHÖN, J. (1983): Petrophysik. Akadmie-Verlag, Berlin

SCHULZ, E. (1984): Computertomographieverfahren. Georg Thieme, Stuttgart

SERRA, O. (1984): Fundamentals of well log interpretation, 1. the acquisition of logging data. Elsevier, Amsterdam

SPINDLER, K., LÖFFEL, R. & HAHNE, E. (1988): Gamma-Strahl-Dichtemeßsystem zur Messung des Dampfgehaltes in Zweiphasen-Strömungen. Technisches Messen tm, **55**: 6

STEINBOCK, L., Klatt, Ch. & Aker, E. (1990): Hochauflösende Transmission-stomographie mit tangential beleuchteten Linienkameras. Poster, Jahrestagung Deutsche Ges. f. zerstörungsfreie Prüfung, Trier, Mai 1990

STEINBOCK, L., SCHMIDT, L. & PIEL, D. (1994): High resolution converter-screens for radiography and tomography. Int. Symp. Computer Tomography, Berlin, Juni 1994

STEINBRECHER, D. (1995): Geophysikalische Bohrlochmeßverfahren der BLM Gmbh. Informationbroschure der BLM - Gesellschaft für bohrlochgeophysikalische und geoökologische Messungen mbH (Hrsg.), Apil 1995, Leipzig

STORMS, M.A. (1995): Science/industrie cooperation in the Research & Development of ODP Drilling/Coring Technologie. In: DRAXLER, J.K., KEHRER, P. & RISCHMÜLLER, H. (eds.): International Conference on Continental Scientific Drilling, GFZ Potsdam, Aug. 30.-Sept. 1. 1993, KTB Report **95**-1, 19-48

SWANSON, R.G. (1985): Sample examination manual. Methods in exploration Series. AAPG, 3rd Printing, Tulsa Oklahoma, July 1985

TARLING, D.H. & HROUDA, F. (1993): The Magnetic Anisotropy of rocks. Chapman & Hall, London

TELFORD, W.M., GELDART, L.P., SHERIFF, R.E. (1990): Applied geophysics. University Press, Cambridge

TIETZ, R., MAYER, P., FLECHSIG, CH., JACOBS, F. (1995): Anomaly separation in ultrasonic tomography on KTB drill cores. In: Contributions to the 8th annual KTB colloquium, Gießen

TRISCHLER, J. & KNOPF, S. (1985): Erfahrungen mit der Fernsehsonde in Aufschlußbohrungen für die DB-NBS Hannover-Würzburg. Geotechnik **8**(2): 61-67

UMSONST, T., LAUTERJUNG, J., TRAN VIET, T. & WÖHRL, T. (1995): Technical aspects and sampling procedures at the KTB-Hauptbohrung. In: EMMERMANN, R., ALTHAUS, E., GIESE, P. & STÖCKHERT, B. (eds.): KTB Hauptbohrung. Results of Geoscientific Investigation in the KTB Field Laboraty. Final Report: 0 - 9101 m, KTB Report **95**-2. Scheizerbart, Stuttgart

VANKOVA, V. & KROPACEK, V. (1974): Gamma-ray absorption and chemical composition of neovolcanic rocks. Studia geophys. et geod. **18**

VANKOVA, V. (1968): Cs-137 Gamma-Ray Absorption and Density of Rocks.Studia geophys. et geod., **12**: 63

VINEGAR, H.J. (1986): X-Ray CT and NMR Imaging of Rocks. J. Pet. Tech. **3/86**: 257-259

WANG, Z.& NUR, A.M. ed. (1992): Seismic and acoustic velocities in reservoir rocks, vol.1, Experimental studies, vol. 2, Theoretical and model studies. SEG Geophysics reprint series **10**

WEBER. H. (1994): Analyse geologischer Strukturen mit einem Bohrkernscanner. Felsbau **12**(6): 401-403

WEH, A. (1995): Zerstörungsfreie Bohrkernuntersuchungen an ausgewählten Kernen der Bohrungen Münchehagen - 205, Eulenberg 10/92 und Rabenstein - BK5. - Unveröffentlichter Bericht, Geologisch-Paläontologisches Institut, Universität Heidelberg

WELLINGTON, S.L. & VINEGAR, H.J. (1987): X-Ray Computerized Tomography. J. Pet. Tech. **8/87**: 885-898

WESTERMANN, A., SCHELLIG, J. & STRIBBE, H. (1993): Stand der heutigen Seilkernbohrtechnik für Schürfbohrungen. Vortrag beim Berg- und Hüttenmännischen Tag 1993 in Freiberg, 12 S., Micon, Mining and Construction GmbH & Co. KG, Technische Dokumentation Nr. 19 100 001

WITTE, 1996

WOLTER, K. E., AULBACH, E. & BERCKHEMER, H. (1988): D. 10.0 Spannungsnachwirkungsuntersuchungen: Messungder Retardation und der akustischen Emission. In: EMMERMANN, R., DIETRICH, H.-G., HEINISCH, M. & WÖHRL, TH. (Hrsg.): Tiefbohrung KTB Oberpfalz VB. Ergebnisse der geowissenschaftlichen Bohrungsbearbeitung im KTB-Feldlabor. Teufenbereich 992-1530 m. - KTB Report **88**-6, D47-D60, Niedersächsisches Landesamt für Bodenforschung, Hannover

WOLTER, K. E., RÖCKEL, TH., BÜCKER, CH., DIETRICH, H.-G. & BERCKHEMER, H. (1990): Core disking in KTB drill cores and the determination of the in situ stress orientation. - In: EMMERMANN, R., DIETRICH, H.-G., LAUTERJUNG, J. & WÖHRL, Th. (eds.): KTB pilot hole. Results of geoscientific invstigation in the KTB field laboratory. 0-4000,1 m. - KTB Report **90**-8, G1-G13, Niedersächsisches Landesamt für Bodenforschung, Hannover

WORTHINGTON, M.H. (1984): An introduction to geophysical tomography. First Break **2**(11): 20-26

ZANG, A., BERCKHEMER, H. & WOLTER, K. E. (1990): Interferring the in-situ state of stress relief microcracking in drill cores. In: EMMERMANN, R., DIETRICH, H.-G., LAUTERJUNG, J. & WÖHRL, Th. (eds.): KTB pilot hole Results of geoscientific invstigation in the KTB field laboratory. 0-4000,1 m. - KTB Report 90-8, F1-F20, Niedersächsisches Landesamt für Bodenforschung, Hannover

ZANG, A., WOLTER, K. E. & BERCKHEMER, H.(1990): Strain recovery, microcracks and elastic anisotropy of drill cores from KTB deep well. - Scientific Drilling, **1**: 115-126

8 Bohrlochuntersuchungen

8.1 Befahrung mit Videokameras (Fernsehsondierung)

VOLKER POIER

Befahrungen von Bohrungen mit Videokameras dienen zur differenzierten Aufnahme der geologischen Verhältnisse:

- Bestimmung der Lithologie
- Bestimmung der Raumlage von Klüften
- Bestimmung der Klüftigkeit, von Kluftöffnungsweiten, Kluftausbildung und Kluftbelägen
- Ermittlung hydraulisch aktiver Bereiche
- Kontrolle von Grundwassermeßstellen

Befahrungen von Bohrungen mit Videokameras (Fernsehsondierungen) liefern ein direktes Bild der Bohrlochwand oder des Brunnenausbaumaterials. Aufnahmen sind in axialer (nach unten) und radialer (seitlich) Blickrichtung möglich. Die Kamera wird an einem Spezialkabel mit meist mechanischem Tiefenzähler über ein Dreibein in das Bohrloch hinabgelassen. Die Steuerung erfolgt über einen Computer oder eine spezielle Steuereinheit. Aufnahmen sind nur in trockenen oder mit klarem Wasser gefüllten Bohrlöchern bzw. Brunnen sinnvoll. Durch die Bildaufzeichnung ist auch eine spätere Betrachtung und Auswertung möglich.

Insbesondere für ingenieurgeologische und hydrogeologische Fragestellungen bietet die Fernsehsondierung die Möglichkeit, ein genaueres Bild vom Untergrund zu bekommen. Bei Bohrarbeiten häufig auftretende Probleme, wie z. B eine fehlerhafte Orientierung der Kerne oder aber infolge von Kernverlusten entstehende Informationslücken, können durch eine Fernsehsondierung kompensiert werden. Bohrkerne können aufgrund der Entlastung des Gesteins einen falschen Zustand widerspiegeln. Gerade die Klüftigkeit des Gebirges, die für viele geotechnische Probleme eine wichtige Rolle spielt, kann sich durch den Bohrvortrieb und die Entlastung des Gebirges im Kern falsch darstellen.

Neben dem Kluftinventar eignet sich eine Videobefahrung auch für die Ermittlung von Störungszonen, Verwerfungen, Gleitflächen und hydraulisch aktiven Bereichen. Durch gleichzeitiges Abpumpen und Befahren mit einer Kamera können Wasserzutritte in das Bohrloch lokalisiert werden. Danach können z.B. die Testintervalle für hydraulische Versuche festgelegt werden.

Ein weiteres Einsatzgebiet für Bohrlochkameras ist die Kontrolle von Grundwassermeßstellen. So können die Tiefenlagen von Filterstrecken überprüft
oder fehlerhafte Rohre erkannt werden.

8.1.1 Allgemeine Randbedingungen

Der Einsatz einer Fernsehkamera für die Betrachtung eines Bohrloches ist nur
durch den Durchmesser oder die Flüssigkeit im Bohrloch eingeschränkt. Bei
leicht trübem Wasser ist der Einsatz meist noch möglich, wobei der Durchmesser der Bohrung jedoch nicht zu groß sein darf. Je mehr Wasser zwischen
der Kamera und der Bohrlochwand ist, desto schlechter wird die Sicht bei
Anwesenheit von Schwebeteilchen.

Der Durchmesser der Bohrung ist vom eingesetzten System abhängig. Für
eine axiale Betrachtung sind 50 mm (2") Durchmesser meist die unterste
Grenze. Für eine radiale Betrachtung sind aufwendigere Kamerasysteme erforderlich. Da dann meist eine axiale und eine radiale Kamera in einem Ge-
häuse kombiniert sind, ist der Einsatz erst ab einem Durchmesser von 100 mm
(4"), meist sogar erst von 125 mm (5") möglich.

8.1.2 Anwendungsbereiche

- Generell in jeder standfesten Bohrung mit klarer Flüssigkeit und geeigne-
  tem Durchmesser
- Auch in geneigten Bohrungen möglich (erfragen beim Anbieter)
- Durchmesser mind. 2" für axiale, 4"-5" für radiale Betrachtungen
- Fernsehsondierungen sind bis in große Tiefen möglich (100 m ist meist
  Standard, max. Tiefe beim Anbieter erfragen)
- Die Befahrung wird mit eingeblendeter Tiefe und teilweise mit Bemerkun-
  gen auf Video aufgezeichnet
- Die Sichtweite ist vom verwendeten Objektiv, dem Licht und der Flüssig-
  keit in der Bohrung abhängig. Sichtweiten bis 600 mm werden von   Her-
  stellerfimen angeboten - im Bohrloch jedoch meist nicht erreicht
  (Einzelheiten sind bei den durchführenden Firmen zu erfragen)

8.1.3 Erforderliche Ausrüstung, Versuchsanordnung

Hierbei handelt es sich um eine sehr umfangreiche Spezialausrüstung. Interes-
senten sollten sich deshalb bei einer Anbieterfirma über die Möglichkeiten
und den neuesten Stand der Technik informieren. Axiale Kameras sind in der
Grundausstattung etwa ab DM 50.000, radiale ab DM 100.000 - 150.000 zu
beziehen. Je nach Ausstattung sind die Preise nach oben offen. Neben trans-

portablen Kamerasystemen werden auch in Kleintransporter eingebaute Lösungen angeboten.

Für die Bestimmung der Raumlage von Klüften und anderen Elementen ist eine Orientierung der Blickrichtung erforderlich. Dies geschieht über einen Kompaß, der meist unterhalb der axialen Kamera angebracht ist und somit in das Bild auf dem Monitor eingeblendet wird.

Neben der Spezialausrüstung sind eine Stromversorgung und ein Dreibein erforderlich (Abb.8.1).

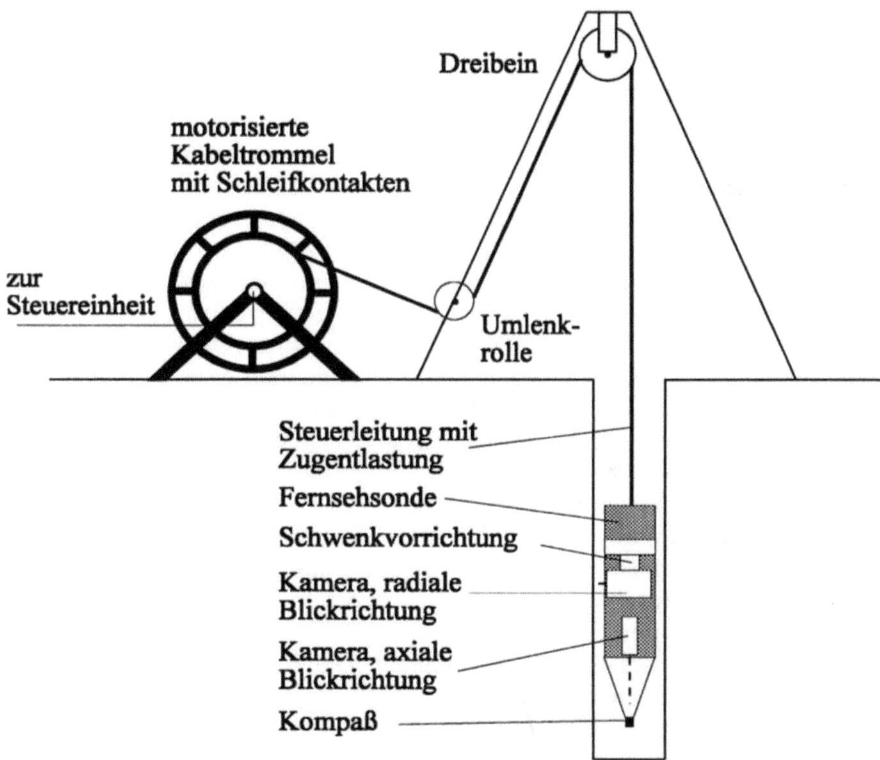

Abb.8.1: Schematischer Aufbau für eine Fernsehsondierung

8.1.4 Versuchsdurchführung

Das Kabel, das die Steuerleitungen und die Sicherung der Kamera gleichzeitig
übernimmt, ist auf einer Winde mit meist mechanischem Tiefenzähler aufge-
rollt. Die Kamera wird über ein Dreibein in die Bohrung hinabgelassen. Die
Steuerung der Objektive (Blickrichtung oder Zoom) erfolgt über einen Computer oder eine Steuereinheit. Mit Hilfe des Kompasses, der unter der axialen
Kamera angebracht ist, ist eine Orientierung der Blickrichtung möglich. Hier
werden meist sehr hochwertige Kompasse eingesetzt, so daß Störungen durch
das Stahlschutzrohr ausgeschlossen werden können. Die axiale Betrachtung
liefert ein Bild senkrecht nach unten. Sie sollte vor jeder radialen Betrachtung
des Bohrloches durchgeführt werden. Dadurch erehält man einen Überblick
über den Zustand des Bohrloches, wodurch ein Verklemmen vermieden werden kann. Neuere Systeme bieten meist die Möglichkeit, zwischen den beiden
Betrachtungsrichtungen umzuschalten, so daß eine Kamerabefahrung ausreicht. Ältere Systeme haben meist nur die Möglichkeit einer Blickrichtung, so
daß zuerst die axiale Befahrung und im Anschluß daran die radiale Befahrung
durchgeführt wird.

Für die radiale Betrachtung sind 2 verschiedene Systeme gebräuchlich. Bei
neueren Bohrlochkameras zeigt das Objektiv direkt in Richtung Bohrlochwand, wodurch das Bild auf dem Monitor immer horizontal erscheint. Ein
anderes System arbeitet mit einem Umlenkspiegel, über den das Bild in das
senkrecht nach unten stehende Objektiv geleitet wird. Da die Kamera fest
eingebaut ist und bei diesem System der Spiegel gedreht wird, dreht sich auch
das Bild auf dem Monitor. Dadurch wird eine zusätzliche Orientierungshilfe
nötig. Auf dem unteren Ende des Umlenkspiegels befindet sich eine Markierung, die auf dem Monitor zu sehen ist. Sie ermöglicht es, dem Bild auf dem
Monitor die Lage im Bohrloch zuzuordnen.

Die Videoaufzeichnung kann während des gesamten Einsatzes oder nur in
ausgewählten Bereichen mitlaufen. Die Aufzeichnungen können anschließend
für eine genaue Ansprache eventuell vorhandener Kerne mit herangezogen
werden. Bereits während der Aufzeichnung ist die Erstellung einer ausführlichen Beschreibung des Bohrloches möglich. Die Bestimmung lithologischer
Einheiten ist dabei begrenzt, da feine Unterschiede meist nur im Kernstück an
einem frischen Bruch zu erkennen sind. Bei einer Kombination mit geophysikalischen Messungen kann u. U. auf das Kernen einer Bohrung verzichtet
werden. Dies bietet sich bei größeren Vorhaben an, wenn nicht jede Bohrung
gekernt werden soll.

8.1.5 Das Bild

Vor einer Videobefahrung muß man sich eine Vorstellung von den zu erwartenden Raumelementen im Schnitt mit dem Bohrloch machen. Abbildung.8.2 zeigt schematisch den Schnitt verschiedener Klüfte mit der Bohrlochwand. Der Pfeil zeigt jeweils die Einfallsrichtung der Kluft an. Ist die räumliche Lage der jeweiligen Blickrichtung bekannt, kann im tiefsten Punkt des Scheitels (Abb.8.2, rechts oben) oder auf der gegenüberliegenden Seite im höchsten Punkt die Einfallsrichtung bestimmt werden. Liegt ein oberer Scheitel vor, muß vom ermittelten Wert noch der Betrag von 180° abgezogen werden, um die eigentliche Einfallsrichtung zu erhalten. Blickt man nun auf einen der Schenkel der Kluft (Abb.8.2, rechts Mitte), kann direkt auf dem Monitor der Winkel zur Horizontalen gemessen werden und man erhält den Einfallswinkel der Kluft. Dies ist jedoch nur möglich, wenn die Kamera senkrecht im Loch hängt. Bei geneigten Bohrungen muß der entsprechende Neigungswinkel dann noch subtrahiert oder addiert werden.

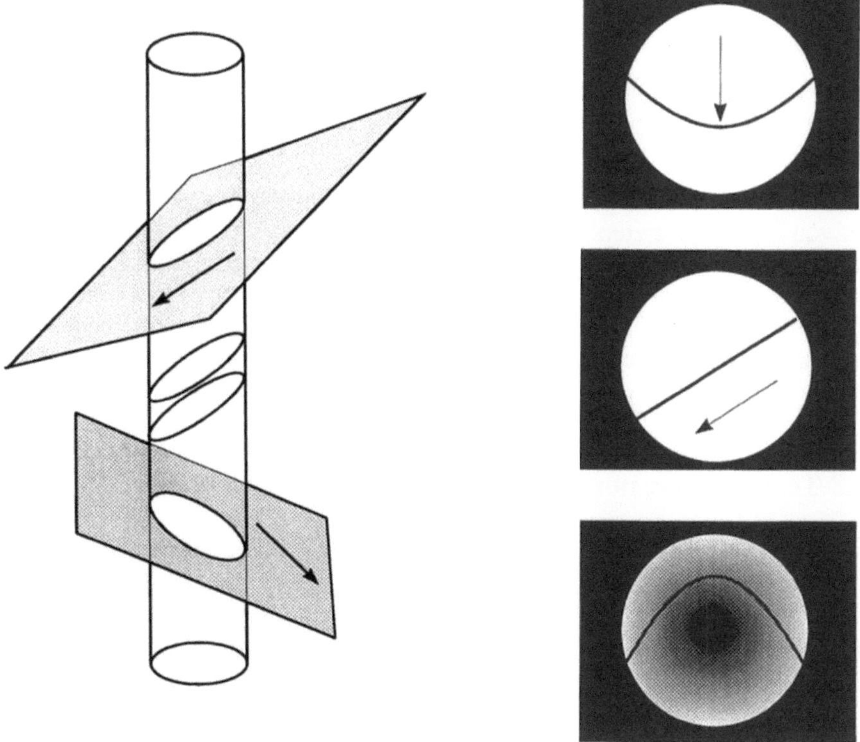

Abb. 8.2: *links:* Verschneidung verschiedener Kluftflächen mit der Bohrlochwand, *rechts:* oben: radialer Blick auf den unteren Scheitel, Mitte: radialer Blick auf die rechte Flanke, unten: Blick von oben (axial) auf eine Kluftausbißlinie

Eine horizontale Kluft stellt sich als Kreis im Bohrloch dar. Die Kamera läßt sich dann um 360° drehen, ohne daß die Kluft aus dem Sichtfeld verschwindet.

Den besten Überblick über das Bohrloch erhält man aus den Aufnahmen der axialen Betrachtung. Bei steiler einfallenden Klüften lassen sich die Einfallsrichtungen auch aus dieser Betrachtungsweise bestimmen (Abb.8.2, rechts unten).

8.1.6 Darstellung der Ergebnisse

Die Ergebnisse der Fernsehsondierung werden in Form eines Profils ebenso wie bei einer Kernaufnahme dargestellt. Zusätzlich werden die einzelnen Elemente, die während der Befahrung eingemessen wurden, in Form von Kluftrosen oder Polpunktdarstellungen aufgearbeitet. Durch die Unterscheidung von geöffneten und geschlossenen Klüften kann zusammen mit den eventuell erkannten Kluftbelegen ein differenziertes Modell möglicher wasserführender Schichten erstellt werden.

8.1.7 Bestimmung der Meßgenauigkeit

Die Meßgenauigkeit hängt sehr stark von der Erfahrung des Bearbeiters, aber auch von der eingesetzten Technik ab. Leider stellen sich Klüfte nicht immer so deutlich dar wie in Abb.8.3, so daß Fehlinterpretationen möglich sind. Die Richtungsgenauigkeit hängt im wesentlichen vom Kompaß ab, aber auch von der Deutlichkeit der Kluftausbißlinie. Abweichungen von ± 5 - 10° sind möglich, können aber durch einen erfahrenen Bearbeiter und über statistische Darstellungen (z. B. Kluftrosen) minimiert werden.

8.1.8 Technischer, personeller und zeitlicher Aufwand

Der technische Aufwand für die Durchführung von Fernsehsondierungen ist relativ gering. Es sind zwar viele technische Geräte erforderlich, sie sind aber meist in einem kompakten Koffer oder fest in einem Meßwagen installiert. Zusätzlich sind die Kabeltrommel, eine Stromversorgung (Generator) und ein Dreibein erforderlich. In der Regel ist für eine Fernsehsondierung eine erfahrene Arbeitskraft erforderlich. Der zeitliche Aufwand richtet sich nach den erwünschten Informationen. Sind sehr viele Elemente in einer Bohrung vorhanden, kann der Zeitaufwand erheblich ansteigen. Eine Auswertung ist mit Hilfe der Videoaufzeichnung auch später möglich.

8.1.9 Beurteilung der Methode

Sofern keine Trübung des Wassers vorliegt, liefert eine Fernsehsondierung viele Informationen, die andere Verfahren in diesem Umfang nicht liefern. Allerdings können fast ausschließlich beschreibende Informationen gewonnen werden. Der größte Vorteil liegt jedoch darin, daß man einen direkten Blick auf das Gebirge hat. Dadurch ist dem Geologen viel mehr als mit anderen Methoden die Möglichkeit einer Beurteilung gegeben.

Die Fernsehsondierung stellt eine sinnvolle Ergänzung zu Kernbohrungen dar, da viele Elemente der Kernaufnahme während einer Kamerabefahrung identifiziert werden können und so eine genaue Bestimmung der Tiefenlage und der Orientierung möglich ist.

Auch für die Überprüfung der Ausbaudaten von Grundwassermeßstellen eignet sich eine Kamerabefahrung sehr gut. Hier reicht meist eine axiale Betrachtung aus, so daß der Zeitaufwand relativ gering ist.

Werden im Rahmen eines Projektes mehrere Bohrungen abgeteuft, kann, sofern sich die Geologie nicht stark ändert, auf ein Kernen einiger Bohrungen verzichtet werden und stattdessen eine Fernsehsondierung durchgeführt werden. Ist die Geologie jedoch weitgehend unbekannt, sollte auf ein Kernen nicht verzichtet werden und die Fernsehsondierung als Ergänzung durchgeführt werden.

8.2   Fluid-Logging

MATTHIAS ROSENFELD

- Teufengenaue Lokalisierung von Zu- und Abflußzonen im Bohrloch
- Bestimmung von Klufttransmissivitäten (T)

Beim Absenken des Ruhewasserspiegels in einer Grundwassermeßstelle oder im unverrohrten Bohrloch werden Zuflußzonen, wie z.B. Klüfte aktiviert, die proportional zur Klufttransmissivität Wasser in das Bohrloch einspeisen. Unterscheidet sich das zufließende Wasser hinsichtlich der elektrischen Leitfähigkeit oder der Temperatur vom Bohrlochfluid, so können die Zuflußzonen beim Abfahren der Bohrung mit Hilfe einer Meßsonde in entsprechenden Logs erkannt werden.

Beim Fluid-Logging wird zunächst das Bohrlochfluid gegen eine Flüssigkeit mit deutlich höherer oder niedrigerer Leitfähigkeit ausgetauscht. Danach wird der Ruhewasserspiegel im Bohrloch bzw. in der Grundwassermeßstelle mit konstanter Förderrate abgesenkt und ein hydraulisches Gefälle erzeugt. Dadurch werden Zuflüsse ins Bohrloch angeregt. Die zeitliche Veränderung der elektrischen Leitfähigkeit durch eindringende Formationsfluide wird in mehreren Meßfahrten mit einer entsprechenden Sonde registriert. Dabei sind die Zustrombereiche als Leitfähigkeitspeaks erkennbar. Die Transmissivität der einzelnen Zuflußzonen kann aus der zeitlichen Entwicklung der Leitfähigkeitslogs mit Hilfe analytischer und numerischer Verfahren bestimmt werden.

8.2.1 Allgemeine Randbedingungen

Für die exakte mathematische Formulierung des theoretischen Ansatzes werden folgende Bedingungen vorausgesetzt, die in der Natur meist nicht gegeben sind:
- Der Grundwasserleiter hat eine scheinbar unbegrenzte Flächenausdehnung
- Der Grundwasserleiter ist homogen, isotrop (d.h. in allen Richtungen gleichdurchlässig) und von gleichbleibender Mächtigkeit
- Der gespannte und/oder freie Wasserspiegel ist (nahezu) horizontal ausgebildet
- Zu- und Abstrom erfolgen horizontal über den gesamten Grundwasserleiter
- Der Grundwasserleiter erhält im Testbereich keine oberirdischen Zuflüsse
- Es gilt das Gesetz von DARCY (laminare Strömung)

8.2.2 Anwendungsbereiche

Das Fluid-Logging-Verfahren kann nur unterhalb des Grundwasserspiegels (in der gesättigten Zone) angewendet werden. Fluid-Logging wird im Idealfall im unverrohrten Bohrloch durchgeführt, es kann aber auch in ausgebauten Grundwassermeßstellen eingesetzt werden. Der Einsatz des Verfahrens wird für einen Durchlässigkeitsbereich von $5 * 10^{-4} \geq k_f \leq 10^{-9}$ m/s empfohlen.

8.2.3 Besondere Hinweise

- Die beim Bohren oder durch vorangegangene Bohrlochtests verpreßten Fluide sind durch Klarpumpen der Bohrung aus dem Gebirge zu entfernen.
- Beim Austausch des Bohrlochfluids gegen das Kontrastfluid ist darauf zu achten, daß der Wasserspiegel während des Austauschvorganges auf dem Niveau des Ruhedruckspiegels bleibt. Bei zu niedrigem Wasserspiegel werden bereits Zuflüsse zum Bohrloch aktiviert, bei zu hohem Wasserspiegel fließt Kontrastfluid ins Gebirge ab und verfälscht damit die Entwicklung der Leitfähigkeitspeaks während der eigentlichen Messung.
- Zu Beginn des Fluid-Logging muß der Bohrlochwasserspiegel dem Ruhepotential entsprechen.
- Im Ruhezustand sollte keine Zirkulation im Bohrloch herrschen.
- Wenn die Stabilität der Bohrung nicht gefährdet ist und eine Reaktion mit dem Gestein -insbesondere durch Lösungsvorgänge- ausgeschlossen werden kann, ist auch im Hinblick auf die „Schonung" des Gebirges ein geringer mineralisiertes Kontrastfluid vorzuziehen.
- In karbonatischen Gesteinsserien muß unbedingt ein karbonatgesättigtes Kontrastfluid eingesetzt werden, da sonst die karbonatlösungsbedingte Leitfähigkeitszunahme die von Kluftzuflüssen hervorgerufene Leitfähigkeitserhöhung überlagert und im Extremfall verwischt.

8.2.4 Erforderliche Ausrüstung, Versuchsanordnung

Die Ausstattung sieht wie folgt aus (s. auch Abb. 8.3):
- Vorratsbehälter für Kontrastfluid
- Dreibein mit Tiefenzählrad
- Tauchpumpe mit Frequenzumwandler
- Durchflußmengenmeßgerät
- Druckaufnehmer
- Leitfähigkeits- und Temperaturmeßsonde
- Motorgesteuerte Kabelwinde, Spülgestänge
- Datenerfassungseinheit; PC mit A/D-Wandler
- Generator (min.3,5 KW)

Meßaufbau beim Fluid-Logging

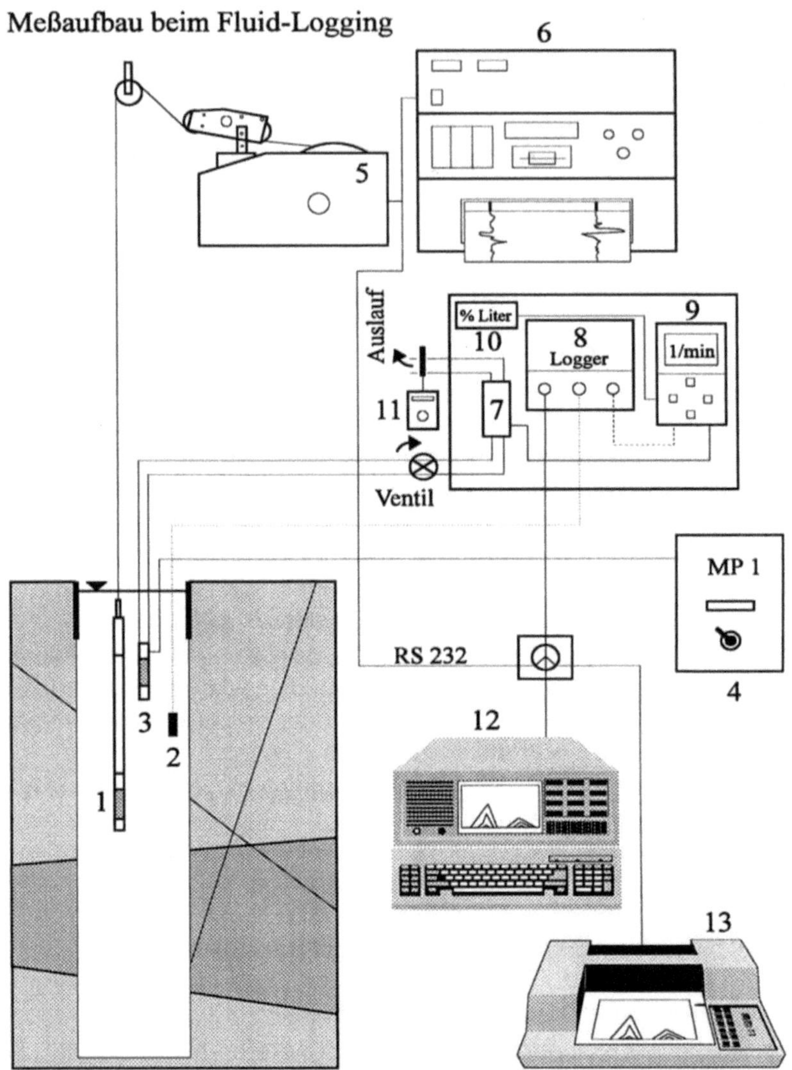

Abb.8.3: Versuchsanordnung beim Fluid-Logging. Die *Leitfähigkeitsmeßsonde* **1** wird über eine motorgesteuerte *Kabelwinde* **5** in das Bohrloch abgelassen. Über die Absenkung des Ruhewasserspiegels mit Hilfe einer *Tauchpumpe* **3** mit *Frequenzumwandler* **4** werden Zuflüsse ins Bohrloch angeregt. Der Wasserspiegel wird kontinuierlich mit einem *Druckaufnehmer* **2** gemessen. Die Kontrolle des Versuchs, die Erfassung und Speicherung der Meßwerte sowie die anschließende Ausgabe der Meßergebnisse erfolgt mit den *Steuergeräten* **6-13**

8.2.5 Versuchsdurchführung

Das Fluid-Logging wird in 2 Phasen durchgeführt. Im Austausch gegen das Bohrlochfluid wird in der 1. Phase ein Kontrastfluid eingebracht, das sich hinsichtlich der elektrischen Leitfähigkeit deutlich von den zu erwartenden Kluftwasserzutritten unterscheidet. In der 2. Phase werden über die Absenkung des Bohrlochwasserspiegels Zuflüsse zum Bohrloch angeregt.

Austausch des Bohrlochfluids
Für die Zugabe des Kontrastfluids und zur Entnahme des Bohrlochfluids wird jeweils eine Pumpe benötigt. Zunächst wird ein Spülgestänge bis zur Bohrlochsohle geführt, das Kontrastfluid eingepumpt und das Bohrlochfluid sukzessive von unten nach oben ersetzt. Um den Austausch möglichst schnell durchzuführen, wird direkt unter dem Ruhewasserspiegel eine Tauchpumpe eingebaut und mit entsprechend hoher Leistung betrieben. Die Zugabe des Kontrastfluids und die Entnahme des Bohrlochfluids sind dabei so zu regulieren, daß der Wasserspiegel im Bohrloch/Pegel während des gesamten Austauschvorganges exakt auf dem Druckspiegelniveau des Ruhewasserspiegels bleibt. Der Austausch ist dann beendet, wenn die Leitfähigkeit des geförderten Bohrlochfluids der des Kontrastfluids entspricht. Nach dem Austausch wird das Spülgestänge entfernt und, um ein Absinken des Wasserspiegels zu verhindern, entsprechend dem gezogenen Gestängevolumen Kontrastfluid zugegeben. Zur Kontrolle der Qualität des Fluidaustauschs und zur Feststellung der Anfangsleitfähigkeit wird danach eine Nullmessung bzw. Background-Messung durchgeführt.

Pump-/Meßphase
Zur eigentlichen Pump- und Meßphase wird die Tauchpumpe im Bohrloch kurz unterhalb des Niveaus der maximal zu erwartenden Absenkung eingebaut. Die konstante Förderrate wird dabei so gewählt, daß der Absenkungsbetrag ausreicht, um alle hydraulisch wirksamen Elemente auf der zu untersuchenden Strecke zu aktivieren. Die Bohrung wird unmittelbar nach dem Beginn des Absenkungsvorganges mit der Leitfähigkeitssonde abgefahren (Abb. 8.4. Die Entwicklung der Leitfähigkeit wird durch die kontinuierliche Befahrung der Bohrung in bestimmten Zeitintervallen registriert. Bereits aus den ersten Meßfahrten lassen sich anhand der Leitfähigkeitsänderung Zuflußzonen erkennen, so daß die weitere Meßfolge an den angezeigten Zuflußzonen orientiert werden kann. Die Pumphase ist abgeschlossen, wenn keine zusätzlichen Leitfähigkeitspeaks mehr zu erwarten sind und von der Entwicklung der detektierten Peaks keine weitere Information mehr ausgeht.

   Neben den Informationen, die das Fluid-Logging selbst liefert, können und sollten die Pumpphasen bzw. die resultierende Absenkung während der Tests später immer auch als Pumpversuche ausgewertet werden. Genauso sollte der

Wiederanstieg des Bohrlochwasserspiegels nach dem Abschalten der Pumpe
zur Auswertung mit herangezogen werden.

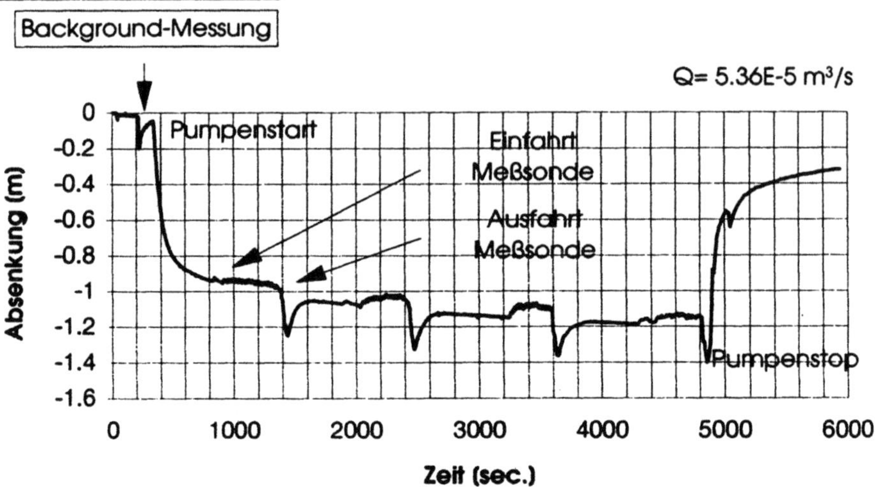

Abb.8.4: Absenkungsphase mit konstanter Förderleistung. Das Ein- und Austauchen der
Sonde verursacht Schwankungen des Wasserspiegels

8.2.6 Auswerteverfahren

Für die Auswertung von elektrischen Leitfähigkeitslogs wurden mehrere Methoden entwickelt, mit deren Hilfe die Einzelzuflußraten ins Bohrloch auf
analytische Weise bestimmt werden können. Die zur Auswertung benötigte
Konzentration C ergibt sich aus dem Zusammenhang mit der gemessenen und
auf 20°C korrigierten Leitfähigkeit σ aus folgender Beziehung

$$C\ [kg/m^3] = \sigma\ (20°C)\ [\mu s/cm]\ /\ \alpha \tag{8.1}$$

Methode der Partiellen Momente nach LÖW et al. (1991)

a) mit Berücksichtigung der Dispersion

Die Methode beruht darauf, daß in einem Bohrlochabschnitt zwischen 2 Zuflußzonen die Elektrolytmasse bestimmt und die Lage des Massenschwerpunk-
tes ermittelt wird. Aus der zeitlichen Veränderung dieser Größen können die

Fließgeschwindigkeiten im Bohrloch und die Dispersionskoeffizienten für den Elektrolyttransport berechnet werden. Die Methode der partiellen Momente basiert auf gewissen vereinfachenden Annahmen bezüglich Strömung und Transport im Bohrloch, sie erlaubt dafür eine rasche und relativ einfache Abschätzung der Zuflußmengen und Elektrolytkonzentrationen des Formationswassers.

Die Gleichung für laminare Strömung in einem Rohr mit dem Radius r, parabolischer Geschwindigkeitsverteilung und longitudinaler und radialer Diffusion nach TAYLOR (1953) kann nach LÖW et al. (1991) formuliert werden als:

$$\frac{\delta C}{\delta dt} + v\frac{\delta C}{\delta x} - k\frac{\delta^2 C}{\delta x^2} = 0 \qquad\qquad (8.2)$$

Hierin sind:

$C =$ Konzentration [kg/m³]

$v =$ lineare (mittlere) Strömungsgeschwindigkeit
im Bohrloch [m/s]

$k =$ TAYLOR-Dispersion mit $k = \dfrac{r^2 \cdot v^2}{48\,D}$

$D =$ molekularer Diffusionskoeffizient

$r =$ Bohrlochradius [m]

LÖW et al. (1991) definieren zur Auswertung der Leitfähigkeitslogs nach der Methode der Partiellen Momente folgende Größen:

$l =$ B-A als Entfernung zwischen den
Integrationsgrenzen   (8.3)

$I_0(t) = {}_A\!\int^B C(x,t)\,dx$ nulltes Partielles Moment   (8.4)

$I_1(t) = {}_A\!\int^B (x-A)\,C(x,t)\,dx$ erstes Partielles Moment   (8.5)

Integriert man Gleichung (8..2), so erhält man

$$\frac{\delta}{\delta t}\int C\,dx = k\int\frac{\delta^2 C}{\delta x^2}\,dx \ - \ v\int\frac{\delta C}{\delta x}\,dx \qquad\qquad (8.6)$$

Berechnet man die Integrale der Gleichung (8.5) für x in den Grenzen von A bis B, so erhält man

$$\frac{\delta I_0}{\delta t} = -v\,(C_B - C_A) + k\left(\left(\frac{\delta C}{\delta x}\right)_B - \left(\frac{\delta C}{\delta x}\right)_A\right) \qquad (8.7)$$

und bei Multiplikation der Gleichung (8.1) mit (x-A) vor der Integration

$$\frac{\delta I_1}{\delta t} = -v\,(lC_B - I_0) + k\left(l\left(\frac{\delta C}{\delta x}\right)_B - C_B + C_A\right) \qquad (8.8)$$

Hierin sind:

$\dfrac{\delta I_n}{\delta t}$ die zeitliche Ableitung des n-ten Partiellen Momentes

C_A die gemessene oder interpolierte Konzentration am Punkt A

$\left(\dfrac{\delta C}{\delta x}\right)$ die räumliche Ableitung der Konzentration am Punkt A

Alle Größen der Gleichung (8.6) und (8..7) außer v und k können direkt aus den gemessenen Leitfähigkeits bzw. Konzentrationskurven berechnet werden, v ergibt sich durch die Lösung der Gleichungen:

$$v = \frac{\dfrac{\delta I_0}{\delta t}\left(l\left(\frac{\delta C}{\delta x}\right)_B + C_A - C_B\right) - \dfrac{\delta I_1}{\delta t}\left(\left(\frac{\delta C}{\delta x}\right)_B - \left(\frac{\delta C}{\delta x}\right)_A\right)}{C_A - C_B l\left(\frac{\delta C}{\delta x}\right)_B + C_A - C_B + lC_B\left(\left(\frac{\delta C}{\delta x}\right)_B - \left(\frac{\delta C}{\delta x}\right)_A\right) - I_0\left(\left(\frac{\delta C}{\delta x}\right)_B - \left(\frac{\delta C}{\delta x}\right)_A\right)} \quad [\text{m/s}] \quad (8.9)$$

Aus der Strömungsgeschwindigkeit v berechnet sich dann die Fließrate q(x) mit $A \leq x \leq B$ im Bohrloch aus

$$q(x) \quad = \quad \pi * v * r^2 \qquad [\text{m}^3/\text{s}] \qquad (8.10)$$

b) Dispersionsfreie Näherung

Zeitlich aufeinanderfolgende Peaks, bei denen die Leitfähigkeit parallel ansteigt, erlauben eine einfache dispersionsfreie Lösung der Gleichung, die sich in diesem Falle mit

$$k\left(\left(\frac{\delta C}{\delta x}\right)_B - \left(\frac{\delta C}{\delta x}\right)_A\right) = 0 \qquad\qquad [] \qquad\qquad (8.11)$$

vereinfacht zu

$$\frac{\delta I_0}{\delta t} = -v\left(C_B - C_A\right) \qquad\qquad [] \qquad\qquad (8.12)$$

Die Strömungsgeschwindigkeit im Bohrloch kann in Abschnitten, in denen die Konzentrations- bzw. Leitfähigkeitskurven parallel ansteigen mit der folgenden Gleichung schnell bestimmt werden.

$$v = \frac{1}{\left(C_B - C_A\right)}\frac{\delta I_0}{\delta t} \qquad\qquad [m/s] \qquad\qquad (8.13)$$

Advektions/Dispersions-Methode nach TSANG & HUFSCHMIED (1988)

Die Methode ist eine numerische Lösung der sog. Advektions/Dispersions-Gleichung mit der Transportvorgänge von Wasserinhaltsstoffen durch die Fließbewegung des Wassers im Bohrloch (Advektion) und die Vermischung der Inhaltsstoffe mit dem fließenden Wasser beschrieben werden. Für die Auswertung wird das Bohrloch zwischen den ermittelten Zuflußzonen in kurze Abschnitte von einigen Metern Länge unterteilt. Die Zuflußmengen und Elektrolytkonzentrationen der einzelnen Zuflüsse werden anschließend solange variiert, bis eine optimale Übereinstimmung mit den Meßergebnissen vorliegt.

Sind die Zuflußmengen der einzelnen Zuflußzonen bestimmt, kann die Transmissivität jeder Zone berechnet werden. Die Gesamttransmissivität ergibt sich aus der Summe der Teiltransmissivitäten.

Frontenmethode

Die Frontenmethode ermöglicht eine rasche Bestimmung der Strömungsgeschwindigkeit aus 2 parallelen, gerade ansteigenden Kurvenabschnitten der Leitfähigkeitslogs. Hierbei liegt die Annahme zugrunde, daß bei einer Parallelverschiebung von Leitfähigkeitsfronten oberhalb eines Zuflusses die Dispersion vernachlässigt werden kann. Die Strömungsgeschwindigkeit wird aus dem Abstand und der Zeit zwischen den Logs bestimmt.

$$v = \frac{l}{dt} \qquad\qquad [m/s] \qquad\qquad (8.14)$$

mit $l = B-A$ und $dt = t_2-t_1$

Die Frontenmethode ist gegenüber dem (dispersionsfreien)Ansatz der Methode der Partiellen Momente wesentlich einfacher zu handhaben. Sie stellt jedoch eine dispersionsfreie Näherung dar und ist nur einsetzbar, wo sich lineare, nicht mit benachbarten Peaks interferierende Konzentrationsfronten ausbilden (Geologisches Landesamt (GLA) Baden-Württemberg1992).

Mischungsmodell

a) nicht bis schwach interferierende Peaks

Im Gegensatz zur Methode der partiellen Momente und zur Frontenmethode, die die Strömungsraten im Bohrloch durch die Berechnung der Strömungsgeschwindigkeit aus der Veränderung der Leitfähigkeitslogs ermitteln, gewinnt die Mischungsrechnung die Zuflußraten einzelner Kluftbereiche aus der zeitlichen Zunahme der Leitfähigkeit bzw. der Konzentration im betrachteten Bohrlochintervall durch eine Massenbilanz. Hierbei ist die Differenz der Leitfähigkeit zwischen 2 Logs an einem Zufluß proportional der zugeströmten Wassermenge pro Zeiteinheit.

$$r^2\pi \,_A\!\int^B C(t_2,x)\, dx = r^2\pi \,_A\!\int^B C(t_1,x)\, dx + C_i V_i\,(t_2-t_1) - C_p Vi\,(t_2-t_1) \qquad (8.15)$$

Darin sind:

r	=	Radius des Bohrloches [m]
A, B	=	Intervallgrenzen $A \leq x \leq B$
$C(t_1,x)$	=	Konzentration zur Zeit t1 an der Stelle x [kg/m^3]
$C(t_2,x)$	=	Konzentration zur Zeit t2 an der Stelle x [kg/m^3]
C_i	=	Konzentration des Kluftfluides [kg/m^3]
C_p	=	mittlere Konzentration des aus dem Bohrlochabschnitt $A \leq x \leq B$ abströmenden Fluids [kg/m^3]
$V_i(t_2-t_1)$	=	Volumen des im Zeitabschnitt (t_2-t_1) zugeströmten Kluftfluides

Die dem Bohrloch im Abschnitt $A \leq x \leq B$ im Zeitintervall t_2-t_1 zufließende Kluftrate q_i berechnet sich aus den Gleichungen (8.1) und (8.15)

$$q_i = \frac{r^2 \pi \int\limits_A^B \sigma(t_2, x) - \sigma(t_1, x)\,dx}{\alpha\left(C_i - C_p\right)\left(t_2 - t_1\right)} \qquad [m^3/s] \qquad (8.16)$$

Diese Lösung kann für einzelne, nicht interferierende Leitfähigkeitspeaks angewandt werden. Sie stellt keinerlei Ansprüche an die Güte des Backgrounds oder die Form der Peaks. Allerdings muß die Konzentration des zufließenden Kluftfluides zeitlich konstant und vor allen Dingen bekannt sein. Sofern sie nicht aus früheren teufenorientierten Beprobungen bekannt ist, kann sie aus dem Sättigungsverlauf im betrachteten Bohrlochabschnitt abgeschätzt werden (GLA Baden-Württemberg, 1992).

b) interferierende Peaks

Mit der Differenzierung von stark interferierenden Peaks ist die in Gleichung (8.15) besprochene Mischungsrechnung prinzipiell überfordert (GLA Baden-Württemberg, 1992).

Numerische Auswertung mit dem Rechenprogramm BORE

TSANG & HUFSCHMIED (1988) entwickelten zur Auswertung von Leitfähigkeitskurven von Fluid-Logging Messungen ein numerisches Rechenmodell. Dabei wird die eindimensionale advektiv-diffusive Transportgleichung mit Hilfe des Finite-Differenzen-Verfahren gelöst. Der Quellcode BORE ist in TSANG & HUFSCHMIED (1988) veröffentlicht.

Neue Methoden für die quantitative Analyse von dynamischen Fluid-Leitfähigkeitsmessungen in Bohrungen NAGRA NTB 90-42

Die *Methode des nullten und ersten Momentes* beschreibt die Beziehung eines Einzelkluftzuflusses zum Bohrloch zu den Kluftparametern „Fließrate" und „Elektrolyt-Konzentration". Einzelkluftzuflüsse werden dadurch charakterisiert, daß ihre Peaks auf Leitfähigkeitslogs nicht miteinander interferieren und darum relativ einfach individuell analysiert werden können.

Die *Methode der Partiellen Momente* basiert auf Zeitableitungen von Integralwerten mit ähnlicher Struktur wie jene der klassischen Momente, definiert jedoch für Log-Abschnitte zwischen aufeinanderfolgenden Zuflußstellen. Die Annahmen dieser Methode liegen darin, daß innerhalb solcher Integrations-

grenzen sowohl die lineare Bohrlochgeschwindigkeit wie der Dispersionskoeffizient konstant sind. Aus diesem Grund erlaubt es die Methode, theoretisch für jeden Bohrlochabschnitt und jedes Zeitintervall unabhängig, d. h.
transient den volumetrischen Fluß und daher auch aus den entsprechenden
Flußdifferenzen die Kluftzuflüsse zu bestimmen. Die Nachteile dieser Methode liegen in ihrer potentiellen numerischen Instabilität zu späten Zeiten.

Die *Direkte Integral Methode* basiert auf Massenbilanz Approximationen
und klassischen nullten Momenten zu frühen Logging-Zeiten. Der Elektrolyttransport wird gegenüber der advektiven-diffusiven Transportgleichung in
dem Sinne vereinfacht, daß an denjenigen Stellen im Bohrloch, wo die lineare
Bohrlochgeschwindigkeit abgeschätzt werden soll, nur advektiver Transport
berücksichtigt wird. Da keine Momente höherer Ordnung und entsprechende
Zeitdifferenziale eingesetzt werden, ist die Methode der Direkten Integrale
numerisch stabiler als die Methode der Partiellen Momente.

Die zufließende Kluftrate berechnet sich nach der Formel:

$$\alpha\, q_i C_i = \frac{r^2 \pi \int_A^B \sigma(t_2, x) - \sigma(t_1, x)\, dx}{(t_2 - t_1)} \quad [\text{m}^3/\text{s}]. \tag{8.17}$$

8.2.7 Beispiele

Die Auswertung des Fluid-Logging-Verfahrens wird nachfolgend anhand von
4 Leitfähigkeits-Meßfahrten in einer unverrohrten Bohrung in geklüfteten
Kreidetonsteinen nach der direkten Integralmethode und der Frontenmethode
vorgestellt. Abbildung 8.5 zeigt die Leitfähigkeitsentwicklung in einer ca. 21
m tiefen Bohrung zu 4 verschiedenen Meßzeitpunkten. Die Hauptzuflüsse in
7, 14 und 19 m Tiefe machen sich schon zum ersten Meßzeitpunkt durch die
Ausbildung von deutlichen Peaks bemerkbar.

Aufgrund der besonderen Situation im Untersuchungsgebiet, gehen ca.
30min nach Versuchsstart keine weiteren Informationen aus den Leitfähigkeitslogs mehr hervor. Höher mineralisiertes Grundwasser, das aus dem tieferen Untergrund in das Bohrloch einströmt, überlagert die Leitfähigkeitsentwicklung im Meßabschnitt.

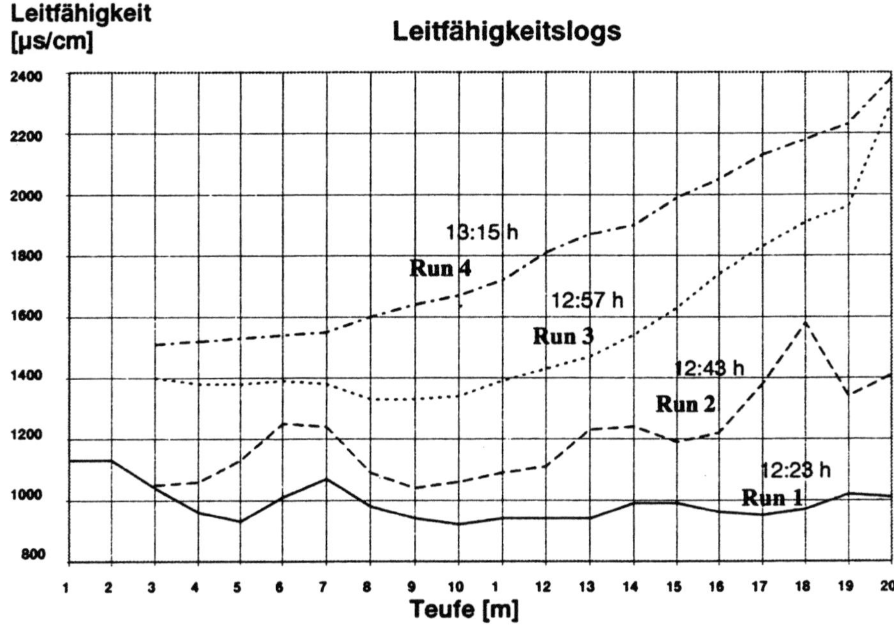

Abb.8.5: Zeitliche Abfolge von Leitfähigkeits-Tiefenprofilen nach dem Austausch des Bohrlochfluides gegen ein niedriger mineralisiertes Kontrastfluid

Beispiel nach der Direkten Integral Methode für nicht bis schwach interferierende Peaks

Die Meßwerte der elektrischen Leitfähigkeitslogs sind zu verschiedenen Meßzeitpunkten in Tabelle 8.1 dargestellt. Die Konzentration des zufließenden Kluftfluides C_i wurde auf der Grundlage der natürlichen Leitfähigkeitsverteilung im Bohrloch ermittelt.

Tabelle 8.1: Meßwerte von elektrischen Leitfähigkeitslogs. Die teufenabhängige Verteilung der Zuflußraten qi über die Bohrlochstrecke konnte bereits auf der Datengrundlage der ersten Meßfahrt bestimmt werden

Zeit seit Versuchsstart [s]		180	1380	2220	3300
Teufe [m]	C_i [kg/m³]	Run 1 [µs]	Run 2 [µs]	Run 3 [µs]	Run 4 [µs]
2	0,658	1130			
3	0,679	1130			
4	0,685	1040	1050	1400	1510
5	0,69	960	1060	1380	1520
6	0,69	930	1130	1380	1530

7	1,037	1010	1250	1390	1540
8	1,096	1070	1240	1380	1550
9	1,102	980	1090	1330	1600
10	1,102	940	1040	1330	1640
11	1,107	920	1060	1340	1670
12	1,118	940	1090	1390	1720
13	1,15	940	1110	1430	1810
14	1,16	940	1230	1470	1870
15	1,166	990	1240	1540	1900
16	1,182	990	1190	1630	1990
17	1,198	960	1220	1740	2050
18	1,203	950	1380	1830	2130
19	1,209	970	1580	1910	2180
20	1,278	1020	1340	1960	2230
21	1,299	1010	1410	2300	2380

Die zur Berechnung benötigten Parameter wurden vor Ort bestimmt:

r = 0.051 m (Bohrlochradius)

s_0 = 840 µs (Leitfähigkeit des Austauschfluides)

c_i = Konzentration des zufließenden Kluftfluides (auf Grundlage der natürlichen Leitfähigkeitsverteilung, s. Tabelle 8.1)

Die Rate der Zuflüsse berechnet sich nach der Trapezregel mit Formel (8.17)

$$\left(\alpha q_i C_i\right) = \frac{r^2 \pi \int_A^B \sigma\left(t,x\right) - \sigma_0 \, dx}{\left(t - t_i\right)} \ [\text{m}^3/\text{s}]$$

Für die 3 Hauptzuflußzonen von 5 - 7 , 13 - 15 und 18 - 19 m berechnen sich die Zuflußraten durch Einsetzen der bekannten Parameter und Auflösen der Formel 8.17 nach q_i. Über die verteilung der Zuflußraten s. Abb.8.6.

Danach ergeben sich für die Hauptzonen folgende Zuflußraten:

5-7 m: q_i = 3,08E-5 m³/s

13-15 m: q_i = 2,30E-5 m³/s

18-19 m: q_i = 2,54E-5 m³/s

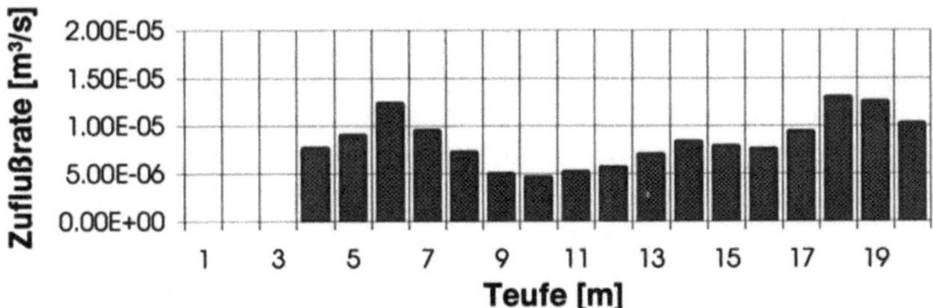

Abb.8.6: Teufenabhängige Verteilung der Zuflußraten

Die hydraulische Auswertung der Pumpphase des Fluid Logging ergab bei einer Pumpmenge von $1{,}19 \cdot 10^{-4}$ m^3/s eine Gesamttransmissivität von $4{,}16 \cdot 10^{-5}$ m^2/s. Aus dem linearen Zusammenhang von Pumprate und Transmissivität lassen sich die Teiltransmissivität der einzelnen Intervalle mit folgender Formel berechnen:

$$T_i = \frac{T * q_i}{Q} \qquad [\text{m}^2/\text{s}] \tag{8.18}$$

mit:

    T = Berechnete Gesamttransmissivität [m²/s]
    Q   = geförderte Gesamtrate [m³/s]
    q_i = ermittelte Teilrate [m³/s]

Die Transmissivitäten der betrachteten Intervalle berechnen sich dann mit:

    5 - 7 m   Ti = $1{,}08 \cdot 10^{-5}$ m³/s
    13 - 15 m   Ti = $8{,}05 \cdot 10^{-6}$ m³/s
    17 - 20 m   Ti = $8{,}87 \cdot 10^{-6}$ m³/s

Beispiel nach der Frontenmethode
Das Prinzip der Frontenmethode besagt, daß die Verschiebung der Konzentratiosfront in der Zeit zwischen 2 Logs proportional zur Strömungsgeschwindigkeit im Bohrloch ist.

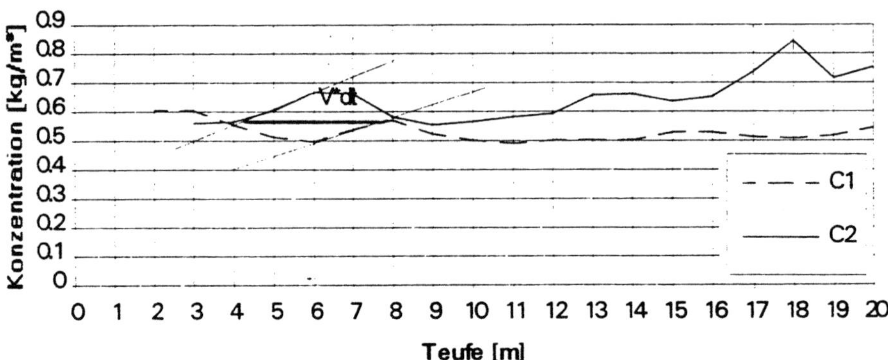

Abb.8.7:Regressionsgeraden in einem Bereich mit nahezu paralleler Frontenverschiebung

Im Intervall von 6 - 9 m lassen sich die Datenpunkte durch 2 annähernd parallele Regressionsgeraden verbinden.

Aus dem mittleren Abstand der Geraden bestimmt sich die Strömungsgeschwindigkeit mit

$$v = \frac{l}{\delta t} = \frac{3{,}3}{1200} = 0{,}00275 \text{ m/s.}$$

Aus der Strömungsgeschwindigkeit v berechnet sich die Fließrate im Bohrloch mit

$$q = \pi * v * r^2 = \pi * 0.00275\,\text{m / s} * 0{,}051^2\text{m}^2 = 2{,}25*10^{-5}\,\text{m}^3 \text{ / s.}$$

Daraus berechnet sich wiederum die Teiltransmissivität nach Formel (8.18) mit

$$Ti = 7{,}85 * 10^{-6}\,\text{m}^2\text{/s.}$$

8.2.8 Bestimmung der Meßgenauigkeit

Die Ratenauflösung des magnetisch induktiv messenden Durchflußmengen-
meßgerätes sollte im Bereich von 0,005 l/min liegen. Zur Erfassung des Wasserstandes im Bohrloch bzw. Pegel ist ein Drucksensor mit einer Auflösung
von 2 mm Wassersäule ausreichend. Für die Datenerfassung bzw. Registrierung ist eine entsprechend angepaßte Software zu verwenden.(GLA Baden-
Württemberg 1992).
Die Auswahl eines geeigneten Auswerteverfahrens hängt in erster Linie von
der Ausbildung und Entwicklung der Leitfähigkeits- bzw. Konzentrationspe-
aks ab. Es existieren Auswerteverfahren für interferierende und nicht interferierende Peaks.
   Die Meßgenauigkeit der eingesetzten Versuchsgeräte wird meist vom Hersteller angegeben.

8.2.9 Technischer, personeller und zeitlicher Aufwand

Der technische Aufwand für die Durchführung des Fluid-Logging ist in drei
Bereiche unterteilt:
- Fluidaustausch und Pumpversuch
- Leitfähigkeits- und Temperaturlogs
- Soft- und Hardware-gesteuerte Versuchskontrolle, Meßwerterfassung und
  Speicherung, Versuchsauswertung

Die gesamte technische Ausrüstung kann bequem in einem Kleinbus trans-
portiert und nötigenfalls von einer Person bedient werden.
   Der zeitliche Aufwand richtet sich nach der Tiefe des zu untersuchenden
Bohrlochs bzw. Pegels. Bei bis zu 100 m tiefen Bohrungen können die Mes-
sungen innerhalb eines Arbeitstages abgeschlossen werden (GLA Baden-
Württemberg 1992).

8.2.10 Beurteilung der Methode

Das Fluid Logging ist ein Verfahren, mit dem in einer Bohrung -ohne den
Einsatz von Packern- alle zur Gesamttransmissivität beitragenden Zuflußzonen lokalisiert und quantifiziert werden können. Aus den für einzelne Zonen
bestimmten Zuflußraten können in einer hydraulischen Auswertung der
Pumpphase Klufttransmissivitäten berechnet werden. Dabei wird die Auflösung einzelner Zuflüsse durch ihren Abstand zueinander, der Leitfähigkeits-
differenz zwischen Kluftfluid und Kontrastfluid und ihrem Anteil an der Gesamttransmissivität begrenzt. Auflösbar sind Zuflüsse, deren Anteil an der
Gesamttransmissivität 1/10 bis 1/1000 beträgt (GLA Baden-Württemberg
1992).

Das Verfahren ist in einem relativ großen Durchlässigkeitsbereich von ca. $5 \cdot 10^{-4}$ bis $1 \cdot 10^{-9}$ m/s anwendbar. Das Fluid-Logging-Verfahren ist in offenen Bohrlöchern sowie in vollkommenen und unvollkommenen Brunnen ab einer Nennweite von 50 mm (2") bei gespannten und ungespannten Grundwasserverhältnissen einsetzbar.

Die Kosten für das Fluid Logging liegen aufgrund der schnellen Durchführbarkeit und des relativ geringen technischen Aufwandes i.d.R. unter denen konventioneller Doppelpackertests. Beim Einsatz an kontaminierten Standorten ist allerdings die Entsorgung des geförderten Wassers zu berücksichtigen, die wiederum höhere Kosten verursachen kann.

Zur korrekten Auswertung von Fluid Logs müssen einige grundlegende Strömungs- und Transporteigenschaften im Bohrloch berücksichtigt werden, so daß die Interpretation und Bewertung der Ergebnisse von einem erfahrenen Geologen durchgeführt werden sollte. Während der Pumpphase machen sich Zuflußzonen an den Stellen bemerkbar, von denen ausgehend sich Leitfähigkeitspeaks entwickeln. Dabei wird das zufließende Kluftfluid mit der Strömung advektiv zur Pumpe hin nach oben transportiert. Außerdem nimmt die Strömungsgeschwindigkeit durch die Addition der Einzelzuflüsse nach oben hin zu, so daß ein Leitfähigkeitspeak immer die Summe der darunterliegenden Zuflüsse repräsentiert. Die Peaks wachsen an den Zuflußstellen und breiten sich mit ihren Fronten zur Pumpe hin aus. Dispersionsvorgänge bewirken eine Aufweitung und Verflachung der Leitfähigkeitspeaks. Das gegenüber dem Kontrastfluid höher mineralisierte Kluftfluid unterliegt aufgrund seiner höheren Dichte einem gravitativen Absinken im Bohrloch. Besonders tiefere Peaks breiten sich über das durch Dispersion und Diffusion erklärbare Maß hinaus nach unten zur Bohrlochsohle hin aus. Deshalb sind Zuflußstellen oft nicht bei ihrem Leitfähigkeitsmaximum zu lokalisieren, sondern ein wenig oberhalb, wo die frühen Logs einen charakteristischen Anstieg der Leitfähigkeit zeigen (GLA Baden-Württemberg 1992).

Mit zunehmender Versuchszeit interferieren die Leitfähigkeitspeaks. Besonders in flachen Bohrungen wird die Dauer der Frontenwanderung der Leitfähigkeitspeaks bis zum Eintreffen an der Pumpe und damit die Versuchszeit stark verkürzt.

Bei einigen Auswerteverfahren muß die Konzentration des zufließenden Kluftfluides bekannt sein. Dies erfordert eine relativ aufwendige teufenorientierte Probennahme. Dazu muß das Untersuchungsintervall abgepackert und bis zur Leitfähigkeitskonstanz gepumpt werden. Allerdings kann die Konzentration des zufließenden Kluftfluides auch aus dem Sättigungsverlauf im betrachteten Bohrlochabschnitt abgeschätzt werden (GLA Baden-Württemberg 1992).

8.3   Wasserdruck-Test (WD-Test)

Volker Poier

- Bestimmung des druckabhängigen Wasseraufnahmevermögens
- Bestimmung des Durchlässigkeitsbeiwertes k_f
- Ermittlung von Bereichen unterschiedlicher Durchlässigkeiten
- Qualitative Abschätzung der Durchlässigkeit oberhalb des Grundwasserspiegels

Der Wasserdruck- oder WD-Test wird in einem durch zwei oder einen Packer nach unten abgetrennten Testintervall durchgeführt. Unter einem konstanten Druck wird eine konstante Wassermenge in das Gebirge verpreßt. Aus dem Druck-Mengen-Verhältnis (Q_{WD}-Beziehung) lassen sich der k_f-Wert berechnen bzw. abschätzen und Aussagen über das Verformungs- und Erosionsverhalten des Gebirges treffen. Der WD-Test ist im Sinne des Wasserhaushaltsgesetzes vom 27.07.1957 in der Fassung vom 23.09.1986 kein genehmigungspflichtiges Verfahren.

8.3.1 Allgemeine Randbedingungen

Für die Auswertung von WD-Versuchen werden 2 Ansätze unterschieden. Klassische Auswerteverfahren beruhen auf dem kontinuierlichen Ansatz. Unter der Vorraussetzung eines stationären Fließverhaltens werden folgende Annahmen getroffen:

- Homogenität und Isotropie des Gebirges
- Das Gebirge ist wassergesättigt
- Radialsymmetrie
- Offenes System mit der Randbedingung $h(R) = 0$ mit R = Reichweite
- Die Verpreßstrecke (Testintervall) wird als Linienquelle betrachtet
- Es werden nur Strömungskomponenten senkrecht zum Bohrloch erzeugt
- Laminare Strömung
- Keine Veränderung der natürlichen Grundwasseroberfläche
- Der Kluftkörperverband ist starr, das Grundwasser ist inkompressibel, während des Versuchs finden keine Erosionsvorgänge statt

Einige der Annahmen des kontinuierlichen Ansatzes treffen beim WD-Versuch nicht zu, so daß verschiedene Verfahren, basierend auf dem diskontinuierlichen Ansatz, entwickelt wurden. Dabei wird versucht, laminare und turbulente Fließzustände, aber auch das Verformungsverhalten geologischer Einheiten zu berücksichtigen.

8.3.2 Anwendungsbereiche

- Der WD-Test ist über und unter dem Grundwasserspiegel einsetzbar
- Der Einsatz ist in gespannten und ungespannten Grundwasserleitern möglich
- Tests können in standfesten unverrohrten Bohrlöchern oder in teilweise verrohrten Bohrungen zur Bohrlochsohle hin durchgeführt werden
- Der Durchmesser der Bohrung ist von den Testgeräten abhängig
- Der Test ist bis in große Tiefen möglich, wobei die Länge des Testintervalls der Gebirgsdurchlässigkeit angepaßt werden kann
- Der Einsatz ist in Bereichen mit Durchlässigkeiten k_f von $10^{-04} \geq k \geq 10^{-08}$ m/s möglich (HEITFELD 1984); bei Verwendung einer entsprechenden Ausrüstung ist der Einsatz in höher durchlässigen (große Pumpleistung) und geringer durchlässigen (Durchflußmengenmessung geringer Wassermengen) Bereichen möglich
- Der WD-Test kann bohrbegleitend zur Bohrlochsohle durchgeführt werden

8.3.3 Erforderliche Ausrüstung

Für die Durchführung eines WD-Tests ist je nachdem, ob er bohrbegleitend von einer Bohrmannschaft oder in einer unverrohrten offenstehenden Bohrung durchgeführt wird, eine mehr oder weniger umfangreiche Ausrüstung erforderlich. Wird der Versuch mit Hilfe eines Bohrgerätes durchgeführt, vereinfacht sich der Einbau des Gestänges erheblich. Andernfalls ist ein stabiles Dreibein mit einer Seilwinde zum Herablassen der Meßgarnitur erforderlich. Bei größeren Testtiefen bietet sich aufgrund des Gewichtes der Einsatz eines Bohrgerätes an. Darüber hinaus werden folgende Geräte benötigt:

- WD-Schrank (Durchflußmengenmesser)
- Schlauchpacker mit entsprechendem Durchmesser
- Gestänge
- Lichtlot
- Druckaufnehmerweiche + Druckaufnehmer
- Generator
- Datenerfassungseinheit
- Preßluftflasche oder Kompressor
- Pumpe, Wasservorratsbehälter oder Wasserwagen

8.3.4 Versuchsanordnung

Vor Einbau der Testgarnitur muß der Ruhewasserspiegel im Testbrunnen gemessen werden. Ist die Garnitur schließlich vollständig eingebaut (Packer sind aufgeblasen), sollte sich vor Versuchsbeginn der Ruhewasserspiegel wieder eingestellt haben.

In Abb.8.8 ist eine Vierfachpackeranordnung dargestellt. Mit dieser Vierfachpackeranordnung ist es möglich, eventuelle Umläufigkeiten um die *Packer* zu erkennen und durch ein Versetzen der Packer zu beheben. Zum Aufblasen der Schlauchpacker ist entweder eine *Preßluftflasche* oder ein *Kompressor* erforderlich. Hersteller von Schlauchpackern liefern in der Regel Tabellen mit, aus denen die erforderlichen Drücke der Packer für unterschiedliche Bohrlochradien und -tiefen zuzüglich eines Sicherheitszuschlages bestimmt werden können. Bei Verwendung einer Vierfachpackeranordnung sind ober- und unterhalb des *Testintervalls* und im Intervall selbst Druckaufnehmer installiert (Abb.8.8).

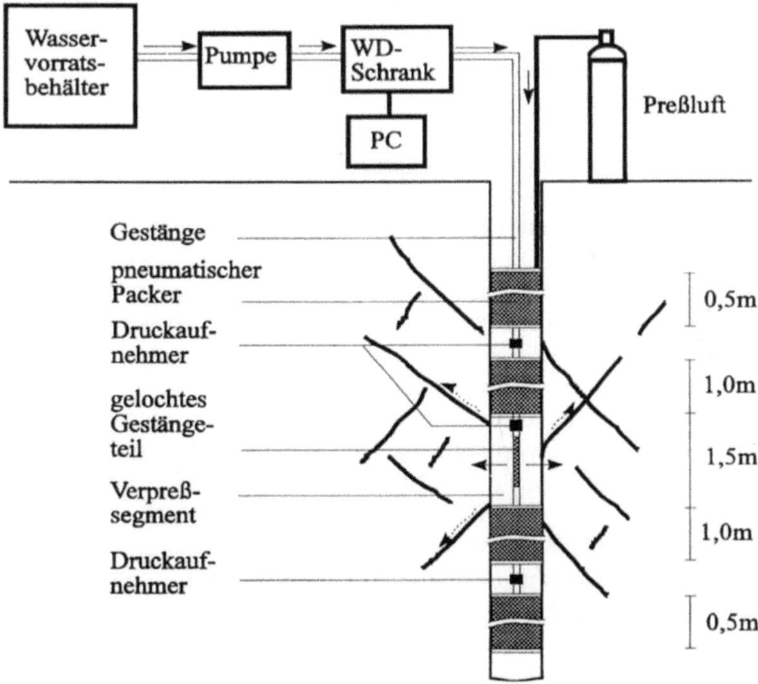

Abb.8.8: Vierfachpackeranordnung für WD-Tests

Meist wird der WD-Test als *Einfachpackertest* bis zur Bohrlochsohle oder als *Doppelpackertest* für einzelne Testintervalle durchgeführt. Da hierbei Umläufigkeiten nur unzulänglich kontrolliert werden können, sollten die Bereiche, in denen die Packer aufgeblasen werden, anhand der Bohrkerne oder durch Fernsehsondierungen festgelegt werden (Empfehlung Nr. 9 des Arbeitskreises 19). Bereiche mit starken Auflockerungen oder Ausbrüchen sollten im Hinblick auf eine gute Dichtigkeit der Packer vermieden werden.

8.3.5 Versuchsdurchführung

Ist das Gestänge mit den Packern eingebaut, muß der hydrostatische Gebirgsdruck im Testintervall ermittelt werden. Danach wird das Gestänge mit Wasser gefüllt. Dies sollte bereits mit einer entsprechenden Pumpe geschehen. Bevor der Pumpenschlauch fest mit dem Gestänge verbunden wird, sollte sichergestellt sein, daß das Gestänge und das Testintervall vollständig mit Wasser gefüllt sind. An dieser Stelle lassen sich bei Verwendung einer Vierfachpackeranordnung bereits Umläufigkeiten feststellen, wenn der Druck nicht nur im Testintervall selbst ansteigt, sondern auch in den Beobachtungssegmenten. Die Kontrolle der Drücke in den Beobachtungssegmenten sollte regelmäßig während des gesamten Versuchs wiederholt werden. Als nächstes wird die Pumpenleistung soweit gesteigert, bis der Druck der ersten Druckstufe erreicht ist.

Bei einem WD-Test werden in der Regel 5 Druckstufen, 3 aufsteigende und 2 absteigende (A - B - C - B - A), gefahren. Die Wahl der höchsten Druckstufe (C) ist von verschiedenen Faktoren abhängig. Für Untersuchungen von Deponiestandorten darf der Druck auf keinen Fall zum Aufreißen des Gebirges führen, d. h. er muß auf jeden Fall kleiner sein als der Druck, der im Bereich des Testinveralls in Folge von Auflast durch das Gebirge unter Berücksichtigung des Grundwassers (Wichte unter Auftrieb) herrscht. Er muß aber für die Durchführung des Versuchs höher als der hydrostatische Druck sein, da sonst kein Wasser in das Gebirge fließt. Für Untersuchungen in Bereichen von geplanten oder bereits vorhandenen Deponiestandorten ist dieser Punkt mit größter Sorgfallt zu beachten, da bei oberflächennahen Untersuchungen mit teilweise nur sehr geringen Drücken gearbeitet werden darf.

Die Meßwerte der Druckaufnehmer und des Durchflußmengenmessers können über einen Datenlogger oder einen Computer mit integrierter Analog/Digital (A/D)-Wandlerkarte erfaßt werden. Ältere Anlagen benutzen meist nur einen Schreiber, der die Werte in Form von Kurven auf Papier festhält. Ein Nachteil bei Verwendung eines Datenloggers besteht insoweit, als der Versuchsablauf meist nicht parallel zur Messung dargestellt werden kann und dadurch eventuelle Störungen (z. B. Umläufigkeiten) während des Versuchs erst im Büro erkannt werden.

Ist der Versuchsaufbau soweit vorbereitet, kann die Meßwerterfassung gestartet und die Pumpe angeschaltet werden. Erfahrungsgemäß wird der Durchfluß sofort stark ansteigen und dann wieder auf ein niedrigeres Niveau abfallen. Dieser Effekt wird durch den Druckaufbau im Testintervall hervorgerufen. Erst wenn sich ein entsprechender Gegendruck eingestellt hat, kann eine konstante Wassermenge eingespeist werden. Ist der gewünschte Überdruck noch nicht erreicht, kann durch Regulierung der Pumpe der Druck erhöht werden. Sind keine Informationen über die zu erwartende Wasseraufnahme vorhanden, sollte mit einer geringen Wassermenge begonnen und dann allmählich gesteigert werden, bis der gewünschte Druck erreicht wird.

Die einzelnen Druckstufen müssen dann solange gefahren werden, bis Durchfluß und Druck konstant sind. Nach den Empfehlungen Nr. 9 des Arbeitskreises 19 kann der Durchfluß als konstant angesehen werden, wenn er innerhalb von 10 min. um weniger als 5 % schwankt. Sind annähernd konstante Bedingungen vorhanden, sollte die jeweilige Druckstufe noch einige Zeit gehalten werden, bevor die nächst höhere oder niedrigere Druckstufe eingestellt wird. Nach HEITFELD & HEITFELD (1992) weicht nach etwa 20 min. Versuchszeit das Druck-Mengen-Verhältnis nur noch um 10% vom Endwert nach etwa 50 Minuten ab.

Da ein stationäres Fließen eine Voraussetzung für die Auswertung ist, werden die Ergebnisse genauer, je näher man den Voraussetzungen kommt. Nach eigenen Erfahrungen sind 15 - 20 min. für eine Druckstufe ausreichend. Sind Beobachtungsbohrungen vorhanden, müssen die Druckstufen noch länger gehalten werden. Je höher die Druckstufe ist, desto länger dauert es, bis sich quasi stationäre Fließbedingungen im Testintervall, aber v. a. in den Beobachtungsbohrungen einstellen.

Die Intervalle für die Meßwerterfassung können großzügig gewählt werden, jedoch sollte eine kontinuierliche Beobachtung möglich sein, um bei eventuellen Störungen oder Veränderungen entsprechend reagieren zu können.

8.3.6 Auswerteverfahren

Die Auswertung eines WD-Tests beruht auf dem Druck-Mengen-Verhältnis. Wurde der Versuch korrekt durchgeführt, liefern die einzelnen Druckstufen jeweils die verpreßte Wassermenge Q in m^3/s und den Druck H im Testintervall in Metern oder Bar. Für alle Berechnungen oder Darstellungen wird der Druck im Testintervall als Differenzdruck H_0 zum Ruhewasserspiegel zugrunde gelegt. Für Tests im ungesättigten Bereich wird der gesamte Druck im Testintervall für die näherungsweise Berechnung angesetzt.

Die einzelnen Druckstufen können nun zusammen mit der verpreßten Wassermenge Q in einem Druck-Mengen-Diagramm dargestellt werden. Abbildung 8.11 zeigt ein derartiges Diagramm für das später dargestellte Beispiel. Anhand des Diagrammes läßt sich das Gebirgsverhalten beschreiben. Zur

Beschreibung wurden von KLOPP & SCHIMMER (1977) anhand umfangreicher Untersuchungen fünf Grundformen hergeleitet. EWERT (1979) liefert 10 Grundformen für die Beschreibung von Druck-Mengen-Diagrammen. Die Grundformen können den entsprechenden Veröffentlichungen entnommen werden.

Neben der Interpretation des Gebirgsverhaltens läßt sich aus dem Verhältnis der Wassermenge zum Druck auch der k_f-Wert ableiten. HEITFELD (1965 und 1992) und SCHRAFT & RAMBOW (1984) liefern anhand von umfangreichen Untersuchungen im Rheinischen Schiefergebirge (HEITFELD 1965), im mergeligen Kreidekalkstein (HEITFELD & HEITFELD 1992) und im Nord- und Osthessischen Buntsandstein (SCHRAFT & RAMBOW 1984) Q_{WD}/k_f-Beziehungen (Abb.8.9). Diese Beziehungen wurden durch den Vergleich mit anderen Versuchen oder durch Rückrechnung des k_f-Wertes durch in Kontrollstollen gemessene Wasserzutrittsmengen ermittelt. Sie gelten nur für Mittelwerte größerer, geologisch einheitlich aufgebauter Gebirgsbereiche.

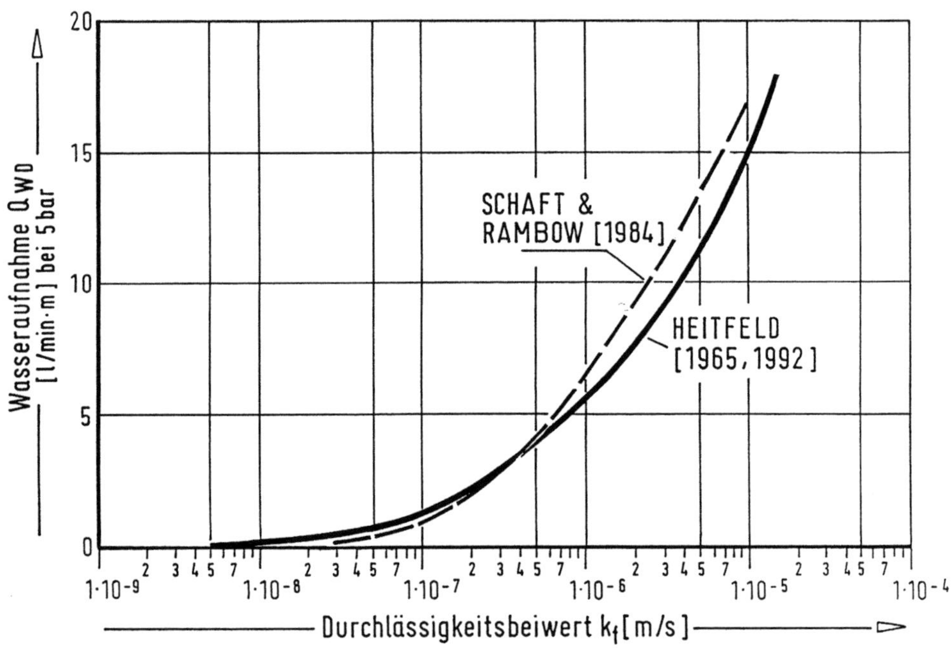

Abb.8.9: Q_{WD}/k_f-Beziehungen; 5 bar = $5 \cdot 10^5$ Pa. (Aus HEITFELD & HEITFELD 1992)

Der WD-Test wurde für spezielle Probleme beim Talsperrenbau entwickelt. Die Wasseraufnahme W des Gebirges wird dabei wie folgt definiert:

$$W = \frac{Q}{c \cdot p_0} \qquad \text{[l/min·m·Pa]} \qquad\qquad (8.19)$$

mit: Q Durchfluß   [l/min]
       c Länge des Testintervalls   [m]
      p_0 Druck im Testintervall   [Pa]

und wird häufig als **Lugeon** ausgedrückt

$$1\,\text{Lugeon} = 1 \cdot \frac{l}{\min \cdot m \cdot 10^6\,Pa} \qquad\qquad (8.20)$$

wobei der Druck (1 MPa) als rechnerische Bezugsgröße verwendet wird. Ein Lugeon entspricht einem k_f Wert von $1 \cdot 10^{-07}$ m/s. Da meist nicht mit so hohen Drücken gearbeitet wird, müssen die im Versuch gewonnen Ergebnisse für die Bestimmung des Lugeon-Wertes extrapoliert werden, was einen linearen Verlauf der Wasseraufnahme mit steigendem Druck voraussetzt. Für Untersuchungen im Rahmen von Deponiestandorterkundungen bietet sich diese Berechnung daher nicht an.

Basierend auf den Annahmen für den kontinuierlichen Ansatz (vergl. Allgemeine Randbedingungen) steht für eine Lösung für stationäre Strömungsverhältnisse die Formel von THIEM zur Verfügung:

$$k_f = \frac{Q_{WD}}{2 \cdot \pi \cdot L \cdot (h_0 - h)} \cdot \ln \frac{r}{r_0} \qquad \text{[m/s]} \qquad (8.21)$$

mit: Q_{WD} Verpreßte Wassermenge   [m³/s]
      L Länge der Verpreßstrecke   [m]
      h Druckhöhe im Abstand r vom Bohrloch   [m]
      h_0 Druckhöhe in der Verpreßstrecke   [m]
      r Radius (z. B. Abstand Testbrunnen -
               Beobachtungsbrunnen)   [m]
      r_0 Bohrlochradius   [m]

r und h können durch Tensiometermessungen oder Beobachtungsbohrungen ermittelt werden. Stehen Beobachtungsbohrungen zur Verfügung, muß beachtet werden, daß mit steigender Reichweite auch die Zeit bis zum Erreichen des quasi stationären Zustandes zunimmt. Meist wird die Reichweite jedoch abgeschätzt. Das EARTH MANUAL (1974) liefert die Formel für eine Gesamt-

reichweite R = L. Die Druckdifferenz zum Ruhewasserspiegel ist im Abstand
R = 0. Damit vereinfacht sich die Formel zu:

$$k_f = \frac{Q_{WD}}{2 \cdot \pi \cdot L \cdot H_0} \cdot \ln \frac{L}{r_0} \qquad [m/s] \qquad\qquad (8.22)$$

mit: Q_{WD} Verpreßte Wasseremenge $[m^3/s]$
        L   Länge der Verpreßstrecke $[m]$
        H_0 Druckhöhe in der Verpreßstrecke $[m]$
        r_0 Bohrlochradius $[m]$

RISSLER (1977) und SCHNEIDER (1987) geben für Kurzzeitversuche Reichweiten von einigen Metern bis einigen zehn Metern an.
GILG & GRAVARD (1957) entwickelten eine Formel, die auf der Annahme
einer kugelförmigen Ausbildung der Äquipoteniallinien basiert:

$$k_f = C_p \cdot \frac{Q_{WD}}{H_0} \qquad [m/s] \qquad\qquad (8.23)$$

mit:

$$C_p = \frac{\left(\ln(L/D) + \sqrt{(L/D)^2 - 1} \right)}{2 \cdot \pi \cdot D \sqrt{(L/D)^2 - 1}} \approx \frac{\ln(2 \cdot L/D)}{2 \cdot \pi \cdot L} \quad [-] \qquad\qquad (8.24)$$

für L >> D

    Q_{WD} Verpreßte Wassermenge $[m^3/s]$
    H_0 Druckhöhe in der Verpreßstrecke $[m]$
    C_p Formbeiwert $[-]$
    L   Länge der Verpreßstrecke $[m]$
    D   Durchmesser des Verpreßsegementes $[m]$

Der Arbeitskreis 19 - Versuchstechnik im Fels liefert eine Gleichung zur Bestimmung der Durchlässigkeit k_i in der Ebene einer Kluftschar, die das Bohrloch senkrecht schneidet:

$$k_i = \frac{Q}{2 \cdot c \cdot (p_0 / \gamma_w) \cdot \pi} \cdot \ln \frac{R}{r_0} \qquad [m/s] \qquad\qquad (8.25)$$

mit: Q   Durchfluß [m³/s]

          c   Länge der Verpreßstrecke [m]

          R   Rechneriche Reichweite (kann mit $10\ \mathrm{m} \leq R \leq 100\ \mathrm{m}$ angenommen werden)

          r_0 Bohrlochradius [m]

          p_0 Verpreßdruck [kN/m²]

          γ_w Wichte des Wassers [kN/m³]

Werden in einem Bohrloch mehrere WD-Tests durchgeführt, gibt es für die Darstellung der Ergebnisse 2 gebräuchliche Formen. Zum einen handelt es sich um eine Mittelwertbildung für verschiedene Tiefenstufen, zum anderen um eine Mittelwertbildung für Homogenbereiche (HEITFELD & KOPPELBERG, 1981). Da die Tests meistens nach den geologischen Homogenbereichen festgelegt werden, bietet sich die Darstellung für Homogenbereiche besonders an. Mittelwertbildung sollte im Rahmen von Deponiestandortuntersuchungen vermieden werden. Für Standortuntersuchungen ist eine möglichst große Transparenz der Einzelergebnisse anzustreben.

Basierend auf dem diskontinuierlichen Ansatz entwickelten RISSLER (1977) und SNOW (1965) für stationäre Strömungsbedingungen und KOPPELBERG (1986) für instationäre Strömungsvorgänge Lösungen. KOPPELBERG stützt sich dabei auf die Differentialgleichung von THEIS (1935) und JAKOB (1940) (s Kap. 9). Seine Lösung besitzt jedoch nur Gültigkeit, wenn alle Klüfte gleiche Öffnungsweiten und Rauhigkeiten besitzen.

Die Lösungen für den diskontinuierlichen Ansatz sind für den praktischen Gebrauch weniger geeignet, da für eine exakte Lösung die Ermittlung einzelner Parameter wie mittlere Kluftabstände und Kluftöffnungsweiten und Kluftrauhigkeiten erforderlich sind.

8.3.7 Beispiel

Bei dem folgenden Beispiel handelt es sich um einen WD-Test, der an einem geplanten Deponiestandort in Sachsen in einem kambrischen Phyllit in einer Tiefe von 33,0 - 35,6 m durchgeführt wurde. Der Ruhewasserspiegel lag ca. 5m unter ROK, so daß in der Tiefe ein hydrostatischer Ruhedruck von 28,41 m herrschte. Abbildung 8.10 zeigt die Meßkurve dieses WD-Tests, der mit 5 Druckstufen gefahren wurde. Deutlich zu erkennen sind die Sprünge in der Meßkurve für den Durchfluß in den Bereichen, wo der Druck verändert wurde. Bereits nach kurzer Zeit stellt sich jedoch wieder ein nahzu konstanter Wert sowohl für den Durchfluß als auch für den Druck ein (s. Abb.8.10).

Für den Versuch wurden ca. 600 Datenpaare bestehend aus der Zeit, dem Durchfluß und dem Druck aufgenommen. Die Messung des Drucks erfolgte mit einem induktiven Durchflußmengenmesser.

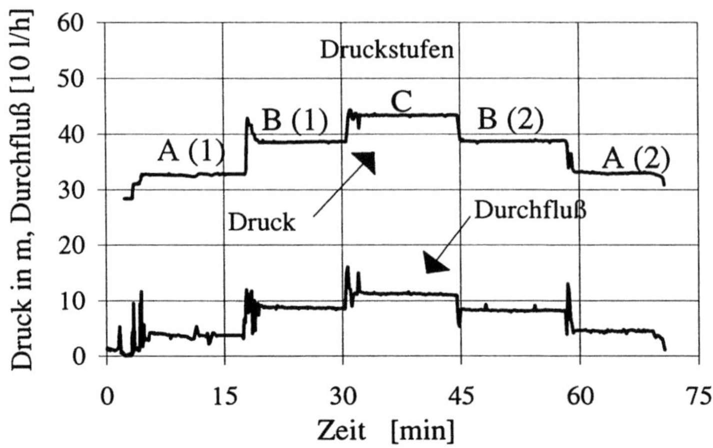

Abb.8.10: WD-Test in einer Tiefe von 33,0 - 35,6 m u. GOK

Für die Auswertung werden die Daten jeweils am Ende einer Druckstufe abgegriffen, da hier quasi stationäre Bedingungen, d. h. Druck und Durchfluß
sind nahezu konstant, vorliegen. Die Daten der einzelnen Druckstufen sind in
Tabelle 8.2 zusammengestellt. In der 4.Spalte sind die nach der Formel 8.22
des EARTH MANUAL und in der 3.Spalte die nach GILG & GAVARD (1957)
berechneten Durchlässigkeitsbeiwerte k_f dargestellt. Die Rechnung soll am
Beispiel der Druckstufe A (1) kurz erläutert werden.

Die erforderlichen Parameter für die Druckstufe A (1) sind:

- Q_{WD} die verpreßte Wassermenge geht in m³/s in die Rechnung ein:
  37,2 l/h umgerechnet in m³/s liefert $Q_{WD} = 1{,}033 \cdot 10^{-05}$ m³/s
- H_0 Druckhöhe in der Verpreßstrecke, angesetzt wird hier die
  tatsächliche Druckerhöhung gegenüber dem Ruhedruck:
  $H_0 = 32{,}81 - 28{,}41 = 4{,}4$ m
- L   Länge der Verpreßstrecke L = 2,6 m
- r_0 Bohrlochradius im Verpreßsegment $r_0 = 0{,}073$ m

Damit folgt:

$$k_f = \frac{1{,}033 \cdot 10^{-05}}{2 \cdot \pi \cdot 2{,}6 \cdot 4{,}4} \cdot \ln \frac{2{,}6}{0{,}073} = 5{,}1 \cdot 10^{-07} \qquad \text{m/s}$$

Nach GILG & GAVARD (1957) berechnet sich die Durchlässigkeit wie folgt:

Für die Berechnung des Formbeiwertes C_p werden folgende Ausbaudaten benötigt:

- Länge der Verpreßstrecke L = 2,6 m
- Durchmesser des Verpreßsegmentes D = 0,073 m

C_p berechnet sich nach der Formel 12.5.1:

$$C_p \approx \frac{\ln(2 \cdot L / D)}{2 \cdot \pi \cdot L} \approx \frac{\ln(2 \cdot 2,6 / 0,073)}{2 \cdot \pi \cdot 2,6} \approx 0,261$$

Die Durchlässigkeit k_f berechnet sich nach der Formel 8.23. Hierfür wird wiederum die Druckhöhe in der Verpreßstrecke H_0 und die verpreßte Wassermenge Q_{WD} benötigt (s.oben). Daraus folgt für die Druckstufe A (1):

$$K_f = 0,261 \cdot \frac{1,033 \cdot 10^{-05}}{4.4} = 6,1 \cdot 10^{-07} \qquad \text{m/s}$$

Tabelle 8.2: Zusammenstellung der Versuchdaten und der k_f-Werte ermittelt nach EARTH MANUAL (1974) und GILG & GRAVARD (1957)

Druckstufe	Verpreßte Wasser-menge [l/h]	Druck im Testintervall [m]	k_f-Wert GILG & GRAVARD [10^{-07} m/s]	k_f-Wert EARTH MANUAL [10^{-07} m/s]
A (1)	37,2	32,81	6,1	5,1
B (1)	85,92	38,64	6,1	5,1
C	110,7	43,36	5,4	4,5
B (2)	82,27	38,77	5,8	4,8
A (2)	45,04	33,01	7,1	5,9

Daß es sich bei der Auswertung nach der Formel des EARTH MANUAL (1974) nur um eine Näherung handelt, zeigt die folgende Rechnung. Für das dargestellte Beispiel war in einem Abstand R = 7 m vom Testbrunnen eine Beobachtungsbohrung vorhanden. Es wurde während des Tests eine schwache Reaktion im Beobachtungsbrunnen registriert. Damit ist die Annahme des EARTH MANUAL (1974), daß in einem Abstand R = L vom Testbrunnen der Druck H_0 = 0 ist, für dieses Beispiel falsch. Für die Druckstufe A (1) wurde in der Beobachtungsbohrung eine Druck H_0 = 0.015 m gemessen.

Dann folgt nach der Formel von THIEM (8.21):

$$k_f = \frac{1,033 \cdot 10^{-05}}{2 \cdot \pi \cdot 2,6 \cdot (4,4 - 0,015)} \cdot \ln \frac{7,0}{0,073} = 6,6 \cdot 10^{-07} \qquad \text{m/s}$$

In Abb. 8.11 sind die verpreßten Wassermengen über dem jeweiligen Druck im Testintervall dargestellt. Ein Vergleich dieses Druck-Mengen-Diagramms mit den Grundformen von EWERT (1979) zeigt, daß es sich hier um den Grundtyp 3 handelt. Die Wasseraufnahme ist für die einzelnen Druckstufen nahezu proportional. Danach verhält sich das Gebirge elastisch, d. h., sollte der aufgegebene Druck eine Verformung im Gebirge erzeugt haben, so ist diese Verformung nach der Druckentlastung wieder vollständig zurückgegangen.

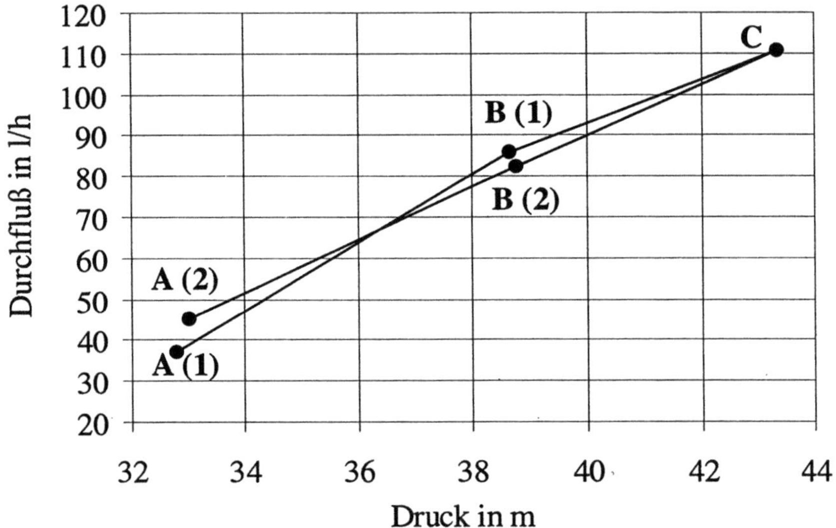

Abb.8.11: Druck-Mengen -Diagramm des WD-Tests

8.3.8 Bestimmung der Meßgenauigkeit

Für den WD-Test gilt genauso wie für alle anderen Untersuchungen, daß die Genauigkeit des Ergebnisses in erster Linie von der Genauigkeit der Datenerfassung abhängt. Eine Druckmessung sollte in jedem Fall immer im Testintervall selbst stattfinden, da sonst andere Einflüsse, wie Reibungsverluste im Gestänge, zum Tragen kommen, die das Ergebnis stark verfälschen können. Auch die Mengenmessung während des Abpreßvorgangs ist sehr wichtig. Die heutige Technik macht es jedoch möglich, die dadurch verursachten Fehler sehr gering zu halten.

Anders sieht es dagegen bei den theoretischen Grundlagen aus. Erosionsvorgänge dürfen während des Versuchs nicht stattfinden. Diese Annahme gilt für fast alle Versuche und ist von dem aufgebrachten Druck abhängig. Gerade im Bereich von Deponiestandortuntersuchungen ist die Wahl eines geeigneten Druckes sehr wichtig, da durch die Wahl eines zu hohen Druckes ein Aufreißen nicht ausgeschlossen werden kann. Ein Aufreißen des Gebirges oder das Freispülen von Klüften kann bei der Auswertung festgestellt werden. Deshalb sollte neben dem berechneten k_f-Wert immer auch ein Druck-Mengen-Diagramm erstellt und mit den Grundformen verglichen werden.

8.3.9 Technischer, personeller und zeitlicher Aufwand

Meist werden WD-Tests von Bohrfirmen bohrbegleitend durchgeführt. Der Einbau ist auch ohne Bohrgerät mit einem Dreibein möglich. Der technische Aufwand kann anhand der erforderlichen Geräte abgeschätzt werden.

Für das Betreiben des Bohrgerätes und den Einbau der Gerätschaft (Gestänge + Packer) sind 2 Arbeitskräfte erforderlich. Ebenso verhält es sich beim Einbau mit einem Dreibein. Für die Durchführung des Tests sollte ein erfahrener Bearbeiter zur Verfügung stehen.

Die Dauer des Einbaus ist von der Testtiefe, d. h. von der Länge des Gestänges abhängig. Der Einbau dauert bei einer Testtiefe von 10 m mit 2 Arbeitskräften 1 - 2 h. Beim Einbau mit einem Dreibein ist die Testtiefe aufgrund des Gewichtes begrenzt. Die Dauer des eigentlichen Tests ist von der Anzahl der Druckstufen und vom Verhalten des Gebirges abhängig. An einem Tag sind mehrere Tests in einem Bohrloch möglich.

8.3.10 Beurteilung der Methode

Ist die Testanordnung einmal aufgebaut, so ist der WD-Test ein einfach durchzuführender Versuch. Die Auswertung ist unkompliziert und ohne große Datenverarbeitung möglich, womit sich die Durchlässigkeit des Gebirges bereits im Gelände abschätzen läßt. Wird mit den richtigen Drücken gearbeitet, können Fehler, z. B. durch das Freispülen von Klüften, begrenzt werden. Ein Vergleich der Ergebnisse mit anderen Testmethoden zeigt eine recht gute Übereinstimmung.

Der WD-Test ist im Vergleich zu anderen Verfahren auch über dem Grundwasser, d. h. in der ungesättigten Bodenzone einzusetzen. Für eine Auswertung ist jedoch eine Sättigung des Gebirges erforderlich, was vollständig nur durch eine Erhöhung des Grundwasserspiegels bis über das Testintervall hinaus denkbar wäre. Anhaltspunkte über das Fließverhalten in der ungesättigten Zone können jedoch gewonnen und ein Durchlässigkeitsbeiwert abgeschätzt werden.

Ein Nachteil ist die umfangreiche benötigte Gerätschaft, die den Test bis zur eigentlichen Durchführung schwerfällig macht.

Da bei dem Test mit quasi stationären Strömungen gearbeitet wird, sind die Ergebnisse gegenüber den Faktoren Skin-Effekt, Speicherkoeffizient und Porosität unempfindlich, was bei Versuchen mit nicht konstanten Fließraten meist problematisch ist.

Neben dem k_f-Wert kann das druckbezogene Wasseraufnahmevermögen des Gebirges mit für die Beurteilung eines Standortes herangezogen werden.

8.4. Slug- und Bail-Tests

MATTHIAS ROSENFELD

- Bestimmung der Transmissivität (T)
- Bestimmung des Durchlässigkeitsbeiwertes (k_f)
- Bestimmung des Speicherkoeffizienten (S)
- Bestimmung des Skin-Effektes (s)

Das Prinzip von Slug- und Bail-Tests beruht auf der plötzlichen, künstlich erzeugten Änderung des hydraulischen Gefälles zwischen Testbrunnen und Grundwasserleiter. Beim Slug-Test wird die Veränderung des hydraulischen Gefälles durch eine schlagartige Erhöhung des Wasserspiegels bewirkt. Der umgekehrte Vorgang, d.h. die schlagartige Erniedrigung des Wasserspiegels im Brunnen, wird als Bail-Test bezeichnet. Die Registrierung des zeitlichen Verlaufs der Wasserspiegeländerung bis zum Ausgangszustand (Ruhewasserspiegel) liefert die Grundlage zur Ermittlung der Transmissivität. Slug-Tests können in ausgebauten Pegeln nur dann durchgeführt werden, wenn der Ruhewasserspiegel oberhalb der Filterstrecke liegt. Bei Slug-Tests im unverrohrten Bohrloch muß gewährleistet sein, daß die beaufschlagte Wassersäule nicht in der ungesättigten Zone abfließt. Bail-Tests können sowohl in ausgebauten Meßstellen als auch im unverrohrten offenen Bohrloch durchgeführt werden. Je nach Versuchsanordnung kann die Förderung von geringen Wassermengen erforderlich werden. Etwaige Genehmigungspflichten bei der Hebung bzw. Ableitung/Entsorgung von kontaminierten Wässern sind mit den zuständigen Behörden zu klären.

8.4.1 Allgemeine Randbedingungen

Für die exakte mathematische Formulierung des theoretischen Ansatzes werden folgende Bedingungen vorausgesetzt:

- Der Grundwasserleiter hat eine scheinbar unbegrenzte Flächenausdehnung
- Der Grundwasserleiter ist homogen, isotrop (d.h. in allen Richtungen gleich durchlässig) und von gleichbleibender Mächtigkeit
- Der gespannte und/oder freie Wasserspiegel ist (nahezu) horizontal ausgebildet
- Der Testbrunnen durchdringt den gesamten Leiter (vollkommener Brunnen); Zu- und Abstrom erfolgen horizontal über den gesamten Leiter
- Der Grundwasserleiter erhält im Testbereich keine oberirdischen Zuflüsse
- Es gilt das Gesetz von DARCY (laminare Strömung)

8.4.2 Anwendungsbereiche

- Slug- und Bail-Tests sind nur unterhalb des Grundwasserspiegels in der gesättigten Zone bei gespannten und ungespannten Verhältnissen anwendbar
- Slug- und Bail-Tests können sowohl in Poren- als auch in Kluftgrundwasserleitern durchgeführt werden
- Slug-Tests können in ausgebauten Pegeln nur dann durchgeführt werden, wenn der Ruhewasserspiegel oberhalb der Filterstrecke liegt. Bei Slug-Tests im unverrohrten Bohrloch muß gewährleistet sein, z. B. durch den Einsatz von geeigneten Packern , daß die beaufschlagte Wassersäule nicht in der ungesättigten Zone abfließt. Bail-Tests können sowohl in ausgebauten Meßstellen als auch im unverrohrten offenen Bohrloch durchgeführt werden. Liegt der Ruhewasserspiegel im Bereich der Filterstrecke, so muß bei der Berechnung die Länge der Filterstrecke berücksichtigt werden, die unterhalb des Wasserspiegels liegt
- Abweichend von den „Allgemeinen Randbedingungen" sind Slug- und Bail-Tests erfahrungsgemäß auch in unvollkommenen Brunnen auswertbar
- Der Einsatz des Verfahrens wird für einen Durchlässigkeitsbereich von $10^{-2} > k_f > 10^{-9}$ m/s empfohlen

8.4.3 Besondere Hinweise

- In 2" Meßstellen kann es bei Versuchen nach der Verdrängungskörpermethode durch das schnelle Eintauchen des Slug-Körpers zu störenden Wasserspiegelschwankungen kommen. Da bei Versuchen in durchlässigem Untergrund die Versuchszeiten sehr kurz sind, können die Schwankungen über die gesamte Versuchszeit andauern, so daß eine zuverlässige Auswertung nicht möglich ist. In diesen Fällen sollten die Versuche mit einer Packeranordnung und einem steuerbaren Ventil durchgeführt werden.
- Bei Versuchen in sehr gering durchlässigem Untergrund kann das Positionieren eines Druckaufnehmers bereits zur Erhöhung des Wasserspiegels führen. In diesem Fall muß abgewartet werden, bis sich der tatsächliche Ruhewasserspiegel wieder eingestellt hat.

8.4.4 Erforderliche Ausrüstung

Zur Durchführung von Slug- und Bail-Tests sind je nach Versuchsmethode folgende Geräte erforderlich:

Verdrängungskörpermethode:

- Verdrängungskörper
- Dreibein mit Seilwinde
- Druckaufnehmer
- Datenerfassungseinheit; PC mit A/D-Wandler; Datenlogger
- Lichtlot
- Generator; nur erforderlich, wenn die Stromversorgung des Druckaufnehmers und der Datenerfassungseinheit nicht über Akku möglich ist.

Versuche mit Gestänge, Packer und Ventil:

- Pneumatisch oder elektrisch steuerbares Ventil
- Dreibein mit Seilwinde
- Druckaufnehmer
- Datenerfassungseinheit; PC mit A/D-Wandler; Datenlogger
- Gestänge
- Packer
- Pumpe
- Druckluft; Preßluftflasche; Kompressor
- Lichtlot
- Generator, 2,5 KW

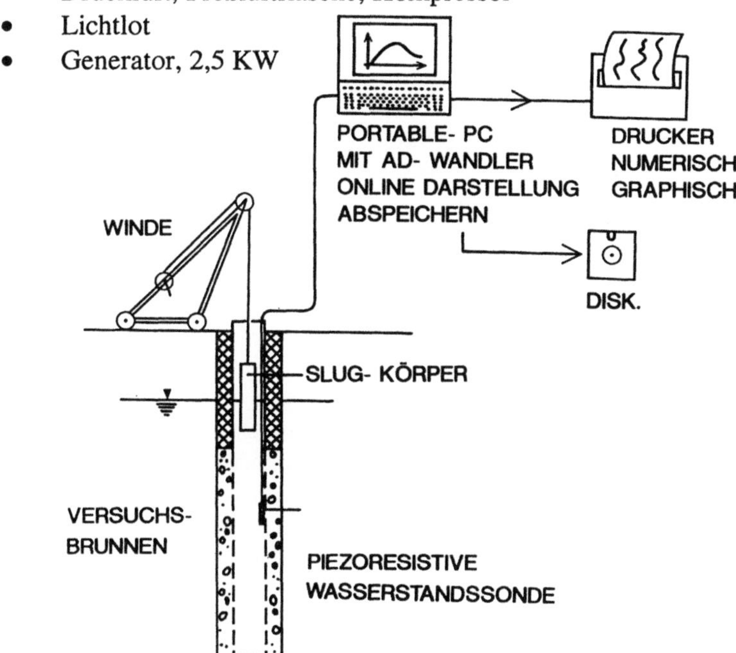

Abb.8.12.: Meßeinrichtung zur Durchführung von Slug-Tests mit Hilfe eines Verdrängungskörpers. (Aus RÖSCH 1992)

Der *Verdrängungskörper* wird mit Hilfe einer *Seilwinde* schnell unter den Wasserspiegel getaucht. Der Wasserstand wird mit einem elektronischen *Druckaufnehmer* gemessen, die Daten werden im *Feldrechner* gespeichert. Sie können anschließend über einen *Plotter* ausgegeben werden.

8.4.5 Versuchsdurchführung

Bei Slug- und Bail-Tests ist die kontinuierliche Messung des Wasserstandes im Testbrunnen erforderlich. Dazu sollte ein elektronischer Druckaufnehmer in Verbindung mit einem PC oder Datenlogger verwendet werden.

Beim ursprünglichen Slug-Test wird dem Testbrunnen ein definiertes Wasservolumen plötzlich und unmittelbar zugeführt und anschließend die Wasserspiegeländerung in Abhängigkeit von der Zeit registriert.

Diese Methode des Slug-Tests erwies sich aber als nicht besonders günstig, da durch das Einfüllen einer definierten Wassermenge starke Wasserspiegelschwankungen auftreten können. Dies trifft besonders auf die für die Auswertung wichtige Anfangsphase des Versuches zu.

Das zur Versuchsdurchführung erforderliche hydraulische Gefälle zwischen Testbrunnen und Grundwasserleiter kann aber auch durch das schnelle Eintauchen eines Verdrängungskörpers unter den Ruhewasserspiegel (Slug-Test) und anschließende Herausziehen (Bail-Test) erzeugt werden.

Das hydraulische Gefälle kann durch einen modifizierten Versuchsaufbau mit dem Einsatz von Packern, einem Ventil und einem Gestängestrang erhöht werden.

Im offenen Bohrloch können mit Hilfe einer Doppelpackeranordnung einzelne Bohrlochabschnitte isoliert und danach gezielt untersucht werden. Das oberhalb der Packergarnitur eingebaute Ventil wird nach dem Setzen der Pakker geschlossen. Zur Durchführung eines Slug-Tests kann danach das Gestänge bis zur Rohroberkante mit Wasser aufgefüllt werden. Durch das plötzliche Öffnen des Ventils wird der Ruhewasserspiegel mit der zusätzlichen Wassersäule beaufschlagt. Der Abfluß erfolgt im abgepackerten Testintervall. Zur Durchführung eines Bail-Tests kann, nachdem sich der Ruhewasserspiegel wieder eingestellt hat, das Ventil geschlossen und die darüber befindliche Wassersäule abgepumpt werden. Das erneute Öffnen des Ventils bewirkt dann einen Zufluß aus dem Grundwasserleiter in das Testintervall.

Der Einbau eines Einfachpackers zwischen Ruhewasserspiegel und Filterstrecke eines Pegels bietet die Möglichkeit, auch hier das hydraulische Gefälle durch Auffüllen des Pegels bis zur Rohroberkante zu erhöhen.

Slug- und Bail-Tests mit Hilfe eines Verdrängungskörpers
Eine einfache Methode zur Durchführung von Slug- und Bail-Tests ist der Einsatz eines Verdrängungskörpers. Dieser kann mit Hilfe einer Seilwinde über ein Dreibein schnell unter den Ruhewasserspiegel des Testbrunnen eingebracht werden (Slug-Test). Dadurch wird der Wasserspiegel um einen Be-

trag H_0 erhöht. Wenn die aufgehöhte Wassersäule abgeflossen ist und sich der Ruhewasserspiegel wieder eingestellt hat, kann durch das Herausziehen des Verdrängungskörpers ein Bail-Test durchgeführt werden. (s. Abb. 8.12).

Slug- und Bail-Tests mit Hilfe von Gestänge, Ventil und Packern
Bei dieser Testvariante wird im ausgebauten Pegel oder im unverrohrten Bohrloch eine Testgarnitur bestehend aus einem 2 "-Gestänge, einem steuerbaren Ventil und einem Packer bzw. Doppelpacker verwendet. Das Gestänge ist nur im unverrohrten Bohrloch erforderlich. Im augebauten Pegel kann zur Versuchsdurchsdurchführung das Aufsatzrohr genutzt werden. Im unverrohrten Bohrloch wird die Packeranordnung am Gestänge abgelassen und unterhalb des Grundwasserspiegels auf der gewünschten Teufe positioniert. Im ausgebauten Pegel kann der Packer an einem Stahlseil abgelassen und zwischen Filterstrecke und Ruhewasserspiegel positioniert werden. Nach dem Setzen des/der Packer(s) wird das Ventil geschlossen und das Gestänge/Aufsatzrohr bis zur Geländeoberkante mit Wasser befüllt. Danach wird der Druckaufnehmer im Gestänge/Aufsatzrohr plaziert und das Ventil geöffnet. Die Höhe der abfließenden Wassersäule über dem Druckaufnehmer wird in der ersten Versuchsphase möglichst viertelsekündlich, danach sekündlich gemessen. Die Daten, die der Druckaufnehmer liefert, werden über einen A/D-Wandler in digitale Daten umgewandelt und auf einem PC oder Datenlogger gespeichert. Bei dieser Testvariante kann eine wesentlich höhere Wasserspiegeldifferenz zwischen Testbrunnen und Grundwasserleiter erzeugt werden. Durch den höheren Druckimpuls im Erregerbrunnen tritt im Grundwasserleiter eine stärkere Änderung des Wasserspiegels auf, die gegebenenfalls in benachbarten Beobachtungspegeln gemessen werden kann. Die in den Beobachtungsbrunnen gewonnenen Daten ermöglichen mit speziellen Auswerteverfahren ebenfalls eine Ermittlung der Transmissivität in der jeweiligen Umgebung der Beobachtungsbrunnen. Ein solcher Slug-Test wird als Pulse-Interference-Test bezeichnet.

Mit der beschriebenen Versuchsausrüstung können auch Bail-Tests durchgeführt werden. Im ausgebauten Pegel wird hierzu der Packer kurz über der Filterstrecke plaziert und bei geöffnetem Ventil gespannt. Im unverrohrten Bohrloch wird die Packeranordnung auf der gewünschten Teufe positioniert. Anschließend wird das Ventil geschlossen und das Wasser über dem Packer abgepumt bzw. das Gestänge leergepumpt. Beim Öffnen des Ventils fällt der Druck im Testintervall schlagartig ab. Die erzeugte Druckdifferenz wird durch nachströmendes Grundwasser wieder ausgeglichen. Mit dieser Methode können bei entsprechend hoher Absenkung der Wassersäule im Testbrunnen ebenfalls Messungen in Beobachtungspegeln durchgeführt werden.

8.4.6 Auswerteverfahren / Darstellung und Interpretation

Zur Auswertung der Versuchsdaten steht eine Reihe von Verfahren zur Verfügung, deren Anwendungen zum Teil auf bestimmte Fließzustände, Grundwasserleiter- und Brunneneigenschaften beschränkt sind. Im folgenden werden kurz die gebräuchlichsten Auswerteverfahren beschrieben. Dabei wird eine Unterteilung in Geradlinien-, Typkurven- und Analytische Verfahren vorgenommen.

1. Geradlinien -Verfahren

Verfahren nach BOUWER & RICE (1976)
Dem Verfahren von BOUWER & RICE (1976) liegt die Brunnenformel von THIEM (1906) für stationäres Fließen zugrunde. Zunächst wurde das Verfahren zur Durchlässigkeitsbestimmung anhand von Bail-Test Daten an ungespannten Grundwasserleitern angewendet. Die Durchlässigkeit wird aus 2unterschiedlichen Meßzeitpunkten und den dazugehörigen Wasserständen berechnet. BOUWER (1989) wies die Gültigkeit dieses Verfahrens auch für den Slug-Test und für gespannte Grundwasserverhältnisse nach. Der Vorteil dieses Verfahrens ist demnach der Einsatz in vollkommenen und unvollkommenen Brunnen sowohl in gespannten als auch in ungespannten Grundwasserverhältnissen.

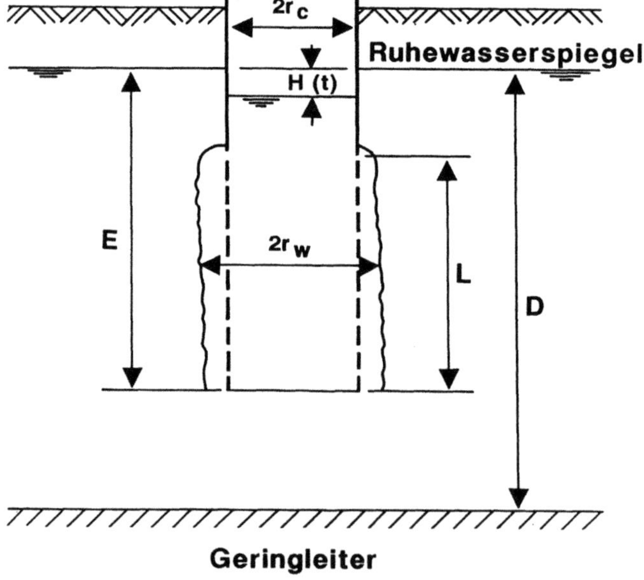

Abb.8.13.: Geometrie eines Versuchsbrunnens. (Aus BOUWER & RICE 1976)

Abbildung 8.13 zeigt die Versuchsbedingungen eines Bail-Tests nach
BOUWER & RICE (1976). Die Wassermenge Q, die dem Brunnen bei einem
bestimmten Wert $H_{(t)}$ zufließt, ergibt sich aus der abgewandelten
THIEM`schen Brunnengleichung (8.26), die auf folgenden Voraussetzungen
basiert:

1. Die Absenkung des Wasserspiegels in der Umgebung des Brunnens ist
    vernachlässigbar
2. Die Wasserführung oberhalb des Ruhewasserspiegels (Kapillarsaum)
    kann ignoriert werden
3. Die Brunnenverluste sind vernachlässigbar
4. Der Aquifer ist homogen und isotrop

$$Q = 2 \cdot p \cdot k_f \cdot L \cdot \frac{h - H_{(t)}}{\ln \dfrac{r}{r_w}} \qquad [m^3/s] \qquad (8.26)$$

Dabei bedeuten h die piezometrische Höhe in der Entfernung r vom Brunnen
und r_w der effektive Brunnenradius.

Der Wiederanstieg der Wassersäule im Brunnen wird durch die Gleichung

$$\frac{\partial y}{\partial t} = - \frac{Q}{p \, r_c^2} \qquad\qquad (8.27)$$

ausgedrückt. Der Wert r_c ist dabei der Radius in dem Bereich des Brunnens,
in dem der Wasserspiegel steigt. Geschieht dies im Bereich der Filterstrecke,
so ist eine vorhandene Filterkiesschicht zu berücksichtigen. In diesem Falle ist
für r_c ein äquivalenter Wert

$$r_{eq} = \left[r_c^2 + p \, (r_w - r_c)^2 \right]^{\frac{1}{2}} \qquad [m] \qquad (8.28)$$

zu benutzen. Dabei ist p die Porosität des Filterkieses.

Unter der Voraussetzung, daß in einer Entfernung R_e (Radius des Ab-
senktrichters) die Absenkung h = 0 ist, kann die Gleichung (8.26) in Gleichung (8.27) eingesetzt werden. Durch anschließende Integration gelangt man
zur Lösung für die Gesteinsdurchlässigkeit:

$$k_f = \frac{r_c^2 \, \ln\left(\dfrac{R_e}{r_w}\right)}{2\,L} \cdot \frac{1}{t} \cdot \ln \frac{H_0}{H_{(t)}} \qquad [m/s] \qquad (8.29)$$

Dabei sind H_0 die Anfangshöhe im Brunnen (bzgl. Grundwasserspiegel) zur
Zeit t = 0 und $H_{(t)}$ die Höhe zur Zeit t. Da die Reichweite R_e des Absenktrich-
ters nicht genau bestimmbar ist, entwickelten BOUWER & RICE (1976) mit
Hilfe eines Widerstandsnetzwerkes (Elektroanalogmodell) empirische Glei-

chungen, mit denen der dimensionslose Term $\ln(R_e/r_w)$ in Abhängigkeit der Systemgeometrie bestimmt werden kann.

Für E < D gilt:

$$\ln\frac{R_e}{r_w} = \left[\frac{1,1}{\ln\dfrac{E}{r_w}} + \frac{(A+B)\ln\left(\dfrac{D-E}{r_w}\right)}{\dfrac{L}{r_w}}\right]^{-1} \tag{8.30}$$

Für E = D gilt:

$$\ln\frac{R_e}{r_w} = \left[\frac{1,1}{\ln\dfrac{E}{r_w}} + \frac{C}{\dfrac{L}{r_w}}\right]^{-1} \tag{8.31}$$

Der maximale Wert für $\ln\,[(D\text{-}E)/r_w]$ beträgt 6. Ist das Ergebnis größer, so ist ein Wert von 6 in Gleichung (8.30) einzusetzen.

Die Werte A, B und C sind dimensionslose Zahlen, die in Abhängigkeit vom Quotienten L/r_w aus Parameterkurven zu ermitteln sind (s. Abb. 8.14).

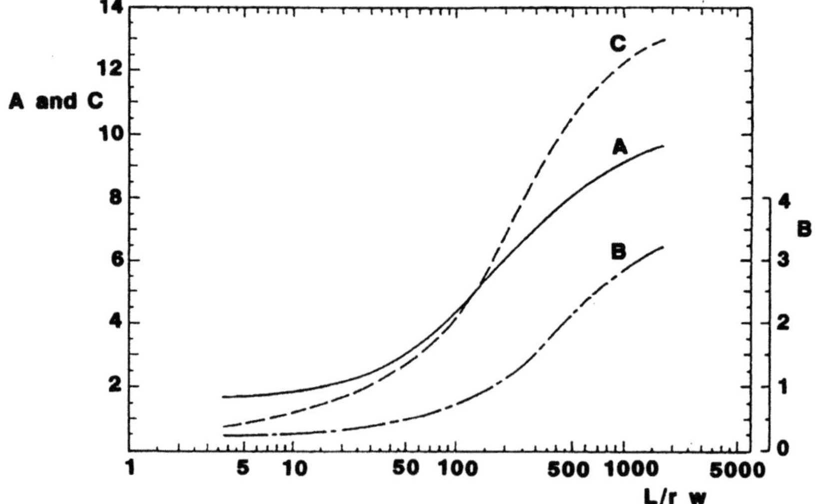

Abb.8.14.: Parameterkurven zur Bestimmung der Koeffizienten A, B und C. (Nach Bouwer & Rice 1976)

Verfahren nach NGUYEN & PINDER (1984)

Das Verfahren Von NGUYEN & PINDER (1984) kann bei Slug-Tests in unvollkommenen Brunnen bei gespannten Grundwasserverhältnissen angewendet
werden. Da der Brunnen den Aquifer nur teilweise durchteuft, wird bei der
mathematischen Lösung des Problems von einer dreidimensionalen achsensy-
metrischen Strömung ausgegangen. Die Brunnenspeicherung wird bei der
Berechnung mitberücksichtigt. Zur Auswertung wird die frühe Versuchsphase
herangezogen. Deshalb können Wasserzuflüsse vom hangenden Stauer und
Veränderungen der Höhe des Ruhewasserspiegels während des Versuches
vernachlässigt werden.

Das Verfahren eignet sich speziell für Gesteine von mittlerer bis geringer
Durchlässigkeit. Der Durchlässigkeitsbeiwert und der spezifische Speicherkoeffizient berechnen sich wie folgt:

$$k_f = \frac{r_c^2 \, C_1}{4C_2 \, L} \qquad\qquad [m/s] \qquad\qquad (8.32)$$

$$S_s = \frac{r_c^2 \, C_1}{r_w^2 \, L} \qquad\qquad [m^{-1}] \qquad\qquad (8.33)$$

mit C_1, C_2 = Geradensteigung.

Zur Bestimmung von C1 wird die Höhe des Wasserspiegels H(t) gegen die
Zeit in doppelt logarithmischem Maßstab aufgetragen (Abb. 8.15). Während
der frühen Versuchsphase sollten die Meßwerte auf einer Geraden liegen. Die
Steigung dieser Geraden entspricht dem Wert C1 und ergibt sich aus der Gleichung:

$$- C_1 = (\log H_2\,(t) - \log H_1\,(t)) \, / \, (\log t_2 - \log t_1) \qquad\qquad (8.34)$$

Zur Bestimmung von C2 wird das Verhältnis - Δ H(t) / Δ t logarithmisch
gegen den Wert 1/t aufgetragen (Abb. 8.15). Δ H(t) ist dabei die Differenz
zwischen dem aktuellen und dem vorherigen Meßwert und deshalb negativ.
Δ t ist die entsprechende Zeitdifferenz. Die Meßwerte sollen bei der graphischen Darstellung annähernd auf einer Geraden liegen. Die Steigung der Geraden ergibt sich aus Gleichung (8.35):

$$C_2 = (\log y_2 - \log y_1) \, / \, (x_2\text{-}x_1) \qquad\qquad (8.35)$$

mit:

$$y = - \Delta H(t) \, / \, \Delta t$$
$$x = 1 \, / \, t.$$

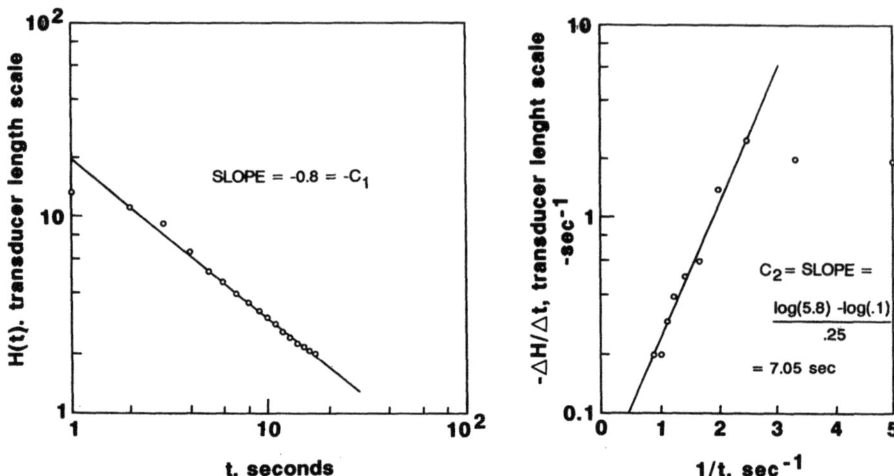

Abb.8.15.: Darstellung von Slug-Test-Daten zur Bestimmung von C1 und C2.
(Aus Nguyen & Pinder 1984)

2. Typkurvenverfahren

Verfahren nach Cooper et al. (1967)

Zur Auswertung von Slug- und Bail-Test-Daten stellen Cooper et al. (1967)
ein Typkurvenverfahren vor, das auf der Grundlage der Differentialgleichung
für instationäre, radialsymmetrische Anströmung im gespannten, homogenen
und isotropen Aquifer hergeleitet wurde. Es wird hierbei ein vollkommener
Brunnen in einem Aquifer mit einer horizontal unendlichen Ausdehnung vorausgesetzt. Abbildung 8.16 zeigt eine schematische Darstellung eines Versuchsbrunnens nach Cooper et al. (1967). Bei diesem Verfahren wird der
endliche Brunnenradius und damit die Eigenkapazität des Brunnens als wesentliche Randbedingung berücksichtigt. Für den Wasserstand im Brunnen
liefern sie folgende Gleichung:

$$\frac{H_{(t)}}{H_0} = \frac{(8\alpha)}{p^2} \cdot \int_0^\infty e^{-bu^2/\alpha} \cdot \left(\frac{du}{uf_u}\right)$$

$$\text{bzw.} \quad H_t = H_0 \, \frac{(8\alpha)}{p^2} \cdot \int_0^\infty e^{-bu^2/\alpha} \cdot \left(\frac{du}{uf_u}\right) \tag{8.36}$$

$$\text{mit} \qquad \alpha = \frac{S \cdot r_w^{\,2}}{r_c^{\,2}} \qquad [-] \qquad\qquad (8.36)$$

$$\text{und} \qquad \beta = \frac{T \cdot t}{r_c^{\,2}} \qquad [-] \qquad\qquad (8.37)$$

Es bedeuten:

$H_{(t)}$	=	Wasserstand in Brunnen zum Zeitpunkt t	[m]
H_0	=	Wasserstand in Brunnen zum Zeitpunkt t=0	[m]
u	=	Integrationsvariable	[-]
$f_{(u)}$	=	$[uJ_0(u) - 2aJ_1(u)]^2 + [uY_0(u) - 2aY_1(u)]^2$	[-]
S	=	Speicherkoeffizient	[-]
T	=	Transmissivität	[m^2/s]
r_w	=	Radius des Brunnenfilters	[m]
r_c	=	Radius des Mantelrohres	[m]
$J_{0,1}$	=	Bessel-Funktionen 0., 1. Ordnung 2. Grades	[-]
$Y_{0,1}$	=	Bessel-Funktionen 0., 1. Ordnung 2. Grades	[-]
α	=	Speicherkoeffizient	[-]
β	=	dimensionslose Zeit	[-]

Durch numerische Integration entwickelten COOPER et al. (1967) für 5 verschiedene α - ($\alpha = 10^{-1}$ bis $\alpha = 10^{-5}$)- Typkurven, in denen das Verhältnis von $H_{(t)}/H_0$ über den Term β in halblogarithmischer Weise aufgetragen ist.

Die aus den Versuchen erhaltenen Meßwerte werden in ein Diagramm eingezeichnet, in dem das Verhältnis $H_{(t)}/H_0$ gegen t halblogarithmisch aufgetragen und mit dem Typkurvendiagramm zur Deckung gebracht wird. Die Maßstäbe beider Diagramme müssen hierbei gleich sein. Durch horizontales Verschieben wird die Typkurve ausgewählt, die am besten mit der Kurve der Versuchsdaten übereinstimmt (s.Abb.8.16). Dann wird auf der Typkurve ein „Match-Point" (z.B. $\beta = T * t/r_c = 1$) festgelegt und das entsprechende Verhältnis $H_{(t)}/H_0$ abgelesen. Zu diesem Verhältnis wird aus den Versuchsdaten die dazugehörige Zeit t bestimmt und in die Formel

$$T = \beta_{mp} \cdot \frac{r_c^{\,2}}{t} \qquad [m/s] \qquad\qquad (8.39)$$

eingesetzt. β_{mp} ist dabei der Wert des „Match-Points". Der Durchlässigkeitsbeiwert k_f kann dann aus der Formel

$$k_f = \frac{T}{M} \qquad [m/s] \qquad\qquad (8.40)$$

berechnet werden.

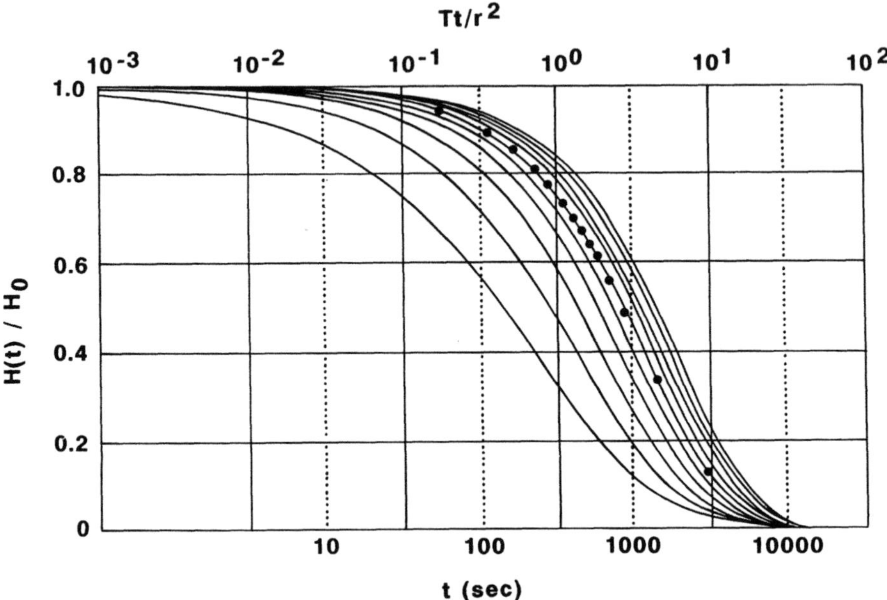

Abb.8.16: Typkurven mit Versuchsdaten für $\alpha = 10^{-1}$ bis $\alpha = 10^{-10}$ nach COOPER et al. (1967) und PAPADOPULOS et al. (1973).(Aus HERZOG & MORSE 1990)

PAPADOPULOS et al. (1973) legen 5 weitere Typkurven vor, nachdem sie erkannt hatten, daß die bisherigen Werte für α nur zur Auswertung von Versuchen in gut durchlässigen Schichten geeignet sind. Des weiteren weisen sie auf die große Unsicherheit des Verfahrens bei der Bestimmung des Speicherkoeffizienten hin, die in der Ähnlichkeit der Typkurven begründet ist.

HERZOG & MORSE (1990) wenden u. a. das „COOPER-Verfahren" in gering durchlässigen, feinkörnigen Sedimenten an, wobei die Brunnen die zu untersuchenden Gesteinsschichten nur zum Teil durchteufen. Aus diesem Grund wird bei der Auswertung der Versuchsdaten die Filterlänge als Aquifermächtigkeit angenommen. Die so erzielten Ergebnisse stimmten gut mit Ergebnissen anderer Auswerteverfahren überein.

Verfahren nach RAMEY et al. (1975)

Das von RAMEY et al. (1975) entwickelte Typkurvenverfahren, bei dem der Einfluß der Brunnenspeicherung und des Skin-Effekts in Form eines wirksamen Brunnenradius berücksichtigt wird, kann zur Auswertung von Slug-Tests herangezogen werden. RAMEY et al. (1975) fassen bei diesem Verfahren die dimensionslose Speicherkonstante C_D und den Skin-Faktor S_F zu dem Leitparameter $C_D e^{2S_F}$ zusammen. Ihre Lösung gilt jedoch nur für eine unendlich kleine Skin-Zone und nur wenn der Kurvenparameter $C_D e^{2S_F} \geq 10$ ist. Die Typkurven werden als $H_{(t)}/H_0$ gegen t_D/C_D für verschiedene Scharparameter

$C_De^{2S}F$ aufgetragen. Dabei ist t_D die dimensionslose Zeit und C_D die dimensionslose Brunnenspeicherung:

Für den Skin-Faktor s gilt nach RAMEY et al. (1975):

$$e^{2s} = \frac{C_De^{2s}*\rho_{wf}*\ \Phi*\ h*\ C_t*\ r_w^2}{72*r_p^2} \qquad\qquad [-] \qquad\qquad (8.41)$$

mit

- s: dimensionsloser Skin-Faktor [-]
- C_D: dimensionslose Brunnenspeicherkonstante [-]
- ρ_{wf}: Dichte des Wassers im Aquifer [lb/cu.ft]
- Φ: Porosität der Formation [-]
- h: Mächtigkeit der Formation [ft]
- c_t: isotherme Kompressibilität [psi^{-1}]
- r_w^2: Radius des Bohrloches [ft]
- r_p^2: Radius des Bohrgestänges [ft]

Die Ausgangsgleichung zur Ermittlung der Transmissivität wird folgendermaßen formuliert:

$$\frac{t_De^{2s}}{C_De^{2s}} = \frac{t_D}{C_D} = 3,667*10^{-6}\ \frac{k*\ h*\ \varphi_{wf}\ *t}{\mu r_p^2} \qquad\qquad [-] \qquad\qquad (8.42)$$

mit

- t_D: dimensionslose Zeit
- C_D: dimensionslose Brunnenspeicherkonstante
- s: Skin-Faktor [-]
- k: Durchlässigkeit der Formation [mD]
- h: Mächtigkeit der Formation [ft]
- ρ_{wf}: Dichte des Wassers im Aquifer [lb/cu.ft]
- t: Zeit [h]
- μ: Viskosität [cp]
- r_p^2: Radius des Bohrgestänges [ft]

Neben der halblogarithmischen Darstellung nach COOPER et al. (1967) führen RAMEY et al. (1975) zusätzlich eine doppellogarithmische „Early-time"- und eine „Late-time"-Form der Typkurvenschar ein (s. Kap. DST-Test). Mit dieser doppellogarithmischen Darstellung können die Anfangs- und Enddaten besonders gewichtet werden.

Verfahren nach MATEEN (1983) und MATEEN & RAMEY (1984)

MATEEN (1983) und MATEEN & RAMEY (1984) behandeln das Slug-Test-Verfahren mit Hilfe von analytischen Modellen im doppelt porösen Medium, das Matrix und Klüfte beinhaltet. Sie gehen speziell auf die Wechselwirkung zwischen Matrix und Klüften ein, und berücksichtigen in ihren Berechnungen sowohl die Brunnenspeicherung als auch eine infinitesimale Skin-Zone. Die Darstellung der Lösungen erfolgt in der üblichen Form von Typkurven. Bei diesem Verfahren kann neben der Transmissivität und dem Skin-Faktor auch das Verhältnis des Kluftspeichervermögens zum Gesamtspeichervermögen sowie der Flüssigkeitstransfer, d.h. das Verhältnis der Durchlässigkeiten zwischen der Matrix und den Klüften, bewertet werden. Mit ihren Lösungen belegen die Autoren, daß beim Slug-Test im doppelt porösem Medium, bei pseudostationärem und instationärem Ansatz, die zeitliche Druckänderung während der Anfangs- und Endphase ein identisches Verhalten zeigt. Abweichungen vom homogenen Modell entstehen nur in der mittleren Testphase. In Abb. 8.17 sind neben der Typkurven des homogenen Modells auch die Übergangskurven der pseudostationären Wechselwirkung zwischen Matrix und Klüften dargestellt.

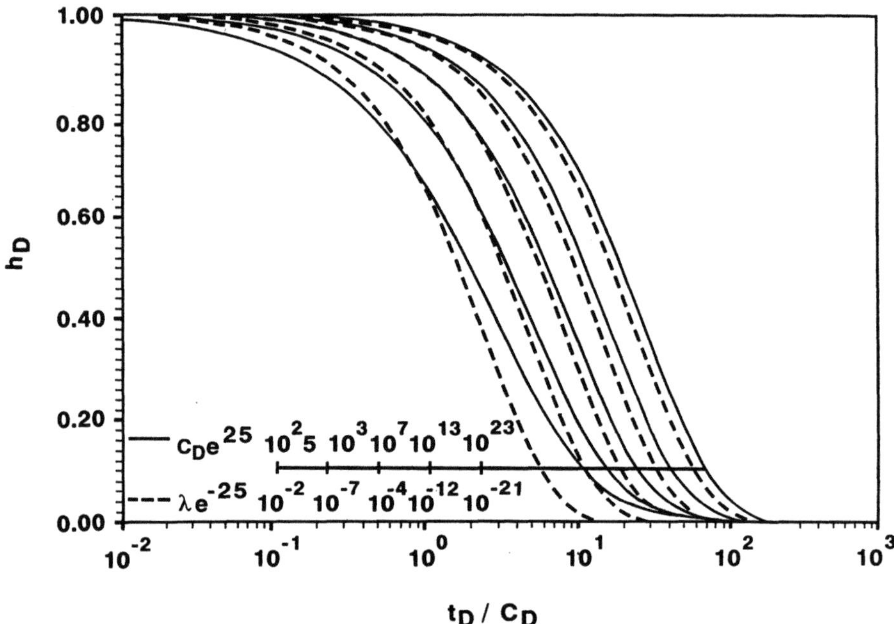

Abb.8.17: Typkurven des homogenen Modells (⁻) zusammen mit denÜbergangskurven (---) des doppelt porösen, pseudostationären Modells (aus MATEEN 1983)

Mit dem Verfahren kann der Druckverlauf eines Slug-Tests im doppelt porösen Medium folgendermaßen beschrieben werden: In der Anfangsphase des Versuchs wird zunächst nur der Einfluß der Klüfte wirksam. Danach beginnt die Matrix in die Klüfte einzuspeisen, was als Übergangsphase bezeichnet wird. In der Endphase stammt dann die gesamte Flüssigkeit aus dem Gesamtsystem.

Eine Weiterentwicklung dieser Lösung für doppelte Porositäten stellen **GRADER & RAMEY (1988)** vor. Sie gehen dabei speziell auf den Druckverlauf in beliebiger Entfernung außerhalb des Bohrloches ein, sowohl in den Klüften als auch in der Matrix. Das Ergebnis ihrer analytischen Untersuchung ist, daß die Modellierung von Slug-Tests mit doppelt porösen Effekten zwar theoretisch möglich ist, aber deren Erkennung bei realen Tests eine hochsensible Meßausrüstung erfordert (RÖSCH 1992).

Verfahren nach FAUST & MERCER (1984)

Mit Hilfe eines numerischen Modells untersuchten FAUST & MERCER (1984) den Einfluß einer endlichen Skin-Zone in gering durchlässigen Schichten. Sie gehen dabei von der Annahme aus, daß die räumliche Erstreckung der Skin-Zone dem Bohrradius entspricht. Die bei der numerischen Simulation (Abb. 8.17) verwendeten Daten sind typisch für gering durchlässige Zonen in dichtem Basalt. Es wurden folgende Fälle untersucht:

Kein Skin (Formationsdurchlässigkeit)	$k_f = 10^{-9}$ m/s
Positiver Skin mit 0,1facher Durchlässigkeit	$k_f = 10^{-10}$ m/s
Positiver Skin mit 0,01facher Durchlässigkeit	$k_f = 10^{-11}$ m/s
Negativer Skin mit 10facher Durchlässigkeit	$k_f = 10^{-8}$ m/s

Aus der Darstellung der Ergebnisse in Abb.8.18 wird deutlich, daß ein negativer Skin kaum eine Auswirkung auf Lage und Form der Typkurve hat, und somit auch kaum Einfluß auf die Transmissivität nimmt. Bei einem positiven Skin wird hingegen mit zunehmender Größe des Skins Form und Lage der Typkurve verändert, wodurch sich dann auch das Ergebnis der ermittelten Transmissivität ändert. Wird also der Unterschied zwischen Formationsdurchlässigkeit und der Durchlässigkeit der Skin-Zone sehr groß (mehrere Zehnerpotenzen), so spiegeln die Ergebnisse des Slug-Tests eher die Durchlässigkeit der Skin-Zone wider, als die Durchlässigkeit der zu untersuchenden Formation. Aus diesem Grund wird von FAUST & MERCER (1984) angeregt, eine praktische Typkurventechnik für Slug-Tests zu entwickeln, unter Annahme einer endlichen Skin-Zone.

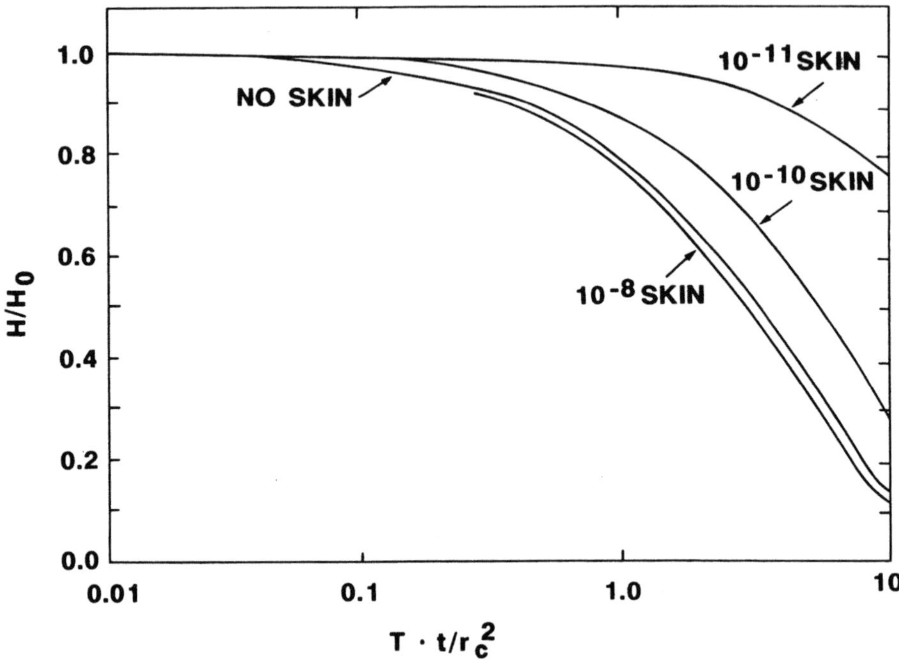

$$\mathbf{T \cdot t/r_c^2}$$

Abb.8.18: Einfluß verschiedener Skin-Faktoren auf die Ergebniskurve eines Slug-Tests (Aus FAUST & MERCER 1984)

3. Analytische Verfahren

Verfahren nach KARASAKI et al. (1988)

Von KARASAKI et al. (1988) werden für Slug-Tests Lösungen vorgelegt, die unterschiedliche Randbedingungen berücksichtigen. So leiten sie z.B. für lineares Fließverhalten, linear-radiales Fließverhalten, sphärische Strömung, radial-sphärische Strömung, lineare hydraulische Berandung und für geschichtete Aquifere ohne Leckage analytische Modelle her, zu denen jeweils entsprechende Typkurvenscharen präsentiert werden. Im folgenden werden einige dieser Lösungen kurz beschrieben.

Das lineare Strömungsmodell trifft zu, wenn die Teststrecke von einer weit aushaltenden, gut durchlässigen Kluft geschnitten wird. Die Durchlässigkeit im ungestörten Matrix-Bereich ist dann verglichen mit der Kluftdurchlässigkeit vernachlässigbar klein. Somit kann die gesamte Strömung in der Formation als eindimensionale Strömung in der Kluftebene beschrieben werden. Für diesen Fall liefern KARASAKI et al. (1988) die in Abb. 8.19 dargestellte Typkurve. Diese Kurve ist, verglichen mit der für radiale Strömung nach COOPER et al. (1967), wesentlich flacher. Erhält man nun nach der graphischen Auftragung der Versuchsdaten eine derartige Kurve, so kann davon ausgegangen werden, daß ein linearer Fließkanal vorhanden ist.

Neben dieser qualitativen Aussage kann mit diesem Auswerteverfahren auch quantitativ die Durchlässigkeit nach der Formel

$$k_f \cdot S = \frac{C_w{}^2 \cdot (\omega\, t_s)_{match}}{A^2 \cdot t_{match}} \qquad (8.43)$$

berechnet werden.

Es bedeuten:

C_w	=	Brunnenspeicherung
A	=	Strömungsfläche der Kluft
S	=	Speicherkoeffizient
$(\omega\, t_s)_{match}$	=	Match-Point

Bei dieser Berechnung tritt jedoch das Problem auf, daß die Durchlässigkeit nicht ohne den spezifischen Speicherkoeffizienten S_s zu bestimmen ist, und daß die Strömungsfläche A der Kluft nur sehr schwer abzuschätzen ist.

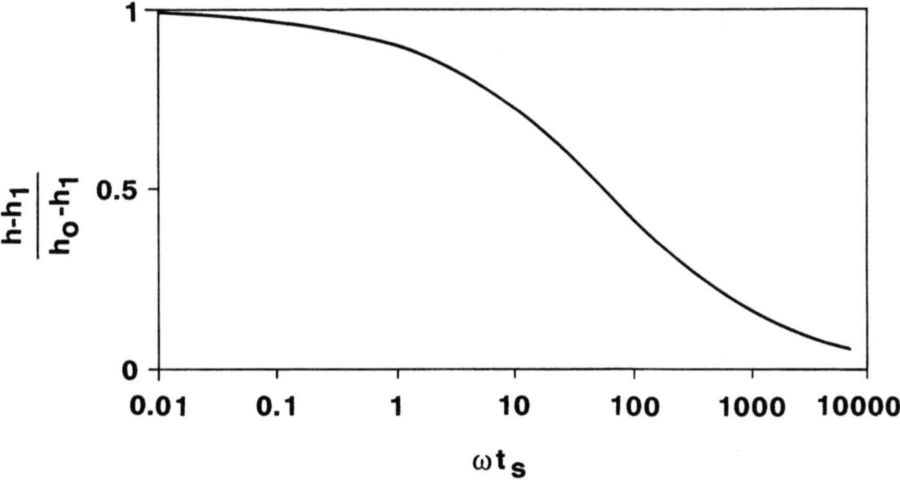

Abb.8.19: Typkurve für lineare Strömung. (Aus KARASAKI et al. 1988)

Dem Modell liegt die Annahme zugrunde, daß im engeren Bereich des Brunnens die Strömung auf den Klüften zwar als linear betrachtet werden muß, jedoch bei einer genügend engen Vernetzung der Klüfte in weiterer Entfernung vom Brunnen von einem quasi porösen Medium ausgegangen werden kann, so daß in diesem Bereich ein radiales Fließen herrscht. Somit kann dieses Modell als ein zusammengesetztes, konzentrisches Modell beschrieben werden, mit einer inneren linearen und einer äußeren radialen Strömung.

Zur mathematischen Lösung des Modells, die die Ermittlung der Transmissivität beinhaltet, müssen das Verhältnis von Brunnenradius zum Radius der inneren Zone, die Länge und Anzahl der Klüfte sowie der Speicherkoeffizient bekannt sein. Da sowohl die räumliche Erstreckung der inneren Zone als auch Lage und Anzahl der Klüfte normalerweise nicht bekannt sind, hat die Anwendung dieses Verfahrens keine praktische Bedeutung.

Das sphärische Strömungsmodell nach KARASAKI et al. (1988) liegt vor, wenn horizontale und vertikale Durchlässigkeit die gleiche Größenordnung haben, und wenn die Länge der Filterstrecke deutlich geringer ist als die Mächtigkeit der zu untersuchenden Formation. Das Erreichen des ursprünglichen Ruhewasserspiegels erfolgt bei diesem Modell aufgrund der sphärischen Ausbreitung des Wassers schneller als beim radialen Modell. In Abb. 8.20 sind Typkurven des sphärischen Strömungsmodells dargestellt. Der Wert ω ist vom spezifischen Speicherkoeffizienten S_S, der Brunnenspeicherung und dem effektiven Brunnenradius abhängig. Wie aus Abb. 8.20 zu entnehmen ist, sind die Typkurven für $\omega < 10^{-3}$ nur schwer voneinander zu unterscheiden. Aus diesem Grund ist für diese Fälle eine Abschätzung des Speicherkoeffizienten nicht sinnvoll.

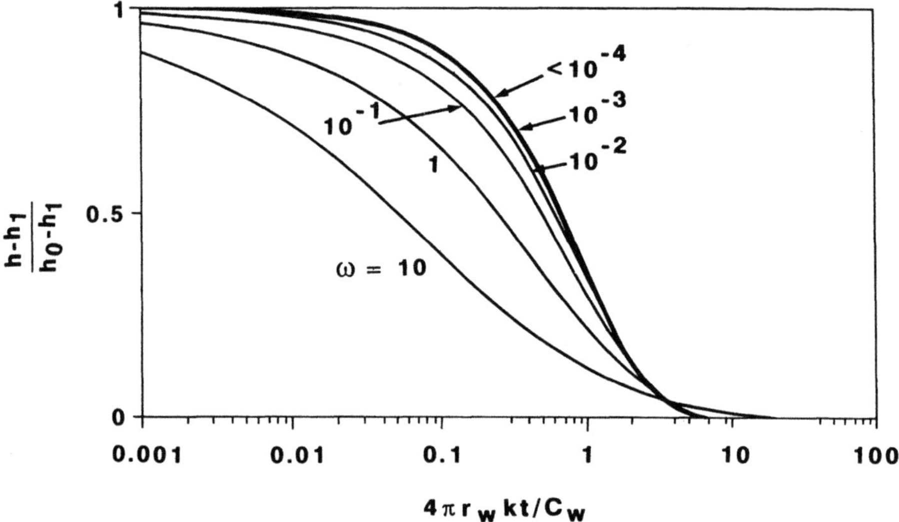

Abb.8.20: Typkurven des sphärischen Strömungsmodells (aus KARASAKI et al. 1988), mit $\omega = 4\pi r_w^3 S_S / C_w$

Beim radial sphärischen Modell wird von KARASAKI et al. (1988) eine nahezu horizontale Kluft angenommen, die mit einem zusammenhängenden Kluftsystem in Verbindung steht. Hierbei ist die Strömung in der näheren Umgebung des Brunnens radial und wird in größerer Entfernung vom Brunnen sphärisch. Zur Lösung des Modells müssen wiederum die Ausdehnung der radialen Strömung, die Länge der Klüfte und der spezifische Speicherkoeffizient bekannt sein. Da, wie schon beim linear radialen Modell, die räumliche

Erstreckung der inneren Zone und die Lage der Klüfte normalerweise nicht bekannt sind, hat auch die Anwendung dieses Modells keine praktische Bedeutung.

Verfahren nach NOVAKOWSKI (1989)

Zur Auswertung von „pulse interference"-Tests entwickelte NOVAKOWSKI (1989) ein analytisches Modell unter der Berücksichtigung der Eigenkapazität des Versuchs- und des Beobachtungsbrunnen. Dazu werden die Meßkurven mit Hilfe von Typkurven analysiert. Die Typkurven wurden auf der Basis der numerischen Inversion der Laplace-Raumgleichung für Grenzwertprobleme generiert. Die Betrachtung des Einflußes des radialen Abstandes vom Versuchsbrunnen zum Beobachtungsbrunnen zeigte, daß die Druckantwort in Beobachtungspegeln in Formationen mit geringer Speicherkapazität noch in großen Entfernungen zu registrieren ist und sich große Brunnenspeicher-Koeffizienten im Beobachtungsbrunnen besonders auf das Ergebnis auswirken. NOVAKOWSKI (1989) konnte ebenfalls nachweisen, daß die Brunneneigenkapazität des Beobachtungsbrunnen auch noch in großen Entfernungen vom Testbrunnen wirksam ist.

Zur graphischen Lösung werden Typkurvenscharen vorgelegt, für den Fall, daß die Eigenkapazität des Beobachtungsbrunnen vernachlässigbar ist und für den Fall, daß die Eigenkapazität von Versuchsbrunnen und Beobachtungsbrunnen gleich ist. Zur Auswertung müssen aus den Meßdaten die dimensionslose maximale Auslenkung des Wasserspiegels im Beobachtungsbrunnen sowie die zeitlich verzögerte Ankunft des Druckpulses abgegriffen werden.

Verfahren nach PERES et al. (1989)

PERES et al. (1989) stellen ein Verfahren zur Auswertung von Slug-Tests vor, das auf der Konvertierung von Slug-Test-Daten basiert. Dabei werden die gemessen Druckhöhen in Daten äquivalenter Druckhöhen umgewandelt, wie sie bei Fördertests mit konstanter Entnahmemenge gewonnen werden.

Nach der Integration der äquivalenten Druckhöhen über die Versuchszeit können die konvertierten Daten mit Hilfe von Typkurven für Fördertests bezüglich Brunnenspeicherkoeffizient und Skin-Effekt analysiert werden. Der vorgestellte Lösungsansatz gilt für jede beliebige Aquifer- und Brunnengeometrie.

8.4.7 Beispiele

Beispiel nach BOUWER & RICE (1976)

Nachfolgend wird die Auswertung eines Slug-Tests mit Hilfe eines Verdrängungskörpers im geklüfteten Valangin-Tonstein dargestellt. Die Meßwerte wurden mit einer am Fachgebiet Ingenieurgeologie der TU Berlin entwickelten Datenerfassungs- und Auswerte-Software registriert.Abbildung 8.21 zeigt den gesamten Versuchsverlauf. Die Ordinate gibt die Höhe der Wassersäule über dem Druckaufnehmer wieder, auf der Abszisse wird die Zeitachse dargestellt.

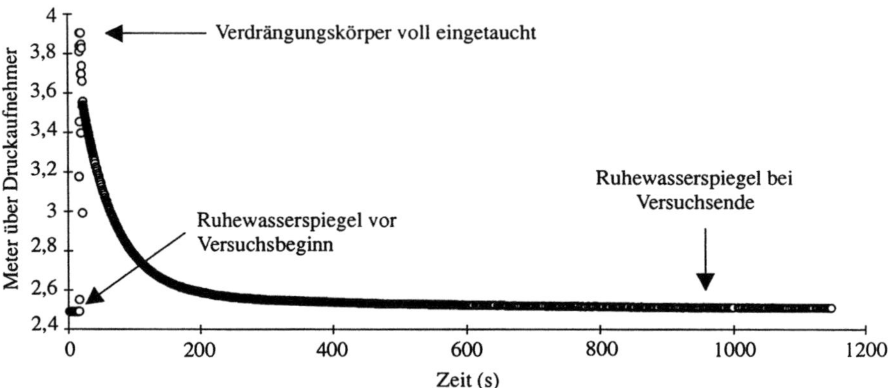

Abb.8.21: Meßprotokoll eines Slug-Tests mit Verdrängungskörper

Tabelle 8.3: Meßwertausschnitte des Slug-Tests

Zeit [s]	$H_{(t)}$ [m]	Zeit [s]	$H_{(t)}$ [m]	Zeit [s]	$H_{(t)}$ [m]	Zeit [s]	$H_{(t)}$ [m]	Zeit [s]	$H_{(t)}$ [m]
1,38	2,491	10,82	2,49	..	..	21,53	3,66	24,28	3,509
2,36	2,49	..	..	..	..	21,81	3,554	24,55	3,504
3,35	2,49	..	..	19,34	3,904	22,08	3,534	24,83	3,499
4,34	2,489	16,04	2,491	19,61	3,698	22,36	3,558	25,10	3,494
5,33	2,49	16,32	2,491	19,89	3,398	22,63	3,54	25,38	3,489
6,32	2,489	16,59	2,553	20,16	3,698	22,91	3,535	25,65	3,483
7,31	2,49	16,87	3,175	20,44	3,847	23,18	3,53	25,93	3,478
8,3	2,49	17,14	3,809	20,71	3,827	23,46	3,525	26,20	3,474
9,29	2,49	17,41	3,456	20,98	3,738	23,73	3,519	26,48	3,468
10,33	2,49	17,69	3,839	21,26	3,693	24,01	3,515	26,75	3,464

Tabelle 8.3 zeigt einen Ausschnitt der Meßwerte zur Abb.8.21. Die Höhe des Ruhewasserspiegels über dem Druckaufnehmer kann mit 2,49 m direkt aus der Tabelle entnommen werden. Bei ca. 16,59 s wird der Slug-Körper eingetaucht. Der eigentliche Versuch beginnt nach dem Abklingen der anfänglichen Wasserspiegelschwankungen, die durch das schnelle Eintauchen des Slug-Körpers hervorgerufen wurden. Der Wert, an dem die Wassersäule stetig und kontinuierlich abnimmt, kann der Tabelle 8.3 im Beispiel bei $t_0 = 20{,}44$ s entnommen werde

Zur Auswertung müssen die Versuchsdaten als Differenzbetrag zwischen momentaner Wasserspiegelhöhe und dem Ruhewasserspiegel vorliegen. Die Zeitwerte müssen dabei auf t_0 bezogen werden, dem Zeitpunkt der maximalen Wasserspiegelschwankung für den kontinuierlichen Versuchsablauf.

Die so aufbereiteten Versuchsdaten können nun im halblogarithmischen Maßstab graphisch dargestellt werden. Die Ordinate stellt die Höhe des Wasserspiegels H(t) logarithmisch über der linearen Abzisse mit den Zeitwerten dar. Anhand der Graphik wird der Zeitraum bestimmt, in dem die Versuchsdaten annähernd auf einer Geraden liegen (Abb. 8.22).

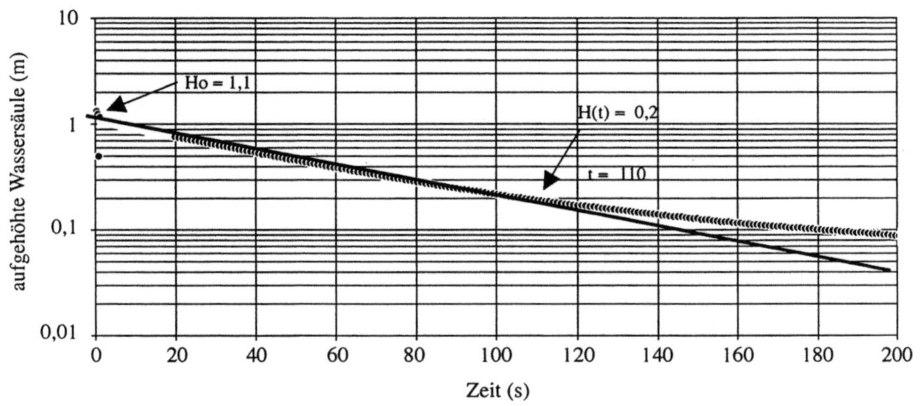

Abb.8.22: Aufbereitete Meßwerte und Regressionsgerade eines Slug-Tests

Der Schnittpunkt der Geraden mit der Ordinate liefert die Anfangshöhe H_0 zur Zeit $t_0 = 0$. Diese Art der Bestimmung von H_0 wird als Regressionsmethode bezeichnet. Das 2. Wertepaar zur Berechnung des k-Wertes ist ebenfalls dieser Geraden zu entnehmen.

Aus dem Verhältnis der Länge der Filterstrecke L zum Bohrlochradius r_w können die Koeffizienten A, B und C aus der Parameterkurve bestimmt werden.

Zur Berechnung sind folgende Brunnenparameter bekannt (s. Abb.8.13):

E :	20,55 m	r_c :	0,047 m	C :	9,5
D :	20,55 m	r_w :	0,051 m		
L :	18,05 m				

H_0, H_t und t wurden aus der Graphik bestimmt:

H_0 : 1,1 m H_t : 0,2 m   t : 110 s

Damit kann zunächst der Term

$$\ln \frac{R_e}{r_w} = \left[\frac{1,1}{\ln \dfrac{E}{r_w}} + \frac{C}{\dfrac{L}{r_w}} \right]^{-1} = 4,76$$

berechnet werden.

Durch Einsetzen in die Formel

$$k_f = \frac{r_c^2 \ \ln\left(\dfrac{R_e}{r_w}\right)}{2\,L} \cdot \frac{1}{t} \cdot \ln \frac{H_0}{H_{(t)}} \qquad [\text{m/s}] \qquad (8.29)$$

erhält man dann:

$$k_f = 4,51 * 10^{-6} \ \text{m/s}.$$

Beispiel nach COOPER et al. (1967):
Im folgenden werden die Versuchsdaten des Beispieltests im Valangin- Tonstein nach dem Verfahren von COOPER et al. (1967) ausgewertet (s. Abb. 8.25).

Zur Auswertung müssen die Versuchsdaten zunächst im halblogarithmischen Maßstab im Diagramm $H_{(t)}/H_0$ gegen die Zeit t aufgetragen werden. Dieses Diagramm muß den gleichen Maßstab und die gleiche Anzahl an Logarithmus-Intervallen besitzen wie das Typkurvendiagramm. Die beiden Diagramme werden dann zur Deckung gebracht und durch horizontales Verschieben die Typkurve ausgewählt, die am besten mit den Versuchsdaten übereinstimmt. Auf der Typkurve wird ein Match-Point ausgewählt und das entsprechende Verhältnis $H_{(t)}/H_0$ abgelesen. Aus den Versuchsdaten wird zu diesem Verhältnis die dazugehörige Zeit t bestimmt und in

$$T = \beta_{mp} * \frac{r_c^2}{t} \qquad [\text{m}^2\text{/s}] \qquad (8.39)$$

eingesetzt. Dabei ist β_{mp} der Wert des Match-Points. Der Durchlässigkeitsbeiwert ergibt sich dann aus:

$$k_f = \frac{T}{M} \qquad [\text{m/s}] \qquad (8.40)$$

mit M [m]: Mächtigkeit des Aquifers.

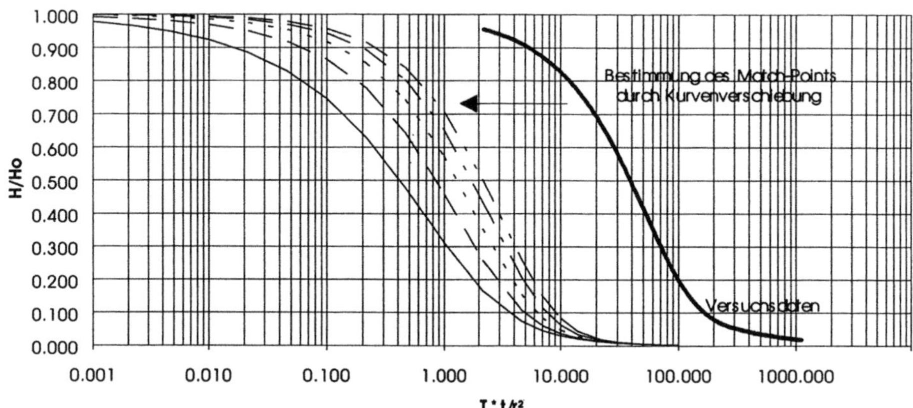

Abb.8.23.: Versuchsdaten und COOPER-Typkurven für $\alpha = 10^{-1}$ (*links*) bis $\alpha = 10^{-5}$ (*rechts*)

Aus der Typkurve $\alpha = 10^{-4}$ wird der Matchpunkt $\beta_{mp} = 1$ bestimmt. Das dazugehörige Verhältnis von H/H_0 beträgt 0,7. Die Match-Zeit für die Versuchsdatenkurve kann dann mit $t = 20$ s abgelesen werden.

Setzt man die Werte in Gleichung 8.42 ein so erhält man für die Transmissivität $T = 1,10 \cdot 10^{-4}$ m²/s. Nach Gleichung 8.43 berechnet sich der k-Wert bei einer 18.05 m langen Filterstrecke mit $6,12 \cdot 10^{-6}$ m/s.

Der Speicherkoeffizient berechnet sich dann nach der Formel

$$S = \frac{\alpha * r_c^2}{r_w^2} \qquad \text{mit} \qquad 8,49 \cdot 10^{-5}.$$

8.4.8 Bestimmung der Meßgenauigkeit

Die Zuverlässigkeit der Meßergebnisse hängt in erster Linie von der Auswahl des geeigneten Auswerteverfahrens ab. Für verschiedene Brunnenkonfigurationen und Strömungsverhältnisse liegen zahlreiche Auswerteverfahren vor. Die Auswahl des „richtigen" Verfahrens hängt somit auch maßgeblich vom Kenntnisstand der Untergrundverhältnisse ab.

Bei der Verwendung von graphischen Verfahren sollte die Festlegung des Steigungsbereiches einer Geraden bzw. der Typkurvenmatch von einem erfahrenen Geologen vorgenommen werden.

Die Meßgenauigkeit der eingesetzten Geräte wird meist vom Hersteller angegeben.

8.4.9 Technischer, personeller und zeitlicher Aufwand

Der technische Aufwand für Slug- und Bail-Tests ist relativ gering. In der Regel werden ein Verdrängungskörper, eine Vorrichtung zur Versenkung des Verdrängungskörpers in das Bohrloch (z.B. Dreibein), Druckaufnehmer, ein A/D-Wandler, ein tragbarer PC und eine Stromquelle benötigt. Bei kurzer Versuchsdauer genügen zur Stromversorgung Batterien, bei langer Versuchsdauer sollte ein Stromaggregat zur sicheren Versorgung des PC zur Verfügung stehen.

Beim Einsatz von Packern wird zusätzlich eine Preßluftflasche bzw. ein Kompressor benötigt. Soll nach dem Slug-Test ein Bail-Test durchgeführt werden, so ist zum Abpumpen des Wassers oberhalb des Packers eine Pumpe erforderlich.

Die gesamte technische Ausrüstung kann bequem in einem Kleinbus transportiert und nötigenfalls von einer Person installiert werden. Zum Auf- und Abbau der Versuchsausrüstung wird eine halbe bis eine Stunde benötigt.

Der zeitliche Aufwand bemißt sich beim Slug-Test nach der Durchlässigkeit des Untergrundes. Bei gut durchlässigem Untergrund kann der Versuch schon nach einigen Minuten beendet sein, bei gering durchlässigem Untergrund kann es jedoch mehrere Stunden, eventuell ein bis zwei Tage dauern, bis sich das ursprüngliche Niveau im Brunnen wieder eingestellt hat. In diesem Fall kann der Versuch nach 60 % der zu erwartenden Versuchszeit abgebrochen werden.

8.4.10 Beurteilung der Methode

Der Slug-Test ist ein einfach anzuwendendes Verfahren, das mit geringem technischen, personellen, zeitlichen und finanziellen Aufwand durchgeführt werden kann. Von großem Vorteil ist, daß dem Aquifer kein Wasser zugeführt oder entnommen werden muß. Aus diesem Grund sind Slug- und Bail-Tests auch in kontaminierten Bereichen problemlos einsetzbar. Gegenüber Pumpversuchen sind die geringen Kosten und die Nichtbeeinflussung der Grundwasserchemie vorteilhaft. Slug- und Bail-Tests sind auch noch bei sehr geringen Durchlässigkeiten durchführbar, bei denen Pumpversuche nicht mehr praktikabel sind.

In hoch durchlässigen Bereichen empfiehlt es sich, die Versuche mit Hilfe einer Packeranordnung und einem Ventil durchzuführen. Bei dem Einsatz eines Verdrängungskörpers kann es durch das Eintauchen zu Schwingungen des Wasserspiegels führen, die über die gesamte Versuchszeit anhalten können und damit eine zuverlässige Versuchsauswertung nicht erlauben.

Die Reichweite eines Slug-Tests ist i. allg. eng um den Versuchsbrunnen begrenzt. KRAEMER et al. (1990) gehen davon aus, daß bei einem Slug-Test der Aquifer nur in einer Entfernung von einem Meter oder weniger um den Versuchsbrunnen beeinflußt wird. GRADER & RAMEY (1988) geben die

Reichweite eines Slug-Tests unter günstigen Voraussetzungen bis zu 1000 Bohrlochradien an. Nach KARASAKI et al. (1988) hängt die Reichweite des Versuchs im wesentlichen vom Speicherkoeffizienten und von der Brunnenspeicherung ab. In den meisten Fällen dienen Slug- und Bail-Tests aber zur zuverlässigen punktuellen Bestimmung der Durchlässigkeit bzw. Transmissivität. Zur Auswertung sollte ein Verfahren herangezogen werden, das die Aquifer- und Brunneneigenschaften sowie die Strömungsverhältnisse im Untergrund weitestgehend berücksichtigt. Eigene Untersuchungen haben gezeigt, daß im geklüfteten Festgestein bei gespannten Grundwasserverhältnissen Reichweiten von bis zu mehreren Metern erreicht werden.

Von den ausgewählten Auswerteverfahren erwiesen sich die Verfahren von BOUWER & RICE (1976) und von COOPER et al. (1967) als anwendungsfreundlich. Gewisse Schwierigkeiten bei der Anwendung in Tonsteinen sind auf die komplizierten Strömungsvorgänge bzw. die geringe Durchlässigkeit zurückzuführen.Das Typkurvenverfahren von COOPER et al. (1967) sollte nur in annähernd vollkommenen Brunnen angewendet werden. Der berechenbare Speicherkoeffizient kann dazu dienen, die Qualität der Ergebnisse zu beurteilen.Das Verfahren von BOUWER & RICE (1976) hat den großen Vorteil, daß es in vollkommenen und unvollkommenen Brunnen bei gespannten und ungespannten Grundwasserverhältnissen anwendbar ist. Anhand von Mehrfachversuchen in gleichen Brunnen zeigte sich eine sehr gute Reproduzierbarkeit der Ergebnisse. Die in Geschiebemergeln bzw. -lehmen, tertiären Sanden, kretazischen Tonsteinen, triassischen Sand- und Tonsteinen, permischen Gipsen sowie kambrischen Phylliten Nach BOUWER & RICE (1976) und COOPER et al. (1967) ermittelten k_f-Werte sind mit Pumpversuchsergebnissen gut vergleichbar.

Bei der Auswertung von Versuchen im geklüfteten Gebirge zeigte sich, daß die den Auswerteverfahren zugrundegelegte Annahme eines homogenen und isotropen Aquifers nicht immer zutrifft. Außerdem muß die Gültigkeit des DARCY-Gesetzes für die untersuchten Bereiche überprüft werden. Obwohl die nach den Verfahren von BOUWER & RICE (1976) sowie COOPER et al. (1967) ermittelten Durchlässigkeiten realistische Größenordnungen aufweisen, sind die Ergebnisse kritisch zu beurteilen. Eine Ungenauigkeit von einer halben Zehnerpotenz ist dabei durchaus denkbar. Solange kein exaktes Verfahren zur Durchlässigkeitsbestimmung in gering durchlässigen, geklüfteten Gesteinen zur Verfügung steht, sind die mit Hilfe von Slug- und Bail-Tests ermittelten Ergebnisse aber für die meisten Fragestellungen von hinreichender Genauigkeit.

Bei der Auswertung von Slug-Test-Daten ist größter Wert auf die Benutzung eines passenden Verfahrens zu legen. Dabei sind die Aquifer- und Brunnenbeschaffenheit sowie die Strömungsverhältnisse zu berücksichtigen. Die Anwendung mehrerer Auswerteverfahren dient der besseren Beurteilung der Qualität der Ergebnisse und führt zu zuverlässigen und fundierten Schlußfolgerungen.

8.5. Drill-Stem-Test (DST-Test oder Gestängetest)

VOLKER POIER

- Bestimmung der Transmissivität (T)
- Bestimmung des Durchlässigkeitsbeiwertes (k_f)
- Bestimmung des Skin-Effektes (s)

Beim DST-Test oder Gestängetest wird durch Setzen einer Pakkergarnitur in einem Testintervall ein hydraulisches Gefälle erzeugt. Durch die Messung des Verlaufs des hydraulischen Ausgleichs kann die Transmissivität und daraus der Durchlässigkeitsbeiwert ermittelt werden. Aus dem Verlauf des frühen Meßzeitraums können Erkenntnisse über Skin-Effekt und Speicherkoeffizient gewonnen werden. Für die Durchführung ist die Förderung sehr geringer Wassermengen erforderlich. Etwaige Genehmigungspflichten sollten bei den jeweiligen Behörden erfragt werden.

8.5.1 Allgemeine Randbedingungen

Die Randbedingungen werden durch den jeweiligen theoretischen Ansatz bestimmt. Für die Differentialgleichung für instationäre Strömungsverhältnisse werden folgende Bedingungen vorausgesetzt:

- Der Grundwasserleiter ist homogen, isotrop und unendlich ausgedehnt
- Die Anströmung ist konstant, erfolgt radial und horizontal
- Der Grundwasserleiter ist seitlich unbegrenzt
- Der Grundwasserspiegel ist im betrachteten Bereich nahezu horizontal
- Es gilt das Gesetz von DARCY (laminare Strömung)
- Der Brunnen ist vollkommen.

8.5.2 Anwendungsbereiche

- Der DST-Test ist nur in der gesättigten Bodenzone in gespannten und ungespannten Grundwasserleitern anwendbar
- Der Einsatz ist in verrohrten und unverrohrten standfesten Bohrlöchern möglich, wobei sich der Durchmesser nach den zur Verfügung stehenden Geräten richtet (prinzipiell $\geq 2''$)
- Der Einsatz ist nach Erfahrungswerten in einem Durchlässigkeitsbereich von $10^{-05} > k_f > 10^{-08}$ m/s möglich

- Die Druckdifferenz zwischen dem hydrostatischen Druck im Testintervall und dem atmosphärischen Druck des Grundwasserspiegels muß ausreichend groß sein, damit eine auswertbare Fließphase entsteht
- Ein DST-Test kann auch bohrbegleitend zur Bohrlochsohle durchgeführt werden

8.5.3 Erforderliche Ausrüstung

Für die Durchführung eines DST-Tests ist je nach Meßstelle eine mehr oder weniger umfangreiche Ausrüstung erforderlich. Für den Test in einem Pegel mit nur einer Filterstrecke sind folgende Geräte notwendig:

- Schlauchpacker mit entsprechendem Durchmesser
- Lichtlot
- Druckaufnehmer
- Ventil
- Generator
- Dreibein mit Winde
- Datenerfassungseinheit
- Preßluftflasche oder Kompressor
- Tauchpumpe oder Saugpumpe (Achtung: Saugpumpe nur bis 6 m unter Flurabstand einsetzbar)
- Auffangbehälter für das abzupumpende Wasser

Für die Messung in einem unverrohrten Bohrloch oder in einem mehrfach verfilterten Pegel sind darüber hinaus erforderlich:

- Gestänge mit einem Durchmesser von mindestens 2"

8.5.4 Versuchsanordnung

In Abb 8.24 ist die Versuchsanordnung für einen DST-Test in einem Pegel mit einfacher Filterstrecke (a) in einem offenen Bohrloch mit Doppelpackergarnitur (b) dargestellt. Zusätzlich sind ein Kompressor oder eine Preßluftflasche zum Aufblasen der *Schlauchpacker* und zur Steuerung des *Ventils* und eine Datenerfassungseinheit zum Speichern der Daten des *Druckaufnehmers*.

Die Steuerung des *Ventils* erfolgt je nach Bauart pneumatisch mit Druckluft oder elektrisch. Die Versuchsdaten können entweder über einen Datenlogger oder einen *Computer* erfaßt werden. Ein Nachteil bei Verwendung eines Datenloggers besteht insoweit, als der Versuchsablauf meist nicht parallel zur Messung dargestellt wird, was für die Versuchsdurchführung unbedingt erforderlich ist. Der Schlauchpacker wird zusammen mit Ventil und Druckaufnehmer an einem Stahlseil in den Pegel hinabgelassen. Dazu bietet sich der Einsatz eines *Dreibeins* an.

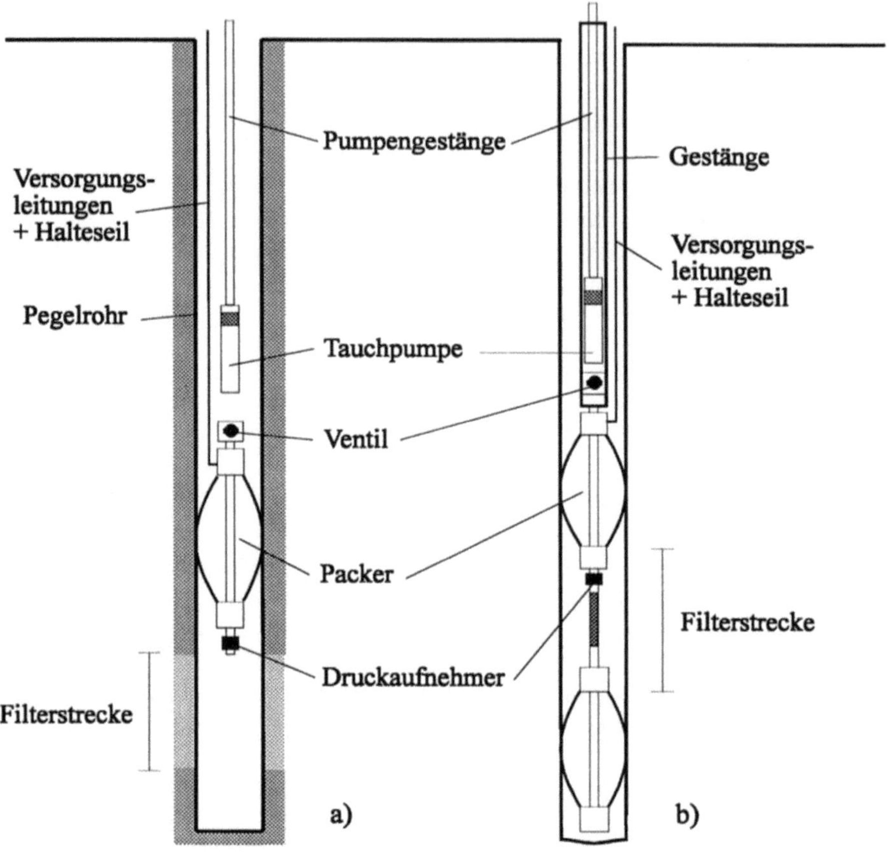

Abb.8.24 a: Testgarnitur für Tests in ausgebauten Bohrungen, **b:** Doppelpackergarnitur für unausgebaute Bohrlöcher

Bei Verwendung einer *Tauchpumpe* muß darauf geachtet werden, daß das *Gestänge* einen entsprechenden Durchmesser besitzt. Da es Tauchpumpen z. Z. nur bis zu einem Mindestdurchmesser von 2" gibt, muß bei dünnerem Gestänge das Wasser ausgeblasen werden.

8.5.5 Versuchsdurchführung

Bei den Messungen wird zwischen der Fließ- und Schließphase unterschieden. Nach DOLAN (1957) sollten 2 Schließdruckmessungen durchgeführt werden, wobei die Schließphase um so länger dauern muß, je geringer die Gebirgsdurchlässigkeit ist.

Vor Einbau der Testgarnitur muß der Ruhewasserspiegel im Testbrunnen gemessen werden. Ist die Garnitur schließlich vollständig eingebaut (Packer sind aufgeblasen), sollte sich vor Versuchsbeginn der Ruhewasserspiegel wieder eingestellt haben.

Bei einem Versuchsaufbau gemäß Abb. 8.24 kann das Ventil dabei geöffnet oder geschlossen sein. Bei einem Aufbau gemäß Abb. 8.24 sollte der Einbau mit geschlossenem Ventil erfolgen, da dadurch das erste Abpumpen entfällt. Ist der Packer bis auf die gewünschte Tiefe herabgelassen worden, kann mit dem Aufblasen begonnen werden. Dabei ist darauf zu achten, daß das Halteseil nicht zu stramm gespannt ist, da sich der Packer beim Aufblasen zusammenzieht und sich dadurch das gesamte System bewegt. Ist die Testgarnitur eingebaut, herrscht im Testintervall der hydrostatische Gebirgsdruck. Bevor die Messung gestartet wird, muß das Ventil geschlossen und die oberhalb des Packers stehende Wassersäule abgepumpt werden. Bei Verwendung einer Tauchpumpe muß darauf geachtet werden, daß die Pumpe nicht trockenfällt.

Nach dem Leerpumpen herrscht im Testintervall immer noch der hydrostatische Gebirgsdruck, während über dem Packer Atmosphärendruck anliegt. Durch das Öffnen des Ventils wird im Testintervall gegenüber dem hydrostatischen Druck (Grundwasserspiegel) ein Unterdruck erzeugt, wodurch ein Fließen des Grundwassers aus dem Gebirge in das Bohrloch angeregt wird.

Während dieser ersten Fließphase lösen sich Verstopfungen im Filter oder Verschmierungen an der Bohrlochwand, wodurch die Meßwerte leicht gestört werden können. Aus diesem Grund sollte für die Auswertung die 2. Fließphase herangezogen werden. Ist der Druckunterschied zwischen dem abgepackerten Testintervall und dem Atmosphärendruck im Gestänge sehr groß, ist auch der Druck vom Gebirge auf die Bohrlochwand sehr groß. Dadurch kann es im offenen Bohrloch zu Nachfall in das Testintervall kommen (bei Untersuchungen des Deponieuntergrundes aufgrund der meist geringen Testtiefen eher selten).

Die Dauer der ersten Fließphase hängt von der Durchlässigkeit des Grundwasserleiters und vom Druckunterschied ab und kann 5 - 60 min.dauern. Findet der Druckausgleich sehr schnell statt, muß für eine 2. Fließphase erneut abgepumpt werden. Dauert die Fließphase ausreichend lang, wird während der Fließphase das Ventil geschlossen, so daß sich ein sog. Schließdruck aufbaut (s. Abb. 8.25). Nach STRELTSOVA (1983) sollte die Schließdruckphase mindestens ebenso lange dauern wie die erste Fließphase, um den statistischen Schichtdruck (Schließdruck) zu messen. Die Dauer und der Verlauf können für eine Auswertung herangezogen werden. Ist der hydrostatische Druck im

Testintervall erreicht, kann die 2. Fließphase gestartet werden. Sie sollte solange gemessen werden, bis eine möglichst konstante Zuflußrate erzielt wird. Die zweite Fließphase kann daher bis zu mehreren Stunden dauern.

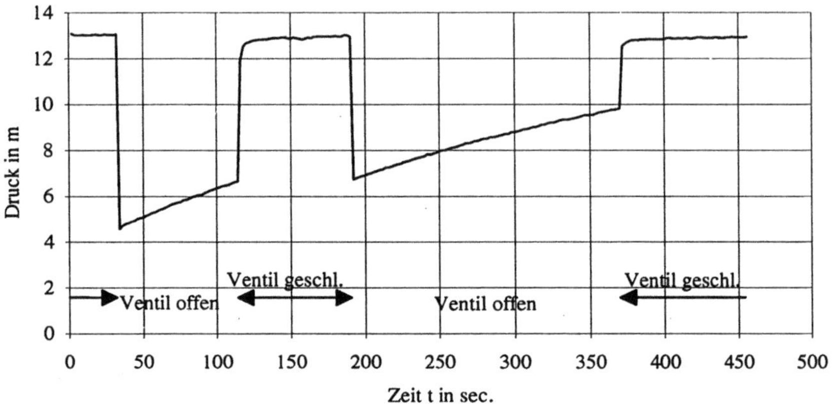

Abb.8.25: Schematischer Verlauf eines DST-Tests

8.5.6 Auswerteverfahren

Zur Auswertung eines DST-Tests kann sowohl die Schließphase als auch die Fließphase herangezogen werden. Im folgenden werden die einzelnen Verfahren kurz dargestellt:

Verfahren nach HORNER (1951)
Auf der Grundlage der zweidimensionalen Differentialgleichung für stationäre Strömungsverhältnisse entwickelte HORNER (1951) einen mathematischen Ansatz, der eine graphische Extrapolation des *Schließdrucks* auf den Formationsdruck erlaubt. Der Schließdruck kann nach dem Superpositionsverfahren mit Hilfe der Produktionsrate q nach einer Zeit t ausgedrückt werden.

Für den Zeitraum, in dem Brunnenspeichereffekte nicht mehr auftreten, kann für kluftfreie Systeme durch die graphische Darstellung des Meßwertes h über log [(t+Δt)/Δt] eine Gerade mit der Steigung m dargestellt werden (EARLOUGHER 1977).

$$m = 0,183234 \cdot \frac{Q}{T} \qquad\qquad [m] \qquad\qquad (8.44)$$

mit: Q Förderrate [m³/s]
  T Transmissivität [m²/s]

Die Transmissivität läßt sich dann berechnen:

$$T = 0{,}183234 \cdot \frac{Q}{m} \qquad [m^2/s] \qquad (8.45)$$

Verfahren und Voraussetzungen nach HORNER (1951) sind analog zum Wiederanstiegsverfahren von THEIS (Kap. 9). Der Faktor 0,183234 läßt sich auch schreiben als [2,3/(4·π)]. Das Verfahren nach HORNER (1951) läßt sich auch für Versuche in klüftigen Grundwasserleitern, also im doppelt porösen Medium anwenden (STRELTSOVA 1983). Ein typischer Verlauf für einen Test im doppelt porösen Medium ist bei den Beispielen dargestellt.

Verfahren nach PERES et al. (1989a)
PERES (1989b) entwickelte ein Verfahren für die Auswertung von Bail-Tests, das auch für eine Lösung der *Fließphase* von DST-Tests geeignet ist. Bei diesem Verfahren werden die gemessenen Daten mathematisch in *äquivalente Werte* umgeformt, die einem Fördertest mit konstanter Entnahmemenge unter Berücksichtigung von Brunnenspeicher- und Skin-Effekten entsprechen würden. Auf diese Weise ist das Verfahren von Typkurven unabhängig und kann direkt ausgewertet werden. In einem ersten Schritt werden die gemessenen Daten durch Verwendung der Trapez-Regel über die Versuchszeit integriert:

$$I(\Delta h) = (h_1 - h_w)dt \qquad (8.46)$$

mit: h_i Ruhewasserspiegel [m]
  h_w Meßwert zur Zeit t [m]

In einem weiteren Schritt werden die Daten aus 8.46 durch die jeweilige Druckänderung geteilt. Dadurch wird eine *Normalisierung der Förderrate* erreicht:

$$I(\Delta h) = (h_1 - h_w)dt \, / \, (h_w - h_0) \qquad (8.47)$$

mit: h_0 = maximale Absenkung in m (erster Wert der Fließphase).

Die halblogarithmische Darstellung der äquivalenten Werte über die Versuchszeit t liefert im Idealfall eine Gerade. Die Transmissivität berechnet sich aus der Steigung der Geraden:

$$T = \frac{1{,}151 \cdot C}{2 \cdot \pi \cdot m} \qquad\qquad [m^2/s] \qquad\qquad (8.48)$$

mit: C $\pi \cdot r_c^2$ $[m^2]$
      m Steigung der Geraden [s]

Der Skin-Effekt s wird nach folgender Gleichung berechnet:

$$s = 1{,}151\left[\frac{t^*}{m} - \log\left(\frac{T \cdot (I(\Delta h)/(h_w - h_o))}{Sr_w^2}\right) - 0{,}351378\right] \qquad (8.49)$$

mit: $t^* =$ Zeit [s]   wird aus dem Diagramm abgegriffen

      $I(\Delta h)/(h_w - h_0)$ normalisierter Wert [s] wird aus dem Diagramm abgegriffen

      S Speicherkoeffizient [-]

      r_w Radius des Testintervalls [m]

Ein Beispiel für die Auswertung nach PERES (1989b) wird später vorgestellt. Ein Vorteil des Verfahrens liegt darin, daß für die Auswertung keine Typkurven benötigt werden. Hingegen ist die Benutzung eines Tabellenkalkulationsprogrammes in jedem Fall erforderlich, da die Integration der Meßwerte ohne Computer nur unter sehr großem Zeitaufwand möglich ist.

PERES (1989b) hat ebenfalls ein Verfahren zur Lösung der Schließphase entwickelt. Dabei wird im Gegensatz zum Verfahren nach HORNER (1951) die während der Fließphase zugeflossene Wassermenge durch Integration normalisiert, als läge eine stationäre Strömung vor.

Verfahren nach RAMEY et al. (1975)

RAMEY et al. (1975) entwickelten auf der Grundlage der Fundamentalgleichung der Grundwasserbewegung ein Typkurvenverfahren zur Auswertung der Fließperiode von DST-Tests. Neben der Transmissivität kann auch der Skin-Effekt mit dieser Methode bestimmt werden. Für die Auswertung der Fließphase eines DST-Tests müssen die Radien von Bohrloch und Bohrgestänge bekannt sein.

Für komplexere Randbedingungen führen RAMEY et al. (1975)die dimensionslose Zeit t_D und den dimensionslosen Brunnenspeicherkoeffizient C_D ein.

$$t_D = \frac{T \cdot t}{Sr_w^2} \qquad\qquad (8.50)$$

mit: T   = Transmissivität   [m²/s]
        t   = Versuchszeit   [s]
        S   = Speicherkoeffizient   [-]
        r_w = Bohrlochradius   [m]

$$C_D = \frac{C}{2\pi S r_w^{\,2}}$$ (8.51)

mit: $C = \pi \cdot r_c^{\,2}$

        r_c = Gestängeradius   [m]

Der dimensionslose Brunnenspeicherkoeffizient C_D und der Skin-Effekt s werden von RAMEY et al.(1975) zu dem Parameter $C_D e^{2s}$ zusammengefaßt, der es ermöglicht, Typkurven (Abb.8.26) zu berechnen. Grundlage dabei ist der Zusammenhang zwischen dem effektiven Brunnenradius r'_w und dem Skin-Effekt s ($r'_w = r_w e^{-s}$). Die so gewonnen Typkurven stellen eine Funktion des dimensionslosen Drucks P_{DR} dar. RAMEY et al. (1975) haben zusätzlich zu den Typkurven der Abb.8.26 Typkurven für die frühe und späte Versuchsphase entwickelt. Während die Werte für den dimensionslosen Druck für die Gesamtdarstellung (Abb.8.26) und für die späte Phase (Abb.8.28) identisch sind und sich lediglich in der Darstellung (halb bzw. doppelt logarithmisch) unterscheiden, werden sie für die frühe Phase (Abb. 8.27) anders berechnet, um eine bessere Auflösung der frühen Phase zu erhalten. Die Daten für die 3 Typkurvenscharen können der entsprechenden Literatur entnommen werden.

Die Umrechnung der im Gelände gewonnenen Meßdaten wird später im Beispielteil beschrieben. Typkurven und Meßkurven stehen nach RAMEY et al. (1975) in folgendem Zusammenhang:

$$\frac{t_D\, e^{2s}}{C_D\, e^{2s}} = \frac{t_D}{C_D} = \frac{T \cdot t \cdot 2\pi}{\pi \cdot r_c^{\,2}}$$ (8.52)

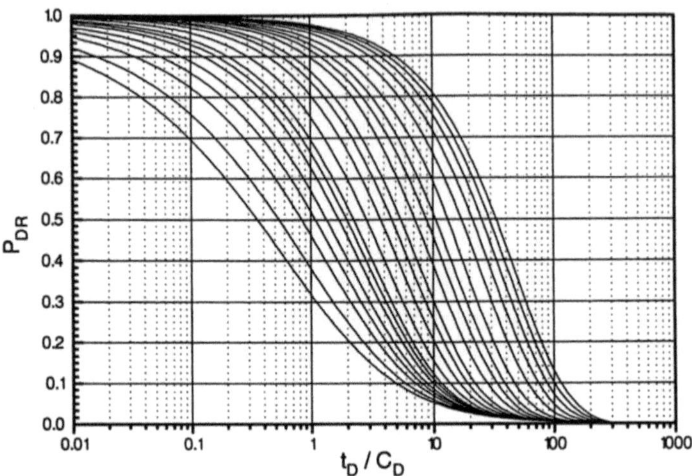

Abb.8.26: Typkurven zur Auswertung der Gesamtfließphase. (Nach RAMEY et. al. 1975)

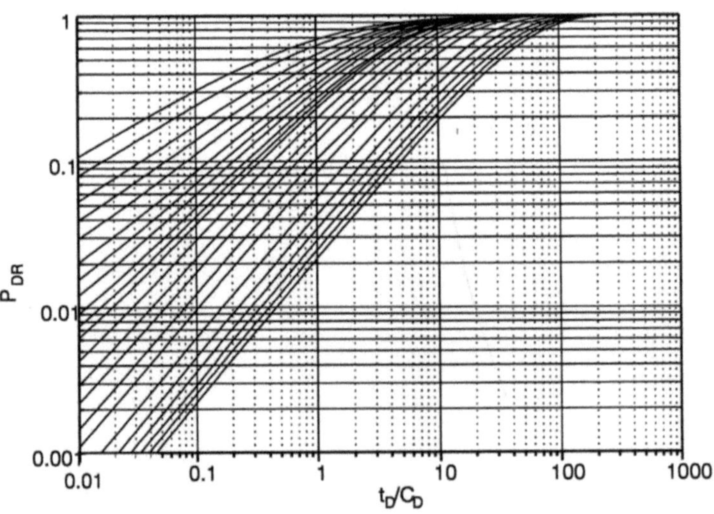

Abb.8.27: Typkurven zur Auswertung der frühen Fließphase. (Nach RAMEY et. al. 1975)

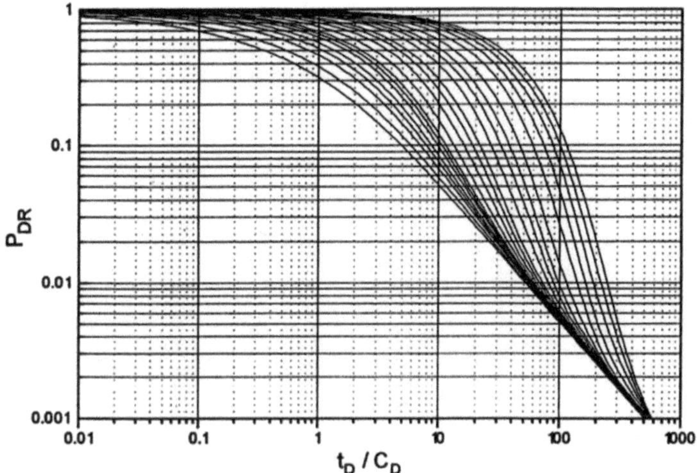

Abb.8.28: Typkurven zur Auswertung der späten Fließphase. (Nach RAMEY et al. 1975)

Das Auswerteverfahren von RAMEY et al. (1975) wurde für die Erdölindustrie
entwickelt. Aufgrund der häufig großen Testtiefen und der meist mit Zusätzen
versehenen Bohrspülungen gehen in die Orginalformel auch die Dichte und
Viskosität der Flüssigkeit mit ein. Ein Vergleich der Ergebnisse nach der
Formel 8.50 und nach der Orginalformel von RAMEY et al. (1975) zeigt, daß
die Ergebnisse nur für eine Dichte und Viskosität des Wassers bei 20°C übereinstimmen. Da das Grundwasser jedoch meist eine sehr viel niedrigere Temperatur besitzt, muß hier ein Korrekturfaktor β in Abhängigkeit von der Temperatur eingeführt werden. Abbildung 8.29 zeigt den Zusammenhang zwischen Temperatur und Korrekturfaktor. Die Werte wurden mit Viskositäten
und Dichten für leicht mineralisierte Wässer mit einem Lösungsinhalt < 500
ppm berechnet. In Tabelle 8.4 ist der Korrekturfaktor für verschiedene Temperaturen dargestellt.

Gleichung 8.52 aufgelöst nach der Transmissivität T unter Berücksichtigung
des Faktors β:

$$T = \beta \cdot \frac{t_D}{C_D} \cdot \frac{\pi \cdot r_c^{\,2}}{2\pi \cdot t} \qquad [m^2/s] \qquad (8.53)$$

Die Versuchszeit t und der Faktor t_D/C_D werden durch den Vergleich der um-
geformten Meßwerte mit den Typkurven ermittelt (s. Beispiel).

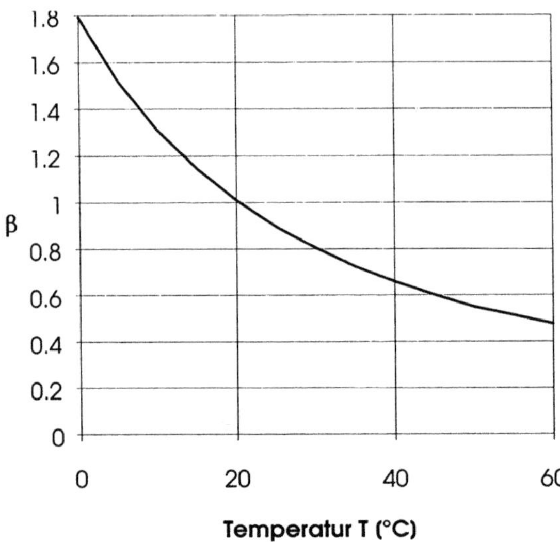

Tabelle 8.4: Werte für β

Temp. [° C]	β
5	1,517
10	1,309
15	1,144
20	1,009
25	0,896
30	0,803
40	0,658

Abb.8.29: Graphische Darstellung des Korrekturfaktors β

Die Berechnung des Skin-Faktors s erfolgt nach:

$$s = \frac{1}{2}\ln\left[\frac{2\pi \cdot Sr_w^2}{C}(C_D e^{2s})\right] \qquad [-] \qquad (8.54)$$

Den Faktor $C_D e^{2s}$ liefert die entsprechende Typkurve. Meist ist der Speicherkoeffizient S jedoch nicht bekannt.

Beim Vergleich der Meßkurve mit den Typkurven ist häufig zu beobachten, daß die Meßkurve steiler verläuft, was auf ein doppelt poröses Testmedium zurückgeführt wird. MATEEN (1983) gibt hierzu eine ausführliche Beschreibung und liefert Typkurven. Dazu bezieht er ein Speicherverhältnis ω von Matrix und Klüften und einen *interporosity flow* Parameter λ, der die unterschiedliche Durchlässigkeit von Kluft und Matrix berücksichtigt, mit in die Typkurven ein. Auch DA PRAT et al. (1981) bieten ein Typkurvenverfahren für die Auswertung von Tests in doppelt porösen Medien an. Die Autoren selbst sagen jedoch, daß es nicht einfach, ist die entsprechende Typkurve zu ermitteln.

Darüber hinaus sind Typkurvenverfahren meist sehr umständlich zu handhaben und damit mit Fehlern behaftet. Auf dem freien Markt werden eine Vielzahl von Computerprogrammen angeboten, die mehrere Auswerteverfahren rechnergestützt ermöglichen. Die Gefahr dabei ist, daß der ungeübte Bearbeiter Fehler, die bereits bei der Eingabe entstehen können, nicht sieht, so daß das Ergebnis verfälscht sein kann.

Weitere Verfahren

Für die Auswertung der Fließphase bieten sich eine Reihe anderer Verfahren an, die bereits in anderen Kapiteln beschrieben wurden oder einem bereits beschriebenen Verfahren sehr ähneln, so daß an dieser Stelle nur auf die entsprechende Literatur verwiesen werden soll.

Verfahren nach BOURDET et al. (1983)
Verfahren nach COOPER et al. (1967) (siehe Kap. 8.4)
Verfahren nach DA PRAT et al. (1981)
Verfahren nach KOHLHAAS (1972)
Verfahren nach MATEEN (1983)
Verfahren nach VOIGT & WAGNER (1978)

8.5.7 Beispiele

Die vorgestellten Auswerteverfahren sollen im folgenden an einem Beispiel näher beschrieben werden.

An einem geplanten Deponiestandort wurde in einer unverrohrten Bohrung in einer Tiefe von 18,0 - 20,6 m unter ROK (Oberkante Standrohr) ein DST-Test durchgeführt. Der Test wurde mit einer Doppelpackergarnitur, einem Ventil und 2"-Gestänge durchgeführt (s. Abb.8.24). Der Testverlauf ist in Abb.8.25 dargestellt. Der Wasserspiegel im 2"-Gestänge war bei geschlossenem Ventil mit einer 2"-Tauchpumpe abgesenkt worden. Durch das Öffnen des Ventils stellt sich im Testintervall sofort der Druck ein, der im 2"-Gestänge herrscht, und es wird die 1. Fließphase eingeleitet (s.Abb.8.25). Durch das Schließen des Ventils wurde die 1. Schließphase eingeleitet. Erneutes Öffnen und Schließen des Ventils führt zur 2. Fließ- und Schließphase.

Im folgenden sind die testspezifischen Parameter zusammengestellt:

- Testintervall 18,0 - 20,6 m $L = 2,6$ m
- Radius Testintervall $r_w = 0,073$ m
- Gestängeradius $r_c = 0,0265$ m

Auswertung nach HORNER (1957)

In der Tabelle 8.5 sind die Meßwerte für die 2. Schließphase dargestellt. An ihnen soll eine Auswertung der Schließphase nach dem Verfahren von HORNER (1957) verdeutlicht werden.

Tabelle 8.5: Wertepaare der 2. Schließphase für eine Auswertung nach HORNER (1957)

t [s]	Δt [s]	h [m]	$(t+\Delta t)/\Delta t$ [-]
180,25	0,25	10,80	722,00
180,75	0,75	12,10	242,00
181,25	1,25	12,40	146,00
181,75	1,75	12,51	104,86
182,00	2,00	12,55	92,00
184,00	4,00	12,67	47,00
186,00	6,00	12,74	32,00
188,00	8,00	12,79	24,50
190,00	10,00	12,79	20,00
194,00	14,00	12,82	14,86
200,00	20,00	12,84	11,00
206,00	26,00	12,84	8,92
212,00	32,00	12,89	7,63
220,00	40,00	12,89	6,50
230,00	50,00	12,89	5,60
240,00	60,00	12,89	5,00
250,00	70,00	12,89	4,57
260,00	80,00	12,92	4,25
264,00	84,00	12,92	4,14

In der ersten Spalte ist die Zeit *t seit Beginn der 2. Fließphase* dargestellt. In diesem Beispiel dauerte die 2. Fließphase 180 s. Zu dieser Zeit wurde das Ventil geschlossen und damit die 2. Schließphase eingeleitet. Während die Gesamtzeit t aufsummiert wird, ist in der 2. Spalte die Zeit *Δt seit Beginn der 2. Schließphase* dargestellt. In der 3. Spalte sind die *Meßwerte h* zusammengefaßt. In der 4. Spalte ist die Umrechnung der Zeit dargestellt. Im sog. *Horner-Plot* wird die Abzisse in umgekehrter Reihenfolge aufgetragen. Dadurch wird jedoch lediglich der tatsächliche Zeitablauf des Versuchs von links nach rechts beibehalten. Durch das umgekehrte Auftragen wird die Steigung m negativ. Der Schnittpunkt mit der Ordinate bei t = 1 liefert den hydrostatischen Gebirgsdruck hi* (vergl. Abb. 8.30). Für die Berechnung wird die Steigung m positiv angesetzt (-m=m) (EARLOUGHER, 1977).
Aus der Geraden läßt sich die Steigung m über einen logarithmischen Zyklus ermitteln. Abbildung 8.30 zeigt das „Horner-Plot" für das dargestellte Beispiel. Es wurde eine Steigung m = 0,21 m ermittelt.

Die Fördermenge Q muß aus dem Anstieg während der Fließphase und dem Radius des Gestänges ermittelt werden.

1. Wasserstand zu Beginn der 2. Fließphase: 6,738 m
2. Wasserstand am Ende der 2. Fließphase: 9,814 m
Gesamtanstieg h während der Fließphase (1. - 2.)   3,076 m

Die Gesamtfließzeit t_f während der 2. Fließphase betrug 180 s, der Gestängeradius betrug r_c = 0,0265 m. Damit ergibt sich Q aus:

$$Q = \frac{\pi \cdot r_c^2 \cdot h}{t_f} \qquad [m^3/s] \qquad (8.55)$$

$$Q = 3{,}77 \; 10^{-05} \quad m^3/s$$

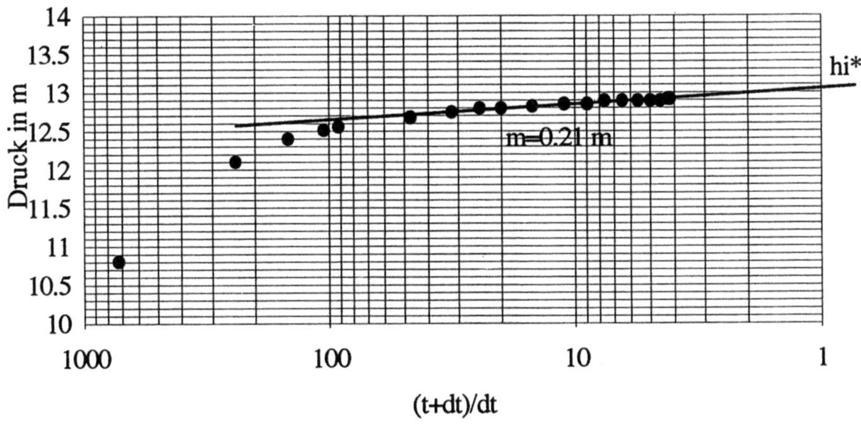

Abb.8.30: Horner-Plot der 2. Schließphase des DST-Tests

Die Transmissivität T berechnet sich nach der Gleichung 8.44:

$$T = 0{,}183234 \cdot \frac{3.77 \cdot 10^{-05}}{0.21} = 3{,}29 \cdot 10^{-05} \quad m^2/s$$

Bei einer Länge L des Testintervalls von L = 2,6 m folgt daraus:

$$k_f = \frac{3{,}29 \cdot 10^{-05}}{2{,}6} = 1{,}3 \cdot 10^{-05} \quad m/s$$

Für die Berechnung der Transmissivität wird eine konstante Förderrate während der Fließphase angenommen. Da diese Vorraussetzung jedoch erst nach sehr langem Fließen erreicht wird und dann niedriger ist als zu Beginn der Fließphase, wird die Förderrate Q bei dieser Auswertung überbewertet.

Nach STRELTSOVA (1983) zeigt die Druckaufbaukurve der Schließphase eines DST-Tests in einem Kluftgrundwasserleiter eine typische Dreiteilung (Abb.8.31). Die frühe und späte Phase des Versuchs liefern parallel liegende steilere Geraden, der mittlere Versuchszeitraum eine flachere (halbe Steigung der frühen und späten Phase) Gerade. Hervorgerufen wird dieser Effekt durch das doppelt poröse Medium (Kluft/Matrix). Erst wenn die Fließphase lang genug dauert, daß die Effekte des doppelt porösen Mediums Einfluß haben, zeigt sich das typische Bild (Abb.8.31). Für die Auswertung wird die Steigung der steileren Geraden, also wieder der späte Versuchszeitraum, herangezogen.

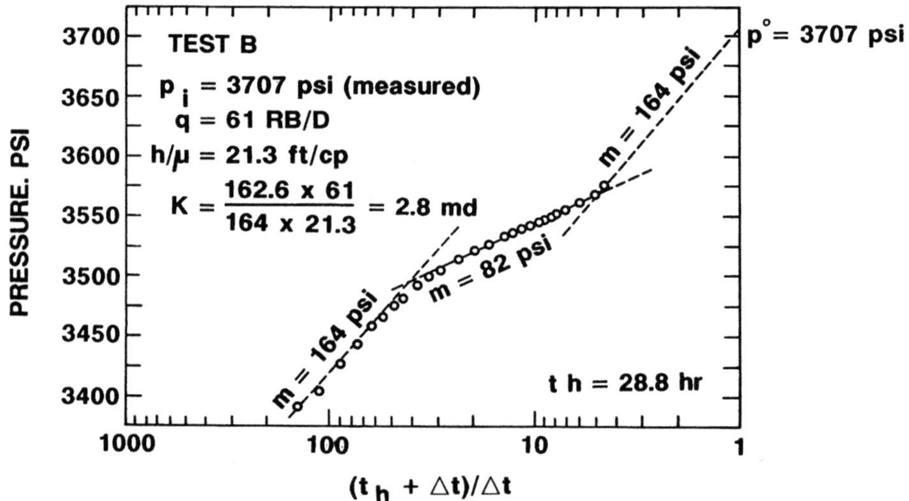

Abb.8.31: Typische Druckaufbaukurve eines DST-Tests in einem Kluftgrundwasserleiter im Horner-Plot. (Aus STRELTSOVA 1983)

Auswertung nach PERES et al. (1989a)

Die Auswertung nach PERES et al. (1989a) beruht, wie bereits beschrieben, auf einer Normalisierung der Fließrate. Für die Auswertung werden folgende Parameter benötigt:

- Ruhewasserspiegel h_i [m]
- Maximale Druckerniedrigung h_0 [m]
- Länge des Testintervalls L   [m]
- Radius des Gestänges r_c [m]
- Steigung der Geraden m   [s]

Ausgewertet wurde die 2. Fließphase des bereits beschriebenen Beispiels. In Tabelle 8.6 sind die Zeit t seit Beginn der 2. Fließphase (1. Spalte), die Meßwerte h_w der 2. Fließphase (2. Spalte) und die durch Integration und Normalisierung berechneten Werte dargestellt (3. und 4. Spalte).

Die gemessenen Werte hw werden durch eine Integration nach der folgenden Formel umgeformt:

$$I(\Delta h) = \sum_0^t \left[\frac{(\Delta h_{wi} + \Delta h_{(w+1)i})}{2} \cdot (t_{i+1} - t_i) \right] \qquad [\text{m-s}] \qquad (8.56)$$

mit: hw   Meßwert   [m]
             Δhwi   hi-hw   [m]
             Δh(w+1)i   hi-hw+1   [m]

Die so berechneten Werte sind in Tabelle 8.6 in der 3. Spalte aufgeführt. In einem weiteren Schritt werden die Werte durch eine Division durch die zum jeweiligen Zeitpunkt herrschende Druckdifferenz zwischen der maximalen Absenkung h_0 und dem jeweiligen Meßwert h_w normiert (4. Spalte in Tabelle. 8.6).

Die normierten Werte der Spalte 4 werden halblogarithmisch über die Zeit aufgetragen. Für den späteren Teil des Versuchs läßt sich eine Gerade konstruieren. Die Steigung m der Geraden wird für einen logarithmischen Zyklus bestimmt (Abb.8.32).

Die folgenden Parameter werden für die Auswertung nach der Gleichung 8.48 angesetzt:

- Gestängeradius $r_c = 0{,}0265$ m
- Steigung der Geraden $m = 30$ s

Für die Transmissivität T folgt:

$$T = \frac{1{,}151 \cdot \pi \cdot 0{,}0265^2}{2 \cdot \pi \cdot 30} = 1{,}4 \cdot 10^{-05} \qquad\qquad \text{m}^2/\text{s}$$

Tabelle 8.6: Wertepaare der 2. Fließphase für die Auswertung. nach PERES et al.(1989a)

t	h_w	$I(\Delta h)$	$I(\Delta h)/(h_w - h_0)$
0	6,70		
2	6,79	19,30	221,56
4	6,84	31,81	234,03
6	6,88	44,19	239,17
8	6,91	53,40	255,28
10	6,98	68,66	243,10
18	7,15	117,09	258,30
26	7,30	164,55	274,34
37	7,54	228,06	270,23
48	7,74	289,41	278,48
58	7,96	343,00	272,44
68	8,13	394,51	275,90
72	8,20	414,33	275,65
82	8,30	462,66	289,02
90	8,47	500,65	282,58
94	8,52	519,10	285,14
115	8,86	613,69	283,81
120	8,91	635,23	287,29
130	9,06	676,36	286,88
140	9,13	716,52	294,76
145	9,30	736,05	282,90
155	9,35	773,88	291,97
160	9,40	792,25	293,49
165	9,47	810,38	292,27
178	9,54	856,71	301,66

Mit einer Länge des Testintervalls L = 2,6 m berechnet sich der Durchlässigkeitsbeiwert k_f nach:

$$k_f = \frac{1,3 \cdot 10^{-05}}{2,6} = 5,4 \cdot 10^{-06} \quad \text{m/s.}$$

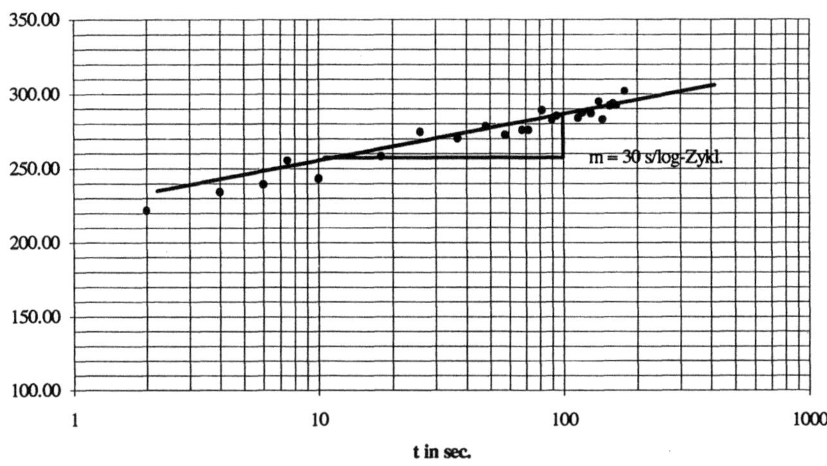

Abb.8.32: Halblogarithmische Darstellung der Wertepaare für die Auswertung nach PERES et al. 1989 a

Auswertung nach RAMEY et al. (1975)

Die Auswertung nach RAMEY et al. (1975) soll an dem bereits vorgestellten Test beschrieben werden. Der Ruhewasserspiegel h_i wurde während der 2. Fließphase nicht wieder erreicht (vergl. Abb.8.25). Deshalb wurde für die Auswertung die frühe Phase des Versuchs berücksichtigt.

Für einen Vergleich mit den Typkurven der frühen Phase werden die Meßwerte nach der Gleichung

$$P_{DR} = (h_W - h_i) / (h_i - h_W) \qquad [-] \qquad\qquad (8.57)$$

und für den Vergleich mit den Typkurven der gesamten und der späten Phase nach der Gleichung

$$P_{DR} = (h_i - h_W) / (h_i - h_0) \qquad [-] \qquad\qquad (8.58)$$

mit: h_i Ruhewasserspiegel   [m]
            h_0 maximale Druckerniedrigung   [m]
            h_W Meßwert   [m]

umgerechnet.

In Tabelle 8.7 sind die Meßwerte der 2. Fließphase mit der Umrechnung für den Vergleich mit den Typkurven der frühen Phase zusammengestellt.

Tabelle 8.7: Meßwerte und umgerechnete Werte für die Auswertung der frühen Phase nach RAMEY et al. (1989)

t $[s]$	h_W $[m]$	$(h_W - h_i) / (h_i - h_W)$ $[-]$
0	6,70	0,000
2	6,79	0,014
4	6,84	0,022
6	6,88	0,029
8	6,91	0,033
10	6,98	0,045
18	7,15	0,072
26	7,30	0,095
37	7,54	0,134
48	7,74	0,165
58	7,96	0,200
68	8,13	0,227
72	8,20	0,239
82	8,30	0,254
90	8,47	0,281
94	8,52	0,289
115	8,86	0,343
120	8,91	0,351
130	9,06	0,374
140	9,13	0,386
145	9,30	0,413
155	9,35	0,421
160	9,40	0,428
165	9,47	0,440
178	9,54	0,451

Für den Vergleich mit den Typkurven der frühen Phase (Abb.8.27) müssen die Werte der Tabelle 8.7 im gleichen Maßstab wie die Typkurven doppelt logarithmisch dargestellt werden. Durch Verschieben der Meßkurve entlang der Abszisse wird die Typkurve ermittelt, die am besten mit der Meßkurve übereinstimmt (Abb.8.33). Dann werden an einer beliebigen Stelle der Abszisse die Werte für t_D/C_D der Typkurven und t der Meßkurve abgelesen.

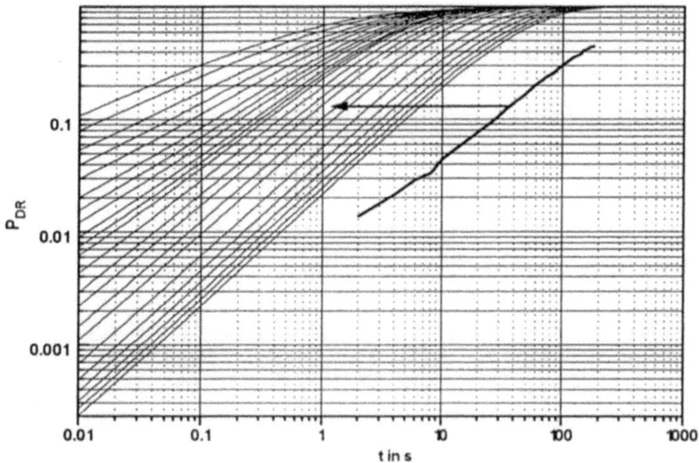

Abb.8.33: Meß- und Typkurven für die Auswertung der frühen Phase nach RAMEY et al. (1989)

Neben den aus dem Vergleich von Typ- und Meßkurve ermittelten Werten ist der Gestängeradius r_c für die Auswertung erforderlich. Für das dargestellte Beispiel wurden folgende Werte ermittelt:

- $t_D/C_D = 0.9$
- $t = 30$ s
- $r_c = 0,0265$ m

Die Transmissivität berechnet sich nach der Gleichung 8.50 ohne Berücksichtigung der Temperatur:

$$T = 0,9 \cdot \frac{\pi \cdot 0,0265^2}{2 \cdot \pi \cdot 30} = 1,2 \cdot 10^{-05} \qquad \text{m}^2/\text{s}$$

mit einer Länge des Testintervalls L = 2,6 m folgt:

$$k_f = \frac{1,2 \cdot 10^{-05}}{2,6} = 4,6 \cdot 10^{-06} \qquad \text{m/s}$$

Bei den wenigsten Auswerteverfahren von hydraulischen Tests wird die Temperatur des Grundwassers berücksichtigt. Das oben genannte Ergebnis gilt für eine Temperatur von 20°C. Die Temperatur des Grundwassers während des

Versuchs betrug jedoch 10°C. Damit folgt für das obige Beispiel unter Berücksichtigung des Temperaturkorrekturfaktor β für 10°C (s. Tabelle 8.4):

$$T = 1,309 \cdot 1,2 \cdot 10^{-05} = 1,6 \cdot 10^{-05} \ \text{m}^2/\text{s}$$

$$k_f = \frac{1,6 \cdot 10^{-05}}{2,6} = 6,2 \cdot 10^{-06} \qquad\qquad \text{m/s}$$

8.5.8 Bestimmung der Meßgenauigkeit

Der größte Fehler bei sämtlichen Auswerteverfahren ist die mangelnde Übereinstimmung mit den theoretischen Grundlagen. Homogene und isotrope Grundwasserleiter gibt es in der Natur fast nicht. Je nach Untergund treffen die theoretischen Vorraussetzungen mehr oder weniger zu. Für eine eingehende Beurteilung des Ergebnisses sind möglichst genaue Kenntnisse über den Untergrund genauso erforderlich wie eine gute Erfahrung des Bearbeiters. Bei der Durchführung hydraulischer Versuche sollte aus diesem Grund immer erfahrenes Fachpersonal eingesetzt werden.

Wie bereits beschrieben, können bei einem Typkurvenverfahren immer Fehler beim Auswählen der passenden Typkurve gemacht werden. Je nachdem wie die Parameter in die Formel eingehen, wird das Ergebnis mehr oder weniger verfälscht.

Die Meßgenauigkeit selbst hängt in erste Linie von den für die Messung eingesetzten Geräten ab. Erfolgt die Messung mit Druckaufnehmer über eine A/D-Wandlerkarte, werden vom Hersteller der einzelnen Geräte Schwankungsbreiten oder das Grundrauschen angegeben. Diese Fehler können sich unter Umständen addieren. Bei Eigenbau einer geeigneten Meßapparatur sollte bei der Verkabelung und der Verbindung der Geräte ein erfahrener Elektroniker zugezogen werden. Durch die Verwendung ungeeigneter Leitungen können Schwankungen und damit Fehler auftreten, die das Ergebnis vollständig verfälschen können.

8.5.9 Technischer, personeller und zeitlicher Aufwand

Der technische Aufwand kann anhand der erforderlichen Geräte abgeschätzt werden. Je nach Testtiefe muß entsprechend Gestänge eingeplant werden. Die gesamte Gerätschaft läßt sich mit einem Kleintransporter transportieren.

Aufgrund des recht aufwendigen Versuchsaufbaus und der relativ schweren Geräte sind mindestens 2 Arbeitern erforderlich. Die Durchführung des Tests sollte durch einem erfahrenen Bearbeitern erfolgen. Einer der Bearbeiter sollte mit der Ausrüstung gut vertraut sein. Werden DST-Tests bohrbegleitend durchgeführt, ist in der Regel für den Einbau der Geräte die Bohrmannschaft zuständig. Dies kann unter Anleitung einer erfahrenen Fachkraft geschehen, die mit den Geräten und dem Versuchsablauf vertraut ist.

Je nach Testtiefe muß entsprechend Gestänge eingebaut werden, wodurch sich die Dauer des Aufbaus verlängert. Ist der Testbrunnen mit dem Kraftwagen zu erreichen, muß für einen Test in einer Tiefe von ca. 10 m unter Gelände für den vollständigen Aufbau der Versuchsanordnung durch zwei Arbeiter mit einer Dauer von 1 - 2 h gerechnet werden. Die Dauer des DST-Tests selbst ist von der Durchlässigkeit des Grundwasserleiters abhängig. Die Fließphase sollte eine Mindestdauer von einigen Minuten haben, da sonst eine Auswertung aufgrund der geringen Datenmenge zu unzuverlässigen Ergebnissen führen kann. An dieser Stelle muß auf das Kapitel „Versuchsdurchführung" hingewiesen werden, wo Empfehlungen zur Versuchsdauer gegeben werden. Läuft ein DST-Test zu schnell ab oder dauert er zu lange, kann durch die Wahl kleinerer oder größerer Testintervalle die Dauer entsprechend geändert werden. Der Abbau der Versuchsanordnung geht in der Regel etwas schneller als der Aufbau.

Die Dauer der Auswertung ist von der Erfahrung des Bearbeiters abhängig. Eine Auswertung wie in den obigen Beispielen ist aufgrund der Umrechnung einiger Faktoren ohne Computer fast nicht möglich. Der komfortabelste Weg ist der Einsatz einer entsprechenden Auswertesoftware, die von verschiedenen amerikanischen Softwareherstellern angeboten wird.

8.5.10 Beurteilung der Methode

Der DST-Test ist mit seinem Einsatz in einem Durchlässigkeitsbereich von $10^{-05} > k > 10^{-08}$ m/s für Untersuchungen im Deponiebereich geeignet. Der Einsatz ist sowohl im ausgebauten Pegel als auch im unverrohrten standfesten Brunnen möglich. Soll ein ausgebauter Pegel untersucht werden, ist abzuwägen, ob sich der relativ aufwendige Aufbau lohnt. In unverrohrten Bohrungen lassen sich durch den Einsatz der Packer einzelne Bereiche untersuchen. In Einzelfällen kann dies von Vorteil sein. Grundvoraussetzung für die Durchführung eines DST-Tests ist ein ausreichend hoher hydraulischer Gradient zwischen Ruhewasserspiegel und Testintervall. Hierbei ist jedoch zu beachten, daß in einem höher durchlässigen Bereich der hydraulische Gradient größer sein muß als in einem geringer durchlässigen Bereich, da der Druckausgleich in einem geringdurchlässigen Bereich wesentlich langsamer erfolgt, so daß trotz eines geringeren hydraulischen Gradienten eine ausreichend lange Fließphase entsteht. In höher durchlässigen Bereichen ist die Schließphase aufgrund des sehr schnellen Druckausgleichs häufig nicht auszuwerten.

Ist die relativ aufwendige Meßapparatur aufgebaut, ist der DST-Test ein sehr einfach durchzuführender Versuch. Sollte es während der Meßphase zu einer Störung kommen (Computerabsturz oder Generatorausfall) muß nicht, wie bei

vielen anderen Meßverfahren, abgewartet werden, bis sich der Ruhewasserspiegel wieder eingestellt hat. Durch das Schließen des Ventils und Leerpumpen des Gestänges kann der Test beliebig wiederholt werden, so daß eine
statistische Absicherung durch Wiederholung des Versuchs ohne großen
Aufwand möglich ist.

8.6 Pulse-Test

VOLKER POIER

- Bestimmung der Transmissivität (T)
- Bestimmung des Durchlässigkeitsbeiwertes (k_f)
- Bestimmung des Skin-Effektes (s)

Mit dem Pulse-Test ist die Bestimmung der Durchlässigkeit geringdurchlässiger Gebirgsbereiche ($k_f < 1 \cdot 10^{-07}$ m/s) möglich. In einem durch Pakker abgetrennten Testintervall wird ein kurzzeitiger Überdruck (Druckimpuls) erzeugt. Das Intervall wird durch ein Ventil geschlossen, so daß ein Abbau des Überdruckes nur in das Gebirge möglich ist. Trotz der sehr geringen Durchlässigkeitsbereiche, in denen der Pulse-Test durchgeführt werden kann, dauert ein Versuch in der Regel nicht länger als 15 - 30 min. Für die Durchführung ist das Einleiten geringer Wassermengen nötig. Im Sinne des Wasserhaushaltsgesetzes (WHG) vom 27.07.1957 in der Fassung vom 23.09.1986 ist der Pulse-Test kein genehmigungspflichtiges Verfahren. Fremde Rechte werden auch bei der Durchführung eines Pulse-Tests nicht berührt.

8.6.1 Allgemeine Randbedingungen

- Homogenität und Isotropie des Gebirges
- Das Gebirge ist wassergesättigt
- Radialsymmetrie
- Durch den Druckimpuls werden keine Verformungen im Gebirge oder der Testausrüstung erzeugt
- Der Brunnen ist vollkommen
- Der Grundwasserleiter ist seitlich unbegrenzt und die Oberfläche ist im betrachteten Bereich nahezu horizontal

8.6.2 Anwendungsbereiche

- Der Pulse-Test ist nur in der gesättigten Bodenzone anwendbar
- Der Einsatz ist nur in Durchlässigkeitsbereichen $k_f < 1 \cdot 10^{-07}$ m/s möglich
- Der Test ist in unverrohrten standfesten Bohrungen möglich, wobei sich der Durchmesser nach den zur Verfügung stehenden Geräten richtet

8.6.3 Erforderliche Ausrüstung

Für die Durchführung eines Pulse-Tests sind folgende Geräte notwendig:

- Schlauchpacker mit entsprechendem Durchmesser
- Druckaufnehmer
- Ventil
- Generator
- Dreibein mit Winde
- Datenerfassungseinheit
- Preßluftflasche oder Kompressor
- Gestänge
- Thermometer
- Wasserbehälter
- Pumpe (nicht unbedingt erforderlich, siehe unter Versuchsdurchführung)

8.6.4 Versuchsanordnung

Die Versuchsanordnung ist in Abb.8.34 schematisch dargestellt. Die *Packer* werden mit einem *Kompressor* oder über eine Druckluftflasche aufgeblasen. Der benötigte Druck hängt vom Packertyp, vom Bohrlochdurchmesser und vom hydrostatischen Ruhedruck plus Überdruck ab. Einzelheiten dazu können den Empfehlungen der Hersteller der Packer entnommen werden. Beim Aufblasen der Packer ist darauf zu achten, daß das Ventil geöffnet ist, da durch die Volumenänderung der Packer höhere Drücke erzeugt werden.

Wird eine *Pumpe* benötigt (siehe Versuchsdurchführung), sollte eine Pumpe mit Gegendruckanzeige verwendet werden.

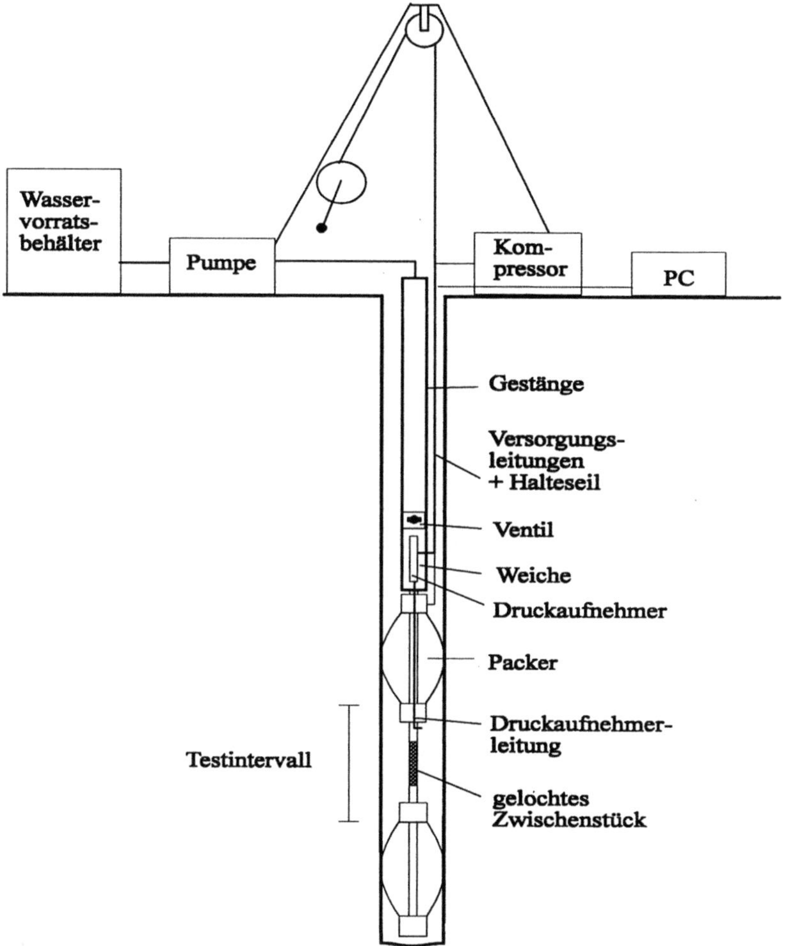

Abb. 8.34: Schematische Versuchsanordnung für einen Pulse-Test

8.6.5 Versuchsdurchführung

In Abb.8.35 ist der Verlauf eines Pulse-Tests dargestellt. Beim Pulse-Test wird in einem *Testintervall* ein kurzzeitiger Überdruck aufgebracht. Bevor der eigentliche Test gestartet wird, muß der hydrostatische Druck im Testintervall gemessen werden. Dazu wird nach Einbau der gesamten Ausrüstung (einschließlich des Aufblasens der *Packer*) das *Ventil* geschlossen und der Druck im Intervall beobachtet. Nach kurzer Zeit wird sich ein Ruhedruck, der dem hydrostatischen Druck des Grundwassers in der Tiefe des Testintervalls entspricht, einstellen. Der Druck sollte dazu zu jedem Zeitpunkt auf dem Computer (*PC*) angezeigt werden.

Das *Gestänge* wird bei geschlossenem *Ventil* mit Wasser gefüllt, bis der gewünschte Überdruck erreicht ist. Reicht die Strecke im Gestänge dafür nicht aus, kann eine *Pumpe* für die Druckerzeugung eingesetzt werden. Das benötigte Wasser muß in einem Wasservorratsbehälter bereitgestellt werden.

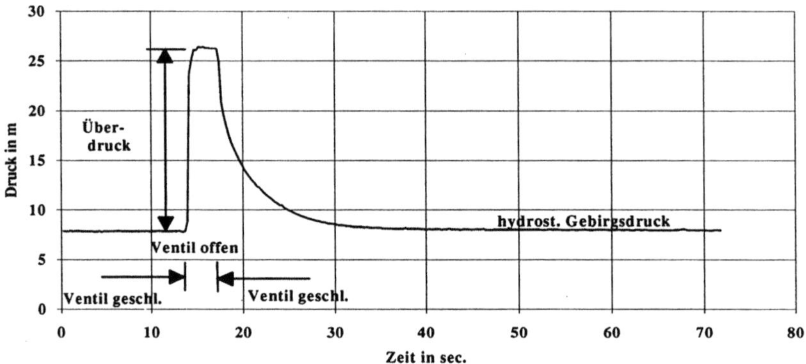

Abb.8.35: Verlauf eines Pulse-Tests

Der aufzubringende Überdruck sollte so gewählt werden, daß ein Aufreißen des Gebirges vermieden wird. Der maximale Überdruck setzt sich aus dem hydrostatischen Gebirgsdruck und der Auflast des Gesteins zusammen. Es sollte in jedem Fall ein niedrigerer Druck als der maximale Druck gewählt werden.

Ist der gewünschte Überdruck erreicht, wird das *Ventil* für eine kurze Zeit geöffnet. Im Testintervall stellt sich sofort der Überdruck ein (s. Abb.8.35). Nach einer kurzen Zeit (< 10 s) wird das *Ventil* wieder geschlossen. Der Überdruck baut sich in das Gebirge ab, bis der hydrostatische Druck wieder erreicht ist.

Die Druckmessung erfolgt mit einem *Druckaufnehmer*, der den Druck über eine *Druckaufnehmerleitung* direkt im Testintervall mißt. Dazu muß die Druckaufnehmerleitung durch eine sog. *Weiche* in das Gestänge unterhalb des Ventils eingeführt werden. Das Meßintervall, mit dem der Druck erfaßt und im *PC* angezeigt wird, sollte am Anfang der Messung sehr eng gewählt werden (mind. 1 s), da Pulse-Tests trotz des geringen Durchlässigkeitsbereiches, in dem sie eingesetzt werden, sehr schnell ablaufen, so daß wichtige Daten der frühen Phase des Versuchs fehlen könnten.

8.6.6 Auswerteverfahren

Auswertung nach BREDEHOEFT & PAPADOPULOS (1980)

Der Pulse-Test wird nach BREDEHOEFT & PAPADOPULOS (1980) analog zum Auswerteverfahren für Slug-Tests nach COOPER et al. (1967) ausgewertet. Es handelt sich dabei um ein Typkurvenverfahren, wobei verschiedene Speicherkoeffizienten durch Typkurven dargestellt werden (Abb. 8.36). COOPER et al. (1967) liefern 5 Typkurven für $\alpha = 10^{-1} - 10^{-5}$, PAPADOPULOS et al.(1973) liefern weitere 5 Typkurven für $\alpha = 10^{-6} - 10^{-10}$, mit $\alpha = r_w^2 \cdot S / r_c^2$ (r_w Radius Testintervall, S Speicherkoeffizient, rc Gestängeradius).

Für Slug-Tests im konventionellem Sinne berechnet sich die Transmissivität T wie folgt:

$$T = \frac{\beta * \cdot G}{t} \qquad [m^2/s] \qquad\qquad (8.59)$$

mit:

	T	Transmissivität	$[m^2/s]$	
	$\beta*$	Tt/r_c^2	[-]	wird aus der Typkurve abgegriffen
	G	Geometriefaktor	[m]	r_c^2 Gestängeradius
	t	Versuchszeit	[sec.]	wird aus der Typkurve abgegriffen

In der Orginalformel von BREDEHEOFT & PAPADOPULOS (1980) wird der Faktor nur mit β bezeichnet. Um Verwechslungen mit der Kompressibilität des Wassers vorzubeugen wird er hier mit $\beta*$ bezeichnet.

Da der Pulse-Test nur in sehr geringen Durchlässigkeitsbereichen eingestetzt werden kann, und der Test innerhalb einiger bis zehner Minuten abläuft kann bei der Auswertung nicht derselbe Geometriefaktor angesetzt werden. Da es sich beim Pulse-Test nicht um einen Massentransport ins Gebirge sondern um eine Druckausbreitung handelt, muß der Geometriefaktor durch den Term $(V * \beta * \rho * g)/\pi$ ersetzt werden (BREDEHOEFT & PAPADOPULOS 1980). Dabei gilt:

V	Volumen des Wassers im Testintervall	$[m^3]$
β	Kompressibilität des Wassers	$[m^2/N]$
ρ	Dichte des Wassers	$[kg/m^3]$
g	Erdbeschleunigung	$9,81 m/s^2$

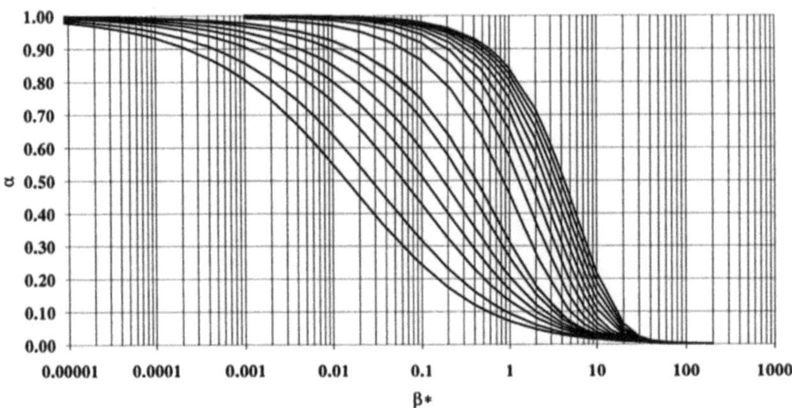

Abb. 8.36: Typkurven zur Auswertung von Slug-Tests und Pulse-Tests nach COOPER et al. (1967), PAPADOPULOS et al. 1973 und BREDEHOEFT & PAPADOPULOS (1980)

BREDEHOEFT & PAPADOPULOS (1980) präsentieren für Pulse-Tests 7 weitere Typkurven für $10^{-1} \leq \alpha \leq 10$.
Der Speicherkoeffizient S läßt sich anhand der gewählten Typkurve ermitteln:

$$S = \alpha \cdot G / r_w{}^2 \qquad\qquad (8.60)$$

COOPER et al. (1967) stellen jedoch die Ermittlung des Speicherkoeffizienten selbst in Frage, da nur eine leichte Abweichung von der tatsächlichen Typkurve einen großen Fehler bei der Berechnung von S darstellt. Aus diesem Grund sollte auf die Ermittlung des Speicherkoeffizienten nach dieser Methode verzichtet werden. Ist der Speicherkoeffizient allerdings aus anderen Untersuchungen bekannt, kann das Ergebnis des Pulse-Tests damit überprüft werden. Für die Berechnung der Transmissivität ist der Fehler bei der Wahl einer leicht abweichenden Typkurve sehr gering (COOPER et al. 1967).
   Einzelheiten zur Auswertung nach BREDEHOEFT & PAPADOPULOS (1980) werden später dargestellt.

Auswertung nach PERES et al. (1989aa)
Wie bereits im Kap. 9.4.2, Slug- und Bail-Test, und im Kap. 9.4.3, DST-Test, beschrieben, lassen sich Pulse-Tests auch nach dem Verfahren von PERES et al. (1989a) auswerten. Bei dem Verfahren handelt es sich um eine Integration der Meßwerte in äquivalente Werte. Die Daten werden dabei in Werte „quasi stationärer" Fließbedingungen umgewandelt. Dadurch fällt ein Vergleich mit Typkurven aus. Die Transmissivität berechnet sich dann neben einigen von den Randbedingungen abhängigen Faktoren aus der Steigung einer Geraden,

die sich nach der Umformung der Werte ermitteln läßt (vergl. Kap.8.5, DST-Test).

Die Transmissivität berechnet sich wie folgt:

$$T = \frac{1{,}151C}{2\pi m} \qquad [m^2/s] \qquad (8.61)$$

mit:

C	$V*\beta*\rho*g$	$[m^2]$
V	Volumen des Testintervalls	$[m^3]$
β	Kompressibilität des Wassers	$[m^2/N]$
ρ	Dichte des Wassers	$[kg/m^3]$
g	Erdbeschleunigung	$[m/s^2]$
m	Steigung der Geraden/log-Zykl.	$[s]$

Der Skin-Effekt s läßt sich nach PERES et al. (1989a) nach der folgenden Gleichung bestimmen:

$$s = 1{,}151 \left[\frac{t^*}{m} - \log\left(\frac{T \cdot (I(\Delta h)/(h_w - h_o))}{Sr_w^2} \right) - 0{,}351378 \right] \qquad (8.62)$$

mit: $I(\Delta h)/(h_w - h_0)$ normalisierter Wert [s] wird aus dem Diagramm abgegriffen

t^* Zeit   [s]   wird aus dem Diagramm abgegriffen

S   Speicherkoeffizient [-]

r_w Radius des Tesintervalls [m]

Die Auswertung eines Pulse-Tests nach PERES et al. (1989a) wird bei den Beispielen vorgestellt.

Auswertung nach RAMEY et al. (1975)
Eine Auswertung der Daten eines Pulse-Tests ist ebenfalls nach dem Verfahren von RAMEY et al. (1975) möglich (vergl. Kap.8.5 DST-Test). Die Vorgehensweise ist analog zur Auswertung der Fließphase von DST-Tests. Die Transmissivität berechnet sich dann jedoch:

$$T = \left(\frac{t_D}{C_D} \right) \cdot \frac{V*\beta*\rho*g}{2\pi t} \qquad [m^2/s] \qquad (8.63)$$

Eine Beispielrechnung ist unter Kap. 8.5, DST-Test dargestellt.

Auswertung nach WANG et al. (1978)

WANG et al. (1978) entwickelten ein Auswerteverfahren für die frühe Phase eines Tests in einem Kluftgrundwasserleiter. Sie setzen dabei voraus, daß der Druckabbau des Pulse-Tests nur über die Klüfte verläuft, wobei Aufweitungen vernachlässigt werden und die Matrix keinen Einfluß hat. Sie bieten analytische und numerische Lösungen für Einzelklüfte endlicher und unendlicher Erstreckung, für mehrere gleiche Klüfte und für 2 Klüfte in Reihe und parallel zueinander. Zwei Klüfte in Reihe bedeutet dabei, daß eine Kluft zuerst eine größere Öffnungsweite besitzt und dann in eine engere übergeht. Zwei Klüfte parallel bedeutet, daß 2 Klüfte mit unterschiedlichen Öffnungsweiten parallel zueinander liegen.

Für die Lösung führen die Autoren einen Faktor α ein, der die Auslaufkapazität des Wassers aus dem Bohrloch darstellt. Für die Berechnung von α geht neben dem Volumen des Testintervalls die Ausbißlänge der Kluft im Bohrloch und die Öffnungsweite mit ein. Für eine einzelne Kluft liefern WANG et al. (1978) eine Formel, nach der die Öffnungsweite abgeschätzt werden kann.

Liegen mehrere Klüfte mit unterschiedlicher Orientierung und Öffnungsweite vor, sind Langzeitversuche erforderlich (WANG et al., 1978). Um die entsprechenden Effekte in der Meßkurve zu erfassen, muß das Verhältnis zwischen dem Volumen des Testintervalls und dem Kluftvolumen ausreichend groß sein. Für Langzeitversuche sind deshalb große Bohrlochdurchmesser erforderlich.

Die Auswertung erfolgt über Typkurven, die für verschiedene Größen für α und die Kluftöffnungsweiten generiert werden müssen. Da es sich bei dem Verfahren von WANG et al. (1978) um eine sehr spezielle Methode handelt, sei an dieser Stelle auf die entsprechende Literatur verwiesen.

8.6.7 Beispiel

Im folgenden wird ein Versuch beschrieben, der im Bröckelschiefer des Buntsandsteins mit folgenden Randbedingungen durchgeführt wurde:

- Länge des Testintervalls L = 2,6m
- Testtiefe 29,0 - 31,6 m
- Bohrlochradius r_w = 0,073 m

Für die Durchführung wurde die bereits beschriebene Testanordnung verwendet. In Abb. 8.37 ist die des Versuchs dargestellt.

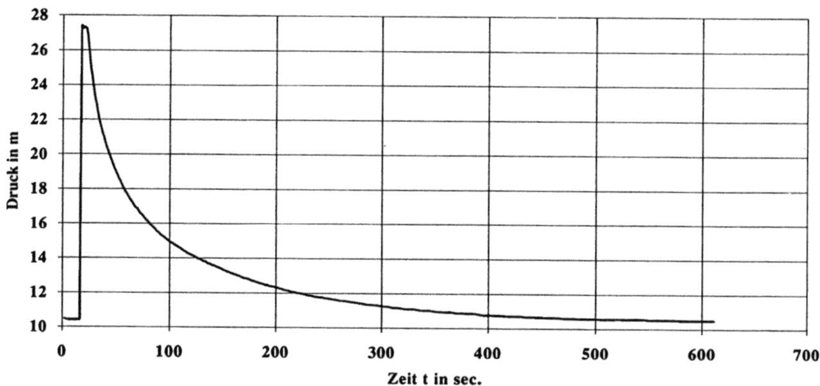

Abb.8.37: Pulse-Test im Bröckelschiefer, Intervall 29,0 - 31,6 m

Auswertung nach BREDEHEOFT & PAPADOPULOS (1980)

Vor der eigentlichen Auswertung des Versuchs müssen folgende Parameter bekannt sein:

- hydrostatischer Gebirgsdruck h_0 [m]
- maximale Druckerhöhung h_i [m]
- Länge des Testintervalls   L   [m]
- Radius des Testintervalls r_w [m]
- Volumen des Testintervalls   V   [m³] $(V=\pi\, r_w{}^2\, L)$
- Wassertemperatur   T   [°C]
- Kompressibilität des Wassers β [m²/N]
- Dichte des Wassers ρ [kg/m³]
- Erdbeschleunigung   g   [m/s²]
- Match-point-Typkurve β^* [-]
- Match-point-Meßkurve   t   [s]

Tabelle 8.8 zeigt die Meßwerte für den Versuch der Abb. 8.37. Erfaßt wurden während des Versuchs über 350 Werte. Für dieses Beispiel wurde aus Platzgründen nur eine Auswahl der Werte dargestellt.

In der ersten Spalte ist die Gesamtzeit seit Beginn der Messung dargestellt. Das Ventil ist bei ca. 17 s geöffnet und bei 22 s geschlossen worden. Für die Auswertung des Versuchs beginnt bei 22 s die Versuchszeit t (2. Spalte). In der 3. Spalte sind die Meßwerte h dargestellt. Der hydrostatische Gebirgsdruck h_i ist am Anfang der Meßreihe (s. Abb. 8.37) erfaßt worden.

Tabelle 8.8: Meßwerte (Auswahl) eines Pulse-Tests

Gesamtzeit [s]	Versuchszeit t [s]	Meßwert h [m]	$h-h_i$ [m]	$(h-h_i)/h_0$ [-]
22	0	27,246	16,846	1,000
24	2	26,855	16,455	0,977
25	3	26,074	15,674	0,930
27	5	24,902	14,502	0,861
29	7	23,975	13,575	0,806
32	10	22,852	12,452	0,739
37	15	21,460	11,060	0,657
42	20	20,386	9,986	0,593
52	30	18,799	8,399	0,499
62	40	17,603	7,203	0,428
73	51	16,626	6,226	0,370
83	61	15,942	5,542	0,329
93	71	15,332	4,932	0,293
113	91	14,453	4,053	0,241
133	111	13,818	3,418	0,203
173	151	12,842	2,442	0,145
223	201	11,987	1,587	0,094
322	300	11,108	0,708	0,042
422	400	10,693	0,293	0,017
522	500	10,571	0,171	0,010
612	590	10,498	0,098	0,006

Für die Darstellung der Kurve sind nur die Differenzdrücke erforderlich. Dazu wird von den Meßwerten h der hydrostatische Gebirgsdruck h_i abgezogen (Spalte 4).

Die maximale Druckerhöhung h_0 ist der 1. Wert der 4. Spalte (vergl. Tabelle 8.8). Im folgenden sind die einzelnen für die Auswertung erforderlichen Parameter zusammengefaßt:

- hydrostatischer Gebirgsdruck $\quad h_i \quad$ 10,4 $\quad$ m
- maximale Druckerhöhung $\quad h_0 \quad$ 27,246 m
- Länge des Testintervalls $\quad$ L $\quad$ 2,6 $\quad$ m
- Radius des Testintervalls $\quad r_w \quad$ 0,073 m

- Volumen des Testintervalls   V   0,0435   m³
- Wassertemperatur   T   10   °C
- Dichte des Wassers ρ $9,99 \cdot 10^2$ kg/m³ bei T=10 °C
- Kompressibilität des Wassers β $4,789 \cdot 10^{-10}$ m²/N bei T=10 °C
- Erdbeschleunigung   g   9,81   m/s²

Für den Vergleich mit den Typkurven müssen die Meßwerte normiert werden. Dies geschieht mittels Division der Differenzdrücke $(h-h_i)$ durch die maximale Erhöhung h_0 (5. Spalte der Tabelle 8.8). Die Werte $(h-h_i)/h_0$ werden halblogarithmisch über die Zeit im gleichen Maßstab wie die Typkurven graphisch dargestellt. Die beste Lösung für den Vergleich der Kurven ist die Darstellung der Typkurven auf Folie.

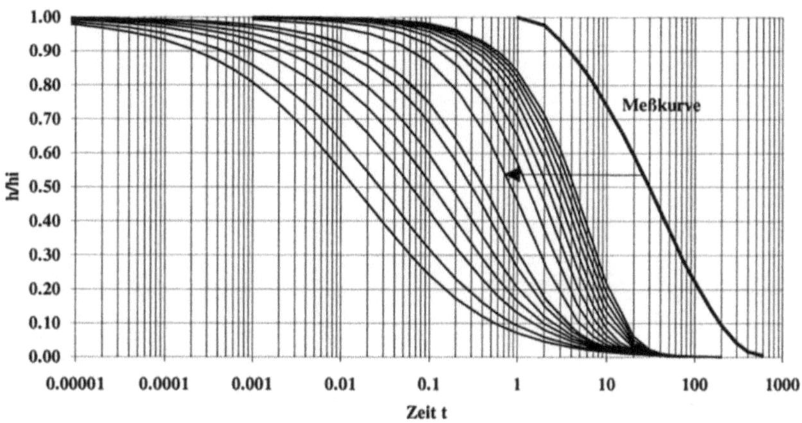

Abb.8.38: Die Meßkurve wird durch horizontales Verschieben nach links mit einer Typkurve zur Deckung gebracht

Alternativ können die Kurven auch alle in einem Diagramm dargestellt und für den Vergleich doppelt ausgedruckt werden. Dadurch ist die Maßstabstreue garantiert. Für den Vergleich werden Typ- und Meßkurve horizontal auf der Abszisse verschoben, bis die Kurve gefunden ist, die am besten mit der Meßkurve übereinstimmmt (s. Abb. 8.38).

Ist eine Übereinstimmung von Typ- und Meßkurve gefunden, wird ein Punkt festgelegt (Match-Point), an dem jeweils auf der Abszisse für die Typkurve der Wert β^* und für die Meßkurve der Wert t abgelesen. Am einfachsten wählt man den Match-Point bei $\beta^* = 1$ und ermittelt dann den Wert für t. Für dieses Beispiel wurde der Match-Point bei $\beta^* = 1$ festgelegt. Für die Meßkurve erhält man den Wert t = 38 s.

Die Transmissivität berechnet sich jetzt nach Formel 8.59 wie folgt:

$$T = \frac{1 \left(0,435 \cdot 4,789 \cdot 10^{-10} \cdot 9,99 \cdot 10^{2} \cdot 9,81 / \pi\right)}{38} = 1,7 \cdot 10^{-09} \ m^{2} / s$$

Der Durchlässigkeitsbeiwert k_f berechnet sich nach:

$$k_f = \frac{T}{L} = \frac{1,7 \cdot 10^{-09}}{2,6} = 6,6 \cdot 10^{-10} \ m / s$$

Ein häufiges Problem bei der Wahl der Typkurve besteht darin, daß in den seltensten Fällen eine volle Deckung von Typ- und Meßkurve erzielt werden kann. Für das dargestellte Beispiel wurde eine Deckung von ca. 80% (das sind die Werte von 0,8 - 0) erreicht. Obwohl der Speicherkoeffizient bei dieser Auswertung bereits berücksichtigt wird, sind schlechte Anpassungen der Meßkurve an eine Typkurve ein Zeichen dafür, daß noch andere Einflüsse, wie z. B. der Skin-Effekt, zum Tragen kommen.

Auswertung nach PERES et al. (1989)
Für die Auswertung nach PERES et al. (1989) wird das oben beschriebene Beispiel herangezogen. Für die Berechnungen werden folgende Parameter benötigt:

- Ruhewasserspiegel h_i [m]
- maximale Druckerhöhung h_0 [m]
- Länge des Testintervalls   L   [m]
- Radius des Testintervalls r_w [m]
- Volumen des Testinveralls   V   [m³]   ($V = \pi \, r_w^2 \, L$)
- Wassertemperatur   T   [°C]
- Kompressibilität des Wassers β [m²/N]
- Dichte des Wassers ρ [kg/m³]
- Erdbeschleunigung   g   [m/s²]
- Steigung der Geraden   m   [s]

Die gemessenen Werte werden durch eine Integration nach folgender Gleichung umgeformt:

$$I(\Delta h) = \sum_0^t \left[\left(\frac{(\Delta h_w + \Delta h_{w+1})}{2}\right)\left(t_{(i+1)} - t_i\right)\right] [\text{m-s}] \qquad (8.64)$$

mit: $I(\Delta h)$ $\int_{0}^{t}(h_w - h_i)dt$

h_w	Meßwert zum Zeitpunkt t	[m]
h_0	maximale Druckerhöhung zum Zeitpunkt t=0	[m]
Δh_w	$h_w - h_i$	[m]
Δh_{w+1}	$h_{w+1} - h_i$	[m]
t	Meßzeit	[s]

Die Meßwerte und die berechneten Werte sind in Tabelle 8.9 zusammengefaßt. In der 1. Spalte ist die Zeit von Versuchsbeginn, d. h. vom Augenblick des Schließens des Ventils an, dargestellt. In der 2. Spalte sind die Meßwerte h_w zusammengefaßt. Die 3. Spalte beinhaltet die nach der Formel 8.64 berechneten Werte. In einem weiteren Schritt werden die Werte der 3. Spalte durch die jeweilige Resterhöhung (h_w-h_0), d. h. den jeweilig noch vorhandenen Überdruck, geteilt. Da bei der ersten Rechnung der Meßwert h_w mit der maximalen Druckerhöhung h_0 (1. Wert der 2. Spalte) identisch ist, läßt sich der Wert der 4. Spalte nicht berechnen, da eine Division durch 0 vorliegt.

Die so berechneten Werte (Spalte 4) werden halblogarithmisch über die Zeit dargestellt (s. Abb. 8.39). Im Idealfall liegen dann alle Punkte auf einer Geraden. Wie bereits beim Typkurvenverfahren beschrieben, tritt dieser Idealfall in der Praxis jedoch nur in den seltensten Fällen ein. In diesem Beispiel liegen die Werte für t>20 s auf einer Geraden. Am Ende der Messung liegen die Werte leicht unter der Geraden, da hier die Änderungen der Meßwerte nur noch sehr gering sind.

Folgende Werte liegen der Berechnung zugrunde:

• Ruhewasserspiegel	h_i	10,4	m
• maximale Druckerhöhung	h_0	27,246	m
• Länge des Testintervalls	L	2,6	m
• Radius des Testintervalls	r_w	0,073	m
• Volumen des Testinveralle	V	0,0435	m³
• Wassertemperatur	T	10	°C
• Kompressibilität des Wassers	β	$4{,}789 \cdot 10^{-10}$	m²/N
• Dichte des Wassers	ρ	$9{,}99 \cdot 10^2$	kg/m³
• Erdbeschleunigung	g	9,81	m/s²
• Steigung der Geraden	m	29	s/log-Zyklus

Tabelle 8.9: Meßwerte und berechnete Werte des Pulse-Tests

Zeit t (s)	Meßwert h_w (m)	$I(\Delta h)$	$(3)/(h_w - h_0)$ (s)
0	27,246		
2	26,855	33,301	85,169
3	26,074	49,366	42,121
5	24,902	79,542	33,934
7	23,975	107,619	32,901
10	22,852	146,659	33,377
15	21,460	205,439	35,506
20	20,386	258,054	37,617
30	18,799	349,979	41,432
40	17,603	427,989	44,383
51	16,626	501,849	47,255
61	15,942	560,689	49,601
71	15,332	613,059	51,457
91	14,453	702,909	54,945
111	13,818	777,619	57,910
151	12,842	894,819	62,123
201	11,987	995,544	65,243
300	11,108	1109,146	68,729
400	10,693	1159,196	70,029
500	10,571	1182,396	70,908
590	10,498	1194,501	71,322

Nach Gleichung 8.61 folgt:

$$T = \frac{1{,}151(0{,}0435 \cdot 4{,}789 \cdot 10^{-10} \cdot 9{,}99 \cdot 10^2 \cdot 9{,}81)}{2\pi \, 29{,}0} = 1{,}3 \cdot 10^{-09} \ \text{m}^2/\text{s}$$

Der Durchlässigkeitsbeiwert berechnet sich dann wieder aus:

$$k_f = \frac{T}{L} = \frac{1{,}3 \cdot 10^{-09}}{2{,}6} = 5{,}0 \cdot 10^{-10} \ \text{m/s}$$

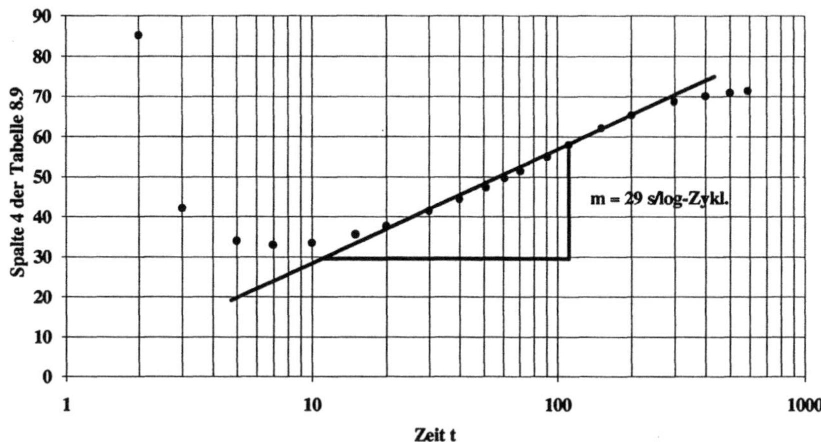

Abb.8.39: Darstellung der normierten Werte der Spalte 4 über der Zeit

Der Vorteil des Verfahrens nach PERES et al. (1989) liegt darin, daß es nach Angaben der Autoren für jeden Grundwasserleitertyp angewendet werden kann.

Der Skin-Effekt berechnet sich nach der Gleichung 8.62. Dazu wird auf der Geraden mit der Steigung m ein beliebiger Punkt festgelegt. An diesem Punkt werden t* auf der Abszisse und $I(\Delta h)/(h_w - h_0)$ an der Ordinate abgelesen. Wählt man für t* = 60 s erhält man für $I(\Delta h)/(h_w - h_0)$ = 52 s (s. Abb. 8.39). Der Speicherkoeffizient S muß für die Berechnung des Skin-Effektes bekannt sein. Für dieses Beispiel war er nicht bekannt und wurde deshalb nach LOHMAN (1972) mit $S = 1 \cdot 10^{-04}$ abgeschätzt.

Für den Skin-Effekt s folgt damit:

$$s = 1{,}151\left[\frac{60}{29} - \log\left(\frac{1{,}3 \cdot 10^{-09} \cdot 52}{1 \cdot 10^{-04} \cdot 0{,}073^2}\right) - 0{,}351378\right] = -0{,}36$$

8.6.8 Bestimmung der Meßgenauigkeit

Bei den Auswerteverfahren wird davon ausgegangen, daß das Gebirge durch den aufgebrachten Druckimpuls keine Verformung erfährt. Durch die Wahl geringerer Druckimpulse kann dies weitgehendst vermieden, jedoch nicht vollständig ausgeschlossen werden. In der Erdölindustrie diente dieses Verfahren auch zur Erzeugung von Fließwegen für Gas und Öl.

Ebenso können Verformungen der Testapparatur durch den Druckimpuls nicht ausgeschlossen werden, wodurch Fehler entstehen können. Andererseits wäre für eine Berücksichtigung der Verformungen der Testapparatur eine aufwendige Eichung der Geräte erforderlich.

Bei einer Auswertung mittels Typkurven können Fehler bei der Anpassung an die Typkurven entstehen. Die Kurven wurden unter Annahme eines homogenen und isotropen Grundwasserleiters entwickelt. Da diese in der Natur so gut wie nie auftreten, wird eine 100 %ige Deckung von Typ- und Meßkurve auch nicht erreicht. Hier ist die Erfahrung der Bearbeiter eine wesentliche Voraussetzung zur Minimierung des dadurch entstehenden Fehlers.

8.6.9 Technischer, personeller und zeitlicher Aufwand

Der technische Aufwand kann anhand der erforderlichen Geräte abgeschätzt werden. Die Gerätschaft läßt sich mit einem Kleintransporter transportieren.

Für den Aufbau der Testanordnung sind 2 Arbeitskräfte erforderlich. Den Test selbst sollte ein erfahrener Bearbeiter betreuen.

Die Dauer des Aufbaus der Versuchsanordnung ist im wesentlichen von der Testtiefe abhängig. Ist die Testbohrung mit dem Kraftwagen zu erreichen, wird für einen Test in einer Tiefe von ca. 10 m unter Gelände mit 2 Arbeitskräften für den gesamten Aufbau eine Zeit von 1 - 2 h benötigt. Der eigentliche Test läuft dagegen innerhalb einiger Minuten bis zu mehreren zehner Minuten ab.

8.6.10 Beurteilung der Methode

In einem Durchlässigkeitsbereich von $k_f < 10^{-07}$ m/s eignet sich der Pulse-Test wie kein anderes Verfahren. Trotz der geringen Durchlässigkeit läuft dieses Testverfahren innerhalb einiger Minuten bis zu mehreren zehner Minuten ab. Mit der Testausrüstung lassen sich ebenfalls DST- oder Slug- und Bail-Tests durchführen. Dadurch ist es möglich, sich an die entsprechenden Verhältnisse flexibel anzupassen und damit fast das gesamte Durchlässigkeitsspektrum mit einer Ausrüstung untersuchen zu können.

8.7 Weitere Tests

VOLKER POIER & MATTHIAS ROSENFELD

8.7.1 Impuls-Test

Impuls-Test ist eine andere Bezeichnung für einen *Pulse-Test* (s. Kap. 8.6). Weitere gebräuchliche Bezeichnungen sind *Pulse-Injection-Test* oder *Pulse-Withdrawl-Test*. Der Pulse-Injection-Test entspricht dem Pulse-Test. Beim Pulse-Withdrawl-Test handelt es sich um einen Unterdruck-Test. Im Gegensatz zum herkömmlichen Pulse-Test wird hierbei kein Überdruck, sondern ähnlich wie beim DST-Test ein Unterdruck im Gestänge erzeugt. Dazu wird das Ventil geöffnet und nach einer kurzen Zeit (einige Sekunden) wieder geschlossen. Gemessen wird der Druckausgleich im Testintervall.

8.7.2 Slug-Injection- und Slug-Withdrawl-Test

Beim Slug-Injektion-Test handelt es sich um eine andere Bezeichnung für einen *Slug-Test* (vergl. Kap.8.4). Der Slug-Withdrawl-Test wird im Rahmen dieser Abhandlung und im deutschen Raum als *Bail-Test* (vergl. Kap.8.4) bezeichnet.

8.7.3 Pressurised Slug-Test

Hierbei handelt es sich um eine weitere Begriffsvariante für einen Slug-Test. Der Begriff wird meist verwendet, wenn ein sehr großer Überdruck aufgebracht wird.

8.7.4 Impedanztest

Der Impedanztest ist ein anderer Name für das *Einschwingverfahren* (vergl. Kap.8.8). Das Einschwingverfahren wurde von KRAUSS-KALWEIT entwickelt und patentrechtlich geschützt.

8.7.5 Interferenztest

Ein Interferenztest ist im weitesten Sinne eine Bezeichnung für Tests, die die Reaktion in einem Beobachtungsbrunnen berücksichtigen. Die meisten Testverfahren beruhen auf der Annahme einer Druckänderung h in einem Abstand *r* zum Testbrunnen. Da in den seltensten Fällen Beobachtungsbrunnen zur Verfügung stehen oder aber die Reichweiten der Tests zu gering sind, wird in vielen Auswerteverfahren eine Näherung angenommen. Ein Beispiel dafür ist die häufig verwendete Formel des EARTH MANUAL (1974), die eine Vereinfachung der Formel für stationäre Strömungsverhältnisse von THIEM (1870) darstellt. Ein Beispiel für die Auswertung eines *WD-Tests mit Beobachtungsbrunnen* ist im Kap 8.3 dargestellt.

Meist wird der Begriff jedoch im Zusammenhang mit sehr speziellen Untersuchungen verwendet. Bei diesen Verfahren werden z. B. einzelne hydraulische Verbindungen getestet. In einer Bohrung wird ein bestimmter Bereich mit Packern abgetrennt. In einer Beobachtungsbohrung wird ein weiterer Bereich abgepackert, der in hydraulischem Kontakt zu dem anderen steht. Diese Testvariante dient zur genauen Ermittlung der Durchlässigkeit einzelner Bereiche.

NOVAKOWSKI (1989) stellt einen *Pulse-Interferenz-Test* als Alternative zu Pumpversuchen in Gesteinen mit geringer Speicherkapazität vor. Dabei handelt es sich um einen Slug-Test mit Beobachtungsbrunnen (vergl. Kap.8.4). Die Auswertung erfolgt anhand von Typkurven, die der Autor in seinem Bericht anbietet, aber die Verwendung eines Computerprogramms zur Generierung der Typkurven empfiehlt (NOVAKOWSKI 1990).

8.8 Einschwingverfahren

MATTHIAS ROSENFELD

- Bestimmung der Transmissivität (T)

- Bestimmung des Durchlässigkeitsbeiwertes (k_f)

Das Einschwingverfahren ist eine Meßmethode zur Ermittlung der Transmissivität von Grundwasserleitern. Es basiert auf der Messung und Auswertung eines Schwingungsvorganges des Systems "Brunnen-Grundwasserleiter". Ein schwingungsfähiges System kehrt nach Auslenkung aus seiner Ruhelage in einem mehr oder minder gedämpften Einschwingvorgang in seine Ausgangslage zurück. Dies gilt auch für den Wasserspiegel eines gespannten Brunnen-Grundwasserleiter-Systems bei plötzlicher Änderung des Druckniveaus. Schwingungsfähige Systeme dieser Art lassen sich durch 2 Parameter, den Dämpfungskoeffizienten und die Eigenfrequenz, vollständig charakterisieren. Beide Parameter werden unmittelbar aus dem Einschwingvorgang bestimmt und sind von der Transmissivität, dem Speicherkoeffizienten und der Brunnengeometrie abhängig. Das Einschwingverfahren ist in Deutschland und in den USA patentrechtlich geschützt (DE 28 03 694 C3, US 4 348 897).

8.8.1 Allgemeine Randbedingungen

Für die exakte mathematische Formulierung des theoretischen Ansatzes werden folgende Bedingungen vorausgesetzt:

- Der Grundwasserleiter hat eine scheinbar unbegrenzte Flächenausdehnung

- Der Grundwasserleiter ist homogen, isotrop (d.h. in allen Richtungen gleich durchlässig) und von gleichbleibender Mächtigkeit

- Der gespannte und/oder freie Wasserspiegel ist (nahezu) horizontal ausgebildet

- Der Testbrunnen durchdringt den gesamten Grundwasserleiter (vollkommener Brunnen); Zu- und Abstrom erfolgen horizontal über den gesamten Grundwasserleiter

- Der Grundwasserleiter erhält im Testbereich keine oberirdischen Zuflüsse

- Es gilt das Gesetz von DARCY (laminare Strömung)

8.8.2 Anwendungsbereiche

- Der Untersuchungsbereich ist verfahrensbedingt auf die gesättigte Zone beschränkt

- Einschwingversuche können sowohl in Poren- als auch in Kluftgrundwasserleitern durchgeführt werden. Außerdem sind Untersuchungen von Karstgrundwasserleitern möglich

- Einschwingversuche werden in der Regel in ausgebauten Grundwassermeßstellen durchgeführt. Der Einsatz des Verfahrens ist aber auch im unverrohrten Bohrloch möglich

- Der Einsatz des Verfahrens wird für einen Durchlässigkeitsbereich von $10^{-2} \geq k_f \leq 10^{-6}$ m/s empfohlen

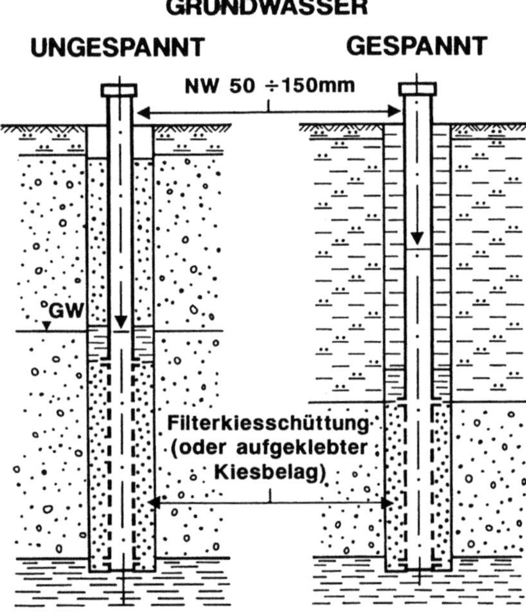

Abb.8.40: Normalausbau von Meßbrunnen für das Einschwingverfahren. (Aus KRAUSS-KALWEIT 1987)

8.8.3 Besondere Hinweise

Während laterale und vertikale Inhomogenitäten keinen sehr starken Einfluß
auf die Meßergebnisse haben, zeigt die Erfahrung, daß der Brunnenausbau
selbst von wesentlicher Bedeutung ist. Grundsätzlich ist für die Meßstelle
beim Einschwingverfahren kein anderer Ausbau nötig als der, der üblicherweise für Grundwasserbeobachtungsstellen vorgesehen ist. Grundsätzlich ist für die Meßstelle
Eine Ausnahme bilden Meßstellen im ungespannten Grundwasserleiter. In
diesem Fällen sollte oberhalb der Kiesschüttung eine Ton- oder Bentonitab-
dichtung eingebracht werden, um ein mögliches Schwingen des Grundwassers
im Filterkies während des Einschwingvorganges zu verhindern (s.Abb. 8.40).
Grundwassermeßstellen mit Durchmessern von 50 - 150 mm haben sich als
besonders geeignet erwiesen, da bei größeren Durchmessern die Abdichtung
der Meßstelle schwieriger und der Preßluftverbrauch zu groß wird (MÜLLER
1984).

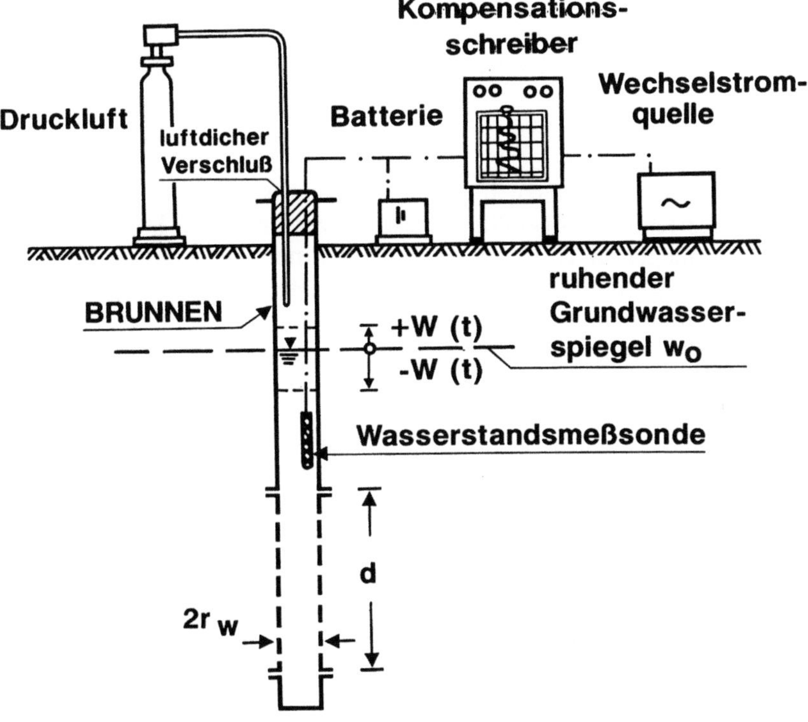

Abb.8.41: Versuchsaufbau beim Einschwingverfahren. (Aus KRAUSS-KALWEIT 1987)

8.8.4 Erforderliche Ausrüstung, Versuchsanordnung

- Verschluß zur Pegel- bzw. Bohrlochabdichtung; vorteilhaft ist ein Gummistopfen mit integriertem Kugelventil und Halterung
- Druckaufnehmer zur schnellen Wasserstandsmessung
- Datenerfassungseinheit; PC mit A/D-Wandler; Datenlogger; Meßverstärker
- Druckluft; Preßluftflasche; Kompressor
- Lichtlot
- Stromversorgung; Generator oder Batterie/Akku

Die Versuchsanordnung ist in Abb. 8.41 schematisch dargestellt.

8.8.5 Versuchsdurchführung

Für die Durchführung von Einschwingversuchen muß der Testbrunnen/Testpegel zunächst sorgfältig abgedichtet werden. Bei den üblichen Pegeldurchmessern genügt dazu i. allg. ein Gummistopfen, der allerdings mit einer Haltevorrichtung sorgfältig befestigt werden muß. Danach wird der Grundwasserspiegel im Testbrunnen/Testpegel meist über Druckluft aus einer handelsüblichen Preßluftflasche oder mit Hilfe eines Kompressors nach unten gedrückt, bis er sich ca. 50 - 100 cm unter seinem ursprünglichen Niveau fest eingestellt hat. Je nach Durchlässigkeit des Grundwasserleiters genügt hierfür ein Druck von $1 - 2 \cdot 10^5$ Pa. Dieser Absenkungszustand wird ca. eine 30 s bis 1 min. lang aufrechterhalten. Die Preßlufteinspeisung in die Meßstelle führt vorübergehend zu einer Druckerhöhung im Grundwasserleiter, die sich als meßbare Druckwelle radial ausbreitet und einen Abfluß in den Grundwasserleiter bewirkt. Die Absenkung/Erniedrigung der Wassersäule in der Meßstelle entspricht dabei dem aufgebrachten Druck. Danach wird durch schlagartiges Entfernen oder Öffnen der Dichtung eine Druckentlastung erzeugt, worauf sich der Grundwasserspiegel in einem Einschwingvorgang, der durch die Eigenschaften des Brunnen-Grundwasserleiter-Systems, wie Durchlässigkeit bzw. Transmissivität und Brunnengeometrie bestimmt wird, wieder auf seine Ausgangslage einstellt. Der Einschwingvorgang kann entweder eine gedämpfte Schwingung sein oder einen rein exponentiellen Verlauf haben.

Die Dauer eines solchen Einschwingvorgangs liegt in der Regel zwischen einigen Sekunden und wenigen Minuten. Im Einzelfall kann bei sehr geringen

Durchlässigkeiten die Dauer des Einschwingvorgangs auch mehrere Stunden betragen.

Die Messung des Wasserspiegelverlaufs erfolgt mit Hilfe eines schnell reagierenden Druckaufnehmers, der vor Versuchsbeginn unterhalb der tiefsten zu erwartenden Absenkung positioniert wurde.

8.8.6 Auswerteverfahren, Darstellung und Interpretation

Bei der Anwendung des Einschwingverfahrens wird ein homogener und isotroper Grundwasserleiter vorausgesetzt. Die Gültigkeit des DARCY-Gesetzes muß hinreichend genau gewährleistet sein. Die Ableitung gilt zunächst nur für gespannte Grundwasserleiter; aber auch bei ungespannten Verhältnissen können brauchbare Ergebnisse erzielt werden (KRAUSS 1977).

Die Aufzeichnungen der Druckschwankungen sind Grundlage für die Auswertung des Einschwingverfahrens. Die Kurve des Einschwingvorgangs wird über die Zeit aufgetragen, woraus sich der Dämpfungsfaktor β und die Eigenfrequenz des Systems ω_w errechnen läßt. Mit dem Dämpfungsfaktor und der Eigenfrequenz kann nach der Gleichung:

$$T = 1,3 \cdot r_w{}^2 \cdot \frac{\omega_w}{\beta} \qquad [m^2/s] \qquad (8.65)$$

die Transmissivität bestimmt werden. Es bedeuten:

T	$=$	Transmissivität	$[m^2/s]$
r_w	$=$	Radius der schwingenden Wassersäule	$[m]$
ω_w	$=$	Eigenfrequenz des Systems	$[s^{-1}]$
β	$=$	Dämpfungskoeffizient des Einschwingvorganges	$[-]$

Ferner kann mit der bekannten Mächtigkeit d des Grundwasserleiters über die Formel:

$$k_f = \frac{T}{d} = 1,3 \cdot r_w{}^2 \cdot \frac{\omega_w}{\beta \cdot d} \qquad [m/s] \qquad (8.66)$$

die Durchlässigkeit (k_f-Wert) berechnet werden.

Herleitung

Aus Beobachtungen in Grundwassermeßstellen wurde erkannt, daß der Grundwasserleiter bei Anregung durch seismische Kompressionswellen zusammen mit der Wassersäule in einem Brunnen, der den Grundwasserleiter durchteuft, ein schwingungsfähiges System darstellt (s. Abb. 8.42).

Ein schwingungsfähiges System, z.B. ein Pendel, kehrt nach Auslenkung aus seiner Ruhelage in einem mehr oder minder gedämpften Einschwingvorgang in seine Ruhelage zurück. Ebenso verhält sich auch der Wasserspiegel eines Brunnen-Grundwasserleiter-Systems, der nach schlagartiger Änderung des Druckniveaus aus der Ruhelage wieder in seine Ausgangslage zurückschwingt.

Mechanische schwingungsfähige Systeme setzen sich i. allg. aus einer Masse, einer Dämpfung und einer Rückstellung zusammen. Beim System Brunnen-Grundwasserleiter stellt die Wassersäule im Brunnen und das Wasser im angrenzenden Grundwasserleiter die Masse dar. Die Dämpfung wird durch die Reibung im Grundwasserleiter bestimmt, die von der Durchlässigkeit abhängig ist. Die Rückstellung wird durch das veränderte Druckniveau hervorgerufen, das infolge der Auslenkung des Wasserspiegels im Brunnen aus seiner Ruhelage entsteht (KRAUSS-KALWEIT 1987).

Alle schwingungsfähigen Systeme, also auch das Brunnen-Grundwasserleiter-System, können durch die folgende Schwingungsgleichung beschrieben werden:

$$\frac{d^2 W_{(t)}}{dt^2} + 2\beta \cdot \omega_w \frac{dW_{(t)}}{dt} + \omega_w^2 \cdot W_{(t)} = 0 \qquad (8.67)$$

Es bedeuten:

$W(t)$ = Wasserspiegelbewegung im Brunnen [m]
t = Zeit [s]
β = Dämpfungskoeffizient [-]
ω_w = Eigenfrequenz [s^{-1}]

Je nach Zahlenwert für β ergeben sich für die Gleichung (8.67) 2 Lösungen:

Für $\beta < 1$ (oszillierender Verlauf) gilt:

$$W_{(t)} = W_0 \cdot e^{-\beta \omega_w t} \cdot \cos (\omega_w \sqrt{1 - \beta^2}) \cdot t \qquad (8.68)$$

Für $\beta > 1$ (exponentieller Verlauf) gilt:

$$W_{(t)} = W_0 \cdot e^{\omega_w (-\beta + \sqrt{\beta^2 - 1}) \cdot t} \qquad (8.69)$$

Es bedeutet:

W_0 = Anfangsauslenkung des Wasserspiegels zur Zeit $t = 0$

Wie aus den Gleichungen 8.68 und 8.69 ersichtlich wird, kann der Einschwingvorgang entweder eine gedämpfte Schwingung sein (8.68), oder der Vorgang zeigt einen rein expotentiellen Verlauf, wie ihn die Gleichung (8.65) beschreibt. Bei der gedämpften Schwingung oszilliert der Wasserspiegel nach

der Druckentlastung ein oder mehrmals um die ursprüngliche Ruhelage, bevor
er diese wieder erreicht. Beim exponentiellen Verlauf nähert sich der Grundwasserspiegel der ursprünglichen Ruhelage ohne eine Überschwingung
asymptotisch an (siehe Beispiele in Abb. 8.43).

Da in den Gleichungen 8.67, 8.68 und 8.69 nur die Unbekannten β und ω_W
vorkommen, wird der Verlauf und die Dauer des Einschwingvorgangs ausschließlich von der Dämpfung und der Eigenfrequenz des Systems bestimmt.
Diese hängen hauptsächlich von der Durchlässigkeit des Aquifers und von der
Brunnengeometrie ab und können unmittelbar aus dem Einschwingvorgang
bestimmt werden.

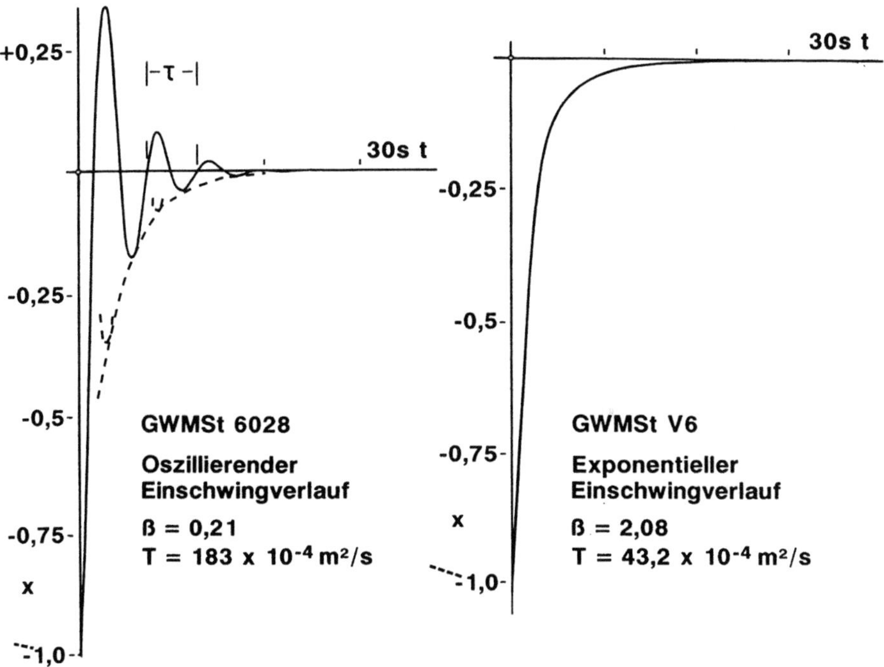

Abb.8.42: Beispiel für oszillierenden und exponentiellen Einschwingverlauf. Für den
oszillierenden Fall ist die Einhüllende gestrichelt dargestellt. (Aus MÜLLER 1984)

Beim exponentiellen Einschwingverlauf steigt der Wasserspiegel zunächst
schnell an und kommt dann erst ganz allmählich wieder in seine ursprüngliche
Ruhelage zurück. Die Expotentialfunktion mit der allgemeinen Gleichung:

$$W_{(t)} = W_0 \cdot e^{-Et} \qquad\qquad [m] \qquad\qquad (8.70)$$

gibt die Restauslenkung W(t) zur Zeit t an. E ist der Steigungskoeffizient der Kurve. Er ist abhängig von β und ω_w (KRAUSS 1974b) und muß für die Auswertung bestimmt werden.

Die Eigenfrequenz ω_w, die im wesentlichen von der Druckhöhe H der Wassersäule in der Grundwassermeßstelle oberhalb des Filters abhängig ist, wird bei exponentiellem Verlauf der Einschwingkurve näherungsweise nach der Formel:

$$\omega_w = \frac{3{,}4}{\sqrt{H}} \qquad\qquad [s^{-1}] \qquad\qquad (8.71)$$

berechnet, woraus folgt:

$$H_0 \approx \frac{11}{\omega_w{}^2} \qquad\qquad [m] \qquad\qquad (8.72)$$

Bei gespannten Grundwasserleitern ist für H_0 die Höhe der Wassersäule über dem Grundwasserleiter und bei ungespannten Grundwasserleitern die Höhe der Wassersäule über der Filteroberkante einzusetzen. Bei unverrohrten Bohrungen oder unbekanntem Ausbau ist für $H_0 = 1$ einzusetzen (KRAUSS-KALWEIT 1988).

Somit kann bei exponentiellem Verlauf mit der bekannten Druckhöhe H_0 die Eigenfrequenz ω_w, statt aus dem Verlauf des Einschwingvorganges, mit Hilfe der Gleichung (8.71) berechnet werden. Dies erweist sich mitunter als zweckmäßig (KRAUSS-KALWEIT 1987).

Der Dämpfungskoeffizient β berechnet sich dann nach der Formel:

$$\beta = \frac{\omega_w^2 + E^2}{2\,E \cdot \omega_w} \qquad\qquad [-] \qquad\qquad (8.73)$$

Beim oszillierenden Einschwingverlauf wird die Einhüllende der gedämpften Schwingung graphisch an die Minima bzw. an die an der Zeitachse gespiegelten Maxima angelegt (siehe Abb.8.42). Die Amplitudenabnahme folgt wieder der allgemeinen Exponentialfunktion.

Aus der aufgezeichneten Einschwingkurve wird beim oszillierenden Einschwingverlauf die Periode τ entnommen, und es kann nach der Formel:

$$\beta = \frac{1}{\sqrt{1 + \dfrac{4\,\pi^2}{\tau^2 \cdot E^2}}} \qquad\qquad [-] \qquad\qquad (8.74)$$

der Dämpfungskoeffizienten β berechnet werden. E ist dabei abhängig von β und ω_w der Kurve (KRAUSS 1974b).

Die Eigenfrequenz des Brunnen-Grundwasserleiter-Systems errechnet sich bei einem oszillierenden Einschwingverlauf aus der Formel:

$$\omega_w = \frac{2\,\pi}{\sqrt{1 - \beta^2} \cdot \tau} \qquad [s^{-1}] \qquad (8.74)$$

Außer dem eindeutig exponentiellen oder eindeutig oszillierenden Verlauf des Einschwingvorganges kommen in der Praxis häufig Varianten vor, die im Übergangsbereich dieser beiden Typen liegen. Die Meßkurve dieses Übergangstyps zeigt einen schnellen Wasseranstieg bis zu einem Maximum, das entweder den ursprünglichen Ruhewasserspiegel fast erreicht oder ihn leicht übersteigt. In beiden Fällen nähert sich dann die Kurve nach einem schwachen Abfall asymptotisch der Ausgangslage an (s. Abb. 8.43).

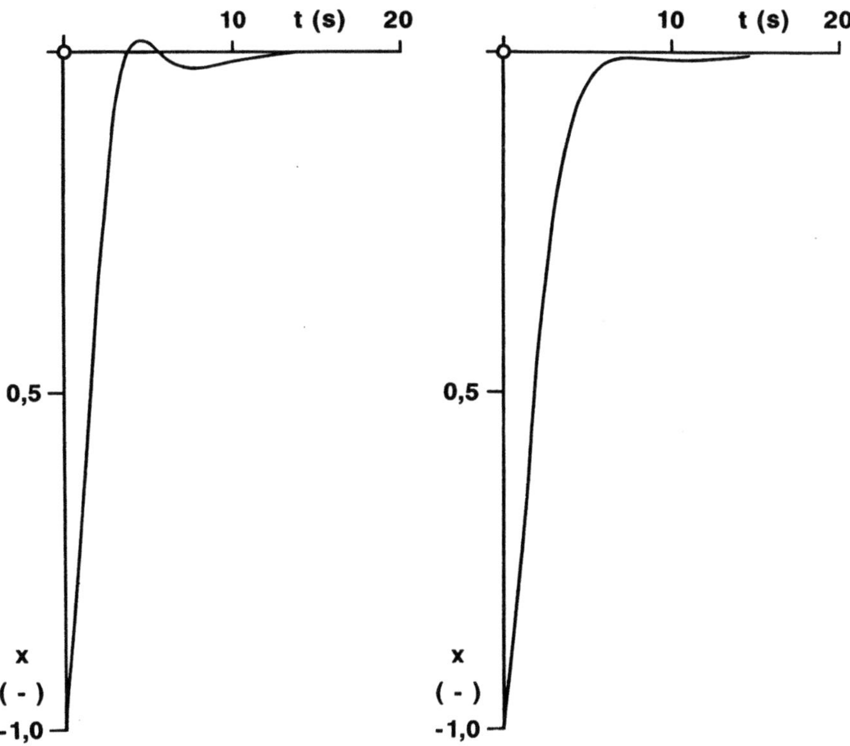

Abb.8.43: Einschwingkurven des Übergangstyps, zwischen exponentiellem und oszillierendem Verlauf. (AUS MÜLLER 1984)

Da bei diesem Verlauf der Einschwingkurve Maximum und Minimum nicht deutlich ausgeprägt sind, ist die Konstruktion einer Hüllkurve schwierig. Aus diesem Grund wird eine Ausgleichskurve über den Wasseranstieg gezeichnet, die in mehr oder weniger guter Näherung einer Exponentialfunktion entspricht.KRAUSS (1974b) zeigt, daß bei der Ableitung des Einschwingverfahrens die Auswertungsergebnisse für exponentiellen und oszillierenden Wasseranstieg nicht exakt aneinander anschließen. Es wird im Bereich zwischen $0,5 < \beta < 1,2$ die annähernd lineare Beziehung zwischen β und $^1/_T$ für $\beta \to 1$ immer schlechter, so daß in diesem Bereich interpoliert werden muß (s. Abb. 8.44).

Bei gleichem Meßstellenausbau ergeben nach MÜLLER (1984) Einschwingverläufe des Übergangstyps Durchlässigkeitsbeiwerte, die i. allg. über den Ergebnissen für stark gedämpfte exponentielle und unter denen für schwach gedämpfte oszillierende liegen.

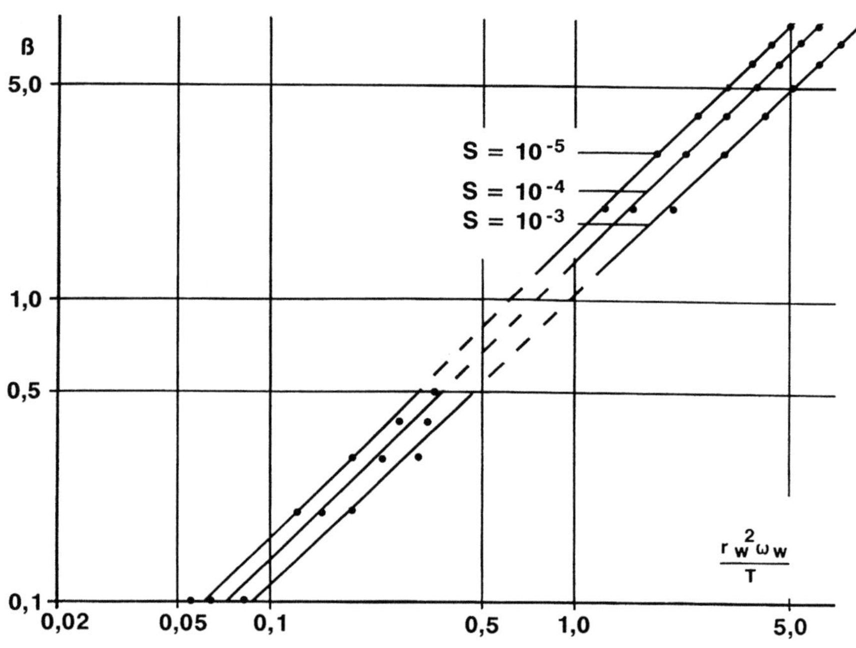

Abb.8.44: Zusammenhang zwischen dem Dämpfungskoeffizienten β und dem Dämpfungsfaktor C für verschiedene Speicherkoeffizienten S. Nicht linearer Bereich zwischen $0,5 \le \beta \le 1,2$. (Nach KRAUSS 1974a in MÜLLER 1984)

Die dazugehörigen β- Werte fallen meist in den nicht linearen Bereich der Beziehung zwischen β und $1/_T$. Die Abhängigkeit von β und dem ebenfalls dimensionslosen Dämpfungsfaktor C ist in Abb. 8.44 dargestellt. Der mehrere Parameter zusammenfassende Dämpfungsfaktor C ist wie folgt definiert:

$$C = \frac{r_w^2 \cdot \omega_w}{T} \qquad [-] \qquad\qquad (8.76)$$

Die Abhängigkeit des Dämpfungsfaktors C vom Speicherkoeffizienten ist wie in Abb. 8.44 ersichtlich relativ gering ist. Bei bekanntem Speicherkoeffizienten S kann mit Hilfe des aus dem Einschwingvorgang berechneten β-Wertes der Dämpfungskoeffizient C aus dem Diagramm abgelesen werden. Ist der Speicherkoeffizient S nicht bekannt, so kann nach KRAUSS (1974b) und MÜLLER (1984) ohne nennenswerten Fehler die Kurve für den Speicherkoeffizienten $S = 10^{-4}$ benutzt werden. Mit der Gleichung

$$T = \frac{r_w^2 \cdot \omega_w}{C} \qquad [m^2/s] \qquad\qquad (8.77)$$

kann nun ebenso wie mit Gleichung (8.65) die Transmissivität berechnet werden (KRAUSS 1977).

Der wirksame Radius (r_w) der schwingenden Wassersäule kann aus den Brunnenausbaudaten bestimmt werden. Dabei ist besondere Sorgfalt anzuwenden, da er quadratisch in die Berechnungen eingeht. Es ist deshalb zu überlegen, welche radiale Ausdehnung die schwingende Wassersäule annehmen kann. KRAUSS-KALWEIT unterscheidet aufgrund der Brunnengeometrie 3 Fälle. In einer *unverrohrten Bohrung* entspricht r_w dem Bohrradius. In einer *ausgebauten Meßstelle im gespannten Grundwasserleiter* kann davon ausgegangen werden, daß die Wassersäule nur im Aufsatzrohr (Vollrohr) schwingt, so daß r_w gleich dem Radius der Verrohrung gesetzt wird. In einer *ausgebauten Meßstelle im ungespannten Grundwasserleiter* wird angenommen, daß die Wassersäule auch außerhalb der Verrohrung (Kiesschüttung) schwingt, so daß r_w dem Bohrradius entspricht. Nur in Sonderfällen, wenn die Filterstrecke kurz ist im Verhältnis zur Vollverrohrten Strecke und wenn der Grundwasserspiegel hoch über der Filteroberkante steht, ist r_w gleich dem Radius der Verrohrung.

8.8.7 Beispiel

Bei der untersuchten Meßstelle handelt es sich um eine unverrohrte Bohrung, die im geklüfteten Kreidetonstein abgeteuft wurde. Die Bohrung durchdringt nicht die gesamte Schichtmächtigkeit. Die Grundwasserverhältnisse sind ungespannt. Der Bohrlochkopf ist mit einer 3 m langen Rohrtour abgesichert. Der Ruhewasserspiegel steht in der Verrohrung.

Zunächst wurde die Bohrlochtiefe und die Tiefe des Wasserspiegels unter Rohroberkante genau ausgelotet und der Innendurchmesser der Verrohrung exakt gemessen. Damit sind folgende zur Auswertung benötigten Brunnenparameter bekannt:

- H_0 = 1,4 m   (Druckhöhe der Wassersäule; Strecke zwischen Ruhewasserspiegel und Unterkante Schutzverrohrung bzw. Oberkante „Filterstrecke")

- r_w = 0,05 m (Radius der schwingenden Wassersäule; Innendurchmesser der Schutzverrohrung)

- d = 11,66 m (Länge der unverrohrten Bohrung; Strecke zwischen Ende Schutzverrohrung und Bohrlochsohle)

Zur Versuchsdurchführung wurde der Druckaufnehmer geeicht und unterhalb der tiefsten zu erwartenden Absenkung positioniert. Die Meßwerte des Druckaufnehmers wurden während des Versuchs im Sekunden-Rhythmus digital erfaßt und im Geländerechner gespeichert. Nach der Positionierung des Druckaufnehmers wurde die Meßstelle abgedichtet und der Wasserspiegel über die Zufuhr von Druckluft genau 1 m abgesenkt. Dabei lag der abgesenkte Wasserspiegel immer noch im Bereich der Schutzverrohrung.

Abbildung 8.45 zeigt den Anstieg des Wasserspiegels nach Öffnen des Dichtungsventils. Die Meßkurve verläuft exponentiell und nähert sich dem Ruhewasserspiegel asymptotisch an. Auf der Ordinate ist die Höhe der Auslenkung des Wasserspiegels und auf der Abszisse die Zeit abgetragen.

Zur Auswertung von Einschwingversuchen wird üblicherweise ein von KRAUSS-KALWEIT (1988) entwickeltes und kommerziell vertriebenes Computerprogramm verwendet. Dabei wird die Steigung der Kurve durch Iteration bestimmt und aus dem daraus berechneten Dämpfungskoeffizienten zusammen mit der Eigenfrequenz die Transmissivität berechnet.

Im folgenden wird die manuelle Auswertung des Einschwingvorgangs näher erläutert:

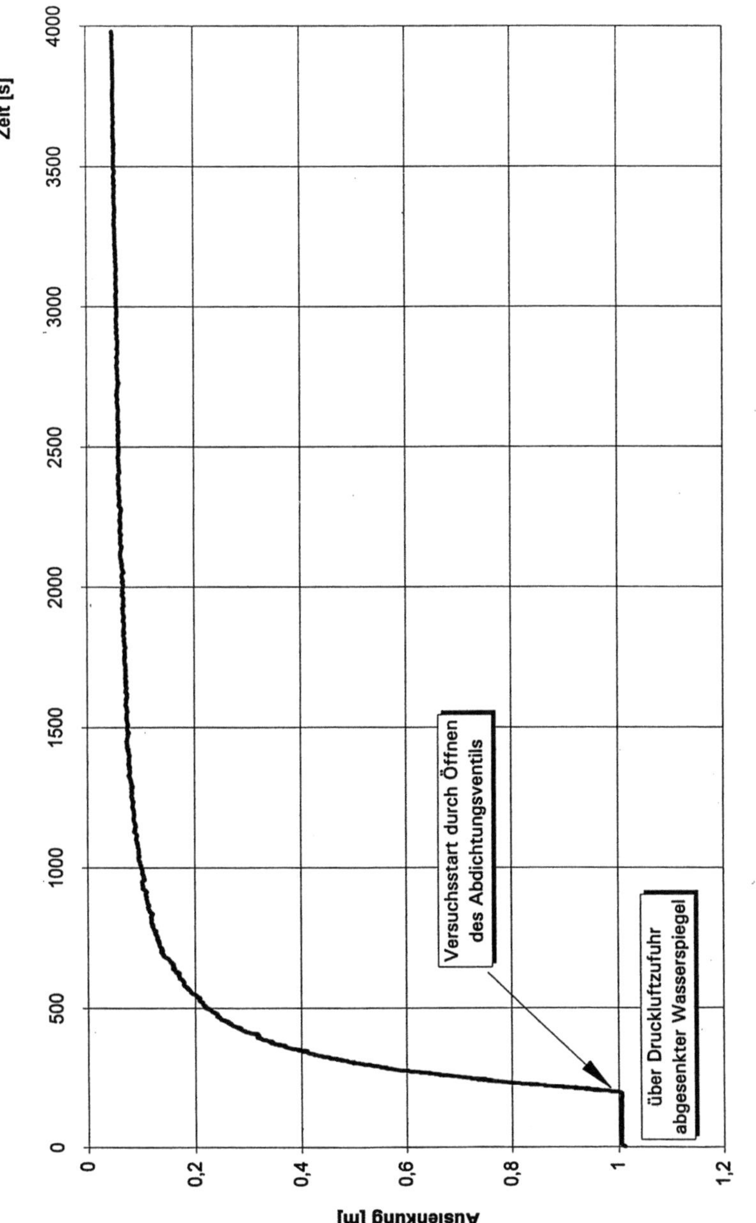

Abb.8.45: Verlauf eines exponentiellen Einschwingvorgangs

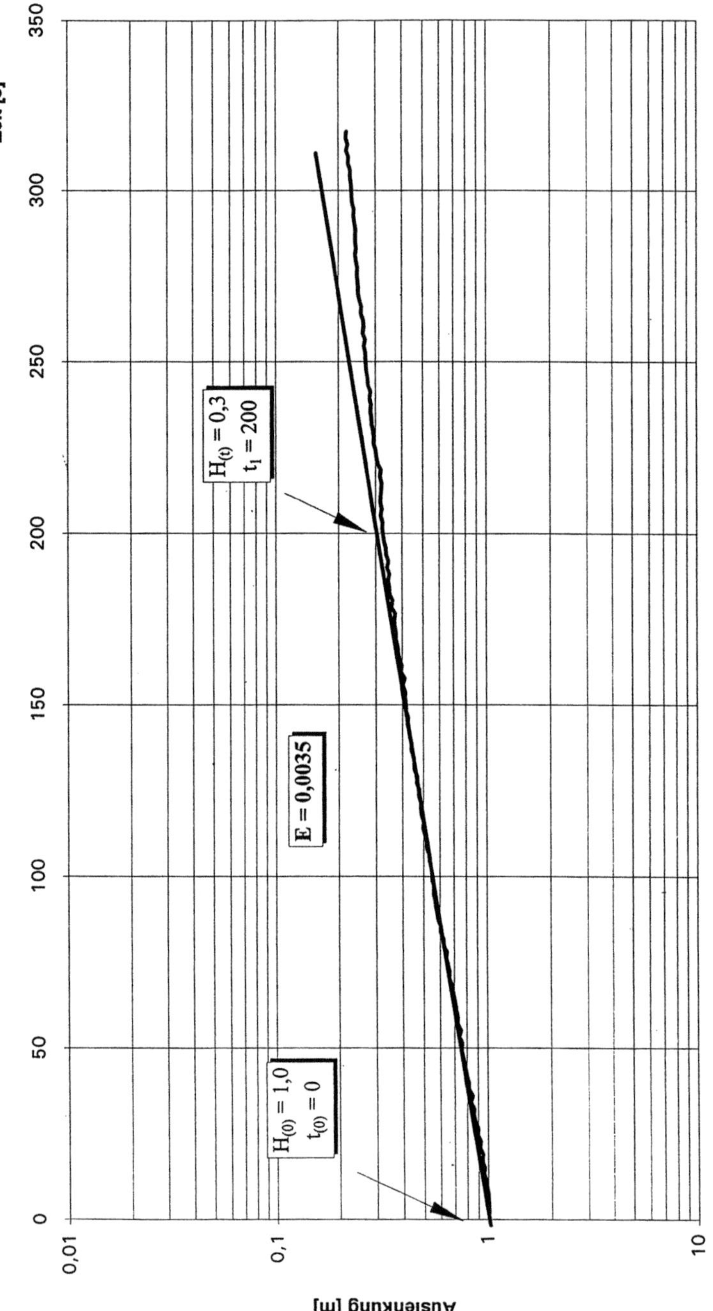

Abb. 8.46: Meßwerte mit Regressionsgeraden zur Bestimmung der Steigung

Aus dem dargestellten exponentiellen Kurvenverlauf, der charakteristisch für geringer durchlässige Untergrundverhältnisse ist, kann die Eigenfrequenz (ω_w) nicht direkt bestimmt werden. Sie ist über die Höhe der senkrecht schwingenden Wassersäule H_0 zu ermitteln. Im vorliegenden Beispiel ergab sich H_0 aus der Strecke zwischen Ruhewasserspiegel und dem Ende der Schutzverrohrung mit $H_0 = 1,4$ m.

Damit läßt sich dann nach Formel 8.71 die Eigenfrequenz berechnen:

$$\omega_w = \frac{3,4}{\sqrt{H}} = \frac{3,4}{\sqrt{1,4}} = 2,87 \ \text{s}^{-1}$$

Zur weiteren Auswertung wird dann der Steigungskoeffizient E der Exponentialfunktion benötigt. Dazu werden die Versuchsdaten im halblogarithmischen Maßstab auf die Anfangsauslenkung $x_0 = 1$ zum Zeitpunkt $t=0$ (Versuchsstart; Öffnen des Ventils) normiert graphisch dargestellt (Abb. 8.46). Im Beispiel war die Normierung der Auslenkung überflüssig, da der Wasserspiegel von vornherein genau 1 m abgesenkt wurde. Auf der logarithmisch geteilten Ordinate wird die Höhe des Wasserspiegels und auf der linearen Abszisse die Zeit seit Versuchsstart aufgetragen. Aus den Wertepaaren läßt sich dann durch lineare Regression die Steigung E ablesen.

Mit dem graphisch bestimmten Steigung $E = 0,0035$ kann nun wiederum der Dämpfungsfaktor β mit der Formel 8.73 bestimmt werden:

$$\beta = \frac{\omega_w^2 + E^2}{2\,E \cdot \omega_w} = 410,5 \ [\text{-}]$$

Somit sind alle zur Berechnung der Durchlässigkeit benötigten Parameter bekannt und Transmissivität und kf-Wert können nach den Formeln 8.65 und 8.66 berechnet werden.

$$
\begin{array}{llll}
H_0 & = & 1,4 & \text{m} \\
d & = & 11,66 & \text{m} \\
r_w & = & 0,05 & \text{m} \\
\omega_w & = & 2,873 & \text{s}^{-1} \\
\beta & = & 410,5 & [\text{-}]
\end{array}
$$

$$T = 1,3 \cdot r_w{}^2 \cdot \frac{\omega_w}{\beta} \qquad\qquad = \qquad 2,27\text{E-5} \ \text{m}^2/\text{s}$$

$$k_f = \frac{T}{d} = 1,3 \cdot r_w{}^2 \cdot \frac{\omega_w}{\beta \cdot d} \qquad = \qquad 1,95\text{E-6} \ \text{m/s}$$

8.8.8 Personeller, technischer und zeitlicher Aufwand

In der Regel können Einschwingversuche von nur einer Person durchgeführt werden. Da sämtliche Geräte, die für den Einschwingversuch nötig sind, nur wenig Gewicht und Volumen besitzen, können auch Meßstellen untersucht werden, die nur zu Fuß zu erreichen sind.

Der technische Aufwand für das Einschwingverfahrens ist äußerst gering. An Gerätschaft wird eine handelsübliche Preßluftflasche benötigt, wobei eine Flaschenfüllung für mehrere Brunnen ausreicht. Zur Versuchsdurchführung ist ferner ein schnell reagierender Druckaufnehmer, eine Datenerfassungseinheit (PC) und eine geeignete Abdichtung für die Meßstelle notwendig. Für die Abdichtung reicht i. allg. ein einfacher Gummistopfen aus, der allerdings mit einer Haltevorrichtung sorgfältig befestigt werden muß. Zur Energieversorgung für PC und Druckmeßsonde genügen tragbare Batterien bzw. Akkus. Die gesamte Ausrüstung kann bequem in einem PKW transportiert werden.

Der gesamte zeitliche Aufwand für eine Meßstelle einschließlich Ein- und Ausbau des Wasserstandaufnehmers beträgt rund 1 h. Darin sind mehrere Messungen, die zur Erhöhung der Genauigkeit angebracht sind, enthalten (KRAUSS 1977). Eine einzelne Messung dauert i. allg. nur wenige Minuten.

Die Auswertung der aus den Versuchen gewonnenen Daten beansprucht ebenfalls wenig Zeit und wird meist mit Hilfe eines Rechenprogrammes vorgenommen, das von KRAUSS entwickelt wurde und speziell auf die Versuchsgeometrie abgestimmt werden kann.

8.8.9 Beurteilung der Methode

Das Einschwingverfahren wurde an zahlreichen Bohrungen sowohl in Poren- als auch in Kluftgrundwasserleitern im gesamten, für die Grundwassergewinnung und -bewirtschaftung relevanten Bereich von $10^{-6} \leq k_f \leq 10^{-2}$ m/s eingesetzt (KRAUSS 1977). KRAUSS (1977) und MÜLLER (1984) konnten zahlreiche Ergebnisse aus Einschwingversuchen im Lockergestein und im geklüfteten Festgestein mit Ergebnissen aus Langzeitpumpversuchen vergleichen. In beiden Fällen wurden sehr gute Übereinstimmungen der jeweiligen Ergebnisse erzielt.

Die wesentlichen Vorteile des Einschwingverfahrens gegenüber anderen Verfahren zur Ermittlung der Durchlässigkeit von Grundwasserleitern bestehen in dem sehr geringen technischen, zeitlichen und personellen Aufwand.

Durch die Möglichkeit des schnellen Einsatzes und der kurzen Versuchszeiten ergeben sich keine Verfälschungen der Meßergebnisse durch wechselnde meteorologische, hydrologische und anthropogene Einflüsse. Aus diesem Grund eignet sich das Einschwingverfahren besonders gut zum Einsatz in Gebieten mit wechselnden Grundwasserständen wie es z.B. in Tidengebieten üblich ist.

Das Einschwingverfahren ist sowohl in Poren- als auch in Kluftgrundwasserleitern einsetzbar. Obwohl ein homogener und isotroper Grundwasserleiter mit einer unendlich lateralen Ausdehnung vorausgesetzt wird, lieferte das Verfahren nach KRAUSS (1977) und MÜLLER (1984) trotz nicht idealer Erfüllung dieser Voraussetzungen brauchbare Ergebnisse. Des weiteren kann das Einschwingverfahren, obwohl die mathematische Ableitung nur für gespannte Grundwasserleiter gilt, auch in ungespannten Leitern erfolgreich eingesetzt werden (KRAUSS 1977).

Eine getrennte Ermittlung einzelner Durchlässigkeiten in gegliederten Grundwasserleitern und Stockwerken ist möglich.

Größere Gebiete können trotz oftmals geringer Reichweite des Einschwingverfahrens mit mehreren Messungen flächendeckend und wirtschaftlich beprobt werden. Somit kann das Verfahren sowohl bei kleinräumlichen Untersuchungen, z.B. Baugrund, als auch bei großräumigen Grundwassererschließungsvorhaben erfolgreich eingesetzt werden.

Ein weiterer Vorteil des Einschwingverfahrens besteht darin, daß dem Grundwasserleiter kein Wasser entnommen oder zugeführt wird und es somit nach dem WHG kein genehmigungspflichtiges Verfahren ist. Auch die Druckbeanspruchung des Gebirges ist während der Absenkung des Grundwasserspiegels derart gering, daß dadurch eine Veränderung des Gebirges ausgeschlossen werden kann.

Trotz des sehr geringen zeitlichen, finanziellen und personellen Aufwandes sind die ermittelten Ergebnisse beim Einschwingverfahren, wie Vergleiche mit Ergebnissen aus Pumpversuchen zeigten, recht zuverlässig, so daß das Einschwingverfahren eine wichtige Ergänzung und Absicherung anderer Verfahren (z.B. Pumpversuche) ist und diese in gewissem Umfang sogar ersetzen kann. Es muß jedoch angemerkt werden, daß unterschiedliche Randbedingungen, die das Ergebnis sicherlich beeinflussen, wie die Rauhigkeit der Bohrlochwand eines unausgebauten Pegels im Gegensatz zum Filterkies eines ausgebauten Pegels nicht berücksichtigt werden. Des weiteren kann die Aussage von KRAUSS (1977) und MÜLLER (1984), daß das Verfahren auch in Kluftgrundwasserleitern brauchbare Ergebnisse liefert nur für die von den Autoren bearbeiteten Fälle Gültigkeit haben und nicht verallgemeinert werden.

Bei sehr tiefliegendem Grundwasserspiegel kann der Preßluftverbrauch, um noch eine befriedigende Absenkung zu erzielen, sehr hoch sein, so daß ggf. eine Preßluftflasche mit ausreichendem Volumen Verwendung finden sollte.

Berechnungen und Messungen zufolge kann mit dem Einschwingverfahren nach KRAUSS-KALWEIT (1987) ein Radius von bis zu 100 m um den Brunnen erfaßt werden, da hierbei im wesentlichen die Druckausbreitung und nicht der Massentransport eine Rolle spielt.

Prinzipiell kann das Einschwingverfahren sowohl zur partiellen Erkundung von ausgedehnten Gebieten zur Grundwassergewinnung, als auch für kleinräumige Untersuchungen, wie z.B. bei Vorarbeiten zur Grundwasserabsenkung bei Baumaßnahmen, erfolgreich eingesetzt werden. Bei großflächigen

Untersuchungen mit dem Einschwingverfahren können, bei wechselnden hydrogeologischen Verhältnissen, Gebiete mit unterschiedlichen Transmissivitäten eingegrenzt werden.

Nach KRAUSS-KALWEIT (1987) ist das Einschwingverfahren auch geeignet, im Talsperrenbau quantitative, differenzierte und verläßliche Aussagen über die Durchlässigkeit im Untergrund und im Staubauwerk zu liefern. Die Anwendung des Einschwingverfahrens ist nicht auf den Grundwasserbereich beschränkt, sondern kann auch bei der Erdölprospektion, bei der Soleförderung und bei anderen Projekten erfolgen (KRAUSS-KALWEIT 1987).

Des weiteren sind die Geräte und Messungen für rauhen Baubetrieb geeignet und können gegen Witterungseinflüsse leicht geschützt werden, so daß, vom eigentlichen Ausbau abgesehen, keine weiteren Ansprüche an die Meßstelle zu stellen sind.

8.9 Auffüll- und Absenkversuche in Rammkernsondierungen

Michael Heitfeld

- Bestimmung des Durchlässigkeitsbeiwertes (k_f)

- Bestimmung der Wasseraufnahmemenge (Q_{WD})

- Bestimmung der teufenabhängigen Veränderung der Durchlässigkeit

- Einsatzmöglichkeit unterhalb und oberhalb des Grundwasserspiegels bei Auffüllversuchen

- Einsatzmöglichkeit unterhalb des Grundwasserspiegels bei Absenkversuchen

Auffüll- und Absenkversuche in Rammkernsondierungen dienen der Ermittlung der Durchlässigkeit von Lockergesteinen und veränderlichfesten Gesteinen in Tiefen bis maximal etwa 15 m. Beim Auffüllversuch wird der Wasserspiegel durch Wasserzugabe in die Sondierbohrung künstlich aufgehöht und der abfallende Wasserspiegel als Funktion der Zeit (instationäres Regime) gemessen. Alternativ kann durch eine Steuerung der Wasserzugabe der Wasserspiegel konstant gehalten werden (stationäres Regime). Auch der Absenkversuch kann im instationären oder stationären Regime durchgeführt werden. Dabei wird der Grundwasserspiegel künstlich abgesenkt und der Wiederanstieg gemessen (instationäres Regime) bzw. durch eine Wasserentnahme der Wasserspiegel auf ein konstantes Niveau abgesenkt (stationäres Regime).

Aus den gespeicherten Meßdaten können unter Verwendung theoretischer Ansätze oder empirischer Formeln Durchlässigkeitsbeiwerte abgeschätzt und die Teufenabhängigkeit der Durchlässigkeit überprüft werden. Für die Durchführung der Versuche sind nur geringe Wassermengen erforderlich; eine wasserrechtliche Erlaubnis (oder Genehmigung) im Sinne des Wasserhaushaltsgesetzes (WHG) ist nicht notwendig.

8.9.1 Allgemeine Randbedingungen

Der Einsatz von Auffüll- und Absenkversuchen in Rammkernsondierungen ist primär von der Ausbildung der zu untersuchenden Schichten abhängig. Der Untergrund muß mit einem Sondiergerät durchteuft werden können. Die Sondierlöcher müssen zumindest über einen begrenzten Zeitraum offen stehen. Diese Randbedingungen sind z.B. in einem bindigen Lockergestein oder einem durch Verwitterung entfestigten bindigen bis schwach bindigen Festgestein gut erfüllt. Durch mehrfaches Absetzen des Sondierungsdurchmessers (80-70-60-50-40 mm) können auch unter schwierigen Gebirgsverhältnissen Versuchstiefen von 10 m erreicht werden; bei günstigen Untergrundverhältnissen wurden bereits Tiefen bis zu 15 m erreicht.

Andere Sondierverfahren (Rammsondierung, Schlitzsondierung) sind für Durchlässigkeitsuntersuchungen nicht geeignet. Bei Rammsondierungen erfolgt eine stärkere Verdichtung der Bohrlochwände und es steht kein Untergrundprofil zur Verfügung. Schlitzsondierungen weisen einen zu geringen Bohrdurchmesser auf.

Auffüllversuche in Rammkernsondierungen sind grundsätzlich oberhalb und unterhalb des Grundwasserspiegels durchführbar; demgegenüber ist die Durchführung von Absenkversuchen nur unterhalb des Grundwasserspiegels möglich. Bei geringen Flurabständen können zusätzlich Standrohre eingebaut werden, die eine künstliche Aufhöhung des Wasserspiegels über die Geländeoberfläche ermöglichen; in diesem Fall ist eine Abdichtung des oberflächennahen Ringraumes erforderlich. Durch Unterbrechung der Rammkernsondierung bei Erreichen einer festgelegten Teufe können unterschiedliche Teufenabschnitte mit Auffüll- und Absenkversuchen untersucht werden. Durch die Verwendung entsprechend geringer Überdrücke sind Aufreißvorgänge im Gebirge zu vermeiden.

8.9.2 Anwendungsbereiche

- Auffüll- und Absenkversuche in Rammkernsondierungen sind grundsätzlich in sondierbarem und standfestem Untergrund durchführbar; (d.h. bindige Bodenarten bis zu halbfester Konsistenz, u.U. nichtbindige Bodenarten oberhalb des Grundwasserspiegels)

- Versuchsdurchführung ist oberhalb und unterhalb des Grundwasserspiegels bei Auffüllversuchen bzw. unterhalb des Grundwasserspiegels bei Absenkversuchen möglich

- Die Versuchsmethode ist mit geringem Zusatzaufwand auch bei geringem Flurabstand einsetzbar

- Die Auffüll- und Absenkversuche werden während der Sondierarbeiten oder zum Abschluß der Arbeiten ausgeführt

- Erfassung der teufenabhängigen Veränderung der Durchlässigkeitsverhältnisse

- Da nur sehr geringer technischer Aufwand erforderlich ist, können flächenhaft oder auf Sondiertraversen angeordnete Durchlässigkeitsuntersuchungen z.B. zur Ergänzung von Auffüll- und Absenkversuchen und WD-Tests in Bohrungen durchgeführt werden

- Bestimmung zahlreicher punktueller Durchlässigkeitsbeiwerte in vergleichsweise heterogenen und anisotropen Gebirgsverhältnissen (z.B. verwitterte Tonschiefer-Sandstein-Wechselfolge) bei geringem Kostenaufwand

- Ermittlung repräsentativer Mittelwerte der Durchlässigkeit für geologisch-tektonische Homogenbereiche

8.9.3 Erforderliche Ausrüstung

Für die Herstellung der Sondierbohrungen ist eine Rammkernsondierausrüstung erforderlich. Da die Sondierungstiefen infolge Mantelreibung begrenzt sind, müssen i.allg. ab Tiefen >5m stufenweise geringere Sondendurchmesser (80-70-60-50-40 mm) eingesetzt werden. Weiter hat sich der Einsatz eines hydraulischen Ziehgerätes bewährt. Zur Versuchsdurchführung werden die Sondierlöcher mit handelsüblichen PVC-Filter- und Vollwandrohren (Durchmesser 1'' - 2'') ausgebaut.

Die Messung des Grundwasserspiegels beim Versuch kann mit einem Lichtlot erfolgen; in der Praxis hat sich jedoch der Einsatz automatischer Meß- und Registriereinrichtungen bewährt. Folgende Geräte sind für die Durchführung von Auffüll- und Absenkversuchen in Rammkernsondierungen erforderlich:

- Sondierausrüstung mit unterschiedlichen Rammkernsonden-Durchmessern
- Hydraulisches Ziehgerät mit Backen- und Kugelklemmen
- PVC-Filterrohre und Vollwandrohre mit Deckel, Durchmesser 1'' - 2''
- Abdichtungsmaterial (hochquellfähiger Ton)
- Wasservorratsbehälter und Einfüllvorrichtung
- Pumpe zur Spülung des Bohrloches
- Durchflußmengenzähler
- Lichtlot
- Stoppuhr

Darüber hinaus ist der Einsatz folgender Geräte zu empfehlen:

- Druckmeßsonde mit hoher Meßgenauigkeit zur Messung der Wasserstände
- Automatisches Meß- und Registriergerät
- Tragbarer PC (NoteBook) inkl. Datenübertragungskabel
- Auswertungs-Software

8.9.4 Versuchsanordnung und Versuchsdurchführung

In Abb.8.47 ist eine Versuchsanordnung für Auffüllversuche in Rammkernsondierungen dargestellt. Die Sondierung wird bis zur vorgesehenen Teststrecke abgeteuft. Dabei wird der erste Meter der Sondierung mit einem grösseren Sondendurchmesser (z.B. 80 mm) gebohrt, der den Einbau einer Tondichtung ermöglicht. Das Bohrloch muß dann intensiv gespült werden, um die Bohrlochwände und die Bohrlochsohle von abdichtenden Belägen zu befreien und damit die natürliche Durchlässigkeit wieder herzustellen.

Anschließend wird eine PVC-Verrohrung und im oberen Bereich eine Tondichtung eingebaut. Die PVC-Verrohrung wird innerhalb der Teststrecke mit geschlitzten Rohren ausgeführt. Die Teststrecke wird entsprechend den Sondierergebnissen festgelegt. Die Schlitzöffnungsweite muß den Untergrundverhältnissen angepaßt werden; die Verrohrung darf kein Strömungshindernis darstellen. Oberhalb der Teststrecke werden Vollwandrohre gesetzt; im oberen Bereich des Bohrloches muß der Ringraum gegen Zutritt von Oberflächenwasser mit quellfähigem Ton abgedichtet werden; die Quellzeit beträgt mindestens 12 h. Erst danach ist mit dem Versuch zu beginnen.

Vor Beginn des Versuches wird der Ruhewasserspiegel gemessen. Durch Einfüllen von Wasser in die Sondierbohrung wird beim Auffüllversuch der Wasserspiegel bis zur Oberkante der Teststrecke aufgehöht und der abfallende Wasserspiegel in Abhängigkeit von der Zeit gemessen. Alternativ kann beim Versuch durch Abpumpen der Grundwasserspiegel abgesenkt werden. Bei Flurabständen von $\leq$ 6m ist der Einsatz von Saugpumpen möglich. Bei größeren Flurabständen müssen Tauchpumpen eingesetzt werden; dann ist allerdings ein Ausbaudurchmesser von mindestens 2'' erforderlich.

Die Meßwertaufnahme kann mit Lichtlot und Stoppuhr oder mit einer automatischen Registriereinrichtung erfolgen. Der Versuchsablauf im instationären Regime (d.h. solange die Sickerrate und Auffüll- bzw. Pumprate nicht ausbalanciert sind) hat den Vorteil, daß keine zusätzliche Wassermengenregistrierung und Steuerung der Wasserzugabe erforderlich sind.

Sehr geringe Flurabstände gleicht man durch Aufhöhen des Wasserspiegels bis über die Geländeoberkante aus. Zu diesem Zweck wird ein Standrohr aufgesetzt. Der Ringraum im oberen Bohrloch muß zur Vermeidung von Umläufigkeiten mit quellfähigem Ton abgedichtet werden. Die Messung des abfallenden Wasserspiegels erfolgt wieder mit Lichtlot oder mit einer automatischen Registriereinrichtung. Eine Alternative stellt z.B. ein außen an dem über Flur stehenden PVC-Rohr angebrachter durchsichtiger Schlauch oder eine Meßkapillare mit Zentimeter-Einteilung zur exakten Ablesung des Wasserstandes dar.

Die Meßintervalle müssen der Gebirgsdurchlässigkeit angepaßt werden. Bei automatischen Meß- und Registriergeräten können i.allg. feste Zeitabstände oder Druckintervalle vorgegeben werden. Die jeweilige Versuchsdauer richtet sich ebenfalls nach der Gebirgsdurchlässigkeit. Es sollte möglichst bis zum Erreichen des Ausgangswasserspiegels gemessen werden.

Versuchsanordnung bei

großem Flurabstand:

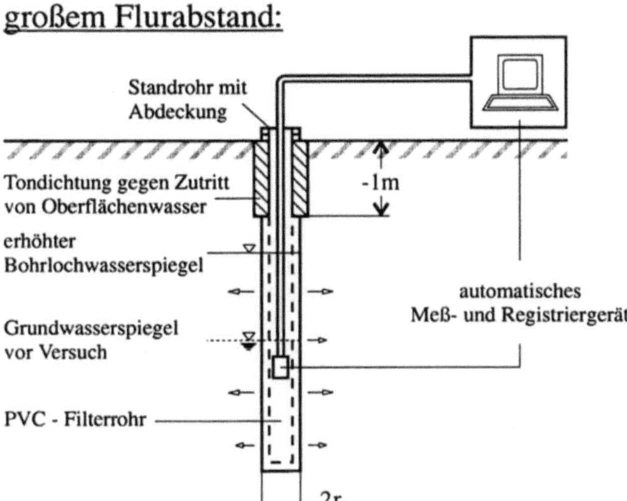

geringem Flurabstand:

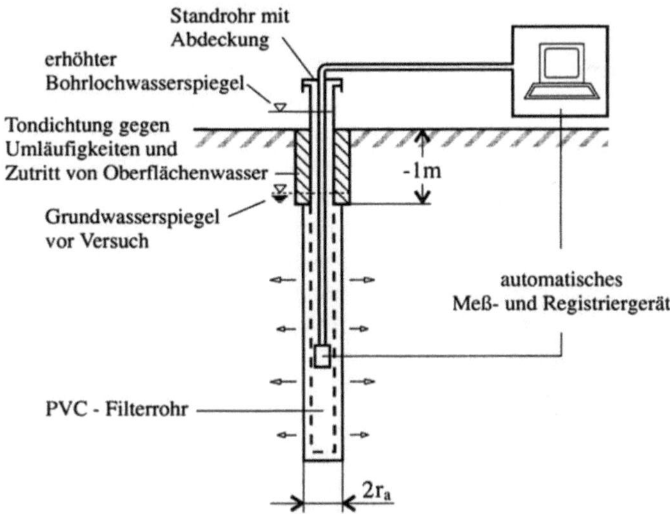

Abb.8.47: Versuchsanordnung für Auffüllversuche in Rammkernsondierungen bei großem bzw. geringem Flurabstand

Bei Verwendung eines automatischen Meß- und Registriergerätes ist eine laufende Überwachung nicht erforderlich, so daß der Aufwand insgesamt gering ist.

Alternativ zu der Beobachtung des instationären Regimes können Auffüll- bzw. Absenkversuche mit konstantem Wasserspiegel gefahren werden. Die ausbalancierte Wasserzugabe bzw. -entnahme macht eine etwas aufwendigere Steuerung des Versuchsablaufes erforderlich. Neben der Messung der konstanten Wasserspiegelhöhe muß zusätzlich die Wassermenge pro Zeiteinheit erfaßt werden. Der Vorteil dieses Verfahrens besteht darin, daß eine eindeutig definierte Teststrecke vorliegt und eine quasistationäre Strömung erzeugt werden kann.

Nach Beendigung des Versuches können die Versickerungsrohre gezogen werden. Anschließend kann die Sondierung ggf. vertieft werden, um einen weiteren Auffüll- bzw. Absenkversuch in einem tieferen Niveau vorzunehmen. Bei einer beabsichtigten Vertiefung des Sondierlochs sollte vor dem Ziehen der PVC-Verrohrung die vorher eingebrachte Tondichtung entfernt werden. Dies ist erforderlich, damit kein Tonmaterial durch die Rammkernsondierung nach unten transportiert und damit die Wandungen der Sondierung zusätzlich verschmiert werden.

8.9.5 Auswerteverfahren

Die Auswertung von Auffüll- und Absenkversuchen in Rammkernsondierungen kann nach theoretischen oder empirischen Ansätzen erfolgen. Basierend auf der Auswertung von Auffüllversuchen in Bohrungen stehen in der Literatur mehrere Auswerteformeln zur Verfügung. Die *theoretischen Ansätze* im Lockergestein basieren auf der Brunnenformel von DUPUIT-THIEM und berücksichtigen die räumliche Ausbreitung der Stromlinien um die Versickerungsstelle. Dabei ist die Ausbildung der Stromlinien primär von den Randbedingungen des Versuches, insbesondere von der Geometrie der Eintrittsfläche, abhängig. Bei den *empirischen Ansätzen* kann aus der Wasseraufnahmemenge Q_{WD} der Durchlässigkeitsbeiwert abgeschätzt werden. Grundlage dieser Ansätze sind umfangreiche Untersuchungen im Zusammenhang mit Großversuchen (u.a. Talsperrenprojekte, Eisenbahnneubaustrecken, Tiefgründungen).

Auswertung nach theoretischen Ansätzen
Die theoretischen Ansätze gehen von der Annahme eines homogenen und isotropen Kontinuums aus. Im einzelnen sind für die Anwendung der Formeln folgende Annahmen zu treffen (KOPPELBERG 1986):

- Homogenität

- Isotropie

- Wassergesättigtes Milieu

- Radialsymmetrie

- Offenes System mit der Randbedingung h(R) = 0; R = Reichweite (Auffüllungskegel mit endlicher Ausdehnung)

- Länge der Infiltrationsstrecke >> Radius des Bohrlochs, so daß die Infiltrationsstrecke idealisiert als lange Linienquelle wirkt und nur Strömungskomponenten senkrecht zum Bohrloch erzeugt

- Keine Deformationen, d.h. starres Korngerüst, starrer Kluftkörperverband, keine Kompression des Wassers, keine Erosionsvorgänge

- Laminare Strömung

- Keine Veränderung der natürlichen Grundwasseroberfläche im Umfeld durch den Versuch

Generell werden Auffüllversuche oberhalb und unterhalb des Grundwasserspiegels unterschieden. In Abhängigkeit von der Geometrie der freien Bohrlochstrecke, über die die Versickerung erfolgt, ergeben sich eine unterschiedliche Ausbreitung von Äquipotentialflächen und unterschiedliche Auswerteformeln. Die wichtigsten Formelansätze für stationäre und instationäre Verhältnisse sind im folgenden aufgeführt (s. Abb.8.48-8.53); dabei werden folgende Symbole verwendet:

k_f = Durchlässigkeitsbeiwert [m/s]

r_i = Innenradius der Verrohrung [m]

r_a = Außenradius der Bohrkrone bzw. des Gestänges [m]

Δt = Zeitintervall [s]

h_1 = Druckhöhe zu Beginn des Zeitintervalls [m]

h_2 = Druckhöhe am Ende des Zeitintervalls [m]

Q = Wassermenge [m³/s]

H = Druckhöhe oberhalb des natürlichen Grundwasserspiegels bei verrohrtem Bohrloch und stationärer Versuchsdurchführung [m]

L = Länge der Teststrecke [m]

T_u = Druckhöhe oberhalb des natürlichen Grundwasserspiegels bei freier Bohrlochstrecke [m]

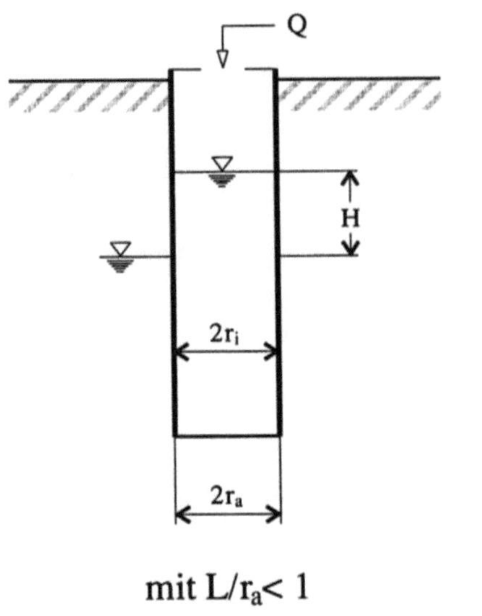

instationär

$$k_f = \frac{r_i}{4 \cdot \Delta t} \cdot \ln \frac{h_1}{h_2}$$

stationär

$$k_f = \frac{Q}{5,5 \cdot r_i \cdot H}$$

Abb.8.48: Auffüllversuch innerhalb des Grundwassers mit freier Bohrlochsohle

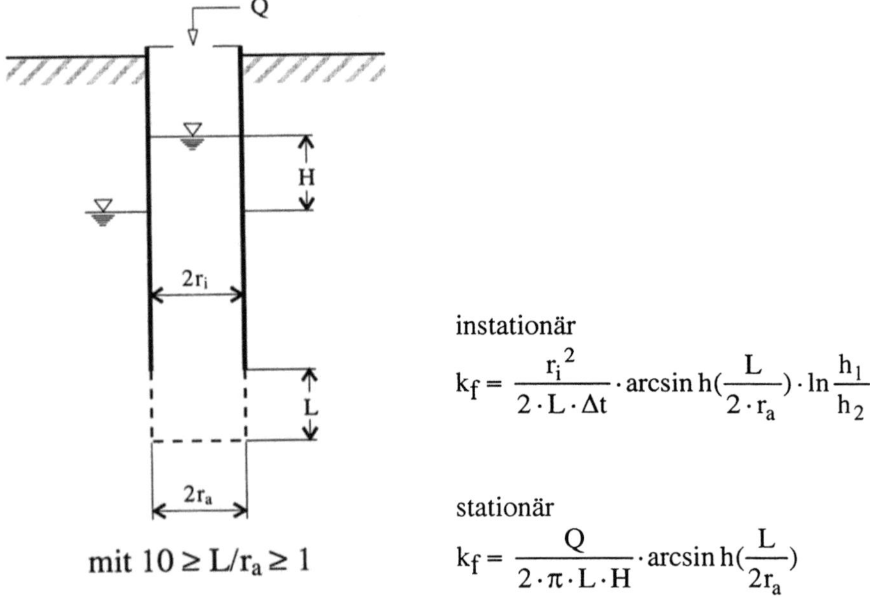

instationär

$$k_f = \frac{r_i^2}{2 \cdot L \cdot \Delta t} \cdot \operatorname{arcsin} h(\frac{L}{2 \cdot r_a}) \cdot \ln \frac{h_1}{h_2}$$

stationär

$$k_f = \frac{Q}{2 \cdot \pi \cdot L \cdot H} \cdot \operatorname{arcsin} h(\frac{L}{2r_a})$$

Abb.8.49: Auffüllversuch innerhalb des Grundwassers mit kurzer, freier Bohrlochstrecke

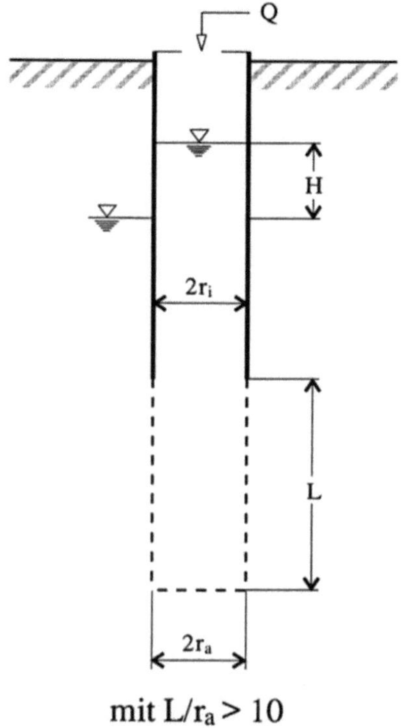

$$\text{mit } L/r_a > 10$$

instationär

$$k_f = \frac{r_i^2}{2 \cdot L \cdot \Delta t} \cdot \ln\frac{L}{r_a} \cdot \ln\frac{h_1}{h_2}$$

stationär

$$k_f = \frac{Q}{2 \cdot \pi \cdot L \cdot H} \cdot \ln\frac{L}{r_a}$$

Abb.8.50: Auffüllversuch innerhalb des Grundwassers mit langer, freier Bohrlochstrecke

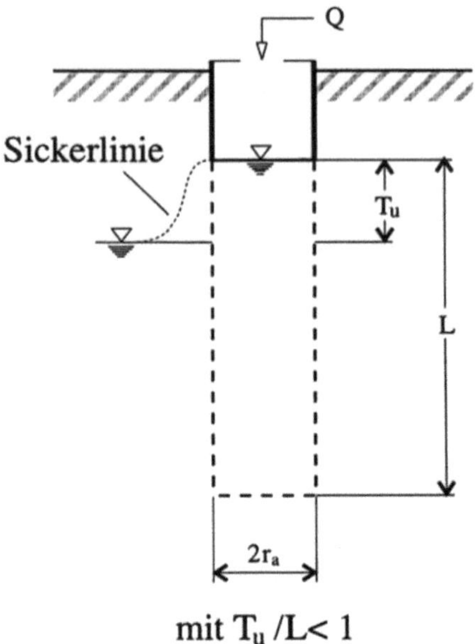

instationär

$$k_f = \frac{r_a^{\,2}}{2 \cdot L \cdot \Delta t \cdot (T_u / L - T_u^{\,2} / 2 \cdot L^2)} \cdot \ln \frac{L}{r_a} \cdot \ln \frac{h_1}{h_2}$$

stationär

$$k_f = \frac{Q}{2 \cdot \pi \cdot L^2 \cdot (T_u / L - T_u^{\,2} / 2L^2)} \cdot \ln \frac{L}{r_a}$$

Abb.8.51: Auffüllversuch innerhalb des Grundwassers bei durchgehend freier Bohrlochstrecke

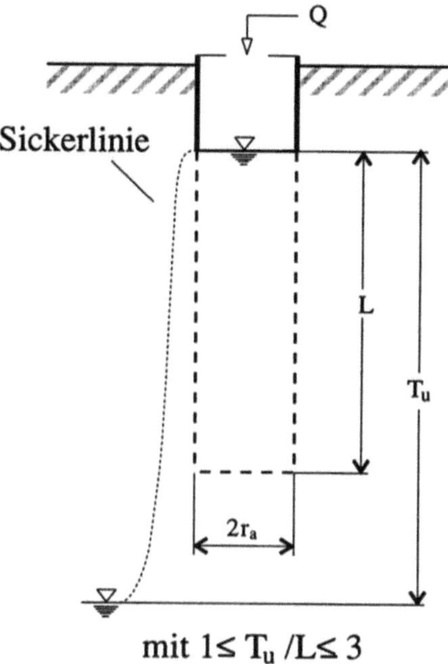

$$\text{mit } 1 \leq T_u / L \leq 3$$

instationär

$$k_f = \frac{r_a^{\,2}}{2 \cdot L \cdot \Delta t \cdot (0{,}16 + T_u / 3 \cdot L)} \cdot \ln \frac{L}{r_a} \cdot 2 \cdot \ln \frac{h_1}{h_2}$$

stationär

$$k_f = \frac{Q}{2 \cdot \pi \cdot L^2 \cdot (0{,}16 + T_u / 3 \cdot L)} \cdot \ln \frac{L}{r_a}$$

Abb.8.52: Auffüllversuch oberhalb des Grundwasserspiegels mit geringem Abstand zum Grundwasser und durchgehend freier Bohrlochstrecke

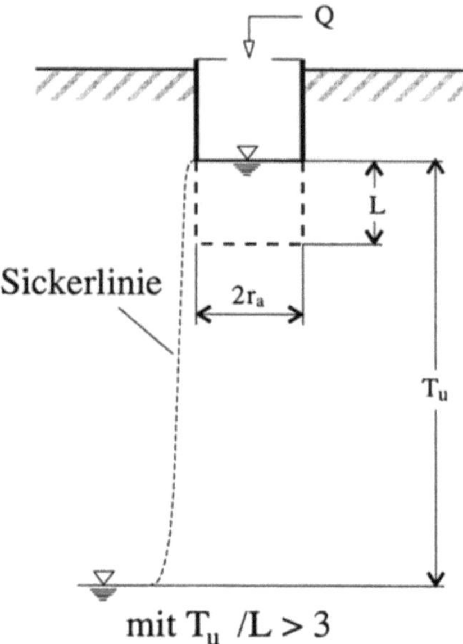

instationär

$$k_f = \frac{r_a^2}{2 \cdot L \cdot \Delta t} \cdot (\text{arcsin h}(\frac{L}{r_a}) - 1) \cdot \ln \frac{h_1}{h_2}$$

stationär

$$k_f = \frac{Q}{2 \cdot \pi \cdot L^2} \cdot (\text{arcsin h}(\frac{L}{r_a}) - 1)$$

Abb.8.53: Auffüllversuch oberhalb des Grundwasserspiegels mit großem Abstand zum Grundwasser und durchgehend freier Bohrlochstrecke

Für jeden Auffüllversuch muß anhand der *speziellen Randbedingungen* die entsprechende Formel ausgewählt werden. Dabei sollte möglichst bereits bei der Konzipierung des Versuches die Teststrecke so gewählt werden, daß eine mathematische Erfassung der Randbedingungen - soweit möglich - gegeben ist.

Für die Auswertung von Absenkversuchen können die Formeln gemäß Abb. 8.48-8.51 entsprechend angewandt werden.

Die *allgemeinen Randbedingungen*, die den Formeln zugrunde liegen, sind in der Praxis jedoch kaum vollständig erfüllbar; dies betrifft insbesondere die Homogenität und Isotropie sowie die Annahme zu den Strömungsverhältnissen. In gewissen Fällen liefern die Formeln brauchbare Näherungslösungen.

Auswertung über die Wasseraufnahmemenge Q_{WD}

Eine andere Vorgehensweise hat sich zunächst bei der Auswertung von WD-Versuchen bewährt. Bei Durchlässigkeitsuntersuchungen an mehreren Talsperren des Sauerlandes wurde von HEITFELD (1965) eine Abhängigkeit zwischen Wasseraufnahmemenge und k_f-Wert empirisch ermittelt. Dabei wurden vor und nach den Injektionsmaßnahmen WD-Versuche durchgeführt, während die Talsperren aufgestaut waren. Aus der Rückrechnung der k_f-Werte aus den in die Kontrollstollen eintretenden Wassermengen und einer Korrelation mit den entsprechenden Q_{WD}-Werten konnte eine Q_{WD}-k_f-Wert-Beziehung ermittelt werden. Diese Beziehung hat den Vorteil, daß sie von *bestimmten Voraussetzungen* hinsichtlich der Gebirgs- und Strömungsverhältnisse unabhängig ist. Der Q_{WD}-Wert wird i.allg. auf einen Druck von $5 \cdot 10^5$ Pa bezogen.

Diese Beziehungen können auch für die Auswertung von Auffüll- bzw. Absenkversuchen zugrunde gelegt werden. Dabei werden für unterschiedliche Testintervalle die Wasseraufnahmemengen Q_{WD} berechnet und über die empirischen Kurven der Durchlässigkeitsbeiwert abgeschätzt. Das Prinzip dieser Auswertung beruht darauf, daß der Auffüll- bzw. Absenkversuch analog zum WD-Test ausgewertet wird. Bei bekanntem Durchmesser der Sondierbohrung wird zunächst für jedes Meßintervall die in das Gebirge versickerte Wassermenge Q pro Zeiteinheit in [l/min] berechnet.

$$Q = \frac{\pi \cdot r^2 \cdot \Delta h}{\Delta t} \cdot 60.000 \quad \text{mit}$$

Q   = versickerte Wassermenge [l/min]

r   = maßgebender Radius [m]

Δh = Differenz des Wasserspiegels im Meßintervall [m]

Δt = Zeitdifferenz zwischen den Messungen [s]

Anschließend wird die Wassermenge pro Zeiteinheit auf 1 m Teststrecke normiert und auf einen Druck von $5 \cdot 10^5$ Pa (entsprechend 50 m Wassersäule) linear extrapoliert. Der erhaltene Wert entspricht der Wasseraufnahmemenge Q_{WD} eines WD-Tests für einen entsprechenden Druck und kann als direkter Vergleichswert herangezogen werden.

$$Q_{WD} = \frac{Q}{L} \cdot \frac{5}{p} \quad \text{mit}$$

Q_{WD} = Wasseraufnahmemenge [1/(min $\cdot$ m) bei $5 \cdot 10^5$ Pa]

Q =   versickerte Wassermenge [l/min]

L =   Länge der Teststrecke im Meßintervall [m]

p =   Druckhöhe im Meßintervall [10^5 Pa]

Die pro Zeiteinheit versickerte Wassermenge Q kann unter Berücksichtigung der Abmessungen der Sondierbohrung bzw. der Verrohrung relativ einfach bestimmt werden. Bei der Ermittlung der Teststrecke und der Druckhöhe müssen die Randbedingungen, unter denen der Auffüll- bzw. Absenkversuch durchgeführt wird, beachtet werden. Wenn die aufgebrachte Wassersäule nicht unter die Tondichtung absinkt (z.B. beim Standrohrversuch), bleibt die Teststrecke während des Versuches unverändert; die Teststrecke wird durch die Bohrlochsohle bzw. die Unterkante der Tondichtung begrenzt. Andernfalls muß die Teststrecke für jedes Meßintervall durch Mittelwertbildung der wasserbenetzten Strecke ermittelt werden. In gleicher Weise sollte für jedes Meßintervall die jeweilige Druckhöhe durch Mittelwertbildung berechnet werden.

Mit Hilfe der Q_{WD}-Werte kann der Durchlässigkeitsbeiwert abgeschätzt werden (Abb.8.54). Hierfür stehen verschiedene Q_{WD}-k_f-Wert-Beziehungen zur Verfügung, die im Rahmen von Großversuchen ermittelt wurden.

HEITFELD (1965) hat für die Anwendung der Beziehung die Einschränkung gemacht, daß diese nur für Gebirgsverhältnisse des Rheinischen Schiefergebirges abgeleitet wurde und ihre Anwendbarkeit auf andere Gebirgsbereiche einer Überprüfung bedarf.

In den 80er Jahren sind entsprechende Untersuchungen im Hessischen Buntsandstein im Zuge der ingenieurgeologisch-hydrogeologischen Erkundungen für die Neubaustrecke Würzburg - Hannover durchgeführt worden: WD-Versuche in 5 Druckstufen mit ansteigendem und absteigendem Druck, Auffüllversuche, Pumpversuche. Die Pumpversuche wurden nach verschiedenen Verfahren im stationären und instationären Regime ausgewertet (SCHRAFT & RAMBOW, 1984).

Vergleiche von WD-Tests und Pumpversuchen gab es in den letzten Jahren auch in mergeligen Kreidekalksteinen des Münsterlandes (HEITFELD & HEITFELD 1992).

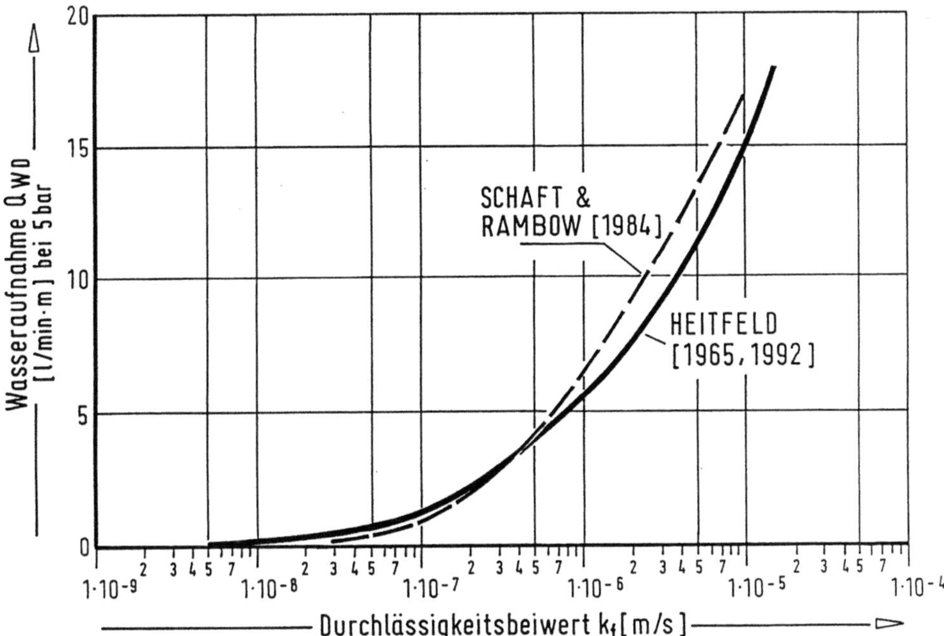

Abb.8.54: Q_{WD}/k_f-Wert-Beziehungen; 5 bar = 10^5 Pa. (Nach HEITFELD 1965 bzw. HEITFELD & HEITFELD 1992 und SCHRAFT & RAMBOW 1984)

Die Kurven von SCHRAFT & RAMBOW (1984) und HEITFELD (1992) zeigen auch für unterschiedliche Gebirgsverhältnisse eine gute Übereinstimmung. Diese Beziehungen gelten daher wohl auch für andere Gebirgsverhältnisse. Es müssen aber Q_{WD}-Mittelwerte über größere geologisch-hydraulische Homogenbereiche zur Verfügung stehen. Der Vorteil dieser Auswertung ist, daß die einschränkenden Annahmen, wie sie den theoretischen Ansätzen zugrunde liegen, nicht erforderlich sind.

8.9.6 Beispiel

Das folgende Beispiel stammt aus einem umfangreichen Untersuchungsprogramm im Rahmen einer Standortuntersuchung für Deponien der Klasse 4 in Nordrhein-Westfalen (heute nach TA Siedlungsabfall Deponieklasse D II). Es handelt sich um einen Auffüllversuch in einer 4 m tiefen Sondierung, die in einer durch chemische Verwitterung stark zersetzten Tonschiefer-Sandstein-Wechselfolge des Unterdevons der Eifel abgeteuft wurde. Die Sondierung war unter der 1m starken Oberflächenabdichtung durchgehend mit einem PVC-Filterrohr (Durchmesser 1,5˝) ausgebaut.
Der Grundwasserspiegel lag vor Versuchsbeginn bei 0,25 m u GOK. Durch Wasserzugabe wurde der Ausgangswasserspiegel um 1,15 m auf

0,90 m ü GOK (Rohrüberstand) aufgehöht. Da die Filterstrecke bis 1,0 m u GOK reichte, stand während des Versuches die gesamte wassererfüllte Sondierstrecke als Teststrecke zur Verfügung. Der abfallende Wasserspiegel (instationäres Regime) wurde über eine Versuchsdauer von 911 s (entsprechend rd. 15 min.) mit einer automatischen Meß- und Registriereinrichtung erfaßt. Die gemessenen Werte wurden anhand einer speziell entwickkelten Auswerte-Software bearbeitet. In Tabelle 8.10 ist das Feldprotokoll dargestellt; zur Überprüfung der Ergebnisse erfolgt die Auswertung unmittelbar auf der Baustelle mit einem PC.

Als Meßdaten werden die Versuchszeit (Gesamtzeit und Zeitintervall) sowie der Wasserspiegel im Sondierloch registriert. Aus den Wasserstandsmessungen wird die für jedes Meßintervall zugehörige Druckhöhe p ermittelt. Diese ermöglichen die Berechnung der Wassermenge Q bzw. der auf eine einheitliche Druckhöhe und Teststreckenlänge normierten Wasseraufnahme Q_{WD} für jedes Meßintervall. Die berechnete Wasseraufnahme Q_{WD} gibt bereits einen sehr guten Überblick über die versuchsbedingte Beeinflussung der Versuchsergebnisse, da die Wasseraufnahmemengen Q_{WD} der einzelnen Meßintervalle durch die vorgenommene Normierung direkt miteinander vergleichbar sind.

Tabelle 8.10: Ergebnisse eines Auffüllversuchs

Sondierung:	S 15		Projekt:	Standortuntersuchung Deponie
Teufe:	4.00 m u GOK			
Meßstrecke:	1.0-4.0 m u GOK		Datum:	....
Grundwasser vor				
Versuchsbeginn:	1.15 m u ROK		Wetter:	trocken, bewölkt
Rohrüberstand:	0.90 m ü GOK			
Sonden-∅:	80 mm:0.0-1.0 m u GOK		Temperatur:	min. T .....C°/max. T .....C°
	50 mm:1.0-4.0 m u GOK			
Ausbau-∅:	1.5"		Bearbeiter:	....
Ausbaustrecke:	3.0-4.0 m u GOK			

Gesamtzeit	Zeitintervall	Wasserspiegel		Meßstrecke	Druckhöhe	Wassermenge	Wasser-aufnahme
Σt	Δt			L	p	Q	Q_{WD}
[s]	[s]	[m u ROK]	[m ü GW]	[m]	[m WS]	[1/(min·m)]	[1/(min·m) bei $5*10^5$Pa]
0	0	0.000	1.150				
59	59	0.109	1.042	3.000	1.096	0.042	1.91
82	23	0.143	1.007	3.000	1.024	0.034	1.68
98	16	0.166	0.984	3.000	0.995	0.032	1.63
153	55	0.233	0.918	3.000	0.951	0.028	1.45
243	90	0.337	0.813	3.000	0.865	0.026	1.53
342	99	0.434	0.716	3.000	0.765	0.022	1.46
441	99	0.524	0.626	3.000	0.671	0.021	1.54
551	110	0.607	0.543	3.000	0.585	0.017	1.47
662	111	0.683	0.467	3.000	0.505	0.016	1.54
785	123	0.752	0.398	3.000	0.433	0.013	1.48
911	126	0.815	0.335	3.000	0.367	0.011	1.55
						Mittelwert stationärer Phase:	1.50

(Die Zeilen 153 bis 911 sind rechts durch eine geschweifte Klammer als „Stationäre Phase" gekennzeichnet.)

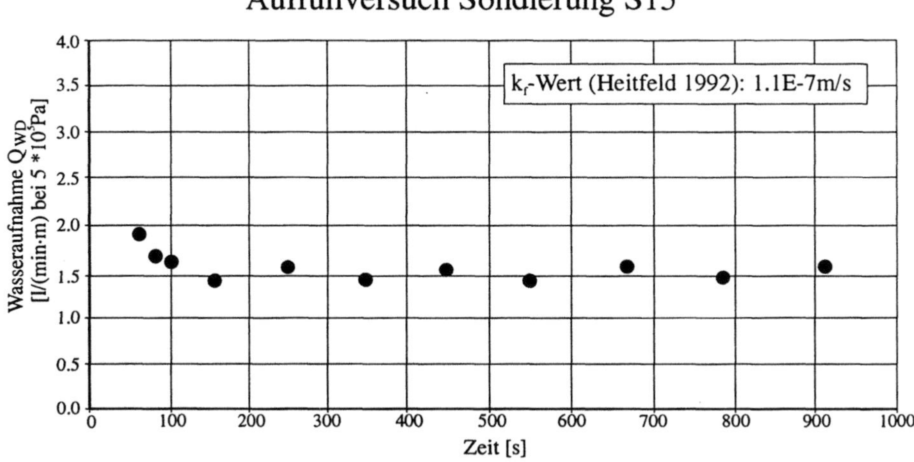

Abb.8.55: Ergebnisse des Auffüllversuches in Tabelle 8.10

Im vorliegenden Fall wurde zu Beginn des Versuches eine stetige Abnahme der Wasseraufnahmemenge Q_{WD} von 1,91 auf etwa 1,50 l/(min · m) bei $5\cdot10^5$ Pa festgestellt, d.h. eine Abnahme auf rd. 75 %.

Diese Abnahme ist auf versuchsbedingte Einflüsse, im wesentlichen eine Wassersättigung des umgebenden Gebirges, zurückzuführen. Nach rd. 100s Versuchszeit stabilisierte sich bei dem Versuch die Wasseraufnahme; in der stationären Phase wurden einheitliche Wasseraufnahmen zwischen 1,45 und 1,55 l/(min · m) bei $5\cdot10^5$ Pa gemessen.

Die Versuchsergebnisse zeigen, daß im vorliegenden Fall infolge Sättigung des umgebenden Gebirges die ersten Meßwerte bei der Auswertung nicht berücksichtigt werden dürfen, da anderenfalls zu hohe, nicht repräsentative Durchlässigkeitsbeiwerte ermittelt werden.

Für die stationäre Versuchsphase (von 98 - 911s) wurde im vorliegenden Beispiel eine mittlere Wasseraufnahme von 1,50 l/(min · m) bei $5\cdot10^5$ Pa berechnet. Diese Wasseraufnahmemenge entspricht nach dem empirischen Ansatz von HEITFELD (1992) einem Durchlässigkeitsbeiwert von $1,1 \cdot 10^{-7}$ m/s. In der gleichen Größenordnung von $1,5 \cdot 10^{-7}$m/s liegt auch der Durchlässigkeitsbeiwert nach dem Ansatz von SCHRAFT & RAMBOW (1984). Demgegenüber wurde für das entsprechende Meßintervall nach der Formel in Abb.8.50 (Auffüllversuch innerhalb des grundwassers mit langer, freier Bohrlochstrekke) ein Durchlässigkeitsbeiwert von $3,8 \cdot 10^{-7}$ m/s berechnet, der um fast 0,3 Zehnerpotenzen höher liegt. Diese Abweichung ist dadurch bedingt, daß den theoretischen Formeln Randbedingungen zugrunde liegen, die in der Praxis nur selten erfüllt sind. Aus diesem Grund sollten i.allg. die empirischen Ansätze auch für die Auswertung von Auffüll- und Absenkversuchen herangezogen werden. Wie der Vergleich der Ergebnisse bei den empirischen Ansätzen von HEITFELD (1965, 1992) und SCHRAFT & RAMBOW (1984) zeigt, ergeben sich nahezu identische Durchlässigkeitsbeiwerte, obwohl die Kurven für sehr unterschiedliche Gebirgsverhältnisse ermittelt wurden.

8.9.7 Beurteilung der Meßgenauigkeit

Die während der Durchführung von Auffüll- und Absenkversuchen in Sondierbohrungen zu messenden Parameter Zeit und Wasserspiegel können mit einer sehr hohen Genauigkeit erfaßt werden. Bei Verwendung spezieller Druckmeßsonden sind Genauigkeiten von ± 1 mm bei der Wasserspiegelmessung erreichbar. Die Meßgenauigkeit eines Lichtlotes kann generell mit ± 1 cm abgeschätzt werden. Bei einer Meßperiode von z.B. 15 min können bei einem üblichen Bohrdurchmesser von 60 mm somit Wasseraufnahmen von $3{,}0 \cdot 10^{-5}$ l/s (bei Lichtlotmessung) bzw. $3{,}0 \cdot 10^{-6}$ l/s (bei Druckmeßsonden) ermittelt werden. Diese Meßgenauigkeit entspricht bei einer angenommenen Druckhöhe von 2 m und einer Teststreckenlänge von 1,0 m einem Q_{WD}-Wert von 0,05 bzw. 0,005 l/(min $\cdot$ m) bei $5 \cdot 10^5$ Pa; für diese geringen Q_{WD}-Werte ergibt sich ein Durchlässigkeitsbeiwert von deutlich kleiner als $5 \cdot 10^{-9}$ m/s. Durch die Verlängerung der Meßperiode bzw. Druckerhöhung kann bei ansonsten gleichen Randbedingungen die Obergrenze des Durchlässigkeitsbeiwertes weiter reduziert werden. Für eine Überprüfung der geologischen Barriere bei Deponie-Standorten sind insbesondere Durchlässigkeitsbeiwerte von $k_f \leq 1 \cdot 10^{-7}$ m/s von wesentlicher Bedeutung; auch für diesen Wertebereich stehen die empirischen Formeln zur Verfügung.

Einen größeren Einfluß auf die Meßergebnisse können dagegen Nachbrüche z.B. aus der Bohrlochwand haben, da hierdurch auch das Volumen und die aus diesen Daten berechnete Wasseraufnahme beeinflußt werden.

Während die auf einer unregelmäßigen Geometrie des Sondierlochs beruhenden Fehler kaum ausgeschaltet werden können, haben die Auffüll- und Absenkversuche generell den Vorteil, daß aufgrund der sehr geringen Überdrücke in der Regel keine Aufreiß- oder Erosionsvorgänge stattfinden.

Ein weiterer möglicher methodischer Fehler besteht darin, daß durch den Rammvorgang die Bohrlochwände verschmiert werden und z.B. bindiges Material beim Sondieren nach unten verschleppt wird. Durch die Verschmierung der Bohrlochwände wird eine zu geringe Gebirgsdurchlässigkeit vorgetäuscht. Die Problematik kann vielfach dadurch gelöst werden, daß das Sondierloch vor dem Versuch intensiv klargepumpt wird. Dies setzt jedoch standfeste Bohrlöcher voraus.

8.9.8 Technischer, personeller und zeitlicher Aufwand

In der Regel werden Auffüll- und Absenkversuche bohrbegleitend während den Sondierarbeiten durchgeführt. Der technische Aufwand kann bei Messungen mit Lichtlot und Stoppuhr vergleichsweise klein gehalten werden. Die Vorhaltung einer Pumpe und eines Wasservorrates zum Spülen der Bohrlöcher bedingt erhöhte Transportkapazitäten. Bei umfangreichen Untersuchungen bietet sich der Einsatz automatischer Meß- und Registriergeräte an.

Für die Herstellung der Sondierlöcher und den Einbau der Versickerungsrohre sowie der Tondichtung sind 2 Arbeitskräfte erforderlich.

Die Versuchsdauer ist im wesentlichen von der Gebirgsdurchlässigkeit abhängig. Bei sehr geringen Gebirgsdurchlässigkeiten sollte der Versuch entsprechend den Anforderungen an die Genauigkeit des Versuchsergebnisses über einen Zeitraum von mindestens 30 min. gefahren werden. Bei höherer Durchlässigkeit reicht oftmals ein Meßzeitraum von < 30 min. aus. Während der Durchführung von Auffüll- und Absenkversuchen können bereits Sondierlöcher für weitere Versuche hergestellt und vorbereitet werden.

Für die Festlegung der Teststrecken und die Auswertung, die durch entsprechende Auswerte-Software weitgehend vor Ort durchgeführt werden kann, ist ein erfahrener Bearbeiter erforderlich.

8.9.9 Beurteilung der Methode

Die Auffüll- bzw. Absenkversuche in Rammkernsondierungen stellen bei geeigneten Untergrundverhältnissen einen einfach durchzuführenden Durchlässigkeitsversuch dar. Der Einsatz dieser Methode bietet sich insbesondere dann an, wenn zur Klärung der lithologischen Verhältnisse in einem Untersuchungsgebiet ohnehin Rammkernsondierungen zur flächenhaften Erkundung vorgesehen sind.

Die Auffüllversuche sind auch oberhalb des Grundwasserspiegels unter gewissen Einschränkungen einsetzbar und stellen somit insbesondere für die Standorterkundung von Deponien eine wichtige Versuchsart dar. Hinsichtlich der Auswertung hat es sich als günstig erwiesen, aus den Versuchsergebnissen zunächst die Wasseraufnahme zu ermitteln. Durch die Überprüfung der Wasseraufnahmemenge Q_{WD} für jedes Meßintervall können Besonderheiten während der Versuchsdurchführung unmittelbar erkannt werden; dadurch wird eine laufende Anpassung und Optimierung der Versuchsdurchführung gewährleistet. Aus den Q_{WD}-Werten kann entsprechend den empirischen Ansätzen ein Durchlässigkeitsbeiwert abgeschätzt werden; dabei können auch für einzelne Teststrecken die zugehörigen Durchlässigkeitsbeiwerte ermittelt werden. Eine Auswertung über die theoretischen Ansätze hat sich nicht als günstig erwiesen, da in der Praxis die für die Anwendung erforderlichen Randbedingungen i.allg. nicht erfüllt sind.

Ein weiterer Vorteil der Auswertung über Q_{WD}-Werte ist, daß die Ergebnisse direkt mit Ergebnissen von WD-Tests oder Auffüll- und Absenkversuchen in Bohrlöchern verglichen werden können. Unter diesem Aspekt sind sie insbesondere geeignet, bei vergleichsweise heterogenen lithologischen Verhältnissen im Untersuchungsgebiet die Informationslücken zwischen den Kernbohrungen mit relativ geringem Kostenaufwand zu schließen und Aufschlüsse über die räumliche Verteilung der Gebirgsdurchlässigkeit zu erhalten.

8.10 Auffüll- und Absenkversuche in Bohrungen

Michael Heitfeld

- Bestimmung des Durchlässigkeitsbeiwertes (k_f) in der ungesättigten Zone
- Bestimmung des Durchlässigkeitsbeiwertes (k_f) in der gesättigten Zone
- Bestimmung der Wasseraufnahmemenge (Q_{WD})
- Bestimmung der teufenabhängigen Veränderung der Durchlässigkeit

Auffüll- und Absenkversuche in Bohrungen können in allen bohrfähigen Gesteinen, d.h. Lockergestein, Festgestein und veränderlich-festen Gesteinen durchgeführt werden. Eine Teufenbegrenzung ist lediglich durch die erreichbare Bohrtiefe gegeben. Auffüllversuche können oberhalb und unterhalb des Grundwasserspiegels durchgeführt werden; es wird die Durchlässigkeit der gesättigten und/oder ungesättigten Bodenzone ermittelt. Absenkversuche sind auf den Teufenbereich unterhalb des Grundwasserspiegels beschränkt. Auffüll- und Absenkversuche können im stationären Regime, d.h. mit konstanter Wasserzugabe bzw. Wasserentnahme und gleichbleibendem Bohrlochwasserspiegel oder im instationären Regime mit absinkendem (Auffüllversuch) bzw. ansteigendem Wasserspiegel (Absenkversuch) ausgeführt werden.

Die Auswertung der Meßdaten erfolgt unter Verwendung theoretischer Ansätze oder empirischer Formeln. Für die Durchführung der Versuche ist im allg. eine wasserrechtliche Erlaubnis (oder Genehmigung) im Sinne des Wasserhaushaltsgesetzes (WHG) nicht notwendig.

8.10.1 Allgemeine Randbedingungen

Für die Durchführung von Auffüll- und Absenkversuchen in Bohrungen ist eine Unterbrechung der Bohrarbeiten erforderlich. Weiterhin müssen die Bohrtechnik und das Bohrverfahren den vorgesehenen Untersuchungen angepaßt sein. Entsprechend sollten bereits für die Bearbeitung der Ausschreibungsunterlagen für die Bohrarbeiten und Durchlässigkeitsuntersuchungen seitens des Gutachters konkrete Vorstellungen über die zu erwartenden Untergrundverhältnisse sowie die Versuchsdurchführung und Auswertung vorliegen. Eine detaillierte Beschreibung der Randbedingungen und des Ablaufes der vorgesehenen Versuche in den Ausschreibungsunterlagen ist erforderlich, um möglichst optimale Versuchsergebnisse zu gewährleisten. So können z.B. bei einem Einsatz von Spülungszusätzen (mit Ausnahme von Klarwasser) Auffüll- und Absenkversuche nicht ordnungsgemäß durchgeführt werden, da die Spülungszusätze eine Abdichtung der Bohrlochsohle bzw. der Bohrlochwand bewirken können. Auch durch feines Bohrklein (Bohrschmand) kann eine Abdichtung erfolgen und damit bei dem Versuch eine zu geringe Gebirgsdurchlässigkeit vorgetäuscht werden. Im Vorfeld des Versuches ist eine intensive Spülung des Bohrloches erforderlich.

Für die Auswertung der Versuche sollten die Randbedingungen möglichst gut bekannt sein. Dies betrifft insbesondere die Höhenlage des Ruhewasserspiegels und die Wassereintrittsflächen; Umläufigkeiten um die Verrohrung müssen verhindert bzw. bei der Auswertung berücksichtigt werden.

8.10.2 Anwendungsbereiche

- Auffüll- und Absenkversuche in Bohrungen sind grundsätzlich in allen Boden- und Felsarten durchführbar; in nicht standfestem Gebirge kann die Versickerung nur über die Bohrlochsohle erfolgen, da aus Standsicherheitsgründen die Verrohrung nicht gezogen werden darf
- Die Versuchsdurchführung bei Auffüllversuchen ist oberhalb und unterhalb des Grundwasserspiegels bzw. bei Absenkversuchen unterhalb des Grundwasserspiegels möglich
- Auffüll- und Absenkversuche werden während der Bohrarbeiten oder nach dem Ausbau der Bohrung zur Grundwassermeßstelle durchgeführt
- Bestimmung der Gebirgsdurchlässigkeit in der unmittelbaren Umgebung der Bohrung im Bereich der Sickerstrecke
- Erfassung der teufenabhängigen Veränderung der Durchlässigkeitsverhältnisse

8.10.3 Erforderliche Ausrüstung

Bohrarbeiten sollten generell nur von Fachfirmen ausgeführt werden; entsprechend ist nachfolgend nur die Ausrüstung angegeben, die für eine ordnungsgemäße Abwicklung der Auffüll- und Absenkversuche zusätzlich erforderlich ist. Für die vorbereitenden Arbeiten bzw. während der Versuchsdurchführung ist gegebenenfalls zusätzlich der Einsatz des Bohrgerätes notwendig.

Die Grundwasserstandsmessungen und die Erfassung der Wassermengen (Einleitungs- bzw. Fördermenge) sollten möglichst durch automatische Meß- und Registriereinrichtungen erfolgen; hierdurch wird eine hohe Meßgenauigkeit gewährleistet. Im einzelnen sind folgende Geräte für die Durchführung von Auffüll- und Absenkversuchen erforderlich:

- Pumpe zur Spülung des Bohrloches einschließlich Spülungscontainer bzw. Spülungsgrube
- Pumpe zur Absenkung des Bohrwasserspiegels einschließlich Ableitungsmöglichkeit; bei sehr geringer Wasserdurchlässigkeit genügt gegebenenfalls eine Schöpfvorrichtung

- Wasservorratsbehälter (ggf. mit Pumpe) und Einfüllvorrichtung
- Durchflußmengenzähler
- Lichtlot
- Stoppuhr

Darüber hinaus ist der Einsatz folgender Geräte zu empfehlen:
- Druckmeßsonde mit hoher Meßgenauigkeit
- Automatisches Meß- und Registriergerät
- Tragbarer PC (notebook) inklusive Datenübertragungskabel
- Angepaßte Auswerte-Software

8.10.4 Versuchsanordnung und Versuchsdurchführung

Die Bohrung wird zunächst bis zur vorgesehenen Versuchstiefe hergestellt. In standfestem Gebirge kann die Verrohrung bis zur Oberkante der geplanten bzw. anhand der Bohrkernaufnahme festgelegten Teststrecke gezogen werden. Bei nicht standfestem Gebirge erfolgt die Versickerung bzw. der Wasserzutritt im verrohrten Bohrloch nur über die Bohrlochsohle.

Vor Beginn des Versuches muß das Bohrloch im Bereich der Teststrecke intensiv klargespült werden; dabei wird angestrebt, eine durch den Bohrvorgang hervorgerufene Abdichtung der Bohrlochsohle bzw. der Bohrlochwand rückgängig zu machen.

Der Bohrlochwasserspiegel wird durch den Bohrvorgang und das Klarspülen beeinflußt. Vor Versuchsbeginn sollte daher der natürliche Grundwasserspiegel ermittelt werden. In der Praxis hat es sich bewährt, die Vorbereitungen für einen Auffüll- bzw. Absenkversuch am Ende eines Arbeitstages durchzuführen; in diesem Fall kann sich der Ruhewasserspiegel über Nacht bzw. an arbeitsfreien Tagen wieder einstellen. Bei sehr gering durchlässigen Bodenschichten reicht i.allg. eine Unterbrechung der Arbeiten über einen Zeitraum von ca. 12 h für die Einstellung des Ruhewasserspiegels nicht aus. In diesem Fall sollte der Bohrwasserspiegel vor der Arbeitsunterbrechung möglichst nahe an den Ruhewasserspiegel abgesenkt und somit die erforderliche Zeitspanne für den Druckausgleich minimiert werden. Eine Beobachtung des Bohrlochwasserspiegels durch ein automatisches Meßgerät während der Arbeitsunterbrechung ist zweckmäßig; damit kann vor Versuchsdurchführung überprüft werden, ob sich der Ruhewasserspiegel zwischenzeitlich wieder eingestellt hat. Weiterhin ist vor Beginn des Versuchs eine Überprüfung der Bohrlochteufe, z.B. durch ein Lot, erforderlich, um sicherzustellen, daß keine Nachbrüche stattgefunden haben.

Versuchsanordnungen zur Durchführung von Auffüll- und Absenkversuchen in Bohrungen sind in Abb. 8.55 dargestellt.

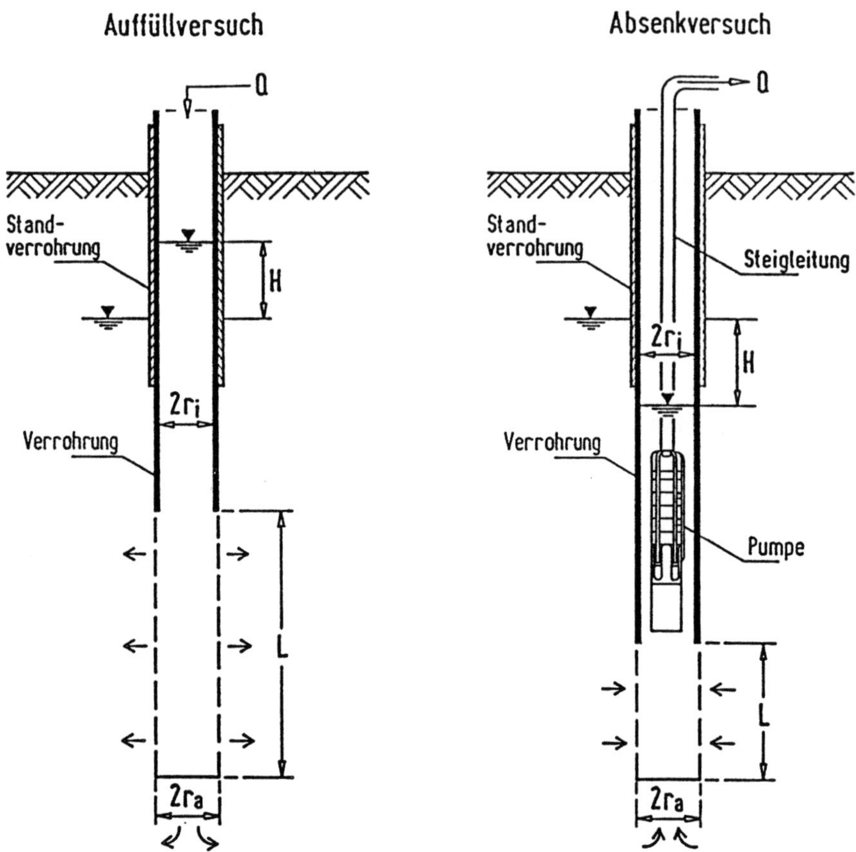

Abb.8.55: Versuchsanordnungen für Auffüll- und Absenkversuche in Bohrungen

Der Auffüllversuch kann im stationären oder instationären Regime durchgeführt werden. Im stationären Regime erfolgt eine konstante Wasserzugabe in
das Bohrloch; der Anstieg des Bohrlochwasserspiegels wird solange beobachtet, bis sich bei konstanter Wasserzugabe ein konstantes Niveau einstellt. Im
instationären Fall wird nach der Aufhöhung des Bohrlochwasserspiegels die
Wasserzugabe eingestellt und der absinkende Wasserspiegel gemessen.

Beim Absenkversuch wird demgegenüber der Bohrlochwasserspiegel durch
eine Wasserentnahme abgesenkt. Im stationären Fall erfolgt die Wasserentnahme solange, bis sich bei konstanter Wasserentnahme ein quasi stationärer
Wasserspiegel im Bohrloch einstellt. Im instationären Fall wird der Anstieg
des Bohrlochwasserspiegels ausgewertet. Die Meßwertaufnahme kann mit
Lichtlot und Stoppuhr oder mit einer automatischen Meß- und Registriereinrichtung erfolgen; im stationären Regime ist zusätzlich eine Erfassung der
Wassermengen erforderlich.

Die Auffüllversuche haben den Nachteil, daß eine seitliche Umströmung der Verrohrung i.allg. nicht ausgeschlossen werden kann, da ein Ziehen der Verrohrung bis zum Niveau des aufgehöhten Bohrlochwasserspiegels normalerweise nicht möglich ist. Hinsichtlich der Randbedingungen des Versuches können sich somit bei der Auswertung Probleme ergeben.

In der Praxis hat sich daher bei Bohrungen die Durchführung von Absenkversuchen als günstigere Variante erwiesen. Neben den definierten Randbedingungen ist von Vorteil, daß eine radiale Strömung zum Bohrloch erzeugt wird und somit gegebenenfalls noch vorhandene Verschmierungen der Bohrlochwand mit dem abgepumpten Wasser ausgetragen werden. Bei geringen Flurabständen bis ca. 6m kann die Absenkung im Bohrloch mittels Saugpumpe erfolgen; bei größeren Flurabständen ist der Einsatz von Tauchpumpen erforderlich. Die Pumpen sollten in möglichst weiten Grenzen regelbar sein, um gegebenenfalls den Versuchsablauf den ersten Untersuchungsergebnissen anpassen zu können. Weiterhin sollte darauf geachtet werden, daß möglichst robuste Pumpen (Mindestdurchmesser 3´´) eingesetzt werden, da während der Versuchsdurchführung vielfach noch stärker getrübtes Wasser gefördert wird. Entsprechend müssen auch die Wassermengenzähler für diese Verhältnisse ausgelegt sein.

Die Meßintervalle müssen der Gebirgsdurchlässigkeit angepaßt werden. Auffüll- und Absenkversuche werden i.allg. mit einer Versuchsdauer von 1-3 Stunden durchgeführt. Bei einer manuellen Registrierung der Wasserstände mittels Lichtlot sollten keine größeren Zeitabstände als die folgenden Meßintervalle gewählt werden:

15s - 30s - 1min - 2min - 3min - 4min - 5min - 10min - 15min

Im weiteren Beobachtungszeitraum sind normalerweise 15- bis 30minütige Messungen ausreichend. Bei automatischen Meß- und Registriereinrichtungen können demgegenüber feste Zeitintervalle oder Druckänderungen vorgegeben werden. Der Personalaufwand nimmt dadurch erheblich ab.

Nach Beendigung des Versuches können die Bohrarbeiten fortgesetzt bzw. ein Ausbau der Bohrung vorgenommen werden.

8.10.5 Auswerteverfahren

Die Auswerteverfahren von Auffüll- und Absenkversuchen wurden in Kap. 8.9.5 bereits im Detail beschrieben; für die Auswertung stehen theoretische und empirische Ansätze zur Verfügung.

Die theoretischen Ansätze im Lockergestein basieren ausnahmslos auf der Brunnenformel von DUPUIT-THIEM; in Abhängigkeit von der möglichen Wassereintrittsfläche und der Lage des Grundwasserspiegels zur Bohrlochtiefe stehen die in Abb. 8.48 bis Abb. 8.53 angegebenen Formeln zur Verfügung.

Für die Anwendung dieser Formeln sind unterschiedliche Randbedingungen wie z.B. Homogenität, Isotropie, Radialsymmetrie etc. erforderlich, die jedoch in der Praxis nur selten erfüllt sind.

Auch den für das Diskontinuum von LOUIS (1967) und RISSLER (1977) entwickelten Formeln liegen Annahmen zugrunde, die im Gebirge nur selten vorhanden sind. Die Anwendung dieser Formel ist daher auf Einzelfälle beschränkt.

Demgegenüber hat sich in der Praxis die Berechnung von Durchlässigkeitsbeiwerten nach empirischen Ansätzen über Q_{WD}-Werte als günstigste Lösung erwiesen. Dabei wird aus den Meßwerten der Auffüll- und Absenkversuche die versickerte Wassermenge Q pro Zeiteinheit berechnet und anschließend dieser Wert auf 1m Teststrecke normiert sowie auf einen Vergleichsdruck von $5 \cdot 10^5$ Pa extrapoliert. Aus diesem Q_{WD}-Wert können die zugehörigen Durchlässigkeitsbeiwerte unmittelbar aus Diagrammen abgelesen werden.

In Abb. 8.56 ist für geringe Gebirgsdurchlässigkeit die Q_{WD}-k_f-Wert-Beziehung nach HEITFELD (1992) dargestellt.

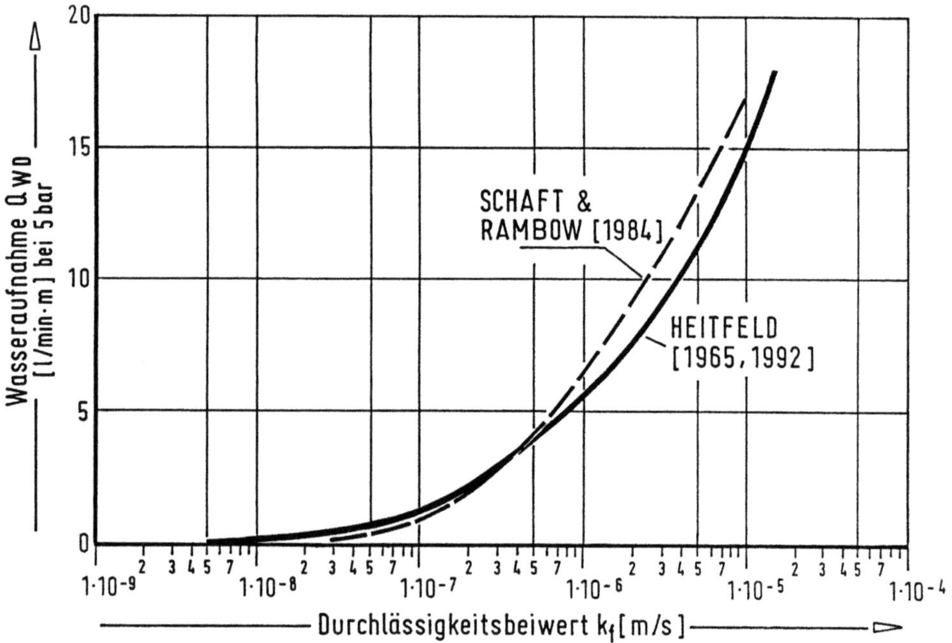

Abb. 8.56: Q_{WD}/k_f-Wert-Beziehungen; 5 bar = $5 \cdot 10^5$ Pa. (Nach HEITFELD 1965 bzw. HEITFELD & HEITFELD 1992 und SCHRAFT & RAMBOW 1984)

8.10.6   Beurteilung der Meßgenauigkeit

Eine Beurteilung der Meßgenauigkeit der Verfahren kann auf der Grundlage der Fehlergrenzen der eingesetzten Geräte und der Beobachtungszeit vorgenommen werden. Unter Berücksichtigung einer Meßgenauigkeit von $\pm$ 1cm (Lichtlot) bzw. $\pm$ 1mm (Druckmeßsonden) und einer Beobachtungszeit von 60 min. können bei einem üblichen Bohrdurchmesser von 146mm somit Wasseraufnahmen von $4{,}7 \cdot 10^{-5}$ l/s (bei Lichtlotmessung) bzw. $4{,}7 \cdot 10^{-6}$ l/s (bei Druckmeßsonden) ermittelt werden. Diese Meßgenauigkeit entspricht bei einer angenommenen Druckhöhe von 2m und einer Teststreckenlänge von 3m einem Q_{WD}-Wert von 0,02 bzw. 0,002 l/(min·m) bei $5 \cdot 10^5$ Pa; für diese Q_{WD}-Werte ergibt sich ein Durchlässigkeitsbeiwert von deutlich kleiner als $5 \cdot 10^{-9}$ m/s (s. Abb. 8.56). Für die Beurteilung einer geologischen Barriere wird demgegenüber der Nachweis eines Durchlässigkeitsbeiwertes von $k_f \leq 1 \cdot 10^{-7}$ m/s gefordert.

Die Auffüll- und Absenkversuche in Bohrungen sind somit als Versuchsmethodik im Hinblick auf den Nachweis der Eignung einer geologischen Barriere geeignet.

Einen größeren Einfluß auf die Meßergebnisse können Nachbrüche aus der unverrohrten Bohrlochwandung ausüben; diese Einflüsse können jedoch durch die Überprüfung der Bohrlochteufen vor und nach Abschluß des Versuches weitgehend erfaßt werden.

Für die Beurteilung der Meßgenauigkeit sind weiterhin äußere Einflüsse maßgebend. Von wesentlicher Bedeutung ist dabei ein mögliches Verschmieren der Bohrlochwandung beim Bohrvorgang. Vor Beginn des Versuches ist daher ein intensives Klarspülen des Bohrloches erforderlich. Weiterhin müssen Umläufigkeiten um die Verrohrung soweit möglich verhindert werden, um eindeutige Randbedingungen für die Auswertung zu schaffen.

8.10.7 Technischer, personeller und zeitlicher Aufwand

Für die Vorbereitung von Auffüll- und Absenkversuchen ist ein erhöhter technischer Aufwand erforderlich. In Abhängigkeit von den Randbedingungen der Versuchsdurchführung muß die Verrohrung teilweise gezogen werden; diese Arbeiten können nur mit Hilfe eines Bohrgerätes durchgeführt werden. Weiterhin ist für das Freispülen des Bohrloches eine ausreichend leistungsstarke Pumpe erforderlich. Im günstigsten Fall kann eine Saugpumpe eingesetzt werden; bei Flurabständen von > 6 m ist der Einbau von Tauchpumpen erforderlich. Da beim Freispülen in der Regel stark getrübtes Wasser gefördert wird, ist eine direkte Ableitung in die nächstgelegenen Vorfluter häufig nicht möglich.

Es sollten in jedem Fall Spülungsgruben oder Spülungscontainer zwischenge-
schaltet werden.

Die beim Freispülen eingesetzten Pumpen können gegebenenfalls auch bei
Absenkversuchen genutzt werden; Voraussetzung ist jedoch, daß die Förder-
mengen der Pumpen entsprechend den bei Standortuntersuchungen von Deponien zu erwartenden geringen Durchlässigkeiten gedrosselt werden können.
Auch für Auffüllversuche ist i.allg. eine Pumpe erforderlich, um das Wasser
aus dem Vorratsbehälter in das Bohrloch überzuleiten. Alternativ kann bei
nahegelegenen Hydranten auch eine Einleitung z.B. über Schlauchleitungen
vorgenommen werden.

Die Erfassung der Meßdaten kann über Lichtlot, Stoppuhr und Wassermengenzähler erfolgen; in diesem Fall ist der technische Aufwand gering. Bei
höheren Anforderungen an die Meßgenauigkeit oder umfangreicheren Untersuchungen hat sich der Einsatz von automatischen Meß- und Registriergeräten
bewährt; der Personaleinsatz kann dabei deutlich reduziert werden. Die
Bohrmannschaft kann in diesem Fall bereits andere Nebenarbeiten, z.B. Vorbereitungen zum Ausbau von Grundwassermeßstellen oder Transportarbeiten,
durchführen. Die Stillstandszeit des Bohrgerätes bleibt hiervon jedoch unberührt.

Der zeitliche Aufwand für die Durchführung eines Auffüll- oder Absenkver-
suches wird bestimmt durch die vorbereitenden Arbeiten, die reine Versuchszeit und die Nacharbeiten. Für die vorbereitenden Arbeiten, eventuell mit
einem teilweisen Ziehen der Verrohrung und dem Klarspülen des Bohrloches,
kann mit einem Zeitaufwand von 0,25 - 1,0 h gerechnet werden. Ein größerer
Zeitbedarf ist gegebenenfalls für das Einpendeln des Ruhewasserspiegels vor
Beginn des eigentlichen Versuches erforderlich. In der Praxis hat es sich bewährt, hierzu planmäßige Arbeitsunterbrechungen, z.B. Nachtstunden, zu
nutzen.

Die reine Versuchszeit ist abhängig von der Gebirgsdurchlässigkeit und
sollte mindestens 0,5 h betragen. Bei geringen Durchlässigkeiten ist ggf. eine
Verlängerung der Versuchszeit bis zu 3h erforderlich. Die endgültige Festlegung der Versuchszeit sollte in Abhängigkeit von den Meßergebnissen vor Ort
erfolgen; entsprechend ist für die Überwachung des Versuches ein erfahrener
Bearbeiter erforderlich, der die Versuchsauswertung baubegleitend vorneh-
men kann.

8.10.9   Beurteilung der Methode

Die Auffüll- und Absenkversuche in Bohrungen stellen einen einfach durchzuführenden Durchlässigkeitsversuch dar; es sind keine aufwendigen Geräte
für die Versuchsdurchführung erforderlich. Allerdings sollten die vorbereitenden Arbeiten sowie die Versuchsdurchführung selbst von einem erfahrenen
Bearbeiter überwacht werden; nur hierdurch wird gewährleistet, daß die Er-

gebnisse nicht durch äußere Einflüsse verfälscht und Fehler frühzeitig erkannt werden.

Bei Versuchen unterhalb des Grundwasserspiegels hat sich in der Praxis die Durchführung von Absenkversuchen im Vergleich zu Auffüllversuchen als günstiger erwiesen, da der Einfluß möglicher Bohrlochverschmierungen während des Versuches durch das in das Bohrloch hinein gerichtete Strömungsgefälle reduziert hat. Aufgrund einer begleitenden vor-Ort-Auswertung können entsprechende Einflüsse unmittelbar erkannt werden.

Für die Auswertung hat es sich als günstig erwiesen, für jedes Meßintervall zunächst aus den Versuchsergebnissen Q_{WD}-Werte zu ermitteln. Aus den Q_{WD}-Werten können anschließend nach empirischen Ansätzen k_f-Werte abgeleitet werden.

Literatur

BLÜMLING, P. & HUFSCHMIED, P. (1989): Fluid-Logging in Tiefbohrungen.- Nagra informiert **11** (3+4): 24-38, Baden (Schweiz)

BOURDET, D. P., WHITTLE, T. M., DOUGLAS, A. A. & PIRARD, Y. M. (1983): A new set of type curves simplifies well test analysis. World Oil, 95-106

BOUWER, H. (1989): The Bouwer and Rice slug test - an update. Ground Water, **27**(3): 304-309

BOUWER, H. & RICE, R.C. (1976): A slug test for determining hydraulic conductivity of unconfined aquifers with completely or partially penetrating wells. Water Resour. Res. **12**: 423-428

BREDEHOEFT, J. D. & PAPADOPULOS, I. S. (1980): A method for determining the hydraulic properties of tight formations. Water Resour. Res. **16** (1): 233-238

COOPER, H.H. JR, BREDEHOEFT, J. D. & PAPADOPULOS, I. S. (1967): Response of a finite-diameter well to an instantaneous charge of water. Water Resour. Res. **3** (1): 263 - 269

DA PRAT, G., CHINCO-LEY, H. & RAMEY, H. J. (1981): Decline curve analysis using type curves for two-porosity systems. Paper SPE **9292**: 354-362

DOLAN, J. P. (1957): Special applications of drill-stem test pressure data. Petroleum Transactions, T.P. **4667**: 318-324, Aime

EARLOUGHER, R. C. (1977): Advances in well test analysis. Society of Petroleum Engineers of AIME, pp.45-48, New York

EARTH MANUAL (1974): A water resources technical publication. A guide to the use of soils as foundations and as construction materials for hydraulic structures, 2nd edn. XXXVII, 810 S., US. Depart. Int., Bureau of Reclamation, Washington

Empfehlung Nr. 9 des Arbeitskreises 19 - Versuchstechnik Fels der Deutschen Gesellschaft für Erd- und Grundbau e. V. (1984) Wasserdruckversuch in Fels. Bautechnik, **4**: 112 - 117

EWERT, F. K. (1979): Untersuchungen zu Felsinjektionen, Teil 1. Münster Forsch. Geol. Paläont., **49**, Münster

FAUST, CH.R. & MERCER, J.W. (1984): Evaluating of slug tests in wells containing a finite-thickness skin. Water Resour. Res. **20**, 4: 504-506

FERRIS, J.G. & KNOWLES, D.B. (1954): The slug test for estimating transmissibility. U.S. Geol. Surv. Ground Water Note, **26**: 1-7. (zitiert in RÖSCH, A. 1992)

Geologisches Landesamt (GLA) Baden-Württemberg (1992): Forschungsprojekt "Gebirgseigenschaften mächtiger Tonsteinserien" (FGmT); bearb. Dipl.-Geol. U. Hekel, 190 S, Freiburg

GILG & GRAVARD (1957): Calcul de la perméabilité par essais d´eau dans les sondages en alluvions. Bull. Tech. Suisse Romande, Grenoble

GRADER, A.S. & RAMEY, H.J. (1988): Slug test analysis in double-porosity reservoirs. SPE Formation Evaluation, June, pp.329-339

HEITFELD, K. H. (1965): Hydro- und baugeologische Untersuchungen über die Durchlässigkeit des Untergrundes an Talsperren des Sauerlandes. Geol. Mitt. **5:** 1 - 210, Aachen

HEITFELD, K. H. (1984): Ingenieurgeologie im Talsperrenbau. In: BENDER, F. (Hrsg), Angewandte Geowissenschaften **3:** Enke, Stuttgart

HEITFELD, K.-H. & HEITFELD, M. (1989): Auswertung von WD-Testen bei speziellen geologischen Verhältnissen. Ber. 7. Nat. Tag. Ing.-Geol., S. 185-199, Bensheim

HEITFELD, K. H.& HEITFELD, M. (1992): Auswertung von WD-Tests in Gebirgsbereichen mit geringen Durchlässigkeiten. Mitt. Ing. u. Hydrogeol. Bd. **48**, Aachen

HEITFELD, K.-H., HEITFELD, M. & SCHETELIG, K. (1993): Beurteilung der geologischen Barriere und der hydrogeologischen Gegebenheiten bei der Prüfung der Standorteignung von Siedlungsabfalldeponien. Tagung "Fortschritte der Deponietechnik 1993 - Anwendung der TA Siedlungsabfall in der Praxis" S. 11-29, Essen

HEKEL, U. (1990): Zwischenergebnisse aus dem Forschungsprojekt "Gebirgseigenschaften mächtiger Tonsteinserien". Z. Dt. Geol. Ges. **141**: 275-280, Hannover

KARASAKI, K., LONG, J.C.S. & WITHERSPOON, P.A. (1988): Analytical models of slug tests. Water Resour Res. **24** (1): 115-126

KLOPP, R.& SCHIMMER, R. (1977): Ergebnisse differenzierter Auswertung von WD-Testen bei Abdichtungsarbeiten an der Möhnetalsperre. Bericht 1. Nat. Tagung Ing. Geol., 381 - 392, Paderborn

KOHLHAAS, C. A. (1972): A method for analyzing pressures measured during drillstem-test flow periods. J. Petrol. Technol., 1278-1282, Original in: SPE 3695 und gedruckt in: Transactions **253**

KOPPELBERG, W. (1986): Numerische und statistische Untersuchungen zur Durchlässigkeit geklüfteter geologischer Körper und ihre Bestimmung durch Wasserdruckversuche. Mitt. Ing.- u. Hydrogeol.Bd. **23**, Aachen

KRAUSS, I. (1974a): Brunnen als seismische Übertragungssysteme. Diss. Frankfurt/M

KRAUSS, I. (1974b): Die Bestimmung der Transmissivität von Grundwasserleitern aus dem Einschwingverhalten des Brunnen-Grundwasserleiter-Systems. J. Geophys. **40**: 381-400

KRAUSS, I. (1977): Das Einschwingverfahren - Transmissivitätsbestimmung ohne Pumpversuche. Gas Wasserfach-Wasser-Abwasser, **118** (9): 407-410

KRAUSS-KALWEIT; I. (1987): Bestimmung der Durchlässigkeit in Untergrund von Talsperren mit dem Einschwingverfahren. Wasserwirtschaft **77** (6): 338-341

KRAUSS-KALWEIT; I. (1988): ESV-Dokumentation. Informationen zum Programm

KRUSEMANN, G.P. & DE RIDDER, N.A. (1973): Untersuchung und Anwendung von Pumpversuchsdaten, Köln

KÜRNER, A. (1994): In situ Versuche zur Bestimmung der Durchlässigkeit unter besonderer Berücksichtigung von gering durchlässigem, geklüfteten Gebirge. Dipl.-Arbeit (unveröffentl.), TU Berlin, Inst. f. Geol. u. Paläont., Fachgebiet Ingenieurgeologie

LOHMAN, S., W. (1972) In: LANGGUTH, H., R. & VOIGT, R. (1980): Hydrogeologische Methoden. Springer, Berlin Heidelberg NewYork, S. 113

LOUIS, C. (1967): Strömungsvorgänge in klüftigem Medium und ihre Wirkung auf die Standsicherheit von Bauwerken und Böschungen im Fels. Veröff. Inst. Bodenmech. u. Felsmech. Univ. Karlsruhe, Bd. **30,** 121 S., Karlsruhe

LÖW, S., TSANG, C.F. & HUFSCHMIED, P. (1991): The application of moment methods to the analysis of fluid electrical conductivity logs in boreholes. Nagra Technischer Bericht **90-42**, 48 S., Baden (Schweiz)

MATEEN, K. (1983): Slug-Test data analysis in reservoirs with double porosity behavior. Stanford Geothermal Program, Stanford University, SGP-TR-**70**

MATEEN, K. & RAMEY, H. J. (1984): Slug test data analysis in reservoirs with double porosity behavior. Paper SPE **12779**: 459-468

MOENCH; A.F. & HSIEH, P.A. (1985): Comment on "Evaluation of slug test in wells containing a finite thickness skin" by . FAUST, C.R and MERCER, J.W. Water Resour Res. **21** (9): 1459-1461

MÜLLER, CH. (1984): Transmissivitätsmessungen mit dem Einschwingverfahren - Vergleichende Untersuchungen im vollkommenen Brunnen, Diss., Kiel

NGUYEN, V. & PINDER, G.F. (1984): Direct calculation of aquifer parameters in slug test analysis. In: ROSENHEIM, J. & BENNET, G.D. (Eds.): Groundwater hydraulics, Water Resources Monograph **9:** 222-239., Americ. Geophys. Union

NOVAKOWSKI, K. S. (1989): Analysis of pulse interference tests. Water Resour. Res. **25** (11): 2377-2387

NOVAKOWSKI, K. S. (1990): Analysis of aquifer tests conducted in fractured rock: a review of the physical background and the design of a computer program for generating type curves. Ground Water **28** (1)

PAPADOPULOS, I. S., BREDEHOEFT & J. D. & COOPER, H. H. Jr. (1973): On the analysis of slug test data. Water Resour. Res. **9** (4): 1087-1089

PERES, A. M. M., ONUR, M. & REYNOLDS, A. C. (1989a): A new analysis procedure for determining aquifer properties from slug test data. Water Resour. Res. **25** (7): 1591-1602

PERES, A. M. M. (1989b): Analysis of slug and drillstem test. Diss. University of Tulsa, Order Number: **9004161**

RAMEY, H. J. JR., AGARWAL, R. G. & MARTIN, I. (1975): Analysis of slug test or dst flow period data. J. Canad. Petrol. Technol. **14** (3): 37-47

RISSLER, P. (1977): Bestimmung der Wasserdurchlässigkeit von klüftigem Fels. Veröff. Inst. Grundbau, Bodenmechanik, Felsmechanik und Verkehrswasserbau, Bd. **5**, 144 S., Aachen

RÖSCH, A. (1992): Bestimmung der hydraulischen Leitfähigkeit im Gelände - Entwicklung von Meßsystemen und Vergleich verschiedener Auswerteverfahren. In. RODATZ, W. (Hrsg.) Mitteilungen des Instituts für Grundbau und Bodenmechanik Technische Universität Braunschweig Bd. **39**

SCHETELIG, K. (1991): Vergleich von Randbedingungen und Aussagekraft verschiedener Feldversuche zur Ermittlung der Durchlässigkeit in wenig durchlässigem Untergrund.- Ber. 8. Nat. Tag. Ing.-Geol. S. 98-103, Berlin

SCHNEIDER, H., J (1987): Durchlässigkeit von klüftigem Fels - eine experimentelle Studie unter besonderer Berücksichtigung des Wasserabpressversuchs. - Mitt. Ing.- u. Hydrogeol. Bd. **26**, Aachen

SCHRAFT, A. & RAMBOW, D. (1984): Vergleichende Untersuchungen zur Gebirgsdurchlässigkeit im Buntsandstein Osthessens. Geol. Jb. Hessen **112**: 235-261, Wiesbaden

SCHULER, G. (1973): Über Durchlässigkeitsbestimmungen durch hydraulische Bohrlochversuche und ihre Ergebnisse in tertiären Flinzsanden (Obere Süßwassermolasse) Süddeutschlands. bbr **24**: 291-299

SNOW, D. T. (1965): A parallel plate model of fractured permeable media. Diss., University of California, Berkeley

STRELTSOVA, T. D. (1983): Well pressure behavior of a naturally fractured reservoir. SPEJ, Oktober 1983, pp.769-780

TAYLOR, G. I. (1953): Dispersion of soluble matter in solvent flowing slowly through a tube. Proc. Royal Soc., Ser. **A219**: 186-203, London

THIEM, A. (1870) In: LANGGUTH, H.-R. & VOIGT, R. (1980): Hydrogeologische Methoden. Springer, Berlin Heidelberg NewYork

TSANG, C.F. & HUFSCHMIED, P. (1988): A borehole fluid conductivity logging method for the determination of fracture inflow parameters. Nagra Technischer Bericht **88-13**, 37 S., Baden (Schweiz)

VOIGT, H.-D. & WAGNER, R. (1978): Interpretation von Fließ- und Druckaufbaukurven aus Gestängetests. Z. Angew. Geol. **24** (II): 488-494

WANG, J., S., Y., NARASIMHAN, T., N., TSANG, C., F. & WITHERSPOON, P. A. (1978): Transient flow in tight fractures. Proc. Invitational Well Testing Symposium, 103- 16, Berkeley, California

9 Pumpversuche

Joachim Maier & Hanjo Hamer

Die Ausführungen beziehen sich auf Pumpversuche im Sinne von Aquifertests, im Unterschied zu Brunnentesten, wie z.B. Leistungspumpversuche und Betriebstests, die in diesem Kontext nicht behandelt werden.

Nachfolgend werden zusätzlich zur Methodenbeschreibung und zur Zusammenstellung der wichtigsten Auswerteverfahren v. a. auch die Voraussetzungen und konzeptionellen Aspekte bei der Planung und Ausführung eines Aquifertests beschrieben.

9.1 Allgemeine Methodenbeschreibung

9.1.1 Prinzipien und Anwendung der Methode

Ein Pumpversuch ist ein unter kontrollierten Versuchsbedingungen durchgeführtes Feldexperiment, bei dem zeitlich befristet Grundwasser entnommen wird. Dabei wird die Reaktion im Grundwasserleiter anhand der Änderungen der Standrohrspiegelhöhen im Entnahmebrunnen und den umliegenden Grundwassermeßstellen in Abhängigkeit von der Zeit und der Entfernung zu diesem aufgezeichnet und analysiert. Bei der am häufigsten praktizierten Methode wird Grundwasser mit einer konstanten Förderrate entnommen, bis die Standrohrspiegelhöhen nur noch geringfügig abnehmen oder eine fortschreitende Grundwasserabsenkung nicht mehr meßbar ist (Beharrungs-zustand). Daraufhin wird die Pumpe abgestellt und der Wiederanstieg aufgezeichnet (Abb. 9.1).

Anhand der raum-zeitlichen Auswertung der Veränderungen des Grundwasserstandes können bei entsprechender Planung und Ausführung des Pumpversuches folgende Eigenschaften bzw. Kenndaten des Aquifers ermittelt werden:

- Grundwasserleitende Eigenschaften (Transmissivität T bzw. Durchlässigkeitsbeiwert k_f)
- Grundwasserspeichernde Eigenschaften (Speicherkoeffizient S bzw. spezifischer Speicherkoeffizient S_s)
- Richtungsabhängigkeit hydraulischer Kenndaten (vertikale und horizontale Anisotropie)
- Lage und Eigenschaften hydraulisch wirksamer Aquiferränder (Stau- und Infiltrationsgrenzen)

- Leckagen und vertikale Durchlässigkeiten geringleitender über- bzw. unterlagernder Schichten (Leckagefaktoren, hydraulische Widerstände)
- Brunnen- bzw. Bohrlocheinflüsse (Brunnenverlust, Brunnenspeicherung, Skin-Effekt)

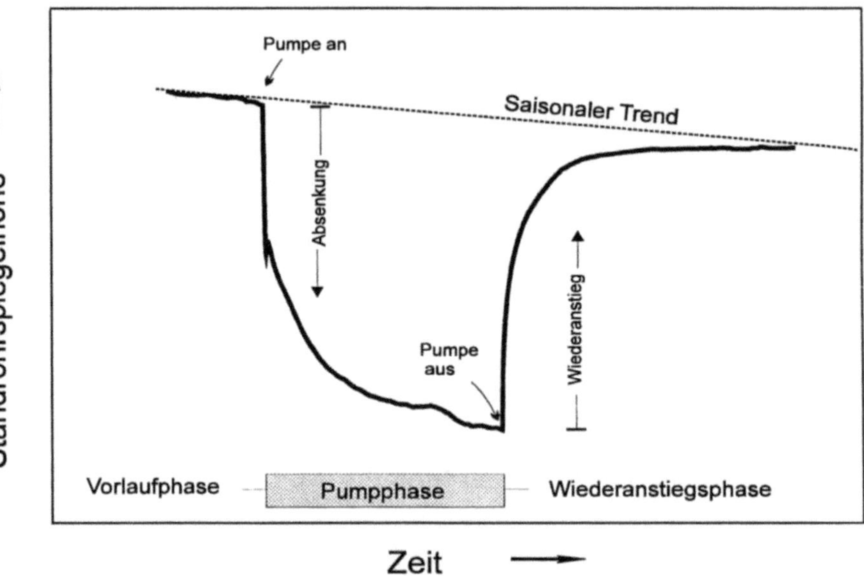

Abb. 9.1: Schema eines Pumpversuchs: Änderungen der Wasserspiegelspiegelhöhe bei einem Pumpversuch mit gleichbleibender Grundwasserentnahme. (Verändert nach HEATH 1987)

Pumpversuche sind ein gebräuchliches und vielseitiges Instrument zur Bestimmung der hydraulischen Eigenschaften von Grundwasserleitern. Sie dienen der Abschätzung der Auswirkungen von vielfältigen Eingriffen bzw. Umwelteinwirkungen auf die Grundwasserströmung und den Grundwasserhaushalt. Pumpversuche ermöglichen die Ermittlung von Aquiferkennwerten, die repräsentativ für große Gebirgsvolumina sind. Im Unterschied dazu erlauben Bohrlochtests (Kap. 8) lediglich punktuelle Aussagen zur Gebirgsdurchlässigkeit.

In Abhängigkeit von der Fragestellung und der Komplexität der hydrogeologischen Standortverhältnisse können Pumpversuche sehr aufwendig sein und erfordern in diesen Fällen umfangreiche Voruntersuchungen sowie eine sorgfältige Planung und Ausführung. Die Ergebnisse hängen neben der Versuchsanordnung und Instrumentierung wesentlich davon ab, inwieweit die Auswerteverfahren und die zugrundeliegenden vereinfachenden Modellvorstellungen mit den natürlichen hydrogeologischen Verhältnissen übereinstimmen. Die Reaktionen des Systems auf die Grundwasserentnahme sind nicht eindeutig; Abweichungen vom Idealverhalten können vielfältige Ursachen haben. Bei nicht ausreichenden Vorkenntnissen der hydrogeologischen Verhältnisse sind Fehlinterpretationen wahrscheinlich.

Zur Einführung in die Methodik und Gesamtdarstellungen zur Durchführung von Pumpversuchen s. KRUSEMANN & DERIDDER (1990), WALTON (1987), ARMBRUSTER et al. (1976), STRAYLE et al. (1994). Richtlinien s. DVGW (1997), ASTM (1994a-e).

9.1.2 Theoretische Grundlagen

Die mathematische Formulierung der Grundwasserströmung in einem wassergesättigten, porösen Medium beruht einerseits auf der Gültigkeit des Gesetzes von DARCY, d.h. die Strömung ist laminar und die Durchflußraten sind proportional zum anliegenden hydraulischen Gradienten, sowie andererseits auf der Kontinuitätsbedingung, d.h. die Bilanz der in einem bestimmten Gebirgsvolumen zu- und abströmenden Wassermengen ist gleich der Wasservorratsänderung in diesem Volumen. (LANGGUTH & VOIGT 1980; MATTHESS & UBELL 1983).

Die instationäre Strömung in einem homogenen, isotropen Grundwasserleiter wird für den Fall eines radialsymmetrischen Strömungsfeldes (Anströmung eines Förderbrunnens) durch folgende partielle Differentialgleichung beschrieben:

$$\frac{\delta^2 h}{\delta r^2} + \frac{\delta^2 h}{\delta r} \cdot \frac{1}{r} = \frac{S}{T} \cdot \frac{\delta h}{\delta t}$$

mit r = radialer Abstand zum Förderbrunnen
    h = Standrohrspiegelhöhe zur Zeit t
    t = Zeit seit Pumpbeginn
    S = Speicherkoeffizient (dimensionslos)
    T = Transmissivität [m²/s]

Die in der Hydrogeologie angewandte klassische Brunnenformel von THEIS (1935) ist eine geschlossene Lösung dieser Gleichung (JACOB 1940, zur Herleitung s.a. LANGGUTH & VOIGT 1980):

$$s(r,t) = h_0 - h = \frac{Q}{4\,\pi\,T} \cdot W(u)$$

mit

  s = Absenkungsbetrag in einem Piezometer im Abstand r zum Förderbrunnen
  h_0 = Ruhewasserspiegel
  h = abgesenkter Wasserspiegel zur Zeit t
  Q = konstante Förderrrate
  $W(u)$ = THEIS-Brunnenfunktion

$$\text{mit} \qquad W(u) = \int\limits_{u}^{\infty} \frac{e^{-x}}{x}\, dx = -0{,}577216 - \ln u + u - \frac{u^2}{2 \cdot 2!} + \frac{u^3}{3 \cdot 3!} - \frac{u^4}{4 \cdot 4!} + \ldots$$

$$\text{für} \qquad u = \frac{r^2 \cdot S}{4 \cdot T \cdot t} \qquad \text{und} \qquad 0{,}577216 = \text{Eulersche Zahl e.}$$

Die Gleichungen beschreiben die zeitliche und räumliche Ausbreitung eines Absenkungstrichters. Die Änderungen der Standrohrspiegelhöhe im Abstand r zum Förderbrunnen sind eine Funktion der Förderrate, der Aquifereigenschaften (Transmissivität, Speicherkoeffizient) und der Zeit. Je kleiner der Speicherkoeffizient und je größer die Transmissivität ist, umso größer ist die laterale Ausbreitung des Absenkungsbereiches zu einer bestimmten Zeit. Der Absenkungsbetrag ist proportional zur Förderrate und umgekehrt proportional zur Transmissivität.

Die Anwendung der THEIS-Brunnenformel zur Auswertung von Pumpversuchen gilt strenggenommen nur unter folgenden theoretischen Annahmen, die eine Idealisierung realer Aquifere bedeuten:

- Die Mächtigkeit des Aquifers ist konstant
- Die Förderrate während der Absenkung ist konstant
- Der Aquifer ist homogen und isotrop; Durchlässigkeit und Speichervermögen sind innerhalb der Grenzen des Absenkungbereiches konstant
- Der Aquifer ist horizontal ausgedehnt; der Absenkungsbereich ist unbeeinflußt von hydraulisch wirksamen Aquiferrändern (Stau- und Infiltrationsgrenzen)
- Der Brunnen ist vollkommen, d.h. über die gesamte Aquifermächtigkeit verfiltert
- Die Anströmung des Förderbrunnens ist horizontal; vertikale Strömungskomponenten und vertikale Zuflüsse aus über- und unterlagernden Schichten sind im Absenkungsbereich vernachlässigbar
- Der Grundwasserspiegel (freier Wasserspiegel oder Druckspiegel) ist vor Beginn des Pumpversuchs unbeeinflußt und nahezu horizontal
- Der Brunnen besitzt einen kleinen Durchmesser; die im Brunnen gespeicherte Wassermenge ist vernachlässigbar; die Entnahme erfolgt praktisch ausschließlich aus dem Grundwasservorrat des Aquifers
- Der Grundwasserzustrom in den Förderbrunnen erfolgt ohne Zeitverzögerung und zusätzliche Eintrittsverluste (Filterwiderstand, Sickerstrecke, Skineffekt)

Die tatsächlichen Verhältnisse bei der Durchführung eines Pumpversuchs weichen oftmals in mehrfacher Hinsicht von diesen Annahmen ab. Es existieren zahlreiche analytische Lösungen der Strömungsgleichung, die letztlich Abwandlungen der THEIS-Brunnenformel darstellen und einzelne, von den Idealbedingungen abweichende Randbedingungen berücksichtigen können (s. Abschn. 9.1.4).

Während eines Pumpversuchs ändern sich die Standrohrspiegelhöhen und hydraulischen Gradienten mit der Zeit. Dabei nehmen die Geschwindigkeit, mit der sich der Absenkungstrichter ausbreitet, und die Absenkungsbeträge mit fortschreitender Ausdehnung ab. Das Systemverhalten nähert sich einem dynamischen Strömungsgleichgewicht an, das als Beharrungszustand oder quasistationärer Strömungszustand bezeichnet wird und bei dem die Absenkung nur noch geringfügig mit der Zeit zunimmt bzw. nicht mehr meßbar ist.

Bei stationärer Betrachtung kann die Transmissivität anhand der Geometrie des (quasi)stationären Absenkungstrichters bzw. anhand der Differenz der Standrohrspiegelhöhen und radialen Abstände 2er Meßstellen im Absenkungsbereich nach der Brunnenformel von THIEM (1906) ermittelt werden:

$$s_1 - s_2 = h_2 - h_1 = \frac{Q}{2 \pi T} \cdot \ln \frac{r_2}{r_1}$$

mit $s_1, s_2 =$ stationäre Absenkungsbeträge bzw.

           $h_1, h_2 =$ Standrohrspiegelhöhen zweier Meßstellen

                       die sich im Abstand r_1 und r_2 zum Förderbrunnen befinden ($r_1 < r_2$)

Die vorstehenden Formeln wurden für gespannte Aquifere mit gleichbleibender Mächtigkeit aufgestellt. In Grundwasserleitern mit freier Oberfläche vermindert sich durch die Absenkung der grundwassererfüllte Fließquerschnitt. Die Brunnenformeln sind unverändert anwendbar, wenn die maximale Absenkung während des Pumpversuchs im Verhältnis zur ursprünglichen Aquifermächtigkeit klein ist und darüber hinaus gilt, daß der Einfluß vertikaler Strömungskomponenten bzw. der in Brunnennähe konvergierenden Strömung sowie der Einfluß einer verzögerten Entleerung des entwässerten Bereichs nicht den Verlauf der Absenkung bestimmen.

Ist die Verringerung des Fließquerschnittes nicht mehr vernachlässigbar, kann für die Berechnung eine korrigierte Absenkung s´ herangezogen werden (JACOB 1963), die anstelle von s in die Brunnenformel eingesetzt wird:

$$s´ = s - \left(\frac{s^2}{2 H} \right)$$

mit   s´= korrigierter Absenkungsbetrag

        s = gemessene Absenkung

        H = ursprüngliche gesättigte Aquifermächtigkeit

Grundbegriffe der Hydrogeologie und theoretische Grundlagen s. BEAR (1972), BUSCH & LUCKNER (1974), LANGGUTH & VOIGT (1980), MATTHESS & UBELL (1983), HÖLTING (1992), HEATH (1987), DOMENICO & SCHWARTZ (1990).

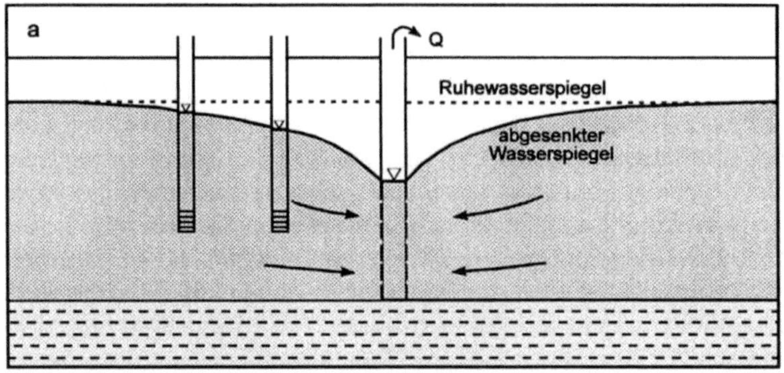

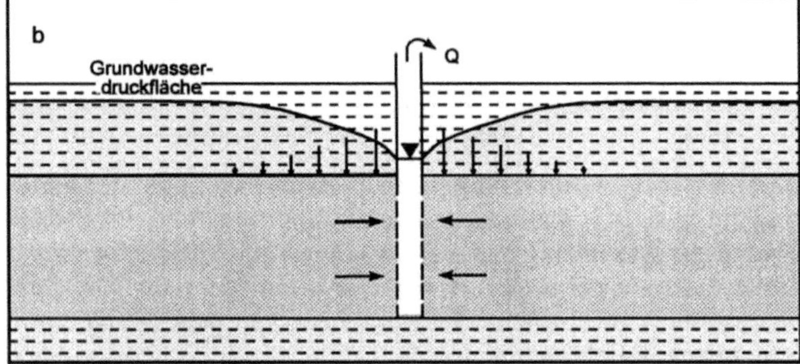

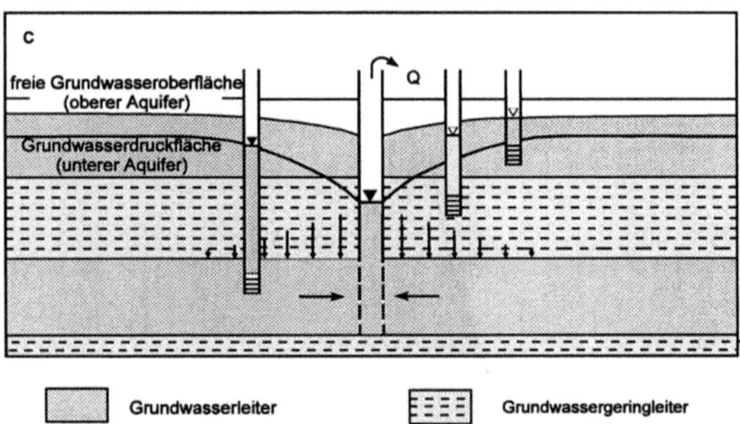

Abb.9.2a-c: Prinzipdarstellung verschiedener Aquifertypen (nach KRUSEMANN & DE RIDDER 1990): **a** freier, **b** (halb-)gespannter und **c** mehrschichtiger Aquifer (mit einem freien über einem halbgespannten Aquifer)

9.1.3 Aquifertypen und Aquiferränder

Poröse Grundwasserleiter werden vereinfachend in gespannte, halbgespannte und freie Grundwasserleiter eingeteilt (KRUSEMANN & DE RIDDER 1990), zwischen denen in der Natur alle denkbaren Übergänge bestehen (MATTHESS & UBELL 1983) und die auf Eingriffe bzw. Grundwasserentnahmen unterschiedlich reagieren:

- *Freier Grundwasserleiter* (Abb. 9.2a): Freie, nach oben nicht begrenzte Grundwasseroberfläche. Die Grundwasserentnahme erfolgt aus dem Grundwasservorrat des nutzbaren Porenraumes, der bei der Absenkung entleert wird. Die wassergesättigte Aquifermächtigkeit ändert sich bei Absenkung und Wiederanstieg. Der fallende Grundwasserspiegel kann mit einer deutlichen Abnahme des Fließquerschnitts im Aquifer während der Absenkung einhergehen und dadurch eine Abnahme der Transmissivität bewirken, welche bei konstanter Förderrate wiederum eine stärkere Absenkung zur Folge hat

- *Gespannter Grundwasserleiter*: Begrenzung durch Deck- und Sohlschichten mit einer vernachlässigbar geringen Durchlässigkeit, das Grundwasser steht unter Druck. Die Vorratsänderungen im Aquifer sind bedingt durch die Kompressibilität des Wassers und des Korngerüstes; die Grundwasserentnahme wird aus der elastischen Ausdehnung des Grundwassers bei gleichzeitiger Setzung des Korngerüstes während der Druckentlastung beim Pumpen gespeist. Der Speicherkoeffizient eines gespannten Aquifers ist im Vergleich zur entsprechenden Nutzporosität eines freien Aquifer um mehrere Zehnerpotenzen geringer. Der Absenkungstrichter breitet sich sehr viel schneller aus und erreicht eine wesentlich größere Ausdehnung

- *Halbgespannter Grundwasserleiter* (Abb. 9.2 b, c): Die Deck- bzw. Sohlschicht des Grundwasserleiters haben eine geringe, aber im Unterschied zum gespannten Aquifer nicht vernachlässigbare Durchlässigkeit und ermöglichen dadurch eine vertikale Zusickerung (Leckage) von Grundwasser aus über- bzw. unterlagernden Bereichen. In Abhängigkeit vom Speichervermögen der Deckschichten kann es auch zu einer Porendränung mit dem Effekt einer zeitverzögerten Entleerung kommen.

Die Voraussetzung eines seitlich unbegrenzten Aquifers ist bei Aquifertests häufig nicht erfüllt. Die zeitliche und räumliche Absenkung weicht vom theoretischen, idealen Verlauf ab, wenn der sich ausbreitende Absenkungstrichter während des Pumpversuchs auf hydraulisch wirksame Aquiferränder trifft:

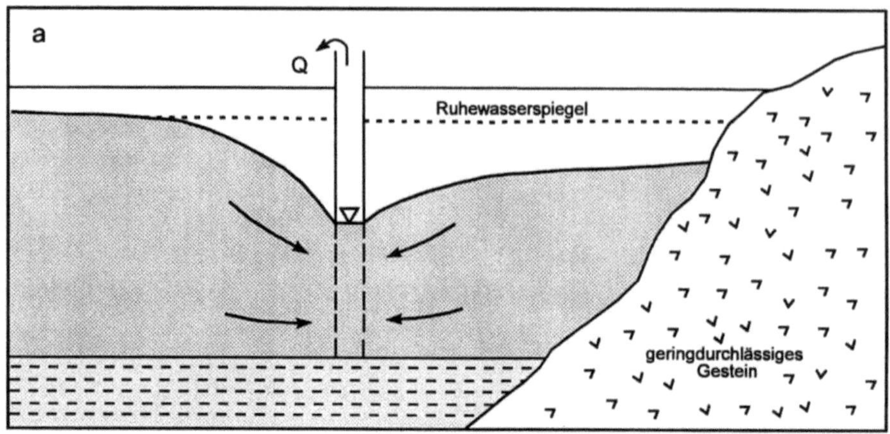

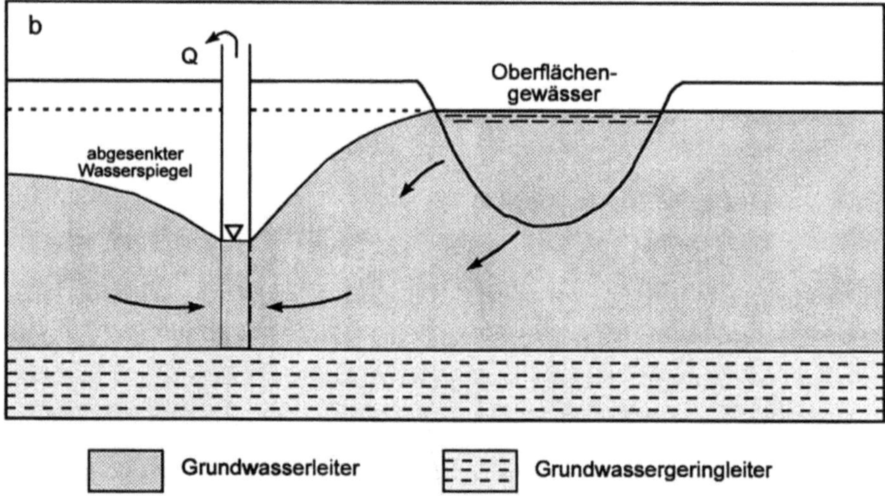

Grundwasserleiter   Grundwassergeringleiter

Abb. 9.3a, b: Schematische Darstellung von Aquiferrändern: **a** Staugrenze, **b** Infiltrationsgrenze (nach FERRIS et al. 1962)

- Geologische Begrenzung des Aquifers durch dichte Gesteine (Abb. 9.3a)
  oder Störungen, die eine Barriere darstellen können, oder auch das Auskei-
  len der grundwasserleitenden Schicht

- Oberflächengewässer, die hydraulisch an das Grundwasser angebunden
  sind und bei Grundwasserabsenkung in den Aquifer infiltrieren (Abb.
  9.3b)

Die Auswertung ist analytisch mit der Spiegelungsmethode (HANTUSH 1959; FERRIS et al. 1962; STALLMANN 1963) unter der Voraussetzung möglich, daß die Aquiferbegrenzung einen geradlinigen Verlauf hat. Das Absenkungsverhalten entspricht der Situation, daß ein spiegelbildlich zum Aquiferrand gelegener (simulierter) Brunnen mit gleicher Förderrate (im Fall der Staugrenze) bzw. entsprechender Injektionsrate (im Fall der Infiltrationsgrenze) betrieben wird und dessen Auswirkung sich mit der des realen Förderbrunnens überlagert.

Zusätzlich zu den äußeren Aquiferrändern sind „innere" Randbedingungen zu unterscheiden, die im Zusammenhang mit den Eigenschaften des Förderbrunnens und dessen Anbindung an den Grundwasserleiter stehen, z.B.:

- Brunnenspeicherung: Das Brunnenvolumen ist bei großen Rohrdurchmessern nicht vernachlässigbar; die Entnahme erfolgt in einer frühen Phase des Pumpversuchs zunächst aus dem im Brunnen gespeicherten Grundwasservorrat

- Brunnenverlust: Erhöhter Eintrittswiderstand, z.B. durch turbulente Strömung oder durch gestörtes Gebirge (Verdichtung, verstopfte Poren) im Nahbereich des Brunnenfilters, bewirkt erhöhte Absenkung im Förderbrunnen

- Unvollkommener Brunnen: Der Förderbrunnen ist nicht über die gesamte Aquifermächtigkeit verfiltert. Vertikale Strömungskomponenten bzw. konvergierende Strömung in Brunnennähe bewirken eine zusätzlich erhöhte Absenkung im Förderbrunnen (Korrekturformeln: KOZENY 1933; HANTUSH 1961a, b).

9.1.4 Auswerteverfahren

Zur Ermittlung der Transmissivität T und des Speicherkoeffizienten S stehen graphische Verfahren zur Verfügung, bei denen die Meßdaten mit berechneten Typkurven zur Deckung gebracht werden. In Abb. 9.4 ist das Typkurvenverfahren nach THEIS dargestellt. Die Funktionswerte der THEIS-Brunnenfunktion $W(u)$ werden gegen $1/u$ doppelt-logarithmisch aufgetragen und entsprechend die gemessenen Absenkungen s gegen die Zeit t bzw. gegen den Quotienten t/r^2 aufgetragen. In dem Fall, daß die Aquiferverhältnisse und die Versuchsbedingungen den Annahmen bzw. Bedingungen nach THEIS (s. Abschn. 9.1.2) genügen, können die Typ- und Datenkurven durch achsenparallele Verschiebung zur Deckung gebracht werden.

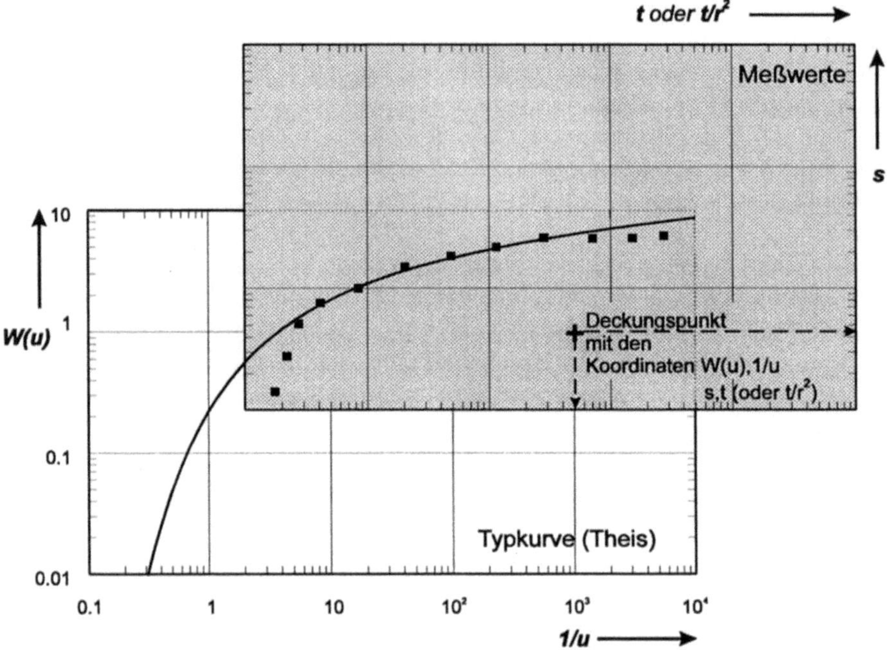

Abb. 9.4: Schematische Darstellung der Typkurvenauswertung nach THEIS

Aus den Verschiebungsbeträgen bzw. aus den Koordinaten eines beliebigen Deckungspunktes kann zuerst die Transmissivität T aus

$$T = \frac{Q}{4 \cdot \pi \cdot s} \cdot W(u)$$

und anschließend der Speicherkoeffizient S aus

$$S = T \cdot \frac{4\,t}{r^2} \cdot u$$

berechnet werden.

Es existieren zahlreiche Varianten der analytischen Auswerteverfahren für die verschiedenen Aquifertypen- und Randbedingungen. Eine Auswahl der gebräuchlichsten Methoden sind in der Übersicht (Abb. 9.5) zusammengestellt.

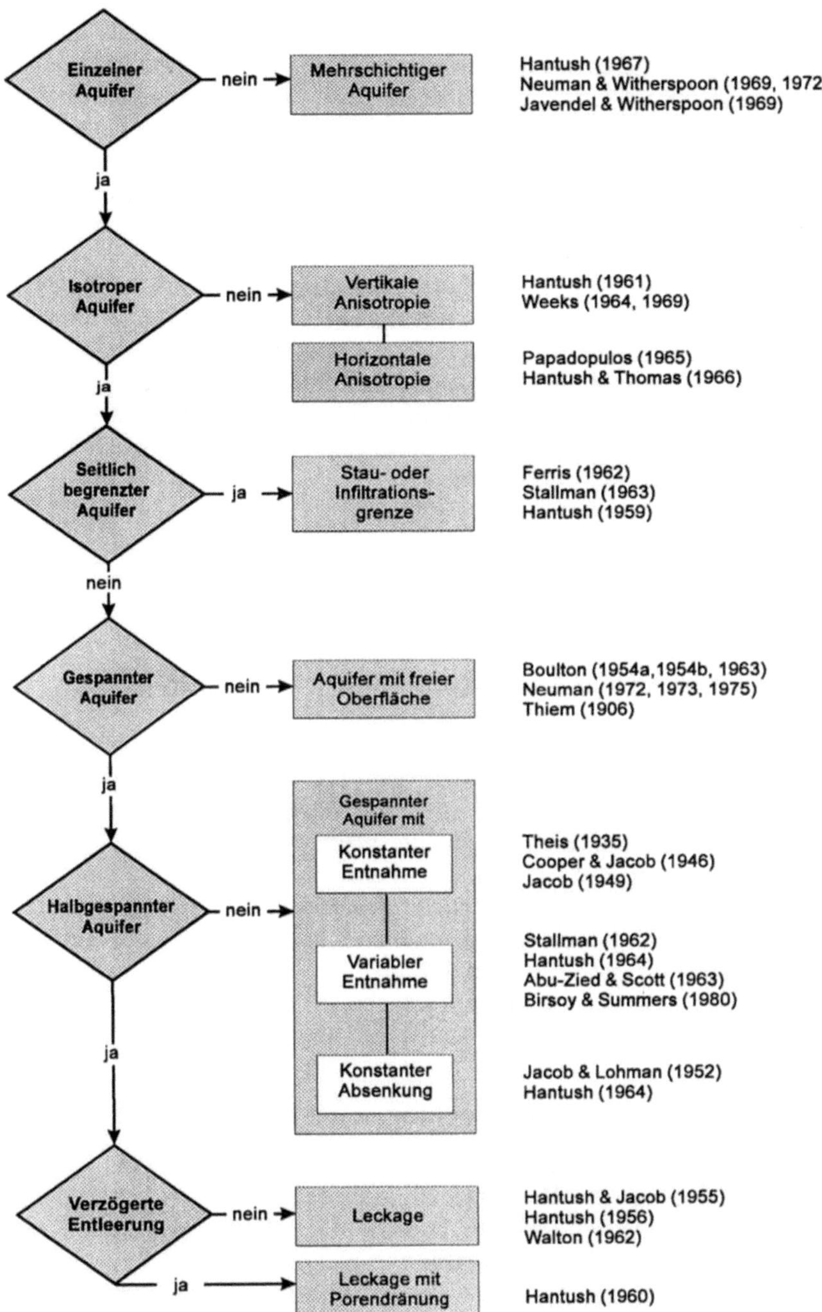

Abb. 9.5: Übersicht über die verschiedenen Aquifertypen und Randbedingungen mit den zugehörigen Auswerteverfahren. (Verändert nach ASTM 1994a)

Es sollten, soweit möglich, sowohl die Phase der Absenkung als auch des Wiederanstiegs vergleichend ausgewertet werden, um ein Maximum an Informationen über das Aquifersystem zu erhalten. Die Wiederanstiegsmethode ist eine unabhängige Überprüfung und Bestätigung der Auswertung des zeitlichen Absenkungsverlaufs. Der Wiederanstieg ist nicht beeinflußt von Schwankungen der Pumpenleistung und Brunnenverlusten und ermöglicht die Bestimmung der Transmissivitäten (Wiederanstiegsverfahren nach THEIS 1935).

Inzwischen ist eine Vielzahl von Computerprogrammen auf PC-Basis verfügbar, die eine EDV-gestützte Bearbeitung und Auswertung von Pumpversuchsdaten ermöglichen (BOONSTRA 1991; LINNENBERG 1995). Dies ersetzt jedoch nicht die sorgfältige Beurteilung des Pumpversuchsverlaufs anhand diagnostischer Plots (s. Abschn. 9.4) sowie die Prüfung der Plausibilität der zugrundeliegenden Modellvorstellungen und der Ergebnisse im Hinblick auf die hydrogeologischen Gegebenheiten.

9.2   Planung eines Pumpversuches

9.2.1 Erhebung von Grundlagendaten

Im Vorfeld der Planung eines Pumpversuches ist eine umfassende Recherche der verfügbaren Informationen erforderlich (s. Check-Liste, Tabelle 9.1). Soweit vorhanden, sollte der Bestand an Grundwassermeßstellen auf Funktionstüchtigkeit und auf Eignung für die weitere Verwendung während des Pumpversuches überprüft werden. Die Funktionsprüfung, z.B. durch Kurzpump- oder Auffüllversuche, ermöglicht gleichzeitig eine näherungsweise Bestimmung der Gebirgsdurchlässigkeiten und damit eine Verbesserung des Kenntnisstandes im Vorfeld. Wurden in der Vergangenheit durchgeführte Pumpversuche (z.B. Leistungspumpversuche, Klarpumpen) dokumentiert, ist es meist geboten, diese einer (Re-)Analyse zu unterziehen.

9.2.2 Konzeptionelles hydrogeologisches Standortmodell

Die Bestandsaufnahme und Analyse der vorhandenen Unterlagen und Daten bilden die Grundlage für die Entwicklung eines vorläufigen konzeptionellen Standortmodells (SARA 1994). Das hydrogeologische Standortmodell vereinfacht die unter Umständen komplexen und kleinräumigen hydrogeologischen Verhältnisse. Es soll dennoch die wesentlichen lithologischen und strukturellen Merkmale und hydrogeologischen Zusammenhänge beinhalten. Der Aquifertyp, das Einzugsgebiet des Förderbrunnens und mögliche hydraulisch wirksame Aquiferränder sollten bekannt sein. Die vorliegenden geologischen und hydrologischen Feldbeobachtungen und Meßdaten müssen damit übereinstimmen und ein plausibles Bild ergeben.

Tabelle 9.1: Check-Liste für die Bestandsaufnahme der verfügbaren Daten im Vorfeld der Planung eines Pumpversuches

I Kartendarstellungen, Lagepläne, Profilschnitte

• Topographie	
• Landnutzung, Böden, Schutzgebiete	
• Geologie	Struktur, Stratigraphie, Lithologie
• Hydro(geo)logie	Oberirdische Gewässer, Quellen, Brunnen, Grundwassergleichen , Flurabstände, Neubildung, Einzugsgebiet

II Übersicht vorhandener Brunnen, Bohrungen

• Brunnen-, Bohrdaten	Bezeichnung, Eigentümer, Lage, Höhe (m NN), Tiefe, Ausbau, Schichtenverzeichnisse, Wasserstände, Ganglinien, Zustand, Ergiebigkeit
• Geophysikalische Logs	Ergebnisse geophysikalischer Bohrlochvermessungen und geologische Interpretation
• Hydraulische Versuche	Ergebnisse vorangegangener hydraulischer Versuche im Umfeld (Pump-, Auffüll,- Wasserdruck-Versuche etc.)
• Probenahmen, Analysen	Grundwasser- und Bodenproben, chemische Analysen (Grundwasserbeschaffenheit), Siebanalysen

III Aquiferdaten

• Aquifergeometrie	Tiefe, Mächtigkeit, Ausdehnung, Aquifereinheiten und -ränder
• Aquifertyp	Frei, gespannt, arthesisch gespannt, schwebendes Grundwasserstockwerk
• Hydraulische Kennwerte	Durchlässigkeiten, Speicherkoeffizienten, effektive Porositäten
• Gewässereinfluß	Effluenz, Influenz, Vorflutverhältnisse, Grundwasserblänken
• Entnahmen	Nutzung des Grundwasser-Vorkommens zur Trink- bzw. Brauchwassergewinnung

IV Sonstiges

• Klimadaten	Niederschlag, Luftdruck, Temperatur, Evapotranspiration, Windgeschwindigkeit , Windrichtung
• Oberirdische Gewässer	Nutzung, Gewässergüte, Meßstationen, Abflußwerte
• Gefährdungspotentiale	Potentielle Kontaminationsquellen, kontaminierte und kontaminationsverdächtige Betriebsflächen, Altlasten
• Naturschutzbelange	Restriktionen zugunsten geschützter Biotope

Das hydrogeologische Standortmodell ist Grundlage für die konkrete Versuchsplanung (Definition der Zielsetzung, Auswahl, Anzahl und Anordnung der Brunnen im Versuchsfeld, Lage und Tiefe der Filterstrecken, Abstände der Brunnen vom Förderbrunnen, Förderrate und Dauer der Grundwasserentnahme) und beinhaltet bereits die vereinfachenden Annahmen, die den Auswerteverfahren zugrundeliegen.

Bei einfachen hydrogeologischen Verhältnissen, z.B. in einem flächenhaft und oberflächennah anstehenden, gleichförmigen Porengrundwasserleiter, werden an das konzeptionelle hydrogeologische Standortmodell nur geringe Anforderungen gestellt. Umfangreiche Vorerhebungen sind in der Regel nicht notwendig. Komplexe dreidimensionale hydrogeologische Systeme, wie z.B. die meisten Festgesteinsaquifere oder stark gegliederte Grundwasserleiter mit vertikalen Strömungskomponenten zwischen einzelnen Grundwasserstockwerken, erfordern einen wesentlich höheren Aufwand für die Planung, Instrumentierung und Durchführung eines Pumpversuches und setzen detaillierte Kenntnisse der Standortverhältnisse voraus.

9.2.3 Organisatorische und apparative Voraussetzungen

Bei der Planung und Durchführung eines Pumpversuches sind folgende organisatorische und gerätetechnische Vorbereitungen zu treffen:

Genehmigungen:

- Grundwasserentnahme und Einleitung des geförderten Wassers in Vorfluter sind anzeigepflichtige Gewässerbenutzungen (zuständig ist i.d.R. die Untere Wasserbehörde). Beantragung mit ausreichendem zeitlichen Vorlauf
- Betretungserlaubnisse der Grundstückseigentümer einholen
- Unterrichtung der betroffenen Personen und Institutionen

Einrichtung des Versuchsfeldes:

- Auswahl der Brunnen und Filterstrecken
- Vorbereiten der Brunnen: Funktionsprüfung, Kennzeichnung der verwendeten Brunnen, vorlaufende Messung von Grundwasserstandsdaten; evtl. Vermessung (Rechts- u. Hochwerte, Geländehöhe, Höhe des Meßpunktes), Markierung der Meßpunkte
- Infrastruktur: Stromanschluß oder stromerzeugendes Aggregat, Wetterschutz für Mensch und Material, Vorhalten von Ersatzteilen, Ersatzgeräten und Verbrauchsmaterialien, Ableitungsmöglichkeiten für gefördertes Grundwasser
- Fördereinrichtungen: Regelbare Unterwasserpumpe, Steigrohr, Rückschlagventil, Bypass für die Probenahme, Durchflußmesser, Wassermengenzähler, Ableitungsrohr bzw. -schläuche, Funktionsüberprüfung

Organisation der Abläufe:

- Plan der Versuchsdurchführung mit übersichtlicher Darstellung des Vorhabens, des Versuchsfeldes, der technischen Abläufe, des voraussichtlichen zeitlichen Ablaufs (Pumpbeginn, geschätzte Dauer der Absenk- und Wiederanstiegsphase)
- Arbeitsplanung, Organisation eines Schichtbetriebs, Einweisung der Personen
- Standardisiertes Meß- und Kontrollprogramm, Festlegung der Meß- und Bezugspunkte und der Meßintervalle
- Festlegung der Verfahrensweise bei möglichen Pannen und Störungen (z.B. Pumpenausfall), Definition von Abbruchkriterien

Meßeinrichtungen, Meßgeräte:

- Grundwasserentnahme: Durchflußmengenzähler für Förderraten und -mengen
- Grundwasserstände: Automatische, digitale Meßwertnehmer, Kabellichtlote für manuelle Messungen
- Uhrzeit, Stoppuhr
- Luftdruckmesser
- Evtl. Meßgeräte für Niederschlagsmengen sowie Wasserstände und Abflußmengen oberirdischer Gewässern

Überwachung, Qualitätssicherung:

- Laufende Kontrolle der Pumpe bzw. des Förderstromes (auch Sandgehalt u. Trübe) sowie der Stromversorgung und der Meßgeräte
- Regelmäßige Datensicherung (bei digitaler Meßdatenerfassung), zusätzliche manuelle Kontrollmessungen und schriftliche Protokollierung
- Darstellung und Vorauswertung der Pumpversuchsergebnisse vor Ort

Probenahme und Messung physiko-chemischer Parameter:

- Entnahme von Grundwasserproben aus dem Förderstrom für Laboranalysen
- Vor-Ort-Messungen der spez. elektrischen Leitfähigkeit und Temperatur

9.2.4 Abschätzung von Pumpversuchsdauer und räumlicher Ausdehnung der Absenkung

Die Dauer eines Pumpversuches hängt von den hydrogeologischen Gegebenheiten und der Aufgabenstellung ab und kann eine Zeitspanne von einigen Stunden bis zu mehreren Wochen in Anspruch nehmen. Als Orientierungswerte bis zum Erreichen eines Beharrungszustandes in einem gespannten Aquifer wird eine Pumpdauer von ca. 24 h, in einem Aquifer mit freier Grundwasser-oberfläche von 3 Tagen angegeben (DRISCOLL 1987, KRUSEMAN & DE RIDDER 1990).

Die Pumpdauer bei Aquifertests muß so gewählt werden, daß die Aquifer-kennwerte ermittelt werden können und das konzeptionelle hydrogeologische Modell verifiziert werden kann. Daraus ergeben sich Schätzwerte für Pump-zeiten in der Größenordnung von 200 h für Lockergesteinsaquifere und ca. 400 h für inhomogene Grundwasserleiter und Festgesteine (DVGW 1997). Ergibt die Auswertung der Grundlagendaten Hinweise auf das Vorhandensein hydraulisch wirksamer Aquiferränder, sollte die Grundwasserentnahme so lange andauern, bis deren mögliche Einflüsse auf den Absenkungsverlauf ermittelt werden können. Die Dauer der Wiederanstiegsmessung sollte in der Regel das ca. 0,5- bis 0,75fache der Pumpdauer betragen (DVGW 1997).

Die Abschätzung der erforderlichen Pumpdauer t_i kann bei instationären Verhältnissen in einem gespannten Aquifer in Abhängigkeit von der ange-strebten Ausdehnung r des Absenkungstrichters, des geschätzten Speicher-koeffizienten S und der geschätzten Transmissivität T anhand folgender For-mel erfolgen:

$$t_i \approx 1{,}2 \cdot 10^{-4} \cdot \frac{r^2 \cdot S}{T}$$

mit $t_i =$ Mindestpumpdauer in Stunden [h]
           $r =$ radialer Abstand zum Förderbrunnen [m]
           $S =$ Speicherkoeffizient (dimensionslos)
           $T =$ Transmissivität [m²/s]

Entsprechend kann nach Umformung die Abschätzung der Reichweite des Absenkungstrichters r_i (in Metern) in Abhängigkeit von einer vorgegebenen Pumpdauer t (in Stunden) und angenommenen Werten der Transmissivität T (in m²/s) und des Speicherkoeffizienten erfolgen:

$$r_i \approx 90 \cdot \sqrt{\frac{T \cdot t}{S}}$$

(Ableitung der Formeln nach COOPER & JACOB 1946).

Für Grundwasserleiter mit freier Oberfläche sind darüber hinaus zur Abschät-zung der Reichweite des Absenkungstrichters R im stationären Fall die For-meln von

     SICHARD (1928) $R = 3000 \cdot s \cdot \sqrt{k_f}$ oder

     KUSAKIN in STRZODKA (1977) $R = 575 \cdot s \cdot \sqrt{T}$

mit   s = Absenkungsbetrag im Förderbrunnen in m
        k_f = Durchlässigkeitsbeiwert in m/s
        T = Transmissivität in m²/s

gebräuchlich.

Diese und andere Schätzformeln können nur grobe Näherungswerte liefern. Bei aufwendigen Versuchen empfiehlt es sich, im Vorfeld der Versuchsdurchführung, den Pumpversuchsverlauf und dessen mögliche Beeinflussung, z.B. durch vermutete Aquiferränder, anhand der vorhandenen Grundlagendaten und der konzeptionellen Vorstellung der hydrogeologischen Verhältnisse zu simulieren. Die Vorhersage des vermutlichen Aquiferverhaltens dient in erster Linie auch dazu, die Versuchsanordnung zu optimieren (Auswahl des Pumpbrunnens, der Förderrate und -dauer sowie der Anzahl, Entfernung und Filtertiefen der Meßstellen) und den zeitlichen Ablauf zu planen sowie später während des Versuches zu überprüfen.

Bei nicht ausreichender Datenlage empfiehlt es sich, im Zuge der Pumpversuchsvorbereitung kleinmaßstäbliche Kurzpump-, Injektionsversuche oder Slug-Tests durchzuführen und auszuwerten, die darüber hinaus geeignet sind, technische Randbedingungen zu klären, wie z.B. die Prüfung der Funktionstüchtigkeit der in den Versuch einbezogenen Brunnen und Meßstellen, die Anpassung von Pumpendrehzahl, Förderrate und Absenkung sowie die Ermittlung der maximal zu erwartenden Absenkung (STALLMAN 1971; DRISCOLL 1987).

9.3 Versuchsdurchführung

9.3.1 Grundsätzliches zur Versuchsanordnung

Bei der Versuchseinrichtung ist folgendes vorrangig zu beachten (nach STALLMANN 1971):

- Der Förderbrunnen muß mit zuverlässig arbeitender Pumpe, unterbrechungsfreier Stromversorgung, Durchflußmeßgerät und -mengenzähler ausgestattet sein
- Das geförderte Grundwasser sollte in Kanalsysteme, Vorfluter bzw. so weit entfernt abgeleitet werden, daß während derAbsenkung und des Wiederanstiegs keine Re-Infiltration in den untersuchten Aquifer stattfinden kann
- Der Brunnenkopf und die angeschlossenen Leitungssysteme sollten die Möglichkeit bieten, Meß- und Regelsysteme für die Pumpversuchssteuerung und Überwachung aufnehmen zu können
- Der Förderbrunnen sollte Wasserstandsmessungen vor, während und nach Beendigung des Pumpversuches erlauben

- Die Ausbau-Spezifikationen der Meßstellen und insbesondere des Förderbrunnens müssen genau bekannt sein
- Die Abstände zwischen Förder- und Beobachtungsbrunnen müssen bezüglich Richtung und Betrag bekannt sein
- Sonstige Grundwasserentnahmen in der Umgebung des Versuchsfeldes müssen genau bekannt sein und durch begleitende Messungen überprüft werden
- Sämtliche Grundwassermeßstellen der Umgebung sollten soweit wie möglich in die Wasserstandsmessung einbezogen werden
- Lage und Orientierung von Aquiferrändern sollten ungefähr bekannt sein
- Schwankungen der Wasserspiegel in nahegelegenen oberirdischen Gewässern sollten kontinuierlich erfaßt werden
- In nahegelegenen Vorflutern sollten mehrfach Abflußmessungen durchgeführt werden

Die räumliche Anordnung des Versuchsfeldes ist abhängig vom Aquifertyp und den hydrogeologischen Verhältnissen. In einem homogenen und isotropen Grundwasserleiter würde eine einzelne Grundwassermeßstelle im Absenkungsbereich ausreichen, um repräsentative Werte der Transmissivität und des Speicherkoeffizienten zu erhalten. Die natürliche Variabilität der Aquifereigenschaften erfordert in der Regel die Messung und Auswertung der Absenkung in unterschiedlichen Richtungen und Abständen zum Entnahmebrunnen. In anisotropen Aquiferen und bei hydraulisch wirksamen Aquiferrändern sollten Grundwassermeßstellen ausgehend vom Förderbrunenn in Linien sowohl parallel als auch senkrecht zu den Vorzugsrichtungen angeordnet werden, um die entstehende, von der Rotationssymmetrie abweichende Geometrie des Absenkungsbereiches erfassen und richtungsabhängige Aquifereigenschaften ermitteln zu können.

Die Instrumentierung von mehrschichtigen Aquiferen mit vertikaler Zusickerung erfordert Grundwassermeßstellen, die in unterschiedlichen Stockwerken verfiltert sind, und ggf. auch die Einrichtung von Piezometern in den geringleitenden Zwischenschichten, wenn die hydraulische Anbindung benachbarter Grundwasserstockwerke bzw. die vertikale Durchlässigkeit der Geringleiter ermittelt werden soll.

Die Abstände der Beobachtungsbrunnen sollten so gewählt werden, daß sich bei logarithmischer Darstellung ungefähr gleiche Abstände zueinander ergeben und Abstands-Absenkungs-Daten über mindestens eine logarithmische Dekade gewonnen werden können, z.B. Abstände von 30, 100 und 300 m.

Der Radius r zum Förderbrunnen, innerhalb dessen die Meßstellen angeordnet sein sollten, kann in Abhängigkeit von der Aquifermächtigkeit M anhand folgender Formeln abgeschätzt werden (DVGW 1997):

Für gespanntes Grundwasser $M < r < 20\,M$

Für freies Grundwasser $M < r < 10\,M$

Bei einem unvollkommenen Förderbrunnen wirken sich vertikale Strömungskomponenten in Brunnennähe verfälschend auf den Betrag der Absenkung in benachbarten Grundwassermeßstellen aus, wenn diese ebenfalls nicht über die gesamte Aquifermächtigkeit verfiltert sind. Dieser Einfluß nimmt in Abhängigkeit von der Aquifermächtigkeit M und dem Verhältnis der vertikalen zur horizontalen Durchlässigkeit mit der Entfernung ab. Der Abstand r, über den hinaus vertikale Strömungskomponenten in Brunnennähe vernachlässigbar sind, wird durch folgende Formel (REED 1980) beschrieben:

$$ r = 1{,}5 \cdot \frac{M}{\sqrt{\dfrac{k_z}{k_{x,y}}}} $$

mit

$k_{x,y}$	=	Durchlässigkeitsbeiwert in horizontale Richtung [m/s]
k_z	=	Durchlässigkeitsbeiwert in vertikale Richtung [m/s]

Ähnliches gilt bei großen Absenkungsbeträgen in freien Grundwasserleitern für den Einflußbereich vertikaler Strömung und verzögerter Entleerung. Als Faustformel kann gelten, daß der zum Förderbrunnen nächstgelegene auswertbare Pegel in einem freien Aquifer einen Abstand zum Förderbrunnen haben muß, der der 1,5- bis 2fachen wassererfüllten Mächtigkeit des Grundwasserleiters entspricht (LANGGUTH & VOIGT 1980).

9.3.2 Laufende Messungen

Die Grundlage für die Identifizierung und Quantifizierung der hydrogeologischen Systemeigenschaften, Randbedingungen und Kennwerte ist die sorgfältige Messung, Aufzeichnung und Dokumentation insbesondere der Zeiten, Förderraten und Standrohrspiegelhöhen während des Pumpversuches. Für Aquiferteste in gespannten Grundwasserleitern ist zusätzlich die kontinuierliche Messung des Luftdrucks erforderlich.

In einer Vorlaufzeit, die der Dauer des geplanten Pumpversuches ungefähr entspricht, sollten die Grundwasserstände im Förderbrunnen und in den Meßstellen aufgezeichnet werden, um sicherzustellen, daß sich ein Ruhewasserstand eingestellt hat, und um Trends zu identifizieren, die den Absenkungsvorgang überlagern können, und um die Absenkungsdaten später entsprechend korrigieren zu können (Abb. 9.1):

- Ermittlung der natürlichen Trends klimatisch und saisonal bedingter Grundwasserstandsänderungen
- Ermittlung des Einflusses von Luftdruckänderungen auf die Standrohrspiegelhöhen

- Ermittlung der Auswirkungen von möglichen Grundwasserentnahmen oder sonstigen Eingriffen in den Grundwasserhaushalt in der Umgebung des Versuchsfeldes
- Ermittlung der Auswirkungen von Niederschlagsereignissen

Die Messung der Wasserstände im Förderbrunnen und in den Meßstellen kann entweder manuell mittels Lichtloten oder mit elektronischen Datensammlern erfolgen. Eine funktionsfähige Einheit besteht aus Meßwertgeber, Datensammler sowie einem Bedien- und Auslesegerät. Es sollten nur erprobte, zuverlässig arbeitende und justierte Geräte eingesetzt werden, die im Vorfeld der Versuchsdurchführung einer Funktionsprüfung zu unterziehen sind. Meßsysteme dieser Art sind vielseitig einsetzbar, variabel programmierbar und ermöglichen Messungen auch in kurzen Zeitintervallen. Die Nachteile leiten sich im wesentlichen aus der Empfindlichkeit der Druckaufnehmer und Akkus gegenüber Feuchtigkeit und Temperaturschwankungen sowie aus Störungen durch induktive Spannungen ab. Drucksensoren weisen häufig eine nicht vernachlässigbare Drift der Meßwerte auf (s.a. DVWK 1994). Unabhängig von der Methode ist eine Meßgenauigkeit von $\pm$ 1 cm Wassersäule einzuhalten (LAWA 1982).

Die Messung der Absenkung und des Wiederanstiegs erfolgt üblicherweise in logarithmischen Zeitintervallen mit zahlreichen Messungen unmittelbar nach Pumpbeginn (bzw. nach Abstellen der Pumpe) und größer werdenden Meßintervallen mit fortschreitender Zeit (s. Tab. 9.2). Die Häufigkeit der Messungen kann abhängig vom Aquifertyp und vom Abstand zum Förderbrunnen variiert werden. Es sollten als Faustregel mindestens 10 Werte pro logarithmischer Dekade gemessen werden können. Die Meßfrequenz zu Beginn des Pumpversuches läßt sich alleine mit manuellen Lichtlotmessungen nur schwer erreichen. Es ist vorteilhaft, vor Pumpbeginn mehrere Lichtlote in verschiedenen Tiefen zu fixieren und jeweils die Zeit bis zum Erlöschen des Lichtsignals zu stoppen.

Tabelle 9.2: Typische Zeitintervalle für Messungen der Absenkung und des Wiederanstiegs

Zeit seit Pumpbeginn bzw. seit Beginn des Wiederanstiegs	Meßintervalle
0 - 5 min	10 - 30 s
5 - 15 min	30 - 60 s
15 - 60 min	1 - 5 min
1 - 2 h	5 - 10 min
2 - 5 h	10 - 30 min
5 - 15 h	30 - 60 min
15 - 60 h	1 - 5 h
> 3 Tage	1 - 4 Messungen täglich

Die Durchführung von Aquifertests mit konstanter Entnahme erfordert die laufende Kontrolle der Förderrate, insbesondere in der 1. Phase des Pumpversuches, während der die Pumpenleistung aufgrund der zunehmenden Förderhöhe laufend nachgeregelt werden muß. Die Förderrate sollte innerhalb einer Toleranz von maximal ±10% konstant gehalten werden. Der Förderstrom kann z.B durch Anpassung der Drehzahl des Pumpenmotors oder über ein am Brunnenkopf mit einem Ventil bestücktes Ableitungsrohr geregelt werden, wobei letzteres i.d.R. die einfachere und genauere Methode ist.

Die Wahl der für die Durchflußmessung einzusetzenden Geräte hängt in erster Linie von der gewünschten Förderrate ab. Zum Einsatz kommen beispielsweise Eimer mit Eichmarkierung, Danaiden, Schwebekörperdurchflußmesser, Flügelradwasserzähler oder Venturi-Rohre. Es werden zunehmend induktiv gekoppelte Durchflußmengenzähler eingesetzt, die eine kontinuierliche Meßwerterfassung ermöglichen, jedoch vergleichsweise teuer und störungsanfälliger sind. Alle eingesetzten Meßsysteme sollten kalibriert sein und vor Einbau auf Funktionstüchtigkeit überprüft werden.

9.3.3 Überwachung und Dokumentation des Versuchsablaufs

Die während des Pumpversuches eingesetzten Meßsysteme zur Erfassung der Förderrate und Absenkungen müssen einer ständigen Überwachung unterliegen. Sofern Systeme zur automatischen Meßwerterfassung eingesetzt werden, müssen die gespeicherten Daten regelmäßig ausgelesen, geprüft und gesichert werden. Zusätzlich sollte eine regelmäßige Kontrolle durch manuelle Messungen der Absenkung und Förderrate durchgeführt und protokolliert werden. Die manuellen Kontrollmessungen ermöglichen auch bei Ausfall eines elektronischen Systems die Auswertung des Pumpversuches. Die Überwachung ist von vornherein in dem Betriebs- und Ablaufplan des Pumpversuches festzulegen und entsprechend vorzubereiten.

Zur Dokumentation des Pumpversuches (Messungen, Überwachung, zeitliche und technische Abläufe, Probenahmen etc.) sollten vorbereitete, formalisierte Versuchsprotokolle vor Ort geführt werden. Die erfaßten Daten müssen für spätere Auswertungen lückenlos und nachvollziehbar zur Verfügung stehen. Besonderes Augenmerk ist auf eine eindeutige Zuordnung der Messungen zu einzelnen Meßstellen und Meßzeitpunkten zu richten. Darüber hinaus sollten die Meßstellen mit Ausbaudaten und Lageplan, eine Beschreibung der installierten Meßsysteme, die technischen Abläufe sowie Störungen und Abweichungen vom geplanten Vorgehen in der Dokumentation dargestellt werden.

Neben der Protokollierung sollten die Messungen vor Ort graphisch dargestellt werden und ggf. auch begleitend zum Versuch vorab analysiert werden, um steuernd in den Versuchsablauf eingreifen zu können und um eine

Entscheidungsgrundlage für die Fortführung, die Beendigung bzw. den vorzeitigen Abbruch des Versuchs zu haben.

9.4 Analyse der Pumpversuchsdaten

9.4.1 Datenaufbereitung

Die im Rahmen des Pumpversuches gewonnenen Feld- bzw. Rohdaten müssen zunächst in eine zusammenhängende Form mit konsistenten Einheiten umgewandelt werden. Zeiten werden üblicherweise in Sekunden und Wasserstände bzw. Absenkungen in Metern beginnend mit dem Einschalten der Pumpe ($t = 0$ und $s = 0$) angegeben.

Sofern die Zeit-Absenkungs-Messung mit elektronischen Meßsystemen durchgeführt wurde, ist häufig ein Filtern der Meßwerte notwendig, da selbst eine EDV-gestützte Pumpversuchsauswertung die häufig entstehenden großen Datenmengen nur in begrenztem Umfang verarbeiten kann. Die Datenreduktion muß so durchgeführt werden, daß die Zeit-Absenkungs-Kurven mit einer verringerten Anzahl von Datenpaaren erhalten bleiben und die Daten bei logarithmischer Zeitachse gleichmäßig über die gesamte Skala verteilt sind.

Die vor und nach dem Pumpversuch durchgeführten Wasserstands- bzw. Druckspiegelmessungen sind im Hinblick auf Fluktuationen und anhaltende lokale Trends auszuwerten. Bevor die Datenkurven ausgewertet werden können, müssen sie sukzessive von verschiedenen überlagernden Fremdeinflüssen bereinigt werden.

In gespannten Grundwasserleitern wirken sich Luftdruckschwankungen merklich auf die gemessenen Standrohrspiegelhöhen aus. Die Luftdruckänderung ist umgekehrt proportional zur resultierenden Änderung der Standrohrspiegelhöhen. Die Beträge sind jedoch nicht gleich. Das Verhältnis, in dem sich die Luftdruckschwankungen auf die Wasserstandsänderung in der Grundwassermeßstelle auswirken heißt barometrische Effizienz BE [%]

$$BE = \frac{\Delta h}{\Delta p} \cdot 100$$

mit Δh = Änderung der Standrohrspiegelhöhe
        Δp = Luftdruckänderung

und kann durch Vergleich der Luftdruckganglinie und der unbeeinflußten Grundwasserganglinie (ohne Pumpen) ermittelt werden. Die Absenkungsdaten werden daraufhin korrigiert. Vergleichbare Verfahren werden angewandt, um die Auswirkungen schwankender Wasserstände von Oberflächengewässern z.B. Flüsse oder Tidegewässer auf den Grundwassergang zu korrigieren (FERRIS et al. 1962).

Die luftdruckbereinigte Zeit-Absenkungs-Kurve vor dem Pumpbeginn und nach dem Wiederanstieg wird daraufhin geprüft, ob es einen (linearen) Trend zeitlich ab- oder zunehmender Grundwasserstände über diesen Zeitraum gibt. Ein ermittelter Trend kann über die Pump- und Wiederanstiegsphase interpoliert und die gemessene Absenkung daraufhin korrigiert werden.

In Aquiferen mit freier Grundwasseroberfläche muß bei deutlicher Verminderung des Fließquerschnitts in Brunnennähe zusätzlich die korrigierte Absenkung nach JACOB (1963) (s.a. Abschn. 9.1.2) berücksichtigt werden.

9.4.2 Identifizierung des hydrogeologischen Systems

Vor der eigentlichen Pumpversuchsauswertung, d.h. der Bestimmung der Aquiferkennwerte, steht die sorgfältige Beurteilung des Systemverhaltens und die Gegenüberstellung mit der bisher zugrundeliegenden konzeptionellen Vorstellung der hydrogeologischen Situation. Die Identifizierung des Strömungsregimes, des Aquifertyps und der möglichen Aquiferränder ist die Grundlage für die Auswahl der geeigneten Auswerteverfahren.

Die Beurteilung erfolgt anhand sog. diagnostischer Plots. Hierzu werden die Meßdaten in unterschiedlich skalierten Diagrammen aufgetragen. Üblich ist z.B. die kombinierte halb- und doppellogarithmische Darstellung der Absenkung gegen die Zeit (Abb. 9.6).

Die Einflüsse der inneren und äußeren Randbedingungen spiegeln sich zu verschiedenen Zeiten wider. Die Eigenschaften des Förderbrunnens und die Strömungsverhältnisse in Brunnennähe prägen den Absenkungsverlauf zu Beginn der Absenkung; die Auswirkungen der Aquiferränder treten in einem späteren Abschnitt des Absenkungsverlaufs hervor. Wenn im mittleren Abschnitt die gemessenen Zeit-Absenkungs-Verläufe mit der Modellkurve für einen gespannten, isotropen, unendlich ausgedehnten Aquifer mit radialer Strömung zusammenfallen, können aus diesem Ausschnitt des Absenkungsverlaufes die entsprechenden Aquiferkennwerte ermittelt werden.

Anhand dieser Darstellungen lassen sich das hydraulische System und die ggf. zu berücksichtigenden Randbedingungen identifizieren. Weitere Möglichkeiten der System-Diagnose bieten Plots mit Darstellung der zeitlichen Ableitung der Absenkung (BOURDET et al. 1989), die insbesondere bei der Identifizierung komplizierterer Fließregime z.B. in Festgesteinsaquiferen Vorteile haben.

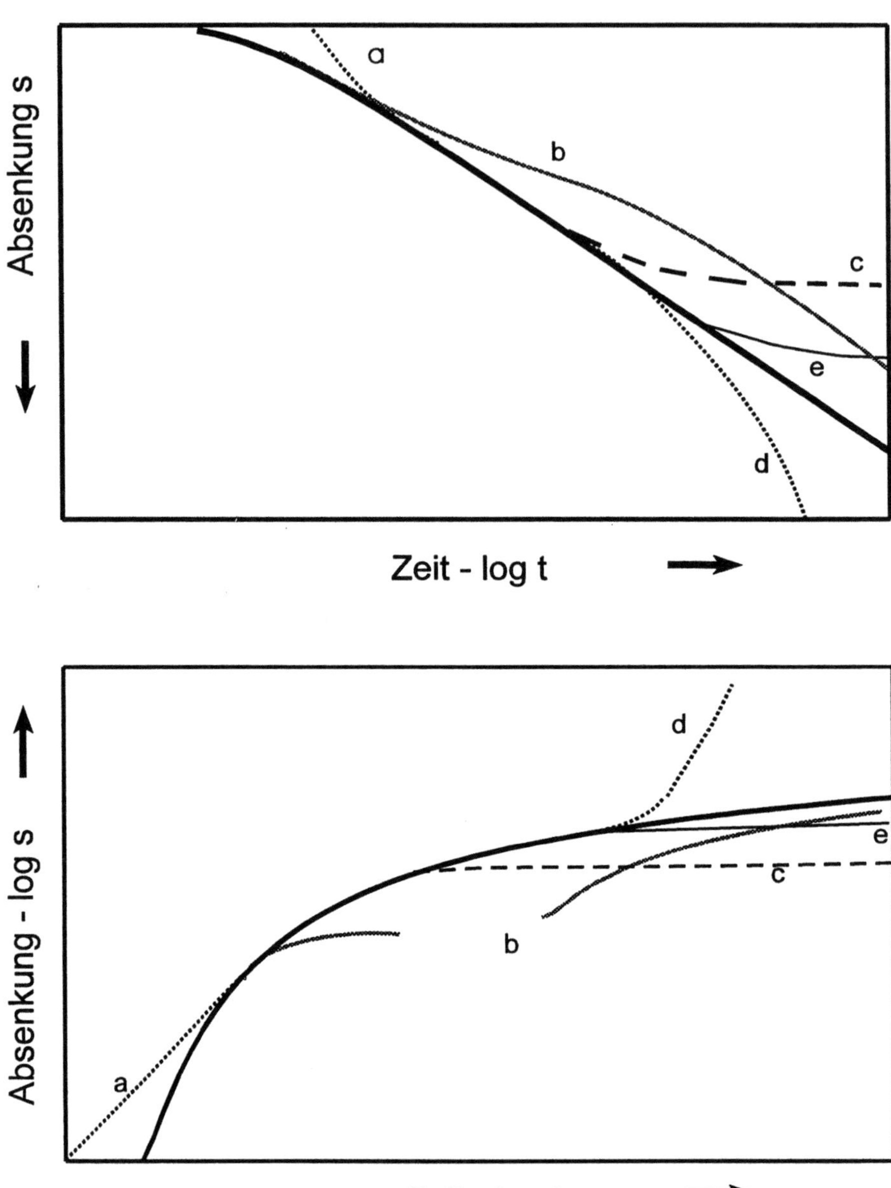

Abb. 9.6: Diagnostischer Plot. Schematische Darstellung des Einflusses verschiedener Aquifertypen und Randbedingungen auf den Zeit-Absenkungs-Verlauf. Die *durchgezogene dicke Linie* entspricht der Modellkurve für einen gespannten, isotropen, unendlich ausgedehnten Aquifer mit radialer Strömung. *a* Brunnenspeicherung, *b* Aquifer mit verzögerter Entleerung, *c* Leckage, *d* Staugrenze, *e* Infiltrationsgrenze

Literatur

ABU-ZIED, M. & SCOTT, V. H. (1963): Non-steady flow for wells with decreasing discharge.- Proc. Amer. Soc. Civil Engrs. 89 (HY3): 119-132

ARMBRUSTER, J., BARTEL, H., ESSLER, H. et al. (1976): Pumpversuche in Porengrundwasserleitern.- Arbeitsblatt Minist. Ernährung, Landwirtsch. Umwelt u. Forsten Baden-Württemberg Bd. 125, Stuttgart

ASTM (AMERICAN SOCIETY FOR TESTING AND MATERIALS) (1994a): Standard guide for selection of aquifer-test method in determining of hydraulic properties and well techniques (D 4043-91). In: ASTM Standards on ground water and vadose zone investigations (2nd. edn.), pp. 155-159; ASTM, Philadelphia (PA), USA

ASTM (1994b): Standard test method (field procedure) for withdrawal and injection well tests for determining hydraulic properties of aquifer systems (D 4050-91). In: ASTM Standards on ground water and vadose zone investigations (2nd. edn.), pp. 163-166; ASTM, Philadelphia (PA), USA

ASTM (1994c): Standard test method (analytical procedure) for determining transmissivity and storage coefficient of nonleaky confined aquifers by the Theis nonequilibrium method (D 4106-91).- In: ASTM Standards on ground water and vadose zone investigations (2nd. edn.), pp. 176-180; ASTM, Philadelphia (PA), USA

ASTM (1994d): Standard test method for determining transmissivity of nonleaky confined aquifers by the Theis recovery method (D 5269-92).- In: ASTM Standards on ground water and vadose zone investigations (2nd. edn.), pp. 305-309; ASTM, Philadelphia (PA), USA

ASTM (1994e): Standard test method for determining transmissivity and storage coefficient of bounded, nonleaky, confined aquifers (D 5270-92).- In: ASTM Standards on ground water and vadose zone investigations (2nd. edn.), pp. 310-316; ASTM, Philadelphia (PA), USA

BARKER, J. A. & HERBERT, R. (1982): Pumping tests in patchy aquifers.- Ground Water 20 (2): 150-155

Bear, J. (1972): Dynamics of fluids in porous media, 764 S. Elsevier, New York.

BEIMS, U. (1986): Statistische Analyse von Pumpversuchen. Z. Angew. Geol. 32: 33-38 Berlin

BIRSOY, Y. K. & SUMMERS, W. K. (1980): Determination of aquiferparameters from step test and intermittent pumping data. Ground Water 18: 137-146

BOONSTRA, J. (1991): SATEM (Version 1.3): Selected aquifer test evaluation methods. ILRI (Int. Inst. Land Reclamation Improvement) Publ., 48: 80 S. (inkl. Diskette); Wageningen, Niederlande

BOULTON, N. S. (1954a): Drawdown of the water table under non-steady conditions near a pumped well in an unconfined formation.- proceedings, Inst. of Civil Engeneers 3 (3): 564-579

BOULTON, N. S. (1954b): Unsteady flow to a pumped well allowing for delayed yield from storage. Int. Ass. Scient. Hydrology, publication **37**: 472-477

BOULTON, N. S. (1963): Analysis of data from non-equilibrium pumping tests allowing for delayed yield from storage. Proceedings, Inst. of Civil Engeneers, **26**: 469-482

BOURDET, D., AYOUB, J. A. & PIRARD, Y. M. (1989): Use of pressure derivative in well test analysis. SPE Formation Evaluation, Jun. 89: 293-302

BRADBURY, K. R. & MULDOON, M. A. (1990): Hydraulic conductivity determinations in unlithified glacial and fluvial materials. In: NIELSEN, D. M. & JOHNSON, A. I. (Hrsg.): Ground water and vadose zone monitoring. Amer. Soc. Testing Mater. Spec. Publ. (ASTM STP) **1053**: 138-151

BUTLER, J. J. (1990): The role of pumping tests in site characterization: Some theoretical considerations.- Ground Water **28** (3): 394-402

BUSCH, K.-F. & LUCKNER, L. (1974): Geohydraulik. 2. Aufl., 442 S., Enke, Stuttgart

COOPER, H. H. JR. & JACOB, C. E. (1946): A generalized graphical method for evaluating formation constants and summerizing well field history. Am. Geophys. Union Trans. **27**: 526-534

DÖRHÖFER, G. & FRITZ, J. (1991): Synoptische geowissenschaftliche Untersuchungen zur Erkundung der Integrität der Geologischen Barriere in Tongesteinen am Beispiel der Sonderabfalldeponie Münchehagen, Niedersachsen.Geol. Jb., **A 127**: 161-194 Hannover

DOMENICO, P. A. & SCHWARTZ, F. W. (1990): Physical and chemical hydrogeology, 824 S., Wiley , New York

DRISCOLL, F. G. (1987): Groundwater and wells (2nd. edn.), 1089 S.;St. Paul, Mi, USA.

DVGW- DEUTSCHER VEREIN DES GAS- UND WASSERFACHES E.V. (1997): Planung, Durchführung und Auswertung von Pumpversuchen bei der Wassererschließung. DVGW Technische Regel Arbeitsblatt W 111: 37 S.; Wirtschafts- und Verlagsges. Gas u. Wasser, Bonn

DVWK- DEUTSCHER VERBAND FÜR WASSERWIRTSCHAFT UND KULTURBAU E.V. (1994): Grundwassermeßgeräte. DVWK Schriften, **107**, 241 S., Bonn

FERRIS, J. G., KNOWLES, D. B., BROWN, R. H. & STALLMAN, R. W. (1962): Theory of aquifer tests. Geol. Survey Water-Supply Paper, **1536-E**, 173 S. Washington, D.C.

HEATH, R. C. (1987): Basic ground-water hydrology.- U.S. Geological Survey Supply Paper, 2220 (4. Aufl.): 83 S.; US Government Printing Office, USA

HANTUSH, M. S. (1956): Analysis of data from pumping tests in leaky aquifers. Trans. Amer.Geophys.Union **37**: 702-714

HANTUSH, M. S. (1959): Analysis of data from pumping wells near a river. J. Geophys. Res. **94**: 1921-1932

HANTUSH, M. S. (1960): Modification of the theory of leaky aquifers. J. Geophys. Res. **65** (11): 3713-3725

HANTUSH, M. S. (1961a): Drawdown around a partially penetrating well. Proc. Amer. Soc. Civil Eng., **87** (HY4): 83-98

HANTUSH, M. S. (1961b): Aquifer tests on partially penetrating wells. Proc. Amer. Soc. Civil Engrs., **87** (HY5): 171-195

HANTUSH, M. S. (1964): Hydraulics of wells. In: V. T. Chow (editor) 'advances in hydroscience' **1**: 281-432, Academic Press, New York, London

HANTUSH, M. S. (1967): Flow to wells seperated by semipervious layer. J. Geophys. Res. **72** (6): 1709-1720

HANTUSH, M. S. & Jacob, C. E. (1955): Non-steady radial flow in an infinite leaky aquifer. Trans. Amer. Geophys. Union, **36** (1): 95-100

HANTUSH, M. S. & THOMAS, R. G. (1966): A Method for analyzing a drawdown test in an-isotropic aquifers. Water Resour. Res. **2**: 281-285

HERTH, W. & ARNDTS, E. (1973): Theorie und Praxis der Grundwasserabsenkung.270 S., Ernst, Berlin

HÖLTING, B. (1992): Hydrogeologie- Einführung in die Allgemeine und Angewandte Geologie. 4. Aufl., 415 S. Enke, Stuttgart

JACOB, C. E. (1940): On the flow of water in an elastic artesian aquifer.- Amer.geophys.Union Trans. **21**: 574-586, Washington

JACOB, C. E. (1963): Determining the permeability of water-table aquifers. US Geol. Survey Water Supply Paper **1536-I**: 245-271, Washington

JACOB, C. E. (1950): Flow of ground water.- Engineering hydraulics, 4th Hydraulics conference, june 12-15 1949, pp. 321-386, Wiley, New York

JACOB, C. E. & LOHMANN, S. W. (1952): Non-steady flow to a well of constant drawdown in an extensive aquifer. Trans. Amer. Geophys. Union **33**: 559-569

JAVANDEL, I. & WITHERSPOON, P. A. (1983): Analytical solution of a partially penetrating well in a two-layer aquifers.- Wat. Resour. Res. J. **19**: 567-578

KELLER, C. K., VAN DER KAMP, G. & CHERRY, J. A. (1986): Fracture permeability and groundwater flow in clayey till near Saskatoon, Saskatchewan. Can. Geotech. J. **23**: 229-240, Toronto

KOHLMEIER, R., STRAYLE, G. & GIESEL, W. (1983): Determination of water levels in observation wells by measurement of transient-time of ultrasonic pulses and calculation of hydraulic parameters. Geol. Jb. **C33**: 107-115, Hannover

Kozeny, J. (1933): Theorie und Berechnung von Brunnen. Wasserkraft Wasserwirtschaft **28** (8): 88-92; (9): 101-105; (10): 113-116; München

KRUSEMAN, G. P. & DE RIDDER, N. A. (1990): Analysis and evaluation of pumping test data (2nd. edn.). ILRI (Int. Inst. Land Reclamation Improvement) Publ. **47**: 377 S. Wageningen, Niederlande

LANGGUTH, H.-R. & VOIGT, R. (1980): Hydrogeologische Methoden, 486 S., Springer, Berlin, Heidelberg, NewYork

LAWA, LÄNDERARBEITSGEMEINSCHAFT WASSER (1982): Grundwasser, Richtlinien für die Beobachtung und Auswertung. Teil 1: Grundwasserstand Essen.

LFU - LANDESANSTALT FÜR UMWELTSCHUTZ BADEN-WÜRTTEMBERG (1991): Bestimmung der Gebirgsdurchlässigkeit.- Materialien zur Altlastenbearbeitung, Bd. 8, 104 S., LFU Baden-Württemberg, Karlsruhe

LINNENBERG, W. (HRSG.) (1995): EDV-gestützte Darstellung und Auswertung von Pumpversuchen.- Schr. Angew. Geol. Karlsruhe, Bd. **39**, 161 S., Lehrstuhl Angew. Geol. Karlsruhe

MATTHEß, G. & UBELL, K. (1983): Allgemeine Hydrogeologie- Grundwasserhaushalt. Lehrbuch der Hydrogeologie, Bd. **1**: 438 S., Borntraeger, Berlin

MCCARTHY, J. M. (1989): Systematic pumping test design for estimating groundwater hydraulic parameters, using monte carlo Simulation - Schwerpunktprogramm der Deutschen Forschungsgemeinschaft Anwendungsbezogene Optimierung und Steuerung. Report, Bd. 160, 27 S., Inst. f. Hydromechanik, Universität Karlsruhe

NEUMANN, S. P. (1972): Theorie of flow in unconfined aquifers considering delayed response of the water table. Water Resour. Res., **8** (4): 1031-1045

NEUMANN, S. P. (1973): Supplementary comments on 'Theorie of flow in unconfined aquifers considering delayed response of the water table'. Water Resour. Res. **9** (4): 1102-1103

NEUMANN, S. P. (1975): Analysis of pumping test data from anisotropic unconfined aquifers considering delayed gravity response. Water Resour. Res. **11** (2): 329-342

NEUMANN, S. P. & WITHERSPOON, P. A. (1969): Theorie of flow in a confined two aquifer system. Water. Resour. Res., **5** (4): 803-816

NEUMANN, S. P. & WITHERSPOON, P. A. (1972): Field determination of the hydraulic properties of leaky multiple aquifer systems. Water Resour. Res. **8** (5): 1284-1298

PAPADOPULOS, I. S. (1965): Nonsteady flow to a well in an infinite anisotropic aquifer. Symposium of Dubrovnik, Int. Ass. Scient. Hydrology, pp. 21-31

REED, J. E. (1980): Type curves for selected problems of flow to wells in confined aquifers. Techniques of Water-Resources Investigations **3** (B3), US Geol. Survey, Denver, Col.

RÖSCH, A. (1992): Bestimmung der hydraulischen Leitfähigkeit im Gelände- Entwicklung von Meßsystemen und Vergleich verschiedener Auswerteverfahren.- Mitt. Inst. Grundbau Bodenmech. TU Braunschweig, Bd. 39, 156 S. Braunschweig

SICHARD, W. (1928): Das Fassungsvermögen von Rohrbrunnen und seine Bedeutung für die Grundwasserabsenkung, insbesondere für größere Absenkungstiefen.- 89 S.; Springer, Berlin

STALLMAN, R. W. (1963): Typecurves for the solution of single-bound problems,- in Bentall, Ray, Compiler, Short cuts and special problems in aquifer tests, U.S. geol. serv. water-supply paper, **1545-C**: 45-47

STALLMAN, R. W. (1964): Variable discharge without vertical leakage (continiuosly varying discharge).Theorie of aquifer tests, U.S. geol. serv. water-supply paper, **1536-E**: 118-122

STALLMAN, R. W. (1971): Aquifer test design, observation and data analysis. Techniques of water resources investigations **3** (B1), 26 S., US Geol. Survey, Denver, Col.

STOBER, I. (1984): Hydrogeologische Untersuchungen in Festgesteinen Südwestdeutschlands mit Hilfe von Pump- und Injektionsversuchen. Diss. Universität Freiburg i. Br., 119 S.

STOBER, I. (1986): Analytische Auswerteverfahren für Pump- oder Injektionsversuche in Festgesteinsaquiferen. Jh. Geol. L.-Amt Baden-Württemberg, **28**: 267-296, Freiburg i. Br.

STOBER, I. (1986): Strömungsverhalten in Festgesteinsaquiferen mit Hilfe von Pump- und Injektionsversuchen. Geol. Jb. **C42**, 204 S., Hannover

STRAYLE, G. (1983): Pumpversuche in Festgestein. DVGW-Schriftenreihe **34**: 305-325, Frankfurt a. M.

STRAYLE, G., STOBER, I. & SCHLOZ, W. (1994): Ergiebigkeitsuntersuchungungen in Festgesteinsaquiferen. Geol. L.-Amt Baden-Württemberg Informationen, **6/94**, 114 S. Freiburg i. Br.

STRZODKA, K. (1977): Hydrotechnik im Bergbau und Bauwesen. 2.Aufl., 392 S. Leipzig

SWEET, H. R., ROSENTHAL, G. & ATWOOD, D. F. (1990): Water level monitoring - achievable accuracy and precision. In: NIELSEN, D. M. & JOHNSON, A. I. (eds.): Ground water and vadose zone monitoring. Amer. Soc. Testing Mater. Spec. Publ. (ASTM STP) **1053**: 178-192

THEIS, C. V. (1935): The relation between the lowering of the piezometric surface and the rate and duration of discharge of a well using groundwater storage. Amer. Geophys. Union Trans. **16**: 519-524, Washington

THIEM, G. (1906): Hydrologische Methoden. 56 S., Gebhardt, Leipzig

WALTON, W. C. (1962): Selected analytical methods for well and aquifer evaluation. Illinois State Water Survey Bull. **49**, 81 S.

WALTON, W. C. (1987): Groundwater pumping tests. Design and analysis. 201 S., Lewis Publishers, Chelsea (Mi), USA

WEEKS, E. P. (1964): Field methods of determining vertical permeability and aquifer anisotropy. U.S.Geol. Surv. Prof. Paper

WEEKS, E. P. (1969): Determining the ratio of horizontal to vertical permeability by aquifer- test analysis.Water Resour. Res. J. **5** (1) 196-214

10 Grundwassermarkierungsversuche

JOACHIM MAIER

In der Hydrogeologie bezeichnen Markierungssubstanzen (*tracer*) in das Grundwasser eingebrachte, gut bestimmbare Stoffe, die mit dem Grundwasser transportiert werden und geeignet sind, die Fließwege, die Fließbewegung des Grundwassers und die Vorgänge beim Stofftransport zu ermitteln. Dabei können auch natürliche Vorgänge und natürlich vorkommende Inhaltsstoffe, z.B. Edelgase, stabile Isotope, Radiokohlenstoff u.a., eine Markierung des Grundwassers bewirken. Ebenso können vom Menschen unabsichtlich verursachte punktuelle oder großräumige Veränderungen der Grundwasserbeschaffenheit z.B. durch Grundwasserschadensfälle, Umweltchemikalien, „Bomben-Tritium" dahingehend verwendet werden (Zur Anwendung von Isotopenmethoden: DROST et al. 1972; MOSER & RAUERT 1980; s.a. Kap. 12 in diesem Band).

Nachfolgend wird die Grundwassermarkierung ausschließlich im Sinne gezielt ins Grundwasser eingebrachter Substanzen behandelt. Die Tracermethoden sind hier mit besonderer Berücksichtigung der Untersuchung der Vorgänge beim Schadstofftransport im Untergrund von Deponien und Altlasten dargestellt.

10.1 Allgemeine Methodenbeschreibung

10.1.1 Prinzipien und Anwendungsbereiche

Ein Grundwassermarkierungsversuch ist ein unter kontrollierten Bedingungen durchgeführtes Feldexperiment, bei dem eine definierte Menge eines Tracers mit bekannten physikalischen und chemischen Eigenschaften in einen Grundwasserleiter eingegeben und der Konzentrations-Zeit-Verlauf des Tracerdurchganges in Grundwassermeßstellen bzw. -austritten im Abstrom der Eingabestelle aufgezeichnet wird.

In Abhängigkeit von der Fragestellung, der geologischen und hydrogeologischen Situation sowie der Wahl der verwendeten Tracer und ihren Eigenschaften gibt es eine Vielzahl von Versuchsvarianten mit unterschiedlichen Anforderungen an die Vorbereitung, Durchführung und Auswertung. Die Art des Grundwasservorkommens, die Unterscheidung in z.B. Karst-, Kluft- oder Porengrundwasserleiter, erfordert unterschiedliche Vorgehensweisen. Tracerversuche unterscheiden sich darüber hinaus darin, ob sie in einem natürlichen Strömungsfeld mit unbeeinflußtem Grundwassergefälle oder in einem künstlich erzeugten Strömungsfeld mit erzwungenen hydraulischen Gradienten durchgeführt werden. Weitere grundsätzliche methodische Unterschiede bestehen in der Anwendung von Ein- oder Mehrbohrlochverfahren.

Anhand der Auswertung der zeitlichen und räumlichen Tracerausbreitung können bei geeigneter Instrumentierung und Ausführung folgende Informationen und Kenngrößen des Aquifers bzw. Kenngrößen des Stofftransports im Grundwasser ermittelt werden:

- Hydraulische Kommunikation von (Grund-)Wasserkörpern; Nachweise von Fließwegen zwischen der Eingabe bzw. Versickerung eines Tracers und der Wiederfindung bzw. den Austritten an anderer Stelle

- Grundwasserfließrichtung

- Grundwasserfließgeschwindigkeiten (Abstandsgeschwindigkeit), nutzbares Porenvolumen und Verweilzeiten

- Hydrodynamische Dispersion (longitudinale und transversale Dispersivität)

- Fließraten und Stoff-Frachten

- Variabilität hydraulischer Eigenschaften heterogener Grundwasserleiter

- Transportverhalten von gelösten oder partikulären Wasserinhaltsstoffen, Wechselwirkung mit den Untergrundmaterialien beim Transport in Abhängigkeit von den physikalischen und chemischen Eigenschaften

Hydrogeologische Markierungstechniken sind neben den klassischen Anwendungsgebieten, wie z.B. der Karsthydrologie, im Zusammenhang mit der Erkundung des Untergrundes von Deponien und Altlasten z.B. auf weitere spezielle Situationen und Fragestellungen anwendbar:

- Markierung von Deponiesickerwässern zur Erfassung möglicher Wegsamkeiten und/oder zur Ermittlung der zeitlichen und räumlichen Entwicklung des Sickerwasseraustrags im Grundwasserabstrom einer Deponie (Fallbeispiele: HÖTZL 1992a; SCHNEIDER et al. 1995)

- Untersuchung der Wirksamkeit der Abdichtungssysteme von Deponien und Altlasten. Kennzeichnung der Wirkung des Untergrundes von Deponien und Altlasten als natürliche Barriere gegen Schadstoffausträge (Fallbeispiele: MELCHIOR et al. 1990; SCHNEIDER & GÖTTNER 1991)

- Abgrenzung von Grundwassereinzugsgebieten, Bemessung von Trinkwasserschutzzonen und Abschätzung möglicher Beeinträchtigungen durch Schadstoffeinträge im Einzugsbereich eines Brunnens (Fallbeispiel: HOFMANN et al. 1990)

- Multi-Tracer-Versuche (vergleichende Markierung mit unterschiedlich reaktiven Tracern) zur Abschätzung des Transportverhaltens und des Gefährdungspotentials von Schadstoffen im Grundwasser (Fallbeispiele: REICHERT 1991; MAIER et al. 1995)

Grundwasserversuche ermöglichen die Bestimmung der wesentlichen hydrodynamischen Eigenschaften des Grundwasserleiters und der bestimmenden Mechanismen (Ausbreitung, Verdünnung, Rückhaltung) und Kenngrößen des Stofftransports unter realistischen Bedingungen und für große, repräsentative Gebirgsvolumina. Sie sind eine Voraussetzung für die quantitative Beschreibung des Stofftransports im Grundwasser und dienen als Grundlage für die Anwendung von Transportmodellen zur Prognose einer Schadstoffausbreitung für eine Gefährdungsabschätzung oder für die Beurteilung von Sanierungsmaßnahmen.

Grundwassermarkierungsversuche sind je nach Fragestellung und hydrogeologischer Situation komplexe Aufgaben, die sorgfältige Planung und umfangreiche Voruntersuchungen erfordern. Sie stehen in der Regel am Ende einer umfassenden hydrogeologischen Erkundung.

Zur Einführung in die Methoden und Gesamtdrstellungen s. ATKINSON & SMART (1981), MATTHEß & UBELL (1983), DROST & KLOTZ (1988), KÄSS (1992).

10.1.2 Theoretische Grundlagen

Die Fundamentalgleichung für die Beschreibung der laminaren Fließbewegung von Wasser ist das empirische Gesetz von DARCY für die eindimensionale, stationäre Strömung in einem porösen Medium:

$$\frac{Q}{A} = v_f = -k_f \cdot \frac{dh}{dx}$$

mit

v_f	=	Filtergeschwindigkeit
k_f	=	Durchlässigkeitsbeiwert
dh/dx	= i =	hydraulischer Gradient
h	=	Druckhöhe
x	=	Fließstrecke
Q	=	Durchflußrate
A	=	Fließquerschnitt senkrecht zur Fließrichtung

Die Filtergeschwindigkeit v_f entspricht der Durchflußrate Q pro Flächeneinheit des Fließquerschnitts A und ist dem hydraulischen Gradienten i proportional. Sie ist eine abstrakte Größe und beschreibt keine realen Geschwindigkeiten. Die Filtergeschwindigkeit bezogen auf das durchflußwirksame Hohlraumvolumen bzw. die effektive Porosität n_e ergibt die sog. Abstandsgeschwindigkeit v_a

$$v_a = \frac{v_f}{n_e} \qquad \text{mit} \qquad 0 < n_e < 1,$$

die einer mittleren Fließgeschwindigkeit des Grundwassers über eine gerade Fließstrecke entspricht.

Die Durchlässigkeit, Filtergeschwindigkeit und effektive Porosität sind makroskopisch definierte Größen, die über ein genügend großes repräsentatives Gebirgsvolumen (ein sog. repräsentatives Elementarvolumen, BEAR 1972) gemittelt werden. Bei diesem makroskopischen Konzept wird der Porenraum mit seiner komplizierten Internstruktur, bestehend aus einer Vielzahl variabler und mikroskopisch kleiner Fließwege, durch ein einfach zu beschreibendes Kontinuum ersetzt.

Die Mikrostruktur der Fließwege im Porenraum und Inhomogenitäten des Grundwasserleiters bewirken kleinräumige Abweichungen der Fließrichtung und -geschwindigkeit von der mittleren, linearen Fließbewegung des Grundwassers (SCHRÖTER 1983). Dieser Vorgang wird (hydrodynamische) Dispersion genannt und führt zu einer zunehmenden räumlichen Ausbreitung eines Stoffes beim Transport mit dem Grundwasser zugunsten einer Verringerung der Konzentration (Verdünnung). Die hydrodynamische Dispersion besteht aus 2 Komponenten:

$$D_h = D_m + D_e \qquad \text{für} \qquad D_m = \alpha \cdot v_a$$

mit
$\quad D_h \quad$ = Koeffizient der hydrodynamischen Dispersion
$\quad D_m \quad$ = Koeffizient der hydromechanischen Dispersion
$\quad D_e \quad$ = effektiver Diffusionskoeffizient
$\quad \alpha \quad$ = Dispersivität oder auch Dispersionslänge
$\quad v_a \quad$ = Abstandsgeschwindigkeit

Neben der Dispersion durch die Variabilität der Fließbewegung des Wassers (hydromechanische Dispersion) trägt auch die molekulare Diffusion zur hydrodynamischen Dispersion bei. Der Einfluß der Diffusion im strömenden Grundwasser ist nur bei sehr kleinen Fließgeschwindigkeiten ($v_a < 5*10^{-6}$ m/s, BERTSCH 1978) von Bedeutung. Die Dispersion ist proportional der mittleren Fließgeschwindigkeit des Grundwassers. Die Dispersionslänge α ist die eigentliche Kenngröße des durchströmten Mediums zur Beschreibung des Dispersionsvorgangs. Sie ist dennoch keine Materialkonstante, da die Werte bedingt durch die Heterogenität und die Variabilität der hydraulischen Eigenschaften in Grundwasserleitern oftmals nicht repräsentativ sind und in der Regel mit der Ausweitung der Betrachtung auf größere Gebirgsvolumina zunehmen (PICKENS & GRISAK 1981; SCHRÖTER 1984; GELHAR & AXNES 1983; SUDICKY 1986).

Der physikalische Transport eines Stoffes mit dem Grundwasser resultierend aus Advektion (linearer Fließbewegung des Grundwassers) und hydrodynamischer Dispersion wird mathematisch durch partielle Differentialgleichungen beschrieben, die die Konzentrationsverteilung in Abhängigkeit von Zeit und Ort wiedergeben. Für den Fall einer eindimensionalen, konstanten und stationären Strömung in einem homogenen Grundwasserleiter lautet die Advektions-Dispersions-Gleichung (SCHEIDEGGER 1961; BEAR 1972):

$$\frac{\delta C}{\delta t} = D_L \cdot \frac{\delta^2 C}{\delta x^2} - v_a \frac{\delta C}{\delta x} \qquad \text{für} \qquad D_L = \alpha_L \cdot v_a + D_e$$

mit
$\quad C \quad$ = Stoffkonzentration im Grundwasser
$\quad x \quad$ = Ortsvariable
$\quad t \quad$ = Zeitvariable
$\quad \alpha_L \quad$ = longitudinale Dispersivität (in Fließrichtung)
$\quad D_L \quad$ = Koeffizient der longitudinalen hydrodynamischen Dispersion

Zur Berücksichtigung der Retardation eines sorbierenden Stoffes beim Transport mit dem Grundwasser wird zusätzlich der Term auf der linken Seite der Gleichung mit dem Retardationsfaktor R_D multipliziert. Es existieren geschlossene Lösungen der Advektions-Dispersions-Gleichung für einfache Anfangs- und Randbedingungen: Lineare ein- bis zweidimensionale oder radialsymmetrische Strömungsfelder mit gleichbleibender oder einmaliger, momentaner Tracereingabe (OGATA & BANKS 1961; LENDA & ZUBER 1970; MOENCH 1989; Zusammenstellungen in: LEGE et al. 1996). Die Lösungsverfahren setzen in der Regel voraus, daß der Dispersionsvorgang statistischer Natur und die Grundwasserströmung stationär ist. Die Ausbreitung eines Tracers, der in einen homogenen Grundwasserleiter eingebracht wird, ergibt dann nach kurzer Fließstrecke eine räumliche Konzentrationsverteilung, die einer GAUß-Glockenkurve ähnlich ist (Abb. 10.1).

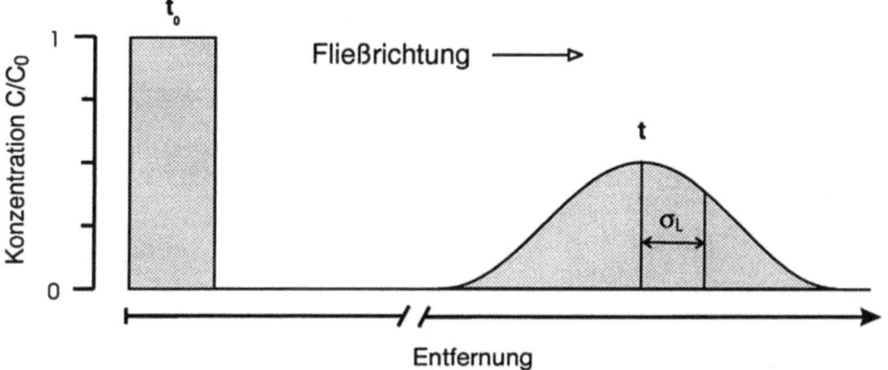

Abb.10.1: Ausbreitung eines Tracers in einem homogenen Aquifer bei gleichbleibender Fließgeschwindigkeit; schematische Darstellung der räumlichen Konzentrationsverteilungen zu den Zeitpunkten t_0 und t. (Verändert nach DOMENICO & SCHWARZ 1990)

Der Konzentrationsschwerpunkt der Tracerwolke entspricht dem Mittelwert der Verteilung und bewegt sich mit der mittleren Abstandsgeschwindigkeit. Der Koeffizient für die longitudinale Dispersion berechnet sich aus der Streuung bzw. der Varianz σ_L^2 der Konzentrationsverteilung, die das Maß für die räumliche Ausweitung der Tracerwolke in Fließrichtung ist. Bei gleichbleibender Fließgeschwindigkeit läßt sich die räumliche in eine zeitliche Konzentrationsverteilung überführen (BEAR 1972; DOMENICO & SCHWARZ 1990):

$$D_L = \frac{\sigma_L^2}{2\,t} = \frac{\left(v_a \cdot \sigma_t\right)^2}{2\,t} \qquad \text{für} \qquad \sigma_L = v_a \cdot \sigma_t$$

mit $\qquad \sigma_L^2$ = Varianz der räumlichen und

$\qquad\qquad\ \sigma_t^2$ = Varianz der zeitlichen Konzentrationsverteilung

Der longitudinale Dispersionskoeffizient kann daraus näherungsweise durch Anpassung des Tracerdurchgangs an eine GAUß-Verteilung abgeleitet werden.

Zu den theoretischen Grundlagen s. SCHEIDEGGER (1961), BEAR (1972), KLOTZ (1973), FRIED (1975), DEMARSILY (1986), DOMENICO & SCHWARZ (1990).

10.1.3 Duchgangskurven und Auswertung

Der zeitliche Verlauf eines Tracerdurchgangs in einer Meßstelle ist in Abb. 10.2 schematisch anhand der Durchgangskurve (Konzentrations-Zeit-Kurve) und der Summenkurve (Summe der durchgegangen Tracermenge bezogen auf insgesamt eingesetzte Menge) dargestellt. Die Situation entspricht einer einmaligen Tracereingabe in einen homogenen Grundwasserleiter mit eindimensionaler stationärer Strömung.

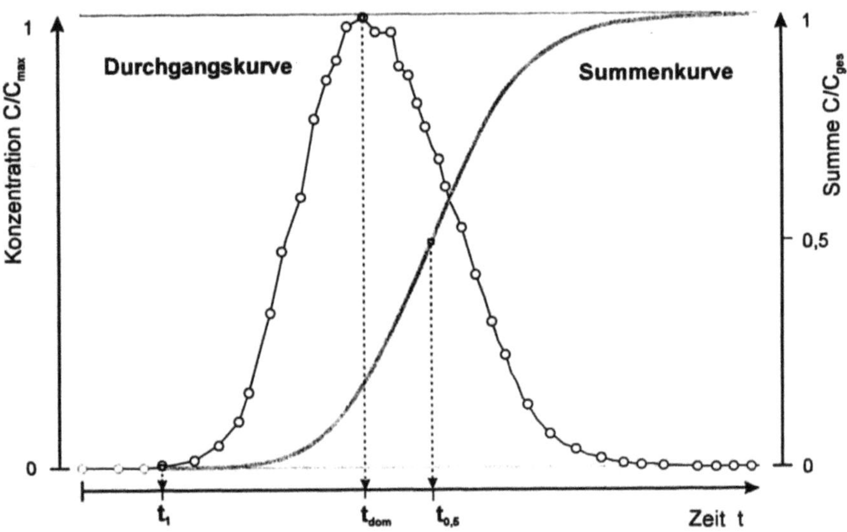

Abb. 10.2: Schematische Darstellung der Durchgangs- und Summenkurve eines Tracerdurchbruchs. Die Summen sind auf die insgesamt eingegebene Tracermenge (C_{ges}) bezogen

Die maximale Abstandsgeschwindigkeit $v_{a,max}$ ergibt sich als Quotient der Entfernung zwischen der Eingabe- und der Meßstelle und dem Zeitpunkt (t_1) des ersten Nachweises des Tracers. Entsprechend läßt sich aus der Durchgangskurve die dominierende Abstandsgeschwindigkeit $v_{a,dom}$ aus dem Durchgangszeitpunkt (t_{dom}) des Konzentrationsmaximums ermitteln. Die mediane Abstandsgeschwindigkeit $v_{a,med}$ ergibt sich anhand der Summenkurve aus dem Zeitpunkt ($t_{0,5}$), zu dem 50 % des eingesetzten Tracers durchgegangenen sind. Die Durchgangskurve weist auch im Idealfall eine Schiefe auf ($t_{0,5} \neq t_{dom}$) mit einem steilen Anstieg und einem flacheren Abfall der Konzentrations-Zeit-Kurve. Die Zeit, die der mittleren Abstandsgeschwindigkeit des Grundwassers (entsprechend v_a in Abschn. 10.1.2) entspricht, fällt daher nicht mit dem Konzentrationsmaximum zusammen und kann aus der Kurve nicht abgegriffen werden (SCHULZ 1992). Die (mittlere) Abstandsgeschwindigkeit ist näherungsweise bestimmbar; ihr Betrag liegt im Wertebereich zwischen der dominierenden und medianen Abstandsgeschwindigkeit:

$$v_{a,dom} > v_a > v_{a,med}$$

Unter den vereinfachenden Annahmen, daß der Stofftransport auf ein eindimensionales Strömungsfeld reduziert werden kann und die Tracerdurchgangskurve in ihrer Form ungefähr einer Gauß-Normalverteilung entspricht, kann der Koeffizient für die longitudinale Dispersion D_L und die Dispersionslänge α_L anhand der Summenkurve näherungsweise nach folgender Formel (ATAKAN et al. 1974, FRIED 1975) abgeschätzt werden:

$$D_L = \frac{v_{a,med}^2 \cdot \left(t_{0,84} - t_{0,16}\right)^2}{8\, t_{0,5}} \qquad \text{und} \qquad \alpha_L = \frac{D_L}{v_a}$$

$v_{a,med}$ wird hierbei mit v_a gleichgesetzt.

$t_{0,16}$, $t_{0,5}$ und $t_{0,84}$ sind die aus der Summenkurve ermittelten Zeiten, zu denen 16, 50 bzw. 84 % der eingesetzten Tracermenge durchgegangen sind (entsprechend Mittelwert ± Standardabweichung einer GAUß-Verteilung).

Die oben beschriebenen Methoden der Auswertung von Durchgangs- und Summenkurven liefern in erster Linie Näherungswerte für die Abstandsgeschwindigkeit und den Dispersionskoeffizienten, da die Tracerausbreitung unter den natürlichen Gegebenheiten im Grundwasserleiter oft in mehrfacher Hinsicht von den zugrundeliegenden, vereinfachenden Annahmen abweicht:

- Der Stofftransport mit dem Grundwasser ist zunächst von Natur aus ein dreidimensionaler Vorgang; neben der longitudinalen (in Fließrichtung) sind transversale Komponenten der Dispersion (senkrecht zur Fließrichtung) wirksam. Der Fehler bei der Anwendung der Summenkurven-Methode nimmt bei abnehmender Entfernung zwischen Eingabe- und Meßstelle sowie mit zunehmenden Dispersivitäten zu (Schweizer et al. 1985)

- Inhomogenitäten des Grundwasserleiters bewirken, daß die Variabilität der Fließgeschwindigkeit im Porenraum nicht statistisch verteilt ist. Zum Beispiel kann in geschichteten Aquiferen der Tracerdurchgang als Überlagerung mehrerer, sich unterschiedlich schnell ausbreitender Tracerwolken verstanden werden (SCHRÖTER 1983; GÜVEN et al. 1984)

- Sorptionsvorgänge führen zu einer Verzögerung (Verlangsamung um einen Retardationsfaktor) der Tracerausbreitung bei sonst gleichen Charakteristika der Durchgangskurve (Anmerkung: Letzteres gilt nur bei linearer, vollständig reversibler Sorption und wenn sich die Sorptions-/ Desorptionsvorgänge stets im Gleichgewicht befinden). Eine Retardierung kann nur aus dem Vergleich des Durchgangs mehrerer gleichzeitig eingesetzter Tracer bestimmt werden (SCHULZ 1992)

- In vielen Fällen führen geochemische Reaktionen (Abbau, Fällung/Lösung, Ionen-, Ligandenaustausch, Sorption) zu deutlich verändertem Transportverhalten, das mit dem einfachen Retardationsansatz nicht beschrieben werden kann und für das keine analytischen Lösungen der Transportgleichungen existieren.

Zur Auswertung von Tracerversuchen s. FRIED (1975), SAUTY (1980), SCHWEIZER et al. (1985), SAUTY & KINZELBACH (1988), BULLIVANT & SULLIVAN (1989), SCHULZ (1992).

10.2 Markierungsstoffe

10.2.1 Anforderungen und Auswahlkriterien

In den vorhergehenden Abschnitten wurde der Begriff Markierungsstoff bzw. Tracer überwiegend im Sinne eines konservativen bzw. idealen Tracers gebraucht, der sich gegenüber dem Untergrund und dem Transportmedium Wasser inert verhält, dessen physikalische Eigenschaften nicht beeinflußt und ungehindert mit der Fließgeschwindigkeit des Wassers transportiert wird.

Darüber hinaus sind an einen künstlichen Tracer folgende Anforderungen zu stellen:

- Empfindlicher Nachweis auch in starker Verdünnung

- Geringe Hintergrundkonzentrationen im natürlichen Grundwasser

- Wirtschaftlichkeit in der Anschaffung, der Handhabung und der Analytik

- Chemische Stabilität, Persistenz

- Nicht toxisch, nicht grundwasser- und umweltgefährdend

- Ohne nachhaltige Auswirkungen auf die Grundwasserbeschaffenheit

Einen idealen Tracer, der alle genannten Eigenschaften und Anforderungen auf sich vereinigt, gibt es nicht. Bezüglich des Transportverhaltens entspricht am ehesten Tritium in der Form des tritiierten Wassermoleküls den Vorstellungen eines idealen Tracers (MATTHEß & UBELL 1983).

Die Auswahl des Tracers hängt im Einzelfall von der Aufgabenstellung, den hydrogeologischen und geochemischen Standortverhältnissen, den erforderlichen Nachweisempfindlichkeiten und verfügbaren Analyseverfahren sowie von möglichen Einschränkungen des Einsatzes durch z.B. wasserrechtliche Einwände ab; Beispiele:

- Die Verwendung von Tritium ist vom apparativen und organisatorischen Aufwand her, den der Einsatz eines radioaktiven Tracers aufgrund der Strahlenschutzbestimmungen erfordert, nur in wenigen Fällen gerechtfertigt, abgesehen davon, daß die Eingabe radioaktiver Substanzen nur unter bestimmten Voraussetzungen genehmigungsfähig ist. Die Einspeisung langlebiger Radionuklide, der Einsatz großer Aktivitäten und die Anwendung über eine große räumliche Erstreckung werden in der Regel nicht möglich sein

- Die Verwendung eines Salzes zur Markierung erübrigt sich, wenn die Konzentrationen im Grundwasser vor der Markierung bereits so hoch sind, daß der Tracerduchgang bereits nach kurzer Fließstrecke von den erhöhten Hintergrundwerten verschleiert würde oder den Einsatz unverhältnismäßig großer Mengen erforderlich machen würde

- Die häufig verwendeten organischen Fluoreszenzfarbstoffe, die in einer Vielzahl von Fällen in Karst- und Porengrundwasser erfolgreich als konservative Tracer eingesetzt wurden, können in Grundwasserleitern, die toniges und organisches Material enthalten, an den Untergrundmaterialien sorbiert werden

- Der Einsatz des ansonsten in bezug auf Gesundheits- und Umweltgefährdung unbedenklichen Fluoreszenzfarbstoffs Uranin ist u.U. im Einzugsgebiet von Trinkwasserfassungen oder Quellen unerwünscht, wenn Störungen durch die zeitweise sichtbare Färbung des Wassers eintreten können.

Nicht jede Fragestellung erfordert den Einsatz von idealen Tracern. Grundwassermarkierungsversuche werden auch durchgeführt, um das Transportverhalten bestimmter Stoffe bzw. Stoffgruppen zu untersuchen, die sich beim Transport im Grundwasser nicht konservativ verhalten:

Beispielsweise werden Partikel-Tracer in Porengrundwasserleitern eingesetzt, um die Filtration pathogener Keime bei der Untergrundpassage zu simulieren. Das ist eine Fragestellung, die z.B. im Zusammenhang mit der Festlegung und Abgrenzung von Trinkwasserschutzzonen von Bedeutung ist.

Für die Ermittlung des Transportverhaltens von Schadstoffen, z.B. bei Gefährdungsabschätzungen, können harmlosere Substanzen mit ähnlichen physikalisch-chemischen Eigenschaften als Surrogate der Schadstoffe in einem Grundwassermarkierungsversuch eingesetzt werden.

10.2.2 Übersicht der gängigen Markierungsstoffe

Unzählige verschiedene Substanzen mit den unterschiedlichsten physikalischen und chemischen Eigenschaften wurden bereits zur Grundwassermarkierung eingesetzt. Die üblicherweise für Grundwassermarkierungsversuche verwendeten Tracer sind in folgende Stoffklassen gruppiert:

- Lösliche Salze, Anionen

- Fluoreszenzfarbstoffe

- Partikel, Triftstoffe

- Isotope (Radionuklide, stabile oder aktivierbare Isotope)

- Sonstige

In Tabelle 10.1 sind die Stoffklassen mit jeweils ausgewählten Vertretern sowie Bemerkungen und Literaturhinweisen zu Eigenschaften, analytischer Bestimmung und Einsatzmöglichkeiten zusammengestellt. Umfassendere Zusammenstellungen finden sich z.B. in DAVIS et al. (1985), KÄSS (1992), BOULDING (1995).

Tabelle 10.1: Eigenschaften gängiger Markierungsstoffe

I. Anionen (lösliche Salze):

- *Chlorid* und
- *Bromid* als Alkali-, Erdalkali- oder Ammoniumsalze
- *Jodid* als Alkalisalz
- *Borax* ($Na_2B_4O_7\ 10H_2O$)

Vorteile: Preiswert, einfache Handhabung und Analyse, sehr gute Löslichkeit, chemische Stabilität. Anionen verhalten sich annähernd konservativ (Ausnahme Jodid). Nachteile: Im Grundwasser häufig bereits eine mehr oder minder hohe Grundbelastung vorhanden.

Hohe Hintergrundkonzentrationen können Tracereingaben erforderlich machen, die Dichteänderungen und vertikale Fließkomponenten bewirken und nachteilige Auswirkungen auf die Grundwasserbeschaffenheit haben können

DAVIS (1980)
BOWMAN (1984)

II. Fluoreszenzfarbstoffe

- *Uranin*
- *Eosin*
- *Pyranin*
- *Naphthionat*
- *Rhodamin WT*
- *Amidorhodamin G*
- *Sulforhodamin B*
- *Rhodamin B*

Vorteile: Preiswert, einfache Handhabung, empfindlicher Nachweis mittels Fluoreszenzspektrometrie, schnelle Bestimmung auch vor Ort möglich. Keine oder geringe Toxizität mit Ausnahme von Rhodamin B (karzinogen). Nachteile: Z.T chem., mikrobieller u. photolyt. Abbau. U.U. starke Sorptionstendenz an Aquifermaterialien insbesondere bei Rhodamin B u. Sulforhodamin B. Störung der Bestimmung durch Hintergrundfluoreszenz, Trübung.

Uranin ist der am stärksten fluoreszierende und häufigst verwendete Fluoreszenzfarbstoff

SMART &
LAIDLAW (1977),
BEHRENS (1982),
SMART (1984),
SABATINI &
AUSTIN (1991),
SHIAU et al. (1993)

III. Partikel, Triftstoffe

- *Bärlappsporen*
- *Kunststoff-Mikropartikel*
- *Mikroorganismen*
  (Bakterien, Hefepilze)

Bevorzugte Anwendung in karsthydrologischen Untersuchungen, aber auch zur Untersuchung des Filtrationsverhaltens in Poren- u. Kluftaquiferen. Unbedenklicher Einsatz (mit Ausnahme möglicher pathogener Bakterienstämme von E.coli u. S.marcescens), Nachweis mikroskopisch bzw. mit mikrobiolog. Methoden; halbquantitative Auswertung, Transport von Mikroorganismen wird neben vielfältigen Faktoren auch von deren Lebensbedingungen bestimmt

WOOD & EHRLICH
(1978),
KESWICK et al.
(1982),
KÄSS (1982),
SEILER (1982),
PEKDEGER et al.
(1988),
PETERS et al. (1988),
HARVEY et al.
(1989).

IV. Isotope

- *Stabile Isotope (^{2}H, ^{18}O)*

  Stabile Isotope werden selten als Tracer in einem Grundwassermarkierungsversuch eingesetzt: Die Messung und Interpretation gegenüber den natürlichen Hintergrundwerten ist schwierig. Die Herstellung isotopisch angereicherter Tracer und die Analyseverfahren sind teuer.

- *Radionuklide (^{3}H, ^{32}Br, ^{51}Cr, ^{131}I)*

  Vorteile: Hohe Nachweisempfindlichkeit; bei γ-Strahlern (^{32}Br, ^{51}Cr, ^{131}I) direkte Detektion in der Meßstelle in situ (s. Einbohrlochverfahren) möglich. Tritium in der Form von ^{3}HHO ist chemisch identisch mit Wasser, entspricht idealem Tracer.
  Nachteile: Strahlenrisiko, geringe Akzeptanz, hoher Aufwand aufgrund von Strahlenschutzbestimmungen. Die Markierung mit Tritium schließt dauerhaft weitere tracerhydrol. Auswertungen in diesem Umfeld für das „Umweltisotop" Tritium aus

  MOSER & RAUERT (1980), DROST (1984) RANK (1991), BEHRENS (1982)

V. Sonstige

- *Edelgase (He, Ne, Kr, Xe)*

  Vorteile: Chemisch inert, umweltneutral. Nachteile: Relativ große Meßfehler, Wasserlöslichkeit ist temperaturabhängig, Verluste durch Verflüchtigung insbesondere in freien Aquiferen

  GUPTA et al. (1994)

- *Diverse (organische) Verbindungen*

  Benzoesäure, Difluorobenzoat, Fluorbenzol u.a. für spezielle Anwendungen. Es sind z.T. Tracer, die eine niedrige Nachweisgrenze haben, und die z.T. im Grundwasser natürlich nicht vorkommen

  ADAMS et al. (1989), BOWMANN & GIBBONS (1992), ILGENFRITZ et al. (1988)

- *Wassertemperatur*

  Markierung des Grundwasser durch Wärmezufuhr ermöglicht die einfache Lokalisierung hydraulischer Verbindungen und Grundwasserzutritte

  KEYS & BROWN (1978)

10.3 Versuchsanordnung und Verfahrensauswahl

10.3.1 Einbohrlochverfahren

Diese Verfahren erfordern nur einen einzelnen vertikalen Brunnen, der den Grundwasserleiter durchdringt bzw. in dem betrachteten vertikalen Ausschnitt des Grundwasserleiters verfiltert ist. Die Wassersäule im Brunnen wird mit einem konservativen Tracer markiert. Die Tracereingabe erfolgt einmalig und mit einer minimalen Flüssigkeitsmenge, um das natürliche Strömungsfeld im Umfeld des Brunnens möglichst nicht zu beeinflussen. Die Grundwasserströ-

mung durch das Filterrohr bewirkt den (horizontalen) Abfluß des Tracers und
die exponentielle Abnahme der Konzentration im Brunnen (s. Abb 10.3 und
10.4.).

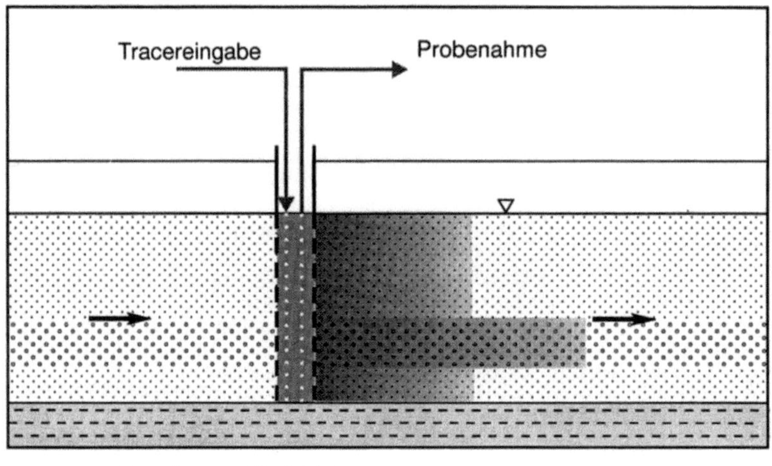

Abb. 10.3: Schematische Darstellung des Tracerverdünnungsverfahrens in einem inhomogenen Aquifer

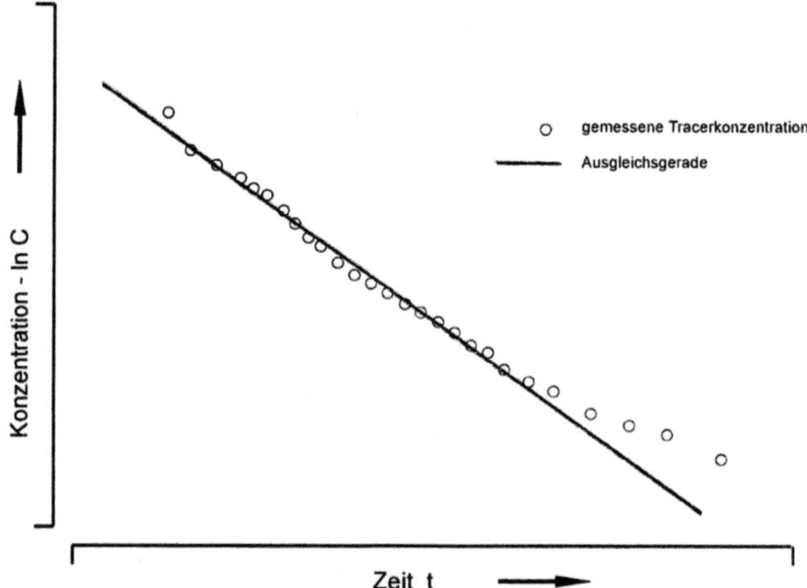

Abb. 10.4: Beispiel für eine Tracerverdünnungskurve. Logarithmische Konzentrations-
achse

Die Auswertung der Konzentrationsabnahme nach dem Tracerverdünnungsverfahren ermöglicht die Bestimmung des Betrags der Filtergeschwindigkeit der Grundwasserströmung aus der „Verdünnungsgeschwindigkeit":

$$v_f \cdot \alpha \; = \; v_g \; = \; \frac{\pi \cdot r}{2 \cdot t} \cdot \ln \frac{C_0}{C_t}$$

mit v_f = Filtergeschwindigkeit
            v_g =„Verdünnungsgeschwindigkeit"
            α = Korrekturfaktor
            r = Radius des Brunnenfilterrohres
            C_t = Konzentration zur Zeit t
            C_0 = Konzentration zur Zeit t = 0

Die Filtergeschwindigkeit kann bei halblogarithmischer Darstellung der Tracerverdünnungskurve aus der Steigung der Geraden des linearen Kurvenabschnitts ermittelt werden (Abb. 10.4). Der Korrekturfaktor α ist abhängig vom Ausbau und berücksichtigt die Verzerrung des Grundwasserströmungsfeldes im Nahbereich des Brunnens, wodurch sich der Grundwasserstom durch den Brunnenfilter im Vergleich zum natürlichen Abstrom erhöht (BERGMANN 1970, KLOTZ 1971, KLOTZ 1978).

Die Vorteile dieses Verfahrens sind der geringe Aufwand, eine kurze Versuchszeit, einfache Messung und Auswertung, sowie eine geringe benötigte Tracermenge. Umfassende Vorkenntnisse zur hydrogeologischen Situation, z.B. die Kenntnis der genauen Grundwasserfließrichtung sind nicht notwendig. Es ist durch horizontierte Tracereingabe und Messung (z.B. durch den Einsatz von Packern) möglich, mit hoher vertikaler Auflösung kleinräumige Unterschiede der Grundwasserströmung bzw. Inhomogenitäten des Grundwasserleiters festzustellen. Die Nachteile sind, daß ohne weiteren Aufwand lediglich Filtergeschwindigkeiten und nicht reale Fließgeschwindigkeiten und Fließrichtungen des Grundwassers sowie keine Dispersionskoeffizienten ermittelt werden können. Vertikale Strömungskomponenten im Filterrohr und in der Filterkiesschüttung verfälschen die Interpretation der Tracerverdünnung. Die Messungen sind punktförmig, die Übertragbarkeit auf ein größeres Gebiet ist bedingt durch Inhomogenitäten des Grundwasserleiters eingeschränkt.

Die Entwicklung einer speziellen Tracersonde für radioaktive Isotope (kurzlebige Gammastrahler, z.B ^{82}Br, ^{131}I) ermöglicht in einem einzelnen Brunnen durch richtungsabhängige Detektion der Aktivität die gleichzeitige Bestimmung der Tracerverdünnung (Filtergeschwindigkeit) und der Fließrichtung des Grundwassers in situ (MAIRHOFER 1967; MOSER & Rauert 1980; DROST 1984). Die Bestimmung der Grundwasserströmung nach Richtung und Betrag ist schnell und ökonomisch. Die Einschränkung besteht darin, daß ausschließlich radioaktive (gammastrahlende) Tracer dafür eingesetzt werden können.

Die Kombination des Tracerverdünnungsverfahrens mit anschließender zeitlich versetzter Wiedergewinnung des Tracers durch Pumpen mit konstanter Förderrate ermöglicht eine näherungsweise Abschätzung der Abstandsgeschwindigkeit, der effektiven Porosität und der Dispersivität (BACHMAT et al. 1984; LEAP & KAPLAN 1988).

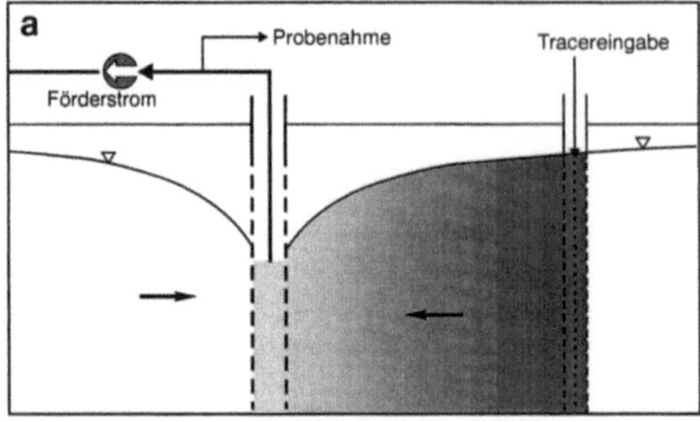

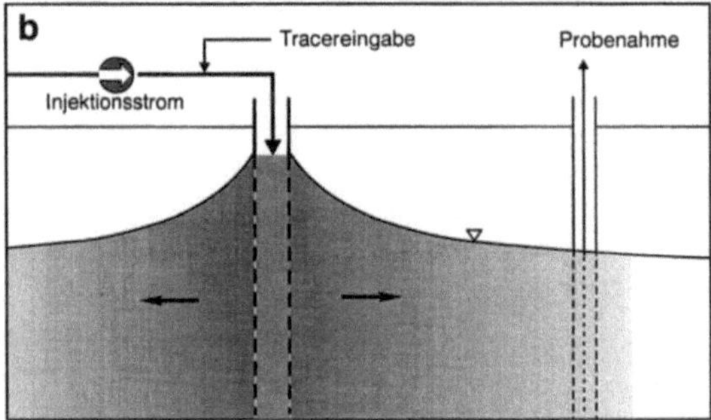

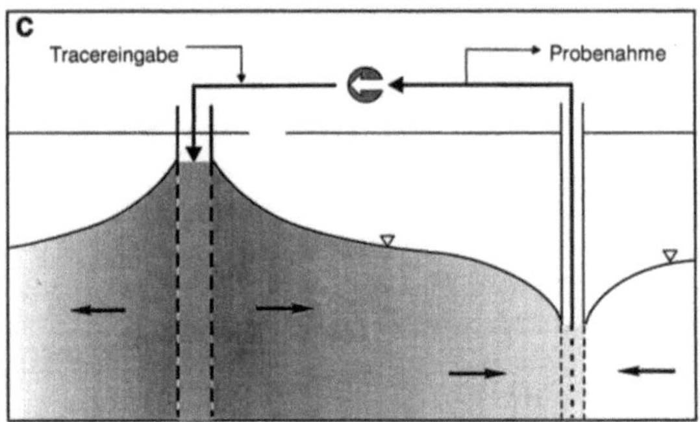

Abb. 10.5a-c: Schematische Darstellungen der Versuchsanordnung für Grundwassermarkierungsversuche in einem radial-konvergenten **a**, radial-divergenten **b** und zweipoligen Strömungsfeld **c**

10.3.2 Verfahren im erzwungenen Strömungsfeld

Bei diesen Verfahren wird bereits vor der Grundwassermarkierung durch kontinuierliche Grundwasserentnahme oder Injektion von Wasser ein künstliches, stationäres Strömungsfeld erzeugt. Es wird im wesentlichen zwischen 3 Versuchsvarianten unterschieden (Abb. 10.5):

- Förderbrunnenversuch mit radial-konvergenter Strömung:

  Grundwasserentnahme und Absenkung mit gleichbleibender Förderrate. Tracereingabe in einen Brunnen, der im Absenkungsbereich des Förderbrunnens gelegen ist. Homogene Vermischung des Tracers im Eingabebrunnen. Messung des Tracerdurchgangs im Förderstrom. Ableitung des geförderten Grundwassers

- Injektionsbrunnenversuch mit radial-divergenter Strömung:

  Auffüllung mit Wasser und lokale Aufhöhung des Grundwasserstandes eines Brunnens bei gleichbleibender Injektionsrate. Tracereingabe in den Injektionsstrom. Messung des Tracerdurchgangs in nahegelegenen Grundwassermeßstellen, die nicht abgepumpt werden. Entnahme von Grundwasser für die Injektion außerhalb des Bereichs möglicher Beeinflussung der Strömungsverhältnisse

- Förder- und Injektionsbrunnenpaar mit zirkulierender Wasserführung:

  Herstellung eines zweipoligen stationären Strömungsfeldes durch konstante Entnahme von Grundwasser aus dem einen Brunnen und Re-Injektion des geförderten Wassers in einem benachbarten Brunnen. Tracereingabe in den Injektionsbrunnen. Messung des Tracerdurchgangs im Förderstrom

Die Grundwasserfließrichtung im Versuchsfeld wird durch die Entnahme bzw. Injektion vorgegeben. Diese Versuchsanordnungen können daher nicht zur Ermittlung der unbeeinflußten Grundwasserfließrichtung und -geschwindigkeit herangezogen werden. Sie eignen sich in erster Linie für die Ermittlung der effektiven Porosität, der longitudinalen Dispersivität und für die vergleichende Untersuchung des Transportverhaltens verschiedener Tracersubstanzen. Die Vorteile des Förderbrunnenversuches bestehen darin, daß der Tracer mit Sicherheit den Förderbrunnen erreicht und vollständige Durchgangskurven erhalten werden können. Die Durchführung kombinierter Pump- und Tracerversuche ist möglich.

Tracerversuche in einem erzwungenen Strömungsfeld können mit deutlich verkürzten Versuchslaufzeiten ausgeführt werden; die erzeugten hydraulischen Gradienten und damit die Fließgeschwindigkeiten sind in der Regel wesentlich größer als unter natürlichen Strömungsverhältnissen. Bei Einstellung einer stationären Strömung und bei tiefengemittelter Tracereingabe und Probenahme existieren für momentane sowie kontinuierliche Tracereingaben analytische Lösungen der Transportgleichungen.

Fallbeispiele, Materialien über Theorie und Auswertung zu Tracerversuchen mit erzwungenen Gradienten findet man bei HOOPES & HARLEMAN (1967), GROVE & BEETEM (1971), SAUTY (1980), HSIEH (1986), MOENCH (1989), GÜVEN ET AL. (1986), MOLZ ET AL. (1986), PALMER & NADON (1986), HOFMANN et al. (1991, 1992).

10.3.3 Mehrbohrlochverfahren im natürlichen Strömungsfeld

Die Durchführung von Grundwassermarkierungsversuchen in einem natürlichen Strömungsfeld mit unbeeinflußten hydraulischen Gradienten erfordert für die Tracereingabe eine Grundwassermeßstelle, die über die gesamte Aquifermächtigkeit verfiltert ist, sowie weitere Meßstellen in Richtung des Grundwasserabstroms (Abb. 10.6). Im einfachsten Fall sind die Meßstellen ebenfalls durchgehend verfiltert, so daß lediglich integrale, über die Aquifermächtigkeit gemittelte Werte erhalten werden können. Bei deutlicher vertikaler Differenzierung der Lithologie und der hydraulischen Eigenschaften sind in Abhängigkeit von der Fragestellung evtl. Pegelnester oder Multilevel-Filterbrunnen gefordert, die eine tiefendifferenzierte Probenahme und Auswertung ermöglichen.

Die Tracereingabe kann kontinuierlich über einen längeren Zeitraum oder momentan erfolgen. Die zugegebenen Flüssigkeitsmengen sollen minimal sein, um die Strömungsverhältnisse möglichst nicht zu beeinflussen. Mehrbohrlochanordnungen mit natürlichem Grundwassergefälle eignen sich insbesondere zur Ermittlung der unbeeinflußten Grundwasserfließrichtung und -geschwindigkeit, der effektiven Porosität, der longitudinalen und transversalen Dispersivität sowie zur Untersuchung der natürlichen Variabilität des Strömungsregimes.

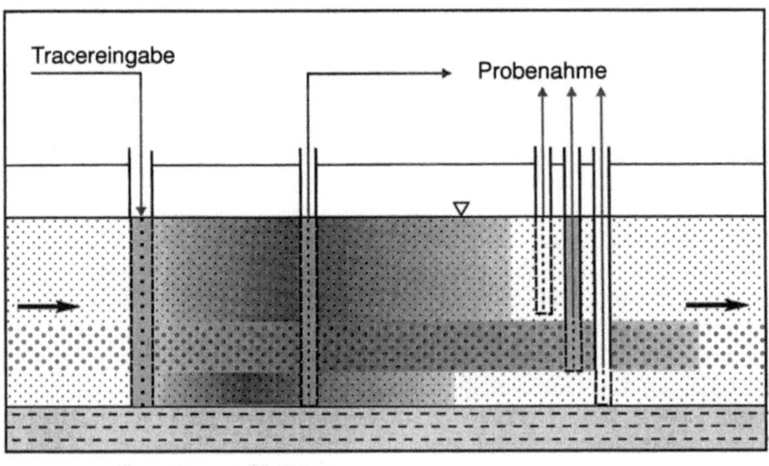

Abb. 10.6: Schema eines Tracerversuches in einem natürlichen Strömungsfeld

Das Verfahren wird verhältnismäßig selten angewandt, da selbst bei Annahme einfacher Aquiferverhältnisse ein beträchtlicher Aufwand für die Errichtung des Versuchsfeldes betrieben werden muß. Auch bei Kenntnis der generellen Grundwasserfließrichtung ist es wahrscheinlich, daß vereinzelte Meßstellen von der Tracerwolke nicht mit deren Konzentrationsmaximum angeströmt werden. Ein Brunnen, der bereits etwas abseits der Stromlinie des Schwerpunktes der Tracerwolke gelegen ist, ergibt einen in der Summe unvollständigen Durchgang mit einem deutlich verringerten Konzentrationsmaximum. Daher werden die Meßstellen üblicherweise in mehreren Reihen jeweils senkrecht zur Grundwasserfließrichtung im Abstrom der Eingabestelle angeordnet, um die Tracerwolke innerhalb eines genügend breiten Abstromquerschnitts erfassen zu können. Die Verwendung unvollkommener Brunnen als Meßstellen in einem Tracerversuch kann auch bei optimaler Plazierung in Fließrichtung ebenfalls dazu führen, daß nur unvollständige Durchbruchkurven erhalten werden können.

Eine weitere wesentliche Einschränkung der Methode ist die Versuchsdauer; bei Fließstrecken bereits in der Größenordnung von wenigen Dekametern müssen bei natürlichen hydraulischen Gradienten mehrmonatige Versuchslaufzeiten veranschlagt werden. Es kommen für derartige Versuche praktisch nur gut durchlässige Porengrundwasserleiter in Frage. Bei großen Versuchslaufzeiten kann häufig nicht mehr von einer stationäreren Grundwasserströmung ausgegangen werden. Saisonale Variationen der Grundwasserstände und hydraulischen Gradienten wirken sich auf die räumliche und zeitliche Ausbreitung eines Tracers aus.

Über Fallstudien großmaßstäblicher Tracerversuche im natürlichen Strömungsfeld s. SUDICKY et al. (1983), SUDICKY (1986), MACKAY et al. (1986), KILLEY & MOLTYANER (1988), MOLTYANER & KILLEY (1988), MOLTYANER & WILLIS (1991), LEBLANC et al. (1991), DE CARVALHO-DILL et al. (1992).

10.4 Vorbereitung und Versuchsdurchführung

10.4.1 Erhebung von Grundlagendaten

Der erste Schritt im Vorfeld der Planung und Ausführung eines Grundwassermarkierungsversuchs ist eine umfassende Erhebung der verfügbaren Informationen, insbesondere in bezug auf die hydrogeologischen Standortverhältnisse und Kenndaten (s. Check-Liste, Tabelle 9.1 in Abschnitt 9.2.1) und daraus die Entwicklung eines konzeptionellen hydrogeologischen Standortmodells (s.a. Abschn. 9.2.2).

Die Planung eines Tracerversuches erfordert in der Regel eine detailliertere Wiedergabe kleinräumiger Strukturen des Grundwasserleiters als dies für Pumpversuche erforderlich ist. Die Heterogenität des Porenraums wirkt sich entscheidend auf den Transportvorgang (Advektion und Dispersion) aus. Sie bedingt häufig eine große Variabilität der Fließgeschwindigkeit und Fließrichtung des Grundwassers, für die mittlere, repräsentative Werte der Abstandsgeschwindigkeit und des Dispersionskoeffizienten dann nicht mehr angegeben werden können. Auch wenn der Grundwasserleiter im Versuchsgebiet anhand der Auswertung eines Pumpversuches bezüglich der Durchlässigkeit und des Grundwasserspeichervermögens als homogenes, isotropes Medium beschrieben werden kann, ist diese vereinfachende Annahme a priori nicht auf die Betrachtung des Stofftransports übertragbar.

Bei der Recherche ist daher z.B. anhand von Schichtenverzeichnissen, tiefenorientierter Bestimmung von Kornverteilungen, bohrlochgeophysikalischen Messungen, Karten, Profilschnitten usw. insbesondere nach Hinweisen auf einen möglichen kleinräumigen, vertikal und lateral heterogenen Aufbau der betrachteten Grundwasserleiter zu suchen. Dies hat wesentlichen Einfluß auf die Wahl der geeigneten Methode: Der Durchführung von Grundwassermarkierungsversuchen sind z.B. in einem heterogenen Grundwasserleiter bei natürlichen Strömungsbedingungen dadurch Grenzen gesetzt, daß kleinräumige Aquiferstrukturen nicht mit vertretbarem Aufwand (von Großvorhaben mit Forschungscharakter abgesehen) durch die dann erforderliche Meßstellendichte erfaßt werden können.

Wesentliche hydrogeologische Kenntnisse für die Planung eines Tracerversuches sind:

- *Grundwassergleichen, Grundwasserfließrichtung*: Grundwassergleichenpläne mit möglichst hoher Belegdichte an Standrohrspiegelhöhen und möglichst genauer Angabe der Grundwasserfließrichtung. Kenntnis des jährlichen Grundwasserganges und saisonaler Variationen der Grundwasserfließrichtung

- *Fließgeschwindigkeit*: Angaben oder auch Schätzwerte der effektiven Porositäten bzw. Abstandsgeschwindigkeiten im Grundwasserleiter zur ungefähren Ermittlung der Fließzeiten und Abstände zwischen Tracereingabe- und Meßstelle

- *Verdünnung:* Angaben bzw. vorläufige Schätzungen der Dispersionsparameter zur ungefähren Ermittlung der Tracermenge, die erforderlich ist, um in einem bestimmten Abstand von der Eingabestelle noch Konzentrationen deutlich über der Nachweisgrenze und einen auswertbaren Tracerdurchgang zu erhalten

- *Lithologie und (Hydro-)Geochemie*: Die natürlichen Hintergundkonzentrationen der gewählten Markierungsstoffe müssen bekannt sein, ebenso die Analyse störende Wasserinhaltsstoffe. Kenntnisse der hydrogeochemischen Milieubedingungen und der stofflichen Beschaffenheit des Gesteins, um Beeinflussungen der Mobilität des Tracers durch Reaktionen und Wechselwirkungen mit den Untergrundmaterialien vorhersehen zu können

- *Gewässernutzungen*: Die möglichen Nutzungen von Grund- und Oberflächengewässern müssen bekannt sein und mögliche Beeinträchtigungen durch den Einsatz von Tracern abgeschätzt werden

In Abhängigkeit von der Aufgabenstellung, der Komplexität der geologisch-hydrogeologischen Verhältnisse und der gewählten Versuchsanordnung sind oftmals weitere Erkundungsmaßnahmen erforderlich, um Kenntnislücken zu schließen oder geeignete Grundwassermeßstellen zu errichten bzw. das Meßstellennetz zu verdichten. Bei großangelegten, aufwendigen Grundwassermarkierungsversuchen empfiehlt sich die Durchführung kleinmaßstäblicher Vorversuche (z.B. Einbohrlochversuche).

10.4.2 Versuchsplanung und -ausführung

Die Planung erfordert zunächst die Konkretisierung der Zielsetzung sowie des zeitlichen und finanziellen Rahmens; für die Konzeption des Grundwassermarkierungsverfahrens (Versuchsanordnung, Tracerauswahl und -eingabe) müssen folgende Fragen geklärt sein:

- Soll nur die Grundwasserfließrichtung bestimmt werden?

- Genügt der qualitative Nachweis einer hydraulischen Verbindung zwischen der Eingabestelle und den vorgegebenen Meßstellen?

- Ist die quantitative Ermittlung von Kenngrößen des Stofftransports und des Grundwasserleiters von Interesse (Fließgeschwindigkeiten des Grundwassers nach Richtung und Betrag, effektive Porosität, mittlere Verweilzeit sowie Durchlässigkeit, hydrodynamische Dispersion, Retardation)?

- Sollen darüber hinaus Inhomogenitäten des Aquifers und deren Einfluß auf den Stofftransport ermittelt werden?

Falls Ergebnisse innerhalb einer Versuchsdauer von wenigen Wochen erhalten werden sollen, kommen Versuchsanordnungen mit Abständen über 10 m in der Regel bereits nicht mehr in Frage (z.B. in einem Porengrundwasserleiter in einem natürlichen Strömungsfeld). Die Kosten für einen Versuch, in dem Bohrungen durchgeführt und Brunnen errichtet werden müssen, in dem eine tiefendifferenzierte Probenahme z.B. aus abgepackerten Bereichen oder Multi-Level-Filterbrunnen erfolgt und Hunderte von Proben analysiert werden, können sehr hoch werden (BOULDING 1995).

Bei der Planung eines Grundwassermarkierungsversuches sind darüber hinaus folgende Punkte zu berücksichtigen:

- Genehmigungen:

  - Die Eingabe von Markierungsstoffen in das Grundwasser ist eine erlaubnispflichtige Gewässerbenutzung. Zuständig ist i.d.R. die Untere Wasserbehörde. Der Antrag ist mit einem ausführlichen Erläuterungsbericht und mit ausreichendem zeitlichen Vorlauf vor demVersuchsbeginn einzureichen. Grundwasserentnahmen und Einleitung des geförderten Wassers in die Vorfluter oder in das Grundwasser sind ebenfalls anzeigepflichtig
  - Der Umgang mit bzw. die Beförderung radioaktiver Stoffe bedürfen nach der Strahlenschutzverordnung einer Genehmigung durch das Gewerbeaufsichtsamt bzw. die zuständige Landesbehörde. Die Anwendung kann nur von authorisierten Personen oder Institutionen vorgenommen werden, die über die technischen Voraussetzungen und die entsprechenden Umgangsgenehmigungen verfügen

- Einrichtung des Versuchsfeldes:

  - Die Errichtung von Grundwassermeßstellen erfordert sorgfältige Planung und Ausführung. Bereits bei der Wahl des Bohrverfahrens ist zu berücksichtigen, daß die hydraulischen Eigenschaften des Gebirges im Nahbereich der Bohrung nachteilig verändert werden können, z.B.

durch Verdichtung sowie Verstopfen der Porenräume durch Bohrklein. Auf Spülungszusätze sollte verzichtet werden, ebenso auf Ausbaumaterialien, die sorptiv auf die gewählten Tracer wirken können. Der Ausbau soll so erfolgen, daß die Durchströmung sand- und schwebstofffrei bei geringem Filterwiderstand erfolgen kann. Kleine Meßstellendurchmesser sind zu bevorzugen, um das Brunnenvolumen zu minimieren

- Die Nutzung vorhandener Brunnen erfordert die genaue Kenntnis der Lage, Höhe und Filterstellung, der verwendeten Ausbaumaterialien, des Schichtenverzeichnisses, der Grundwasserstände bzw. des Grundwassergangs. Vor dem Versuch sollte eine Funktionsüberprüfung durchgeführt werden. Die verwendeten Meßstellen sollten eindeutig gekennzeichnet sein

- Technische Vorbereitungen: Stromversorgung, Installation von Pumpen für die Entnahme oder auch Injektion von Grundwasser, von Auffangbehältern oder Ableitungsmöglichkeiten für gefördertes Grundwasser sowie von Vorratsbehältern und Dosiereinrichtungen für die Tracereingabe, Bereitstellung der Probenahmegeräte (Pumpen, Schöpfer, ggfs. Packer für horizontierte Probenahmen) und Probengefäße, Vorhalten von Ersatzteilen, -geräten und Verbrauchsmaterialien

• Organisation der Abläufe:

- Arbeitsplanung, Organisation eines Schichtbetriebs für eine kontinuierliche Überwachung und Probenahme

- Schätzung des voraussichtlichen zeitlichen Verlaufs des Tracerversuchs, Vorgabe von Probenahme-Intervallen für jede Versuchsphase

- Standardisierung der Abläufe bei der Probenahme und den begleitenden Messungen, Benutzung vorbereiteter Probenahme- und Überwachungsprotokolle

- Abstimmung mit den betreffenden Labors zu Probenahme, Probenbehandlung und -konservierung, Transport, Qualitätskontrolle

• Vor-Ort-Analysen, weitere Messungen:

- Vor-Ort-Messungen z.B. der spez. elektrischen Leitfähigkeit, Temperatur sowie Messungen der Aktivität (bei Einsatz radioaktiver Tracer) oder der Fluoreszenz (bei Einsatz von Fluoreszenzfarbstoffen) für eine (halb-)quantitative Erfassung des Tracerdurchgangs und der Kontrolle der Tracerkonzentration im Eingabebrunnen

- Messung der Förderraten und -mengen bei Injektion oder Grundwasserentnahme

- Messung der Grundwasserstände

- Evtl. Niederschlagsmessungen sowie Messungen von Quellschüttungen bzw. Abflußmengen von Vorflutern

10.5 Besonderheiten in Festgesteinsaquiferen

10.5.1 Kluftgrundwasserleiter

Klüfte bilden singuläre, diskrete Fließwege in einer mehr oder weniger homogenen Gesteinsmatrix. In gering durchlässigen Gesteinen bestimmen die Klüfte die hydraulischen Gebirgseigenschaften. Die Wasserwegsamkeit ist von der Geometrie der einzelnen Klüfte (Lage im Raum, Ausdehnung, Kluftöffnungsweiten, Rauhigkeit und Morphologie der Kluftwände, eventuelle Kluftbeläge) sowie der Klufthäufigkeit, der räumlichen Konfiguration und Vernetzung des Kluftsystems abhängig. Es ist praktisch unmöglich, die Geometrie und hydromechanischen Eigenschaften realer räumlicher Kluftsysteme in situ hinreichend genau zu bestimmen. Die Ansätze zur quantitativen Beschreibung der Strömung und des Transports in Kluftnetzwerken sind sehr kompliziert und verwenden z.B. künstliche oder mit statistischen Verteilungen geometrischer Kluftparameter erzeugte Kluftsysteme (SHAPIRO 1987; BERKOWITZ 1994).

In der Praxis ist es notwendig, vereinfachende Modellvorstellungen für idealisierte Kluftsysteme anzuwenden. Die grundlegende Vereinfachung für die Beschreibung der Grundwasserströmung und des Stofftransports in einem geklüfteten Gebirge ist die Annahme ausgedehnter, gleichförmiger Trennfugen, die ein kommunizierendes System ebener Wasserleiter bilden (WALLNER 1981).

Bei Annahme einer unendlich ausgedehnten Kluft mit konstanter Apertur und hydraulisch glatten Kluftwänden gilt im Fall einer eindimensionalen, stationären Strömung ein zur DARCY-Gleichung analoges Fließgesetz, das sog. „Kubische Gesetz":

$$Q = \frac{\rho \cdot g}{\eta} \cdot \frac{a^3}{12} \cdot \frac{d\,h}{d\,x}$$

mit Q = Fließrate pro Kluftlänge senkrecht zur Strömung
        a = hydraulisch wirksame Apertur (Kluftöffnungsweite)
        dh/dx = hydraulischer Gradient
        g = Fallbeschleunigung
        ρ = Dichte und
        η = dynamische Viskosität des Wassers

Der äquivalente Durchlässigkeitsbeiwert k_f einer einzelnen Kluft berechnet sich zu:

$$k_f = \frac{\rho \cdot g}{\eta} \cdot \frac{a^2}{12}$$

Für ein System paralleler Klüfte gilt entspechend (SNOW 1965, LOUIS 1967).:

$$k_f = \frac{\rho \cdot g}{\eta} \cdot \frac{a^3}{12\,d}$$

mit   d   = Kluftabstand.

Die äquivalente, durchflußwirksame Porosität n und die Abstandsgeschwindigkeit v_a des Parallelkluftsystems berechnen sich dann zu:

$$n = \frac{a}{d} \qquad \text{bzw.} \qquad v_a = \frac{k_f}{n} \cdot \frac{d\,h}{d\,x}$$

Aus der Geometrie des derart idealisierten Kluftsystems mit den effektiven geometrischen Größen Kluftabstand und -apertur ergeben sich somit die äquivalenten Kenngrößen eines homogenen, quasi-porösen Ersatzsystems (VOGEL & GIESEL 1989).

Effektive Kluftöffnungsweiten und äquivalente Kluftporositäten sind indirekt aus Pump- bzw. Tracerversuchen bestimmbar. Aufgrund der Heterogenität und Anisotropie geklüfteter Gesteine werden Grundwassermarkierungsversuche in Kluftgrundwasserleitern meist in Versuchsanordnungen mit erzwungenen Gradienten durchgeführt.

Die Variabilität und Heterogenetität der Fließwege in Kluftsystemen schränken die Möglickeiten der quantitativen Beschreibung des Stofftransports ein. Äquivalente, homogene Ersatzsysteme sind nicht ohne weiteres anwendbar. Die Definition eines äquivalenten hydrodynamischen Dispersionskoeffizienten und die Anwendbarkeit des Advektions-Dispersions-Konzeptes ist problematisch:

Die Dispersivität ist entsprechend der Geometrie des Kluftnetzwerks in hohem Maße variabel und richtungsabhängig und die resultierenden Konzentrationsverteilungen eines Tracers sind in der Regel einer GAUß-Verteilung unähnlich (SCHWARTZ et al. 1983; ENDO et al. 1984). Es gibt keine einfache, lineare Abhängigkeit des Dispersionskoeffizienten von der Fließgeschwindigkeit in Klüften (DRONFIELD & SILLIMAN 1993). Einen besonderen Einfluß haben variable Kluftöffnungsweiten bzw. unebene Kluftwände, die dazu führen können, daß innerhalb der einzelnen Klüfte nur wenige unregelmäßige Fließkanäle unabhängig voneinander durchströmt werden. Dieses sog. „channeling" bedeutet für den Stofftransport, daß die Dispersivität zu einer variablen Größe wird, die proportional mit der Fließstrecke zunimmt (NERETNIEKS 1983).

Eine besondere Situation entsteht beim Stofftransport in Kluftgrundwasserleitern mit einer gering durchlässigen, porösen Gesteinsmatrix. Der Transport durch Advektion und hydrodynamische Dispersion in den Klüften wird überlagert durch den diffusiven Stoffaustausch zwischen dem mobilen Wasser in den Klüften und dem stagnierenden Wasser im Porenraum der Gesteins. Die sog. Matrixdiffusion führt zu einer Verzögerung der Stoffausbreitung und einer scheinbar erhöhten hydrodynamischen Dispersion (GRISAK & PICKENS

1980, RASMUSON & NERETNIEKS 1981). Dadurch werden auch konservative Stoffe deutlich gegenüber der Fließgeschwindigkeit des Grundwassers retardiert. Die quantitative Beschreibung des Stofftransports erfordert eine gekoppelte Berechnung der Advektion und Dispersion in den Klüften und der Diffusion in die Gesteinsmatrix senkrecht zu den Klüften. Für idealisierte Kluftgeometrien existieren bei einfachen Anfangs- und Randbedingungen geschlossene Lösungen der zugrundeliegenden eindimensionalen Strömungs- und Transportgleichungen (TANG et al. 1981, SUDICKY & FRIND 1982).

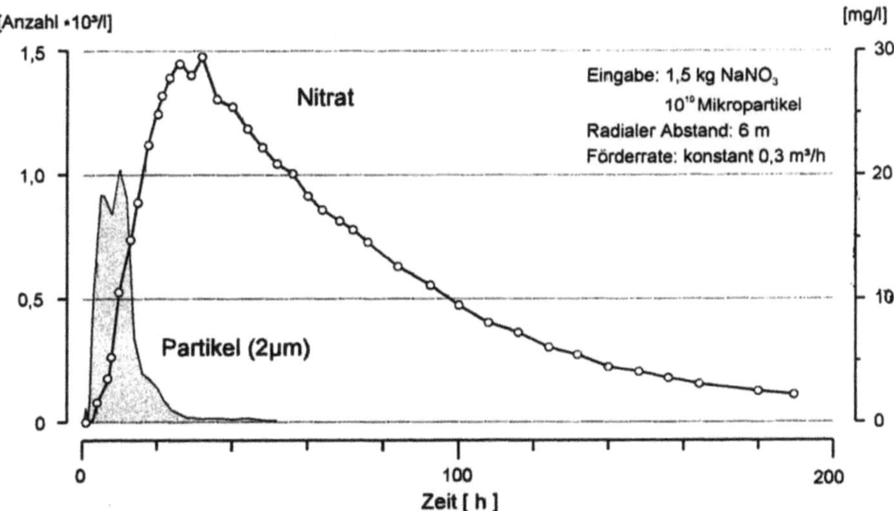

Abb. 10.7: Grundwassermarkierungsversuch in geklüfteten Tonsteinen (radialkonvergentes Strömungsfeld, einmalige Tracereingabe, 6 m Abstand zwischen Eingabe und Förderbrunnen). Vergleichende Darstellung des Mikropartikel- und Nitratdurchgang im Förderbrunnen. (Verändert nach MAIER et al. 1995)

Der Vergleich der Durchgangskurven eines konservativen Tracers (Nitrat) und eines Partikel-Tracers (Polystyrol-Mikropartikel) in einem klüftigen Tonstein vermittelt einen Eindruck von der Wirkungsweise der Matrixdiffusion (Abb. 10.7). Die suspendierten Mikropartikel werden sehr schnell transportiert im Gegensatz zum gelösten Nitrat, dessen Ausbreitung durch Matrixdiffusion verzögert wird. Dadurch eilen die Partikel dem Nitrat deutlich voraus. Die Matrixdiffusion bewirkt einen stark abgeflachten und verzögerten Konzentrations-Zeit-Verlauf des Tracerdurchgangs.

10.5.2 Karstgrundwasserleiter

Das Grundwasser in Karbonat- (Kalzit, Dolomit) und Sulfatgesteinen (Anhydrit, Gips) kann Wasserwegsamkeiten im Gebirge durch Lösungsvorgänge erweitern. Diese Erscheinung wird als Verkarstung bezeichnet. Die

Auflösung geht i. allg. von Klüften und Schichtfugen aus und erweitert diese zu ausgedehnten und komplizierten Systemen vielgestaltiger, spalten-, röhren- und kavernenförmiger Hohlräume und unterirdischer Karstgerinne. Die Erscheinungsform und Geometrie der Fließwege bedingt die besonderen Eigenschaften eines Karstgrundwasserleiters (MATTHEß & Ubell1983; BÖGLI 1978; ZÖTL 1974):

- In Karstgebieten vorherrschende unterirdische Entwässerung. Auffällige Vorkommen von (oberirdisch) abflußlosen Senken, Schlucklöchern, Bachschwinden und großen Quellen mit stark veränderlicher Schüttung. Die Größe und Ausrichtung der ober- und unterirdischen Einzugsgebiete können gänzlich voneinander verschieden sein

- Starke Heterogenität und Anisotropie der Grundwasserströmung. Erratische Natur der Fließwege. Die unterirdische Entwässerung konzentriert sich hauptsächlich auf die besonders wasserwegsamen Karsthohlräume und -gerinne. Die Fließrichtung ist im einzelnen nicht vorhersehbar und kann deutlich vom Grundwasserspiegelgefälle abweichen. Die Wahrscheinlichkeit, mit Bohrungen an beliebigen Stellen grundwassergefüllte Karsthohlräume anzutreffen, ist gering

- Die Fließbewegung setzt sich streckenweise aus laminaren und turbulenten Strömungen zusammen. Bei den frei fließenden Karstgerinnen wechseln flache und steilere Gefälleabschnitte einander ab. Die Erfassung der komplexen unterirdischen Strömungsvorgänge und deren Untersuchung in situ sind in der Regel unmöglich

- Veränderlichkeit der Einzugsgebietsgröße und der Strömungsverhältnisse in Abhängigkeit von jahreszeitlich oder episodisch (z.B. nach Niederschlägen) wechselnden Grundwasserständen. Unterschiedliche Fließwege können bei unterschiedlichem Füllstand des Hohlraumsystems im Karst aktiviert werden

- Der Grundwasserhaushalt eines Karstgrundwasserleiters kann häufig nicht quantitativ beschrieben werden.. Die Anwendung hydrogeologischer Kenngrößen, z.B. Gebirgsdurchlässigkeiten, und der grundlegenden Strömungs- und Transportgleichungen, die ein Kontinuum und laminare Strömung voraussetzen, sind in der Regel nicht möglich

- Besondere Verwundbarkeit gegenüber Schadstoffeinträgen. An der Oberfläche infiltrierte Schadstoffe können in verkarstungsfähigen Gesteinen über bevorzugte Sickerwege nahezu ungehindert in das Grundwasser gelangen. Die Schadstoffe können aufgrund der kanalisierten Strömung in Karstgerinnen sehr schnell über große Entfernungen transportiert werden. Verdünnungs- und Rückhaltemechanismen sind dann nur begrenzt wirksam. Abstandsgeschwindigkeiten in der Größenordnung von Metern bis zu Kilometern pro Tag sind möglich (FIELD 1990)

Hauptsächlich aufgrund von Tracerversuchen sind die hydrogeologischen Eigenschaften von Karstgrundwasserleitern und die räumlichen und zeitlichen Zusammenhänge bei der Karstentwässerung erfaßbar (SCHÄDEL & STOBER 1988, SMART 1988, HÖTZL 1992b). Einige für Karstgebiete typische Anwendungen für Markierungsversuche sind:

- Verfolgung versickernder Wässer (z.B. in Schwinden, Schlucklöchern, Dolinen) und Identifizierung der Wiederaustrittstellen (Haupt-, Nebenaustritte)

- Kombination von mehreren Einzelversuchen mit Tracereingaben an verschiedenen Stellen zur Abgrenzung der unterirdischen Einzugsgebiete von Quellen, Brunnen oder großräumigen Karstentwässerungssystemen

- Untersuchung der Gefährdung des Karstgrundwasservorkommens durch tatsächliche oder potentielle Schadstoffeinträge (Deponien, Altlasten, Schadensfälle, Abwassereinleitungen usw.), Markierung und Identifizierung möglicher Fließwege im Einzugsbereich von betroffenen Brunnen bzw. Wasseraustritten

- Ermittlung des zeitlichen Abflußverhaltens, der Fließrichtung und -geschwindigkeit anhand der Tracerdurchgangskurven

In zahlreichen Fallbeispielen wurden Fluoreszenzfarbstoffe und gefärbte Bärlappsporen bevorzugt als Markierungsstoffe gewählt. In diesen Fällen sind in der gleichen Probe nebeneinander verschiedene Tracer bestimmbar (BEHRENS 1982, KÄSS 1982). Das erleichtert die Durchführung von kombinierten Markierungsversuchen mit gleichzeitigen Tracereingaben in mehreren Eingabestellen.

Aktive Schwinden sind bevorzugte Eingabestellen, da dadurch eine momentane Markierung des Karstgrundwassers erfolgt und das Ein- bzw. Nachspülen des Tracers entfallen kann. Die Tracereingabe über trockene Dolinen oder Karsttrichter durch eine mehr oder weniger mächtige ungesättigte Zone erfordert unter Umständen große Wassermengen zur Nachspülung und ist mit der Unsicherheit verbunden, daß der Tracereintrag über nicht direkt an das Karstwassersystem angeschlossene Sickerwege in stark verminderter Konzentration und großer verzögerung das Grundwasser erreicht.

Die Versuchsplanung erfordert genaue Kenntnisse der (hydro)geologischen Verhältnisse, der oberflächlich sichtbaren Karsterscheinungen und der Lage von Schlucklöchern, Schwinden, Fließgewässern und ihres Abflußverhaltens sowie die Erfassung aller Wasseraustritte und Quellen. Die Planung und erfolgreiche Durchführung von Markierungsversuchen in Karstgrundwasserleitern, insbesondere die Auswahl der Eingabe- und Meßstellen, die Abschätzung des Versuchszeitraumes, der erforderlichen Tracermenge und der Probenahmeintervalle basiert häufig mehr auf den Erfahrungen der beteiligten Fachleute als auf berechenbaren Größen.

Zur Markierung von Karstgrundwasserleitern s. SCHULZ (1957), MAURIN & ZÖTL (1959), MAURIN (1967), QUINLAN (1989), HÖTZL (1992b), BEHRENS et al. (1992), KÄSS et al. (1996).

Literatur

ADAMS, M. C., BENOIT, W. R., DOUGHTY, C., BODVARSSON, G. S. & MOORE, J. (1989): The Dixie Valley tracer test. Trans. Geothermal Resour. Council **13**: 215-220

ATAKAN, Y., ROETHER, W., MATTHEß, G. & MÜNNICH, K.-O. (1974): Felduntersuchungen von Fließvorgängen in einem Porengrundwasserleiter mittels Farbstoffindikatoren.Gas- u. Wasserf. **115**: 159-164, München

ATKINSON, T.C. & SMART, P.L. (1981): Artificial tracers in hydrology.- In: A Survey of British Hydrology: 173-190; The Royal Society, London

BACHMAT, Y., BEHRENS, H., BUGAYEWSKY, M., DROST, W., KLOTZ, D., MANDEL, S. & MOSER, H. (1984): Entwicklung von Einbohrlochtechniken zur quantitativen Grundwassererkundung.- GSF-Bericht, R 369: 71 S.; GSF, München

BEAR, J. (1972): Dynamics of fluids in porous media.- 764 S.; Elsevier, New York.

BERGMANN, H. (1970): Über die Grundwasserbewegung am Filterrohr.- GSF-Bericht, R 24: 211 S.; GSF, München

BEHRENS, H. (1982): Verfahren zum qualitativen und quantitativen Nachweis von nebeneinander vorliegenden Fluoreszenztracern.- Beitr. z. Geol. d. Schweiz, 28 (1): S. 39-50; Bern

BEHRENS, H. (1982): Radioaktive und aktivierungsanalytische Tracer.- In: KÄSS, W.: Geohydrologische Markierungstechnik.- Lehrbuch der Hydrogeologie, Bd. 9: 157-178; Gebr. Borntraeger, Berlin

BEHRENS, H., BENISCHKE, R., BRICELJ, M.et al.(1992): Investigations with natural and artificial tracers in the karst aquifer of the Lurbach system (Peggau-Tanneben-Semriach, Austria).- In: Transport phenomena in different aquifers (Investigations 1987 - 1992). - Steir. Beitr. Hyrogeol., 43: 9-158; Graz

BERKOWITZ, B. (1994): Modelling flow and contaminant transport in fractured media.- In: CORAPCIOGLU, M. Y. (Hrsg.): Advances in porous media, 2: 397-451; Elsevier, Amsterdam

BERTSCH, W. (1978): Die Koeffizienten der longitudinalen und transversalen hydrodynamischen Dispersion - ein Literaturüberblick.- Dt. Gewässerkundl. Mitt., 22 (2): S. 37-46; Koblenz

BÖGLI, A. (1978): Karsthydrographie und physische Speläologie.- 292 S.; Springer, Berlin

BOULDING, J. R. (1995): Soil and ground-water tracers.- In: Practical handbook of soil, vadose zone, and ground-water contamination: 439-491; Lewis Publ., Boca Raton, USA

BOWMAN, R. S. (1984): Evaluation of some new tracers for soil water studies.- Soil Sci. Soc. Am. J.,48: 987-992; USA

BOWMAN, R. S. & GIBBONS, J. F. (1992): Difluorobenzoates as nonreactive tracers in soils and ground water.- Ground Water, 30: 8-14; USA

BULLIVANT, D. P. & O`SULLIVAN, M. J. (1989): Matching field tracer tests with some simple models.- Wat. Resour. Res., 25 (8): 1879-1891; Washington, USA

DAVIS, S. N., THOMPSON, G. M., BENTLEY, H. W. & STILES, G. (1980): Ground-water tracers - A short review.- Ground Water, 18 (1): S. 4-23; USA

DAVIS, S. N., CAMPBELL, D. J., BENTLEY, H. W. & FLYNN, T. J. (1985): Ground water tracers.- 200 S.; Nat. Wat. Well Ass. Ser.; Dublin, OH, USA

DECARVALHO-DILL, A.; GERLINGER, K., HAHN, T., HÖTZL, H., KÄSS, W., LEIBUNDGUT, C., MALOSZEWSKI, P., MÜLLER, I., OETZEL, S., RANK, D., TEUTSCH, G. & WERNER, A. (1992): Porous aquifer test site Merdingen, Germany.- In: Transport phenomena in different aquifers (Investigations 1987-1992).- Steir. Beitr. Hydrogeol., 43: 251-280; Graz

DEMARSILY, G. (1986): Quantitative hydrogeology.- 440 S.; Academic Press, New York

DOMENICO, P. A. & SCHWARTZ, F. W. (1990): Physical and chemical hydrogeology.- 824 S.; Wiley & Sons, New York, USA

DRONFIELD, D. G. & SILLIMAN, S. E. (1993): Velocity dependence of dispersion for transport through a single fracture of variable roughness.- Wat. Resour. Res., 29 (10): 3477-3483; USA

DROST, W., MOSER, H., NEUMAIER, F. & RAUERT, W. (1972): Isotopenmethoden in der Grundwasserkunde.- Eurisotop Monographie, 16: 178 S.; Brüssel

DROST, W. (1984): Einbohrlochmethoden zur Bestimmung der Filtergeschwindigkeit und der Fließrichtung des Grundwassers.- GSF-Bericht, R 372: S. 149-153; GSF (Ges. f. Strahlen- u. Umweltforsch.); München

DROST, W. & KLOTZ, D. (1988): Tracermethoden zur Bestimmung der Fließparameter des Grundwassers.- GSF-Bericht, 9/88: 76 S.; GSF, München

DROST, W. & HOEHN, E. (1989): Macrodispersivity in granular aquifers determined with single-well techniques using ^{82}Br as a tracer.- Radiochimica acta, 47: S. 13-20; München

ENDO, H. K., LONG, J. C. S., WILSON, C. R. & WITHERSPOON, P. A. (1984): A model for investigating mechanical transport in fracture networks.- Wat. Resour. Res., 20 (10): 1390-1400; USA

FIELD, M. S. (1990): Transport of chemical contaminants in karst terranes: Outline and summary.- In: Simpson, E. S. & Sharp, J. M. (Hrsg.): Selected papers on hydrogeology, 1: 17-27; Verlag H. Heise; Hannover

FRIED, J. J. (1975): Groundwater pollution.- 330 S.; Elsevier; Amsterdam

GELHAR, L. W. & AXNESS, C. L. (1983): Three-dimensional stochastic analysis of macrodispersion in aquifers.- Wat. Resour. Res., 19 (1): S 161-180; Washington, US

GRISAK, G. E. & PICKENS, J. F. (1980): Solute transport through fractured media - 1. The effect of matrix diffusion.- Wat. Resour. Res., 16 (4): S. 719-730; Washington, USA

GROVE, D. B. & BEETEM, W. A. (1971): Porosity and dispersion constant calculations for a fractured carbonate Aquifer using the two well tracer method.- Wat. Resour. Res., 7 (1): 128-134; USA

GÜVEN, O., MOLZ, F. J. & MELVILLE, J. G. (1984): An analysis of dispersion in a stratified aquifer.- Wat. Resour. Res., 20: 1337-1354; Washington, USA

GÜVEN, O., FALTA, R. W., MOLZ, F. J. & MELVILLE, J. G. (1986): A simplified analysis of two-well tracer tests in stratified aquifers.- Ground Water, 24 (1): 63-71; USA

GUPTA, S. K., LAU, L. S. & MORAVCIK, P. S. (1994): Ground-water tracing with injected helium.- Ground Water, 32 (1): 96-102; USA

HARVEY, R. W., GEORGE, L. H., SMITH, R. L. & LeBLANC, D. R. (1989): Transport of microspheres and indigenous bacteria through a sandy aquifer: Results of natural- and forced-gradient tracer experiments.- Environ. Sci. Technol., 23: 51-56; USA

HÖTZL, H. (1992a): Müllsickerwasser Eckenweiherhof/Mühlacker (Anwendungs- und Auswertebeispiel).- In: KÄSS, W.: Geohydrologische Markierungstechnik.- Lehrbuch der Hydrogeologie, Bd. 9: S. 363-372; Gebr. Borntraeger, Berlin

HÖTZL, H. (1992b): Karstgrundwasser.- In: KÄSS, W.: Geohydrologische Markierungstechnik.- Lehrbuch der Hydrogeologie, Bd. 9: S. 374-406; Gebr. Borntraeger, Berlin

HOFMANN, B., TEUTSCH, G. & BEHRENDS, H. (1990): Feld- und Modelltechniken zur Ausweisung von Grundwasserschutzgebieten.- Z. dt. geol. Ges., 141: 435-444; Hannover

HOFMANN, B., KOBUS, H., PTAK, TH. & TEUTSCH, G. (1991): Testfeld Wasser/Boden Teilprojekt II: Schadstofftransport im Untergrund, Erkundungs- und Überwachungsmethoden - Abschlußbericht (1. Projektphase) zum Projekt Wasser-Abfall-Boden.- KfK-PWAB Bericht, 9: 128 S.; Kernforschungszentrum Karlsruhe

HOFMANN, B., GRUSS, A. & TEUTSCH, G. (1992): Multiple distance radially convergent tracer experiments for the analysis of mass-transport in heterogeneous formations.- In: Hötzl, H. & Werner, A. (Hrsg.): Tracer Hydrology.- Proc. 6. Int. Symp. On Water Tracing, Karlsruhe, 21-26. Sept. 1992: 189-192; Balkema, Rotterdam

HOOPES, J. A. & HARLEMAN, D. R. (1967): Wastewater recharge and dispersion in porous media.- ASCE J. Hydraul. Div., 93: 51-71

HSIEH, P. A. (1986): A new formula for the analytical solution of the radial dispersion problem.- Wat. Resour. Res., 22 (11): 1597-1605; Washington, USA

ILLGENFRITZ, E. M., BLANCHARD, F. A., MASSELINK, R. L. & PANIGRAGHI, B. K. (1988): Mobility and effects in liner clay of fluorobenzene tracer and leachate.- Ground Water, 26 (1): 22-30; USA

ISENBECK, M., SCHRÖTER, J., KRETSCHMER, W., MATTHESS, G., PEKDEGER, A. & SCHULZ, H. D. (1985): Die Problematik des Retardationskonzeptes - dargestellt am Beispiel ausgewählter Schwermetalle.- Meyniana, 37: 47-64; Kiel

KÄSS, W. (1982): Fluoreszierende Sporen als Markierungsmittel.- Beitr. Geol. Schweiz, Hydrol. 28 (1): 131-134; Kümmerly & Frey, Bern, Schweiz

KÄSS, W. (1992): Geohydrologische Markierungstechnik.- Lehrbuch der Hydrogeologie, Bd. 9: 519 S.; Gebr. Borntraeger, Berlin

KÄSS, W., LÖHNERT, E. P. & WERNER, A. (1996): Der jüngste Markierungsversuch im Karst von Paderborn (Nordrhein-Westfalen).- Grundwasser, 2(1): 83-89; Springer, Berlin

KESWICK, B. H., WANG, D.-S. & GERBA, C. P. (1982): The use of microorganisms as ground-water tracers: A review.- Ground Water, 20 (2): S. 142-149; USA

KEYS, W. S. & BROWN, R. F. (1978): The use of temperature logs to trace the movement of injected water.- Ground Water, 16 (1): 32-48; US

KILLEY, R. W. D. & MOLTYANER, G. L.(1988): The Twin Lake tracer tests: Methods and permeabilities.- Wat. Resour. Res., 24 (10): 1585-1613; USA

KLOTZ, D. (1971): Untersuchungen von Grundwasserströmungen durch Modellversuche im Maßstab 1:1.- Geologica Bavaria, 64: 75 S.

KLOTZ, D. (1973): Untersuchungen zur Dispersion in porösen Medien.- Z. dt. geol. Ges., 126: S. 523-533; Hannover

KLOTZ, D. (1978): α-Werte ausgebauter Bohrungen.- GSF-Bericht, R 179: 119 S.; GSF, München

KLOTZ, D. (1982a): Abhängigkeit der longitudinalen Dispersion von Parametern des Grundwassers und des Grundwasserleiters.- GSF-Ber., R 290: S. 309-322; GSF (Ges. f. Strahlen- u. Umweltforsch.), München

KLOTZ, D. (1982b): Abhängigkeit der transversalen Dispersion von Parametern des Grundwassers und des Grundwasserleiters.- GSF-Ber., R 290: S. 340-349; GSF (Ges. f. Strahlen- u. Umweltforsch.), München

LEAP, D. I. & KAPLAN, P. G. (1988): A single-well tracing method for estimating regional advective velocity in a confined aquifer: Theory and preliminary laboratory verification.- Wat. Resour. Res., 23 (7): 993-998; Washington, USA

LEGE, T., KOLDITZ, O. & ZIELKE, W. (1996): Strömungs- und Transportmodellierung.- Handbuch zur Erkundung des Untergrundes von Deponien und Altlasten, Bd. 2, Springer, Berlin Heidelberg NewYork Tokio

LENDA, A. & ZUBER, A. (1970): Tracer dispersion in groundwater experiments.-Proc. Isotope Hydrol.: S. 619-641; IAEA (Intern. Atomic Energy Assoc.), Wien

LEBLANC, D. R., GARABEDIAN, S. P., HESS, K. M., GELHAR, L. W., QUADRI, R. D., STOLLENWERK, K. G. & WOOD, W. W. (1991): Large-scale natural gradient tracer test in sand and gravel, Cape Cod, Massachusetts, 1. Experimental design and observed tracer movement.- Wat. Resour. Res., 27 (5): 895-910; USA

LEVER, D. A. & BRADBURY, M. H. (1985): Rock matrix diffusion and ist implications for radionuclide migration.- Mineral. Mag., 49: S. 245-254; London

LOUIS, C. (1967): Strömungsvorgänge in klüftigen Medien und ihre Wirkung auf die Standsicherheit von Bauwerken und Böschungen im Fels.- Veröffentl. Inst. Boden- u. Felsmech. TH Karlsruhe, 30: 121 S., Karlsruhe

MACKAY, D. M., FREYBERG, D. L., ROBERTS, P. V. & CHERRY, J. A. (1986): A natural gradient experiment on solute transport in a sand aquifer, 1. Approach and overview of plume movement.- Wat. Resour. Res., 22 (13): 2017-2029; USA

MAIER, J., DÖRHÖFER, G., WINKLER, A. & PEKDEGER, A. (1995): Feld- und Laboruntersuchungen zum Schadstofftransport in klüftigen Tongesteinen am Beispiel der Sonderabfalldeponie Münchehagen.- Z. dt. geol. Ges., 146: S. 201-207; Hannover

MAIRHOFER, J. (1967): Die Bestimmung der Fließrichtung in einem einzigen Bohrloch mittels radioaktiver Isotope.- Steir. Beitr. Hydrogeol., Ausg. 1966/67: 69-78; Graz

MALOSZEWSKI, P. & ZUBER, A. (1985): On the theory of tracer experiments in fissured rocks with a porous matrix.- J. Hydrol., 79: S. 333-358; Elsevier, Amsterdam

MATTHESS, G. & UBELL, K. (1983): Allgemeine Hydrogeologie - Grundwasserhaushalt.- Lehrbuch der Hydrogeologie, Bd. 1: 438 S.; Gebr. Borntraeger, Berlin

MATTHESS, G., ISENBECK, M., PEKDEGER, A., SCHENK, D. & SCHRÖTER, J. (1985): Der Stofftransport im Grundwasser und die Schutzgebietsrichtlinie W101.- Umweltbundesamt Statusbericht Bd. 7/85: 185 S.; E. Schmidt Verlag, Berlin

MAURIN, V. (1967): Vorbereitung und Organisation größerer Markierungsversuche zur Verfolgung unterirdischer Wässer.- Steir. Beitr. Hydrogeol., 18/19: 311-320; Graz

MAURIN, V. & ZÖTL. J. G. (1959): Die Untersuchung der Zusammenhänge unterirdischer Wässer unter besonderer Berücksichtigung der Karstverhältnisse.- Steir. Beitr. Hydrogeol., 10/11: 184 S., Graz

MELCHIOR, S., BERGER, K., ROOK, R., VIELHABER, B. & MIEHLICH, G. (1990): Testfeld- und Traceruntersuchungen zur Wirksamkeit verschiedener Oberflächenabdichtungssysteme für Deponien und Altlasten.- Z. dt. geol. Ges., 141: 339-347; Hannover

MOENCH, A. F. (1989): Convergent radial dispersion: A Laplace transform solution for aquifer tracer testing.- Wat. Resour. Res., 25 (3): S. 439-447; Washington, USA

MOLTYANER, G. L. & KILLEY, R. W. D. (1988): The Twin Lake tracer tests: Longitudinal dispersion.- Wat. Resour. Res., 24 (10): 1613-1628; USA

MOLTYANER, G. L. & WILLIS, C. A. (1991): Local- and plume-scale Dispersion in the Twin Lake 40- and 260- m natural-gradient tracer test.- Wat. Resour. Res., 27 (8): 2007-2026; USA

MOLZ, F. J., GÜVEN, J. G., MELVILLE, J. S., CROCKER, R. D. & MATTESON, K. T. (1986): Performance, analysis, and simulation of a two-well tracer test at the Mobile site.- Wat. Resour. Res., 22(7): 1031-1037; USA

MOSER, H. & RAUERT, W. (1980): Isotopenmethoden in der Hydrologie.- Lehrbuch der Hydrogeologie, Bd. 8: 400 S.; Gebr. Borntraeger, Berlin.

MORENO, L., TSANG, C. F., TSANG, Y. W. & NERETNIEKS, I. (1990): Some anomalous features of flow and solute transport arising from fracture aperture variability.- Wat. Resour. Res., 26 (10): S. 2377-2391; Washington, USA

NERETNIEKS, I (1983): A note on fracture flow mechanisms in the ground.- Wat. Resour. Res., 19: 364-370; Washington, D.C., USA.

OGATA, A. & BANKS, R. B. (1961): A solution for the differential equation of longitidunal dispersion in porous media.- U.S. Geological Survey Professional Paper, 411-A; Washington, USA

PALMER, J. C. & NADON, R. L. (1986): A radial injection tracer experiment in a confined aquifer, Scarborough, Ontario, Canada.- Ground Water, 24 (3): 322-331; USA

PEKDEGER, A., SCHRÖTER, J. & CHAMP, D. R. (1988): Transport von pathogenen Bakterien und Viren im Grundwasser.- Z. dt. geol. Ges., 139: S. 443-459; Hannover

PETERS, D., BEDBUR, E., LOOF, M. & MATTHESS, G. (1988): Laboruntersuchungen zum Filtrationsverhalten von Bakterien und organischen Partikeln in Porengrundwasserleitern.- Z. dt. geol. Ges., 139: S. 461-473; Hannover.

PICKENS, J. F. & GRISAK, G. E. (1981): Scale-dependant dispersion in a stratified granular aquifer.- Wat. Resour. Res., 17 (4): S. 1191-1211; Washington, USA

PTAK, T. (1993): Stofftransport in heterogenen Porenaquifern: Felduntersuchungen und stochastische Modellierung.- Mitt. Inst f. Wasserbau, 80: 176 S.; Universität Stuttgart

PTAK, T. & TEUTSCH, G. (1990): Some new hydraulic and tracer measurement techniques for heteterogeneous aquifer formations.- In: Moltyaner, G. (Hrsg.): Transport and mass exchange processes in sand and gravel aquifers : Field and modelling studies.- Proc. Intern. Conf. in Ottawa, October 1-4, 1990: S. 190-207; AECL (Atomic Energy of Canada Ltd.), Chalk River, Kanada

QUINLAN, J. F. (1989): Ground-water monitoring in karst terranes: Recommended protocols and implicit assumptions.- 79 S.; US Environmental Protection Agency, USA

RANK, D. (1991): Ground water tracing with tritium: Problems as examplified by an „unsuccessful" tracing experiment in 1964.- IAEA Techn. Doc., 601: 157-163; Wien

RASMUSSON, A. & NERETNIEKS, I. (1981): Migration of radionuclides in fissured rock: The influence of micropore diffusion and longitudinal dispersion.- J. Geophys. Res., 86 (B5): 3749-3758; USA

REICHERT, B. (1991): Anwendung natürlicher und künstlicherTracer zur Abschätzung des Gefährdungspotentials bei der Wassergewinnung durch Uferfiltration.-Schr. Angew. Geol. Karlsruhe, 13: 226 S.; Universität Karlsruhe

ROWE, P. K. & BOOKER, J. R. (1990): Pollute (Version 5) - 1-D pollutant migration analysis program.-Geotechnical Research Centre, The University of Western Ontario; London, Ont., Kanada

SABATINI, D. A. & AUSTIN, T. A. (1991): Characteristics of Rhodamine WT and Fluorescein as adsorbing ground-water tracers.- Ground Water, 29 (3): S. 341-349; USA

SAUTY, J.-P. (1980): An analysis of hydrodispersive transfer in aquifers.- Wat. Resour. Res., 16 (1): 145-158; Washington, USA

SAUTY, J.-P. & KINZELBACH, W. (1988): On the identification of the parameters of groundwater mass transport.- In: CUSTODIO, E., GURGUI, A. & LOBO FERREIRA, J. P. (Hrsg.): Groundwater flow and quality monitoring.- NATO ASI Ser., C 224: 33-56; D. Reidel Publishing, Dordrecht

SCHÄDEL, K. & STOBER, I. (1988): Dispersion als Hinweis auf den Karsttypus.- Dt. Gewässerkdl. Mitt., 32(4): 107-110

SCHEIDEGGER, A. E. (1961): General theory of dispersion in porous media.- J. Geophys. Res., 66: S. 3273-3278; Washington, USA

SCHNEIDER, M., HAIDER, M., BAUMANN, T. & NIESSNER, R. (1995): Tracer-untersuchungen zum Wasser- und Schadstofftransport in Hausmülldeponien. Erste Ergebnisse.- Z. dt. geol. Ges., 146: 218-225; Hannover

SCHNEIDER, W. & GÖTTNER, J.-J. (1991): Schadstofftransport in mineralischen Deponieabdichtungen und natürlichen Tonschichten.- Geol. Jb., C 58: 132 S.; Hannover

SCHRÖTER, J. (1983): Der Einfluß von Textur- und Struktureigenschaften poröser Medien auf die Dispersivität.- Diss. Universität Kiel: 152 S.; Kiel

SCHRÖTER, J. (1984): Mikro- und Makrodispersivität poröser Grundwasserleiter.- Meyniana, 36: 1-34; Kiel

SCHULZ, G. (1957): Färb- und Salzungsversuche an unterirdischen Wässern in Südwestdeutschland.- Jh. geol. L.-Amt Baden-Württemberg, 2: S. 333-412; Freiburg i Br.

SCHULZ, H. D. (1992): Auswertung von Markierungsversuchen.- In: KÄSS, W.: Geohydrolgische Markierungstechnik.- Lehrbuch der Hydrogeologie, Bd. 9: S. 324-355; Borntraeger, Berlin

SCHWARTZ, F. W., SMITH, L. & CROWE, A. S. (1983): Stochastic analysis of macroscopic dispersion in fractured media.- Wat. Resour. Res., 19 (5): S. 1253-1265; Washington, USA

SCHWEIZER, R., STOBER, I. & STRAYLE, G. (1985): Auswertungsmöglichkeiten und Ergebnisse von Tracerversuchen im Grundwasser.- Abh. geol. L.-Amt Baden-Württemberg, 11: S. 93-139; Freiburg i. Br.

SEILER, K.-P. (1982): Die Ausbreitung von Escherichia Coli im Vergleich zu konservativen Tracern. Erste Ergebnisse und zukünftige Problemstellungen im Versuchsfeld Dornach bei München.- GSF-Ber., R 290: S. 255-271; GSF (Ges. f. Strahlen- u. Umweltforsch.), München

SHAPIRO, A. M. (1987): Transport equations for fractured porous media.- In: BEAR, J. & CORAPCIOGLU, M. Y. (Hrsg.): Advances in transport phenomena in porous media.- NATO Adv. Sci. Inst. Ser., E 128: S. 407-471; Kluwer Academic Publishers, Dordrecht, Niederlande

SHIAU, B.-J., SABATINI, D. A. & HARWELL, J. H. (1993): Influence of Rhodamine WT properties on sorption and transport in subsurface media.- Ground Water, 31 (6): 913-920; USA

SMART, P. L. & LAIDLAW, I. M. S. (1977): An evaluation of some fluorescent dyes for water tracing.- Wat. Resour. Res., 13 (1): S. 15-33; Washington, USA

SMART, P. L. (1984): A review of of the toxicity of twelve fluorescent dyes used for water tracing.- Nat. Speleol. Soc. Bull., 46: 21-33; USA

SMART, C. C. (1988): Artificial tracer techniques for the determination of the structure of conduit aquifers.- Ground Water, 26: 445-453; USA

SMITH, L. & SCHWARTZ, F. W. (1984): An analysis of the influence of fracture geometry on mass transport in fractured media.- Wat. Resour. Res., 20 (9): S. 1241-1252; Washington, USA

SNOW, D. T. (1965): A parallel plate modell of fractured permeable media.- Diss. Univer-sity of California, Berkeley, USA

SUDICKY, E. A. & FRIND, E. O. (1982): Contaminant transport in fractured porous media. Analytical solutions for a system of parallel fractures.- Wat. Resour. Res., 18 (6): S. 1634-1642; Washington, USA

SUDICKY, E. A., CHERRY, J. A. & FRIND, E. O. (1983): Migration of contaminants in groundwater at a landfill: A case study, 4. A natural-gradient dispersion test.- J. Hydrol., 63: 81-108

SUDICKY, E. A. (1986): A natural gradient experiment on solute transport in a sand aquifer: Spatial variability of hydraulic conductivity and ist role in the dispersion process.- Wat. Resour. Res., S. 2069-2082; Washington, USA

TANG, D. H., FRIND, E. O. & SUDICKY, E. A. (1981): Contaminant transport in fractured porous media. Analytical solution for a single fracture.- Wat. Resour. Res., 17 (3): S. 555-564; Washington, USA

TSANG, Y. W. (1992): Usage of equivalent apertures for rock fractures as derived from hydraulic and tracer tests.- Wat. Resour. Res., 28 (5): S. 1451-1455; Washington, USA

VOGEL, P. & GIESEL, W. (1989): Propagation of dissolved substances in rock. Theoretical consideration of the relationship between systems of parallel fractures and homogeneous aquifers.- In: KOBUS , H. E. & KINZELBACH, W. (Hrsg.): Contaminant transport in groundwater.- Proc.Intern. Symp. Stuttgart, 4.-6. April 1989: S. 275-280; Balkema, Rotterdam

WALLNER, M. (1981): Berechnungsgrundlagen und Rechenverfahren für Wasserströmung in Trennfugen.- In: KARRENBERG, H.: Hydrogeologie der nicht verkarstungsfähigen Festgesteine: 72-85; Springer, Wien

WOOD, W. W. & EHRLICH, G. G. (1978): The use baker`s yeast to trace microbial movement in ground water.- Ground Water, 16 (6): 398-403; USA

ZÖTL, J. G. (1974): Karsthydrogeologie.- 291 S.; Springer, Wien

11 Eignung verschiedener Durchlässigkeitsversuche

MICHAEL HEITFELD, PETER MOHRDIECK & KURT SCHETELIG

11.1 Grundsatzfragen

Die Vielzahl und die unterschiedlichen Anwendungsbereiche der vorgestellten Durchlässigkeitsuntersuchungen machen eine sorgfältige Planung eines Untersuchungsprogrammes zur Erkundung der Durchlässigkeit erforderlich. Die anzuwendende Untersuchungsmethode muß sowohl die geologisch-hydrogeologischen Voraussetzungen als auch die spezielle Fragestellung berücksichtigen. Nach Möglichkeit sollten vor der Durchführung der Durchlässigkeitsuntersuchungen alle zur Verfügung stehenden Informationen über die Untergrundverhältnisse ausgewertet werden. Dazu gehören vor allem:

- Informationen über die Verbreitung und Ausbildung der geologischen Einheiten anhand vorhandener geologischer und hydrogeologischer Karten
- Auswertung vorliegender Bohr- oder Sondierergebnisse
- Begutachtung von Oberflächenaufschlüssen oder Schürfen
- Sonstige Informationen über die Gebirgsdurchlässigkeit, deren räumliche Verteilung und die allgemeinen Grundwasserverhältnisse

Anhand dieser Vorabinformation über die Größenordnung, die Ausbildung und die Verbreitung der zu untersuchenden geologischen Einheiten kann eine Optimierung der Durchlässigkeitsuntersuchungen erfolgen. Zu klären ist insbesondere:

- Liegt ein Poren- oder Kluftgrundwasserleiter vor?
- Werden die Untersuchungen in der gesättigten oder ungesättigten Bodenzone durchgeführt (Tiefenlage des Grundwasserspiegels)?
- Ist der Grundwasserleiter relativ einheitlich aufgebaut oder liegen unterschiedliche Schichten/Horizonte mit stark voneinander abweichenden Durchlässigkeiten vor?
- Sind gegebenenfalls unterschiedliche Grundwasserhorizonte ausgebildet?

Von großer Bedeutung für die Auswahl der Untersuchungsmethode ist ebenfalls die Fragestellung des Untersuchungsprogrammes:

- Soll die Durchlässigkeit eines großräumigen Areals bestimmt werden?
- Soll die Durchlässigkeit einzelner Schichten oder Horizonte differenziert gemessen werden?

- Ist eine Ermittlung der Tiefenabhängigkeit der Durchlässigkeit erforderlich?

Die Zuverlässigkeit der angewendeten Untersuchungsmethode hängt auch von der Sachkenntnis und Erfahrung der Bearbeiter ab. Dabei sind insbesondere folgende Punkte zu beachten:

- Alle Auswerteverfahren zur Bestimmung der Transmissivität bzw. des Durchlässigkeitsbeiwertes erfordern die Annahme bestimmter Randbedingungen, die in der Natur in der Regel nur z. T. erfüllt sind. Zur Ermittlung zuverlässiger Kennwerte des Aquifers ist abzuschätzen, inwieweit die vorhandenen Abweichungen von den idealisierten Randbedingungen zu einer Beeinflussung des Ergebnisses führen. Das anzuwendende Untersuchungsverfahren und die Versuchsdurchführung muß auf die vorliegenden Gegebenheiten abgestimmt werden.
- Alle Durchlässigkeitsuntersuchungen weisen potentielle Fehlermöglichkeiten auf. Um möglichst zuverlässiges Datenmaterial zu erhalten, besteht eine wesentliche Aufgabe des Bearbeites darin, die potentiellen Fehlermöglichkeiten zu erkennen und abzustellen.
- Es muß geprüft werden, ob die Aussagekraft durch Kombination verschiedener Untersuchungsmethoden verbessert werden kann.

11.2 Durchlässigkeitsuntersuchungen

11.2.1 Versuchsanordnungen

Zur Bestimmung der Durchlässigkeit können unterschiedliche Versuchsanordnungen mit unterschiedlicher Aussagekraft gewählt werden:

- Bei Packerversuchen wird ein Bohrlochabschnitt durch einen Einfachpakker oder durch Doppelpacker abgedichtet. Bei diesen Versuchen kann die Teststrecke den geologischen Verhältnissen weitgehend angepaßt werden, so daß einzelne Schichten oder relevante Horizonte (Kluftzonen etc.) sehr differenziert getestet werden können. Weiterhin kann die Tiefenabhängigkeit der Durchlässigkeit im Detail überprüft werden. Die ermittelte Durchlässigkeit bezieht sich dabei jedoch nur auf die unmittelbare Bohrlochumgebung. Hierzu zählen der WD-Versuch, der Slug- und Bail-Test, der Drill-Stem-Test und der Pulse-Test.
- Bei anderen Versuchsanordnungen wird ein mittlerer Durchlässigkeitsbeiwert über die gesamte Bohrlochstrecke bzw. für ein größeres Gebirgsvolumen ermittelt. Hier ist eine weitere Differenzierung nicht möglich. Dazu zählen Pumpversuche und das Einschwingverfahren sowie Auffüll- und Absenkversuche, die in fertiggestellten Sondierungen oder Bohrungen

durchgeführt werden.

- Eine 3. Versuchsanordnung zielt weniger auf die Ermittlung von Durchlässigkeitsbeiwerten als auf die Ermittlung von Fließwegen, hydraulischer Kommunikation und des Transportverhaltens im Grundwasser. Dazu gehören das Fluid-Logging und die Markierungsversuche

Die einzusetzende Untersuchungsmethode muß daher neben den vorliegenden geologisch-hydrogeologischen Bedingungen auch die Aussagekraft der jeweiligen Untersuchungsmethode im Hinblick auf die Fragestellung berücksichtigen. Im folgenden wird eine Gegenüberstellung der Untersuchungsmethoden vorgenommen.

11.2.2 Packerversuche

Versuchsdurchführung
Der älteste und bekannteste Durchlässigkeitsversuch mittels Packer ist der WD-Test, der seit mehreren Jahrzehnten im Fels angewandt wird. Bei dem WD-Test wird in Bohrungen in eine bestimmte Bohrlochstrecke unter einem gewähltem Druck bzw. Überdruck gegenüber dem Grundwasserspiegel Wasser ins Gebirge eingepreßt. Gemessen wird die Wasseraufnahme bei konstantem Einpreßdruck.

Der Drill-Stem-Test, der Pulse-Test sowie die mit Packern durchgeführte Variante des Slug- und Bail-Tests werden mit einer ähnlichen Versuchsanordnung ausgeführt. Auch bei diesen Versuchen wird eine Teststrecke mittels Einfach- oder Doppel-Packer von dem übrigen Bohrloch abgetrennt. Durch Zugabe oder Entnahme von Wasser wird in der Teststrecke ein hydraulisches Gefälle erzeugt. Gemessen wird der Druckausgleich in der Teststrecke.

Aus der Gegenüberstellung der Anwendungsbereiche (Tabelle 11.1) werden bereits gewisse Einschränkungen für die Anwendung ersichtlich:

- Der einzige Versuch, der oberhalb des Grundwasserspiegels angewendet werden kann, ist der WD-Versuch; alle anderen Versuche können nur in der gesättigten Bodenzone eingesetzt werden
- Bei Durchlässigkeiten von $k_f < 1 \cdot 10^{-7}$ m/s ist nur der PulseTest anwendbar Der Drill-Stem-Test und der Slug- und Bail-Test benötigen eine ausreichend große Druckdifferenz zwischen dem hydrostatischen Druck in der Teststrecke und dem atmosphärischen Druck des Grundwasserspiegels. Bei zu geringen Flurabständen kann beim Slug-Test keine ausreichend hohe Wassersäule über dem Ausgangswasserspiegel aufgebracht werden. Der Drill-Stem-Test und der Bail-Test benötigen einen ausreichend großen Abstand zwischen Ausgangswasserspiegel und Packeroberkante

Tabelle 11.1: Ermittelte Aquiferkennwerte und Anwendungsbereiche der verschiedenen Packerversuche

	WD-Test	**Slug- und Bail-Test**	**Drill-Stem-Test**	**Pulse-Test**
Kenn- werte	– Wasseraufnahme – Durchlässigkeitsbeiwert – Aussagen zu Verfor- mungs- und Erosions- verhalten	– Transmissivität – Durchlässigkeitsbeiwert – Speicherkoeffizient – Skin-Effekt	– Transmissivität – Durchlässigkeitsbeiwert – Skin-Effekt	– Transmissivität – Durchlässigkeitsbeiwert – Skin-Effekt
Anwen- dungs- bereiche	– Unter- und oberhalb des Grundwasserspiegels – Gespannte und unge- spannte Grundwasser- leiter – Druckerzeugung durch Pumpe – $10^{-4} > k_f > 5 \cdot 10^{-9}$	– Unterhalb des Grund- wasserspiegels – Gespannte und unge- spannte Grundwasser- leiter – Erreichbare Druckdiffe- renz ist abhängig vom Grundwasserspiegel – $10^{-2} > k_f > 10^{-9}$	– Unterhalb des Grund- wasserspiegels – Gespannte und unge- spannte Grundwasser- leiter – Erreichbare Druckdiffe- renz ist abhängig vom Grundwasserspiegel – $10^{-5} > k_f > 10^{-8}$	– Unterhalb des Grund- wasserspiegels – Druckerzeugung durch Pumpe – $k_f < 1 \cdot 10^{-7}$

Die Gegenüberstellung zeigt, daß zur Anwendung des Slug- und Bail-Tests, des Drill-Stem-Tests und des Pulse-Tests bestimmte geologisch-hydrogeologische Voraussetzungen vorhanden sein müssen, die bereits weitgehende Informationen über den zu testenden Untergrund erfordern. Dies stößt in der Praxis oftmals auf Schwierigkeiten:

- Vergleichende Untersuchungen haben gezeigt, daß eine zu geringe Druckdifferenz zu einer Verfälschung der Testergebnisse führen kann. Probleme entstehen insbesondere bei wenig durchlässigen Gesteinen, in denen sich der Ruhewasserspiegel nur langsam einstellt

- Gesteine, die im oberflächennahen Bereich durchgehend eine Durchlässigkeit von $k_f < 1 \cdot 10^{-7}$ m/s aufweisen, sind selten. In der Regel liegen Inhomogenitäten (Einlagerungen von Sandsteinen, geklüftete Zonen etc.) vor, die eine höhere Durchlässigkeit aufweisen. Diese können mit dem Pulse-Test nicht untersucht werden

- Die genannten Einschränkungen führen insbesondere in einer orientierenden Untersuchungsphase, in der nicht genügend Informationen über den Untergrund vorliegen, zu Schwierigkeiten

Relativ unabhängig von den geologisch-hydrogeologischen Voraussetzungen ist die Durchführung von WD-Versuchen:

- Der hydrostatische Überdruck kann unabhängig von dem Grundwasserspiegel eingestellt werden

- Die relativ große Durchlässigkeitsspannbreite von $10^{-4} > k_f > 5 \cdot 10^{-9}$ m/s erlaubt eine Untersuchung unterschiedlichster geologisch-hydrogeologischer Einheiten. Weiterhin ist eine Durchführung von WD-Versuchen oberhalb des Grundwasserspiegels möglich

- Durch entsprechende Packerstellungen kann ein detailliertes Tiefenprofil der Durchlässigkeit gewonnen werden

- Durch die Verwendung dem Gebirge angepaßter Verpreßdrücke können Crack-Vorgänge vermieden werden

- Aufgrund der Weiterentwicklungen in der Meßtechnik ist auch bei den WD-Versuchen eine Druck-/Mengen-Messung mit hoher Genauigkeit möglich. Die modernen Geräte erlauben eine unmittelbare Druckmessung in der Teststrecke und eine Verpressung mit sehr geringem Druck und geringen Wassermengen. Die gemessenen Daten können neben einer automatischen Aufzeichnung durch Schreiber auch unmittelbar in den Computer eingelesen werden

Tabelle 11.2: Auswerteverfahren der Packerversuche

WD-Test	Slug-/Bail-Test	Drill-Stem-Test	Pulse-Test
Kontinuierliche Verfahren	Geradlinienverfahren	Geradlinienverfahren	Geradlinienverfahren
– KOLLBRUNNER-MAAG (1946) – GILG-GAVARD (1957) – EARTH MANUAL (1974)	– BOUWER & RICE (1976) – NGUYEN & PINDER (1984) – PERES ET AL. (1989)	– HORNER (1951) – PERES ET AL. (1989)	– PERES ET AL. (1989)
Diskontinuierliche Verfahren	Typkurvenverfahren	Typkurvenverfahren	Typkurvenverfahren
– RISSLER (1977) – KOPPELBERG (1985)	– PAPADOPULOS ET AL. (1973) – RAMEY ET AL. (1975) – COOPER ET AL. (1976) – MATEEN (1983) – MATEEN & RAMEY (1984) – FAUST & MERCER (1984) – HERZOG & MORSE (1990)	– COOPER RT AL. (1967) – KOHLHAAS (1972) – RAMEY ET AL. (1975) – VOIGT & WAGNER (1978) – DA PRAT ET AL. (1981) – BOURDET ET AL. (1983) – MATEEN (1983)	– RAMEY ET AL. (1975) – WANG ET AL. (1978) – BREDEHOEFT ET AL. (1980)
Empirische Verfahren	Analytische Verfahren		
– HEITFELD (1965) – SCHRAFT & RAMBOW (1984) – HEITFELD & HEITFELD (1992)	– KARASAKI ET AL. (1988) – NOVAKOWSKI (1989)		a) Literaturangaben s. Kap. 8

Auswertung nach Durchlässigkeitsbeiwerten
Die Auswertung der Meßergebnisse im Hinblick auf Durchlässigkeitsbeiwerte
stellt bei Packer-Versuchen ein grundsätzliches Problem dar. Aufgrund der
geringen Größe des Untersuchungsabschnittes weichen die tatsächlichen hydraulischen Verhältnisse stark von den idealisierten Randbedingungen ab (u.a.
Homogenität, Isotropie, laminare Strömung etc.). Es wurden zahlreiche Auswerteverfahren entwickelt, die sich aufgrund ihrer Ansätze z.T. deutlich voneinander unterscheiden. Die bekanntesten Auswerteverfahren sind in Tabelle
11.2 zusammengestellt.

Die Zusammenstellung der Auswerteverfahren macht deutlich, daß für eine
zuverlässige Auswertung der Meßergebnisse eine umfangreiche Erfahrung
erforderlich ist. Insbesondere die Typkurvenverfahren, bei denen unter Berücksichtigung der Brunnenkonfiguration und der Strömungsverhältnisse die
passende Typkurve ausgewählt werden muß, erweisen sich in der Praxis als
recht fehleranfällig. Vergleichende Untersuchungen haben gezeigt, daß zwischen den verschiedenen Verfahren oftmals deutliche Differenzen von einer
Zehnerpotenz und mehr zwischen den ermittelten k_f-Werten auftreten.

Ein grundsätzlich anderes Auswerteverfahren wurde von HEITFELD (1965)
bzw. HEITFELD & HEITFELD (1992) und SCHRAFT & RAMBOW (1984) entwik-
kelt. Bei diesen Verfahren wurden Korrelationen zwischen den WD-
Versuchsergebnissen und Sickerwassermessungen unter hydraulisch definierten Verhältnissen bzw. zwischen WD-Versuchsergebnissen und Pumpversuchsergebnissen erstellt. Diese Verfahren haben gegenüber den auf rein theoretischer Basis entwickelten Verfahren folgende Vorteile:

- Es ist nicht erforderlich, idealisierte Randbedingungen zugrunde zu legen
- Durch die Auswertung einer quasi-stationären Fließphase sind die Ergebnisse gegenüber Faktoren wie Skin-Effekt, Speicherkoeffizient und Porosität relativ unempfindlich
- Die Auswertung ist relativ unkompliziert; die Durchlässigkeiten können
  bereits im Gelände abgeschätzt werden
- Nach neueren Untersuchungen kann das Auswerteverfahren bei unterschiedlichen Gebirgsverhältnissen angewandt werden

Ergebnisse einer vergleichenden Untersuchung
In einem Forschungsvorhaben des Fachbereichs Ingenieurgeologie der Technischen Universität Berlin (POIER & TRÖGER 1996) wurde eine vergleichende
Untersuchung unterschiedlicher Methoden zur Ermittlung von Durchlässigkeitsbeiwerten durchgeführt. Die Ergebnisse im Hinblick auf die Packer-Tests
können wie folgt zusammengefaßt werden:

- Sehr gut reproduzierbar sind Slug- und Bail-Tests, wenn sie mit dem Verfahren nach BOUWER & RICE (1976) oder PERES (1989) ausgewertet werden. Slug- und Bail-Tests eignen sich gut zur Durchlässigkeitsbestimmung

in geklüfteten Barrieregesteinen. Allerdings ist die Reichweite relativ gering. Die Versuchsdurchführung und die Auswertung gestalten sich relativ einfach

- Wasserdrucktests (WD-Tests) haben sich ebenfalls bewährt. Die Auswertung nach EARTH MANUAL (1974) erfordert einen Beobachtungspegel zur Bestimmung der Reichweite. Die Auswertung der Wasseraufnahme nach HEITFELD (1965) bzw. HEITFELD & HEITFELD (1992) und SCHRAFT & RAMBOW (1984) erlaubt eine schnelle Bestimmung der Durchlässigkeit bereits im Gelände. Bei Anwendung geringer Drücke (max. $1,5 \cdot 10^5$ Pa) wurde keine Veränderung der Gebirgsdurchlässigkeit in Abhängigkeit vom Druck (Crackvorgänge) festgestellt

- Drill-Stem-Tests eignen sich nicht zur Erkundung in geringer Tiefe. Die Schließphase liefert hier wegen der geringen Druckunterschiede keine brauchbaren Daten

- Mit dem Pulse-Test werden Durchlässigkeiten besonders geringdurchlässiger Bereiche bestimmt. Mit der Auswertung nach PERES (1989) ergeben sich gut reproduzierbare Werte. Der einfache Testverlauf erlaubt umfangreiche Versuchsreihen und eine statistische Auswertung. Der Versuchsaufbau ist jedoch aufwendig

11.2.3 Auffüll- und Absenkversuche

Auffüll- und Absenkversuche in Rammkernsondierungen
Auffüll- und Absenkversuche in Rammkernsondierungen können aufgrund ihres geringen technischen Aufwandes als Ergänzung zu weiteren Durchlässigkeitsuntersuchungen eingesetzt werden. Die Vorteile der Auffüll- und Absenkversuche in Rammkernsondierungen:

- Relativ einfach durchzuführen und kostengünstig
- Unterhalb und oberhalb des Grundwasserspiegels auszuführen
- Unmittelbarer Vergleich mit WD-Versuchen durch die Ermittlung von Q_{WD}-Werten möglich

Einschränkungen in der Anwendung ergeben sich im wesentlichen aus folgenden Punkten:

- Herstellung der Bohrlöcher erfordert sondierbaren und standfesten Untergrund (bindige Bodenarten bis zu halbfester Konsistenz, u.U. nichtbindige Bodenarten oberhalb des Grundwasserspiegels)
- Erreichbare Untersuchungstiefe liegt bei max.15 m
- Verfälschung der Ergebnisse durch ein Verschmieren der Bohrlochwandung oder durch ein Verschleppen von bindigem Material oder durch Nachbrüche aus der Bohrlochwandung kann nicht völlig ausgeschlossen werden

Auffüll- und Absenkversuche in Bohrungen

Die Durchführung von Auffüll- und Absenkversuchen in Bohrungen erfolgt analog zu den Auffüll- und Absenkversuchen in Rammkernsondierungen. Gegenüber den Versuchen in den Rammkernsondierungen haben die Versuche bei Bohrungen den Vorteil, daß sie in allen bohrfähigen Gesteinen, somit auch Festgesteinen, erfolgen können. Eine Teufenbegrenzung ist lediglich durch die erreichbare Bohrtiefe gegeben.

Die Anwendungsgrenzen ergeben sich überwiegend durch versuchstechische Probleme wie:

- Umläufigkeit um das Gestänge, Verschmierung der Bohrlochwandung oder Nachbrüche
- Abdichtung durch feines Bohrklein. Bei Versuchen, in denen die Versickerung nur über die Bohrlochsohle erfolgt, besteht besonders die Gefahr der Abdichtung
- Abdichtung durch den Einsatz von Spülungszusätzen

Vor der Durchführung der Versuche ist sowohl bei Rammkernsondierungen als auch bei Bohrungen eine intensive Spülung des Bohrloches erforderlich.

11.2.4 Pumpversuche

Der Pumpversuch ist der bekannteste Feldversuch für die Durchlässigkeitsbestimmung. Technisch ist er bei allen Untergrundverhältnissen durchführbar. Sein großer Vorteil ist, daß aufgrund der i.allg. großen Reichweite der Wasserspiegelabsenkung die Durchlässigkeit in einem größeren Raum erfaßt wird. Das „Probevolumen" beträgt in Abhängigkeit von den Durchlässigkeitsverhältnissen und den Absenkungstiefen oftmals viele 1000 m³. Gegenüber den kleinräumigen Versuchen kommt der Pumpversuch den idealisierten Randbedingungen erheblich näher, so daß i. d. R. sehr zuverlässige Ergebnisse ermittelt werden können. Daraus ergibt sich sogleich die Konsequenz, daß bei einem so stark integrierenden Versuch naturgemäß keine Details über die Durchlässigkeitsverteilung erfaßt werden können.

Die Auswertemethoden der Pumpversuche sind für Porengrundwasserleiter entwickelt worden. Aber auch in gut durchlässigen Festgesteinen führt die Vergitterung der Kluftnetze im Großraum vielfach zu einer gleichmäßigen Anströmung, so daß die Modelle der Grundwasserströmung im Porengrundwasserleiter oftmals ohne unzulässige Fehler auch auf den Fels übertragen werden können. Für die Absenkung sind dann meist die sogenannten „korrigierten Absenkungswerte" einzusetzen.

In Festgesteinen treten Probleme vor allem bei folgenden Punkten auf:

- Die Anströmung erfolgt praktisch ausschließlich auf Klüften. Deren wirksame hydraulische Öffnungsweite und Verteilung im Nahbereich eines Brunnens beeinflußt entscheidend die Fördermenge. Gerade in wenig durchlässigem Fels verlaufen die Wasserwege vielfach nur längs weniger „Kanäle" oder „Röhren". Hier wird deutlich, daß die Verhältnisse in der Natur stark von den Modellvorstellungen der Grundwasserhydraulik für Lockergestein und auch von jenen der Spaltströmung (WITTKE, 1984) abweichen, welche bevorzugt in der Felsmechanik angewandt werden
- Im wenig durchlässigen Gebirge liegt im Nahbereich des Brunnens kaum noch eine laminare, sondern eine turbulente Strömung vor
- Im inhomogenen, tonigen Gebirge mit schlechter Vergitterung des Kluftnetzes und sehr niedrigen Durchlässigkeiten um und unter 10^{-8} m/s gelingt mit den üblichen Auswerteverfahren meistens keine Auswertung mehr. Die Abweichungen zwischen den Modellvorstellungen und der Natur sind zu groß. Bei starken Abweichungen von den theoretischen Modellvorstellungen verlaufen die Absenk- und Wiederanstiegskurven stark gekrümmt bis s-förmig
- Neben brunnenhydraulischen Effekten wie dem Skin-Effekt ist hier von Bedeutung, daß das Kluftnetz unterschiedliche Öffnungsweiten hat. Bei einem Pumpversuch werden zuerst die großen Klüfte entwässert. Mit zunehmender Absenkung gleicht der Zustrom zum Brunnen mehr einem Abtropfen aus dem Feinkluftnetz in die weitgehend entleerten Großklüfte. Beim Wiederanstieg verläuft der Prozeß umgekehrt: Die Großklüfte füllen sich zuerst, und anschließend erst die Feinklüfte. Diese Vorgänge haben zur Folge, daß sich während des Versuchs der Charakter des Grundwasserleiters ändert und damit auch die Transmissivität bzw. der Durchlässigkeitsbeiwert scheinbar von Zustand und Dauer der Absenkung bzw. des Wiederanstiegs des Grundwasserspiegels abhängt

Verschiedene Autoren haben für dieses Problem quantitative Ansätze zu entwickeln versucht (z.B. HANTUSH, 1964; WALTON, 1970). Nach eigenen Erfahrungen im Fels mit k_f-Werten von 10^{-6} bis 10^{-8} m/s erweisen sich die einfacheren Standardverfahren nach THEIS oder JACOB als mindestens ebenso „erfolgreich" wie komplexere Ansätze.

Als problematisch kann sich eine Auswertung auch dann erweisen, wenn große Durchlässigkeitsunterschiede zwischen einer oberflächennahen Auflockerungszone und dem darunter folgenden Festgestein vorliegen.

11.2.5   Einschwingverfahren

Beim Einschwingverfahren wird die Durchlässigkeit über das gesamte Bohrloch ermittelt. Dieser Versuch hat in den letzten Jahren zunehmend an Bedeutung gewonnen. Seine wesentlichen Vorteile sind:

- Einfach und schnell durchzuführen
- Kostengünstig
- Es muß kein Wasser entnommen werden; dies ist bei kontaminierten Standorten sehr günstig

Obwohl auch dieses Verfahren für Lockergesteinsaquifere entwickelt wurde, liefert es nach den Erfahrungen von KRAUSS (1977) und MÜLLER (1984) auch im Festgestein brauchbare Ergebnisse. Einschränkungen gelten im Festgestein bei folgenden Bedingungen:

- In tonigen Gesteinen ist die Bohrlochwandung fast stets mit Ton verschmiert. Daher ist in einem so kurzzeitigen dynamischen Vorgang eine hinreichende wirklichkeitsnahe Einbeziehung des Grundwassers im Untergrund in den Schwingungsvorgang kaum möglich
- Einschwingversuche sind nur bei Durchlässigkeitsbeiwerten bis etwa 10^{-6} m/s sinnvoll durchzuführen. Die Grenzen für die Anwendungsmöglichkeit des Einschwingverfahrens ergeben sich aus der notwendigen Koppelung des Schwingungsvorganges im Bohrloch mit dem Grundwasser im umgebenden Locker- bzw. Festgestein
- Bei tiefen Grundwasserspiegeln kann der Preßluftverbrauch sehr hoch sein, um eine ausreichende Absenkung zu erzielen

11.2.6   Markierungsversuche

Markierungsversuche dienen weniger der Ermittlung der Durchlässigkeit eines Gebirges als der Bestimmung der wesentlichen hydrodynamischen Eigenschaften des Grundwasserleiters und der bestimmenden Mechanismen (Ausbreitung, Verdünnung, Rückhaltung). Dieser Versuch wird vor allem eingesetzt zur Abschätzung des Transportverhaltens von Schadstoffen.

Bei dem Forschungsvorhaben des Fachbereichs Ingenieurgeologie der Technischen Universität Berlin (POIER & TRÖGER 1996) wurden auch Markierungsversuche durchgeführt und ihre Aussagekraft in Beziehung zu den Durchlässigkeitsuntersuchungen gesetzt.

Es hat sich gezeigt, daß mit den in Kap. 8.2 bis 8.6 dargestellten Durchlässigkeitsuntersuchungen hydraulisch aktive Zonen ermittelt werden können; der Markierungsversuch stellt jedoch die einzig sichere Methode dar, um Aussagen im Hinblick auf die tatsächliche Schadstoffausbreitung im Untergrund treffen zu können.

Neben den Einschränkungen, die für die Verwendung der Tracer gelten (s. Kap. 10.2.1), können sich bei der Anwendung von Markierungsversuchen folgende Problempunkte ergeben:

- Markiertes Wasser mit höherer Dichte als das übrige Grundwasser kann in tiefere Bereiche des Grundwassersystems absinken und von dort nur verzögert abfließen. Insbesondere kann es in größeren Hohlraumsystemen der Karstgrundwasserleiter zu Schichtungsvorgängen kommen
- Manche hydraulische Verbindungssysteme werden nur bei hohem Wasserstand durchflossen. Bei niedrigem Grundwasserstand werden in isolierten Hohlräumen zurückgehaltene Markierungsstoffe eventuell erst später bei stärkerer Wasserführung in den Kreislauf gebracht
- Der tatsächlich erforderliche Beobachtungszeitraum ist schwer abzuschätzen. Bei der Festlegung der Beobachtungszeit ist ein ausreichender Sicherheitszuschlag einzuhalten
- Die Kosten für einen Versuch können vor allem infolge der langen Beobachtungszeit sehr hoch werden

11.2.7   Fluid-Logging

Das Fluid-Logging ist ein neueres hydraulisches Testverfahren, mit dem in einer Bohrung die Zuflußzonen lokalisiert und quantifiziert werden können. Die Vorteile dieses Verfahrens:

- Hydraulisch aktive Zonen können mit relativ geringem technischem Aufwand lokalisiert und quantifiziert werden (kein Ein- und Ausbau von Pakkern)
- Anforderungen an das Bohrloch sind gering. Die Durchführung ist auch in Bohrungen mit ausgebrochenen oder ausgekolkten Bohrlochbereichen möglich. Weiterhin kann das Fluid-Logging in ausgebauten Meßstellen durchgeführt werden

Einschränkungen in der Anwendbarkeit des Verfahrens ergeben sich aufgrund folgender Punkte:

- Nur die Zuflußzonen können quantifiziert werden. Die dazwischenliegenden geringerdurchlässigen Bereiche können mit dem Fluid-Logging-Verfahren nicht quantitativ erfaßt werden
- Bei einigen Auswerteverfahren muß die Konzentration des zufließenden Kluftfluids bekannt sein; dazu ist eine teufenorientierte Probennahme erforderlich
- Relativ aufwendige Auswerteverfahren

Literatur

EBADY, S. B. & KOWALEWSKI, J. B. (1994): In-situ-Untersuchungsmethoden in Bohrlöchern zur Ermittlung der Wasserdurchlässigkeit. In: Dt. Ges. für Erd- u. Grundbau e.V. (Hrsg.), Taschenbuch für den Tunnelbau 1994, S. 23-70, Glückauf GmbH, Essen

EINSELE, G. (1983): Mechanismus und Tiefgang der Verwitterung bei mesozoischen Ton- und Mergelsteinen. Z. dt. geol. Ges. **134**: 289-315, Hannover

EWERT, F. K. (1977): Zur Ermittlung eines k_f-Wertes für Fels und Kriterien zur Abdichtung des Untergrundes von Talsperren. Ber. 1. Nat. Tag. Ing.-Geol. Paderborn: 393- 408 Paderborn

GDA-Empfehlungen (1997): Empfehlungen des Arbeitskreises „Geotechnik der Deponien und Altlasten": GDA, E 1-4. (Hrsg.): Dt. Ges. für Geotechnik e.V., Ernst , Berlin

GILG, B. & GAVARD, M. (1957): Calcul de la perméabilité par des essais d'eau dans les sodages en alluvions. Bull. Techn. Suisse Romande, **83**: 45-50, Lausanne

HANTUSH, M.S. (1964): Hydraulic of wells.- In: Advances of hydrosciences, **1**: 281-432, New York

HAYASHI, K., ITO, T. & ABE, H. (1987): A new method for the determination of in situ hydraulic properties by pressure pulse test and application to the Higashi Hachimantai Geothermal Field. J. Geophys. Res., **92**, B9: 9168-9174

HEITFELD, K.-H. (1965): Hydro- und baugeologische Untersuchungen über die Durchlässigkeit des Untergrundes an Talsperren des Sauerlandes. Geol. Mitt., **5**: 1-210, Aachen

HEITFELD, K.-H. & HEITFELD, M. (1989): Auswertung von WD-Testen bei speziellen geologischen Verhältnissen. Ber. 7. Nat. Tag. Ing.-Geol. Bensheim: S. 185-199 Bensheim

HEITFELD, K.-H. & HEITFELD, M. (1992): Auswertung von WD-Tests in Gebirgsbereichen mit geringen Durchlässigkeiten. Mitt. Ing.- und Hydrogeol., **48**: 13-23 Aachen

JACOB, C. E. (1963): Determining the permeability of water table aquifers.- In: BENTALL, R.: Methods of determining permeability, transmissivity and draw down. US Geol. Survey Water Supply, Paper **1536-I**: 245-271; Washington, USA

KRAEMER, C. A., HANKINS, J. B. & MOHRBACHER, C. J. (1990): Selection of Single-Well Hydraulic Test Methods for Monitoring Wells.- In: NIELSEN, D. M. & JOHNSON, A. I. (eds.): Ground Water and Vadose Zone Monitoring, ASTM STP 1053: 153-164

KRAPP, L. (1983): Gebirgsdurchlässigkeit im Linksrheinischen Schiefergebirge -Bestimmung nach verschiedenen Methoden.- Mitt. Ing.- u. Hydrogeol., **9**: 313-347; Aachen

KRAUSS, I. (1977): Das Einschwingverfahren - Transmissivitätsbestimmung ohne Pump-versuche.- Gas Wasserfach-Wasser-Abwasser, **118** (9): 407-410; München

KRUSEMANN, G. P. & DE RIDDER, N.A. (1970): Analysis and evaluation of pumping test data.- Int. Inst. f. Land Reclamation and Improvement Wageningen, Bulletin **11**: 200 S.; Wageningen

LANDESAMT FÜR UMWELTSCHUTZ BADEN-WÜRTTEMBERG (1991): Materialien zur Altlastenbearbeitung - Band 8: Bestimmung der Gebirgsdurchlässigkeit.- 104 S.; Karlsruhe

LANGGUTH, H. R. & VOIGT, R. (1980): Hydrogeologische Methoden.- 486 S., Springer, Berlin heidelberg New York

LOUIS, C. (1967): Strömungsvorgänge in klüftigem Medium und ihre Wirkung auf die Standsicherheit von Bauwerken und Böschungen im Fels.- Veröff. Inst. Bodenmech. u. Felsmech. Univ. Karlsruhe, 30: 121 S.; Karlsruhe

POIER, V. (1996): Hydraulische Untersuchungen und Schadstoffausbreitung in geklüfteten Festgesteinen.- Diss. TU Berlin (unveröff. Vorexemplar)

POIER, V. & ROSENFELD, M. (1994): Einsatz und Grenzen hydraulischer Methoden.- In: Projektleitung Verbundvorhaben „Deponieuntergrund" Bundesanstalt f. Geowissenschaften u. Rohstoffe BGR: 3. Statusseminar 1.-3. Dezember 1993, BGR-Archiv Nr. 109492: 92-110; Hannover

POIER, V. & TRÖGER, U. (1996): Abschlußbericht zum Forschungsvorhaben Durchlässigkeitsverhalten natürlicher paläozoischer Untergrundabdichtungen und Schadstoffausbreitung entlang Trennflächen".- BMBF-FKZ: 1450865, TU Berlin (unveröffentl..)

RISSLER, P. (1977): Bestimmung der Wasserdurchlässigkeit von klüftigem Fels.- Veröff. Inst. Grundbau, Bodenmechanik, Felsmechanik und Verkehrswasserbau, **5**: 144 S.; Aachen

SCHETELIG, K. (1991): Vergleich von Randbedingungen und Aussagekraft verschiedener Feldversuche zur Ermittlung der Durchlässigkeit in wenig durchlässigem Untergrund.- 8. Nat. Tag. Ing.-Geol. Berlin: 98-103; Berlin

SCHRAFT, A. & RAMBOW, D. (1984): Vergleichende Untersuchungen zur Gebirgsdurchlässigkeit im Buntsandstein Osthessens.- Geol. Jb. Hessen, **112**: 235-261; Wiesbaden

THIEM, G. (1906): Hydrogeologische Methoden.- 56 S., Diss. TH Stuttgart, Gebhards; Leipzig

WALTON, W. C. (1970): Groundwater Resource Evaluation.- 664 S., McGraw Hill Book; New York

WITTKE, W. (1984): Felsmechanik - Grundlagen für wirtschaftliches Bauen im Fels.- 1050 S., Springer, Berlin Heidelberg New York

12 Isotopenhydrologisches Instrumentarium

MEBUS A. GEYH

12.1 Grundlagen

Das isotopenhydrologische Instrumentarium (MOSER & RAUERT, 1980; IAEA,1983a) ist zu einem immer häufiger eingesetzten Werkzeug der Hydrogeologen geworden, die großflächigen Fragestellungen wie der Festlegung von Einzugsgebieten, der Verfolgung von Grundwasserbewegungen oder der Bilanzierung der Mischung von Grundwässern unterschiedlicher Herkunft nachgehen. Die Möglichkeit, dieses Instrumentarium auch in kleinräumigen Studien wie z.B. von Deponien einzusetzen, ist nicht von vornherein naheliegend, weil die zur Untersuchung verwendbaren natürlichen und anthropogenen Umweltisotope überwiegend global in die Hydrosphäre eingebracht werden. Wenn einzelne Fallstudien trotzdem gezeigt haben, daß auch bei der Untersuchung des Deponieuntergrundes brauchbare Ergebnisse erhalten werden (MATTHESS et al.1976; ARNETH & HOEFS 1988; GEYH & AYS 1995), dann sind dafür Isotopensignale des Sickerwassers verantwortlich, die sich vom Gebietswert der Isotopenzusammensetzung des Grundwassers abheben und ohne analoge hydrochemische Hinweise auftreten. Es gibt selbstverständlich auch viele Fälle, wo sowohl isotopenhydrologische als auch hydrochemische Anomalien nebeneinander vorhanden sind.

Für die Art und den Grad des Isotopensignals bestimmend sind die Deuterium- und Sauerstoff-18-Gehalte im ungebundenen und gebundenen Wasser der organischen Stoffe der Müllablagerungen sowie Isotopenfraktionierungen, die die Zersetzung v. a. der organischen Bestandteile begleiten. Die wichtigsten Prozesse dafür sind:

- Isotopische An- und Abreicherungen der schwereren Wassermoleküle, die Deuterium und Sauerstoff-18 infolge von mineralogischen Umsetzungen (z.B. Dehydratisierung) enthalten
- An- und Abreicherung des schweren Kohlenstoff-Isotops der im Grundwasser gelösten anorganischen Kohlenstoffverbindungen (TDIC - *total dissolved inorganic carbon*) als Folge biologischer und hydrochemischer Umsetzungen organischer Substanzen im Sickerwasser der Deponien und im Grundwasser des Deponiebereichs (ARNETH & HOEFS 1988)
- Auftreten des radioaktiven Wasserstoff-Isotops Tritium als Folge der Einlagerung Tritium-haltiger Abfälle (z.B. aus Krankenhäusern; BERTLEFF 1987).

Massenspektrometrische Isotopenanalysen des Sauerstoffs, Wasserstoffs und Kohlenstoffs sind mit hydrochemischen Analysen in Hinsicht auf Wirtschaftlichkeit und Schnelligkeit konkurrenzfähig. Der Nachweis von Tritium ist nur radiometrisch möglich.

12.2 Grundlagen der Isotopenhydrologie

Isotope sind massenmäßig klassifizierte Atome desselben chemischen Elements. Als Umweltisotope werden die stabilen und radioaktiven Isotope bezeichnet, die an natürlichen Prozessen teilnehmen, die in der Atmo-, Hydro- und Lithosphäre ablaufen. Sie können kosmogen, geogen und anthropogen sein. Die für Deponieuntersuchungen in Frage kommenden Umweltisotope sind mit Angabe ihrer Bezugsisotope, der Halbwertszeiten, ihres Ursprungs, der Meßmethoden und der physikalischen Einheiten in Tabelle 12.1 angegeben.

Tabelle 12.1: Für Deponieuntersuchungen verwendete Umweltisotope

Isotop	Be-zug	HWZ Jahre	Ursprung	Mes-sung	Einheit
Deuterium (^{2}H)	^{1}H	∞	natürlich	MS	‰$_{VSMOW}$
Tritium (^{3}H)	^{1}H	12,43	kosmogen anthropogen	PC, LSC	TE
Kohlenstoff-13	^{12}C	∞	natürlich	MS	‰$_{VPDB}$
Sauerstoff-18	^{16}O	∞	natürlich	MS	‰$_{VSMOW}$
Schwefel-34	^{32}S	∞	natürlich	MS	‰$_{CD}$

HWZ - Halbwertszeit, MS - Massenspektrometer; PC (proportional counter) - Proportionalzählrohr; LSC (liquid scintillation counter) - Flüssigkeits-Szintillationszähler; VSMOW, PDB, CD - Standardsubstanzen für Wasserstoff- und Sauerstoff-, Kohlenstoffsowie Schwefel-Isotopenuntersuchungen an Wasserproben

12.2.1 Stabile Umweltisotope

Die stabilen Isotope des Wasserstoffs (^{1}H und ^{2}H = D für Deuterium) und des Sauerstoffs (^{16}O, ^{17}O und ^{18}O) bilden verschieden schwere Wassermoleküle, von denen ^{1}H$_2$^{16}O (99,730 %$_{mol}$), ^{1}H$_2$^{18}O (0,204 %$_{mol}$) und ^{1}H^{2}H^{16}O (0,029 %$_{mol}$) mit Molekülgewichten von 18 - 20 die häufigsten sind. Die Isotopenzusammensetzung des Wassers wird als auf einen Standard bezogenes, relatives Isotopenverhältnis (d-Wert in ‰) angegeben. Für Sauerstoff und Wasserstoff ist dies der VSMOW-Standard (Vienna Standard Mean Ocean Water).

Die Isotopenzusammensetzung wird z.B. für Sauerstoff wie folgt umgerechnet:

$$\delta^{18}O = \frac{R_{Standard} - R_{Probe}}{R R_{Standard}} \times 1000$$

R_{Probe} bzw. $R_{Standard}$ sind die Isotopenverhältnisse der zu untersuchenden Probe bzw. des Standards, die unter gleichen Bedingungen gemessen werden.

Für die Isotopie des Wasserstoffs, Kohlenstoffs und Schwefels gilt entsprechendes. Da kontinentale Wässer gegenüber Ozeanwasser i.a. weniger schwe-

$$R = \frac{^{18}O}{^{16}O} \quad bzw. \quad R = \frac{^{2}H}{^{1}H}$$

re Isotope enthalten, sind deren d-Werte gewöhnlich negativ. Ursache ist, daß es bei Phasenübergängen, also z.B. der Verdunstung, zu Isotopenfraktionierungen kommt, bei der isotopisch leichtere Wassermoleküle schneller in die Gasphase übergehen als schwere. Weil die Isotope des Sauerstoffs und Wasserstoffs gleichermaßen betroffen sind, besteht bei meteorischen Wässern ein linearer Zusammenhang zwischen den ^{2}H- und ^{18}O-Werten, der als Niederschlagsgerade bezeichnet wird (Global Meteoric Water Line - GMWL; GAT & GONFIANTINI, 1981; Abb.12.1) und der nachfolgenden Gleichung genügt:

Liegen die Isotopenwerte im $^{8}O/\,^{2}H$-Diagramm unterhalb der Niederschlagsgeraden, waren die Wässer entweder von Verdunstung betroffen oder gehören zu Mischungen von Grundwässern unterschiedlicher Herkunft.

$$\delta^{2}H = 8 \cdot \delta^{18}O + 10$$

Bei Isotopenaustausch z.B. mit H_2S oder CO_2 werden Punkte oberhalb der Niederschlagsgerade gefunden (Abb.12.1.; Kap.12.3.1).

Der Jahresgang der ^{2}H- und ^{18}O-Werte des Niederschlags als Folge der Temperaturabhängigkeit der Isotopenfraktionierung spielt bei Untersuchungen des Deponieuntergrunds nur dann eine Rolle, wenn die Passage des Sickerwassers aus der Deponie weniger als etwa 5 Jahre dauert (MOSER & RAUERT 1980).

Die Isotopie des Kohlenstoffs (^{12}C, ^{13}C) geht über die gelösten anorganischen Kohlenstoffverbindungen (TDIC) des Grundwassers - v. a. Hydrogenkarbonat und Kohlendioxid - in hydrogeologische Deponieuntersuchungen ein. ^{12}C und ^{13}C sind stabil und kommen mit Häufigkeiten von ca. 100 : 1 vor.

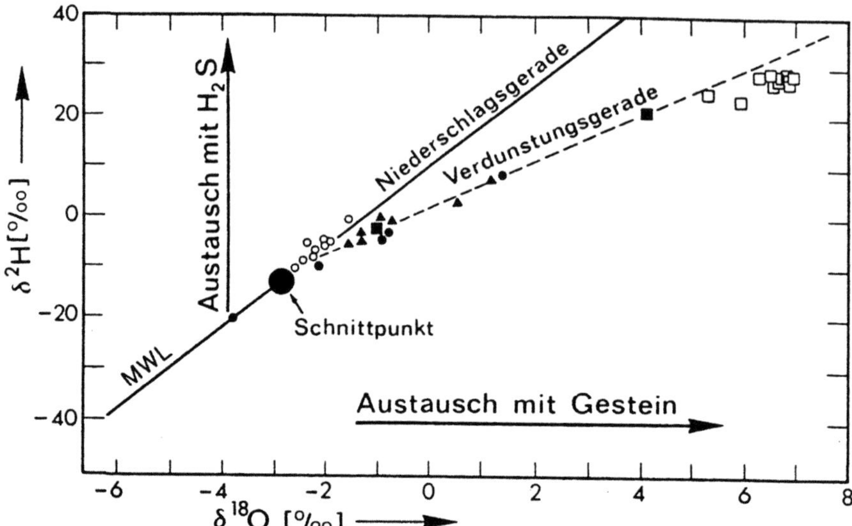

Abb.12.1: Die globale Niederschlagsgerade (GMWL) kontinentaler Niederschläge, die Verdunstungsgerade sowie anomale ^{2}H-Werte als Folge des Isotopenaustauschs mit H$_2$S, das in Deponien gebildet wird (BEHRENS et al. 1989)

Der analog zu ^{18}O definierte ^{13}C-Wert liegt für atmosphärisches CO$_2$ zwischen -7 und -8‰, für pflanzliches Material durchschnittlich bei -25‰, für Boden-CO$_2$ bei -23‰, für Hydrogenkarbonat häufig zwischen -14 und -10‰ und für karbonathaltiges Gestein um 0 ± 2‰. Als Standard dient VPD (LONG, 1995).

$$\text{Chemie:} \qquad CaCO_3 + H_2O + CO_2 \;\rightleftharpoons\; Ca^{2+} + 2\,HCO_3^-$$
$$^{13}C: \qquad\quad 0 \pm 2‰ \qquad\quad \sim -23‰ \qquad\qquad \sim -10 - 14‰$$

Biologische Prozesse im anaeroben Milieu ändern die ^{13}C-Werte des TDIC im Grundwasser, insbesondere die bakterielle Zersetzung organischer Stoffe zu Methan und Kohlendioxid wie z.B. in Hausmülldeponien. Das geschieht auf 2 Reaktionswegen (CLAYPOOL & KAPLAN 1974). Nach WHITICAR et al. (1986) findet entweder eine Reduktion von Kohlendioxid (CO$_2$ + 8 H → CH$_4$ + 2 H$_2$O) oder Acetat-Fermentation (CH$_3$COOH → CH$_4$ + CO$_2$) statt. Unter aeroben Bedingungen wird organisches Material ohne Isotopenfraktionierung bakteriell zu CO$_2$ abgebaut, das anschließend von anaeroben Bakterien unter Verbrauch von Wasserstoffionen zu CH$_4$ reduziert werden kann (KOYAMA 1953), wobei Isotope fraktioniert werden. Bei der Methanogenese wird ^{13}C im entstehenden CO$_2$ auf bis +20‰ angereichert (TALBOT & KELTS 1986) und im Methan auf bis -75‰ abgereichert (z.B. ROSENFELD & SILVERMAN 1959; IRWIN et al. 1977).

12.2.2 Radioaktive Umweltisotope - Tritium

Von den radioaktiven Umweltisotopen spielt nur Wasserstoff-3 (Tritium: T oder ^{3}H) bei Deponieuntersuchungen eine Rolle. Es kann kosmogen oder anthropogen sein. Seine Halbwertszeit beträgt 12,43 Jahre, und seine Aktivität wird in Tritium-Einheiten (TE oder TU - *tritium unit*) angegeben. Eine TE entspricht einem Tritium-Atom auf 10^{18} Wasserstoff-Atome. Das in der Hydrosphäre vorkommende Tritium ist überwiegend anthropogen und stammt von Kernwaffenexplosionen bzw. der industriellen Produktion (Abb. 12.2). Bei Deponieuntersuchungen mit ^{3}H gilt es va. a., junge Grundwässer zu identifizieren, die den Deponieuntergrund schnell durchsickern, also große hydraulische Durchlässigkeiten anzeigen, oder Tritium-haltige Einlagerungen nachzuweisen. Vertikale Tritium-Profile im Porenwasser erlauben unter günstigen Umständen, die hydraulische Durchlässigkeit des Deponieuntergrundes und die Grundwasserneubildungsrate quantitativ abzuschätzen.

FCKW-Analysen können ^{3}H-Messungen ergänzen und jene in Zukunft ganz ersetzen (OSTER 1995, 1996).

12.3 Isotopie-prägende chemische Prozesse im Deponiekörper

Hydrogeologisch verwertbare Isotopensignale im Grundwasser unter Deponien (Kap. 12.3.3) entstehen v. a. durch biologische, aber auch physikalische und chemische Prozesse im Deponiekörper, die die Isotopenzusammensetzung des Sickerwassers bestimmen. Die Größe dieser Isotopensignale wird von der Art und Menge der im Deponiekörper enthaltenen organischen Inhaltsstoffe, aber auch der Schnelligkeit des Grundwasserumsatzes in der Deponie bestimmt. Da organische Ablagerungen überwiegend im Hausmüll vorhanden sind, ist die Einsatzmöglichkeit der Isotopenmethoden bei reinen Sonderabfalldeponien begrenzt. Der prozentuale Anteil organischer Bestandteile im Hausmüll liegt nach Angaben des Umweltbundesamtes bei über 55%, wovon Papier und Pappe 19% und Küchen- sowie Gartenabfälle 31% ausmachen. Holz ist im Sperrmüll und Gartenabfällen enthalten. Da vom Grundwasser und seinen Inhaltsstoffen abweichende Isotopensignale erst durch im Deponiekörper stattfindende Prozesse entstehen, soll auf sie kurz eingegangen werden.

Der biochemische Abbau organischer Stoffe im eingebrachten Müll dauert bis zu mehreren Jahrzehnten und verläuft - vereinfacht dargestellt - in 4 Phasen (Abb.12.3).

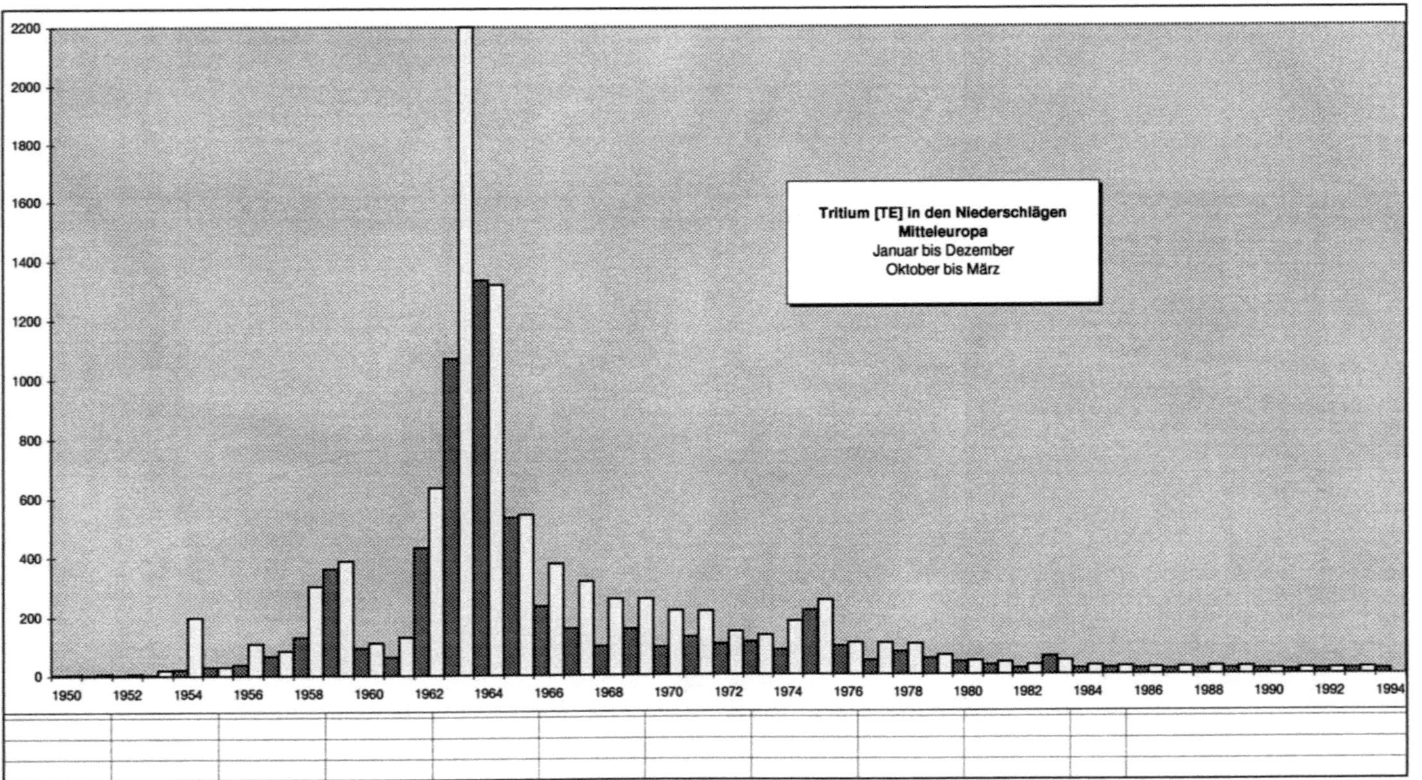

Abb.12.2: ^{3}H-Werte [TE] der Niederschläge der Wetterstation Niederstotzingen in Süddeutschland ab 1970. Für die Zeit davor wurden Werte aus mehreren Arbeiten verwendet. Die dunklen Balken entsprechen Niederschlägen, die zwischen Oktober und März gefallen sind, die hellen dem gesamten Jahr.

Sauerstoffverbrauchende Bakterien erzeugen unter Wärmeabgabe Kohlendioxid und Wasser ($C_6H_{10}O_5 + H_2O + 6\,O_2 \rightarrow 6\,CO_2 + 6\,H_2O$). Dadurch nimmt die Temperatur mit zunehmender Tiefe bis auf 70°C zu.

Die darauf folgende *anaerobe Nicht-Methan-Phase* dauert bis zu einigen Monaten und wird von saurer Gärung (azetogene Phase) mit Bildung organischer Säuren (Karbonsäuren) bestimmt. Letztere erhöhen die Mobilität vieler Stoffe, insbesondere die von Schwermetallverbindungen. In dieser Phase wird Kohlendioxid und Wasserstoff, aber kein Methan produziert.

Durch zunehmende Verdichtung der abgelagerten Stoffe mit der Alterung wird der Sauerstoffzutritt immer weiter verringert, bis schließlich die Voraussetzungen für die dritte, *anaerobe instabile Methan-Phase* (Methanvorstufe) erfüllt sind. Sie währt einige Monate bis Jahre. Bakterien bilden Methan und der pH-Wert steigt auf über 7.

Die letzte Phase, die *anaerobe stabile Methan-Phase,* dauert einige Jahre bis Jahrzehnte, in der organisches Material anaerob zu 50-70% Methan und entsprechend zu 50-30% Kohlendioxid abgebaut wird ($C_6H_{10}O_5 + H_2O \rightarrow 3\,CH_4 + 3\,CO_2$). Verfügbares Wasser wird teilweise gebunden (FARQUHAR & ROVERS, 1973).

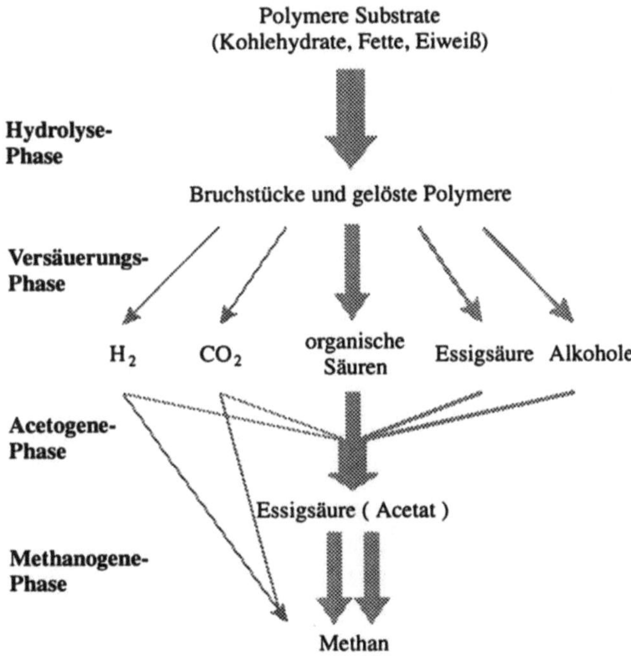

Abb.12.3. Schema der Hydrochemie des vierstufigen aeroben und anaeroben Abbaus organischer Stoffe in Deponien. (Nach MUDRACK & KUNST, 1991)

Die Dauer der einzelnen Phasen, die Rate und die Zusammensetzung der Gas-Emissionen (Abb.12.4.) variieren von einem Standort zum anderen. Da in Deponien immer aerobe neben anaeroben Verhältnissen herrschen, besteht Deponiegas aus Mischungen von Gasen verschiedener Phasen. In den aeroben Phasen dominiert Kohlendioxid, in den anaeroben Methan. Aus dem Verhältnis beider Gase läßt sich daher beurteilen, welche Phasen in einer Deponie gerade dominieren (FARQUHAR & ROVERS, 1973; RETTENBERGER, 1988).

Da Gasbildung v. a. in den anaeroben Phasen erfolgt, steigt die Methankonzentration mit zunehmendem Alter der Deponien an. Sie wächst mit steigender Feuchte und findet im Temperaturbereich zwischen 0 - 55°C statt. Optimale Bedingungen herrschen bei 37°C. Neben den Hauptgasbestandteilen Methan und Kohlendioxid entstehen Wasserdampf, in dem Schwermetallverbindungen gelöst werden, flüchtige organische und anorganische Substanzen, Wasserstoff, Schwefelwasserstoff, Ammoniak und Quecksilberdampf.

Einsickerndes junges Wasser reduziert die Gasproduktion, weil durch Sauerstoffeintrag Schwermetallverbindungen des Kupfers, Chroms und Nickels gelöst werden. Diese wirken auf die auch Säure- und Temperaturempfindlichen anaeroben Bakterien toxisch.

Bis über 20% des gebildeten Methans werden nach RETTENBERGER (1988) in der obersten Schicht des Mülls, der schmalen aeroben Zone, bakteriell durch Oxidation abgebaut (Biofiltereffekt).

Wenn in Deponien scheinbar kein Gas entwickelt wird, kann das an einer fehlenden Sohlabdichtung liegen. Die gebildeten Gase entweichen dann in den Untergrund und werden dort mikrobakteriell abgebaut (RETTENBERGER 1988).

Die chemischen und physikalischen Prozesse, die zu Änderungen der Isotopenzusammensetzung des Wassers oder der darin gelösten Verbindungen im Bereich von Deponien führen, bezeichnen wir als Deponie-Isotopie-Effekte. Die isotopischen Markierung des Sickerwassers und seiner Inhaltsstoffe sowie des vom Sickerwasser beeinflußten Grundwassers hat v. a. folgende Ursachen:

- Die Isotopenzusammensetzung der Inhaltsstoffe der Deponie selbst, die sich im Zersetzungswasser oder den wasserlöslichen Zersetzungsprodukten wiederfindet
- Die Isotopenfraktionierung während biochemischer, chemischer und physikalischer Prozesse, die die Isotopenzusammensetzung von Wasser und gelösten Stoffen verändert hat

Zum Nachweis von Deponie-Isotopie-Effekten sind bei hohen Grundwasserneubildungsraten oder schneller Grundwasserbewegung große Stoffumsätze notwendig.

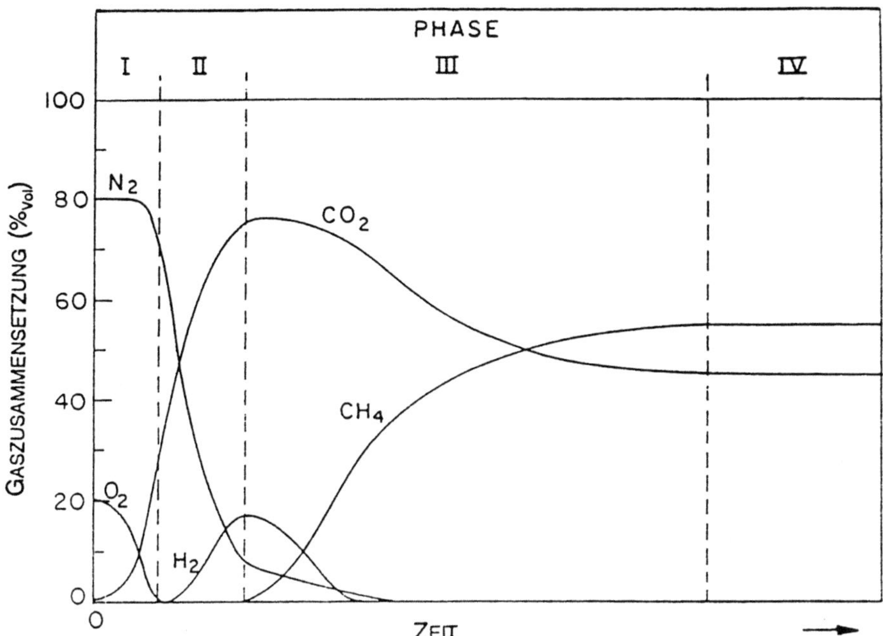

Abb.12.4: Änderung der Gaszusammensetzung während des Abbaus von Hausmüll in 4 Phasen (FARQUHAR & ROVERS 1973)

12.3.1 Stabile Sauerstoff- und Wasserstoff-Isotope

Von Deponien unbeeinflußtes Grundwasser hat eine für ein Gebiet typische Sauerstoff- und Wasserstoff-Isotopenzusammensetzung. Diese entspricht der des langjährigen Mittels des Niederschlages. Grundwässer im Abstrom von Deponien können davon stark abweichende Delta-Werte haben.

FRITZ et al. (1976), MATTHESS et al. (1976) und GOLWER et al. (1976) beobachteten gegenüber unbeeinflußtem Grundwasser im Abstrom der Deponie Frankfurter Stadtwald um 1,5 - 2,0‰ vergrößerte ^{18}O-Werte, die ^{2}H-Werte waren um bis 10‰ erhöht. BAEDECKER & BACK (1979a, b) fanden im abfließenden Grundwasser einer Deponie um 10‰ erhöhte ^{2}H-Werte, die nicht von anomalen ^{18}O-Werten begleitet waren. Der bakterielle Abbau von organischen Deponieinhaltsstoffen wurde dafür verantwortlich gemacht. BEHRENS et al. (1989) bestimmten erhöhte ^{2}H-Werte im Sickerwasser und führten sie auf eine biologische Isotopenanreicherung zurück. Bei anaerober Zersetzung können sich die ^{2}H- und ^{18}O-Werte im Sikkerwasser nämlich in solch einer Weise ändern (RANK et al. 1992), daß die Meßpunkte im ^{18}O/^{2}H-Diagramm über der globalen Niederschlagsgeraden (GMWL) liegen.

Die Größe der Isotopenabweichungen wurde bei allen Untersuchungen als Maß für die Deponiebeeinflussung gewertet. Als Prozesse, die zu Isotopenanomalien führen, wurden diskutiert:

- Abbau organischer Substanzen: Das Zellwasser von Pflanzen ist als Folge der Evapotranspiration im ^{18}O und ^{2}H stark angereichert. Dagegen sind die ^{18}O- bzw. ^{2}H-Werte der Zellulose gegenüber dem Grundwasser stark erhöht bzw. erniedrigt

- Isotopenaustausch zwischen Sauerstoff im Wassermolekül und Kohlendioxid: ^{18}O wird im Sickerwasser angereichert, wenn der ^{18}O-Wert des in der Deponie gebildeten Kohlendioxids größer ist als der des regional neugebildeten Grundwassers

- Verdunstung von Wasser aus der Deponie: Das verbleibende Restwasser ist isotopisch angereichert (Abb.12.1)

Die sich aus der Isotopenzusammensetzung der Deponieinhaltsstoffe erklärenden Isotopensignale rühren wohl hauptsächlich vom Zellwasser der Pflanzen und dem Zersetzungswasser von Zellulose her (BURK & STUIVER, 1981; EPSTEIN et al. 1977). Im ersten Fall müßten sowohl die ^{18}O- und ^{2}H-Werte erhöht sein, was meist beobachtet wurde. Beim Abbau von Zellulose sind erhöhte ^{18}O-Werte und erniedrigte ^{2}H-Werte zu erwarten.

Zellulose wird aus Holz hergestellt, es ist der Grundstoff für Papier und enthält etwa 5% ungebundenes Wasser. ^{2}H ist in dem Kohlenstoff-gebundenen Wasserstoff organischer Substanzen gegenüber dem Niederschlag um bis zu 35‰ abgereichert (SCHIEGL & VOGEL, 1970; EDWARDS & FRITZ, 1986). Im Gegensatz dazu sind die ^{18}O-Werte der Zellulosefraktion +20 bis +35‰) mit nicht-austauschbarem Sauerstoff gegenüber denen der entsprechenden Niederschläge (-4 bis -17‰) erhöht (BURK & STUIVER, 1981).

Bei dominant aeroben Abbau entstehen nach SPILLMANN (1988) 500 kg Wasser je Tonne organischer Trockensubstanz, bei dominant anaerobem Abbau werden 100 kg Wasser verbraucht. 75% der organischen Substanz im Hausmüll werden in 12 - 24 Jahren zersetzt (RETTENBERGER, 1988). Die Umsetzung petrochemischer Kohlenwasserstoffverbindungen verläuft wesentlich langsamer.

Eine grobe Abschätzung soll zeigen, daß die genannten Prozesse meßbare Isotopensignale erzeugen können. Wenn in den obersten 10 m einer Hausmülldeponie aerobe Zersetzung von Zellulose stattfindet, die Dichte 1 g/cm^3 beträgt, 50% organische Substanz enthalten ist, die sich innerhalb von angenommenen 20 Jahren zu 50% zersetzt, entstehen 125 kg Zersetzungswasser pro Quadratmeter und Jahr. Ohne Abdeckung der Deponie kommt etwa die gleiche Menge neugebildeten Grundwassers hinzu. Ein von dessen Gebietswert abweichendes Isotopensignal wird also auf rd. 50% abgeschwächt.

Die Gesamtmenge Sickerwasser von 250 l/m^2 und Jahr gelangt in das Grundwasser. In einem 15 m mächtigen Aquifer mit 10% totalem Porenvolumen und 1 km Erstreckung vergehen 5 Jahre zwischen dem Ein- und Austritt eines Grundwassers, das eine Abstandsgeschwindigkeit von 200 m/Jahr hat. In dieser Zeit nimmt die durchfließende Gesamtwassermenge um 83% auf 550 m^3/Jahr zu, so daß sich das Isotopensignal bei idealer Vermischung auf 23% des Ausgangssignals abschwächt. Das ist immer noch so hoch, daß es leicht zu bestimmen ist. Bei kleinerer Abstandsgeschwindigkeit wird das Isotopensignal größer.

Analog zu den ^{18}O-Werten gibt es auch anomal hohe ^{2}H-Werte im Abstrom von Deponien. Hierfür verantwortlich sind einerseits das isotopisch schwere Zellwasser der organischen Stoffe und andererseits die isotopische Anreicherung des schweren Wasserstoff-Isotops, zu der es bei der Bildung von H$_2$S kommt. Beide markieren bei ausreichend großen Stoffumsätzen das Sickerwasser.

GEYH & AYS (1995) fanden in mehreren Deponien ein- und zweigipfelige Häufigkeitsverteilungen der ^{18}O- (und auch ^{13}C-) Werte (Abb.12.5). Eingipfelige Kurven mit gegenüber der Meßungenauigkeit deutlich verbreiteter Basis wurden mit Mischungen von isotopisch schwerem Sickerwasser mit neugebildetem Grundwasser erklärt, die über die gesamte, ausgedehnte Fläche unabgedeckter Deponien mit einem weiten kontinuierlichen Spektrum von Raten stattfindet. Bei abgedeckten Deponien wurden 2 Gipfel gefunden, da sich das isotopisch schwere Sickerwasser unverdünnt erst außerhalb der Deponien in den Grundwasserfluß mischt. Der Bereich der Mischraten ist kleiner und kann die unterschiedlichen Isotopensignale des Sicker- und Grundwassers nicht völlig verwischen.

Entsprechend verhalten sich die ^{13}C-Histogramme. Aus der Korrelation zwischen ^{18}O- und ^{13}C-Werten folgt, daß rd. 40% der Isotopeninformation hydraulisch bestimmt ist, der Rest stoffbedingt.

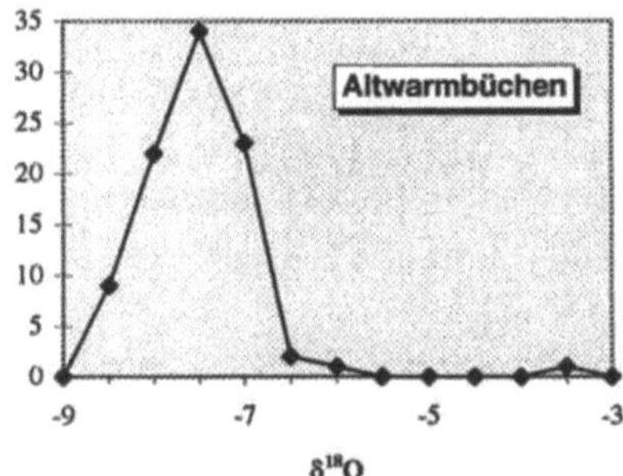

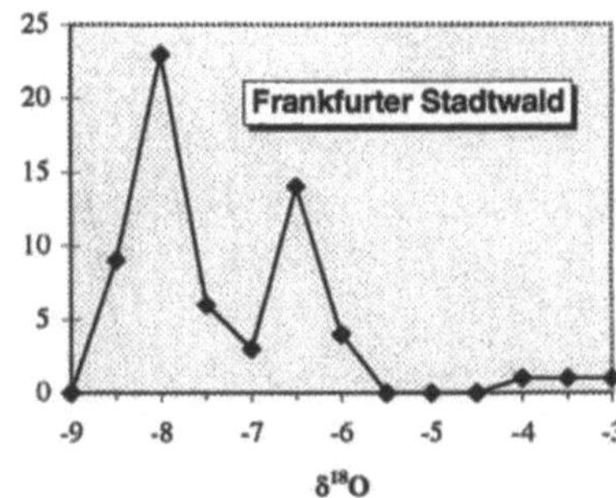

Abb.12.5: Ein- und zweigipfelige ^{18}O-Histogramme für die unabgedeckte Zentraldeponie Altwarmbüchen und die abgedeckte Deponie Frankfurter Stadtwald (GEYH & AYS, 1995)

12.3.2 Stabile Kohlenstoff-Isotope

Die ^{13}C-Werte des TDIC im Sickerwasser von Deponien sind gegenüber unbeeinflußtem Grundwasser ebenfalls verändert. GAMES & HAYES (1976) berichteten von ^{13}C-Werten bis +20‰, die sich nach Deponie-Inhaltstoffen und der Dauer der Einlagerung deutlich unterschieden. Die Produktion von Methan und CO_2 durch Fermentation organischer Stoffe ist von ^{13}C-Isotopenverschiebungen begleitet. Methan ist isotopisch stark abgereichert (^{13}C = -55 bis -85‰ nach SCHOELL 1980), CO_2 entsprechend angereichert (NAKAI, 1960). BAEDECKER & BACK (1979a) fanden ^{13}C-Werte bis +18,4‰ im Hydrogenkarbonat des Sickerwassers. Auch ARNETH & HOEFS (1988) führten positive ^{13}C-Werte bis +16‰ des TDIC im Grundwasser auf bakterielle Methanogenese zurück (NACHTWEYH et al. 1991). Die ^{13}C-Werte des TDIC der unbeeinflußten Wässer lagen zwischen -10 und -15‰.

Andererseits waren die ^{13}C-Werte des TDIC der Wässer einer Sonderabfalldeponie gegenüber dem Regionalwert des Grundwassers von -13 bis -14‰ um 6‰ zum Negativen hin verschoben. Vermutlich wurden kohlenstoffhaltige Verbindungen im Müll durch Sulfatreduktion abgebaut und der TDIC-Anteil erhöht. Wenn Methan mit stark negativen ^{13}C-Werten nicht entweicht, sondern bei Anwesenheit von methylotrophen Bakterien (TYLER et al. 1994) oxidiert wird, entsteht isotopisch leichtes CO_2 und entsprechend HCO_3^- mit ^{13}C-Werten bis zu -50‰ (CURTIS & COLEMAN 1986). Das noch verbleibende Methan wird isotopisch schwerer (BAKER & FRITZ 1981).

12.3.3 Hydrochemische und isotopische Deponiesignale

Der Vergleich von hydrochemischen Analysenwerten (Na^+, Cl^-, SO_4^{2-}) und von Milieuparametern (Temperatur, pH, elektrische Leitfähigkeit) mit ^{18}O-, ^{2}H- und ^{13}C-Werten zeigt (GEYH & AYS 1995), daß im Grenzbereich zwischen belastetem und unbelastetem Grundwasser von Deponie-Isotopie-Effekten betroffene ^{13}C-Werte stärker noch als ^{18}O-Werte auftreten können, ohne daß entsprechende hydrochemische Indikationen vorhanden sind (Abb.12.6).

Eine vermutete Korrelation zwischen dem Sulfatgehalt und dem ^{13}C-Wert besteht nicht. Erhöhte Sulfatkonzentrationen im Abstrom von Deponien sind normalerweise auf Lösung von Gips im Bauschutt zurückzuführen. Sie können unter reduzierenden Bedingungen biochemische Reaktionen ermöglichen, die SO_4^{2-} zu H_2S reduzieren und zur Bildung von HCO_3^- aus organischen Stoffen führen.

Erhöhte Temperaturen des Grundwassers sind als Hinweise auf den stattfindenden Abbau organischer Stoffe zu werten, der auch die Sauerstoff- und Kohlenstoff-Isotopie betrifft. Eine Korrelation war für heute noch genutzte

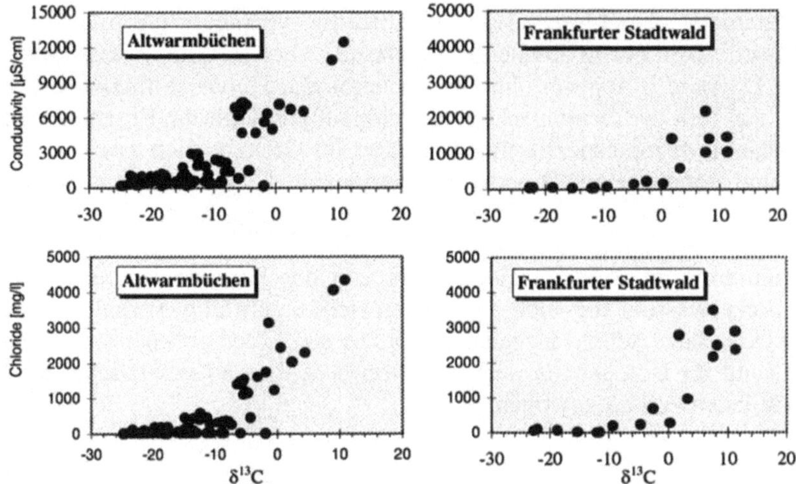

Abb.12.6: Abhängigkeit des ^{13}C-Werts [‰VSMOW]vom Chlorid-Gehalt und der elektrischen Leitfähigkeit für die Deponie Frankfurter Stadtwald und die Zentraldeponie Altwarmbüchen (GEYH & AYS, 1995)

Deponien deutlicher ausgeprägt als für ungenutzte. Das kann eine Folge verminderter Wärmeadvektion nach der Abdeckung sein. Temperaturanomalien sind im Vergleich zu denen des δ^{13}C-Wertes deutlich geringer ausgeprägt.

Die Milieuparameter (pH- und Redox-Werte, also auch der Sauerstoffgehalt) hängen von sehr vielen Faktoren ab, so daß eine Korrelation zu den Isotopenwerten nicht zu erwarten war.

Die Erfassung einzelner organischer Inhaltsstoffe im Grundwasser ist mit so hohem analytischen Aufwand verbunden, daß in der Praxis bevorzugt Summenparameter für den Gehalt organischer Substanzen (CSB, DOC) bestimmt werden. Alle beziehen sich auf den chemischen Sauerstoffbedarf. Da die Gehalte an organischen Stoffen sehr klein sind, braucht die gefundene Korrelation nicht prozeßbedingt zu sein, sondern kann auch nur den Deponieeinfluß widerspiegeln.

Der Summenparameter AOX, der den Gehalt halogenierter organischer Verbindungen im Wasser beschreibt und Leitparameter für den Nachweis von Produktionsrückständen der chemischen Industrie ist, war nicht zu den Delta-Werten korreliert.

Eine repräsentative Auswahl der Ergebnisse eines hydrochemisch / isotopenhydrologischen Vergleichs vom Umfeld der Zentraldeponie Altwarmbüchen ist in Abb.12.7. graphisch dargestellt (GEYH & AYS 1995). Als aussagekräftige hydrochemische Parameter werden CSB, SO_4^{2-}, HCO_3^-, Ca^{2+}, als Milieuparameter die Temperatur und die elektrische Leitfähigkeit und als isotopenhydrologische Indikatoren die ^{18}O- und ^{13}C-Werte verwendet.

In 38 von 66 Fällen waren mehrere hydrochemische und isotopenhydrologische Parameter deponiespezifisch gleichzeitig verändert (Abb.12.7), 12 Grundwässer waren nur hydrochemisch belastet. Aber 16 Grundwässer waren durch die Deponie isotopisch ohne hydrochemische Hinweise markiert. Daraus folgt, daß sich hydrochemische und isotopenhydrologische Ergebnisse bei der Verfolgung deponiespezifischer Einflüsse im Grenzbereich zwischen belastetem und unbelastetem Grundwasser ergänzen. Dieses Ergebnis ist neu, wenn auch nicht überraschend. Offensichtlich gibt es sehr junge Sickerwässer, die schon mit löslichen Salzen (NaCl, CaSO$_4$) belastet, aber noch nicht isotopisch verändert sind. Andererseits gibt es von der Deponie isotopisch veränderte Sickerwässer, die sich hydrochemisch unauffällig verhalten, weil leicht lösbare Salze schon ausgelaugt worden sind. Der geringe analytische Mehraufwand für Isotopenanalysen wird von dem Plus an zusätzlicher Information auf jeden Fall aufgewogen.

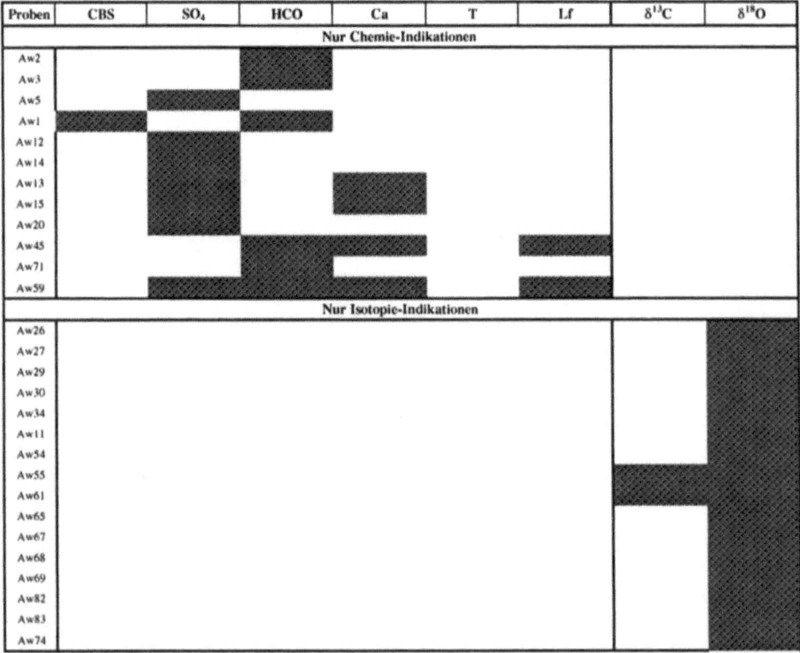

Abb.12.7: s.a. folgende Seite

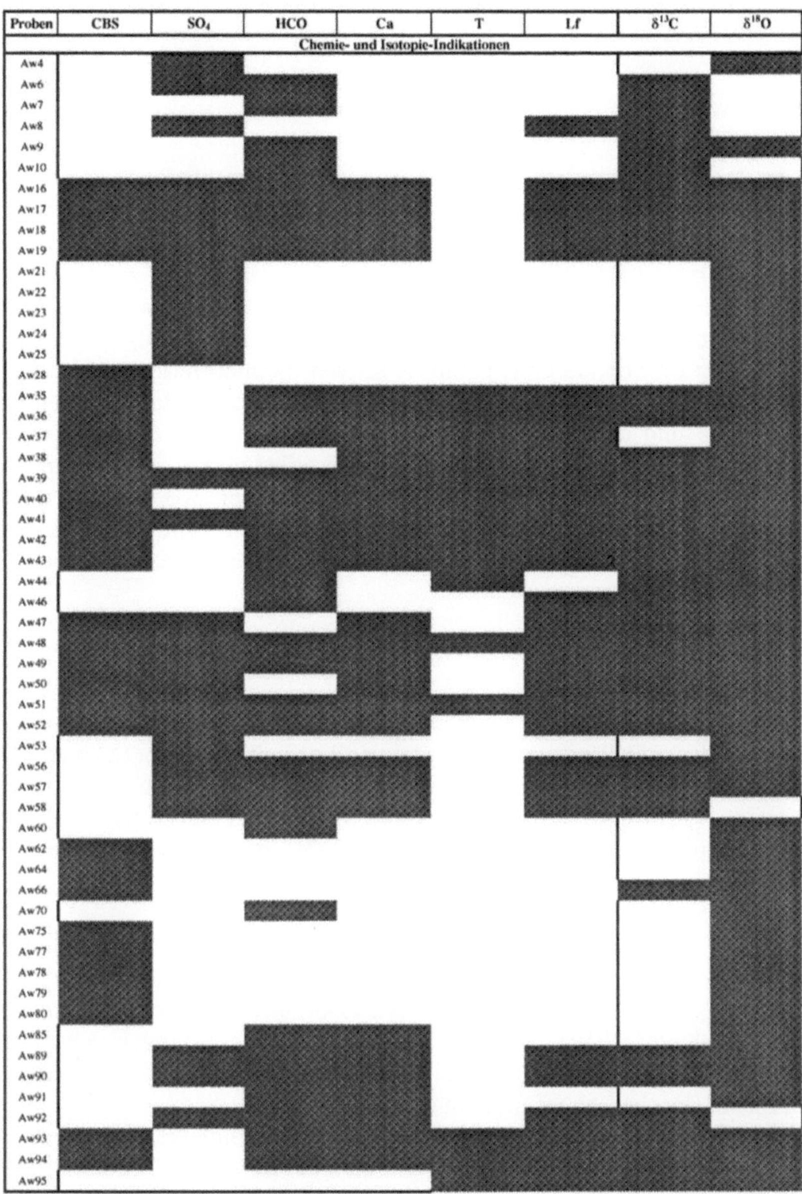

Abb.12.7. (auch vorhergehende Seite)**:** Darstellung hydrochemischer und isotopenhydrologischer Indikationen auf eine Deponie-spezifische Beeinflussung des Grundwassers der Zentraldeponie Altwarmbüchen. Über dem Grundpegel liegende Wertebereiche sind dunkel markiert (GEYH & AYS 1995)

12.4 Feldarbeit und Laboranalytik

12.4.1 Auswahl der Probenahmestellen

Zur Aufstellung des Beprobungsprogramms mit Auswahl der Brunnen und Entnahmezeitpunkte sind Informationen über geographische, geologische, hydraulische, hydrochemische und technische Einzelheiten einzuholen. Besonders wichtig sind Bohrprofile der Meßstellen und Angaben zu deren Ausbau, um Proben anhand der Filterstrecken eindeutig Grundwasserleitern zuordnen zu können. Multilevel-Brunnen sind ideal. Durchgängig verfilterte Brunnen liefern Proben, deren Ergebnisse schwer zu interpretieren sind.

Zur Ermittlung der horizontalen Ausdehnung des Isotopensignals der Schadstoffahne und deren Abgrenzung zum unbeeinflußten Grundwasserbereich sind die Probenahmen flächenhaft zu verteilen. Dazu werden einfachheitshalber Profile quer zur Fließrichtung gewählt oder, wo es nicht anders möglich ist, punktförmige Entnahmen im unmittelbaren Randbereich der Deponie im An- und Abstrom und außerhalb des Einflußbereiches einbezogen.

12.4.2 Feldarbeit

Um repräsentative Proben zu erhalten, wird so lange gepumpt, bis sich die Temperatur, der pH-Wert und die elektrische Leitfähigkeit (Messung im Durchfluß; DVWK, 1992) stabilisiert haben. Sofern dieser Zustand nicht zu erreichen ist, wird mindestens die dreifache Menge der im Standrohr stehenden Wassersäule entnommen und dann beprobt. Die leicht veränderlichen Parameter wie pH-Wert, Temperatur, die Sauerstoffkonzentration und die Alkalinität werden vor Ort bestimmt.

Für ^{2}H-, ^{18}O- und ^{3}H-Messungen werden jeweils 50 ml Wasser mit einer möglichst kleinen Luftblase (negativer Meniskus) in gasdicht verschließbare Glasflaschen gefüllt, um Verdunstungsverluste und Isotopenaustausch mit Luft klein zu halten. PVC- oder PE-Flaschen sind dafür ungeeignet. Wenn sehr kleine Tritium-Werte nachzuweisen sind, wird 1 l Wasser benötigt, das auch in Plastikflaschen abgefüllt sein kann.

Für die ^{13}C-Analyse, die ab 1 mg Kohlenstoff möglich ist, werden die gelösten anorganischen Kohlenstoffverbindungen (TDIC) je nach Alkalinität (40 ml/Liter Wasser) mit klarer gesättigter Barytlauge ($Ba(OH)_2$) im stöchiometrischen Überschuß aus 1 - 4 l Wasser im Gelände gefällt. Um Kontaminationen zu vermeiden, sind reinste Chemikalien und gut gesäuberte Gerätschaften zu verwenden und der Kontakt mit Luft so klein wie möglich zu halten. Die Fällung setzt sich innerhalb einiger Stunden ab.

Die Probenflaschen werden dauerhaft beschriftet (Bezeichnung der Meßstelle, ggf. Entnahmetiefe, Datum der Probenahme, Name des Probenehmers).
Zur Dokumentation wird ein detailliertes Feldprotokoll mit Angaben zu dem
Probenahmeort, dem Namen des Probenehmers, der Bezeichnung der Bepro-
bungsstelle und Brunnentiefe, der Uhrzeit und dem Datum, der Art der Beprobung und der Dauer des Abpumpens sowie der abgepumpten Wassermenge
geführt. Nützlich sind auch Angaben zu den Witterungsverhältnissen, zu Besonderheiten der Probenahme, wie z.B. Trockenfallen eines Brunnens, Ausfällungen oder Entgasungen, und spezielle Informationen des Deponiewarts.

12.4.3 Isotopen-Meßtechnik

Für die Bestimmung der ^{18}O-Werte werden 5 ml Wasser in einer mit CO_2
gefüllten Flasche mehrere Stunden lang geschüttelt und dadurch mit dem Gas
isotopisch äquilibriert, damit dessen Isotopenzusammensetzung die des Wassers annimmt. Bis zu 30 Proben werden gleichzeitig bearbeitet, unter denen
bis vier auf VSMOW kalibrierte hausinterne Standards sind. Die Messung der
^{18}O-Werte erfolgt mit dem Massenspektrometer.

Die Deuterium-Analyse wird mit wenigen Millilitern Wasser ausgeführt,
das mit etwa 30 mg Zink unter Vakuum im Glasröhrchen eingeschmolzen und
bei 600°C quantitativ zu Wasserstoff reduziert wird. Das Gas wird massen-
spektrometrisch untersucht.

Zur Ermittlung des ^{13}C-Wertes werden 20 mg gefälltes Bariumkarbonat
unter Argon-Atmosphäre gefiltert, mit destilliertem Wasser gespült, im Trok-
kenschrank bei 110°C 10 min. lang getrocknet, gemörsert und im Vakuum mit
98%iger Phosphorsäure zersetzt. Der ^{13}C-Wert wird am CO_2 mit dem Massenspektrometer bestimmt.

Die radiometrische Tritium-Analyse bis 1 TE beginnt mit der Umwandlung
von 15 ml Probenwasser in Äthan und endet mit der Messung im empfindli-
chen Proportionalzählrohr. Moderne Flüssigkeitsszintillationszähler sind inzwischen gleichermaßen brauchbar. Durch elektrolytische Anreicherung von
1 l Wasser läßt sich die Nachweisgrenze auf 0,2 TE erniedrigen.

12.5 Zusammenfassung

Umweltisotopenhydrologische Methoden liefern einen eigenen Beitrag zu Untersuchungen über die hydraulische Dichtigkeit des Deponieuntergrundes. Isotopenmarkierungen entstehen hauptsächlich bei der Freisetzung von Zellwasser und bei Abbauprozessen organischer Deponie-Inhaltsstoffe, die quasi nur in Hausmülldeponien enthalten sind. Biochemische Prozesse (bakterieller Abbau = Methanogenese), chemische Reaktionen (Oxidation und Reduktion, Lösung, Komplexierung, Fällung) und physikalische Prozesse (Dispersion, Filtration, Evaporation und Gastransport) bestimmen die Art und Größe der deponiespezifischen Isotopensignale des Wasserstoffs, Sauerstoffs und Kohlenstoffs im Sickerwasser und dessen gelöster Inhaltsstoffe. Die entscheidenden Prozesse sind Isotopenan- oder abreicherungen beim aeroben und anaeroben Abbau organischer Substanzen zu Methan, CO_2 und Wasser sowie bei der Oxidation von Methan im Deponiekörper und im Grundwasser. Daneben spielt Isotopenaustausch zwischen dem bei der H_2S-Bildung entstehenden Wasserstoff mit Wasser eine Rolle. Die Stärke der Isotopenmarkierung hängt von der Zersetzungsrate des Mülls und dessen Menge sowie der Geschwindigkeit der Grundwasserneubildung im weiteren Abstromgebiet (Durchströmen der Deponiesohle mit Grundwasser, Sohl- oder Oberflächenabdichtung) ab.

Im Grenzbereich von unbelastetem zu belastetem Grundwasser liefern ^{18}O-, ^{13}C- und ^{2}H-Werte oft Hinweise auf deponiespezifische Kontaminationen, die hydrochemisch oder mit den Milieuparametern nicht zu erhalten sind. Freilich gibt es auch Sickerwässer, die ausschließlich hydrochemisch markiert sind. Der kombinierte Einsatz hydrochemischer und isotopenhydrologischer Methoden wird daher empfohlen, wenn die Deponiebeeinflussung im Grenzbereich zwischen unbelastetem und belastetem Grundwasser zu untersuchen ist. Von der Kohlenstoffisotopen-Zusammensetzung sind darüber hinaus Erkenntnisse über die Art der im Deponiekörper stattfindenden Abbauprozesse zu erhalten, die anderweitig nicht oder mit wesentlich größerem Aufwand zu gewinnen sind. Der Nachweis von Einlagerungen Tritium-haltiger Abfälle ist nur radiometrisch möglich.

Die Anwendung des isotopenhydrologischen Instrumentariums bei der hydrogeologischen Begutachtung des Umfeldes von Deponien geht über den Nachweis isotopischer Deponieeffekte hinaus und umfaßt das weite Spektrum hydrogeologischer Untersuchungen zur Ermittlung des Ursprungs von Grundwässern, deren Bewegung im Untergrund und Mischung (MOSER & RAUERT 1980; IAEA 1983a).

Literatur

ARNETH, J. D.& HOEFS J. (1988): Anomal hohe ^{13}C-Gehalte in gelöstem Bicarbonat von Grundwässern im Umfeld einer Altmülldeponie. Naturwissenschaften **75**: 515-517

BAEDECKER, M.J.& BACK, W. (1979a): Modern marine sediments as a natural analog to the chemically stressed environment of a landfill. J. Hydrol. **43**: 393-414

BAEDECKER, M.J.& BACK, W. (1979b): Hydrogeological processes and chemical reactions at a landfill. Groundwater **17**: 429-437

BAKER, J.F.& FRITZ, P. (1981): Carbon isotope fractionation during microbial methane oxidation. Nature **293**, 289-291.

BEHRENS, H., MOSER, H., STICHLER, W. & TRIMBORN, P. (1989): Untersuchungen an Müllsickerwässern. Inst. für Hydrologie (GSF) Jahresbericht, S. 76 - 88

BERTLEFF, B. (1987): Messungen des Gehalts an Umweltisotopen in Müllsickerwässern von ausgewählten Deponien in Baden-Württemberg. Bericht des Geologischen Landesamtes Baden/Württemberg (unveröffentl.)

BURK, R.L.& STUIVER, M. (1981): Oxygen isotope ratios in trees reflect mean annual temperature and humidity. Science **211**: 1417-1419

CLAYPOOL, G.E.& KAPLAN, I.R. (1974): The origin and distribution of methane in marine sediments. In: KAPLAN, I.R. (ed.) Natural Gases in Marine Sediments, Plenum, New York, pp. 99 - 139

CURTIS, C.D.& COLEMAN, M.L. (1986): Controls on the precipitation of early diagenitic calcite, dolomite and siderite concretions in complex depositional sequences. In: GAUTIER, D.L.(ed.) Roles of Organic Matter in Sediment Diagenesis. Soc. Econ. Paleon. Mineral., Spec. Publ. **38**: 23-33

DVWK (1992): Entnahme und Untersuchungsumfang von Grundwasserproben. Regeln zur Wasserwirtschaft Bd. **128**

EDWARDS, T.W.D. & FRITZ, P. (1986): Assessing meteoric water composition and relative humidity from ^{18}O and ^{2}H in wood cellulose: paleoclimatic implications for southern Ontario, Canada. Appl. Geochem. **1**: 715-723

EPSTEIN, S., THOMPSON, P. & YAPP, C.J. (1977): Oxygen and hydrogen isotopic ratios in plant cellulose. Science **198**: 1209-1215

FARQUHAR, G.J.& ROVERS, F.A. (1973): Gas production during refuse decomposition. Water, Air and Soil Pollution **2**: 483-495

FRITZ, P., MATTHESS, G. & BROWN, R.M. (1976): Deuterium and oxygen-18 as indicators of leachwater movement from a sanitary landfill. In: Interpretation of environmental isotope and hydrochemical data in groundwater hydrology. IAEA, Wien, pp.131 - 142

GAMES, L.M. & HAYES, J.M. (1976): On the mechanisms of CO_2 and CH_4 production in natural anaerobic environments. In: NRIAGU, J.O. (ed.) Environmental Biogeochemistry. Ann Arbour Science, Michigan, pp. 51-73

GAT, J. & GONFIANTINI, R. (eds) (1981): Stable isotope hydrology. Deuterium and oxygen-18 in the water cycle. Technical Reports Series, **210**: 337 S. IAEA, Wien

GEYH, M.A.& AYS, G. (1995): Bilanzierung von Grundwasserströmen unter Deponien mit Hilfe von umweltisotopen-hydrologischen Analysen im Rahmen hydrogeologischer Untersuchungen. Abschlußbericht zum BMFT-Verbundvorhaben „Methoden zur Erkundung und Beschreibung des Untergrundes von Deponien und Altlasten" (146060 5 AO); unveröffentl. Bericht, BGR, Hannover

GOLWER, A., KNOLL, K.-H., MATTHESS, G., SCHNEIDER, W. & WALL-HÄUSSER, K.H. (1976): Belastung und Verunreinigung durch feste Abfallstoffe. Abh. Hess. L.-Amt Bodenforsch., Bd. **73**

IAEA (1983a): Guidebook on nuclear techniques in hydrology. Wien

IAEA (1983b): Isotope techniques in the hydrogeological assessment of potential sites for the disposal of high-level radioactive wastes. Technical Reports Series, Vol. **228**, Wien

IRWIN, H., CURTIS, C. & COLEMAN, M. (1977): Isotopic evidence for source of diagenetic carbonates formed during burial of organic-rich sediments. Nature **269**: 209-213

KOYAMA, T. (1953): Measurement and analysis of gases in sediments. J. Earth. Sci. Nagoya Univ. **1**: 107 -118

LONG, A. (1995): Good-bye to Pee Dee Belemnite and Standard Mean Ocean Water. Radiocarbon **37** (1): iii

MATTHESS, G., FRITZ, P. & BROWN, R.M. (1976): Deuterium und Sauerstoff-18 als Indikatoren von Grundwasserverunreinigungen durch feste Abfallstoffe. Deutsche Gewässerkundl. Mitt. **20** (2): 37-43

MOSER, H. & RAUERT, W. (1980): Isotopenmethoden in der Hydrologie. Lehrbuch der Hydrogeologie, Bd. **8**, Borntraeger, Berlin

MUDRACK, K. & KUNST, S. (1991): Biologie der Abwasserreinigung, 3. Auflage, Fischer, Stuttgart

NACHTWEYH, K., RAMMENSEE, W. & HOEFS, J. (1991): Isotopengeochemische und geochemische Untersuchungen der Kontamination von Deponiestandorten. Müll und Abfall **23**: 421-435.

NAKAI, N. (1960): Carbon isotope fractionation of natural gas in Japan. J. Earth Sci. Nagoya Univ., **8**: 174-80

OSTER, H. (1995): Datierung von Grundwasser mittels FCKW: Voraussetzungen, Möglichkeiten und Grenzen. Dissertation Institut für Umweltphysik, Universität Heidelberg (unveröffentl.)

OSTER, H. (1996): FCKW-Datierung nitratbelasteten Grundwassers: ein Fallbeispiel. Grundwasser, Bd. **1**

RANK, D., PAPESCH, W., RAJNER, V. (1992): Environmental isotopes study at the Breitenau Experimental Landfill (Lower Austria). In: HÖTZL, H. & WERNER, A. (eds) Tracer Hydrology, Karlsruhe, pp.173 - 176

RETTENBERGER, G. (1988): Gashaushalt von Deponien. In: THOMÉ-KOZMIENSKY, K.J.(Hrsg.) Altlasten Deponie 1, Ablagerung von Abfällen, EF-Verlag für Energie und Umweltschutztechnik, Berlin

ROSENFELD, W.D. & SILVERMAN S.R. (1959): Carbon isotope fractionation in bacterial production of methane. Science **130**: 1658-1659

SCHIEGL, W.E.& VOGEL, J.C. (1970): Deuterium content of organic matter. Earth Planet. Sci. Letters **7**: 307-313

SCHOELL, M. (1980): The hydrogen and carbon isotopic composition of methane from natural gases of various origins. Geochim. Cosmochim. Acta **44**: 649-661

SPILLMANN, P. (1988): Wasserhaushalt von Abfalldeponien. Veröffentl. Zentrum für Abfallforschung der TU Braunschweig, **3**: 59-94

TALBOT, M.R.& KELTS, K. (1986): Primary and diagenetic carbonates in the anoxic sediments of lake Bosumtwi, Ghana. Geology **14**: 912-916

TYLER, S.C., CRILL, P.M. & BRAILSFORD, G.W. (1994): $^{13}C/^{12}C$ fractionation of methane during oxidation in a temperate forested soil. Geochim. Cosmochim. Acta **58**, 1625-1633

WHITICAR, M.J., FABER, E. & SCHOELL, M. (1986): Biogenic methane formation in marine and freshwater environments: CO_2 reduction as acetate fermentation - isotope evidence. Geochim. Cosmochim. Acta **50**: 693-709

13 Geostatistische Methoden

ASAF PEKDEGER, WOLFDIETRICH SKALA & JÖRG TIETZE
mit einem Beitrag von PETRA HEIM

13.1 Einführung

PETRA HEIM

13.1.1 Allgemeines

Geowissenschaftliche Daten stellen von Ort zu Ort veränderliche Größen (*Variable*) dar. Ihre Verteilung kann mit Hilfe von diskreten, endlich vielen Messungen beschrieben (geschätzt) werden und zwar durch ortsabhängige Bestimmungen, z.B. mittels Bohrungen. Die geostatistischen Untersuchungen dienen dazu, die Zuverlässigkeit von Ergebnissen aus Bohrungen, geophysikalischen Messungen, chemischen Analysen an Wasser- und Bodenproben usw. genau zu ermitteln. Wie aussagefähig ein Erkundungsstand (beispielsweise Bohrraster) ist, hängt davon ab, wie sehr das Auflösungsvermögen der räumlich verteilten Daten dem mehr oder weniger komplizierten bzw. heterogenen Aufbau des Untergrundes entspricht.

Für den wirtschaftlichen Einsatz von Feldmethoden gibt es 2 geostatistische Ansätze:

- Bestimmung der für eine vorgegebene Aussagesicherheit erforderliche Anzahl der Meß- oder Probenahmestellen
- Verbesserung der Aussagegenauigkeit durch eine günstige räumliche Anordnung einer vorgegebenen Anzahl von Meß- oder Probenahmestellen (Reduzierung der Schätzfehler)

Die **klassische Statistik** betrachtet ein interessierendes Phänomen als eine Zufallsgröße, welche durch eine Zufallsvariable Z beschrieben werden kann. Eine Zufallsvariable ordnet jedem Ausgang eines Experimentes einen Meßwert z zu (z.B. die Brenndauer einer Glühbirne), der auch als Realisierung bezeichnet wird. Man geht i.d.R. davon aus, daß keine Realisierung z_1 von Z_1 den Ausgang z_2 eines weiteren Zufallsexperimentes Z_2 beeinflußt und umgekehrt. Die Zufallsvariablen Z_1, Z_2 sind dann (stochastisch) unabhängig. Insbesondere aber betrachtet man *keine ortsabhängigen* und somit *vollkommen stationären* Phänomene. Die Variabilität der Daten wird allein durch den Begriff *statistische Varianz* von Z erklärt, welche die mittlere quadratische Abweichung der Meßwerte von ihrem *Mittelwert* beschreibt.

Die Geostatistik betrachtet ein *ortsabhängiges* Phänomen als Zufallsgröße, die sich, statt durch eine Zufallsvariable, durch eine Zufallsfunktion **Z** beschreiben läßt. Hat man ein Untersuchungsgebiet **U**, für das eine Eigenschaft beschrieben werden soll, so wird jedem Flächenpunkt $\mathbf{x} \in \mathbf{U}$ eine hypothetische Zufallsvariable $\mathbf{Z(x)}$ unterstellt, denn in jedem Flächenpunkt ist die Zufallsfunktion Z durch ein Experiment (zumindest theoretisch) realisierbar. Der Zufallsfunktion wird ein räumliches Verteilungsgesetz unterstellt. Die Zufallsvariablen sind also *voneinander abhängig.* Um diese Abhängigkeit statistisch zu berücksichtigen, ist zur Beschreibung der Variabilität der Daten eine ortsabhängige Varianzfunktion notwendig. Diese erhält man mit der sog. *Variogrammfunktion,* aus der alle weiteren Varianzmessungen abgeleitet sind.

Geologische Daten zeigen in der engen Umgebung eines Ortes **x** oft größere Ähnlichkeit als in weiterer Entfernung. Man ist daher daran interessiert, wie groß der Fehler ist, wenn der Wert einer Eigenschaft Z an einem Ort x durch den Wert der Eigenschaft Z an einem benachbarten Ort y geschätzt wird. In der Regel kennt man für jede einzelne Zufallsvariable Z(x) höchstens *eine* Realisierung durch den an der Stelle x (z.B. durch eine Bohrung) gewonnenen Meßwert. Um wieder Methoden der klassischen Statistik benutzen zu können, greift man zu einschränkenden Arbeitshypothesen. Diese schränken die Nichtstationärität ein und begnügen sich mit einer gewissen *lokalen Stationärität*, die geologisch noch denkbar ist.

13.1.2 Grundbegriffe

Die *Erwartungswertefunktion* weist jedem Flächenpunkt x seinen Mittelwert m(x) oder auch Erwartungswert E[x] zu:

$$E\,[x] := E\,[\,Z\,(x)\,] = m\,(x)$$

Die *Varianzfunktion* weist jedem Flächenpunkt x einen Varianzwert zu:

$$VAR\,[x] := VAR\,[\,Z\,(x)\,]$$

Das *Variogramm* $2 * \gamma$ beschreibt die strukturelle (ortsabhängige) Variabilität der Daten. Für zwei Orte x_1, x_2 des Untersuchungsgebietes ist

$$2 * \gamma\,(x_1, x_2) := VAR\,[\,Z\,(x_1) - Z\,(x_2)\,]$$

Das Variogramm ist eine Schätzfunktion und Schätzvarianz in dem Sinne, daß es *die Varianz des Fehlers* beschreibt, den man erhält, wenn $z(x_1)$ durch $z(x_2)$ ersetzt wird. Die *Schätzvarianz* bezeichnet die Varianz des Fehlers einer Schätzung.

13.1.3 Stationarität

In der Geostatistik unterstellt man ein räumliches Verteilungsgesetz. Eine Realisierung der Zufallsfunktion wird als Zufallsvariable mit eigenem Verteilungsgesetz betrachtet, also insbesondere mit eigenem Erwartungswert und eigener Varianz. Da diese Zufallsvariable aber nur in Form von höchstens einer Messung (Bohrung, Sondierung, Bodenprobe etc.) vorliegt, kann keine sinnvolle Statistik betrieben werden, ohne einschränkende Arbeitshypothesen zugrund zu legen.

„Eine stationäre Zufallsfunktion wiederholt sich in gewisser Weise im Raum. Diese Wiederholbarkeit bietet neue Möglichkeiten für statistische Schlußfolgerungen." Die *intrinsische Hypothese* - auch schwache Stationarität der Differenzen genannt - fordert:

a) $E [Z (x + h) - Z (x)] = m (h)$; das heißt, die Erwartungswertefunktion, die jedem $x \in U$ seinen Mittelwert m in U zuordnet, ändert sich von einem beliebigen Ort $x \in U$ aus bei Fortschreiten eines Ortsvektors h um einen konstanten, nur von h abhängigen Wert.

b) $m(h) = 0$; d.h. der Erwartungswert in jedem Punkt x des Untersuchungsgebietes U ist gleich

c) $VAR [Z (x + h) - Z (x)] = E [(Z (x + h) - Z (x))^2] = 2 \cdot \gamma (h)$; das heißt, die Varianzfunktion der Differenzen ist eine Funktion des Distanz- und Richtungsvektors h. Das Variogramm läßt sich als Funktion des Ortsvektors h beschreiben. Es ist somit längen- und richtungsabhängig

Gilt b) nicht, so spricht man von einer *(lokalen) Drift* (AKIN & SIEMES, 1988).

13.1.4 Experimentelles Variogramm

Eine naheliegende Schätzung von

$$\gamma (h) = \frac{1}{2} E [(Z (x + h) - Z (x))^2]$$

ist durch eine Stichprobe gegeben:

$$\gamma^* (h) = \frac{1}{2} \sum_{i=1}^{n(h)} [z (x_i + h) - z (x_i)]^2 / n(h)$$

Dabei bildet n(h) die Anzahl der durch den Ortsvektor h getrennten Paare von experimentellen Proben. $\gamma^*(h)$ bezeichnet man als experimentelles (Semi)Variogramm (Abb. 13.1).

Variogramme, die mehr oder weniger linear ansteigen und ab einer *Reichweite* **a** horizontal verlaufen, nennt man „vom transitiven Typ". Ab einer Reichweite a, d.h. für h > a, sind die Proben nicht mehr miteinander korreliert (Ähnlichkeiten sind rein zufällig).

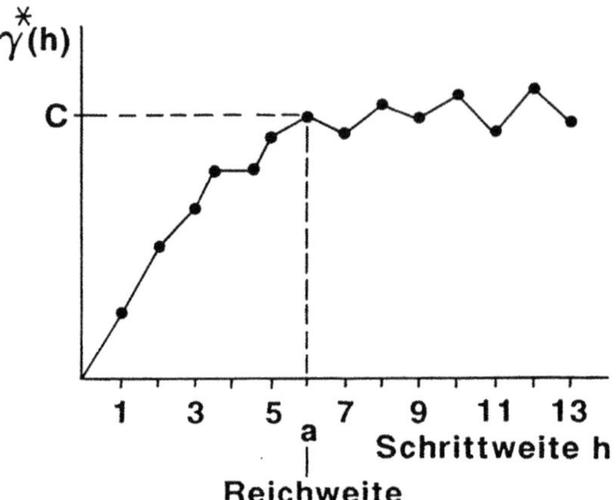

Abb.13.1: Schema eines experimentellen (Semi-) Variogramms. (Nach AKIN & SIEMES 1988)

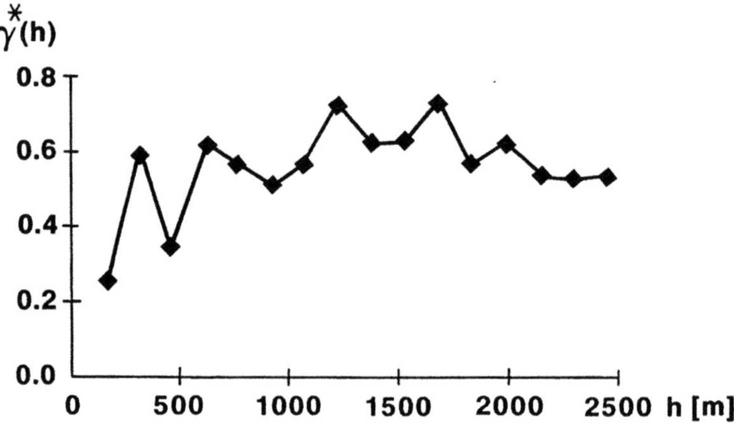

Abb.13.2: Experimentelles Variogramm der Variablen „Transmissivität des 1. Grundwasserleiters" im Bereich der Deponie Schöneiche bei Berlin. (Aus HEIM 1994)

Die Variogrammwerte streuen um den *Schwellenwert* C = γ(h = a). Bis zu diesem Schwellenwert spricht man von einer Ähnlichkeit benachbarter Probenwerte (Abb. 13.1).

Die intrinsische Hypothese definiert das Variogramm als längen- und richtungsabhängige Varianzfunktion γ (h). Wenn die Variogramme verschiedener Richtungen nicht gleich sind, ist das ein Zeichen für das Vorliegen von Anisotropien (AKIN & SIEMES, 1988). Ein Variogramm, das unabhängig von der Richtung nur die Abstände zwischen den Probepunkten berücksichtigt, also ein „mittleres" Variogramm, nennt man auch „omnidirectional".

In der Praxis erhält man selten deutliche Variogramme (vergleiche Abb.13.1 u. Abb.13.2). Auf die Schwierigkeiten bei der Erstellung experimenteller Variogramme und deren Anpassung an bestimmte Variogramm-Modelle weist ARMSTRONG (1984) hin. Nicht selten erwecken die experimentellen Daten einen erratischen Eindruck. AKIN & SIEMES (1988) schreiben: „Die angemessene Beschreibung ... durch Variogramme (die Variografie) ist sicherlich der aufwendigste aber auch wichtigste Teil einer geostatistischen Bearbeitung".

Für viele geologische Phänomene wird in der Regel eine Normalverteilung oder Lognormalverteilung der Daten gefordert. Bei einer ersten statistischen Analyse kümmert man sich daher um Extremwerte, d.h. untypische Werte. In der Geostatistik ist besonders auf Werte zu achten, die für ihre Umgebung untypisch sind. Solche Werte führen zu Unregelmäßigkeiten im Variogramm. Ein wichtiges Hilfsmittel, um geostatistische „Ausreißer" zu erkennen, ist die Betrachtung von sog. Variogrammwolken: Die quadrierten Differenzwerte der Daten einer Variablen werden als Funktion ihres Bohrabstandes (und ggf. der Richtung der Abstandsvektoren) in einem zweidimensionalen Diagramm aufgetragen.

Da das experimentelle Variogramm für große Entfernungen h sehr variabel sein kann (MATHERON 1965) gilt die Faustregel, dem experimentellen Variogramm nur bis zu einer Schrittweite von höchstens 50% des maximal erreichbaren Bohrabstandes im Untersuchungsgebiet zu trauen.

Eine Ursache für die Unregelmäßigkeiten in experimentellen Variogrammen kann das Mischen von statistisch unterschiedlichen Populationen sein (z.B. unterschiedliche Bohrverfahren, regional unterschiedliche Populationen, niedrige Werte / hohe Werte). Dies kann sich in einem bimodalen Histogramm (zweigipfelige Verteilung) wiederspiegeln. Eine andere Möglichkeit liegt im Vorhandensein „extremer Werte" - oft ist es schwierig, bei auffälligen Werten zu entscheiden, ob es sich um Ausreißer handelt, ob ein Wert einer schiefen Verteilung zuzuordnen ist oder ob er einen wesentlichen Beitrag zur Beschreibung einer Eigenschaft im Untersuchungsgebiet leistet. Darüber ist vor der Anpassung eines Variogramm-Modells an das experimentelle Variogramm eine Entscheidung zu fällen.

Das in Abb.13.1 gezeigte schematische Variogramm hat eine Eigenschaft, die in der Praxis nur sehr eingeschränkt anzutreffen ist, es erfüllt γ*(h=0) = 0. Eine exakte Schätzung für γ(h=0) würde eine lückenlose Beprobung des Untersuchungsgebietes erfordern. In der Praxis liegt aber nur eine Beprobung zu einem Minimalabstand h_{min} vor, so daß $\gamma{*}(h)$ für $h < h_{min}$ extrapoliert werden muß. Da man keine genaue Kenntnis vom Variogrammverlauf in diesem Abschnitt hat, ist das einfachste Modell eine lineare Verlängerung der $\gamma{*}(h)$-Funktion auf die y-Achse. Der Wert, den man für $h = 0$ extrapoliert, vereinigt die Varianzen von Meß- und Probenahmefehlern. Man nennt $\gamma{*}(0) = C_0$ die *Nuggetvarianz*.

13.1.5 Variogramm-Modell

Das Variogramm-Modell ist ein mathematisches Modell, welches dem experimentellen Variogramm angepaßt wird. Die Wahl eines geeigneten Modells obliegt dem Anwender.

Nugget-Modell

$$\gamma(h) = C_0 = C$$

Das *Nugget-Modell* beschreibt die vollständige (stochastische) Unabhängigkeit der Stichproben und modelliert eine Streuung der $\gamma{*}(h)$-Werte um den Schwellenwert C. Möglicherweise liegt bei der zu beschreibenden Variablen eine räumliche Struktur erst unterhalb von h_{min} vor.

Sphärisches Modell

$$\gamma(h) = C_1 \cdot \left(\frac{3 \cdot |h|}{2 \cdot a} - \frac{1 \cdot |h|^3}{2 \cdot a^3} \right) + C_0 \quad \text{für } 0 < |h| \leq a$$

$$\gamma(h) = C_0 \qquad \text{für } h = 0$$

$$\gamma(h) = C \qquad \text{für } |h| > a$$

Exponentielles Modell

$$\gamma(h) = C_1 \cdot \left(1 - EXP\left(-3 \cdot \frac{|h|^2}{a} \right) \right) + C_0$$

Gauß´sches Modell

$$\gamma(h) = C_1 \cdot \left(1 - EXP\left(-3 \cdot \frac{|h|^2}{(0{,}58 \cdot a)^2} \right) \right) + C_0$$

Die einzelnen Modelle weisen sich durch ein unterschiedliches Krümmungsverhalten aus (Abb.13.3). Näheres dazu ist z.B. bei AKIN & SIEMES (1988) nachzulesen. In der Praxis wird oft durch Variation der verschiedenen Modelle probiert, welches „am besten paßt".

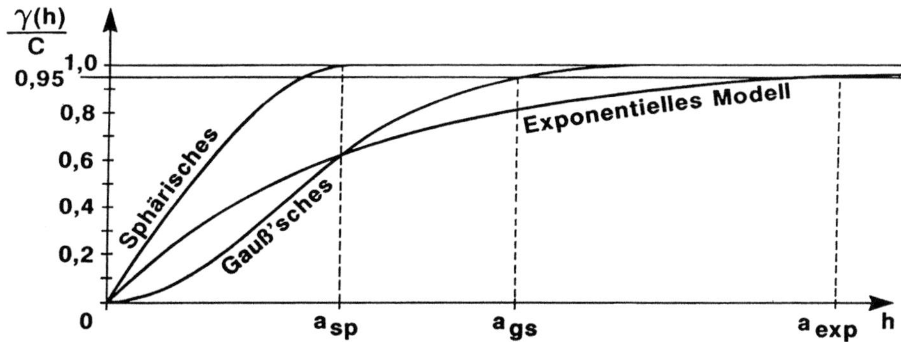

Abb.13.3: Sphärisches, Gauß'sches und exponentielles Variogramm-Modell (ohne Nuggetvarianz). (Nach AKIN & SIEMES 1988)

Bedeutung der Nuggetvarianz

Die Güte der modelllhaften Beschreibung des Deponieuntergrundes wird durch die Genauigkeit der gewählten Untersuchungsmethoden und durch die erzielte räumliche Auflösung des Untergrundes (Erkundungsgebiet) bestimmt. Der technische Fehler s_t, der durch die gewählte Bestimmungsmethode verursacht wird, kann direkt als *Nuggetvarianz* im Variogramm-Modell berücksichtigt werden. Es sollte stets $s_t^2 \leq$ Nuggetvarianz gelten.

13.1.6 Geostatistische Varianzbegriffe

In der Geostatistik werden im Gegensatz zur klassischen Statistik die räumliche *Ähnlichkeit* der Proben sowie die *Ausdehnung* der betrachteten Fläche bei der Bestimmung von *Varianzen* mitberücksichtigt.

Die *Dispersionsvarianz* oder Verteilungsvarianz innerhalb einer Fläche V des Untersuchungsgebietes U beschreibt quantitativ die Streuung um den wahren Mittelwert der Fläche, der i.allg. unbekannt ist. Die Dispersionsvarianz ist Erwartungswert einer Varianzfunktion. Ebenso wie für das Untersuchungsgebiet U lassen sich in V Mittelwert m_V und Varianz S_V^2 als Realisierung von Zufallsvariablen M_V und S_V^2 interpretieren. Die Dispersionsvarianz ist als ein „mittlerer Varianzwert" definiert durch

$$\overline{\gamma}\,(V, V) := E\,[S_V^2].$$

Man kann diesen Ausdruck formal in den folgenden Integralausdruck überführen (MATHERON 1965) wobei $\gamma(x - y)$ dem Wert des Variogramms an der
Stelle $h = x - y$ entspricht und $L(V)$ den Flächeninhalt von V bezeichnet.

$$\frac{L}{L(V)^2} \int\limits_V \int\limits_V \gamma(x - y)dxdy$$

Hat man eine Diskretisierung der Fläche V durch k Flächenpunkte vorgenommen (diese müssen keine Meßpunkte sein) und an das experimentelle Va-
riogramm $\gamma*(h)$ ein Variogramm-Modell $\gamma(h)$ angepaßt, so läßt sich $\overline{\gamma}\,(V, V)$
durch

$$\overline{\gamma}*(V,V) = \frac{1}{k^2} \sum_i^k \sum_j^k \gamma(x_i - x_j)$$

schätzen.

Dies zeigt, daß die Dispersionsvarianz dem mittleren Variogrammwert in V
entspricht. Die *Ausdehnungsvarianz* bzw. der *Ausdehnungsfehler* werden im
folgenden Kapitel behandelt.

13.2 Grundlagen der Erkundungsoptimierung

ASAF PEKDEGER, WOLFDIETRICH SKALA & JÖRG TIETZE

13.2.1 Ausdehnungsfehler

Zur Quantifizierung der Zuverlässigkeit von Erkundungsergebnissen im Sinne
der erreichten räumlichen Auflösung des Standortuntergrundes wird die
geostatistische Ausdehnungsvarianz σ_e^2 verwendet. Sie wird in Variogramm-
schreibweise für punktbezogene Meß- oder Analysenwerte fomuliert durch

$$\sigma_e^2 = E[(\overline{Z}_v - Z_0)^2] = 2 \cdot \overline{\gamma}(V, \vec{x}_0) - \overline{\gamma}(V, V) \tag{13.1}$$

wobei mit σ_e^2 die Ausdehnungsvarianz und mit

$\sigma_e = \sqrt{\sigma_e^2}$ der Ausdehnungsfehler gemeint ist.

Gleichung 13.1 zeigt: Die Ausdehnungsvarianz ergibt sich aus $\overline{\gamma}(V, \vec{x}_0)$, der
strukturellen Variabilität zwischen dem Probenpunkt und dem für diesen repräsentativen Einflußpolygon V, vermindert um die strukturelle Variabilität
$\overline{\gamma}(V, V)$ innerhalb des Einflußpolygons. Dabei erfolgt die Beschreibung der

Variabilität unabhängig vom Ort des Einflußpolygons oder -volumens und des Meß- oder Probenpunktes. Sie berücksichtigt jedoch deren Lagebeziehung und die Form und Größe des Einflußpolygons oder -volumens. Der Meß- oder Analysenwert selbst geht nicht in diese Variabilitätsbetrachtung ein. Aus der „Rechenvorschrift" (s. Abb. 13.4) kann weiter abgeleitet werden, daß die Ausdehnungsvarianz oder der Ausdehnungsfehler

- mit zunehmender Randlage des Meß- oder Probenpunktes innerhalb (auch außerhalb) des betrachteten Einflußpolygons oder -volumens sowie
- mit steigender Größe des betrachteten Einflußpolygons oder -volumens

zunimmt. Diese Fehlerbetrachtung berücksichtigt die räumliche Variabilität der betrachteten Untersuchungsgröße Z über das Variogramm. σ_E beschreibt den Fehler, den man begeht, wenn man den Mittelwert im Einflußpolygon V durch den Meßwert z_0 schätzt.

Die Berechnung der Ausdehnungsvarianz und somit des Ausdehnungsfehlers erfolgt nach dem folgenden Schema: Das betrachtete Einflußpolygon oder -volumen wird mittels gleichmäßig innerhalb des Polygons oder Volumens verteilter Hilfspunkte diskretisiert. Nachfolgend werden nach Gleichung 13.1 unter Verwendung der vorab ermittelten Variogrammfunktionen der betrachteten Untersuchungsgröße die einzelnen Varianzanteile der Ausdehnungsvarianz berechnet (s. Abb.13.4).

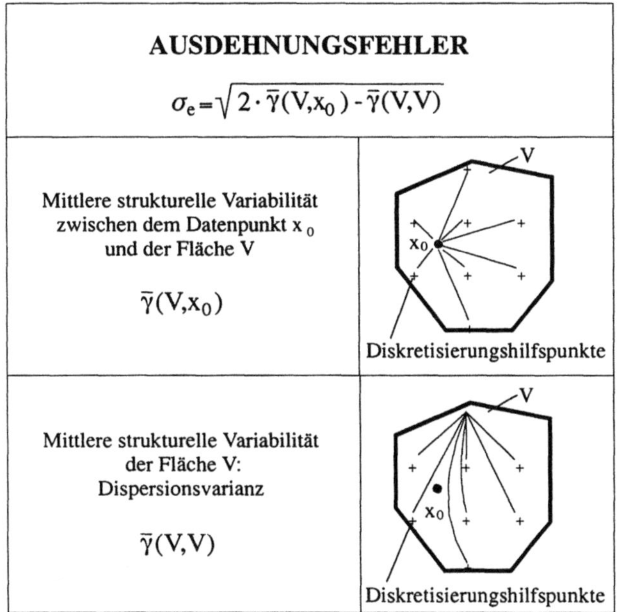

Der Kasten enthält die Gleichung:

$$\sigma_e = \sqrt{2 \cdot \overline{\gamma}(V, x_0) - \overline{\gamma}(V, V)}$$

sowie die Terme $\overline{\gamma}(V, x_0)$ und $\overline{\gamma}(V, V)$.

Abb.13.4: Verwendete „Rechenvorschrift" zur Berechnung des Ausdehnungsfehlers

Die Polygonmethode wird zur Diskretisierung eines Gebietes häufig angewandt, wenn die Probenpunkte unregelmäßig verteilt sind (AKIN & SIEMES 1988).

Entsprechend dieser Verfahrensweise ist es wichtig, daß eine hinreichend große Anzahl an Hilfspunkten zur Diskretisierung verwendet wird, um einen guten Näherungswert für σ_e^2 zu erhalten. Einer großen Anzahl an Hilfspunkten steht naturgemäß ein hoher Rechenaufwand gegenüber. Für beliebig geformte, meist verschieden große Polygone ist eine generell gültige Angabe für die zu wählende Anzahl an Hilfspunkten schwierig. Es sollte daher entweder auf Kosten der Rechenzeit eine sehr große Anzahl an Hilfspunkten zur Diskretisierung verwendet oder aber mit Hilfe eines „Trial and error"-Verfahrens die optimale Anzahl an Hilfspunkten festgelegt werden: Zur Diskretisierung der in einem Untersuchungsgebiet vorliegenden Einflußpolygone oder Einflußvolumina wird die Anzahl an Hilfspunkten pro Polygon oder Volumen stetig erhöht und die Veränderung der Näherungswerte für $\sigma_{e_i}^2$ im Vergleich zur benötigten Rechenzeit ausgewertet.

13.2.2 Mittlerer globaler Fehler

Häufig interessiert auch die Zuverlässigkeit des Mittelwertes einer Untersuchungsgröße für das gesamte Erkundungsgebiet. Um besonders Kosten-Nutzen-Entscheidungen bei der Planung einer weiteren Verdichtung eines Erkundungsmusters zu unterstützen, ist ein Fehlermaß einzuführen, das den Fehler des Mittelwertes des Erkundungsgebiets einer Untersuchungsgröße beschreibt.

Als Rechenvorschrift für den Schätzer des mittleren globalen Fehlers σ_E ergibt sich

$$\sigma_E = \sqrt{\sigma_E^2} = \sqrt{\sum_{i=1}^{N} g_i^2 \cdot \sigma_i^2} = \sqrt{\frac{\sum_{i=1}^{N} f_{V_i}^2 \cdot \sigma_{e_i}^2}{(\sum_{i=1}^{N} f_{V_i})^2}} \, . \tag{13.2}$$

mit

g_i Gewichtung

σ_i Ausdehnungsfehler für ein Einflußpolygon bzw. -volumen V_i

f_{V_i} Fläche bzw. Volumen für ein Einflußpolygon bzw. -volumen V_i

Unter Berücksichtigung der Rechenvorschrift für die Ausdehnungsvarianz wird der mittlere globale Fehler einerseits mit steigender mittlerer Fläche oder Kubatur der Einflußpolygone oder -volumina im Erkundungsgebiet und andererseits mit zunehmender mittlerer Randlage der Meß- oder Probenpunkte innerhalb der Einflußpolygone oder -volumina ansteigen. Das Verhalten des mittleren globalen Fehlers für das gesamte Erkundungsgebiet entspricht also im Mittel dem des Ausdehnungsfehlers für ein Einflußpolygon oder -volumen.

13.2.3 Bewertete Gesamtvarianz

Für Erkundungen mit hohem Untersuchungsgrößenumfang ist ein multivariates Fehlermaß zur Quantifizierung der Zuverlässigkeit erforderlich. Dabei interessiert wie bei der im Kap. 13.2.1 beschriebenen univariaten Fehlerbetrachtung besonders deren räumliche Verteilung. Zur Formulierung dieses Varianzmaßes wurde ein pragmatischer Ansatz gewählt, der einerseits leicht verständlich ist und andererseits eine zügige Ermittlung dieser Größe verspricht.

Es wird davon ausgegangen, daß an jedem Untersuchungsort $\vec{x}_1, \vec{x}_2, \ldots, \vec{x}_n$ im Erkundungsgebiet alle Eigenschaften zur Beschreibung der geologisch-hydrogeologischen Verhältnisse untersucht worden sind. Dadurch ergibt sich für alle betrachteten Untersuchungsgrößen $Z_1, Z_2, \ldots, Z_L$ dasselbe Einflußpolygon oder -volumen für ein Untersuchungsort $\vec{x}$ mit den zugehörigen Ausdehnungsvarianzen $\sigma_{e_1}^2, \sigma_{e_2}^2, \ldots, \sigma_{e_L}^2$. Ferner wird angenommen, daß diese voneinander unabhängige Untersuchungsgrößen darstellen und demnach auch die Ausdehnungsvarianzen als voneinander unabhängig betrachtet werden können. An jedem Untersuchungsort $\vec{x}_i$ kann dann eine Gesamtvarianz σ_x^2 für alle betrachteten Untersuchungsgrößen basierend auf den vorab ermittelten Ausdehnungsvarianzen durch eine einfache Mittelwertbildung

$$\sigma_x^2 = \frac{1}{L} \sum_{l=1}^{L} \frac{\sigma_{e_l}^2}{s_l^2} \quad \text{mit } s_l^2 \neq 0 \tag{13.3}$$

berechnet werden. Dabei ist L gleich der Anzahl der Untersuchungsgrößen, $\sigma_{e_l}^2$ die jeweilige Ausdehnungsvarianz einer Untersuchungsgröße und s_i^2 die zugehörige statistische Varianz. Die einzelnen Ausdehnungsvarianzen wurden mit Hilfe der zugehörigen statistischen Varianz normiert, *um von Untersuchungsort zu Untersuchungsort vergleichbare Gesamtvarianzen zu erhalten.* Diese Gesamtvarianz beschreibt dabei nicht die Variabilität aller Untersuchungsgrößen am Untersuchungsort $\vec{x}$, sondern die Variabilität der Mittelwerte für das Einflußpolygon oder -volumen der Untersuchungsgrößen.

In der Praxis liegen nicht an jedem Untersuchungsort alle Untersuchungsergebnisse vor, so daß sich für die Untersuchungsgrößen in ihrer Lage und Form unterschiedliche Einflußpolygone oder -volumen ergeben. In bezug zu einem beliebigen Ort $\bar{x}$ im Erkundungsgebiet kann dies über die Einführung des Konzeptes von Informationsschichten veranschaulicht werden.

Jede Informationsschicht beinhaltet die ortsbezogenen Meß- oder Analysenwerte einer Untersuchungsgröße sowie die nach der erweiterten Polygonmethode ermittelten Einflußpolygone oder -volumina mit zugehörigen Ausdehnungsvarianzen. Um nun das oben vorgestellte Konzept zur Ermittlung der Gesamtvarianz beizubehalten, wird auf jeder Informationsschicht an einem beliebig festzulegenden Ort $\bar{x}$ die Ausdehnungsvarianz abgegriffen und nach Gleichung 13.3 die Gesamtvarianz berechnet (s. Abb. 13.5). Es ist leicht zu erkennen, daß die räumliche Verteilung der Gesamtvarianz ausgewertet werden kann, wenn die Gesamtvarianz an vielen z.B. im regulären Raster angeordneten Positionen ermittelt wurde.

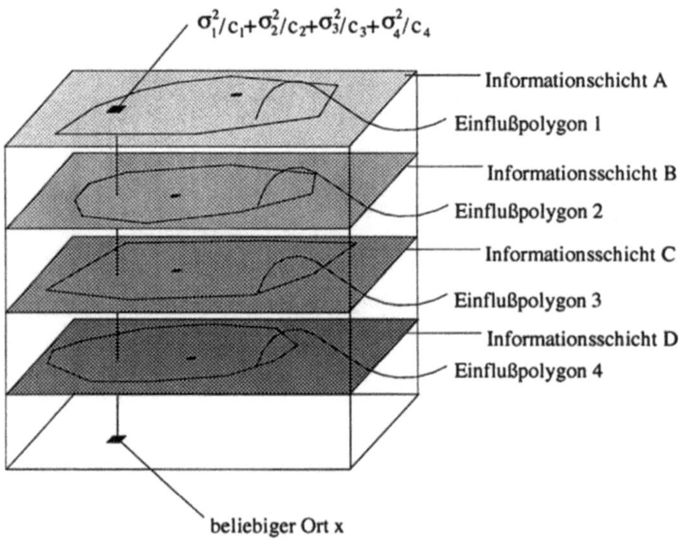

Abb.13.5: Schema zur Berechnung der Gesamtvarianz an einem Ort

Unter Berücksichtigung der Rechenvorschrift für die Ausdehnungsvarianz wird die Normierung mittels der Varianzen in Gleichung 13.3 durch die Schwellenwerte $c_1, c_2, \ldots, c_l$ der Variogrammodelle der betrachteten Untersuchungsgrößen ersetzt. Der Schwellenwert c entspricht für den Fall eines Variogrammodelles vom transitiven Typ der Varianz. Somit gilt

$$\sigma_x^2 = \sum_{l=1}^{L} \frac{\sigma_{e_l}^2}{c_l} \quad \text{mit } c_l \neq 0. \tag{13.4}$$

Für das gesetzte Ziel, eine multivariate Quantifizierung der Zuverlässigkeit von Erkundungsergebnissen zur Erkundungsoptimierung zu erreichen, muß auf die Tatsache Bezug genommen werden, daß nicht jeder untersuchten geologisch-hydrogeologischen Eigenschaft eines Deponieuntergrundes die gleiche Bedeutung zu kommt. Um diesem Sachverhalt Rechnung zu tragen, wird eine Gewichtung der einzelnen Untersuchungsgrößen eingeführt, deren Summe gleich eins ist. Diese können nur vom Erkundungsexperten nach subjektiver Einschätzung der relativen Bedeutung einer Untersuchungsgröße zur Beschreibung des hydraulischen Verhaltens der geologischen Barriere festgelegt werden. Somit gilt unter Berücksichtigung von Gleichung 13.4:

$$\sigma^2_{x_{Gew}} = \sum_{l=1}^{L} \omega_l \cdot \frac{\sigma^2_{e_l}}{c_l} \quad \text{mit } c_l \neq 0 \text{ und } \sum_{l=1}^{L} \omega_l = 1, \tag{13.5}$$

wobei ω_l mit $l = 1,2,\ldots,L$ die vom Experten festzulegenden Gewichte für jede Untersuchungsgröße symbolisieren.

Der bewertete Gesamtfehler $\sigma^2_{x_{Gew}}$ am Ort $\bar{x}$ nimmt durch die oben eingeführte Normierung Werte zwischen eins und Null an. Liegt der bewertete Gesamtfehler nahe Null, so ist unter Berücksichtigung der Gewichtung der einzelnen Untersuchungsgrößen der multivariate Fehler als niedrig einzustufen; umgekehrt zeigen Werte nahe eins einen hohen multivariaten Fehler an.

Ein zusätzliches Problem stellt die Korrelation der einzelnen Untersuchungsgrößen und deren Fehler dar, was in der Praxis häufig zu beobachten ist. Diese dürfen dann nicht ohne weiteres gemeinsam in den Berechnungsschritt der Gleichung 13.5 eingebracht werden. Korrelieren 2 Untersuchungsgrößen hoch, so kann eine Untersuchungsgröße eliminiert werden. Eine andere Möglichkeit besteht darin, daß die Korrelation der Untersuchungsgrößen über die Vergabe der subjektiven Gewichte berücksichtigt wird. So erhalten beide Untersuchungsvariablen entsprechend ihrer Korrelation Gewichte, deren Summe gleich einem Gewicht ist, wie es für eine Untersuchungsgröße vergeben worden wäre. Voraussetzung für diese Verfahrensweise zur Einbringung von korrelierten Untersuchungsgrößen ist, daß die Korrelation zwischen den Untersuchungsgrößen unabhängig vom Ort $\bar{x}$ im Erkundungsgebiet ist.

13.3 Optimierung des Erkundungsaufwandes

ASAF PEKDEGER, WOLFDIETRICH SKALA & JÖRG TIETZE

13.3.1 Voraussetzungen

Die im folgenden näher beschriebenen Verfahren zur Optimierung des Erkundungsaufwandes basieren auf den vorherigen Kapiteln. Dabei sind die bewertete Gesamtvarianz sowie der mittlere globale Fehler vom Ausdehnungsfehler abgeleitete Größen und somit gelten die Voraussetzungen zur Ermittlung des Ausdehnungsfehler ebenfalls für diese Größen und für die darauf basierenden Verfahren. Als solche sind zu nennen:

- Bei der untersuchten Eigenschaft eines Deponieuntergrundes muß es sich um eine regionalisierte Variable handeln
- Das Variogramm für die betrachtete Untersuchungsgröße muß bekannt sein

Erstes kann angenommen werden, wenn sich für die betrachtete Untersuchungsgröße ein interpretierbares Variogramm ermitteln läßt. Zur Ermittlung des Variogrammes ist ein gewisser Kenntnisstand oder Erfahrung über die untersuchte Eigenschaft des Deponieuntergrundes hilfreich. Daraus folgt für die Verfahren zur Optimierung des Erkundungsaufwandes, daß diese prinzipiell bei jedem beliebigen Kenntnisstand über einen zu planenden Standort eingesetzt werden können, sofern ein Variogramm einer Untersuchungsgröße aus Voruntersuchungen am Standort direkt ermittelt oder aus Erfahrungen an einem Vergleichsstandort übernommen werden kann. Kann ein Variogramm nicht berechnet werden, so ist zunächst von der Annahme unabhängiger Meß- oder Analysenwerte (Zufallsvariogramm) auszugehen. In allen Fällen empfiehlt es sich, die Gültigkeit des Variogrammodells im Zuge des Erkundungsfortschrittes zu prüfen und gegebenenfalls zu modifizieren.

13.3.2 Univariates Optimierungsverfahren basierend auf der räumlichen Verteilung des Ausdehnungsfehlers

Dieses Verfahren, basierend auf der räumlichen Verteilung des Ausdehnungsfehlers (s. Kap.13.2.1), eignet sich besonders zur Optimierung der Anzahl von Meß- oder Probenpunkten für eine geforderte Aussagesicherheit im Hinblick auf existierende Orientierungs-, Prüf- oder Höchstwerte (Grenzwerte).

Die prinzipielle Vorgehensweise des Verfahrens wird an einem zweidimensionalen Beispiel einer Optimierung der Anzahl von Probenpunkten einer Untersuchungsgröße unter Berücksichtigung einer geforderten Aussagesicherheit erläutert (s. Abb.13.6):

- Die Fläche des Untersuchungsgebiets wird nach der erweiterten Polygon-methode zerlegt, so daß für jedes resultierende Polygon in der Ebene ein Probenpunkt als repräsentativ aufgefaßt werden kann.
- Für jedes Einflußpolygon wird der Ausdehnungsfehler berechnet und gegen die geforderte Aussagesicherheit bei vorgegebenem Signifikanzniveau geprüft

Fällt der Vergleich zwischen geforderter Aussagesicherheit und errechnetem Ausdehnungsfehler zufriedenstellend aus, kann auf eine weitere flächenhafte Erkundung des Untersuchungsgebietes verzichtet werden. Wird die geforderte Aussagesicherheit zumindest in einzelnen, nach subjektiver Experteneinschätzung wichtigen Einflußpolygonen nicht erreicht, sollte das Probenpunktmuster dort verdichtet werden.

Die daraus resultierende mögliche Verbesserung der Ausdehnungsfehler in Bereichen der Verdichtung des Probenpunktmusters (nach erneuter Zerlegung des Untersuchungsgebietes und Berechnung der Ausdehnungsfehler) kann vor der praktischen Umsetzung der Erkundungsplanung evaluiert und gegen die geforderte Aussagesicherheit geprüft werden. Fällt dieser Vergleich zufriedenstellend aus, so wird meist die dadurch festgelegte Erkundungsstrategie realisiert. Ist das Ergebnis dieses Vergleiches nicht zufriedenstellend, so ist die Erkundungsplanung zu überarbeiten oder neu zu erstellen.

Mit der Formulierung der geforderten Aussagesicherheit bei festgelegtem Signifikanzniveau wird eine Grenze für die zu erreichende Zuverlässigkeit von Meß- oder Analysenwerten für jedes Einflußpolygon oder -volumen subjektiv festgelegt. Diese sollte nur bei fehlenden Grenzwerten für die Eigenschaften eines Deponieuntergrundes verwendet werden. Existieren solche Werte, so ist anstelle des Vergleiches zwischen geforderter Aussagesicherheit und errechnetem Ausdehnungsfehler zu prüfen, ob ein Meß- oder Analysenwert eines Einflußpolygons (oder -volumens) unter Berücksichtigung des ermittelten Ausdehnungsfehlers bei dem angesetzten Signifikanzniveau unterhalb des zugehörigen Grenzwertes liegt (s. Abb.13.7).

Das „Trial and error"-Verfahren kann auch zur Optimierung der Erkundung bei vorgegebener Anzahl an Meß- oder Probenpunkten zur Verdichtung eines bestehenden Erkundungsmusters eingesetzt werden. Dies wird über eine systematische Variation an möglichen Meß- oder Probenpunkten erreicht. Die Wahl geeigneter Meß- oder Probepunktverteilungen erfolgt unter den Gesichtspunkten einer Minimierung aller Ausdehnungsfehler im gesamten Untersuchungsgebiet oder einer Minimierung der Ausdehnungsfehler in Bereichen, die von besonderem Interesse sind.

Die dreidimensionale Erweiterung stellt keine zusätzlichen prinzipiellen Anforderungen an das Verfahren. In diesem Fall beziehen sich die Ausdehnungsfehler auf Prismen.

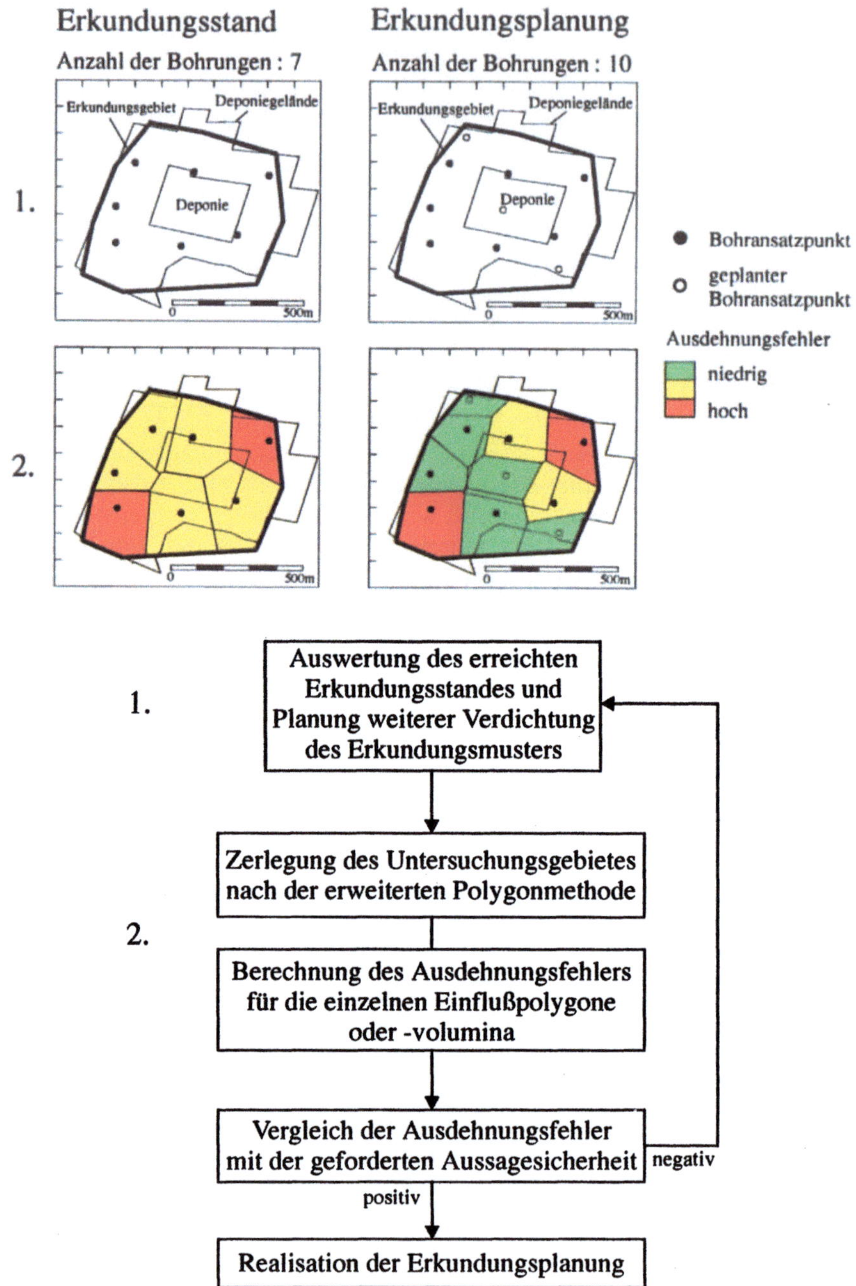

Abb.13.6: Schematische Darstellung der Verfahrensweise des Optimierungsverfahrens

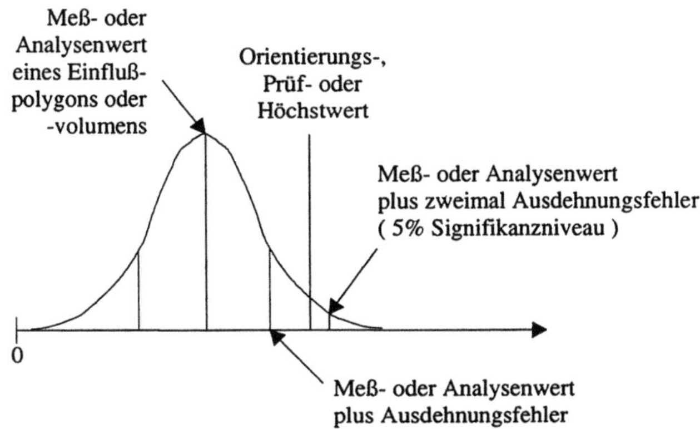

Abb.13.7: Vergleich eines Meß- oder Analysenwertes mit einem Grenzwert unter Berücksichtigung des zugehörigen Ausdehnungs fehlers auf einem vorgegebenen Signifikanzniveau

13.3.3 Erweiterung des univariaten Optimierungsverfahrens um eine multivariate Betrachtungsweise

Dieses Verfahren ist besonders geeignet, wenn viele verschiedene Parameter zugleich untersucht werden.

Für einen aktuellen Erkundungstand oder nach Festlegung der gewünschten Meß- oder Probenpunkte für eine Verdichtung eines bestehenden Erkundungsmusters erfolgt die Berechnung der Ausdehnungsfehler zunächst getrennt für jede Untersuchungsgröße. Den dadurch gebildeten univariaten Fehlerkarten wird ein benutzerdefiniertes, i. allg. reguläres Raster unterlegt. Dieses Raster wird auf die Fehlerkarte jeder einzelnen Variablen projiziert. Jedem Rasterpunkt werden die Ausdehnungsvarianzen der Einflußpolygone oder -volumina aus jeder Fehlerkarte zugeordnet, in dem der Rasterpunkt enthalten ist. Abschließend erfolgt die Berechnung der bewerteten Gesamtvarianz für jeden Rasterpunkt (s. Kap. 13.2.3 und Abb. 13.8). Sind die Erkundungsmuster aller Untersuchungsgrößen identisch, so kann auf die Einführung eines Rasters verzichtet werden. Die bewertete Gesamtvarianz wird dann an jedem Meß- oder Probenpunkt direkt berechnet.

Der Festlegung der Gewichte kommt hier ein besonders hoher Stellenwert zu. Sie erfolgt subjektiv durch Experten und bezieht sich auf die relative Bedeutung der betrachteten Untersuchungsgröße für das gesetzte Ziel. Dabei sind die im Kap. 13.2.3 aufgeführten Anmerkungen zur Gewichtsvergabe zu beachten. Die bewertete Gesamtvarianz nimmt Werte im Intervall zwischen Null und Eins an. Werte nahe Null stellen einen kleinen multivariaten Gesamtfehler dar. Die Verdichtung des Erkundungsmusters muß keineswegs einheitlich für alle Untersuchungsgrößen erfolgen.

Durch Experten hoch gewichtete Variablen sollten in erster Linie in Betracht gezogen werden, da diese die Verringerung der bewerteten Gesamtvarianz relativ stark beeinflussen. Werden diese dagegen bei der Verdichtung des Musters nicht berücksichtigt, kann es, trotz Verdichtung der Erkundung für andere Untersuchungsgrößen, nur zu geringfügigen Verbesserungen der multivariaten Aussagesicherheit kommen.

Die dreidimensionale Erweiterung stellt keine zusätzlichen prinzipiellen Anforderungen an das Verfahren. In diesem Fall beziehen sich die Ausdehnungsfehler auf Prismen.

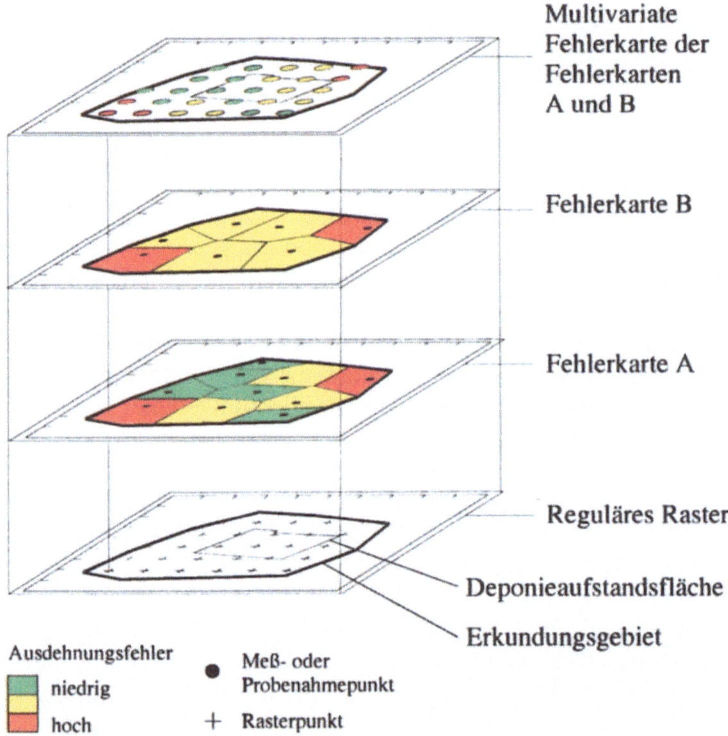

Abb.13.8: Schema der Erstellung einer multivariaten Fehlerkarte

Das hier vorgestellte Verfahren zur Beschreibung der räumlichen Verteilung des multivariaten, gewichteten Gesamtfehlers bildet eine Ergänzung zu dem im Kap. 13.3.2 univariat arbeitenden Verfahren bei einer großen Anzahl verschiedener Untersuchungsgrößen. Besonders die nach Experteneinschätzung wichtigen Eigenschaften der geologischen Barriere sollten weiterhin univariat hinsichtlich des Ausdehnungsfehlers und seiner Entwicklung ausgewertet werden, um einerseits berechnete Ausdehnungsfehler in der Einheit der jeweiligen Untersuchungsgröße bewerten zu können und andererseits diese Fehler in bezug zur Fläche oder Kubatur des zugehörigen Einflußpolygons oder -volumens und der Position des Meß- oder Probenpunktes innerhalb des Einflußbereiches auswerten zu können. Nach Expertenmeinung weniger bedeutungsvolle Untersuchungsgrößen sind bei der multivariaten Auswertung der Zuverlässigkeit zusammenzufassen, da eine univariate Auswertung der räumlichen Fehlerverteilung bei hoher Anzahl an verschiedenen Untersuchungsgrößen den Anwender überfordern und somit einen effektiven Einsatz erschweren würde.

Sind für sehr viele unterschiedliche Untersuchungsgrößen vom Experten Gewichte zu vergeben, kann es auch hier zu Situationen kommen, bei denen der Experte hinsichtlich der Vergabe von Gewichten für die Bedeutung der Untersuchungsgrößen überfordert ist. Eine Hilfe hierfür können statistische Variabilitätsmaße sein. Dabei wird die Annahme zu Grunde gelegt, daß Untersuchungsgrößen mit hoher Variabilität intensiver erkundet werden müssen, um im Verhältnis zu Untersuchungsgrößen mit geringerer Datenvariabilität Zuverlässigkeiten gleicher Größenordnung zu erreichen.

13.3.4 Mittlere globale Fehler als Grundlage für ein univariates Optimierungsverfahren

Die im Kap. 13.3.2 und 13.3.3 vorgestellten Verfahren zur Optimierung des Aufwandes einer Erkundung eines Deponieuntergrundes eignen sich besonders für die Planung von Erkundungen hinsichtlich gezielter weiterer Verdichtungsschritte. Sie sind jedoch weniger für den Vergleich unterschiedlicher Erkundungsplanungen geeignet. Dieser Vergleich läßt sich am einfachsten über die Einführung des mittleren globalen Fehlers bewerkstelligen. Von besonderem Interesse ist dabei die Auswertung der Zuverlässigkeitsentwicklung in Abhängigkeit vom Erkundungsaufwand. Diese Auswertung stellt eine Grundlage für Entscheidungen, z.B. zur weiteren Vorgehensweise der Erkundung nach der Kosten-Nutzen-Maxime dar.

Das Verfahren zur Beschreibung der Entwicklung der mittleren Zuverlässigkeit einer Untersuchungsgröße mit zunehmender Verdichtung des Meß- oder Probepunktmusters soll am Beispiel einer Erkundung, die sich durch ihre zeitliche Entwicklung in 3 Phasen gliedern läßt, dargestellt werden: Zunächst werden für jede Erkundungsphase die Fehlerkarten nach dem im Kap. 13.3.2 beschriebenen Schema ermittelt. Anschließend werden die zugehörigen mittleren globalen Fehler berechnet und gegen den Erkundungsaufwand, der in diesem Fall durch die Anzahl der Meß- oder Probenpunkte wiedergegeben wird, abgetragen (Abb. 13.9). Dabei könnte für Kosten-Nutzen-Betrachtungen der

Erkundungsaufwand in Erkundungskosten transformiert werden. Die sich ergebende Funktion kann nun hinsichtlich der mit einem Verdichtungsschritt des Meß- oder Probenpunktmusters erreichten Verbesserung der Aussagesicherheit für die betrachtete Untersuchungsgröße ausgewertet werden. Entscheidungen, ob eine weitere Verdichtung des Meß- oder Probenpunktmusters (nach Berechnung der Fehlerkarte und des mittleren globalen Fehlers für diese Planungsvariante) zur Verbesserung der Aussagesicherheit realisiert werden soll oder eine weitere Erkundung dieser Untergrundeigenschaft einzustellen ist, sind nun objektivierbar. Aus der in Abb. 13.9 dargestellten, beispielhaften Beziehung zwischen dem Erkundungsaufwand und dem mittleren globalen Fehler kann abgeleitet werden, daß nur mit sehr hohem Erkundungsaufwand eine Steigerung der Aussagesicherheit möglich ist. Somit sollten die Erkundungstätigkeiten bezüglich dieser Untergrundeigenschaft eingestellt werden.

Untersuchungen der funktionalen Beziehung zwischen Erkundungsaufwand und dem mittleren globalen Fehler für viele Erkundungsszenarien zeigen für unterschiedliche meßbare Eigenschaften eines Deponieuntergrundes stets den in Abb.13.9 erkennbaren Verlauf, der sich mit steigender Anzahl an Meß- oder Probenpunkte asymptotisch einem Grenzwert für $\overline{\sigma}_E$ nähert. Übertragen auf den mittleren globalen Fehler bedeutet dies, daß sich mit zunehmendem Erkundungsaufwand die Zuverlässigkeit zwar steigern, jedoch bei einem schon sehr hohen Erkundungsstand diese durch eine weitere Verdichtung des Meß- oder Probenpunktmusters nur noch im geringen Umfang verbessern läßt.

In dem asymptotisch angenäherten Fehlerniveau vereinigen sich die Meß-, Analyse- und Probenahmefehler und die mit erreichter Erkundungsdichte nicht auflösbaren, strukturell bedingten Fehler.

Eine Auswertung des Mittelwertes einer Untersuchungsgröße im Erkundungsgebiet über den Vergleich mit existierenden Grenzwerten für die betrachtete Untersuchungsgröße unter Berücksichtigung des mittleren globalen Fehlers erfolgt nach dem Schema, das im Kap. 13.3.2 für einzelne Meß- oder Analysenwerte und zugehörigen Einflußpolygone oder -volumina beschrieben ist. Dabei wird ein Grenzwert als eine Anforderung verstanden, die es im Mittel, unter Berücksichtigung des mittleren globalen Fehlers bei vorgegebenem Signifikanzniveau, zu erfüllen gilt. Es wird somit geprüft, ob das Erkundungsgebietsmittel zuzüglich eines Vielfachen seines Fehlers (Koeffizient ist vom gewählten Signifikanzniveau abhängig) unterhalb des Grenzwertes liegt. Entsprechend diesem Vergleich kann auch eine mittlere global geforderte Aussagesicherheit formuliert werden. Diese wird für das gesamte Erkundungsgebiet so festgelegt, daß eine Überschreitung des gültigen Grenzwertes bei vorgegebenen Signifikanzniveau ausgeschlossen werden kann (s. Abb.13.9). Dabei wird vorausgesetzt, daß sich der Schätzer des Erkundungsgebietsmittels gegenüber Extremwerten robust verhält. Demnach sind besonders bei geringer Anzahl an Meß- oder Analysenwerten einer Untersuchungsgröße mögliche Veränderungen des Mittelwertes zu ermitteln und ggf. die global geforderte Aussagesicherheit neu festzulegen.

Durch diese Ergänzung zu dem im Kap.13.3.2 beschriebenen Optimierungsverfahren werden der Optimierungsaufgabe weitere Nebenbedingungen hinzugefügt: Zum einen wird über die Auswertung der Entwicklung des mittleren globalen Fehlers mit fortschreitender Erkundung nach jener Planungsvariante gesucht, die durch eine optimale Anordnung von Meß- oder Probenpunkten den mittleren globalen Fehler minimiert, d.h. die Zuverlässigkeit von Erkundungsergebnissen maximiert. Bei vorgegebener global geforderter Aussagesicherheit werden damit der Erkundungsaufwand und die Erkundungskosten minimiert.

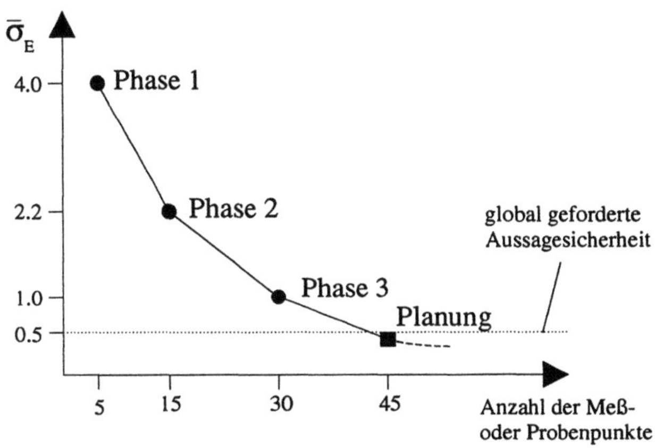

Abb.13.9: Beziehung zwischen mittlerem globalem Fehler ($\bar{\sigma}_E$) und dem Erkundungsaufwand

13.3.5 Kopplungsmöglichkeiten der vorgestellten Verfahren

Je nach Erkundungsaufwand und -umfang einer geplanten oder durchgeführten Erkundung können die bechriebenen Verfahren (s. Kap. 13.3.2 - 13.3.4) kombiniert und als unterstützendes Werkzeug für den Entwurf einer optimalen Erkundungsstrategie eingesetzt werden (s. Abb.13.10).

Soll der Aufwand einer Erkundung sehr niedrig gehalten werden, so ist die Anwendung der einzelnen Verfahren oder einer Kombination daraus nicht zweckmäßig. Hier würde der mit hohen Unsicherheiten behaftete Einsatz der Verfahren im Verhältnis zum Aufwand keine nennenswerten Ergebnisse zur

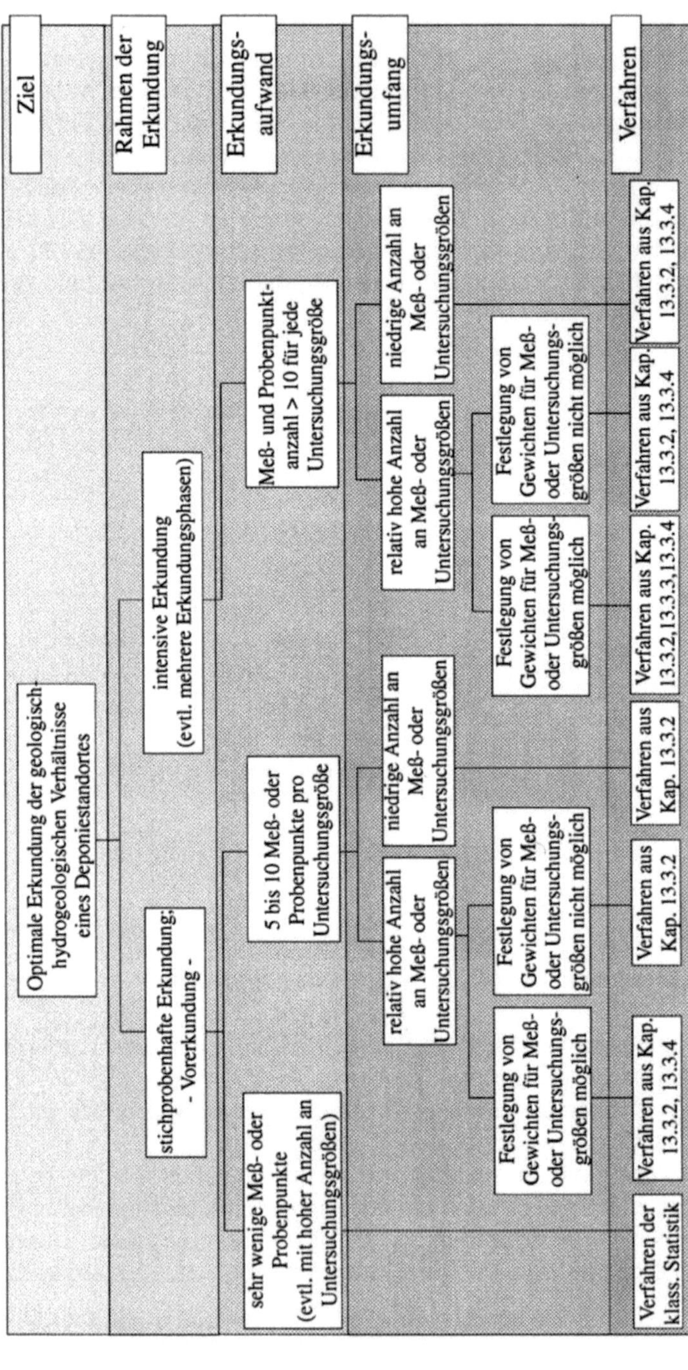

Abb.13.10: Einfache Strukturierung der Einsatzfelder für die Verfahren

Unterstützung der optimalen Gestaltung des Meß- oder Probenpunktmusters erbringen.

Erst bei einer umfangreicheren Vorerkundung kann der Einsatz dieser Verfahren verwertbare Ergebnisse hervorbringen. Dabei beziehen sich diese nicht auf die Planung der Erkundung sondern vielmehr auf die Erfassung der Zuverlässigkeit von Erkundungsergebnissen für einen vorliegenden Erkundungsstand. Wird aufgrund dieser Ergebnisse die Erkundung des Untersuchungsgebietes intensiviert, können diese Verfahren ebenfalls zur Planung der weiteren Erkundung herangezogen werden.

Kommen alle 3 Optimierungsverfahren zum Einsatz ist zunächst eine Zweigliederung der Untersuchungsgrößen nach ihrer Bedeutung für das gesetzte Ziel durchzuführen. Die Anzahl der multivariat auszuwertenden Untersuchungsgrößen mit hoher Bedeutung sollte überschaubar klein gehalten werden. Für Untersuchungsgrößen, die der multivariaten Fehleranalyse zugeführt werden, ist zusätzlich eine Reihenfolge nach ihrer Bedeutung mittels der entsprechenden Gewichtsverteilung einzuführen.

13.4 Fallbeispiele am Teststandort SAD Münchehagen

ASAF PEKDEGER, WOLFDIETRICH SKALA & JÖRG TIETZE

13.4.1 Allgemeines

Als Teststandort wurde die Sonderabfalldeponie (SAD) Münchehagen verwenden. Eine Beschreibung der geologischen, hydrogeologischen Standortbedingungen sowie der Altlastensituation ist in DÖRHÖFER et al. (1994) und LEGE et al. (1996) zu finden.

13.4.2 Geostatistische Strukturanalyse und Variogrammodelle

Der Teststandort SAD Münchehagen bietet mit seiner umfassenden Erkundung der hydraulischen Kenngrößen Durchlässigkeit und Formationsdruck eine genügende Informationsdichte für die Variographie. Gleiches gilt für die Untergrundeigenschaften Trennflächenhäufigkeit und Höhenlage der Grenzschicht Lockersedimentauflage und Unterkreidetonstein. Die Meßdichte der Stichtagmessung des Grundwasserstandes ist im Vergleich zu den anderen betrachteten Größen als niedrig zu bezeichnen.

Mit Ausnahme der Trennflächenhäufigkeit konnten für alle Untergrundeigenschaften experimentelle Richtungsvariogramme innerhalb der jeweiligen Teufenintervalle ermittelt werden.

Für die Untersuchungsgröße Trennflächenhäufigkeit sind für alle Teufenintervalle experimentelle Variogramme berechnet worden, die keine räumliche Korrelation erkennen lassen.

Für die Stichtagmessungen des Grundwasserstandes sind zur Ermittlung der Variogramme auch Messungen außerhalb des Untersuchungsgebietes mit herangezogen worden. Jedoch konnten aufgrund der räumlichen Verteilung der Grundwasserbeschaffenheitsmeßstellen und der geringen Anzahl an Grundwasserstandsmessungen Richtungsvariogramme nur in E-W- und SSW-NNE-Streichrichtung ermittelt werden. Die geringen Unterschiede im Schwellenwert und in der Reichweite beider Variogramme lassen vermuten, daß von einer richtungsunabhängen Variabilität der Daten (Isotropie) ausgegangen werden kann.

Die Untersuchungsgrößen Lithologische Grenzschicht, Durchlässigkeitsbeiwert und Formationsdruck weisen jeweils nahezu gleiche Variogramme in verschiedenen Richtungen innerhalb der unterschiedlichen Teufenbereiche auf. Es wird für diese Untersuchungsgrößen ebenfalls ein isotropes Verhalten der räumlichen Variabilitätsstruktur angenommen.

Da keine der Untersuchungsgrößen eine geometrische oder zonale Anisotropie aufweist, sind die in Abb.13.11 und 13.12 dargestellten globalen Variogramme verwendet worden.

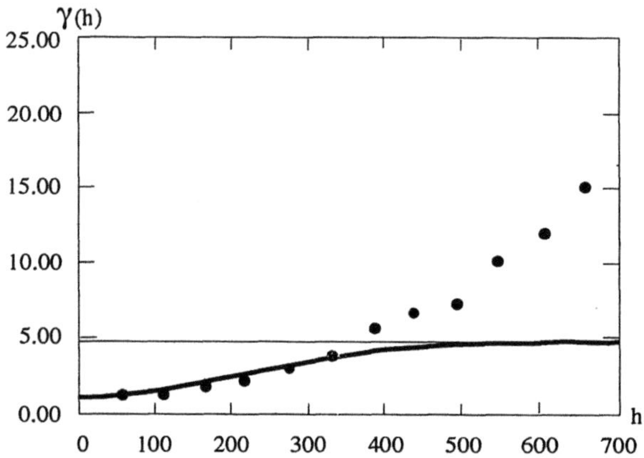

Höhenlage der geologischen Grenzschicht
Tonstein / Lockersedimentauflage

Modell: Gauß´sches   Nuggetvarianz: 1.0
Schwellenwert: 3.7   Reichweite: 300.0

Abb13.11: Experimentelles Variogramm und Variogramm-Modell der geologischen Grenzschicht

Das experimentelle Variogramm der Grundwasserstandsmessungen sowie der Höhenwerte der geologischen Grenzschicht zeigen eine Drift. Da sich in beiden Fällen die Driftstruktur innerhalb der Reichweite nicht bemerkbar macht, kann unter der Hypothese der Quasistationarität gearbeitet werden.

Auffallend ist die hohe Nuggetvarianz des Variogrammes der geologischen Grenzschicht. Eine mögliche Erklärung dieser hohen Variabilität im Ursprung ist das Vorhandensein einer mit der vorliegenden Erkundungsdichte nicht auflösbaren engräumigen Variogrammstruktur.

Die Variogramme der Durchlässigkeitsbeiwerte zeigen ebenfalls eine hohe Nuggetvarianz. Diese wird mit großer Wahrscheinlichkeit durch die gemeinsame Betrachtung von Durchlässigkeitsbeiwerten unterschiedlicher hydraulischer Packertests (Förder- und Drill-Stem-Packertests) bedingt sein.

13.4.3 Fallbeispiel I: Erarbeitung und Bewertung alternativer Erkundungsstrategien

Im Fallbeispiel I wird von dem Szenario einer Hochdeponie im Bereich der heutigen SAD Münchehagen ausgegangen. Das Deponieplanum ist auf einem Höhenniveau anzusetzen, das sich nach Auffüllung einer aufgelassenen Tongrube ergibt. Die laterale Erstreckung der Deponieaufstandsfläche soll der heutigen Neu- und Altdeponie der SAD Münchehagen entsprechen.

In diesem Fallbeispiel sollen, basierend auf einem vorgegebenen Erkundungsstand, Planungsvarianten zur Verdichtung des Erkundungsmusters erstellt werden. Ziel dabei ist, für die jeweiligen Untersuchungsgrößen die vorgegebenen global geforderten Aussagesicherheiten zu erreichen oder zu unterschreiten.

In Abb.13.13 sind die Fehlerkarten unterschiedlicher Untersuchungsgrößen für den Erkundungsstand und die Erkundungsplanungen A und B dargestellt. Die dargestellten Erkundungsplanungen wurden selbst entworfen und basieren mit Ausnahme des Bohransatzpunktes B-N1 auf vorhandenen Bohrungen und Grundwasserbeschaffenheitsmeßstellen.

Aus Gründen der Übersichtlichkeit sind nur die oberste Schicht (5 - 15m u. GOK), die Höhenlage der lithologischen Grenzschicht zwischen Lokkergesteinsauflage und Tonstein und der Grundwasserspiegel aufgeführt worden. Eine vollständige Darstellung der Fehlerkarten ist dem Anhang E zu entnehmen.

Die Formulierung der global geforderten Aussagesicherheiten für die einzelnen Untersuchungsgrößen basiert zum Teil auf den in der TA-Abfall beschriebenen Anforderungen an einen Deponieuntergrund. So ist für die beobachtete Grundwasseroberfläche bzw. -druckfläche (Formationsdruck) die Anforderung an den Flurabstand von mindestens einem Meter bei höchster zu erwartender Grundwasseroberfläche und nach Abklingen der Untergrundsetzungen unter der Auflast der Deponie berücksichtigt worden.

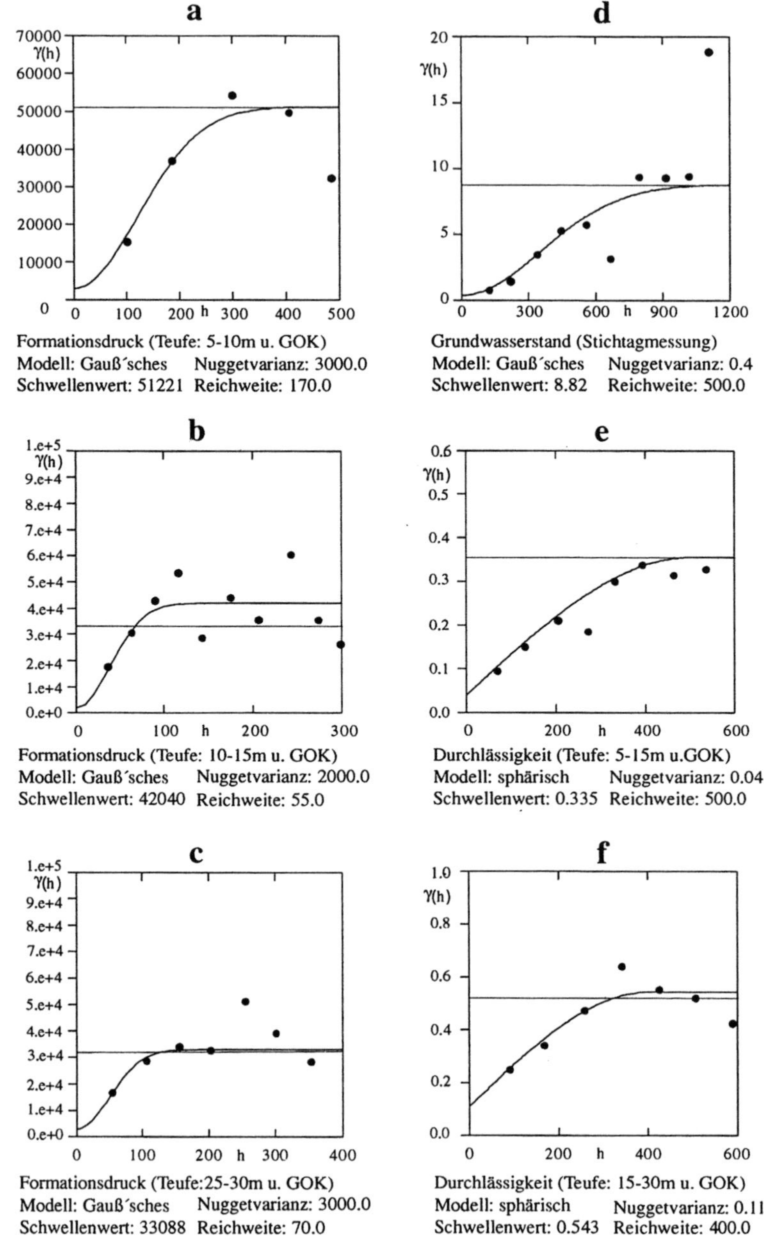

Abb.13.12a-f: Experimentelle Variogramme und Variogramm-Modelle der Untergrundeigenschaften

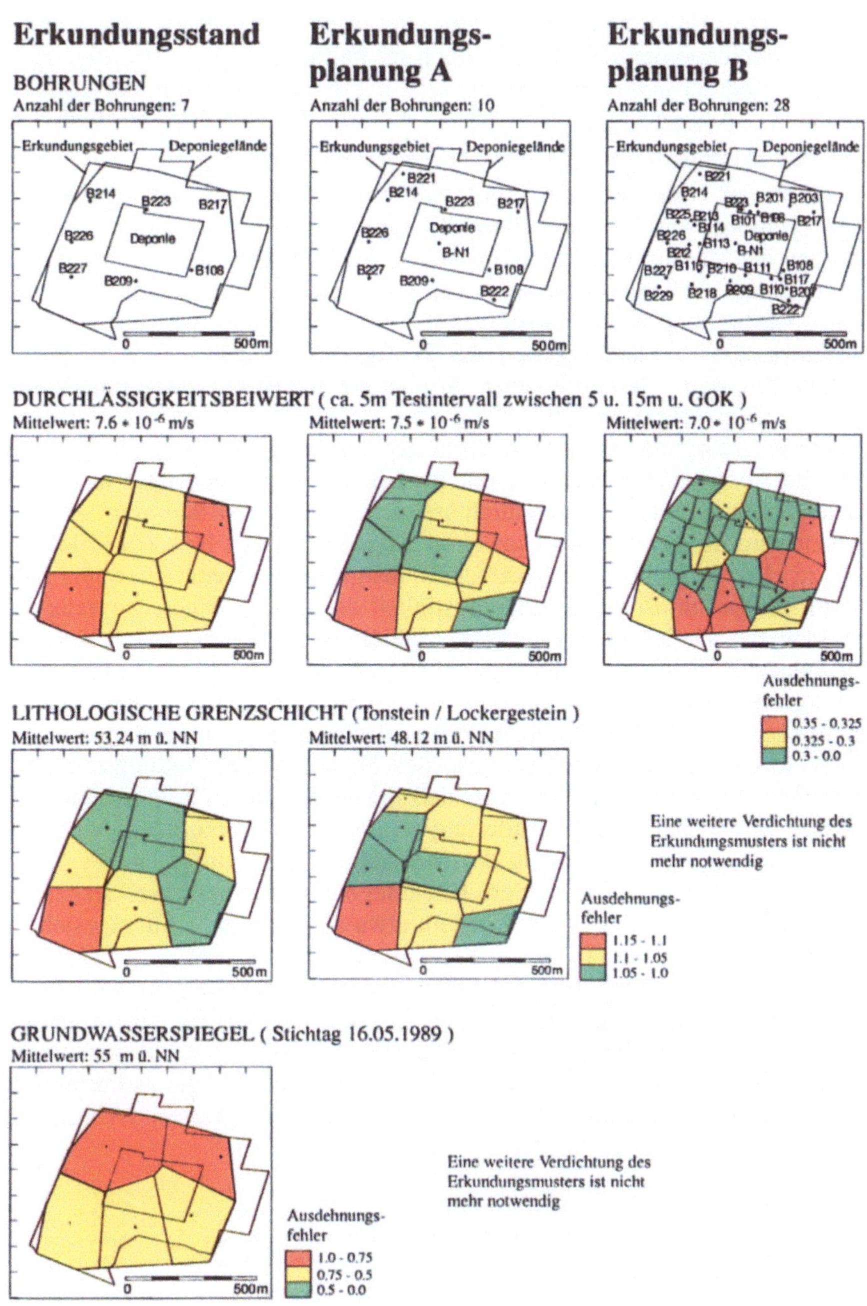

Abb.13.13: Erkundungsstand und Erkundungsplanung A und B

Die mittlere Gebirgsdurchlässigkeit $kf = 7.6 \cdot 10^{-6}$ m / s (Erkundungsstand)
erfüllt die Anforderungen an einen Untergrund für Siedlungsabfall und für
Sonderabfalldeponien nicht. Um jedoch im Fallbeispiel diese wichtige Eigenschaft mit berücksichtigen zu können, ist bei der Formulierung der global geforderten Aussagesicherheit eine maximal zulässige mittlere Gebirgsdurchlässigkeit von kf $\leq 1 \cdot 10^{-5}$ m / s angesetzt worden.

Im Fall der Höhenlage der lithologischen Grenzschicht Lockergesteinsauflage / Tonstein wurde bei der Formulierung der global geforderten Aussagesicherheit die Möglichkeit einer temporären Ausbildung von zusammenhängenden und/oder größeren Grundwasserkörpern berücksichtigt, die u.U. der möglichen Ausbreitung von Schadstoffen förderlich wären. So wird postuliert, daß
Grundwasser bei Mächtigkeiten der Lockersedimentdeckschichten unter einem halben Meter kaum oder aber nur über einen kurzen Zeitraum nach einem
Niederschlagsereignis auftritt.

Für die Untergrundeigenschaft Trennflächenhäufigkeit könnte die global geforderte Aussagesicherheit über die Beziehungen zwischen Kluftweite, Klüf-
tigkeitsziffer und Trennfugendurchlässigkeit (der Anteil der Matrixdurchläs-
sigkeit wird als vernachlässigbar klein angesehen) nach NELSON (1985) analog zu den Durchlässigkeitsbeiwerten festgelegt werden. Alternativ wären
Betrachtungen im Sinne der Standfestigkeit des Untergrundes ebenfalls denkbar gewesen. Da jedoch die Gebirgsdurchlässigkeit direkt ermittelt wurde und
für Standsicherheitsuntersuchungen nicht genügend zusätzliche Informationen
zur Verfügung standen, ist auf eine Festlegung einer global geforderten Aussagesicherheit und Betrachtung der Trennflächenhäufigkeit verzichtet worden.

Die Auswertung des mittleren globalen Fehlers des Erkundungsstandes bei
95% igem Signifikanzniveau zeigt, daß die in der global geforderten Aussagesicherheit enthaltende Anforderung an den Flurabstand erfüllt wird (siehe
Abb.13.14c). Eine Verdichtung des Meßstellennetzes wird daher als nicht erforderlich angesehen. Die mittlere Höhenlage der lithologischen Grenzschicht
Lockergesteinsauflage / Tonstein erfüllt etwa die geforderte Aussagesicherheit
(Abb.13.14b).

Das Mittel der Gebirgsdurchlässigkeit des Deponieuntergrundes läßt noch
keine ausreichend gesicherte Aussage zu (Abb.13.14a). Es wird vorgeschlagen, für die Erkundung der Gebirgsdurchlässigkeit und der geologischen
Grenzschicht Lockergesteinsauflage / Tonstein das Erkundungsmuster weiter
zu verdichten. Dazu sind zunächst 3 weitere Bohrungen geplant (Abb.13.13).

A

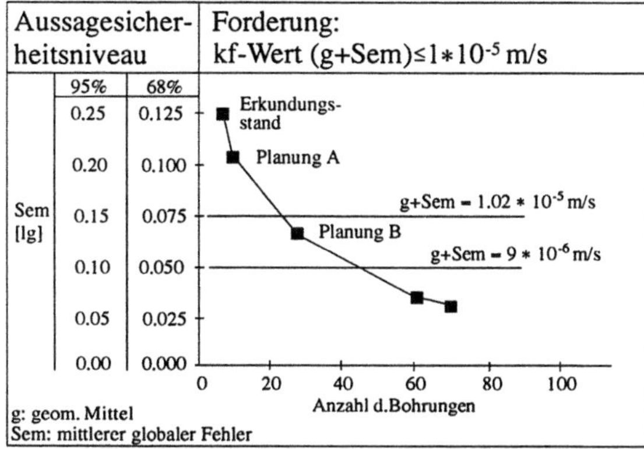

B

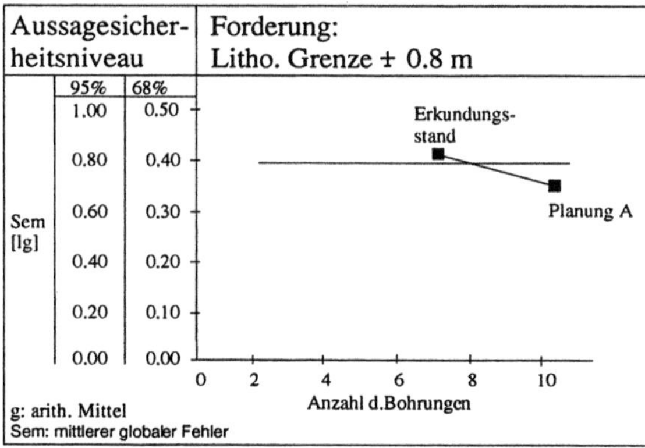

C

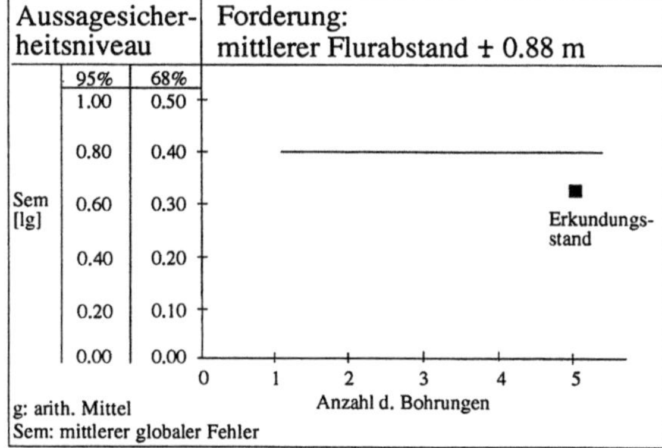

Abb.13.14a-c: Entwicklung des mittleren globalen Fehlers in Abhängigkeit zur Erkundungsdichte für unterschiedliche Untersuchungsgrößen

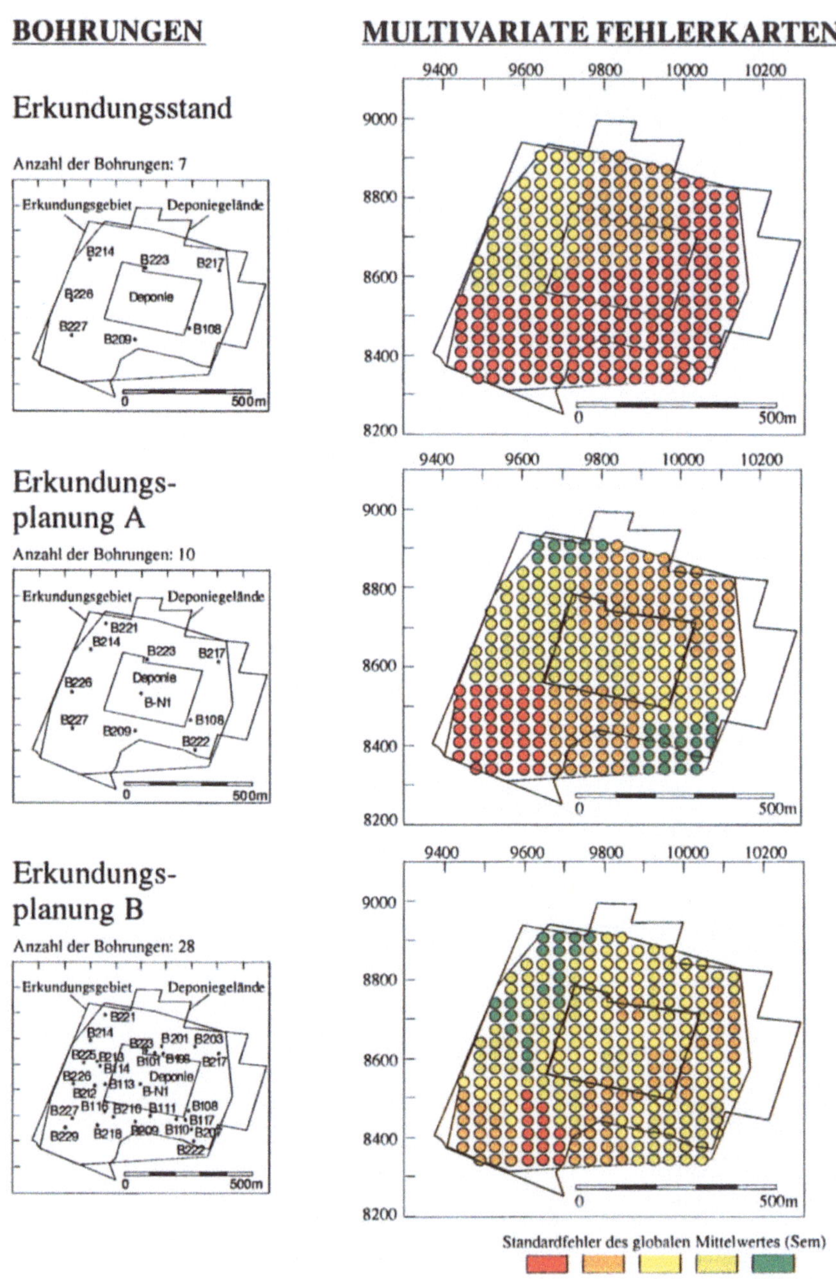

Abb.13.15: Multivariate Fehlerkarten

Zum Entwurf des in Erkundungsplanung A vorgeschlagenen Erkundungsmusters sind Kenntnisse der Regional-, Struktur- und Hydrogeologie des weiteren Umfeldes berücksichtigt worden. Auch Polygone mit hohem Ausdehnungsfehler können potentielle Zielgebiete für zukünftige Bohransatzstellen sein. Bei der Erkundungsplanung A ist für die mittlere Höhenlage der lithologischen Grenzschicht Lockergesteinsauflage / Tonstein hinsichtlich des Informationszuwaches zwar nur ein geringer Anstieg [flacher Verlauf der Funktion Sem (Anz. Bohrungen)] erzielt worden. Die global geforderte Aussagesicherheit ist jedoch erreicht. Die Erhöhung des Informationsgehaltes zur Beschreibung der mittleren Gebirgsdurchlässigkeit des Deponieuntergrundes und seiner näheren Umgebung fällt wesentlich stärker aus (Erkundungs-planung B), jedoch wird die geforderte Aussagesicherheit noch nicht erreicht. Weitere Erkundungsplanungen, in denen nur noch die Verdichtung des Erkundungsmusters zur Ermittlung der Gebirgsdurchlässigkeit geplant ist, zeigen, daß nur mit einem sehr hohen Erkundungsaufwand ausreichend gesicherte Angaben erzielt werden können (z.B. siehe Erkundungsplanung B, Abb.13.14). In solchen Fällen ist nach dem Grundsatz der Verhältnismäßigkeit zu entscheiden, ob die global geforderte Aussagesicherheit, und damit die Anforderung an die Mindest-Gebirgsdurchlässigkeit, neu formuliert werden muß oder aber die Entscheidung auf einem geringeren Signifikanzniveau durchzuführen ist

Tabelle 13.1: Gewählte Gewichtsverteilung

Untersuchungsgröße	Verteilung der Gewichte				
	Schritt A	Schritt B		Schritt C	
Grenzschicht Tonstein / Lockersedimentauflage [m NN]	0.07	0.07		0.03	
Grundwasserspiegel [m NN]	0.1	0.1		0.11	
Durchlässigkeitsbeiwert [m/s]	0.5	0-15m	0.3	0-15m	0.3
		15-30m	0.2	15-30m	0.2
Formationsdruck [mbar]	0.3	5-10m	0.1	5-10m	0.11
		10-15m	0.1	10-15m	0.11
		20-15m	0.1	20-15m	0.11
Trennflächenhäufigkeit [Anz./m]	0.03	5-15m	0.02	5-15m	0.02
		15-30m	0.01	15-30m	0.01

Eine Auswertung der multivariaten Fehlerkarten unter Berücksichtigung der in Tabelle 13.1 aufgeführten Gewichte bestätigt die zuletzt getroffene Feststellung (siehe Abb.13.15). Die Entwicklung der bewerteten Gesamtvarianz von Ort zu Ort wird hauptsächlich durch die Entwicklung der Ausdehnungsvarianzen der Durchlässigkeitsbeiwerte mit zunehmender Verdichtung des Erkundungsmusters bestimmt. Die räumliche Verteilung der bewerteten Gesamtvarianzen des Erkundungsstandes läßt erkennen, daß ein Handlungsbedarf in bezug auf die Planung einer weiteren Verdichtung der Erkundung besonders im südöstlichen Bereich des Gebietes besteht. Im Fall des Erkundungsmusters A sind zwar die bewerteten Gesamtvarianzen im Nahbereich zur Deponie niedriger als jene des Erkundungsstandes, jedoch verbleiben relativ hohe Gesamtvarianzen im Bereich der Südspitze des Erkundungsgebietes. Erst die hohe Erkundungsdichte der Planung B ergibt eine räumliche Verteilung der bewerteten Gesamtvarianz, die flächendeckend als niedrig zu bezeichnen ist.

Die multivariate Betrachtung der Hauptkenngrößen besitzt hier ausschließlich methodischen Charakter. In der Praxis würde die multivariate Betrachtung nur dann Verwendung finden, wenn die Anzahl unterschiedlicher Untersuchungsgrößen sehr hoch ist und sich diese für das gesetzte Ziel in wichtige und weniger wichtige Untersuchungsgrößen gruppieren lassen (s. Kap13.2.3 und 13.3.4). Jedoch kann mit den, in Abb.13.15 dargestellten, multivariaten Fehlerkarten gezeigt werden, daß auch mittels dieses Instrumentes eine Gesamtauswertung der räumlichen Fehlerverteilung möglich ist. Durch die Gewichtsverteilung kann dabei die Relevanz der einzelnen Untersuchungsgrößen für eine Zielsetzung zum Ausdruck gebracht werden.

Zusammenfassend konnte mit diesem Fallbeispiel gezeigt werden, daß

- über das Zusammenspiel von geforderten Aussagesicherheiten und ermittelten Fehlern für die betrachteten Untersuchungsgrößen Erkundungsmuster erarbeitet werden konnten. Diese ließen sich hinsichtlich der jeweiligen notwendigen Erkundungsdichte individuell abstimmen, wodurch der gesamte Erkundungsaufwand gesenkt wurde

- Ferner wurde die Problematik der Erkundung der Durchlässigkeit des Untergrundes aufgezeigt, die durch einen sehr hohen Erkundungsaufwand bei vorgegebener Aussagesicherheit charakterisiert ist. So muß auf Grundlage der vorgestellten Ergebnisse diskutiert werden, ob die Anforderung an den Untergrund neu zu formulieren ist. Alternativ dazu könnte die global geforderte Aussagesicherheit auf die Ausdehnungsfehler bezogen werden, so daß über eine Verdichtung des Erkundungsmusters in ausgewählten Teilgebieten die Anforderung an die Durchlässigkeit erfüllt wird. Ist weder die eine noch die andere Vorgehensweise akzeptabel, so ist der Standort als ungeeignet anzusehen

- Die Möglichkeit der Evaluierung der räumlichen aber auch globalen Fehlerentwicklung bei fortschreitender Verdichtung des Erkundungsmusters ermöglichte es, die Problematik der Erkundung der Durchlässigkeit des Untergrundes schon im Vorfeld der eigentlichen Erkundung zu erkennen
- Für eine sehr hohe Anzahl an Untersuchungsgrößen, bei denen die univariate Verfahrenweise zu unübersichtlich und mit einem großen Arbeitsaufwand verbunden wäre, ist die gemeinsame Bewertung der räumlichen Fehlerverteilung mit Hilfe der bewerteten Gesamtvarianz zu verwenden

13.4.4 Fallbeispiel II: Optimale Verdichtung eines bestehenden Erkundungsmusters

Im zweiten Fallbeispiel wird vom gleichen Szenario einer Hochdeponie im Bereich der heutigen SAD Münchehagen ausgegangen, wie es im Fallbeispiel I beschrieben wurde.

Hier wird eine Situation vorgestellt, bei der eine begrenzte Anzahl an Bohrungen zur Verdichtung eines bestehenden Erkundungsmusters zur Verfügung steht. Der Erkundungsstand ist in Abb.13.16 dargestellt. Es sollen nun 2 weitere Bohrungen zur Erkundung z.B. der Gebirgsdurchlässigkeit niedergebracht werden. Dabei werden die Bereiche für mögliche Bohransatzstellen vom Erkundungsexperten nur grob vorgegeben. Nach Prüfung der infrastrukturellen Information (Anlagen, Gebäude, Straßen usw.) und anderen Gegebenheiten sind die in Abb.13.16 umrissenen 2 Bereiche für die Bohrungen (Bereich I für Bohrung I und Bereich II für Bohrung II) ausgewiesen worden. Die Bohrungen sollen innerhalb dieser Bereiche so angeordnet werden, daß der mittlere globale Fehler für die Gebirgsdurchlässigkeit minimal wird. Hierzu ist für 25 unterschiedliche Konstellationen der 2 weiteren Bohransatzstellen der globale mittlere Fehler berechnet worden. Die in Abb.13.16 mit A und B gekennzeichneten Bohransatzstellen der 1. und 2. Bohrung ergeben für das gesamte Beprobungsmuster einen minimalen globalen mittleren Fehler. Die Bohransatzstellen im Bereich II für das Szenario A und B sind dabei identisch.

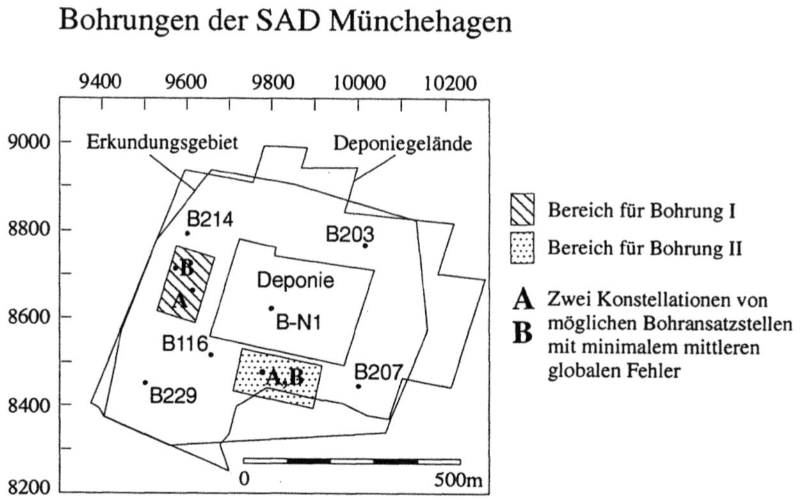

Abb.13.16: Konstellation von möglichen Bohransatzstellen

Diese Verfahrensweise kann auf das gesamte Erkundungsgebiet ausgedehnt werden (Bereichseinteilung entfällt). Es könnten somit komplette Erkundungsmuster generiert werden, die hinsichtlich der mittleren globalen Fehler optimal sind. Jedoch würde sich bei hoher Anzahl möglicher Bohransatzstellen und großem Erkundungsgebiet eine kombinatorische Vielfalt ergeben, die auch bei rechnergestützter Bearbeitung kaum zu bewältigen ist. Abhilfe könnte hier die Simulation (Monte-Carlo-Simulation) von Erkundungsmustern z.B. unter den Vorgaben eines Mindestabstandes zweier benachbarter Bohrungen, der Ausweisung von Flächen, in denen das Abteufen von Bohrungen nicht möglich ist, und der Anzahl an Simulationsläufen schaffen. Die Auswahl unter den unterschiedlichen Ergebnissen kann mittels des mittleren globalen Fehlers oder aber raumbezogen durch die Vorgabe von Mindest-Ausdehnungsfehler für Teilbereiche im Erkundungsgebiet erfolgen. Dieses Verfahren könnte ebenfalls multivariat angewandt werden.

Studien, in denen dieses Konzept zur automatischen Generierung von optimalen Erkundungsmustern eingehender untersucht worden ist, konnten im Rahmen dieser Arbeit nicht durchgeführt werden.

Es konnte aufgrund dieses einfachen Fallbeispiels gezeigt werden, daß

- für die Beantwortung der Frage: „Wo sollen nun präzise die Bohrungen niedergebracht werden ?" diese Methoden ebenfalls einsetzbar sind und hinsichtlich einer optimalen globalen Fehlerentwicklung den Experten beraten können

- durch einfache Erweiterungen der in Fallbeispiel I demonstrierten Verfahren zur Erkundungsoptimierung auch Erkundungsmuster generiert werden können, die den gesetzten Anforderungen genügen. Eine Auswahl unter diesen Vorschlägen obliegt weiterhin den Erkundungsexperten

13.4.5 Fazit

Eine Erkundung, bei deren Planung die Ergebnisse der beschriebenen Verfahrensweise berücksichtigt werden, weist somit folgende wichtige Eigenschaften auf:

- Die Entscheidungen hinsichtlich der Kosten-Nutzen-Maxime, wie z.B. die Eignung eines Standorts unter Berücksichtigung eines vertretbaren Erkundungsaufwandes (Kostenaufwandes), können durch die Möglichkeit der Evaluierung der Zuverlässigkeitsentwicklung in einer frühen Phase der Erkundung getroffen werden
- Für Interpretationen oder weiterreichende Auswertungen der erkundeten, meßbaren Eigenschaften eines Deponieuntergrundes existieren nun Angaben über deren räumliche Zuverlässigkeitsverteilung sowie über die Zuverlässigkeit eines Meß- oder Analysenwertes für ein Einflußpolygon oder -volumen, so daß die Auswertung der räumlichen Verteilung von Meß- oder Analysenwerten sowie Vergleiche von Meß- oder Analysenwerten unter Berücksichtigung des ortsbezogenen Fehlers durchgeführt werden können
- Der Erkundungsaufwand wird durch die in der Anfangsphase einer Erkundung festzulegenden Mindest-Zuverlässigkeiten für zu erkundende Untersuchungsgrößen dimensioniert. Die Quantifizierung des nötigen Erkundungsaufwandes erfolgt unter Berücksichtigung der Zuverlässigkeitsentwickung, wobei immer jener Erkundungsvariante der Vorzug gegeben werden sollte, die bei geringstem Aufwand eine maximale Steigerung der Zuverlässigkeit von Erkundungsergebnissen verspricht. Somit wird dem „oversampling" Einhalt geboten, indem bei Erreichen von genügend zuverlässigen Erkundungsergebnissen die Erkundung eingestellt wird
- Immer mehr Verordnungen und Vorschriften zum Schutz unterschiedlicher Umweltmedien enthalten Richtwerte mit zugehörigen Vertrauensintervallen. Dies gilt insbesondere für Richtlinien der Europäischen Gemeinschaft. Eine Optimierung des Erkundungsaufwandes unter Verwendung der beschriebenen Verfahren mit global geforderter Aussagesicherheit für Orientierungs-, Prüf- oder Höchstwerte diesen neuen Anforderungen entsprechen und Folge leisten

Literatur

AKIN, H. & SIEMES, H. (1988): Praktische Geostatistik, Eine Einführung für den Bergbau und die Geowissenschaften. Springer, Berlin Heidelberg New York Tokio

ARMSTRONG, M. (1984): Common problems seen in variograms. Mathematical Geology **16**(3). Plenum Press, New York

Arbeitsgemeinschaft Hydrogeologie und Umweltschutz (1982): Gutachterliche Stellungnahme zur Dichtigkeit der Deponie Münchehagen, Loccum. Unveröff. Gutachten, Archiv Bundesanstalt für Geowissenschaften und Rohstoffe Hannover (unveröffentl.)

Büro DR. PICKEL (1983): Die geologischen und hydrogeologischen Verhältnisse im Bereich der Sonderabfalldeponie Münchehagen. Unveröff. Gutachten im Auftrag der Sondermüllbeseitigung Münchehagen mbH & Co. KG in Hannover, Fuldatal (unveröffentl.)

DÖRHÖFER, G., THEIN, J. & WIGGERING, H. (1994): Altlast Sonerabfalldeponie. Beiträge zur Tagung in Hannover vom 30.11.-2.12.1994, Bd. **4**. Ernst, Berlin

HEIM, P. (1994): Geostatische Untersuchungen mit dem Programmsystem GEODU durchgeführt am Testastandort Schöneiche/Schöneicher Plan. Archiv Bundesanstalt für Geowissenschaften und Rohstoffe, Hannover (unveröffentl.)

LEGE, T., KOLDITZ, O. & ZIELKE, W. (1996): Strömungs- und Transportmodellierung, Handbuch zur Erkundung des Untergrundes von Deponien und Altlasten, Bd. **2**, Springer, Berlin Heidelberg New York Tokio.

MATHERON, G. (1965): Les Variables regionalisee et leur estimation. Doc.IngThesis, Paris (Masson/1965)

NELSON, R. A. (1985): Geologic analysis of naturally fractured reservoirs. Constrictions in petroleum geology & engineering, Vol. **1**. Gulf Publishing Company, Houston, London, Paris, Tokyo

Sachverzeichnis

Wenn Sie die Risiken verfälschter Meßergebnisse durch Eindringen unerwünschter Wässer in Ihre Meßstelle ausschalten wollen, sollten Sie in erster Linie auf die Qualität der verwendeten Ausbauprodukte achten.

Mit dem Spezialpegelrohrsystem **SBF-NORIP**® erhalten Sie eine optimale Problemlösung und damit auch ein hohes Maß an Sicherheit. Denn die eingesetzte Werkstoffkompo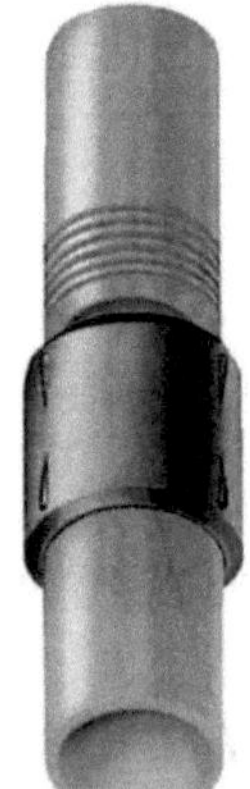nente PVC-U verfügt über eine außerordentliche Kerbschlagzähigkeit und ist gegen wasserbegleitende Substanzen, wie Salze, Säuren und Alkalien, absolut inert.

Das für **SBF-NORIP**® entwickelte Doppelmuffensystem zeichnet sich durch zwei ganz wesentliche Vorzüge aus: Es hält unter allen Bedingungen dicht und verbindet zwei Rohre durch einen einfachen, schnellen Dreh.

Gern informieren wir Sie ausführlich über das **SBF-NORIP**® System.

Zweigniederlassung der Preussag Wasser und Rohrtechnik GmbH
Moorbeerenweg 1 · 31228 Peine · Telefon (05171) 403-0 · Telefax (05171) 403-1 23

COMDRILL

Bohrausrüstungen   Drilling Equipment

Unser Programm:	**Our Program:**
Bohrwerkzeuge:	**Drilling Tools:**
Diamantbohrkronen	Diamond Bits
Hartmetallbohrkronen	TC-Bits
Kernrohre	Core Barrels
Rollenmeißel	Tricone Rock Bits
Imlochhämmer	Downhole Hammers
Geotechnik:	**Soil Investigation:**
Rammsondiergeräte	Dynamic Penetrometers
Rammkernsonden	Sample Tubes
Probennahmesysteme für	Sample Devices for
Grundwasser und	Groundwater and Air
Bodenluft	
Injektionsausrüstungen:	**Grouting Equipment:**
Pneumatische Packer	Pneumatic Packers
Mechanische Packer	Mechanical Packers
Pumpen	Pumps
Meßtechnik:	**Measuring Equipment:**
Bohrdatenerfassung	Drilling Data Recorder
Druck-/Mengenerfassung	Pressure-/Flowrate-
bei Injektionen und WD-	Recorder for Grouting
Versuchen	and Water Pressure Tests

LASSEN SIE SICH NICHT ÜBERRASCHEN !

Anwendungen ingenieurgeophysikalischer Verfahren:

- Erkundungen - Kartierungen - Untersuchungen
- Zerstörungsfrei - eingriffsfrei
- Räumlich - flächenhaft
- Baugrund, Trassenvorfeld
- Rohrzustand, Rohrbettung
- Baugrundhindernisse, Fremdleitungen, Hohlräume
- Kontaminationen
- Bodenart, Gesteinshärte
- Geologische Schichtverläufe, Grundwasserhorizonte

DMT

DMT-Gesellschaft für
Forschung und Prüfung mbH

Ein Unternehmen der CUBIS-Gruppe

Geschäftsbereich: GeoTec
Geo-Engineering

Franz-Fischer-Weg 61
D-45307 Essen

Tel.: 0234/968-3299
Fax: 0234/968-3607
e-mail: gt.info@geotec.dmt-fp.cubis.de

Springer
und
Umwelt

Als internationaler wissenschaftlicher
Verlag sind wir uns unserer besonderen
Verpflichtung der Umwelt gegenüber
bewußt und beziehen umweltorientierte
Grundsätze in Unternehmens-
entscheidungen mit ein. Von unseren
Geschäftspartnern (Druckereien,
Papierfabriken, Verpackungsherstellern
usw.) verlangen wir, daß sie sowohl
beim Herstellungsprozess selbst als
auch beim Einsatz der zur Verwendung
kommenden Materialien ökologische
Gesichtspunkte berücksichtigen.
Das für dieses Buch verwendete Papier
ist aus chlorfrei bzw. chlorarm
hergestelltem Zellstoff gefertigt und im
pH-Wert neutral.